DU MÊME AUTEUR.

Cours élémentaire de Paléontologie et de Géologie stratigraphiques, faisant suite au Prodrome de Paléontologie stratigraphique universelle des animaux mollusques et rayonnés. 2 vol. in-18, avec 600 figures dans le texte et 18 tableaux réunis en un atlas in-4. 10 fr.

Paléontologie française (TERRAINS CRÉTACÉS). Les 150 livraisons publiées contiennent les Mollusques céphalopodes, gastéropodes, acéphales, et brachiopodes, formant 4 volumes de texte et 4 volumes de planches.

Paléontologie française (TERRAINS JURASSIQUES). Il a déjà paru 57 livraisons comprenant les Céphalopodes.

— Les prix sont par livraison, comprenant 4 planches in-8 tirées sur papier vélin, et du texte correspondant, 1 fr. 25 c. pour Paris, 1 fr. 35 c. pour les départements.

Foraminifères fossiles du bassin tertiaire de Vienne (AUTRICHE). Un volume in-4° avec 21 planches du même format. Prix : 25 fr.

CORBEIL, imprimerie de CRÉTÉ.

PRODROME

DE

PALÉONTOLOGIE STRATIGRAPHIQUE

UNIVERSELLE

DES ANIMAUX MOLLUSQUES ET RAYONNÉS.

PRODROME

DE

PALÉONTOLOGIE

STRATIGRAPHIQUE UNIVERSELLE

DES

ANIMAUX MOLLUSQUES & RAYONNÉS

FAISANT SUITE

AU COURS ÉLÉMENTAIRE DE PALÉONTOLOGIE

ET DE GÉOLOGIE STRATIGRAPHIQUES,

PAR

M. ALCIDE D'ORBIGNY

Docteur ès sciences, Professeur suppléant de Géologie à la Faculté des Sciences de Paris,

Chevalier de l'ordre national de la Légion d'honneur, de l'ordre de saint Wladimir de Russie, de l'ordre de la Couronne de fer d'Autriche, officier de la Légion d'honneur Bolivienne; membre des Sociétés philomatique, de géologie, de géographie et d'ethnologie de Paris, membre honoraire de la Société géologique de Londres; membre des Académies et sociétés savantes de Turin, de Madrid, de Moscou, de Philadelphie, de Ratisbonne, de Montevideo de Bordeaux, de Normandie, de la Rochelle, de Saintes, de Blois, de l'Toune, etc.

PREMIER VOLUME.

VICTOR MASSON,

Place de l'École de Médecine, 17. — Paris

1850

A

LA SOCIÉTÉ GÉOLOGIQUE

DE LONDRES.

Hommage de reconnaissance

de l'un de ses Membres étrangers,

ALCIDE D'ORBIGNY.

INTRODUCTION

ET REMARQUES

SUR LA GÉOLOGIE ET LA PALÉONTOLOGIE STRATIGRAPHIQUES.

CHAPITRE PREMIER.

INTRODUCTION.

§ 1. Lorsqu'en 1845, nous avons fait paraître notre première livraison de la *Paléontologie universelle des coquilles et des mollusques,* un auteur allemand, souvent notre critique, dit : « Qu'il était impossible qu'une personne seule pût entreprendre une publication aussi importante. » Alors, comme toujours, nous ne voulûmes rien répondre au savant d'Heidelberg, laissant au temps à faire justice de cet esprit systématique d'attaque, qui tient autant, nous le croyons, à l'état maladif de l'écrivain qu'à des rivalités nationales, qui ne devraient jamais exister dans le domaine de la science. Si les circonstances politiques, en arrêtant la publication de cet ouvrage, sont venues en effet justifier momentanément la critique, nous tenons à démontrer que ce retard était tout à fait indépendant de notre volonté, et que nous sommes en mesure de publier, non-seulement une *Paléontologie universelle des animaux mollusques,* mais encore une *Paléontologie universelle des animaux rayonnés.* En voyant le prodrome de ces deux ouvrages réunis, qui contient la discussion détaillée de *dix-huit mille* espèces, classées suivant leur ordre chronologique d'apparition dans les couches successives du globe, et dans leur série zoologique spéciale, peut-être sera-t-on convaincu que nos recherches étaient assez avancées en 1845, pour que nous pussions, avec toute certitude, annoncer la première moitié, relative aux animaux mollusques.

§ 2. La Paléontologie universelle des mollusques, commencée à cette époque, n'était pour nous qu'un moyen d'arriver au résultat auquel tendaient tous nos efforts, celui de réunir une série de faits assez nombreux pour pouvoir en déduire des conséquences générales, propres à démontrer l'importance de la Paléontologie dans l'histoire chronologique du globe terrestre et dans l'application constante qu'on pourrait en faire à la connaissance de l'âge relatif des terrains. Notre *Paléontologie française*, pour les terrains déjà en cours de publication, nous avait bien démontré cette importance, mais afin de prévenir l'objection que ces résultats, reconnus en France, pouvaient ne pas être vrais pour le reste du globe, il s'agissait, dans notre travail, d'embrasser la Paléontologie du monde entier. Nos travaux sur l'Amérique méridionale, sur la Colombie, sur la Russie septentrionale et sur la Crimée, ainsi que les collections que nous possédions des autres parties du monde, nous avaient convaincu, par la comparaison avec nos immenses collections recueillies sur le sol de la France, que tous les faits géologiques étaient généraux et avaient marqué partout les mêmes limites d'époque. Néanmoins, notre conviction ne suffisait pas. Il fallait convaincre les plus incrédules par des considérations basées sur un nombre assez considérable de faits pour lever tous les doutes. Notre Peléontologie universelle en était le moyen, le *Cours de Paléontologie générale et appliquée*, annoncé à cette même époque, en était le résultat. Nous nous occupions activement de l'un et de l'autre ouvrage, ne devant former qu'un tout, lorsque M. Pictet nous devança et fit paraître le premier volume de son *Traité élémentaire de Paléontologie*. Comme le Cours de Paléontologie que nous avions annoncé, et dont plusieurs feuilles étaient déjà imprimées, devait avoir la même extension que l'ouvrage de M. Pictet, le libraire jugea que, commercialement parlant, nous devions cesser le nôtre ou en changer le format et l'extension. Nous avions reconnu que, malgré l'importance réelle de l'ouvrage du savant de Genève, cet ouvrage n'était qu'une nomenclature de zoologie fossile, et qu'il ne remplissait pas le but que nous nous proposions d'atteindre. Nous résolûmes alors de publier une édition restreinte, sous le titre de *Cours élémentaire de Paléontologie et de Géologie stratigraphiques*, qui pût répandre plus facilement qu'un volumineux ouvrage les résultats auxquels nous avait conduit une longue série de recherches géologiques.

Du moment où nous restreignions considérablement notre cadre, tout en étant indispensables comme points d'appui des considérations partielles, les listes discutées des fossiles caractéristiques de chaque étage occupaient encore, dans ce cadre, une place beaucoup trop considérable pour l'ensemble, et auraient paru trop longues aux personnes qui, cherchant seulement des généralités, n'avaient pas besoin des faits sur lesquels elles s'appuient. Nous avons donc pensé à publier à part ces documents importants; mais, n'étant plus gêné par l'extension, nos listes primitives ne nous parurent plus suffisantes, et nous avons conçu le projet d'y faire entrer tous les documents bien constatés, existant dans le domaine de la science. Nous avons voulu, en un mot, faire de ce travail un *Prodrome de Paléontologie stratigraphique universelle des animaux mollusques et rayonnés,* car les animaux mollusques seuls ne nous suffisaient plus, il nous fallait y réunir un autre embranchement qui nous permît de procéder, comme résultats, sur une plus large base, sur plus des trois quarts des espèces d'animaux fossiles connus jusqu'à ce jour.

§ 3. Telles sont les circonstances qui nous ont déterminé à nous occuper d'un travail général sur les animaux mollusques et rayonnés fossiles. Il nous reste maintenant à esquisser le tableau de la science paléontologique et des difficultés que nous avons eu à vaincre pour ramener à leur juste valeur les documents épars dans les auteurs. S'il ne s'était agi, en effet, que de réunir des matériaux disséminés, de les grouper et d'en tirer les conséquences, ce n'eût été qu'une œuvre de patience, une simple compilation; mais, comme nous l'avons déjà dit ailleurs, il règne dans les publications sur les fossiles, un chaos inextricable. D'abord, bien que les animaux fossiles dépendent de la zoologie, il est à remarquer que les zoologistes et les géologues en ont presque toujours fait l'objet de deux sciences distinctes restées pour ainsi dire isolées. De nombreux auteurs se sont livrés, sur les genres et sur les espèces vivantes, à des travaux très-multipliés, sans s'inquiéter des descriptions simultanées des géologues ou des paléontologistes relativement aux espèces fossiles. De leur côté, les paléontologistes décrivaient, le plus souvent, des genres et des espèces fossiles, en restant étrangers aux travaux des zoologistes ou conchyliologistes. Aussi, chacun de son côté a formé des genres ou nommé des espèces, sans être préalablement au courant de ce qui existait. Il en est résulté que la même forme zoologique de genre, a reçu plusieurs noms distincts, ou que la même dénomination spécifique a été appliquée à plusieurs êtres bien différents les uns des autres, comme nous chercherons à le prouver plus tard par quelques exemples. Les ouvrages spéciaux de paléontologie ne sont pas plus complets. Dès les premières comparaisons, l'on s'aperçoit que cette multitude de renseignements disséminés dans un nombre considérable d'ouvrages, de mémoires, et de notices, écrits dans toutes les langues ont été faits sans unité de plan, ni de principes; qu'ils renferment un grand nombre d'erreurs zoologiques et géologiques. Les erreurs de déterminations géologiques, en effet, deviennent d'autant plus faciles à commettre que les espèces fossiles sont décrites quelquefois par des zoologistes peu au courant de la géologie. D'un autre côté, les erreurs de déterminations zoologiques compliquent d'autant plus la question, que les genres et les espèces présentent des caractères difficiles à saisir, et que l'application des genres ou la création des espèces proviennent souvent d'un géologue qui n'a pas fait de la zoologie l'objet de ses études spéciales.

§ 4. — D'après le tableau que nous venons de tracer, que doit-on demander à un ouvrage entièrement destiné à ramener les faits à leur juste valeur; à un résumé critique de tous les travaux? une discussion sérieuse, non-seulement de ces faits partiels, mais encore des hautes questions scientifiques qui s'y rattachent. Nous acceptons cette tâche difficile, et nous aurons le courage de l'accomplir, malgré les inconvénients qu'elle peut entraîner. Loin de nous, cependant, l'idée d'aucune attaque personnelle. La patience avec laquelle nous nous sommes laissé critiquer par quelques auteurs, a montré que nous n'aimions pas la polémique scientifique partielle. Ce que nous cherchons, c'est l'intérêt général, c'est la vérité; et si nous citons quelques noms, ce sera plutôt pour appuyer nos principes fondamentaux de la science paléontologique, que pour répondre aux critiques qu'on a pu faire de nos ouvrages.

CHAPITRE DEUXIÈME.

Considérations sur les différents modes de publication appliqués à la géologie.

§ 5. *Sur le mode de publication en général.* — L'idée que le mode de publication est indifférent à l'avancement des sciences, est la source d'une grave erreur, et les considérations dans lesquelles nous allons entrer le prouveront surabondamment. Chaque fois qu'on se propose d'atteindre un but, il faut se tracer une marche spéciale qui lui soit appropriée; sous peine de voir, au lieu de s'éclaircir, les questions couvertes d'un voile toujours de plus en plus épais, s'embrouiller de plus en plus, de sorte qu'on finit par ne pouvoir plus reconnaître la vérité. Force est bien alors, de recourir aux grands moyens pour ramener les faits primitivement vrais à leur valeur réelle. Telle est, en effet, la marche que nous avons suivie pour nous servir des matériaux publiés sur la paléontologie stratigraphique. Dans l'état actuel des choses, ce ne sont pas les faits qui manquent; mais la manière dont on les groupe, en amène souvent une interprétation vraie ou fautive.

§ 6. *Des catalogues généraux.* — Si, sans discuter scrupuleusement les faits avant de s'en servir, on les réunit dans un catalogue général par ordre alphabétique, à quel résultat arrivera-t-on ? Il est évident qu'on amoncellera, sans distinction, des faits bien observés, produit d'une longue étude, avec les erreurs de tout genre, distribuées dans d'autres auteurs, et qu'on en formera un tout hétérogène. Les questions géologiques, paléontologiques et zoologiques, viendront se confondre, s'embrouiller dans ce grand tout, et disparaîtront entièrement, parce qu'il faudrait de nouveau discuter tous les documents les uns après les autres, pour ramener les faits à leur juste valeur et pour s'en servir avec certitude.

§ 7. — De tous les ouvrages de ce genre, le plus complet et le plus important, est sans contredit, l'*Index palæontologicus*, dont le premier volume a paru à la fin de 1848 (1), publié par MM. Goppert, Hermann de Meyer et Bronn. Comme nous ne traitons ici que des animaux mollusques et rayonnés, nous laisserons de côté les parties savamment faites par les deux premiers auteurs, et nous discuterons seulement la partie rédigée par M. Bronn, sur les séries animales qui nous occupent dans cet ouvrage.

§ 8. — La forme alphabétique, par elle-même, fait disparaître tous les caractères généraux qui tiennent aux questions géolo-

(1) Lorsque nous avons pu consulter cet ouvrage, le nôtre était déjà terminé depuis une année. Nous n'avons pas voulu le retoucher, de manière à laisser à nos deux publications, leur complète indépendance dans la rédaction et dans la discussion.

giques et zoologiques. C'est certainement la moins propre à grouper les faits et à les faire ressortir; et, dans aucun cas, elle ne peut être consultée que comme renseignement. Si les faits y sont bien discutés, si elle présente, non pas une compilation indigeste, qu'aurait pu faire, avec un peu de soin, l'homme le plus étranger à la science, mais un travail soigneusement rédigé par un savant exempt de préjugés, et surtout très-consciencieux, un travail de cette nature peut encore avoir un haut degré d'utilité. La partie de l'*Index palæontologicus*, rédigée par M. Bronn, remplit-elle ces dernières conditions? C'est ce que nous allons rechercher.

§ 9. — Voyons d'abord la partie d'érudition, c'est-à-dire le côté fort du professeur d'Heidelberg. Sous ce rapport on devrait s'attendre à trouver cet ouvrage le plus complet possible, mais en l'ouvrant, nous observons que de très-volumineux travaux contenant des centaines d'espèces n'y sont pas cités, tels que la Géologie de New-York, de M. Hall, publiée en 1843, la Paléontologie du même auteur, qui a paru en 1847, le Synopsis des fossiles carbonifères de l'Irlande, de M. M'Coy (1844), et beaucoup d'autres ouvrages. L'*Index palæontologicus* est donc loin de renfermer tous les documents connus dans la science au moment où il a été publié.

§ 10. — Voyons maintenant le côté géologique, c'est-à-dire le côté qui devrait être fondamental dans un tel ouvrage; car il ne faut pas oublier que la paléontologie est *l'histoire des anciens êtres*. Dès l'instant qu'il s'agit d'ancienneté, il faut des dates comparatives; or, la date, dans l'étude de la géologie, c'est l'âge respectif des terrains et des étages donné par la superposition la plus rigoureuse des couches terrestres. Où peut-on étudier cette superposition rigoureuse? Ce n'est assurément que sur les lieux, et ici l'érudition reste muette. A cet égard qu'on nous permette une réflexion générale. Les sciences naturelles ne seront jamais un fait d'érudition. Qu'au moyen âge, Gesner, Jonston, Salvianus et Rondelet, aient fait plutôt de la discussion philologique sur les auteurs grecs et latins, que de la zoologie spéciale, cela se conçoit. Les sciences commençaient à renaître, et il fallait savoir où elles en étaient; mais, aujourd'hui, les sciences naturelles ne sont qu'un vaste champ ouvert à l'observation, surtout lorsqu'il s'agit de géologie et de paléontologie. Il ne suffit pas, pour avoir le droit de tout juger en maître, de couper, de trancher dans les travaux des autres, d'être au courant des ouvrages publiés, et de s'être fait par la lecture, une opinion plus ou moins juste, plus ou moins éloignée de la vérité. Les savants qui se sont justement illustrés par leurs travaux géologiques, tels que les Élie de Beaumont, les Constant-Prévost, les Murchison, les Delabèche, etc., etc., ont-ils puisé leurs connaissances dans l'érudition? Assurément non, et dans notre conviction, quelques mois d'étude de la répartition des êtres dans les terrains et les étages, faite sur les lieux, sous une bonne direction, en apprendront plus qu'une vie entière passée à rédiger des compilations dans le cabinet.

§ 11. — Nous venons de dire que la première notion à obtenir dans l'étude paléontologique c'est la date. Sans ces recherches préalables, point de paléontologie possible, ou seulement le chaos. Il nous semble qu'on n'a pas compris ce principe, car le plus souvent on a procédé en sens contraire. Comparons un instant, comme se trouvant tout à fait dans les mêmes rapports, les médailles à l'histoire de l'homme, les êtres fossiles à l'histoire du monde terrestre. Lorsqu'un historien veut tirer parti des médailles, cherche-t-il, pour les appliquer, à les classer par nature de métal, ou commence-t-il à rechercher quelle est la ressemblance, entre eux, des personnages historiques qui y sont représentés? Un historien, un archéologue riraient certainement de cette question ainsi posée, et recourraient, de suite, à la date sans songer à la nature du métal, et surtout sans examiner, si quelques-uns des empereurs romains ont de la ressemblance avec Napoléon. Cette ressemblance, en aucun cas, ne leur ferait placer les empereurs romains aux Tuileries, pas plus qu'ils ne mettraient Napoléon au Capitole. Nous sommes pourtant obligé de le dire; c'est ainsi qu'on a souvent procédé en paléontologie. Par suite de systèmes préconçus, M. Bronn a toujours fait passer la ressemblance des formes spécifiques fossiles, avant l'âge positif où elles ont été recueillies; de là de sa part, des anachronismes multipliés à l'infini, et une marche constamment rétrograde. En effet, après avoir, à notre retour d'Amérique, étudié pendant quinze ans sur le sol de la France, les moindres détails de superposition; après de longues recherches de la géologie la plus rigoureuse dans le sens stratigraphique ou de la date des fossiles, nous étions arrivé, par exemple, dans notre *Paléontologie française*, à débrouiller, par des discussions zoologiques très-prolongées, la forme spécifique d'une ammonite, appropriée à son âge, et à dire enfin *sa date positive*. Après tant d'efforts que nous est-il arrivé? Nous avons vu de suite M. Bronn (1), partant, au contraire, de la ressemblance plus ou moins éloignée qu'il croyait reconnaître, juger, dans son cabinet, que nous nous étions trompé et que cette espèce devait, par ses rapports de formes, être réunie à telle autre, souvent d'un âge différent, sans se demander, le moins du monde, s'il ne faisait pas un rapprochement de ressemblance identique à celui qui placerait Napoléon avec les empereurs romains. Comme on peut le reconnaître au genre ammonite de l'*Index palæontologicus*, voilà la base d'où est parti M. Bronn pour réunir les espèces les plus distinctes en négligeant de s'occuper des dates ou de l'étage où elles se sont montrées. On voit dès lors de quelle manière est traitée la géologie dans ce catalogue, et sur quoi sont basées les réunions monstrueuses d'espèces qui y sont souvent opérées.

§ 12. — Considérons, dans leurs rapports intimes avec la géologie, comment, dans le même catalogue, sont traités les caractères zoologiques des êtres. Ainsi qu'on le verra plus loin (§ 49 et 50), le genre ou la forme générique ramené à sa juste valeur, est un caractère stratigraphique négatif ou positif d'une grande importance pour arriver, par comparaison, à connaître l'âge relatif d'un lambeau de terrain séparé des étages supérieurs et inférieurs, qui devraient l'accompagner, ou d'une contrée sur laquelle on n'a aucune donnée géologique. Avant de placer une espèce dans un genre, il est donc très-important, de s'assurer si ce genre est bien celui où elle doit rester. Il est aussi indispensable de discuter soigneusement ce genre avant d'y faire figurer une espèce dans un catalogue sérieux. Ici nous sommes encore obligé de le dire, presque toutes les rectifications de cette nature faites dans cet ouvrage, l'étaient déjà par d'autres auteurs; elles ont seulement été compilées, souvent sans critique, car nous y voyons encore un grand nombre de genres indiqués dans des terrains très-anciens, quand ils ne se trouvent réellement pas fossiles, ne le sont que des derniers étages seulement, ou bien sont circonscrits dans des limites d'âge bien éloignées d'être véritables (2). Sous ce rapport,

(1) C'est aussi la base de toutes les critiques de M. Quenstedt, qui est parti du même principe.

(2) Le genre *Littorina*, par exemple, descendrait jusque dans l'étage silurien tandis qu'il ne se trouve réellement que dans les derniers étages tertiaires. Voyez à ce sujet dans l'*Index palæontologicus* les genres *Ampullaria*, *Melania*, *Buccinum*, *Gorgonia*, *Mya*, *Eschara*, *Astrea*, *Escharina*, *Murex*, *Astarte*, *Erycina*, *Flustra*, *Fusus*, *Amphidesma*, etc., etc.

malgré les efforts qui, nous aimons à le croire, ont été tentés, le but est loin d'être atteint et les plus graves erreurs subsistent encore dans l'*Index palæontologicus*.

§ 13. — Pour les espèces dans leurs rapports avec la géologie, nous avons vu (§ 11) d'après quels principes elles ont été souvent réunies à tort les unes avec les autres. Si maintenant nous cherchons quel âge leur a été assigné, quelle est leur date géologique, nous verrons que souvent cet âge est fautif, parce que d'après telles ou telles préventions, l'auteur prenait de préférence une autorité plutôt qu'une autre, dans son indication, ou bien en donne plusieurs à la fois pour certaines espèces les mieux circonscrites dans leur zone, dont elles ne s'écartent jamais. Ainsi l'on ne peut se fier à l'âge géologique énoncé, toujours sans localités; ce qui est une grande lacune dans un tel ouvrage.

§ 14. — Quant aux espèces considérées relativement au nom qu'elles doivent conserver, nous ne doutons pas que M. Bronn n'y ait apporté une profonde érudition; mais alors qu'il change le nom, pourquoi ne pas accompagner ce changement de la date qui l'a déterminé? Lorsqu'on fait une critique, il faut mettre le lecteur à portée de juger sur quoi elle est fondée; aussi aurions-nous désiré voir attacher une date aux ouvrages cités et moins abréger les titres de ces ouvrages; car on les rend souvent inintelligibles, ou l'on oblige à rechercher aux auteurs, d'abord leur nom trop abrégé, qu'il faut apprendre à reconnaître, puis le titre de leurs ouvrages, ce qui est un véritable travail que quelques mots de plus à chaque article, pouvaient épargner au lecteur. En supposant que M. Bronn soit quelquefois dans le vrai pour le nom le plus ancien appliqué aux espèces par les auteurs qui ont décrit des fossiles, n'a-t-il pas commis la faute que nous avons signalée (§ 3), en parlant des travaux indépendants des paléontologistes et des zoologistes? A-t-il toujours vu si le nom le plus ancien appliqué par les paléontologistes, n'était pas déjà donné depuis longtemps par des zoologistes ou des conchyliologistes à des espèces vivantes toutes différentes? Ici, nous sommes encore obligé de l'avouer, si l'érudition de l'auteur est très-grande en ce qui touche les fossiles, il ne l'a pas étendue aux auteurs qui, bien antérieurement, faisaient de la science; aussi le nom conservé par lui, comme le plus anciennement appliqué par les paléontologistes, n'est-il pas encore celui qui doit rester à l'espèce, car il a souvent été appliqué bien antérieurement à d'autres espèces vivantes par des auteurs spéciaux sur la zoologie ou la conchyliologie. Il faut donc nécessairement le changer de nouveau, afin qu'on puisse citer sans crainte de se tromper la dénomination bien certaine que doit, à l'avenir, conserver l'espèce en question. D'un autre côté, dans les noms identiques donnés par les auteurs, M. Bronn ne se prononce que rarement sur celui qui doit rester.

§ 15. — En nous résumant sur l'*Index palæontologicus*, nous le regardons comme ce qui a été fait de mieux, de plus complet jusqu'à présent, comme une immense compilation, d'une grande importance de détails, mais nous croyons que, dans beaucoup de cas, il ne peut même servir de renseignements précis, qu'en lui faisant préalablement subir une grande réforme sous les rapports géologiques et zoologiques que nous venons d'indiquer.

§ 16. — Un mot relativement aux catalogues géographiques moitié zoologiques et moitié alphabétiques; sur celui, par exemple, que M. Morris a publié sur les fossiles de l'Angleterre. Nous le disons avec vérité, nous le regardons comme une excellente compilation, mais entaché, ainsi que tous les travaux de ce genre, des inconvénients inhérents à son cadre, et que nous avons signalés (§ 6). On peut s'en servir à titre de renseignement, mais non lui donner une importance géologique positive; il résume bien tous les travaux sur l'Angleterre sans discuter la valeur primitive intrinsèque des documents réunis. On aurait donc grand tort de se fier toujours aveuglément aux âges géologiques indiqués à chaque espèce, surtout lorsqu'il y en a plusieurs (1), car alors, il y a nécessairement les noms et les terrains donnés dans les divers catalogues analysés par M. Morris, et non un fait bien constaté. Nous avons même été obligé de remonter toujours à la source première, pour séparer les indications positives, de celles qui proviennent de documents peu certains, appliqués postérieurement aux mêmes formes zoologiques et relevés par l'auteur.

§ 17. — Quant aux listes publiées sans figures par les géologues à l'appui de leurs recherches locales, il nous a fallu les regarder comme non avenues dans la science. Nous avons reconnu, en effet, qu'elles ont été la plupart du temps, recueillies avec une telle légèreté, quant aux noms d'espèces qu'on indique dans un étage, dans un terrain, qu'en les réunissant toutes sans les

(1) Voir *A Catalogue of British fossils*, p. 90, 91, 92, 103, 106, 109, 113, 133, 137, 139, etc., etc.

discuter, on arriverait au plus monstrueux mélange d'anachronismes qu'on puisse imaginer. Pour une indication juste, il y en a quelquefois dix d'erronées ; car ce qu'on a le plus souvent cherché, c'est d'obtenir un nombre élevé d'espèces, en demandant et obtenant des noms de toutes mains, et les groupant sans aucune critique préalable. Nous n'en citerons aucune pour prouver ce que nous avançons, étant presque toutes, plus ou moins, dans le même cas. Il est certain que s'il s'agissait de les rectifier, il faudrait plus de place pour la critique que n'en occupent les ouvrages eux-mêmes. Il résulte souvent de cette indifférence avec laquelle ces faits sont indiqués, que les fossiles qu'on donne à l'appui des résultats géologiques y sont au contraire, en contradiction de la manière la plus complète et pourraient faire croire à des erreurs géologiques qui ne sont dues qu'à de fausses déterminations de fossiles.

§ 18. *Des ouvrages publiés suivant l'ordre zoologique.* — Ce mode de publication, adopté par un grand nombre d'auteurs, a plus contribué que tout le reste à paralyser les recherches, et à empêcher la science paléontologique et géologique de marcher ; car il est évident, que contrairement à ce qu'on devrait faire, on fait passer la ressemblance des êtres avant leur âge respectif (§ 10, 11). Qu'un zoologiste suive cette marche, cela est naturel, puisqu'il fait de la zoologie fossile et non de la paléontologie spéciale ; mais, en adoptant ce mode de publication, un géologue ou un paléontologiste s'éloignent évidemment du but qu'ils se proposent d'atteindre. La division zoologique, en effet, groupe les êtres suivant leurs affinités de formes, en confondant dans ce cadre, tous les êtres, quels que soient leurs âges géologiques. Il en résulte que les êtres de la première animalisation du globe peuvent être placés avec ceux des dernières, si leurs formes les en rapprochent. Cette marche propre aux travaux de zoologie spéciale, est destinée à donner seulement des résultats zoologiques ; si elle facilite les recherches dans ce sens, elle éloigne naturellement toute comparaison générale et empêche d'arriver à aucune déduction paléontologique. Nous avons toujours été très-surpris de voir beaucoup de géologues adopter ce mode de publication de préférence à l'ordre de superposition des couches, à l'ordre chronologique d'apparition des êtres, qui devraient être pour eux la première base de leur travail. C'est encore l'histoire dans laquelle on fait passer la ressemblance des personnages avant la date où ils ont vécu (§ 11).

§ 19. — Prenons pour exemple et discutons le travail d'un auteur que l'esprit de système a le plus éloigné de son but. Nous voulons parler de M. Quenstedt. Commençons par nous demander si c'est de la zoologie ou de la paléontologie qu'il a voulu faire. La marche qu'il a adoptée nous porterait à croire que c'est de la zoologie, car ce n'est assurément pas de la paléontologie. Voyons alors la partie zoologique.

L'une des grandes améliorations apportées dans les sciences naturelles ; celle qui a le plus contribué, peut-être, à leur avancement, est sans contredit la grande réforme établie relativement à la nomenclature par Linné et Adanson dans la première moitié du siècle dernier. Avant ces réformateurs, les espèces étaient dans les genres, désignées par une phrase qu'ils remplacèrent par un *adjectif unique, nom de convention*, appliqué à la forme spécifique. Cette amélioration simplifia, perfectionna la nomenclature et en permettant à la mémoire de retenir le nom substitué à une phrase, amena cet immense développement des sciences naturelles qui, sans elle, seraient peut-être restées stationnaires.

M. Quenstedt semble n'avoir pas connu, ou n'avoir pas apprécié l'immense importance de ce changement, car sans cela, il n'aurait pas cru innover, et ne nous aurait pas fait rétrograder d'un siècle en nous ramenant aux *noms composés de plusieurs adjectifs* (1), comme on les trouve dans tous les anciens auteurs qui ont précédé Linné. Si l'on suivait ce système rétrograde dans les sciences naturelles, on en arrêterait positivement la marche progressive ; aussi ne saurions-nous trop nous élever contre cette exhumation parfaitement inutile et des plus dangereuses.

§ 20. — M. Quenstedt appartient à cette fâcheuse école qui a pour principe arrêté de réunir les êtres fossiles, dès que les formes extérieures les rapprochent quelque peu les uns des autres, sans songer que les caractères les plus tranchés ont pu lui échapper. Il n'est pas possible, en effet, de pousser plus loin l'esprit de système dans les réunions arbitraires d'espèces opérées par M. Quenstedt ; et l'on serait tenté de croire qu'il n'a rien voulu voir ni reconnaître de ce qu'il n'a pas trouvé dans le Wurtemberg. Dès qu'une espèce décrite et figurée par nous dans toutes ses phases d'accroissement, se rapproche tant soit peu d'une espèce recueillie

(1) Petrefacten-kunde Deutschlands, les genres Ammonites, Belemnites, etc., etc.

par lui, dans le Wurtemberg, il la réunit en passant par-dessus toutes les différences zoologiques, toutes les distances géologiques (1). On dirait que le Wurtemberg est le monde tout entier, le monde type, puisque M. Quenstedt n'admet que ce qu'il y a vu, en regardant tout le reste comme une chimère ; à tel point que, lors même qu'après de longues recherches, on a signalé ces caractères différentiels ; lors même qu'on les a représentés, M. Quenstedt ne s'arrête pas pour si peu de chose, il prend sans scrupule, les observations les plus consciencieuses pour des erreurs, les figures pour des inventions imaginaires ; et, parti lui-même d'une erreur, ne recule devant aucune réunion quelque monstrueuse qu'elle soit, sous les rapports géologique et zoologique. Nous avons dit ailleurs (2) que ces réunions se faisaient dans l'enfance de la science, mais que si elles étaient regrettables, elles s'expliquaient par l'époque où elles avaient été commises ; mais qu'y retomber aujourd'hui, c'était à la fois annihiler les travaux des zoologistes, et prouver qu'on n'est pas familiarisé avec les premiers éléments de la science.

§ 21. — Quand on veut être aussi sévère en zoologie, au moins faudrait-il ne pas commettre soi-même de ces fautes, que le moindre soin, la moindre comparaison, feraient éviter ; en un mot, on devrait se tenir au courant des ouvrages, et connaître les espèces décrites depuis longtemps, pour y rapporter sûrement celles du Wurtemberg. Sous ce rapport, il existe, dans le travail qui nous occupe, les plus graves erreurs, et même pour les espèces les plus caractérisées, le véritable nom a été méconnu (3).

§ 22. — En zoologie, d'abord par esprit de justice, et ensuite pour prouver qu'on a l'érudition nécessaire aux recherches entreprises, il faut, règle générale, remonter, pour l'espèce, au nom le plus ancien. Si, pour se livrer à l'arbitraire dans l'adoption d'un nom, l'on abandonnait cette marche, d'accord en tout point avec le respect qu'on doit aux travaux de ses devanciers, et avec le principe le plus rigoureux d'équité, on jetterait des perturbations constantes dans la science, en l'embrouillant de plus en plus. C'est une règle entièrement méconnue par M. Quenstedt, qui fait toujours

(1) Petref., p. 148, 158, 171, 211, 263, 267, etc.

(2) Introduction au *Cours élémentaire de Paléontologie et de Géologie stratigraphiques*, p. 5.

(3) *Ammonites cordatus, Lamberti, perarmatus, heterophyllus, Backeriæ, anceps*, etc., etc.

passer le nom, à tort ou à raison, employé *en Allemagne*, avant celui qui a souvent une antériorité de près d'un demi-siècle (1).

§ 23. — Pour ne pas recommencer toujours ce qui est fait, lorsqu'on a connaissance d'un nom donné à une espèce, il est encore de règle en zoologie, de le conserver religieusement comme une chose sacrée, et cela d'après un principe d'équité et de justice. M. Quenstedt, sur ce point, comme sur tous les autres, s'en est entièrement séparé. Non-seulement il n'a pas conservé le nom qu'il savait exister, puisqu'il le cite en synonymie (2), mais il a, le plus souvent, substitué à un adjectif simple sa formule favorite des noms complexes, qui existaient au commencement du siècle dernier, avant la régénération des sciences naturelles opérée par Linné (§ 19).

§ 24.—Puisque nous avons parlé de justice, d'équité, par rapport aux questions générales de zoologie, nous ne pouvons nous dispenser de faire remarquer comment M. Quenstedt comprend certaines manières de les envisager, qui ont fait pourtant la réputation de ceux qui s'en sont occupés. Nous voulons parler de la restauration des êtres perdus. Quel est, dans l'étude des animaux fossiles, le but zoologique le plus important? C'est assurément d'arriver, à l'aide d'une connaissance approfondie des caractères intimes des êtres actuels, par la comparaison qu'on en fait avec les êtres enfouis dans les couches terrestres, à reconstruire ces derniers, pour montrer les rapports ou les dissemblances qui existent entre les faunes des différents âges du monde, rapprochées de la faune actuelle. Des recherches de cette nature ont placé Cuvier au rang des plus illustres; elles n'ont pas peu contribué à la réputation dont jouit, à juste titre, dans le monde savant, M. Richard Owen. Qu'avons-nous fait en rassemblant quelquefois de nombreux matériaux, en rapprochant les diverses parties d'un être pour le restaurer, non-seulement tel que nous le comprenions, mais comme *les faits les plus positifs nous le démontraient?* Nous avons suivi, pour les animaux mollusques, ce que Cuvier et M. Richard Owen avaient fait pour les mammifères, pour les reptiles, etc. Nous pouvions d'autant plus croire qu'en agissant ainsi nous avions rendu quelques services aux sciences paléontologiques comparées, que,

(1) Par exemple, l'*Am. canteriatus*, Brongniart, 1821, et l'*Am. asper*, Mérian avant Bruguière, qui, en 1791, créa le genre Ammonite, etc., etc.

(2) Petref., p. 143, 145, 148, 171, etc., etc.

le plus souvent, des découvertes postérieures sont venues pleinement confirmer, par des échantillons complets (1), nos restaurations premières. A en croire M. Quenstedt, nous nous serions encore trompé, nous aurions commis une grande faute, et il n'y aurait pas dans la langue allemande de mots trop forts pour nous les adresser. En effet, lorsque cet auteur n'a pas trouvé dans le Wurtemberg le genre ou l'espèce que nous décrivons, lorsqu'il ne les a pas compris, ou les a méconnus, il ne craint pas de dire « que « nous les avons inventés, fabriqués; que les appendices théori- « ques de nos figures empêchent de rien distinguer; que nous « n'avons pas observé tout ce que nous avons reproduit dans le « dessin; qu'avec notre ouvrage, on n'est jamais assuré que les « figures reposent sur des faits; que ce sont des figures idéales, « des créations imaginaires, qui ne s'accordent pas avec la na- « ture (2). » Si réellement il restait autant de doutes à M. Quenstedt, après ses études si approfondies sur le Wurtemberg, il aurait dû, avant d'adopter un ton, un style aussi peu conformes aux mœurs de notre époque, prendre la diligence de Paris; et, en quelques jours, il aurait pu juger par lui-même, sur notre collection, de la véracité de nos rapprochements, de la valeur de nos restaurations, de la vérité de nos dessins, s'épargnant ainsi, une critique hors de saison, et tout à fait inutile; car, nous lui aurions montré l'être réel aussi complet que nous l'avons figuré. Nous sommes entré dans ces détails plutôt pour démontrer la haute portée des connaissances zoologiques générales de M. Quenstedt, que pour répondre à cette critique incessante motivée, nous ne savons sur quoi, que nous connaissions depuis longtemps, mais que nous nous refusions toujours à regarder comme sérieuse.

§ 25. — Parmi les travaux des paléontologistes, il est une manière de présenter les espèces, fort bonne assurément pour un travail de zoologie spéciale, mais qui, plus encore que la forme zoologique de l'ouvrage, est venue détruire toutes les comparaisons paléontologiques. Nous voulons parler des *groupes d'espèces*, ou,

(1) Que M. Quenstedt se rassure.... La science n'est pas perdue, parce qu'il n'a pas trouvé, dans le Wurtemberg, de *Hamites* à double crosse et d'*Ancyloceras* complets, comme nous les avons figurés. Nous pouvons aujourd'hui les lui montrer.

(2) Petrefacten-kunde, p. 481, 286, 443, 244, 286, etc., etc.

comme on l'a dit à tort, *des familles d'espèces dans les genres*, basés sur les rapports réciproques de formes. Si, en effet, c'est de la zoologie spéciale qu'on veut faire, le travail doit être entièrement zoologique et destiné à donner tous les résultats désirables sur les rapports généraux des formes animales. Si, au contraire, le but est géologique, c'est le moyen le plus certain de s'éloigner de la vérité, car on fait encore marcher ici, en faisant de l'histoire, la ressemblance des personnages avant l'époque où ils vivaient (§ 11), et tous les résultats seront nécessairement contraires à l'ordre chronologique, ou éloigneront de plus en plus des généralités qui pourraient se rattacher à la succession naturelle des êtres. Nous croyons donc cette forme peu appropriée à la géologie, à la paléontologie, et nous la signalons même comme très-nuisible à l'avancement de ces sciences.

§ 26. — Si M. Quenstedt a cru faire de la zoologie, il a bien fait de l'adopter. Nous allons voir que son esprit de système l'a, au contraire, comme pour toutes les autres questions, poussé jusqu'à exagérer un principe, vrai dans le fond, mais sujet à beaucoup d'exceptions. Nous avons, après M. de Buch, fait ressortir, à la fin de nos ammonites des terrains crétacés (1), les rapports des groupes de formes avec l'âge où ils se trouvent; et, ainsi que le savant de Berlin, nous nous sommes bien gardé d'outre-passer la valeur des faits, ou de vouloir faire plier la nature à des exigences de systèmes. M. Quenstedt a formé, dans le genre ammonite, des groupes d'espèces qui se trouvent dans le Wurtemberg, comme M. Léopold de Buch et nous l'avons fait, mais non content des résultats que pouvaient lui donner, dans sa province, les espèces dont il avait pu apprécier la répartition géologique, il veut trouver, dans l'existence de ses groupes, des lois que la nature n'a pas la permission d'enfreindre. Parce qu'il rencontre, en effet, l'*Ammonites discus*, type de ses *Disci* dans le Jura brun (notre 11e étage bathonien), toutes les ammonites disciformes doivent, selon lui, être jurassiques et du même âge; aussi, croit-il que nous nous sommes trompés en indiquant l'*Ammonites Gervilianus*, dans l'étage 17e néocomien, et l'*A. Requienianus* (2) dans l'étage 21e turonien, d'Uchaux (Vaucluse); qu'ils doivent nécessairement être, d'après leurs formes, du Jura brun analogue à

(1) Paléontologie française, terrains crétacés, p. 481 et suivantes.

(2) Voyez Petrefactenkunde, p. 122; voyez encore tous les autres groupe d'espèces.

celui du Wurtemberg. C'est en partant de ce principe, plus qu'exagéré, que M. Quenstedt a fait de chacun des groupes de formes, l'assemblage le plus monstrueux d'anachronismes géologiques et d'erreurs de déterminations zoologiques ; comme si la nature devait impérieusement se soumettre à suivre sur tout le globe, le système que l'auteur a rêvé pour le Wurtemberg, appelé dorénavant à régir l'univers géologique et paléontologique.

§ 27. — Après avoir passé en revue tous les côtés zoologiques de l'ouvrage de M. Quenstedt, on serait porté à croire que l'auteur n'a pas voulu en faire la base de ses travaux ; car on a vu qu'il a peu consulté les éléments fondamentaux de cette science. Serait-ce donc de la géologie ou de la paléontologie qu'il a voulu s'occuper? mais ce ce que nous venons de dire (§ 26) prouve au moins qu'il n'a pas attaché la moindre importance à la date, qu'il n'a jamais reculé, en partant de la ressemblance, à placer Napoléon parmi les empereurs romains (§ 10, 11), ou, pour parler plus clairement, à réunir des espèces séparées dans la nature, par un nombre plus ou moins grand d'étages géologiques, par ce seul fait qu'elles avaient quelques rapports éloignés avec des espèces du Wurtemberg. Nous l'avons déjà dit. La géologie n'est pas une science qu'on puisse faire dans le cabinet (§ 10). Ce n'est pas une science qu'on puisse faire sur une petite échelle, dans un cercle trop restreint ; car, dès qu'on part de ce cercle restreint pour tirer des conséquences générales, on peut être certain de se tromper. Pour arriver à des idées justes, il faut beaucoup voyager. Plus l'horizon s'élargit, plus les faits se présentent sous leur véritable aspect. Trop plein de son Wurtemberg, M. Quenstedt a voulu lui soumettre, par la seule analogie de la couleur de la roche, les quelques contrées des Alpes qu'il a pu visiter, sans se douter qu'un pas de plus, sur le sol de la France, ferait crouler tout son édifice géologique. En partant de la couleur de la roche, l'auteur, à l'exemple de quelques autres savants allemands, divise les terrains jurassiques du Wurtemberg en Lias (1), en Jura brun (2) et en Jura blanc (3).

(1) Nos étages : 7e sinémurien, 8e liasien, 9e toarcien (partie).

(2) Nos étages : 9e toarcien (partie), 10e bajocien, 11e bathonien, 12e callovien.

(3) Nos étages : 13e oxfordien, 14e corallien. Voyez la synonymie discutée, de tous ces étages, dans notre *Cours élémentaire de Géologie et de Paléontologie stratigraphiques*, 4e partie, et les raisons stratigraphiques générales sur lesquelles nous nous fondons pour les adopter.

C'est, en effet, dans cette partie de l'Allemagne, la couleur générale des groupes d'étages superposés. Sans doute M. Quenstedt a cru ce caractère de couleur spécial au Wurtemberg, applicable à tous les pays, car il paraît n'avoir vu dans les Alpes françaises, que deux choses, le Jura brun et le Jura blanc. En partant du Wurtemberg, toujours son type, il a fait passer la teinte de la roche avant toute chose, avant même les fossiles qui pouvaient donner les limites géologiques des étages. Comme tous ces étages, sans exception, sont bruns ou noirâtres, dans les Hautes et Basses-Alpes, depuis notre 7e étage sinémurien, jusqu'au 14e étage corallien, qu'aucun n'est blanc comme dans le Wurtemberg, M. Quenstedt n'a vu, dans l'ensemble, que l'équivalent du Jura brun de son pays. Or il fallait à tout prix dans les Alpes un Jura blanc analogue à celui du Wurtemberg; et n'ayant pas reconnu que les étages compris dans le Jura blanc du Wurtemberg étaient sur ce point aussi bruns que le reste, M. Quenstedt a recours à son moyen ordinaire. Tout le monde a méconnu les Alpes; tous les géologues se sont trompés sur l'âge relatif des terrains, et lui seul doit les connaître; car il a vu le Wurtemberg. Quand, avec tous les géologues (M. Quenstedt excepté), nous avons, par les considérations stratigraphiques les plus rigoureuses, placé dans le plus ancien des étages crétacés, dans l'étage néocomien, les premières couches blanchâtres qui reposent sur les terrains jurassiques des Alpes, et qui renferment les *Crioceras*, les *Ancyloceras*, les *Hamites*, les *Scaphites*, les *Baculites*, etc., nous nous sommes encore trompé, nous ne connaissons pas les Alpes (1). Il est vrai, que nous ignorions qu'il fallait absolument que M. Quenstedt y rencontrât son Jura blanc du Wurtemberg, et que ne le trouvant pas de cette couleur, dans les terrains jurassiques des Hautes et Basses-Alpes (qui pourtant le contiennent), il le verrait dans *l'étage néocomien le mieux caractérisé*. Voilà comment M. Quenstedt comprend la géologie stratigraphique; voilà sur quoi repose l'une de ses sources de critiques : sur des erreurs et toujours sur des erreurs.

§ 28. — Si la multiplicité, si la violence des critiques lancées

(1) Petref., p. 266, 272, 275, 279, 282, 287, etc., etc. Il y place aussi des ammonites des étages néocomien ou aptien les mieux caractérisées, telles que les *A. angulicostatus*, *striatisulcatus*, *infundibulum* (le même que *Rouyanus*), *semisulcatus*, etc., etc.

par M. Quenstedt contre nos ouvrages ne nous permettaient plus de garder le silence; si nous avons été conduit à discuter un à un, tous les principes zoologiques et géologiques sur lesquels elles reposent, afin de démontrer qu'elles émanent toujours d'une erreur de l'auteur wurtembergeois, nous avons encore voulu, comme question générale, démontrer jusqu'où pouvait entraîner l'esprit de système basé sur un petit cercle d'observations. Nous ne doutons nullement de la bonne foi, de la conviction même avec laquelle M. Quenstedt a pu agir, mais il est parti d'un principe fâcheux, qui n'est malheureusement que trop généralement adopté, celui de vouloir faire, du lieu qu'on a étudié, le centre de toute la science, où tous les faits géologiques et zoologiques doivent se concentrer, sans rien admettre en dehors. C'est ainsi qu'on prétend souvent, dans ce cercle, rencontrer toutes les espèces connues sur d'autres points, bien qu'elles ne s'y trouvent réellement pas. En résumé, parce qu'on a peu vu, l'on n'a pas appris à douter de ses forces. On n'a pas songé que la vérité sur l'immensité des questions géologiques et paléontologiques destinées à embrasser le monde entier, ne peut sortir d'un cercle d'études trop restreint ; mais bien de l'universalité des faits et des lieux.

§ 29. — Des *Monographies de genre*. Nous pouvons rappeler ici, ce que nous avons dit des groupes d'espèces (§ 25). C'est un mode de publication approprié à la zoologie spéciale, mais peu propre à faire ressortir les faits paléontologiques, puisqu'il a pour base la ressemblance des êtres, et non pas leur âge respectif. Un travail de ce genre ne saurait être utile à la géologie, qu'autant qu'il aura pour éléments des indications certaines relatives au gisement et à l'âge, et qu'on aura fait passer, dans la comparaison des espèces, la date avant toute chose. Or, si nous trouvons des travaux consciencieux qui répondent à toutes ces conditions (1), il en est quelques autres qui laissent beaucoup à désirer.

§ 30. — Parmi ces derniers, se présente une publication dont nous ne pouvons nous dispenser de parler, car elle renferme une nomenclature particulière, une manière toute nouvelle d'envisager l'espèce. Dans le *Mémoire sur les Pleurotomaires du Calvados*, que M. Deslongchamps a publié en 1848, ce naturaliste change toute la nomenclature admise jusqu'à présent, pour lui en substi-

(1) Les monographies des *Productus*, et des *Chonetes*, de M. de Koninck, etc.

tuer une que nous allons faire connaître. M. Deslongchamps n'admet pas l'espèce comme tout le monde ; l'espèce, suivant lui, correspond pour ainsi dire, aux groupes des auteurs (§ 28), puisqu'il y réunit toutes les formes qui lui paraissent se rapprocher, sous un seul nom spécifique général, puis dans cette espèce il sépare des variétés auxquelles il donne encore un second adjectif. Il est telles de ses espèces, qui renferment ainsi neuf noms de variétés (n° 33, *Pl. mutabilis*). En suivant les errements actuels de la science, que tout le monde admet, si ce sont des variétés accidentelles bien reconnues, il faut nécessairement les réunir à l'espèce, sous le même nom, sans leur donner de second adjectif, car ce procédé nous amènerait aux dénominations complexes (§ 19). On compliquerait tellement les rouages de la science, en les admettant, qu'elle tomberait dans le chaos. En effet, aux *deux cent mille noms spécifiques* admis, il faudrait joindre le nom de variété, ce qui en doublerait au moins le nombre. Nous croyons donc qu'on doit bien se garder d'adopter cette innovation fâcheuse, qui pourrait avoir les plus graves inconvénients dans les sciences naturelles, et se trouverait, sans aucun profit, en opposition avec les règles admises.

§ 31. — D'un autre côté, si ces soi-disant variétés sont constantes ; si elles ont des limites bien arrêtées, si en un mot, elles peuvent être toujours circonscrites et distinguées, ce ne seront plus des variétés, mais bien de véritables espèces.

§ 32. — Nous avons dit que les espèces de M. Deslongchamps ne sont pas des espèces comme on les considère en zoologie ; ce sont des espèces suivant une nouvelle méthode, qui consiste à renfermer toutes les formes voisines, qu'elles constituent soit des espèces voisines de formes, soit de simples variétés. D'un autre côté, les variétés de M. Deslongchamps ne sont que très-rarement des variétés ordinaires, comprises dans les limites de l'espèce ; ce sont, au contraire, presque toujours des espèces des plus distinctes, comme nous avons pu nous en assurer par la comparaison des objets en nature. Ainsi, dans son n° 33, *Pleurotomaria mutabilis* où il met *neuf variétés*, nous reconnaissons *six espèces* bien distinctes (1), les autres étant des variétés ; dans son n° 40, *P. Deshayesii*, où M. Deslongchamps place six variétés, nous voyons six espèces ; dans son n° 20, *P. faveolata*, au lieu de six variétés, nous trouvons

(1) Voyez à notre 10e étage bajocien, les numéros 122', 126, 126', 127, 127' et 141.

six espèces des mieux caractérisées (1), etc., etc. Il devient donc indispensable de se rendre compte de cette manière d'envisager les formes avant de citer les espèces de M. Deslongchamps, car, sans cette rectification préalable, les caractères ordinaires des espèces seraient méconnus, et l'on suivrait deux routes différentes dans la science, ce qui ne pourrait que l'embrouiller.

§ 33. — Nous ne doutons, en aucune manière, des bonnes intentions de l'auteur ; mais a-t-il vu où son nouveau système l'entraînait? a-t-il réfléchi aux inconvénients de cette regrettable innovation? Nous ne le croyons pas, car il n'a pas même donné les moyens d'y remédier. En effet, bien que M. Deslongchamps dise, sous ce rapport, que « s'il a trop *contracté* les espèces, il n'y aura « le plus souvent qu'à faire disparaître le nom spécifique et à le « remplacer par celui de la variété (2), » on ne peut opérer ce changement sans tomber dans l'erreur, sans fausser les lois ordinaires de la nomenclature, et le travail de M. Deslongchamps n'est pas fait dans le sens de ce changement. D'abord l'auteur donne un nom d'espèce, par exemple, celui de *Debuchii*, n° 29. Cette espèce renferme cinq variétés qui, pour nous, sont autant d'espèces même disparates entre elles. Si, comme le dit M. Deslongchamps, nous prenons les noms des cinq variétés pour les noms d'espèces, nous serons forcé de détruire son nom type de *Debuchii*, que l'auteur n'a pas voulu placer provisoirement, nous en sommes persuadé. Cependant, comme il ne réserve à aucune de ses variétés le nom commun de *Debuchii*, puisqu'il donne un second nom à toutes les variétés, telle est la conséquence directe de ses indications ; conséquence contraire aux lois ordinaires de la nomenclature, qui veut qu'un nom soit sacré, et qu'on ne puisse pas le changer pour un autre, lorsqu'il a été imprimé. Si, en suivant la nomenclature admise, nous voulons conserver le nom de *Debuchii* à l'une des cinq variétés que nous regardons comme espèces, à laquelle l'appliquerons-nous? Le choix sera donc à notre arbitraire ; mais alors nous sommes obligé de supprimer l'un des

(1) Voy. étage 8e, liasien.

M. Deslongchamps, p. 11 et 12, à propos de l'angle spiral des pleurotomaires, dit que cette mesure est illusoire. On conçoit qu'en faisant disparaître jusqu'à six espèces distinctes dans ses variétés d'une seule, il devait nécessairement le dire, pour faire passer ses espèces multiformes, agrégations d'espèces bien caractérisées.

(2) Voy. Mémoire sur les Pleurotomaires, p. 25.

noms de variétés qui, suivant l'indication de l'auteur, devrait être le nom de l'espèce. On voit quels inconvénients se rattachent à ces changements.

§ 34. — D'un autre côté, l'auteur a-t-il disposé son travail pour que ses variétés puissent être érigées en espèces? Nous ne le croyons pas davantage, et nous allons en donner les preuves. Si, en effet, M. Deslongchamps avait eu l'intention qu'on prît ses variétés pour des espèces, il n'aurait pas donné au n° 10 une variété sous le nom d'*Undosa*, quand c'était déjà le nom spécifique qu'il donnait à son n° 22. Il n'aurait pas donné au n° 31 une variété sous le nom de *Lævigata*, quand il appliquait ce nom à son espèce n° 45; car le même embarras existait dans le choix des deux adjectifs appliqués, les uns aux espèces, les autres aux variétés, ou, pour mieux dire, le nom d'espèce devant, d'après les règles admises, passer avant celui de la variété, les deux noms de variétés ne pouvaient plus rester. Cela est encore prouvé par les mêmes noms de variétés donnés dans plusieurs espèces différentes à la fois. Nous trouvons, par exemple, le nom de *Platyspira* donné à une variété du n° 12 et à une autre du n° 29; le nom d'*Intermedia* donné à une variété du n° 29 et à une autre du n° 40; le nom d'*Aptycha* donné à une variété du n° 3 et à une autre du n° 24; le nom de *Planiuscula* donné à une variété du n° 37 et à une du n° 38. Il est donc bien prouvé que le travail de M. Deslongchamps n'était pas fait pour qu'on pût conserver ses variétés comme des espèces; car, indépendamment des doubles emplois que nous venons de signaler, dans le travail de l'auteur, les noms donnés aux variétés étaient souvent, depuis longtemps, appliqués dans la science à des espèces toutes différentes.

Nous avons voulu nous étendre sur cet ouvrage pour démontrer qu'avec les meilleures intentions possibles, il faut toujours avant de publier un système nouveau, en peser longuement les avantages et les inconvénients. On entrevoit, en effet, par ce que nous venons dire, combien le moindre changement de nomenclature dans les sciences naturelles peut entraîner de perturbations, et combien il convient d'en suivre irrévocablement les bases fondamentales.

§ 35. — *Des publications suivant l'ordre chronologique des faunes fossiles.* Nous arrivons enfin au mode de publication le plus approprié aux recherches géologiques et paléontologiques, à celui qui peut le plus avancer les questions stratigraphiques et l'histoire de notre planète. L'ordre chronologique, basé sur une stratification rigoureusement observée, a pour principe de faire passer la date avant les formes, et dès lors d'être de l'histoire présentée suivant l'ordre de succession des faits, de manière à en faire ressortir toutes les conséquences générales. Nous croyons qu'un seul ouvrage consciencieux, publié de cette manière, avance plus la géologie que ne pourraient le faire toutes les autres publications ensemble, quand elles ont pour base l'ordre zoologique; car il présente la série des faits dans toute leur réalité, sans avoir besoin de commentaire qui les explique. Il est certain que si l'Angleterre a devancé la France dans le classement stratigraphique des terrains et des étages; si elle a servi de type, de point de départ aux divisions qui sont générales sur le globe, on le doit positivement aux beaux travaux stratigraphiques de MM. Murchison, Phillips, Delabèche, Fitton, Mantell, etc., etc., qui non-seulement ont traité de la superposition exacte, mais encore ont publié des figures d'animaux fossiles, suivant les couches, les étages où ils se présentent. Nous ne saurions donc trop louer ces travaux des savants anglais, véritables fondateurs de la géologie stratigraphique, et qui en ont puissamment aidé les progrès. C'est effectivement depuis les importantes recherches de M. Murchison que les terrains paléozoïques de l'Angleterre ont pris leurs véritables divisions, basées sur la stratification en rapport avec les limites des faunes qu'elles renferment, et que ces divisions se sont trouvées les mêmes sur le monde entier. Ce sont les ouvrages de M. Phillips, sur les terrains jurassiques de l'Angleterre, qui, en donnant les faunes successives, ont surtout contribué à l'avancement des travaux, et ont toujours servi de point de départ aux recherches exécutées ailleurs. On doit aussi aux excellents ouvrages de MM. Fitton et Mantell beaucoup des lumières jetées sur l'étude des terrains crétacés. En un mot, la géologie stratigraphique, la plus importante, puisqu'elle est la partie positive de cette science et qu'elle renferme l'histoire chronologique du globe terrestre, est positivement née sur le sol de l'Angleterre. C'est même en prenant ces divers ouvrages pour points de comparaison avec nos recherches sur le sol de la France, avec les collections stratigraphiques de tous les pays, que nous sommes arrivé aux généralisations des terrains et des étages qui forment la dernière partie de notre Cours de paléontologie et de géologie stratigraphique.

§ 36. — En nous résumant sur le mode de publication le mieux approprié à faire ressortir tout ce qui se rattache aux questions géologiques et paléontologiques (§ 5), on voit qu'il n'est point indifférent, pour atteindre ce but, de prendre telle ou telle forme. Que, par exemple, tout travail zoologique qui fera passer la ressemblance des êtres avant la date où ils ont vécu, ne pourra que dénaturer les faits, et pour ainsi dire les noyer dans un cadre qui les absorbe; tandis que le mode de publication qui prendra pour base la date ou l'âge donné par la superposition, offrira de suite les résultats auxquels on désire arriver, sans qu'il soit nécessaire de les interpréter.

CHAPITRE TROISIÈME.

Bases géologiques et zoologiques adoptées dans la discussion des documents de cet ouvrage.

§ 37. — La revue sommaire que nous venons de tenter des divers modes de publications, et de la manière si disparate dont les faits ont été présentés, permet d'entrevoir que nous n'avons pu nous servir des matériaux qu'ils renferment qu'en les discutant tous les uns après les autres. Sans cette discussion préalable, nous serions certainement tombé dans tous les inconvénients qu'offrent toujours les compilations (§ 8); et, au lieu de jeter quelques lumières sur la science qui nous occupe, nous l'aurions peut-être embrouillée pour toujours. Cependant il ne s'agissait de rien moins que de porter plus de 36,000 jugements sur les rapports géologiques et zoologiques de chaque espèce, de séparer la réalité des faits, des erreurs qui ont pu s'y joindre, enfin, de débrouiller ce chaos pour ramener les choses à leur valeur primitive. L'immensité de ce travail pouvait légitimement nous effrayer; l'aridité seule qui s'y rattache aurait pu éloigner le plus courageux, et nous dirons en toute vérité, que vingt fois nous avons été sur le point de l'abandonner, tant ce travail était fastidieux et rebutant; néanmoins, après quelques années de recherches, nous avons persisté, et nous l'avons enfin terminé en 1847. Nous ne savons quel jugement en porteront les hommes consciencieux, mais nous pouvons affirmer que c'est de tous nos travaux celui qui nous a le plus coûté à exécuter, et le plus grand sacrifice que, dans notre existence, exclusivement consacrée à l'étude, nous ayons pu faire aux sciences naturelles

§ 38. — Pour donner une idée exacte du travail, pour qu'on puisse apprécier la manière dont nous avons procédé, et les bases sur lesquelles les réformes ont été faites, nous sommes obligé de tracer avec détails la marche de nos recherches, et d'indiquer sur quoi nous avons appuyé nos jugements. Nos comparaisons appartiennent à deux ordres de faits qu'il faut d'abord séparer :

Aux considérations géologiques,

Aux considérations zoologiques;

et ensuite, dans ces deux sciences, aux différents points de vue qui leur sont applicables. Nous allons donc les passer successivement en revue, en faisant en même temps notre profession de foi sur les principes qu'on doit adopter à l'égard de ces deux séries de questions indépendantes, et pourtant nécessaires pour arriver à une solution satisfaisante.

† CONSIDÉRATIONS GÉOLOGIQUES.

§ 39. *De la date, de l'âge relatif en géologie.* — On a déjà pu entrevoir, d'après ce que nous avons dit (§ 10, 11), que le point de départ de toutes les recherches de géologie et de paléontologie stratigraphiques doit être la date ou l'âge relatif des faunes fossiles; car une histoire ne peut se faire sans avoir l'ordre chronologique. Nous avons dit que cette date ne peut être donnée que par la superposition rigoureuse des étages sur les lieux où il n'y a pas de lacunes, où les époques se sont succédé dans un ordre régulier et sans interruption. Nous avons vu, en effet, dans nos recherches, que c'était dans la nature même qu'il fallait prendre les bases générales d'une solution stratigraphique. Dès nos premières observations sur le sol de la France, à notre retour d'Amérique en 1834, nous avons reconnu qu'en remontant ou descendant la série des couches nous trouvions partout la même succession d'êtres fossiles, cantonnée dans les mêmes limites de hauteur géologique. Par la comparaison des faunes recueillies avec le plus grand soin, suivant la stratification rigoureusement observée, et réunies dans notre collection dans leur ordre chronologique de superposition, nous obtenions à chaque nouvelle recherche de nouvelles convictions sur la stratigraphie géologique. Nous reconnaissions également que le caractère minéralogique des couches n'avait servi qu'à tromper les observateurs peu au courant des éléments stratigraphiques tirés des causes actuelles (1), qui souvent leur faisaient voir des parallélismes tout à fait fautifs. Les couches ferrugineuses, par exemple, prises d'un côté de la France, et identifiées de l'autre côté, contenaient des faunes tout à fait distinctes; tandis que les mêmes faunes fossiles se trouvaient, au contraire, sur des niveaux géologiques identiques, dans des couches de la nature minéralogique la plus différente.

§ 40. — Nous nous sommes alors attaché tout particulièrement à suivre les horizons paléontologiques, pour nous assurer s'ils dépendaient d'une époque marquée ou d'un simple facies local déterminé par les circonstances côtières ou pélagiennes des dépôts observés dans les causes actuelles. Après avoir rencontré, sur tous les points de la France, au nord, au sud, à l'est et à l'ouest, en Provence comme en Normandie, dans la plaine comme dans les Alpes et dans les Pyrénées, partout enfin, les mêmes résultats et n'avoir marché pendant quatorze années que de confirmations en confirmations, sans trouver un seul fait contradictoire, nous avons acquis la certitude que les terrains et les étages s'y divisent nettement comme nous les avons admis dans cet ouvrage; que partout aussi ces terrains et ces étages sont limités de même, quant aux faunes respectives qu'ils renferment et aux lignes de démarcation stratigraphiques relevées sur tous les points. Nous avons vu qu'autour de chaque bassin ils ne se confondaient nulle part, et qu'ils dénotaient bien autant d'époques géologiques distinctes, se succédant les unes aux autres dans le même ordre constant et régulier de superposition. Nous avons dès lors considéré les immenses collections stratigraphiques faites à l'appui de toutes ces recherches comme de puissants moyens de comparaison à établir avec les autres lieux.

§ 41. — Il nous restait ensuite à nous assurer positivement si ces différents terrains, ces différents étages, si tranchés sur le sol de la France, étaient le résultat de circonstances locales, spéciales à notre sol, ou s'ils dépendaient de faits généraux qui se seraient produits sur tous les points du globe à la fois. Notre indécision à cet égard ne fut pas longue. Par les travaux stratigraphiques des savants anglais, par les collections locales que nous leur devions, nous acquîmes bientôt la certitude que la géologie de l'Angleterre

(1) Voy. *Cours élémentaire de Géologie et de Paléontologie stratigraphiques*, 2e partie tout entière.

était identique à la géologie de la France; que c'était de plus la continuation des mêmes bassins, des mêmes anciennes mers qu'en France. L'Allemagne, l'Italie, la Russie, l'Espagne, nous offrirent, par les recherches des géologues et par les fossiles, que nous avons pu comparer, des limites stratigraphiques partout identiques en Europe, séparant les faunes fossiles en terrains et en étages comme en France. Notre voyage dans l'Amérique méridionale, nos travaux sur les fossiles de ces contrées; les importantes publications des géologues des États-Unis, ainsi que les nombreux fossiles que nous leur devions; enfin, tous les mémoires partiels publiés sur les pays les plus éloignés de notre point de départ, ne nous ayant, dans toutes les circonstances, donné que des résultats des plus satisfaisants pour l'ensemble des faunes comparées à leur âge relatif (1), nous avons pu en conclure, après avoir discuté tous les faits acquis à la science, que les limites des terrains et des étages, ainsi que des faunes qu'ils renferment, étaient les mêmes par toute la terre. Nous avons vu, par exemple, que l'ensemble des faunes lointaines et des faunes prises dans les régions tropicales, ou vers les pôles, contenaient non-seulement des caractères stratigraphiques constants, uniformes de composition générique, mais encore quelques espèces identiques qui, dans l'Inde, à Pondichéry, à Coutch; dans l'Amérique méridionale, au détroit de Magellan, au Chili, au Pérou, en Colombie; dans l'Amérique septentrionale, à Alabama, au Texas, à New-York; au Canada, dans le nord de l'Oural, etc., etc., prouvaient, avec l'âge identique, leur parfaite contemporanéité d'existence. Nous avons donc adopté ces terrains, ces étages, avec d'autant plus de certitude qu'ils n'ont rien d'arbitraire, et qu'ils sont, au contraire, l'expression des divisions que la nature a tracées à grands traits sur le globe entier.

§ 42. *Date géologique appliquée aux espèces publiées.* — En partant de ce principe stratigraphique une fois adopté, il restait à discuter géologiquement les faits publiés dans les ouvrages. Pour ceux qui avaient une forme stratigraphique (§ 35), on conçoit que nous n'avions qu'à prendre la faune telle qu'elle était présentée, n'ayant plus à discuter que la valeur des déterminations zoologiques. C'est ce que nous donnaient les beaux travaux de M. Mur-

(1) Voy. la 4e partie de notre *Cours élémentaire de Paléontologie et de Géologie stratigraphiques*, où tous ces faits généraux sont discutés.

chison (1). Pour d'autres auteurs (2), il ne nous restait qu'à réunir ensemble quelques divisions de couches pour arriver à nos étages. D'autres fois, il s'agissait seulement de rectifier l'âge positif d'un ensemble de fossiles dépendant d'un seul étage, mais dont les auteurs, faute de moyens de comparaison, avaient méconnu la date (3). Jusque-là, le travail était facile, car une seule comparaison générale suffisait pour nous faire placer l'ensemble dans l'étage qui lui appartient; mais pour les ouvrages dont la base est la division zoologique (§ 18), le travail se compliquait en raison du nombre d'âges différents réunis dans le même cadre. Lorsque l'âge géologique était bien défini, comme dans le bel ouvrage sur la Russie de MM. Murchison, de Verneuil et de Keyserling, ce n'était qu'une séparation simple, sans même avoir besoin d'une discussion géologique préalable des espèces par terrains, par étages. Malheureusement, les ouvrages ayant pour base la zoologie ne sont pas tous aussi clairs dans leurs indications précises sur l'âge géologique, et nous avons eu souvent à lutter, à cet égard, contre de très-grandes difficultés que quelquefois nous n'avons pu vaincre. L'ouvrage remarquable de M. Goldfuss peut surtout être cité sous ce rapport; car il présente, sous cette forme zoologique, tous les étages confondus, et souvent avec des indications si vagues, comme âge géologique, que nous ne répondons pas toujours de la zone où nous avons placé les espèces, quand nous n'avions pas de moyens de contrôle dans nos collections stratigraphiques. Nous avons donc placé quelques espèces avec doutes; et nous avons été même obligé, dans beaucoup de cas, de ne pas citer des espèces dont la date nous paraissait trop hasardée.

§ 43. — Après avoir élagué, des divers ouvrages, tous les faits peu positifs, sous le rapport de leur âge géologique, sous celui du genre auquel ils appartiennent, ou comme espèce, nous avons relevé, dans tous ces ouvrages, les espèces bien figurées qui avaient une date à peu près positive; nous les avons groupées par étages, comme nous aurions pu le faire de collections en nature, et alors nous avons commencé, par étages, une nouvelle vérification qui consistait, pour chaque espèce, à la comparer dans les diffé-

(1) Silurian system.

(2) Phillips, *Geology of the Yorkshire coast.*

(3) Le travail de M. Forbes sur les fossiles crétacés de Pondichéry, par exemple; l'âge des grès verts de l'Amérique septentrionale, etc., etc.

rents auteurs qui en ont parlé, et avec nos collections en nature sur lesquelles nous n'avions pas de doutes comme âge. Dans cette comparaison, il s'agissait de savoir d'abord si l'indication stratigraphique était vraie ou fausse dans tous les auteurs, et en cas de dissidence d'opinion, de juger par la comparaison, si ces dissidences ne provenaient pas d'erreurs de déterminations zoologiques. C'est, en un mot, une discussion critique, sévère, que nous avons dû faire à la fois, de l'âge géologique, du genre et de l'espèce pour tous les fossiles figurés dans les auteurs : travail qui nous a fait sonder, dans toute sa vérité, l'immense chaos dans lequel se trouvait la paléontologie stratigraphique, par suite d'erreurs de tous genres, qui toutes tendaient à fausser les faits géologiques, par suite de fausses indications d'âge ou des déterminations zoologiques erronées des plus disparates.

§ 44. — *Principes relatifs à la date géologique des espèces.* Comme nous l'avons dit (§ 10, 11), la première base de toute considération géologique ou paléontologique doit reposer sur l'âge relatif des espèces, et, dans toutes les circonstances, l'âge doit passer avant la ressemblance (§ 20, 26), car l'âge, c'est la date dans l'histoire; et l'ordre chronologique, en aucun cas, ne peut être interverti. Ainsi donc, sans se préoccuper de la forme qui viendra ensuite, il faut s'occuper de l'âge stratigraphique des espèces, et surtout ne pas faire passer les rapports de forme les premiers, sous peine de faire continuellement des anachronismes. A cet égard, nous devons exprimer toute notre pensée et toutes nos convictions relativement à la manière d'envisager la ressemblance des êtres en paléontologie.

§ 45. — Lorsque nous trouvons dans deux étages qui se suivent immédiatement des espèces qui se ressemblent, nous commençons par les étudier comparativement dans tous leurs détails zoologiques, pour nous assurer si elles sont identiques ou différentes; car, dégagé de tout système préconçu, ennemi de toute idée théorique qui pourrait fausser les faits, nous voulons, par-dessus tout, la vérité jusque dans ses plus petits détails. Quelquefois, en comparant ces espèces, nous les trouvons parfaitement identiques, et nous les réunissons en les indiquant dans les deux étages successifs [ce sont toujours des exceptions (1)]; mais, le plus sou-

(1) On trouvera ces espèces indiquées dans le Prodrome, chaque fois que nous l'avons constaté, et nous les citons à part dans notre *Cours de Paléontologie et de Géologie stratigraphique*, 4e partie.

vent, ces rapports de forme, que nous avions cru reconnaître au premier aperçu, disparaissent par l'analyse et sont remplacés par d'excellents caractères distinctifs, constants; alors nous devons nécessairement séparer ces espèces sous des noms différents.

§ 46. — Lorsque nous trouvons des espèces qui se ressemblent, dans des étages séparés par plusieurs autres où cette même forme ne se trouve pas, nos conclusions peuvent être différentes. En effet, si la ressemblance entre deux espèces rencontrées dans deux étages qui se suivent prouve leur parenté, si cette ressemblance provient de la filiation de cette espèce, qui a survécu d'un étage à l'autre, cette même parenté, cette même filiation ne peut exister pour des formes analogues, séparées par des époques où elles ne se trouvent pas. En un mot, dans des considérations qui tiennent à l'histoire chronologique, la position relative au temps passe même avant les rapports de forme, lorsqu'on ne peut suivre, dans l'intervalle, la filiation de ces rapports de forme. Quand on soumet à l'analyse ces ressemblances d'espèces qui ont paru à des époques différentes sur le globe, on reconnaît toujours des caractères différentiels qui avaient échappé aux recherches des auteurs qui, faisant passer la ressemblance avant l'âge, avaient voulu les identifier (§ 11, 20, 26).

§ 47. — Nous poussons encore beaucoup plus loin nos conclusions. Si nous trouvions dans la nature des formes qui, après l'analyse la plus scrupuleuse, ne nous offriraient encore aucune différence appréciable, quoiqu'elles fussent séparées par un intervalle de quelques étages (ce qui n'existe pas encore), nous ne balancerions pas un instant à les regarder néanmoins comme distinctes. Lorsqu'on voit toutes les formes spécifiques bien arrêtées avoir des limites fixes dans les étages, et appartenir à un seul, on doit croire que ce sont nos moyens de distinction qui sont insuffisants pour trouver les différences entre ces deux espèces d'époques éloignées qui se ressemblent. En effet, ne pas trouver ces caractères différentiels, n'est point une raison pour qu'ils n'existent pas, entre ces deux êtres de deux époques distinctes, séparés par un long intervalle où ils ne vivaient pas, surtout lorsque nous n'avons plus l'animal pour trancher la question, mais une petite partie de l'être. Cela est si vrai, que ces réunions monstrueuses dans les auteurs, comme le prouvent nos corrections de ce genre, sont ordinairement d'autant plus nombreuses que ceux-ci sont plus systématiques, qu'ils ont fait moins d'études sérieuses en zoologie; il en était ainsi, du reste, à l'enfance de la science (1). Une autre preuve peut être déduite de faits nombreux que nous avons constatés dans les auteurs (2); c'est que les identifications d'espèces passant dans tous les étages, se rattachent principalement aux petites coquilles, où il était moins facile de reconnaître les différences, pourtant très-appréciables. En résumé, pourquoi veut-on, seulement par esprit de système, donner des entraves à la puissance créatrice? Pourquoi veut-on empêcher la nature de reproduire, à diverses reprises, dans les âges du monde, des formes analogues, si elles ne sont pas identiques, surtout lorsque l'espace et le temps les séparent? En vérité cette prétention serait trop exagérée, pour que nous ne la poursuivions pas jusque dans ses derniers retranchements, par l'expression de la vérité.

§ 48. — ***Du genre, considéré comme caractère stratigraphique.***—Comme on peut le voir dans les éléments zoologiques de notre *Cours de Paléontologie et de Géologie stratigraphiques*, le genre, ou la forme générique, ramené à sa juste valeur, est un caractère stratigraphique d'une haute importance. On conçoit, en effet, que la forme zoologique une fois bien définie puisse nous donner, par la présence ou par l'absence des genres dans les terrains et dans les étages géologiques, des caractères *négatifs* ou *positifs* d'une grande puissance, surtout lorsqu'ils se rattachent à la zoologie tout entière. Voyons successivement ces deux caractères comme moyens d'application.

§ 49. — Nous appelons *caractères stratigraphiques, négatifs*, ceux que fournit dans un terrain, dans un étage, l'absence des genres, de la forme zoologique, reconnus jusqu'à présent dans d'autres terrains, dans d'autres étages. Donnons-en quelques exemples saillants, qui ressortent de nos différents tableaux de la répartition des êtres à la surface du globe (3). Quand nous voyons les *Trilobites*, un grand nombre de genres de céphalopodes, de brachiopodes, de bryozoaires, de crinoïdes, de polypiers, etc., ne pas sortir des terrains paléozoïques, ces genres deviennent autant

(1) Voy. Introduction au *Cours de Paléontologie et de Géologie*, p. 5.

(2) C'est surtout dans les terrains tertiaires que ces fausses identifications sont très-nombreuses. Voyez nos étages 24e, 25e et 26e.

(3) Voyez notre 3e partie du *Cours de Paléontologie et de Géologie stratigraphiques*.

de caractères négatifs pour tous les étages compris dans les terrains triasiques, jurassiques, crétacés et tertiaires où ils manquent toujours. Presque tous les genres de mammifères, de reptiles, de poissons, beaucoup de genres d'acéphales, de gastéropodes, etc., ne descendent, au contraire, jamais dans les terrains paléozoïques, et peuvent, jusqu'à présent, leur offrir des caractères négatifs constants. Il en résulte que ces faits sont d'une haute importance comme moyens d'applications, pour déterminer, par comparaison, l'âge de ces lambeaux isolés qu'on trouve quelquefois sur des roches d'éruption, ou pour arriver à connaître l'âge de fossiles rapportés de contrées sur lesquelles on n'a pas de données géologiques. On voit dès lors quelle est la portée géologique d'une détermination générique rigoureuse.

§ 50. *Caractères stratigraphiques positifs.* — Nous appelons ainsi les formes animales, les genres qui existent dans un terrain, dans un étage, et qui par leurs limites connues dans ces terrains, dans ces étages, offrent autant de caractères positifs, en opposition avec les caractères négatifs. Presque tous les genres de mammifères, de mollusques terrestres sont, avec une multitude de genres des autres séries, un moyen de reconnaître les terrains tertiaires. Enfin, en prenant les résultats qui doivent entrer dans un autre ouvrage, nous voyons, pour toute la zoologie fossile, que sur 1,440 genres connus à l'état fossile, 1,424 offrent par leurs limites dans les étages géologiques, 2,848 caractères positifs et négatifs qu'on pourra invoquer pour reconnaître aussi certainement l'âge d'un terrain, d'un étage sur lequel on n'aura pas de données géologiques, que si des espèces identiques venaient indiquer sa contemporanéité parfaite avec des étages déjà connus. En effet, de la combinaison rigoureuse de ces caractères positifs et négatifs, bien connus, il résulte des ensembles de faunes, tellement tranchés, qu'avec de l'habitude, en partant de tous ces faits, on arrive, par comparaison, à dire positivement, que cette faune fossile, sur laquelle on n'a pas de renseignements géologiques, doit être placée, dans son ordre chronologique, seulement à tel âge stratigraphique.

§ 51. — On voit, par ce qui précède, qu'il n'est point indifférent de placer arbitrairement une espèce dans un genre plutôt que dans un autre; qu'une erreur de détermination générique entraîne nécessairement à une erreur géologique, et de plus à dénaturer l'ensemble des faits positifs et négatifs basés sur la forme animale.

Si, sous ce rapport, on prenait pour réelle la détermination des différents auteurs, et qu'on s'en servît sans la discuter, on arriverait à l'assemblage le plus monstrueux qu'on puisse imaginer. On verrait, par exemple, le genre *Ampullaria* (que nous ne connaissons pas encore à l'état de fossile, et qui est purement des eaux douces), se trouver jusque dans l'étage devonien, parmi des coquilles marines (1); le genre *Melania*, également des eaux douces (qui ne descend pas au-dessous de l'étage néocomien), se rencontrer dans tous les étages paléozoïques parmi des coquilles marines (2). On verrait le genre *Littorina*, fossile seulement dans les terrains tertiaires les plus modernes, descendre jusqu'à l'étage silurien (3) ; le genre *Conus* qui ne paraît réellement que dans les derniers étages crétacés, descendre dans les étages liasien et bathonien (4); le genre *Cassis*, spécial aux terrains tertiaires, se montrer dans l'étage bathonien (5) ; les genres *Turritella*, *Buccinum*, *Gorgonia* descendre jusque dans l'étage silurien (6). Les genres *Terebra*, *Mya*, *Unio*, *Eschara*, *Astrea*, *Escharina*, descendre jusque dans l'étage murchisonien (7) ; les genres *Murex*, *Scalaria*, *Sigaretus*, *Sanguinolaria*, *Tellina*, *Solen*, *Corbula*, *Crassatella*, *Astarte*, *Venus*, *Erycina*, *Flustra*, *Spongia*, descendre jusqu'à l'étage devonien (8) ; les genres *Fusus*, *Pandora*, *Amphidesma*, *Mactra*, *Donax*, descendre jusqu'à l'étage carboniférien (9); le genre *Oliva* jusqu'à l'étage saliférien (10); toutes indications entièrement fautives. On verrait même, en consultant les catalogues, des ammonites dans les terrains tertiaires, etc., etc. En un mot, nous pouvons le dire, la partie la plus arriérée, dans toutes les publications, est bien certainement la détermination des genres. On dirait que beaucoup des auteurs ne connaissaient réellement pas assez la zoologie

(1) Voyez étage 2e, nos 260, 261.

(2) Voyez étage 2e, nos 243, 244, 245, 248, etc.

(3) Voyez étage 1 a, no 83, étage 0 b, no 65, etc.

(4) Voyez étage 8e, nos 45, 46, 46', 47, 47', étage 11, no 50, etc.

(5) Voyez étage 11e, no 47.

(6) Voyez étage 1 a, nos 76, 77, 272.

(7) Voyez étage 1 b, nos 40, 81, 92, 320, 374, 390.

(8) Voyez 2e étage, nos 256, 305, 349, 465, 447, 507, 525, 527, 531, 539, 577, 1035', 1191.

(9) Voyez étage 3e, nos 142, 384, 404, 471, 482.

(10) Voyez 6e étage, no 200.

lorsqu'ils ont voulu faire de la paléontologie, comme si cette science ne devait pas avoir pour base, au contraire, les éléments zoologiques les plus étendus. Si, en effet, une connaissance superficielle peut, jusqu'à un certain point, permettre de faire des travaux de zoologie spéciale, parce que tous les caractères sont à nu sur l'être vivant, il n'en est pas de même pour l'être fossile, le plus souvent altéré, déformé, et ne laissant dans les couches fossilifères qu'une partie plus ou moins étendue de son ensemble. C'est alors que les études zoologiques les plus profondes ne seront pas de trop pour reconnaître, à des caractères devenus des plus fugaces, les dernières traces distinctives du genre encore vivant, ou les grandes différences qu'offre cet être fossile, avec tous les genres des faunes actuelles, qu'il faut préalablement très-bien connaître. C'est donc une très-fausse idée de croire que le premier venu puisse faire, sans études spéciales, de bonne paléontologie.

§ 52. — Cette réforme dans les genres fossiles, n'a pas été la moins rude partie de notre tâche; car non-seulement elle nous a obligé à changer un nombre considérable de genres parmi les séries animales bien connues, et sur lesquelles il restait des travaux fondamentaux; mais encore elle nous a contraint à faire des travaux spéciaux d'ensemble sur tous les brachiopodes, sur les bryozoaires, sur les polypiers et les amorphozoaires, afin de circonscrire la forme générique par des caractères zoologiques réguliers, de valeur relative dans tout l'ensemble de la zoologie (1), et de faire cesser le chaos zoologique que nous y avions reconnu dans les auteurs. Ces observations motiveront, dans ce Prodrome, le grand nombre de changements opérés parmi les genres cités parfaitement connus, et la création de beaucoup d'autres genres nouveaux, pour des formes animales qui ne pouvaient régulièrement entrer dans les divisions établies, sans fausser tous les principes généraux sur lesquels repose toute la science zoologique.

§ 53. *De l'espèce, considérée dans ses rapports avec la géologie stratigraphique.* A propos des principes relatifs à la date géologique, nous avons déjà fait connaître notre manière de juger les espèces qui ont des rapports entre elles (§ 44 à 47) et qui souvent ont été confondues par les auteurs. Nous avons encore signalé

(1) Voyez ces diverses parties dans notre *Cours élémentaire*, 3e partie, et dans les étages de ce Prodrome.

les inconvénients qui pouvaient en résulter pour la géologie stratigraphique (§ 11, 20, 26). Nous ne reviendrons sur ce sujet que pour confirmer ces premières données, vraies non-seulement pour les auteurs cités, mais encore pour beaucoup d'autres (1). Nous pouvons même dire que cette fausse réunion d'espèces basée sur une ressemblance seulement apparente, a plus contribué que tout le reste à embrouiller les résultats paléontologiques; car, pour arriver à connaître la valeur réelle des faunes successives, il a fallu d'abord leur faire subir une réforme considérable relative à ces fausses identifications de ressemblances, qui avaient, pour ainsi dire, atténué ou même fait disparaître les grands traits distinctifs donnés par la stratification, observés par de savants géologues (2). On voit que ces identifications exagérées ont pour résultat, non-seulement d'atténuer les travaux des géologues, et d'en faire disparaître l'importance, mais encore de donner des idées entièrement fausses sur l'accord constant qui existe entre les limites géologiques données par la stratification, et l'ensemble des faunes fossiles qu'elles circonscrivent. En résumé, nous pouvons nous demander quels sont les avantages qu'on se propose d'obtenir par ces réunions quand-même? Nous n'en trouvons réellement aucun, tandis que les inconvénients en sont immenses, puisqu'elles obligent, pour rétablir les faits, à des changements nombreux, et faussent à la fois les faits relatifs à la géologie et à la zoologie, en retardant gratuitement les progrès paléontologiques. D'un autre côté, la séparation qui n'a réellement aucun inconvénient, est toujours en rapport avec la zoologie la plus rigoureuse, avec la géologie stratigraphique, elle tend à en simplifier l'étude et à les ramener à des règles positives d'application.

(1) Ainsi M. Reuss, M. Geinitz (Nacht., p. 17 et suiv.) citent, par exemple, dans l'étage sénonien ou la craie, les *Terebratula sella, Puscheana, rostratella, truncata*, Sow., *pectoralis*, propres à l'étage néocomien. M. Leymerie cite dans l'étage néocomien les *Terebratula biplicata, Menardi, pectita*, de l'étage cénomanien; le *T. plicatilis*, de l'étage sénonien; les *T. punctata* et *rostrata*, des terrains jurassiques, etc.

(2) Le grand nombre d'espèces identifiées entre l'étage murchisonien de l'Angleterre (Voy. étage 1 b pour les espèces rectifiées), et l'étage devonien, a fait disparaître en partie la valeur de cette coupe stratigraphique établie par M. Murchison. Le nombre de déterminations fautives a aussi empêché de voir, dans les couches supérieures des grès verts inférieurs de l'île de Wight, si bien décrits par M. Fitton, notre étage aptien le mieux caractérisé (Voyez cet étage, n° 18, pour les espèces rectifiées), etc., etc.

§ 54. — Les identifications des espèces fossiles avec les espèces vivantes se trouvent absolument dans le même cas. Nous avons comparé avec le plus grand soin les soi-disant identiques du bassin parisien (étages 24e suessonien et 25e parisien), évalués à 3 p. 100, les identiques de l'étage falunien, évalués à 17 p. 100, et nous avons reconnu qu'ils reposaient tous sur des erreurs d'identification manifestes. Il résulte de ce faux point de départ, que les noms d'*Éocènes,* de *Myocènes* et de *Pliocènes* (1) qui en sont dérivés, tombent en même temps, car ils ne sont plus que l'expression d'une erreur matérielle. La légèreté avec laquelle on a identifié les espèces fossiles aux espèces vivantes, nous a aussi fourni beaucoup de rectifications d'espèces. Il est un ouvrage que nous ne pouvons, sous ce rapport, nous dispenser de citer, c'est celui de M. Philippi sur les terrains tertiaires de Cassel. En effet, l'auteur après avoir fait un nombre considérable de légères déterminations, sans doute par suite du manque de moyens de comparaison, n'en arrive pas moins à conclure, des généralités qui équivalent au *tant pour cent* dont nous venons de parler, soit entre l'étage parisien et les couches de Cassel, soit dans le nombre des identiques vivants. Ces résultats erronés ont pourtant été admis, sans examen préalable, comme si c'étaient des faits positifs, sanctionnés par la science, et y ont jeté des idées tout à fait fautives ; car il faut bien le dire, toutes les espèces identifiées que nous avons pu obtenir, étaient bien différentes les unes des autres.

§ 55. — Une autre source d'erreurs très-préjudiciable à la question géologique, dépend souvent des compilations, sans examen préalable des faits. Croyant devenir bien plus complets s'ils réunissent tous les documents qui se rattachent à un même nom d'espèce, qu'ils trouvent dans les ouvrages, quelques auteurs accumulent les synonymies, sans les discuter assez sévèrement, dans le but peut-être de montrer leur érudition. Il résulte de ce mode d'assemblage les mêmes inconvénients que pour toute compilation simple (§ 6, 8). Si la synonymie seule, sans être discutée, venait se placer en tête de l'espèce, elle pourrait se réduire à une faute zoologique; mais avec la synonymie, l'auteur prend encore la localité indiquée, et alors il s'y joint une erreur géologique qui peut avoir des conséquences fâcheuses. En effet, ces localités, le plus

(1) Les plus anciens récents, moins de récents, plus de récents.

souvent, jurent de se trouver ensemble; car elles appartiennent à des étages différents. On conçoit que, dans ces circonstances, il nous a fallu dégager le nom d'espèce de toutes les synonymies fautives, et réduire les localités à leur véritable valeur, c'est-à-dire aux indications réelles, en rapport avec l'âge positif de l'espèce (1).

Nous pouvons le dire, en terminant ce qu'il peut y avoir de spécial à la géologie, dans l'espèce animale, il n'est pas de légèreté de détermination, de laisser-aller zoologique, quelque minimes qu'ils soient, qui ne puissent avoir des conséquences fâcheuses pour la géologie, soit comme documents isolés, soit comme conséquences générales. Nous allons donner, sous ce rapport, les bases sur lesquelles tout le monde devrait s'accorder pour avoir de l'ensemble dans les descriptions partielles.

† CONSIDÉRATIONS ZOOLOGIQUES.

§ 56. — *Des classes.* — La nomenclature générale aux coupes primordiales, aux coupes génériques et à l'espèce, n'est point indifférente en zoologie; aussi, allons-nous entrer à cet égard dans quelques développements qui nous paraissent indispensables à connaître, avant de se livrer à un travail paléontologique. Il est bon, pour n'être pas obligé de recommencer tous les jours l'étude, de conserver le nom de la classe, lorsqu'il est basé sur des caractères anatomiques et qu'il est généralement admis dans la science.

§ 57. — *De la famille.* — La famille étant destinée à grouper des genres liés entre eux par des caractères communs, par une affinité zoologique manifeste, nous avons dû lui donner un nom qui la distinguât de suite des classes et des genres. Nous lui avons en conséquence appliqué une terminaison uniforme et euphonique, ajoutée au nom du genre dominant et le plus tranché qu'elle renferme. C'est ainsi, par exemple, que la famille qui comprend le genre *Buccinum*, s'appelle BUCCINIDÆ, que la famille qui reçoit le genre *Trochus* se nomme TROCHIDÆ; que la famille qui réunit la

(1) Nous citerons sous ce rapport le travail de M. Nyst, *Description des coquilles fossiles des terrains tertiaires de la Belgique*. En effet l'auteur y a mis trop de conscience sous le rapport de sa synonymie, qui amène des localités des plus fautives. Beaucoup d'autres auteurs se trouvent dans le même cas. Il vaut mieux laisser une espèce avec une seule synonymie certaine, que d'en mettre dix dont on n'est pas entièrement sûr.

Tellina porte la dénomination de TELLINIDÆ, etc. Cette terminaison uniforme en *idæ*, par nous employée dès 1835, a le double avantage de faire immédiatement reconnaître la valeur de cette coupe, et de présenter une consonnance agréable.

§ 57. *Du genre.* — Il est souvent arrivé que des auteurs de paléontologie, et des auteurs de zoologie, ont établi, chacun de leur côté, sous des noms différents des genres identiques. Il convient donc, pour avoir une bonne nomenclature, d'être parfaitement au courant de tous les genres publiés, afin de distinguer toujours les genres réellement différents de ceux qui ne sont que des doubles emplois de noms appliqués à la même forme. Comme nous l'avons dit (§ 48), le genre est d'une importance immense en géologie. Il faut donc le discuter soigneusement avant de l'adopter. Il n'est pas indifférent de prendre au hasard tel ou tel nom parmi les noms donnés, ou de les admettre tous sans distinction, car on s'exposerait à tomber dans l'arbitraire, en montrant qu'on s'est peu occupé de zoologie, et l'on arriverait nécessairement à produire des documents géologiques entachés de l'erreur première : la détermination zoologique. Pour obvier à ces inconvénients, il convient d'adopter des règles invariables dont on ne devra s'écarter en aucune circonstance, ni sous aucun prétexte. Voici les règles que nous avons cru devoir poser, et qui ont servi de base à toutes nos rectifications.

§ 58. — On doit toujours discuter le genre avant de l'admettre, afin de ne pas multiplier outre mesure, et sans utilité, les coupes génériques formant double emploi. Sous ce rapport, nous avons eu considérablement de rectifications à introduire dans la Paléontologie, comme on le reconnaîtra dans toutes les séries zoologiques. Il est tel genre inscrit sous *huit noms*, tel autre sous cinq noms (1) distincts, etc., adoptés à la fois ou partiellement par les auteurs, sans aucune règle préalable et pour ainsi dire au hasard.

(1) Le genre *Lyonsia*. décrit par Turton, en 1822, était inscrit à tort comme une *Mya*, par Gmelin. Depuis Turton, il a reçu successivement les noms suivants : *Magdala*, Brown, 1827 ; *Osteodesma*, Deshayes, 1830; *Gresslya*, Agassiz, 1842 ; *Allorisma*, King, 1844 ; *Modiolopsis*, *Tellinomya*, Hall, 1847.

Le genre *Straparollus* Montfort, 1810, a été nommé *Euomphalus*, par Sowerby, en 1813; *Maclura*, *Ophileta*, Hall, 1847.

Le genre *Pholadomya* a été nommé *Lysianassa*, Münster, 1842 ; *Goniomya*, *Homomya*, *Arcomya*, Agassiz, 1842, etc.

On conçoit qu'il était urgent de faire cesser le chaos qui existait sous ce rapport.

§ 59. — Dans le choix du nom de genre à conserver, lorsqu'il y a des noms différents, on ne doit se permettre aucun arbitraire. L'équité scientifique, les règles de justice, autant que la nécessité de prévenir toute espèce d'indécision à cet égard, prescrivent impérieusement d'*adopter le plus ancien*. En suivant ce principe absolu, en n'en déviant sous aucun prétexte, et pour aucune considération personnelle, on ramènera la science à des lois fixes et invariables. On n'aura plus alors à prendre aveuglément les noms imposés par un auteur (1), par la seule raison qu'il est plus répandu, en rejetant tous les autres. Pour nous, dès que le genre établi sur une simple feuille volante *imprimée* et publiée, aura l'antériorité de date, il passera toujours avant le genre décrit dans l'ouvrage même le plus important, soit par l'autorité de son auteur, soit par son format, soit enfin par le nombre de ses volumes. Pour établir le motif qui nous a fait préférer tel nom à tel autre, nous avons constamment indiqué, dans notre Prodrome, sa synonymie chronologique avec des dates, afin de montrer que cette rectification n'a rien d'arbitraire.

§ 60. — Il existe, au contraire, des genres créés dans l'enfance de la science, et qu'on doit nécessairement démembrer, afin d'établir, avec toutes les formes différentes qu'ils renferment, des groupes génériques bien caractérisés et de valeur égale à ceux des autres séries animales. Nous nous sommes souvent trouvé dans le cas de faire de semblables réformes parmi les travaux des paléontologistes. Il est telle forme animale qui, depuis sa création comme genre, lorsque les connaissances relatives à sa classe étaient peu avancées, s'est toujours maintenue comme un vaste réceptacle où sans voir plus loin que ses devanciers, chaque auteur amoncelait de nouveaux matériaux, de nouveaux éléments de dissemblance. Citons en exemple le genre *Astrea* de Lamarck, dans lequel MM. Edwards et Haime ainsi que nous avons trouvé les types de plus de cinquante genres différents, les mieux caractérisés ; ou le genre *Turbinolia*, qui en renferme aussi un très-grand nombre (2). Nous pourrions ajouter

(1) C'est ce qu'ont généralement fait tous les auteurs pour Lamarck.

(2) Voyez Edwards et Haime, Recherches sur les Polypiers, Annales des Sciences naturelles, 1848 et 1849. Voyez aussi la classe des Polypiers, ce

aux polypiers proprement dits, les Bryozoaires et les Amorphozoaires, qu'on y avait confondus, et qui toujours entre les mains de personnes peu familières avec la zoologie analytique (1), étaient restés jusqu'à présent pour les espèces fossiles, à un demi-siècle en arrière des autres séries animales. Pour ramener ces classes au niveau des autres, non-seulement nous avons adopté toutes les coupes génériques établies par MM. Edwards et Haime sur les polypiers, parce qu'elles sont en tout conformes à la zoologie analytique la plus sévère, mais encore, en partant des mêmes bases, nous avons été forcé d'en établir nous-même un bon nombre parmi les polypiers, les bryozoaires et les amorphozoaires. Ces changements, qui dépendaient de la zoologie spéciale, nous donnaient encore les moyens de rectifier les caractères stratigraphiques positifs et négatifs des terrains et des étages géologiques, en ramenant ces deux sciences à des points de départ vrais et plus solidement établis.

§ 61. — Lorsqu'on démembre un genre, on doit bien se garder de faire disparaître le nom primitif, sous les noms de divisions nouvelles (2). Le nom primitif doit être religieusement conservé à l'une des portions de la coupe primitivement établie, quel que soit d'ailleurs le nombre des divisions qu'elle doit subir, et autant que possible aux espèces qui réunissent les caractères les plus tranchés indiqués par le fondateur de cette première coupe générique.

§ 62.—*Des groupes d'espèces dans les genres.*—Comme nous avons cherché à le faire ressortir (§ 25, 29, 32), si les groupes d'espèces dans les genres sont favorables aux recherches zoologiques, ils peuvent avoir les plus graves inconvénients, lorsqu'il s'agit

Bryozoaires et les Amorphozoaires du *Cours élémentaire de Paléontologie*, 3e partie, et Revue zoologique, 1849.

(1) L'ouvrage le plus complet sur les trois classes réunies dont nous venons de parler, est sans contredit l'*Iconographie zoophytologique*, de M. Michelin ; c'est aussi, nous devons le dire, l'ouvrage qui nous a demandé le plus de rectifications zoologiques et géologiques. A peine reste-t-il, après l'analyse, *un dixième* des genres, et *un vingtième* des espèces avec la dénomination indiquée. M. Michelin y a mis, sans aucun doute, beaucoup de conscience ; mais il a suivi en tout ses devanciers, sans avoir peut-être à sa disposition tous les éléments zoologiques et géologiques nécessaires à l'exécution d'un si grand et si difficile travail.

(2) M. de Blainville l'a fait pour les *Millepora*, de Lamarck et de Linné.

de considérations géologiques. Nous ne saurions donc trop recommander aux paléontologistes de ne jamais s'en servir ; car ils prendraient le moyen le plus opposé aux conclusions qu'ils recherchent, et feraient marcher encore la ressemblance avant la date, l'âge géologique, ce qui est tout à fait contraire aux éléments chronologiques de l'histoire de la terre.

§ 63. *De l'espèce.* — En parlant du côté géologique, nous avons fait connaître notre profession de foi pour les espèces (§ 53-55). Nous ne reviendrons donc pas sur ce sujet ; mais nous allons passer en revue les différentes manières d'envisager l'espèce en zoologie, et la nomenclature qui nous paraît préférable dans son application générale.

§ 64. *Des limites de variations de l'espèce.* —Une des grandes questions à traiter, par rapport à l'espèce, se rattachait sans doute, à ses limites zoologiques. Comme nous l'avons dit ailleurs (1), ces limites peuvent provenir de l'influence de la localité, de l'influence du sexe, pour les animaux qui les ont séparés, enfin des variations apportées par l'âge, par les changements de formes ou d'ornements extérieurs, déterminés par l'accroissement des espèces. Après des séries de recherches spéciales sur les *Ammonites*, sur les *Belemnites*, etc., comparées aux variations des espèces vivantes (2), nous avons reconnu que ces limites sont souvent très-larges et amènent des changements réellement extraordinaires. En poursuivant nos observations sur toutes les séries animales nous sommes parvenu à réunir dans une de nos espèces un nombre plus ou moins grand des espèces des auteurs, que nous reconnaissons n'être que des variétés. Sous ce rapport, qu'il nous soit permis de renvoyer à ces nombreuses rectifications pour prouver que notre premier but est d'arriver à la vérité, et que si, dans l'intérêt de cette vérité, nous en venons à diviser des espèces, souvent aussi nous savons les réunir.

§ 65. *Des noms complexes de l'espèce.* — Comme nous avons

(1) *Cours élémentaire de Paléont. et de Géol.*, I, p. 264 et suiv., et *Paléontologie française.*

(2) Voyez *Paléontologie française, terrains crétacés* et *jurassiques*.

On y voit l'*Ammonites Jason*, décrite sous quatorze noms différents, étage 13, n° 45, l'*Ammonites oculatus*, que M. Quenstedt seul a décrit sous six noms différents, excepté sous son véritable ; l'*Ammonites mammillatus*, *interruptus*, *plicatilis*, etc., etc. Voyez aussi à l'étage 20e cénomanien nos nos 527, 536, 539.

cherché à le démontrer (§ 19), les noms complexes composés de plusieurs adjectifs, ne doivent jamais être employés en zoologie, car ils offrent tous les inconvénients possibles, que ne rachète aucun avantage. Non-seulement ils nous ramènent vers le chaos d'où nous avaient tirés Adanson et Linné, en remplaçant par un simple adjectif, les phrases employées jusqu'alors, mais encore, ils multiplient inutilement les difficultés de mémoire qui se rattachent toujours à la nomenclature. Tout ce qui peut simplifier cette nomenclature est une véritable amélioration ; tout ce qui tend, au contraire, à la compliquer est une véritable entrave à leur développement. Nous ne saurions trop insister sur l'adoption du principe rigoureux de l'adjectif simple, généralement admis, mais que des novateurs malheureux voudraient remplacer, en ce moment, par des adjectifs complexes. C'est un devoir, c'est même une nécessité absolue de préserver la nomenclature de toute innovation de cette nature, qui peut être très-préjudiciable à la marche croissante des connaissances humaines.

§ 66. — Parmi les noms donnés aux espèces, ceux qui n'ont aucun rapport à la forme sont souvent les meilleurs, précisément parce qu'ils ne signifient rien. Nous croyons, en effet, que les noms de convention donnés dans quelques circonstances, à l'espèce peuvent aussi avoir leurs mauvais côtés. Par exemple les noms qui ont rapport à la taille (*gigas*, *grandis*, *minutus*, etc.) ne se trouvent vrais qu'autant qu'il n'existe pas, dans le genre, d'espèce plus grande ou plus petite. Les noms de *striatus*, de *costatus*, appliqués soit à des *Pecten*, soit à des *Cardium*, soit à des *Cardita*, dont presque toutes les espèces sont striées ou costulées, ne peuvent souvent qu'induire en erreur. Bien que nous n'attachions aucune importance au nom, qui pour nous n'est qu'un moyen de convention, destiné à faire reconnaître une forme animale, nous préférons ceux qui ne rappellent aucunement la forme.

§ 67. *Du nom d'espèce à conserver.* — Le nom de l'espèce doit être aussi sacré que celui du genre. Il doit être, de même, toujours le plus ancien, et à cet égard, il est bon de remonter jusqu'à 1757, c'est-à-dire aux ouvrages d'Adanson et de Linné, qui ont institué le nom spécifique en le plaçant comme adjectif dans le genre. En partant du même principe de justice et d'équité que pour le nom du genre, les espèces doivent invariablement porter le plus ancien nom que leur a imposé une description imprimée. Alors plus d'arbitraire possible; et les incertitudes cesseront pour la conservation de tel ou tel nom que leur auront donné les auteurs. La science prendra un caractère de stabilité dont elle manque, lorsqu'on adopte un nom au hasard, ou guidé par des considérations soit purement personnelles, soit nationales. Toute idée d'amitié, de nationalité doit disparaître devant ce principe, qui doit être absolu et sans aucune restriction. Après l'avoir le premier, consacré en 1835, en introduisant les synonymies chronologiques avec des dates, nous avons eu le bonheur de le voir adopter par quelques auteurs consciencieux, et même par une association savante. Pour le suivre dans toute sa rigueur, on conçoit combien de changements nous avons dû opérer dans cet ouvrage. En effet, en reprenant un à un tous les documents que possédait jusqu'alors la paléontologie, force nous a été d'apporter ces changements nécessaires, même aux noms presque vulgarisés par l'usage; mais, pour les justifier, nous avons toujours donné les dates sur lesquelles ils reposent (1).

§ 68. — Le nom spécifique, quels que soient les genres où l'espèce a été placée depuis, doit toujours être maintenu. Aussi faut-il conserver les noms de Linné, bien que les espèces de ce grand homme aient été transportées dans des coupes génériques différentes, démembrées des genres linnéens.

§ 69. — A cet égard, nous devons entrer dans quelques détails relativement à la manière d'énoncer ce changement. Quand un naturaliste s'est trompé, a méconnu le genre véritable de l'espèce, et que cette erreur est reconnue par un autre auteur, ce dernier ramène les choses à leur état réel, et met l'espèce dans son véritable genre. Reste à savoir lequel des deux auteurs a le plus de mérite, du premier qui, sans se demander s'il commet une faute, ou même sans le savoir, par suite de son peu de connaissances zoologiques, place une espèce dans un genre souvent au hasard, ou du second qui, après des études sérieuses, après des observations minutieuses et une discussion approfondie, arrive à mettre cette espèce dans le groupe où elle doit définitivement rester. Il nous paraît évident que le premier auteur, loin de rendre un

(1) Les ouvrages où nous avons eu le plus de corrections de ce genre basée sur des noms déjà donnés, sont surtout ceux publiés par MM. Münster, Klipstein (voyez le 6e étage saliférien), Forbes (voyez Etages aptien et sénonien), Hall (voyez Étages silurien, murchisonien et devonien), Geinitz (voyez les Terrains crétacés), Deslongchamps (voyez les genres Cerithium, Pleurotomaria, des terrains jurassiques).

service aux sciences, ne fait que les embrouiller, en appliquant faussement des principes zoologiques qu'il ne connaît pas assez, tandis que le second rectifie une erreur préjudiciable et enrichit cette même science d'une vérité de plus. En résumé, l'un tend à brouiller les choses, l'autre à jeter de la lumière sur les questions.

§ 70. — En adoptant le principe de priorité donné par la date, que nous avons introduit déjà depuis plusieurs années, un corps savant dont nous respectons à tous égards les importants travaux, a établi un mode de citation qui nous paraîtrait encourager le premier de nos deux auteurs mis en parallèle, et avoir un fâcheux résultat comme clarté. — Ce principe consiste à mettre toujours le nom du premier descripteur quel que soit, du reste, le genre où l'on place l'espèce. Citons-en un exemple : Linné a décrit sous le nom d'*Anomya reticularis*, une coquille fossile que des auteurs ont mise dans le genre *Terebratula*, dans le genre *Atrypa*, et que, d'après ses caractères intérieurs et extérieurs, nous avons placé dans notre genre *Spirigerina* (1). D'après le principe nouvellement adopté en Angleterre, en rapportant l'espèce dans le genre, il faudrait citer aussi : *Spirigerina reticularis*, Linné (species), pour faire entendre que le nom de l'espèce appartient à Linné. Cette manière de présenter les choses, nous paraît avoir de graves inconvénients que nous allons signaler, dans l'espoir d'obtenir la non-adoption de ce principe dangereux dans toutes les circonstances.

§ 71. — Le premier de tous les inconvénients est de faire passer le premier de nos deux auteurs (§ 69) avant le second. Si pour les espèces établies par les pères de la science cette méthode a quelque chose de bien, il n'en est pas moins vrai qu'on met alors sur la même ligne que Linné les personnes qui, à présent même, faute de connaissances nécessaires, commettent des erreurs de détermination de genre devenues impardonnables. Tranchons le mot... Agir ainsi, ce serait encourager l'ignorance et mettre en relief beaucoup de noms qui devraient, au contraire, être oubliés ou ne méritent que la critique ; car on ne devrait décrire des fossiles que lorsqu'on a les éléments zoologiques nécessaires à l'appréciation du genre.

§ 72. — Le second des inconvénients, est de faire disparaître le

(1) Voyez 2e étage devonien no 1013, p. 59.

nom du second de nos auteurs mis en parallèle (§ 69), qui nous paraît avoir bien plus de mérite que le premier.

§ 73. — Le troisième et le plus grand des inconvénients est celui d'embrouiller la nomenclature : On met, comme nous l'avons dit, *Spirigera reticularis*, Linné (*species*). Si l'on remonte à la source, on cherchera vainement le genre *Spirigera* dans Linné, qui ne le connaissait pas, puisqu'il a été créé bien plus d'un demi-siècle après la mort de ce réformateur de la science. On commet, d'abord, l'anachronisme le plus flagrant, le plus extraordinaire. D'un autre côté, dès l'instant qu'on ne trouvera pas de genre *Spirigera* dans les ouvrages de Linné, où ira-t-on prendre le nom de l'espèce *reticularis*? Il faudra passer en revue tous les genres; et l'on ne sera pas peu étonné de trouver l'espèce qu'on cherche dans le genre *Anomya*, aujourd'hui si différemment circonscrit, et n'appartenant pas à la même classe d'êtres. On voit que le mot de *species*, qui ne veut rien dire, n'obvie en aucune manière aux inconvénients de ce mode de nomenclature. Il faut qu'on puisse, de suite, retrouver les sources ; ou le moyen, au lieu de simplifier, occasionnera des confusions sans nombre, des recherches fastidieuses et inutiles.

§ 74. — Un autre inconvénient, est de faire patroner une coupe générique par un auteur qui ne la connaissait pas, en ôtant au réformateur le résultat de ses travaux. C'est, nous le croyons, une double injustice. Suivant notre conscience, nous pensons qu'on doit laisser à chacun la responsabilité pleine et entière de ses œuvres, et qu'il convient, au contraire, de toujours mettre le nom de celui qui change le genre, d'abord par justice, puis pour la commodité des recherches, et enfin, pour la régularité de la citation. On doit mettre, par exemple, au lieu de *Spirigera reticularis*, Linné (*species*), *Spirigera reticularis*, d'Orb.; car alors le véritable créateur du genre *Spirigera* répondra de son espèce; il n'y aura plus d'anachronisme, et l'on trouvera de suite le genre dans les travaux de l'auteur cité. D'ailleurs, comme nous le faisons toujours, en plaçant à la suite du nom ainsi désigné, la synonymie du premier descripteur de l'espèce, on aura rempli envers celui-ci un devoir de justice, et considérablement simplifié les recherches.

En résumé, pour ramener les choses à ce qu'elles sont partout dans les sciences naturelles, en zoologie et en botanique, il faut mettre toujours, après le nom de l'espèce, le nom de l'auteur qui l'a placé dans le genre qu'on adopte: ainsi chaque fois qu'on changera une espèce de genre, il faudra placer son nom à la suite, avec la date de la publication où aura été faite cette rectification. Après avoir cherché, dans tous nos travaux, les améliorations de nomenclature qui pouvaient le plus simplifier les rouages de la science, c'est la nomenclature que nous avons cru devoir adopter comme la meilleure.

§ 75.—Pour arriver à savoir quel nom doit rester à l'espèce, l'application de l'ancienneté de date n'était pas un travail aussi facile qu'on pourrait le croire au premier abord. Comment, en effet, en avoir la certitude? C'est en commençant, avant toute chose, par rassembler tous les documents épars, et par les classer de manière à pouvoir s'en servir facilement comme moyen de vérification. Ce travail, nous l'avons entrepris en 1835; et malgré l'immensité des recherches, nous l'avons continué jusqu'à ce jour. Nous avons réuni successivement toutes les données de la zoologie vivante relatives aux animaux mollusques et rayonnés, depuis l'établissement des genres et des espèces jusqu'à présent; nous avons rassemblé toutes les espèces renfermées dans les ouvrages de géologie et de paléontologie, publiés dans toutes les parties du monde. Enfin, après un travail de quatorze années, nous avons réussi à rassembler plus de *deux cent mille documents* épars dans les travaux de zoologie, de conchyliologie et de paléontologie, et nous n'avons plus, maintenant, pour être au courant, qu'à suivre les publications journalières. Ce sont ces documents classés suivant une méthode particulière, qui seuls pouvaient nous donner les moyens de vérification nécessaires au but que nous nous proposons d'atteindre.

§ 76. — Voici, du reste, comment nous avons procédé à cette vérification, qui, seule, était un immense travail. Après avoir discuté géologiquement chaque espèce fossile sous le rapport de son âge chronologique, après l'avoir discutée sous le rapport du genre où elle doit être placée, sous le rapport de ses affinités ou de ses dissemblances zoologiques; après les avoir toutes placées par étages, par classes et par genres, comme on les trouvera dans ce Prodrome, nous avions environ *dix-huit mille* espèces positives bien circonscrites sous les rapports géologique et zoologique. Après cette multitude de rectifications de genres, cette multitude de transport d'espèces d'un genre dans un autre, nous nous sommes demandé comment nous pourrions reconnaître les doubles emplois de noms qui devaient nécessairement exister, et le nom qui devait définitivement rester à l'espèce. Nous avons reconnu, de suite, que nous ne pourrions arriver à cette dernière vérification de notre travail, ni même commencer à imprimer notre ouvrage, avant d'avoir, comme moyen, une table alphabétique complète des genres, des espèces et de leur synonymie. Faire la table alphabétique d'un livre avant son impression n'est pas chose facile; et c'est alors que nous avons cherché quelle disposition des matières pourrait nous le permettre. Il fallait disposer nos matériaux de la manière la plus propre à toucher ce but. Nous avons placé chaque étage dans son ordre de superposition et mis un chiffre correspondant. Nous avons, à toutes les espèces qui y sont contenues, donné un second numéro d'ordre, et nous avons pu alors former notre table avant l'impression de l'ouvrage.

§ 76. — Notre table, une fois terminée et classée, contenait environ 40,000 noms de genres, d'espèces positives, et de synonymies. Le premier aperçu nous fit voir, comme nous nous y attendions, un très-grand nombre de noms identiques répétés plusieurs fois dans chaque genre. Il n'était pas rare, en effet, de trouver la même dénomination trois et même jusqu'à quatre fois (1). C'est alors seulement que nous avons entrevu la tâche difficile et surtout très-fastidieuse qui nous restait à remplir. Nous avions, en effet, pour chacun de ces doubles noms, à les confronter dans les ouvrages, afin de savoir s'ils appartenaient à la même espèce ou à des espèces différentes, et dans ce dernier cas, à voir la date de publication pour reconnaître lequel, de ces noms identiques, devait rester comme le plus ancien. Si nous n'avions eu qu'à comparer les espèces fossiles entre elles pour connaître la plus anciennement établie, notre travail, quoique long, nous eût paru supportable; mais une autre vérification non moins longue nous restait encore. Il nous fallait comparer cette table spéciale aux espèces fossiles, contenant 40,000 noms à notre table générale de 200,000 noms (§ 75), contenant tous les documents de la science. En faisant ce travail, nous avons reconnu, que souvent le plus ancien nom donné à l'espèce fossile

(1) Voyez à la table les *Cerithium*, *Marginatum*, *Acutum*, *Clathratum*, *Concavum*, *Conoideum*, *Coronatum*, *Corrugatum*, *Costellatum*, *Elongatum*, *Muricatum*. Voyez aussi au genre *Turbo*, les espèces *Bicarinatus*, *Decussatus*, *Lævigatus*, *Plicatus*, *Pygmæus*, etc., etc.

n'était pas encore celui que nous devions conserver; car il avait été appliqué antérieurement par des zoologistes ou par des conchyliologistes à des espèces vivantes. On entrevoit l'immensité de la tâche que nous nous étions donnée et combien il nous a fallu de persévérance pour en atteindre le terme. Enfin, après avoir discuté chaque espèce avec tous les documents connus de la science, après avoir donné des noms nouveaux aux espèces qui ne pouvaient plus garder les dénominations doubles qu'elles portaient, nous avions au moins acquis la certitude que le nom qui restait devait ne plus être changé à l'avenir.

Le résultat de notre travail a été de ramener tous les matériaux paléontologiques :

A l'unité d'étages,

A l'unité de genres,

A l'unité d'espèces,

Et à l'unité de noms d'espèces.

§ 77. — On doit bien penser, qu'en discutant tous les travaux de paléontologie publiés jusqu'à ce jour, nous n'avons pas oublié les nôtres. Nous les avons revisés avec d'autant plus de sévérité, que nous ne craignions plus de mécontenter l'auteur, et que nous sommes loin de nous regarder comme infaillible. Nous avons donc repris une à une toutes les espèces fossiles que nous avons pu décrire, comme si elles nous étaient inconnues; nous les avons comparées entre elles, comparées avec les ouvrages sous tous les points de vue zoologiques et géologiques, afin de rectifier les erreurs que nous avions pu commettre, et d'arriver à la vérité, but que toujours, et en toute circonstance, nous chercherons à atteindre.

§ 78. — On nous demandera peut-être si l'intérêt seul de la vérité pouvait nous soutenir dans la tâche longue et laborieuse que nous avions entreprise? Nous répondrons encore que c'était notre seul et unique but. En publiant un *Cours élémentaire de paléontologie et de géologie stratigraphiques*, nous avions besoin de faire reposer toutes nos déductions, toutes nos considérations générales, enfin toutes les bases fondamentales de ces deux sciences encore si peu connues, sur un nombre considérable de vérités amoncelées, destinées à répondre à tous les doutes, à toutes les objections qu'on élève toujours contre une nouvelle manière d'envisager une science. En publiant notre *Prodrome de paléontologie stratigraphique*, nous n'avons pas eu en vue de décrire des espèces, mais bien de donner, sur toutes les questions de géologie stratigraphique, les pièces critiques sur lesquelles reposent tous les faits que nous avons avancés, en un mot un complément indispensable de cet ouvrage. Le *Cours*, en effet, renferme les conclusions; le *Prodrome*, les pièces justificatives. Ce sont deux ouvrages qui n'en font réellement qu'un seul; un tout divisé en plusieurs parties.

§ 79. — Les erreurs qui se glissent toujours, malgré l'auteur, dans un sujet aussi compliqué par ses détails qu'il est considérable dans son ensemble, nous font plus que jamais, pour celui-ci, réclamer l'indulgence des vrais amis de la science. La difficulté de la tâche que nous avions à remplir, autant que le but que nous avons tenté d'atteindre, seront sans doute de puissants motifs pour en réclamer la plus large part possible.

§ 80. — Nous ne terminerons pas cette introduction sans payer un juste tribut à la reconnaissance. Nous avons parlé des vastes collections stratigraphiques que nous avons pu réunir sur le sol de la France et à l'étranger (§ 40); collections qui nous ont été d'un si grand secours, comme moyen de comparaison dans l'exécution de cet ouvrage. A ces collections se rattache, pour nous, plus d'un souvenir agréable. A celui du lieu, des circonstances, dans lesquelles chaque échantillon a été recueilli, s'unit, le nom des personnes qui, dans les diverses localités ont bien voulu nous prêter leur bienveillant concours. Qu'il nous soit donc permis de les remercier ici publiquement. Celui qui, dans son rayon d'observation, recueille des collections de fossiles, en suivant rigoureusement l'ordre de stratification des étages, est destiné à rendre les plus grands services à la science, surtout lorsqu'il les fait concourir aux travaux généraux. Nous ne saurions donc trop encourager ses recherches. C'est à ce titre que nous avons introduit avec plaisir dans la science, comme un témoignage ineffaçable de notre gratitude, le nom de beaucoup de savants modestes, dont les persévérantes et infatigables recherches ont si puissamment contribué à garantir les résultats des nôtres.

Noms des personnes auxquelles nous devons des communications de fossiles de France :

MM. Astier, d'Archiac, Agassiz, Aguillon. — Babeau, Beaugier, Bernard, Bourgeois, Bachelier, Bazin, Baudoin de Solène, Bevalet, Buvignier, Braun, Barban, Bertrand-Geslin, Bauga, Bravais, Brongniart-Berthelot, — Cotteau, Cordier, Chauvin-Lalande, Clément-Mullet, Coquand, de Coinart, Constant, Cornuel, Chassy, Carteron, de Collegno, Collenot, Couard-d'Arnuel, Cabannet, Charlavant. — Desplaces de Charmasse, Doublier, Dutemple, Davoust, Duval, Dudressier, Dupuy, Desmoulins, Dupin, Camille Dormois, Desnoyers, Delanoue, Deschamps, Desroys. — Elie de Beaumont, Emeric, Espaillac, Engelhardt. — Fleuriau de Bellevue, Fournel, de La Fresnaye. — Garant, Graves, Gueux, Gallienne, Grenouilloux, Gaudry (Albert), Gaudry, Guérin, Gevril, Scypion Gras, docteur Gras, Goupil, Germain, Grateloup, Guibal. — Honnorat, Hollandre, d'Hombre-Firmas, Hébert. — Itier. — Jaubert, Jeannot, Jouannet, Joba, Juillet, Kœchlin-Schlumberger. — De Lorière, Landriot, Lallier, Levesque, Laignelcy, Largilliert. — Marcou, Moreau (de St-Mihiel), Moreau (d'Avallon), Mouton, Mirapel, de Malbos, Macé, Maugenest, Honoré Martin, Mathéron, Millet, Marrot, Michaud, Maille, Michel, Morel. — Noucl, Nodot (de Dijon). — Ozenne. — Paillette, Perin-Corval, Parendier, Puzos. — Querry. — Ricordeau, Requiem, Rouy (aîné), Prosper Renaux, Raquien, Eugène Raspail, Repelin, Robineau-Desvoidy, Rathier, Royer, Raulin, Robert, Alexandre Rochat. — Sauzé, Sauzeau, Sauvaneau, du Souich, Stobieki, Simon. — Toucas, Terver, Tombeck, Truelle, Terquiem, Tesson, Thorent. — De Verneuil, de Valdan, de Villiers du Terrage, de Villiers (de Lyon), de Vibrayes, Voltz, de Vieilbanc. — De Wegmann.

Noms des personnes auxquelles nous devons des communications de fossiles étrangers à la France :

MM. Agassiz, Astier, Antonio Acosta, J. Acosta. — Braun, Bellardi, Brongniart, E. R. Beadle, Bosquet. — De Collegno, Cecille, Coquand, Caillaud, Chamousset, Curioni, Mme Suzanna Corie. — Davidson, Dana, Desor. — Fitton, Fraas, Favre. — Gastaldi, Goldfuss, Geinitz, Galeotti. — De Hauer, Hugard, Hall, Hale, Hommaire de Hell, Hœninghauss. — Itier. — De Koninck, Klipstein, Krantz, de Keyserling, Kœchlin-Schlumberger. — Largilliert, Lyell, Le Hon. — Murchison, Morton, Mayor, Mauduy, Gedeon Mantell, Miller, Michelotti, Münster, de la Marmora. — Paillette, Pictet. — Rœmer, Alexandre Rochat. — Silliman, Sowerby, Sismonda. — Texieux, Tcheffkine, Tchiachoff. — De Wegmann, Williamson. — De Verneuil, Voltz, Le Vaillant, de Vibraye, Viquesnel. — De Zigno.

PLAN DE L'OUVRAGE.

L'ouvrage, combiné de manière à faciliter le plus les recherches, à demander le moins d'explications préalables pour être compris, est à notre avis le meilleur. Nous ne savons si sous ces deux rapports nous avons atteint ce but; toutefois est-il qu'au moins nous l'avons tenté. On verra de suite que notre marche est la succession naturelle des terrains et des étages dans l'ordre chronologique. Nous donnerons donc tous les étages successivement, et dans chacun d'eux, dans l'ordre zoologique, par classe et par genre, toutes les espèces qui nous sont bien connues. Ainsi se succéderont les étages compris dans les terrains paléozoïques, triasiques, jurassiques, crétacés et tertiaires.

Après toutes les faunes successives, nous aurons une table alphabétique et synonymique de près de *quarante mille noms*, renvoyant aux numéros des étages, aux numéros des espèces dans ces étages, de manière à ce qu'on retrouve, pour chaque espèce, son nom primitif suivant le genre où elle a d'abord été indiquée à tort ou à raison, et le nom définitif qu'elle doit garder dans le genre où elle doit rester.

Une explication nous paraît encore nécessaire, pour justifier la date de 1847, qui se lit après des noms de genres et d'espèces. Comme notre ouvrage était entièrement terminé, ainsi que la table alphabétique, à la fin de 1847, et qu'il ne nous était plus possible d'y retoucher sans amener des changements considérables dans l'ensemble, nous avons dû l'arrêter à cette époque, et mettre cette date à toutes les espèces, à tous les genres nouveaux, croyant, du reste, pouvoir imprimer l'ouvrage en 1848. Les circonstances politiques sont venues changer nos prévisions, et malgré nos efforts pour vaincre les difficultés, nous n'avons pas pu paraître avant 1849. Nous avons néanmoins laissé subsister la première date de 1847, aux genres et aux espèces, lorsque des publications postérieures ne sont pas venues nous les faire modifier; car malgré l'immense perturbation que ces changements venaient apporter dans la combinaison générale des numéros d'espèces, et de la table, nous n'avons pas balancé à rectifier notre travail, pour les publications postérieurement arrivées à notre connaissance. Si, malgré le désir que nous avons eu de mettre toujours notre ouvrage au courant, nous avions négligé de corriger la date première de 1847, qu'on n'y voie qu'un oubli de notre part ; les nombreuses dates postérieures qu'on y trouvera, témoigneront, nous le croyons, de nos bonnes intentions à cet égard.

COMPLÉMENT DE L'OUVRAGE.

Pour que ce prodrome soit utile aux recherches de paléontologie et de géologie stratigraphiques, nous avons pensé à le tenir toujours au courant des nouvelles publications. A cet effet, nous comptons donner, tous les ans, un nouveau supplément contenant l'analyse des ouvrages qui seront venus à notre connaissance, et les rectifications que nous croirons devoir apporter au Prodrome. Nous ne saurions donc trop recommander aux auteurs de notices publiées dans les recueils d'Académies et de Sociétés savantes, de vouloir bien nous faire connaître leurs travaux, De cette manière nous nous engageons à fournir annuellement les compléments nécessaires, pour que la nomenclature de la paléontologie des animaux *mollusques et rayonnés*, soit toujours aussi complète que possible, dans notre ouvrage.

EXPLICATION DES SIGNES.

Nous n'avons que trois signes à expliquer, tout le reste n'ayant pas besoin de commentaire.

Le signe d'interrogation ? placé avant le numéro d'une espèce, indique que le classement de l'espèce dans l'étage nous laisse des doutes.

Le signe d'interrogation ? placé après le nom de l'espèce, indique que tout en la plaçant dans le genre, elle nous laisse encore quelques doutes relatifs à ce classement.

L'astérisque *, que nous plaçons avant le numéro de l'espèce, indique que nous la possédons dans notre collection (1).

(1) Si ce signe est toujours placé aux espèces que nous possédons, nous nous sommes aperçu, après l'impression, qu'il avait souvent été oublié, principalement dans les étages devonien, carboniférien et saliférien, sur lesquels nos collections sont assez étendues.

TERRAINS PALÉOZOÏQUES

PREMIER ÉTAGE : — SILURIEN.

A. SILURIEN SUPÉRIEUR OU SILURIEN.

MOLLUSQUES CÉPHALOPODES.

CÉPHALODODES TENTACULIFÈRES.

LITUITES, Breynius. Coquille spirale, à tours contigus, siphon central.

1. cornu arietis, Sow., 1839, in Murch. Silur. Syst., pl. 20, fig. 20 (Exclus. pl. 22, fig. 18). Vern., Russie, 2, p. 359, pl. 25, fig. 7. Angl. Corton, Presteign, envir. de Slandovery; Russie, Reval.

2. Odini, Vern., Murch. et de Keys., Russie, 1, p. 360, pl. 25, fig. 8. Russie, île Odinsholm.

3. Sowerbianus, d'Orb., 1847. *Lituites cornu arietis*, Sow., 1839, in Murch. Silur. Syst., pl. 22, fig. 18 (Exclus. pl. 20, fig. 20); espèce bien distincte pourvue de côtes. Angleterre, Llandeïlo flags.

4. undosus, d'Orb., 1847. *Nautilus undosus*, Sow., 1839, in Murch. Silur. Syst., pl. 22, fig. 17. Angleterre, Llandeïlo flags.

5. undatus, Hall, 1846. Palæont. of New-York, t. I. p. 52, pl. 13, fig. 1, 3, pl. 13 *bis*, fig. 1. États-Unis, New-York, Black river-limest.

HORTHOLUS, Montfort, 1808. Ce sont des lituites dont les tours de spire sont disjoints.

6. Americanus, d'Orb., 1847, *Lituites convolvans*, Hall, 1847. Palæont. of New-York, t. I, p. 53, pl. 13, fig. 2 (Non *convolvans*, Montfort, 1808). Etats-Unis, New-York, Black river-limestone.

CYRTOCERAS, Goldfull., 1833. Coquille en forme de corne; siphon externe.

7. Archiaci, Vern. et de Keys., Russie, 1, p. 359, pl. 24, fig. 11. Russie, Reval.

8. subannulatus, d'Orb., 1848. *C. annulatus*, Hall, 1847. Palæont. of New-York, t. I, p. 194, pl. 41, fig. 4, 5 (non Goldfuss.). Etats-Unis, New-York, Trenton-limestone.

9. Halleanus, d'Orb., 1848, *C. lamellosum*, Hall, 1847. Palæont. of New-York, t. I, p. 193, pl. 41, fig. 2 (non Verneuil, 1842). Etats-Unis, New-York, Trenton-limestone.

10. macrostomum, Hall, 1847. Palæont. of New-York, t. I, p. 194, pl. 42, fig. 1, 3. Etats-Unis, New-York, Trenton-limest.

11. constrictostriatum, Hall, 1847. Palæont. of New-York, t. I, p. 195, pl. 42, fig. 2, 3. Etats-Unis, New-York, Trenton.

12. multicameratum, Hall, 1847. Palæont. of New-York, t. I, p. 195, pl. 42, fig. 4. Etats-Unis, New-York, Trenton-limestone.

13. subarcuatum, d'Orb., 1848. *C. arcuatum*, Hall, 1847. Palæont. of New-York, t. I, p. 196, pl. 42, fig. 5 (non Verneuil, 1842). Etats-Unis, New-York, Trenton-limestone.

14. camurum, Hall, 1847. Palæont. of New-York, t. I, p. 196, pl. 42, fig. 6. États-Unis, New-York, Trenton-limestone.

15. filosum, d'Orb., 1848. *Cirtolites filosum*, Hall, 1847. Palæont. of New-York, t. I, p. 190, pl. 41, fig. 3. Etats-Unis, New-York, Trenton-limestone.

16. Trentonensis, d'Orb., 1848. *Cirtolites trentonensis*, Hall, 1847. Palæont. of New-York, t. I, p. 189, pl. 41, fig. 1. Etats-Unis, New-York, Trenton-limestone.

GONIOCERAS, Hall, 1847. Coquille droite, fortement comprimée, carénée sur les côtés, siphon subcentral.

17. anceps, Hall, 1847. Palæont. of New-York, t. I, p. 54, pl. 14, fig. 1. Etats-Unis, New-York, Black river-limestone.

ORTHOCERATITES, Breynius. Coquille droite, siphon central ou subcentral, non renflé extérieurement.

* **18. gregarioïdes,** d'Orb., 1847. Espèce voisine du *Gregarium*, mais dont l'angle est de 6°, les cloisons plus larges. France, Saint-Sauveur (Manche).

19. subconicus, d'Orb., 1847. *O. conicus*, Sow., 1839, in Murch. Silur. Syst., pl. 21, fig. 21 (non Hisinger, 1837). Angleterre, Caradoc sandstone.

20. approximatus, Sow., 1839, in Murch. Silur. Syst., pl. 21, fig. 22. Angleterre, Caradoc sandstone.

21. Bacillus, Eichw., 1830, Zool. Spec., 2, p. 31, pl. 2, fig. 14. Russie, Reval, Waïvara.

22. Primigenius, Hall, 1847. Palæont. of New-York, t. I, p. 13, pl. 3, 11, 11 *a*. Etats-Unis, New-York, Calciferous-sandstone.

23. laqueatus, Hall, 1847. Palæont. of New-York, t. I, p. 13, pl. 3, fig. 12; pl. 56, fig. 2, 3. Etats-Unis, New-York, Calciferous-sandstone, Trenton-limestone.

24. rectiannulatus, Hall, 1847. Palæont. of New-York, t. I, p. 34, pl. 7, fig. 2. Etats-Unis, New-York, Chazy-limestone.

25. subarcuatus, Hall, 1847. Palæont. of New-York, t. I, p. 34, pl. 7. fig. 3. États Unis, New-York, Chazy-limestone.

26. bilineatus, Hall, 1847. Palæont. of New-York, t. I, p. 35, pl. 7, fig. 4, 4 a. pl. 43, fig. 2. États-Unis, New-York, Chazy-limestone.

27. moniliformis, Hall, 1847. Palæont. of New-York, t. I, p. 35, pl. 7, fig. 5. États-Unis, New-York, Chazy-limestone.

28. tenuiseptum, Hall, 1847. Palæont. of New-York, t. I, p. 35, pl. 7, fig. 6. États-Unis, New-York, Chazy-limestone.

29. arcuoliratus, Hall, 1847. Palæont. of New-York, t. I, p. 198, pl. 42, f. 7. États-Unis, New-York, Trenton-limestone.

30. teretiformis, Hall, 1847. Palæont. of New-York, t. I, p. 198, pl. 42, fig. 8. États-Unis, New-York, Trenton-limestone.

31. textilis, Hall, 1847. Palæont. of New-York, t. I, p. 199, pl. 43, fig. 1. États-Unis, New-York, Trenton-limestone.

33. clathratus, Hall, 1847. Palæont. of New-York, t. I, p. 201, pl. 43, fig. 4. États-Unis, New-York, Trenton-limestone.

34. vertebralis, Hall, 1847. Palæont. of New-York, t. I, p. 201, pl. 43, fig. 5. Etats-Unis, New-York, Trenton-limestone.

35. anellum, Hall, 1847. Palæont. of New-York, t. I, p. 202, pl. 43, fig. 6. Etats-Unis, New-York, Trenton-limestone.

36. undulostriatus, Hall, 1847. Palæont. of New-York, t. I, p. 202, pl. 43, fig. 7. Etats-Unis, New-York, Trenton-limestone.

37. multicameratus, Hall, 1847. Palæont. of New-York, t. I, p. 45, pl. 11, fig. 1. Etats-Unis, New-York, Birdseye-limestone.

38. recticameratus, Hall, 1847. Palæont. of New-York, t. I, p. 46, pl. 11. fig. 1. Etats-Unis, New-York, Birdseye-limestone.

39. Junceum, Hall, 1847. Palæont. of New-York, t. I, p. 204, pl. 47, fig. 3. Etats-Unis, New-York, Trenton-limestone.

40. amplicameratus, Hall, 1847. Palæont. of New-York, t. I, p. 205, pl. 51, fig. 1. Etats-Unis, New-York, Trenton-limestone.

41. strigatus, Hall, 1847. Palæont. of New-York, t. I, p. 205, pl. 56, fig. 1. Etats-Unis, New-York, Trenton-limestone.

42. coralliferus, Hall, 1847. Palæont. of New-York, t. I, p. 312, pl. 85, fig. 3; pl. 86, fig. 1. Etats-Unis, New-York, Uticaslate, Hudson river.

43. lamellosus, Hall, 1847. Palæont. of New-York, t. I, p. 312, pl. 86, fig. 2. Etats-Unis, New-York, Hudson river group.

44. crebriseptum, Hall, 1847. Palæont. of New-York, t. I, p. 313, pl. 86, fig. 3. Etats-Unis, New-York, Hudson river group.

ACTINOCERAS, Bronn, 1835. Coquille droite, conique, siphon formé extérieurement de parties renflées, correspondant ou non à l'intervalle des cloisons.

45. tenuifilum, d'Orb., 1848. *Ormoceras tenuifilum*, Hall, 1847. Palæont. of New-York, t. 1, p. 55, pl. 15, fig. 1; pl. 16, fig. 1; pl. 17, fig. 1, 2; pl. 58, fig. 2. Etats-Unis, New-York, Black river.

46. gracile, d'Orb., 1848. *Ormoceras gracile*, Hall, 1847. Palæont. of New-York, t. I, p. 58, pl. 17, fig. 3. Etats-Unis, New-York, Black river-limestone.

47. crebriseptum, d'Orb., 1848. *Ormoceras crebriseptum*, Hall, 1847. Palæont. of New-York, t. I, p. 313, pl. 87, fig. 2. Etats-Unis, New-York, Hudson river group.

48. Cuvieri, d'Orb., 1847. *Conotubularia Cuvieri*, Troost, Descript. d'un nouv. genr. de foss. Mém. de la Soc. géol. de Franc., t. III, p. 1, n. 4, p. 87-90; p. 88, pl. 9, fig. 1. *Thoracoceras*, idem, Fischer. Etats-Unis, Tennessée.

GOMPHOCERAS, Sow., 1839. *Apioceras*, Fischer, 1844. Coquille droite fusiforme rétrécie à l'ouverture qui est comprimée.

49. Hallii, d'Orb., 1848. *Orthoceras fusiforme*, Hall, 1847. Palæont. of New-York, t. I, p. 60, pl. 20, fig. 1 (Non *fusiforme*, Sow., 1828). Etats-Unis, New-York, Black river-limestone.

ANDOCERAS, Hall, 1847. Ce sont des *Orthoceras* dont le siphon subcentral est large, multiple, les uns dans les autres comme dans une gaine.

50. subcentrale, Hall, 1847. Palæont. of New-York, t. I, p. 59, pl. 17, fig. 4. Etats-Unis, New-York, Black river-limestone.

51. longissimum, Hall, 1847. Palæont. of New-York, t. I, p. 59, pl. 18, fig. 1, 1 *a*. Etats-Unis, New-York, Black river-limestone.

52. multitubulatum, Hall, 1847. Palæont. of New-York, t. I, p. 59, pl. 18, fig. 2. Etats-Unis, New-York, Black river-limestone.

53. gemelliparum, Hall, 1847. Palæont. of New-York, t. I, p. 60, pl. 19, fig. 1. Etats-Unis, New-York, Black river-limestone.

54. annulatum, Hall, 1847. Palæont. of New-York, t. I, p. 207, pl. 44, fig. 1. Etats-Unis, New-York, Trenton-limestone.

55. proteiforme, Hall, 1847. Palæont. of New-York, t. I, p. 209, pl. 45, fig. 1-5; pl. 46, fig. 1-4; pl. 47, fig. 1-4; pl. 48, fig. 1-4; pl. 49, fig. 1; pl. 50, fig. 1-3; pl. 52, fig. 1; pl. 53, fig. 2; pl. 57, fig. 1; pl. 59, fig. 1-3; pl. 85, fig. 1. Etats-Unis, New-York, Trenton-limestone.

56. arctiventrum, Hall, 1847. Palæont. of New-York, t. I, p. 217, pl. 51, fig. 2. Etats-Unis, New-York, Trenton-limestone.

57. angusticameratum, Hall, 1847. Palæont. of New-York, t. I, p. 218, pl. 51, fig. 3. Etats-Unis, New-York, Trenton-limestone.

58. magniventrum, Hall, 1847. Palæont. of New-York, t. I, p. 218, pl. 53, fig. 1; pl. 54, fig. 2. Etats-Unis, New-York, Trenton-limestone.

59. approximatum, Hall, 1847. Palæont. of New-York, t. I, p. 219, pl. 54, fig. 2 *a*. Etats-Unis, New-York, Trenton-limestone.

60. duplicatum, Hall, 1847. Palæont. of New-York, t. I, p. 219, pl. 55. fig. 1. Etats-Unis, New-York, Trenton-limestone.

61. distans, Hall, 1847. Palæont. of New-York, t. I, p. 220, pl. 58, fig. 1. Etats-Unis, New-York, Trenton-limestone.

62. bisiphonatum, d'Orb., 1847. *Orthoceras bisiphonatum,* Sow., 1839, in Murch. Silur. Syst., pl. 21, fig. 23. Angleterre, Caradoc sand.

63. duplex, d'Orb., 1847. *Orthoceras duplex,* Wahl., Vern., Russie, I, p. 351, pl. 25, fig. 2. Russie, Saint-Pétersbourg, Waïvara, côte de l'Esthonie, près de Reval.

64. latiannulatum, Hall, 1847. Palæont. of New-York, t. I, p. 204, pl. 54, fig. 1. Etats-Unis, New-York, Trenton-limestone.

MELIA, Fischer, 1830. *Thoracoceras,* Fischer, 1844. Ce sont des orthoceras droites à siphon étroit placé près du bord de la coquille.

65. communis, d'Orb., 1847. *Orthoceras communis,* Wahl., Hisinger, Lethæa suecica, pl. 9, fig. 2. Ile Terre-Neuve, île Mingan à l'entrée du Saint-Laurent; Suède; Russie, Saint-Pétersbourg.

66. trochlearis, d'Orb., 1847. *Orthoceras trochlearis*, Hisinger, Lethæa suecica, pl. 9, fig. 7. Suède, Etats-Unis, New-York (M. de Verneuil).

* **67. Cincinatæ,** d'Orb., 1847. Espèce belle, dont l'angle d'ouverture est de 5°, les cloisons rapprochées. Etats-Unis, Ohio (Cincin.).

CAMEROCERAS, Conrad, 1842. Ce sont des *Melia*, dont le siphon est large, énorme et latéral.

68. Trentonense, Hall, 1847. Palæont. of New-York, t. I, p. 221, pl. 56, fig. 4. Etats-Unis, New-York, Trenton-limestone.

* **69. spirale,** d'Orb., 1847. *Thoracoceras spirale,* Fischer, 1844. Bull.

de la soc. imp. des natural. de Moscou, p. 769. *Orthoceratites spiralis*, Fisch., Bull. soc., t. I, p. 339; Oryct., p. 124, pl. 10, Pand. Beitrage, pl. 30. Russie, Duderhoff.

*70. **vaginatum,** d'Orb., 1847. *Orthoceras vaginatus*, Schloth; 1813, Vern., Murch. et de Keys., Russie, t. I, p. 349, pl. 24, fig. 6. Russie, St-Pétersbourg, Waïvara, Pavlosk, sur le bord de la rivière de Sias. Allemagne.

TROCHOLITES, Conrad, 1838. Ce sont des Clymenia à cloisons droites ou arquées, mais sans angles latéraux, ni lobe dorsal.

71. **antiquissimus,** d'Orb., 1848. *Clymenia antiquissima*, Eschw., 1840. Urwelt. Russ., Heft. 11, p. 33, pl. 3, fig. 16, 17. Russie, île Dago.

72. **ammonius,** Hall, 1847. Palæont. of New-York, t. I, p. 192, pl. 40 *a*, fig. 4; pl. 84, fig. 2. Etats-Unis, New-York, Trenton-limestone, Hudson river.

73. **planorbiformis,** Hall, 1847. Palæont. of New-York, t. I, p. 310, pl. 84, fig. 3. Etats-Unis, New-York, Uticaslate and Hudson river.

ONCOCERAS, Hall, 1847. Ce sont des *Gomphoceras* qui ont le siphon externe et la bouche comprimés.

74. **Eschwaldi,** d'Orb., 1848. *Gomphoceras Eschwaldi*, Vern., de Keys. et Murch., Russie, 1, p. 357, pl. 24, fig. 9. Russie, St-Pétersbourg.

75. **constrictum,** Hall, 1847. Palæont. of New-York, t. I, p. 197, pl. 41, fig. 6, 7. Etats-Unis, New-York, Trenton-limestone.

MOLLUSQUES GASTÉROPODES.

LOXONEMA, Phillips, 1841. Ce sont des *Chemnitzia*, dont le labre est pourvu d'un sinus postérieur et prolongé en avant.

76. **cancellata,** d'Orb., 1847. *Turritella cancellata*, Sow., 1839, in Murch. Silur. Syst., pl. 20, fig. 18. Angleterre, Caradoc-sandstone.

77. **fusiformis,** d'Orb., 1847. *Buccinum fusiforme*, Sow., 1839, in Murch. Silur. Syst., pl. 20, fig. 19. Angleterre, Caradoc-sandstone.

78. **subfusiformis,** d'Orb., 1848. *Murchisonia subfusiformis*, Hall, 1847. Palæont. of New-York, t. I, p. 180, pl. 39, fig. 2. Etats-Unis, New-York, Trenton-limestone.

79. **vittata,** d'Orb., 1848. *Murchisonia vittata*, Hall, 1847. Palæont. of New-York, t. I, p. 181, pl. 39, fig. 3. Etats-Unis, New-York, Trenton-limestone.

80. **subelongata,** d'Orb., 1848. *Subulites elongata*, Hall, 1847. Palæont. of New-York, t. I, p. 182, pl. 39, fig. 5. Etats-Unis, New-York, Trenton-limestone.

TURBO, Linné, 1758. D'Orb., Paléont. française, terrains crétacés, t. II, p. 209.

*81. **Bilix,** d'Orb., 1848. *Pleurotomaria bilix*, Conrad, 1842, Hall, pl. 83, fig. 4. États-Unis, Cincinnati, Ohio (Blue lime), Hudson river.

82. **Pryceæ,** Sow., 1839, in Murch. Silur. Syst., pl. 21, fig. 19. Angleterre, Caradoc-sandstone.

83. **striatellus,** d'Orb., 1847. *Littorina striatella*, Sow., 1839, in Murch. Silur. Syst., pl. 19, fig. 12. Angleterre, Caradoc-sandstone.

84. dilucula, Hall, 1847. Palæont. of New-York, t. I, p. 12, pl. 3, fig. 7. États-Unis, New-York, Calciferous-sandstone.

85. obscurus, Hall, 1847. Palæont. of New-York, t. I, p. 12, pl. 3, fig. 8. États-Unis, New-York, Calciferous-sandstone.

86. symmetricus, d'Orb., *Holopea symmetrica,* Hall, 1847. Palæont. of New-York, t. I, p. 170, pl. 37, fig. 1. États-Unis, New-York, Trenton-limestone.

87. obliquus, d'Orb., 1848. *Holopea obliqua,* Hall, 1847. Palæont. of New-York, t. I, p. 170, pl. 37, fig. 2. États-Unis, New-York, Trenton.

88. Americanus, d'Orb., 1848. *Holopea paludiniformis,* Hall, 1847. Palæont. of New-York, t. I, p. 171, pl. 37, fig. 3 (non *T. paludiniformis,* d'Archiac, 1847). États-Unis, New-York, Trenton-limestone.

89. ventricosus, d'Orb., 1848. *Holopea, idem,* Hall, 1847. Palæont. of New-York, t. I, p. 171, pl. 37, fig. 4. États-Unis, New-York, Trenton-limestone.

STRAPAROLLUS, Montfort, 1810. *Euomphalus*, Sowerby, 1813. *Maclura, Ophileta,* Hall, 1847. Ce sont des *Solarium* sans crénelures autour de l'ombilic.

90. Qualtierianus, d'Orb., 1847. *Evomphalus qualtierianus,* Goldf., 1834. *Pleurotomaria lenticularis* , Emmons, Verneuil, Murch. et de Keys., Russie, t. II, p. 333, pl. 23, fig. 1. Russie, Pulkova, près de St-Pétersbourg, Reval ; Norvége, île d'Œland ; Amér. septent., Terre-Neuve.

91. Waschkinæ, d'Orb., 1847. *Evomphalus Waschkinæ,* de Keyserling, 1846. Geognost. beobacht., p. 265, pl. 11, fig. 10. Russie septent.

92. tenuistriatus, d'Orb., 1847. *Evomphalus tenuistriatus,* Sow., 1839, in Murch. Silur. Syst., pl. 22, fig. 14. Angleterre, Llandeïlo flags.

93. perturbatus, d'Orb., 1847. *Evomphalus perturbatus,* Sow., 1839, in Murch. Silur. Syst., pl. 22, fig. 15. Angleterre, Llandeïlo flags.

94. Corndensis, d'Orb., 1847. *Evomphalus corndensis,* Sow., 1839, in Murch. Silur. Syst., pl. 22, fig. 16, 16 *a*. Angleterre, Llandeïlo.

95. Petropolitanus, d'Orb., 1847. *Turbo petropolitanus,* Pander, pl. 1, fig. 3. Russie, St-Pétersbourg.

96. uniangulatus, d'Orb., 1847. *Evomphalus uniangulatus,* Hall, 1847. Palæont. of New-York, t. I, p. 9, pl. 3, fig. 1. Etats-Unis, New-York, Calciferous-sandstone.

97. sordidus, d'Orb., 1848. *Maclura sordida,* Hall, 1847. Palæont. of New-York, t. I, p. 10, pl. 3, fig. 2, 2 *a*. Etats-Unis, New-York, Calciferous-sandstone.

98. magnus, d'Orb., 1848. *Maclura magna,* Hall, 1847. Palæont. of New-York, t. I, p. 26, pl. 5, fig. 1, pl. 5 *bis,* fig. 1. Etats-Unis, New-York, Chazy-limestone.

99. levatus, d'Orb., 1848, *Ophileta levata,* Hall, 1847. Palæont. of New-York, t. I, p. 11, pl. 3, fig. 4, 5. Etats Unis, New-York, Calciferous-sandstone.

100. complanatus, d'Orb., 1848. *Ophileta complanata,* Hall, 1847. Palæont. of New-York, t. I, p. 11, pl. 3, fig. 6. Etats-Unis, New-York, Calciferous-sandstone.

101. matutinus, d'Orb., 1848. *Maclura matutina,* Hall, 1847. Palæont. of New-York, t. I, p. 10, pl. 3, fig. 3. Etats-Unis, New-York, Calciferous-sandstone.

STOMATIA, Lamarck, 1801. D'Orb., Paléont. française, terrains crétacés, t. II, p. 236.

102. auriformis, d'Orb., 1848. *Capulus auriformis*, Hall, 1847. Palæont. of New-York, t. I, p. 31, pl. 6, fig. 9. Etats-Unis, New-York, Chazy-limestone.

SCALITES, Conrad, 1842. *Raphistoma*, Hall, 1847. Ce sont des *Straparollus* à tours anguleux en dessus, sans ombilic ouvert.

103. angulatus, Hall, 1847. Palæont. of New-York, t. I, p. 27, pl. 6, fig. 1. Etats-Unis, New-York, Chazy-limestone.

104. striatus, d'Orb., 1848. *Raphistoma striata*, Hall, 1847. Palæont. of New-York, t. I, p. 28, pl. 6, fig. 2. Etats-Unis, New-York, Chazy.

105. planistria, d'Orb., 1847. *Raphistoma planistria*, Hall, 1847. Palæont. of New-York, t. I, p. 30, pl. 6, fig. 3. Etats-Unis, New-York, Chazy-limestone.

106. stamineus, d'Orb., 1848. *Raphistoma staminea*, Hall, 1847. Palæont. of New-York, t. I, p. 29, pl. 6, fig. 4, 5. Etats-Unis, New-York, Chazy-limestone.

PLEUROTOMARIA, Defrance, 1825, d'Orb., Paléont. française, terrains crétacés, t. II, p. 237.

107. Lenticularis, *Trochus, id.* Sow., 1839, in Murch. Silur. Syst., pl. 19, fig. 11. Hall., pl. 37, fig. 6. Angleterre, Caradoc ; Etats-Unis, New-York, Trenton, Middleville, Watertown (Ohio), Cincinnati (Jowa), Dubuque.

108. angulata? Sow., 1839, in Murch. Silur. Syst., pl. 21, fig. 20. Angleterre, Caradoc-sandstone.

109. biangulata? Hall, 1847. Palæont. of New-York, t. I, p. 81, pl. 6, fig. 6. Etats-Unis, New-York, Chazy-limestone.

110. antiquata? Hall, 1847. Palæont. of New-York, t. I, p. 31, pl. 7, fig. 1. Etats-Unis, New-York, Chazy-limestone.

111. turgida? Hall, 1847. Palæont. of New-York, t. I, p. 12, pl. 3, fig. 9, 10. Etats-Unis, New-York, Calciferous-sandstone.

112. nucleolata, Hall, 1847. Palæont. of New-York, t. I, p. 42, pl. 10, fig. 6. Etats-Unis, New-York, Birdseye-limestone.

113. varicosa, d'Orb., 1848. *Murchisonia varicosa*, Hall, 1847. Palæont. of New-York, t. I, p. 42, pl. 10, fig. 7. Etats-Unis, New-York.

114. quadricarinata, Hall, 1847. Palæont. of New-York, t. 1, p. 43, pl. 10, fig. 8. Etats-Unis, New-York, Birdseye-limestone.

115. umbilicata, Hall, 1847. Palæont. of New-York, t. I, p. 43, pl. 10, fig. 9, pl. 38, fig. 1. Etats-Unis, New-York, Birdseye, Trenton.

116. nodulosa, Hall, 1847. Palæont. of New-York, t. I, p. 44, pl. 10, fig. 10. Etats-Unis, New-York, Birdseye-limestone.

117. subtilistriata, Hall, 1847. Palæont. of New-York, t. I, p. 172, pl. 37, fig. 5. Etats-Unis, New-York, Trenton-limestone.

119. rotuloïdes, Hall, 1847. Palæont. of New-York, t. I, p. 173. pl. 37, fig. 7. Etats-Unis, New-York, Trenton-limestone.

120. subconica, Hall, 1847. Palæont. of New-York, t. I, p. 174, pl. 37, fig. 8, pl. 83, fig. 3. Etats-Unis, New-York, Trenton-limestone, Hudson river.

122. indenta, Hall, 1847. Palæont. of New-York, t. I, p. 176, pl. 38, fig. 2. Etats-Unis, New-York, Trenton-limestone.

123. ambigua, Hall, 1847. Palæont. of New-York, t. I, p. 176, pl. 38, fig. 3. Etats-Unis, New-York, Trenton-limestone.

124. percarinata, Hall, 1847. Palæont. of New-York, t. I, p. 177, pl. 38, fig. 4. Etats-Unis, New-York, Trenton-limestone.

MURCHISONIA, Verneuil et d'Archiac, 1842. Ce sont des *Pleurotomaria*, plus longs que larges, turriculés.

125. subabbreviata?, d'Orb., 1847. *M. abbreviata*, Hall, 1847. Palæont. of New-York, t. I, p. 32, pl. 6, fig. 7 (non Koninck, 1844). Etats-Unis, New-York, Chazy-limestone.

126. angustata?, Hall, 1847. Palæont. of New-York, t. I, p. 41, pl. 10, fig. 2. Etats-Unis, New-York, Birdseye-limestone.

127. ventricosa, Hall, 1847. Palæont. of New-York, t. I, p. 41, pl. 10, fig. 3. Etats-Unis, New-York, Birdseye-limestone.

128. perangulata, Hall, 1847. Palæont. of New-York, t. I, p. 41, pl. 10, fig. 4, pl. 38, fig. 7. Etats-Unis, New-York, Birdseye, Trenton.

129. bicincta, Hall, 1847. Palæont. of New-York, t. I, p. 177, pl. 38, fig. 5. Etats-Unis, New-York, Trenton-limestone.

130. tricarinata, Hall, 1847. Palæont. of New-York, t. I, p. 178, pl. 38, fig. 6. Etats-Unis, New-York, Trenton-limestone.

131. uniangulata, Hall, 1847. Palæont. of New-York, t. I, p. 179, pl. 38, fig. 8, pl. 83, fig. 2. Etats-Unis, New-York, Trenton-limestone, rivière d'Hudson.

132. bellicincta, Hall, 1847. Palæont. of New-York, t. I, p. 179, pl. 39, fig. 1. Etats-Unis, New-York, Trenton-limestone.

133. gracilis, Hall, 1847. Palæont. of New-York, t. I, p. 181, pl. 39, fig. 4, pl. 83, fig. 1. Etats-Unis, New-York, Trenton-limestone, rivière d'Hudson.

134. Baltica, Verneuil. *Pleurotomaria baltica*, 1845. Verneuil et de Keys., Russie, 2, p. 338, pl. 23, fig. 7. Russie, Reval.

BELLEROPHON, Montfort, 1810. D'Orb., Céphalopodes acétabulifères, p. 180.

135. ingricus, 1845. Verneuil, Murch. et de Keys., Russie, 2, p. 344, pl. 24, fig. 2. Russie, Saint-Pétersbourg.

136. megalostoma, 1845. Verneuil, Murch. et de Keys., Russie, 2, p. 345, pl. 24, fig. 1. Russie, Saint-Pétersbourg.

137. expansus, d'Orb., 1848. *Buccania expansa*, Hall, 1847. Palæont. of New-York, t. I, p. 186, pl. 40, fig. 7. Etats-Unis, New-York, Trenton-limestone.

138. bidorsatus, d'Orb., 1848. *Buccania bidorsata*, Hall, 1847. Palæont. of New-York, t. I, p. 186, pl. 40, fig. 8. Etats-Unis, New-York, Trenton-limestone.

139. sulcatinus, Emmons. *Buccania sulcatina*, Hall, 1847. Palæont. of New-York, t. I, p. 32, pl. 6, fig. 10. Etats-Unis, New-York, Chazy-limestone.

140. rotundatus, d'Orb., 1848. *Buccania rotundata*, Hall, 1847. Palæont. of New-York, t. I, p. 33, pl. 6, fig. 11. Etats-Unis, New-York, Chazy-limestone.

141. punctifrons, Emmons, 1842. *Buccania punctifrons*, Hall, 1847. Palæont. of New-York, t. I, p. 187, pl. 40 *a*, fig. 1. Etats-Unis, New-York, Trenton-limestone.

142. cancellatus, Hall, 1847. Palæont. of New-York, t. I, p. 307, pl. 83, fig. 10. Etats-Unis, New-York, Hudson river group.

143. intextus, d'Orb., 1848. *Buccania intexta*, Hall, 1847. Palæont. of New-York, t. I, p. 317, pl. 33, fig. 4. Etats-Unis, New-York, Chazy, Trenton et Hudson river.

144. Troostii, d'Orb., 1840. Céphal., p. 206, n. 26, pl. 7, fig. 19, 20. Etats-Unis, Nashville.

CYRTOLITES, Conrad, 1839. Nous conservons sous ce nom, les *Bellerophons* à tours embrassants ou non, sans entaille ni bande distincte sur le dos, mais pourvus seulement d'un léger sinus.

* **145. bilobatus,** d'Orb., 1848. *Bellerophon bilobatus*, d'Orb., Céphal., pl. 8, fig. 2, 3, Sow., in Murch. Sil. Syst., pl. 19, fig. 3. Hall, pl. 40, fig. 3, 6 ; pl. 83, fig. 9. Suède, Christiania ; Angleterre, Caradoc, Llandeïlo ; Etats-Unis, New-York, Trenton, Middleville, rivière d'Hudson, Watertown (Ohio), Cincinnati ; Canada, Mont-Réal.

146. acutus, d'Orb., 1848. *Bellerophon acutus*, d'Orb., Céphal., pl. 8, fig. 10, Sow., 1839, in Murch. Silur. Syst., pl. 19, fig. 14. Angleterre, Caradoc-sandstone, Horderley.

147. subcarinatus, d'Orb., 1848. *Carinaropsis carinata*, Hall, 1847. Palæont. of New-York, t. I, p. 183, pl. 40, fig. 1 (non *Carinatus*, Sow., 1839). Etats-Unis, New-York, Trenton-limestone.

* **148. ornatus,** Conrad, 1839, Hall, 1847. Palæont. of New-York, t. I, p. 308, pl. 84, fig. 1. Etats-Unis, New-York, Hudson river, Ohio.

149. compressus, Hall, 1847. Palæont. of New-York, t. I, p. 188, pl. 40 *a*, fig. 2. Etats-Unis, New-York, Trenton-limestone.

150. Trentonensis, Hall, 1847. Palæont. of New-York, t. I, p. 189, pl. 40 *a*, fig. 3. Etats-Unis, New-York, Trenton-limestone.

HELCION, Montfort, 1810. *Acmea*, Escholtz, 1833. *Patelloïdea*, Quoy, 1834. *Lottia*, Gray, 1835. D'Orb., Paléont. française, terrains crétacés, II, p. 397.

151. subrugosa, d'Orb., 1848. *Metoptoma rugosa*, Hall, 1847. Palæont. of New-York, t. I, p. 306, pl. 83, fig. 6 (non *Rugosa*, Sow., 1816). Etats-Unis, New-York, Hudson river group.

152. patelliformis, d'Orb., 1848. *Carinaropsis patelliformis*, Hall, 1847. Palæont. of New-York, t. I, p. 306, pl. 40, fig. 2 ; pl. 83, fig. 7. Etats-Unis, New-York, Hudson river group, Trenton.

153. orbiculatus, d'Orb., 1848. *Carinaropsis orbiculatus*, Hall, 1847. Palæont. of New-York, t. I, p. 306, pl. 83, fig. 8. Etats-Unis, New-York, Hudson river group.

MOLLUSQUES PTÉROPODES.

CONULARIA, Sow., 1820. Coquille droite, conique, régulière, quadrangulaire à côtés égaux, marqués d'une rainure sur chaque angle.

154. Trentonensis, Hall, 1847. Palæont. of New-York, t. I, p. 222, pl. 59, fig. 4 (non *Quadrisulcata*, Sow.). Etats-Unis, New-York, Trenton-limestone.

155. granulata, Hall, 1847. Palæont. of New-York, t. I, p. 228, pl. 59, fig. 5. Etats-Unis, New-York, Trenton-limestone.

156. papillata, Hall, 1847. Palæont. of New-York, t. I, p. 223, pl. 59, fig. 6. Etats-Unis, New-York, Trenton-limestone.

157. gracilis, Hall, 1847. Palæont. of New-York, t. I, p. 224, pl. 59, fig. 7. Etats-Unis, New-York, Trenton-limestone.

158. Buchii, Eschwald. Dans l'ouvrage du duc de Leuchtenberg. Russie, environs de Saint-Pétersbourg.

* **159. pyramidata,** Deslongchamps. Grande espèce des grès quartzeux, de May (Calvados).

VAGINELLA, Daudin, 1801. *Cleodora*, Péron, 1810. *Theca*, Hall, 1848.

160. triangularis, d'Orb., 1848. *Theca triangularis*, Hall, 1847. Palæont. of New-York, t. I, p. 313, pl. 87, fig. 1. Etats-Unis, New-York, Hudson river group.

MOLLUSQUES LAMELLIBRANCHES.

ORTHOCONQUES SINAPULLALES.

LYONSIA, Turton, 1822. *Magdala*, Brown, 1827. *Osteodesma*, Deshayes, 1830. *Greslya*, Agassiz, 1842, etc. D'Orb., Paléont. française, terr. crét., 3, p. 383.

161. normaniana, d'Orb., 1847. Espèce voisine du *L. dubia*, mais plus étroite, plus comprimée, acuminée à l'extrémité anale. France, May (Calvados).

162. nasuta, d'Orb., 1848, *Tellinomya nasuta*, Hall, 1847. Palæont. of New-York, t. I, p. 152, pl. 34, fig. 3. Etats-Unis, New-York, Trenton-limestone.

163. sanguinolaroidea, d'Orb., 1848. *Tellinomya sanguinolaroidea*, Hall, 1847. Palæont. of New-York, t. I, p. 152, pl. 34, fig. 4. Etats-Unis, New-York, Trenton-limestone.

164. gibbosa, d'Orb., 1848. *Tellinomya gibbosa*, Hall, 1847. Palæont. of New-York, t. I, p. 153, pl. 34, fig. 5. Etats-Unis, New-York, Trenton-limestone.

165. Halliana, d'Orb., 1848. *Tellinomya dubia*, Hall, 1847. Palæont. of New-York, t. I, p. 153, pl. 34, fig. 6 (non *Dubia*, Schloth, 1821). Etats-Unis, New-York, Trenton-limestone.

166. anatiniformis, d'Orb., 1848. *Tellinomya anatiniformis*, Hall, 1847. Palæont. of New-York, t. I, p. 154, pl. 34, fig. 7. Etats-Unis, New-York, Trenton-limestone.

167. Trentonensis, d'Orb., 1848. *Modiolopsis trentonensis*, Hall, 1847. Palæont. of New-York, t. I, p. 161, pl. 34, fig. 10. Etats-Unis, New-York, Trenton-limestone.

168. subaviculoïdes, d'Orb., 1848. *Modiolopsis aviculoïdes*, Hall, 1847. Palæont. of New-York, t. I, p. 161, pl. 36, fig. 1 (non *Aviculoides*, Verneuil, 1845). Etats-Unis, New-York, Trenton-limestone.

169. subnasuta, d'Orb., 1848. *Modiolopsis nasuta*, Hall, 1847. Palæont. of New-York, t. 1, p. 159, pl. 35, fig. 7 ; pl. 81, fig. 2 (non *Tellinomya nasuta*, Hall). Etats-Unis, New-York, Trenton-limestone, rivière d'Hudson.

170. subspatulata, d'Orb., 1848. *Modiolopsis subspatulatus*, Hall, 1847. Palæont. of New-York, t. 1, p. 159, pl. 35, fig. 9. Etats-Unis, New-York, Trenton-limestone.

171. sublata, d'Orb., 1848. *Modiolopsis latus*, Hall, 1847. Palæont. of New-York, t. I, p. 160, pl. 35, fig. 10 (non Forbes, 1846). Etats-Unis, New-Yok, Trenton-limestone.

172. mytiloides, d'Orb., 1848. *Modiolopsis mytiloïdes*, Hall, 1847. Palæont. of New-York, t. I, p. 157, pl. 35, fig. 4. Etats-Unis, New-York, Trenton-limestone.

173. parallela, d'Orb., 1848. *Modiolopsis parallela*, Hall, 1847. Palæont. of New-York, t. I, p. 158, pl. 35, fig. 5. Etats-Unis, New-York, Trenton-limestone.

174. faba, d'Orb., 1848. *Modiolopsis faba*, Hall, 1847. Palæont. of New-York, t. I, p. 158, pl. 35, fig. 6 ; pl. 82, fig. 6. Etats-Unis, New-York, Trenton-limestone, rivière d'Hudson.

175. submodiolaris, d'Orb., 1848. *Modiolopsis modiolaris*, Hall, 1847. Palæont. of New-York, t. I, p. 294, pl. 81, fig. 1 ; pl. 82, fig. 1 (non *Modiolaris*, M' Coy, 1844). Etats-Unis, New-York, Hudson river.

176. subtruncata, d'Orb., 1848. *Modiolopsis truncatus*, Hall, 1847. Palæont. of New-York, t. I, p. 296, pl. 81, fig. 3 (non *truncata*, Agass., 1842). Etats-Unis, New-York, Hudson river group.

177. curta, d'Orb., 1848. *Modiolopsis curta*, Hall, 1847. Palæont. of New-York, t. I, p. 297, pl. 81, fig. 4 ; pl. 82, fig. 2. Etats-Unis, New-York, Hudson river group.

178. anodontoides, d'Orb., 1848. *Modiolopsis anodontoïdes*, Hall, 1847. Palæont. of New-York, t. 1, p. 298, pl. 82, fig. 3. Etats-Unis, New-York, Hudson river group.

179. terminalis, d'Orb., 1848. *Modiolopsis terminalis*, Hall, 1847. Palæont. of New-York, t. 1, p. 318, pl. 33 *, fig. 5. Etats-Unis, New-York, Chazy, Trenton et Hudson river.

180. nuculiformis, d'Orb., 1848. *Modiolopsis nuculiformis*, Hall, 1847. Palæont. of New-York, t. I, p. 298, pl. 82, fig. 5. Etats-Unis, New-York, Hudson river group.

181. vetusta, d'Orb., 1848. *Cardiomorpha vetusta*, Hall, 1847. Palæont. of New-York, t. I, p. 154, pl. 34, fig. 8. Etats-Unis, New-York, Trenton-limestone.

PERIPLOMA, Schumacher, 1817. *Osteodesma*, Deshayes, 1830, d'Orb., Paléont. française, terr. crétacés, 3, p. 379.

182. planulata, d'Orb., 1848. *Cleidophorus planulatus*, Hall, 1847. Palæont. of New-York, t. I, p. 300, pl. 82, fig. 9. Etats-Unis, New-York, Hudson river group.

LEDA, Schumacher, 1847, d'Orb., Mollusques de l'Amérique méridionale, p. 543.

183. levata, d'Orb., 1848. *Nucula levata*, Hall, 1847. Palæont. of New-York, t. I, p. 150, pl. 34, fig. 1. Etats-Unis, New-York, Trenton-limestone.

184. pulchella, d'Orb., 1848. *Lyrodesma pulchella*, Hall, 1847. Palæont. of New-York, t. I, p. 302, pl. 82, fig. 12. Etats-Unis, New-York, Hudson river group.

185. plana, d'Orb., 1848. *Lyrodesma plana*, Conrad, 1841, Hall, 1847. Palæont. of New-York, t. I, p. 302, pl. 82, fig. 11. Etats-Unis, New-York, Hudson river group.

186. Eastnori, d'Orb., 1847. *Arca eastnori*, Sow., 1839, in Murch. Silur. Syst., pl. 20, fig. 1 *a*, 1 *b*. Angleterre, Caradoc-sandstone.

ORTHONOTA, Conrad, 1841. Nous conservons sous ce nom des coquilles analogues de formes aux *Solemya*, mais avec des dents comme les *Leda*.

187. pholadis, Conrad, 1841, Hall, 1847. Palæont. of New-York, t. I, p. 299, pl. 82, fig. 6. Etats-Unis, New-York, Hudson river group.

188. parallela, Hall, 1847. Palæont. of New-York, t. I, p. 299, pl. 82, fig. 7. Etats-Unis, New-York, Hudson river group

189. contracta, Hall, 1847. Palæont. of New-York, t. I, p. 300, pl. 82, fig. 8. Etats-Unis, New-York, Hudson river group.

ORTHOCONQUES INTÉGROPALLÉALES.

MEGALODON, Sowerby, 1827. *Megalodus*, Goldfuss.

190. Deshayesianus, d'Orb., 1847. *Cypricardia, id.*, Vern., de Keys., in Murch., 1845. Russie, t. II, p. 304, pl. 20, fig. 1. Russie, Reval.

CYPRICARDIA, Lamarck, 1801.

191. Americana, d'Orb., 1848. *Modiolopsis carinatus*, Hall, 1847. Palæont. of New-York, t. I, p. 160, pl. 35, fig. 11 (non *Carinata*, Dech., 1824). Etats-Unis, New-York, Trenton-limestone.

192. subtruncata, d'Orb., 1848. *Edmondia subtruncata*, Hall, 1847. Palæont. of New-York, t. I, p. 156, pl. 34, fig. 9. Etats-Unis, New-York, Trenton-limestone.

CARDIOMORPHA, de Koninck, 1842. Animaux fossiles.

193. ventricosa, d'Orb., 1848. *Edmondia ventricosa*, Hall, 1847. Palæont. of New-York, t. I, p. 155, pl. 35, fig. 1. Etats-Unis, New-York, Trenton-limestone.

194. subangulata, d'Orb., 1848. *Edmondia subangulata*, Hall, 1847. Palæont. of New-York, t. I, p. 156, pl. 35, fig. 2. Etats-Unis, New-York, Trenton-limestone.

195. subtruncata, d'Orb., 1848. *Edmondia subtruncata*, Hall, 1847. Palæont. of New-York, t. I, p. 156, pl. 35, fig. 3 (non *Subtruncata*, pl. 34, fig. 9). Etats-Unis, New-York, Trenton-limestone.

196. poststriata?, d'Orb., 1848. *Nucula poststriata*, Hall, 1847. Palæont. of New-York, t. I, p. 301, pl. 82, fig. 10. Etats-Unis, New-York, Hudson river group.

NUCULA, Lamarck, 1801. D'Orb., Paléont. française, terrains crétacés, t. III, p. 161.

197. lævis, Sow., 1839, in Murch. Silur. Syst., pl. 22, fig. 1. Angleterre, Llandeilo flags.

198. donaciformis?, Hall, 1847. Palæont. of New-York, t. I, p. 316, pl. 33, fig. 3. Etats-Unis, New-York, Chazy, Trenton et Hudson river.

ARCA, Linné, 1758. D'Orb., Paléont. française, terrains crétacés, t. III, p. 194.

199. poststriata?, d'Orb., 1848. *Nucula poststriata*, Hall, 1847. Palæont. of New-York, t. I, p. 151, pl. 34, fig. 2. Etats-Unis, New-York. Trenton-limestone.

LAMELLIBRANCHES PLEUROCONQUES.

AVICULA, Klein, 1753. D'Orb., Paléont. française, terrains crétacés, t. III, p. 467.

***200. matutina**, d'Orb., 1847. Espèce voisine de l'*A. obliqua*, Sow., mais plus large à sa région anale, non sinueuse à la région buccale. France, environs de Saint-Sauveur (Manche), Falaise (Calvados).

***201. prima**, d'Orb., 1847. Espèce voisine de l'*A. obliqua*, Sow., mais plus étroite et plus ovale, très-arrondie sur la région anale. France, May (Calvados), Saint-Sauveur (Manche).

***202. matutinalis**, d'Orb., 1847. Espèce voisine de l'*A. Trentonensis*, mais dont nous ne connaissons que l'empreinte intérieure. France, Saint-Sauveur (Manche).

***203. subretroflexa**, d'Orb., 1847. Espèce voisine de l'*A. retroflexa*, mais plus large sur la région anale, et évidée sur la région buccale. Etats-Unis, Ohio (Cincinn.).

204. orbicularis, Sow., 1839, in Murch. Silur. Syst., pl. 20, fig. 3. Angleterre, Caradoc-sands.

205. obliqua, Sow., 1839, in Murch. Silur. Syst., pl. 20, f. 4, fig. 8. Angleterre, Caradoc-sands.

206. subarcuata?, d'Orb., 1848. *Modiolopsis arcuatus*, Hall, 1847. Palæont. of New-York, t. I, p. 159, pl. 35, fig. 8 (non Munster, 1834). Etats-Unis, New-York, Trenton-limestone.

207. Trentonensis, Hall, 1847. Palæont. of New-York, t. I, p. 161, pl. 36, fig. 2. Etats-Unis, New-York, Trenton-limestone.

208. subelliptica, d'Orb., 1847. *A. elliptica*, Hall, 1847. Palæont. of New-York, t. I, p. 162, pl. 36, fig. 3 (non Phillips, 1836). Etats-Unis, New-York, Trenton-limestone.

***209. carinata**, d'Orb., 1847. *Pterinea carinata*, Conrad. Etats-Unis, Ohio (Cincinnati).

POSIDONOMYA, Bronn, 1847. (*Posidonia*, Bronn, 1828). Ce sont pour nous des *avicules* sans oreille, ni aile.

210. bellistriata, d'Orb., 1848. *Ambonychia bellistria*, Hall, 1847, Palæont. of New-York, t. I, p. 163, pl. 36, fig. 4. Etats-Unis, New-York, Trenton-limestone.

211. suborbicularis, d'Orb., 1848. *Ambonychia orbicularis*, Hall, 1847. Palæont. of New-York, t. I, p. 164, pl. 36, fig. 5 (non Munster, 1838). Etats-Unis, New-York, Trenton-limestone.

212. amygdalina, d'Orb., 1848. *Ambonychia amygdalina*, Hall, 1847. Palæont. of New-York, t. I, p. 165, pl. 36, fig. 6. Etats-Unis, New-York, Trenton-limestone.

213. subundata, d'Orb., 1848. *Ambonychia undata,* Hall, 1847. Palæont. of New-York, t. I, p. 165, pl. 36, fig. 7 (non Munster, 1841). Etats-Unis, New-York, Trenton-limestone.

214. obtusa, d'Orb., 1848. *Ambonychia obtusa,* Hall, 1847. Palæont. of New-York, t. I, p. 167, pl. 36, fig. 8. Etats-Unis, New-York, Trenton-limestone.

215. mityloides, d'Orb., 1848. *Ambonychia mityloïdes,* Hall, 1847. Palæont. of New-York, t. 1, p. 315, pl. 33, fig. 2. Etats-Unis, New-York, Chazy, Trenton et Hudson river.

MOLLUSQUES BRACHIOPODES.

LINGULA, Brugnière, 1789. Paléont. franç., terr. crétacés, t. IV, p. 9.

216. quadrata, Eschw., 1840. Verneuil, Russie et Our., t. II, pl. 1, fig. 10. Hall, pl. 80, fig. 1, 4; pl. 79, fig. 1. Russie, île de Dago. Etats-Unis, New-York, Trenton, rivière d'Hudson.

217. longissima, Pander, 1836. Verneuil, Russie, t. 2, pl. 1, fig. 11. Russie, St-Pétersbourg. On doit y réunir le *L. elliptica,* Hall.

218. attenuata, Sow., 1839, in Murch. Sil. Syst., pl. 22, fig. 13, Hall, pl. 36, fig. 1. Angl., Llandeïlo flags. Etats-Unis, New-York, Trenton.

219. riciniformis, Hall, 1847. Palæont. of New-York, t. I, p. 95, pl. 30, fig. 2. Etats-Unis, New-York, Trenton-limestone.

220. æqualis, Hall, 1847. Palæont. of New-York, t. I, p. 95, pl. 30, fig. 3. Etats-Unis, New-York, Trenton-limestone.

221. elongata, Hall, 1847. Palæont. of New-York, t. I, p. 97, pl. 30, fig. 5. Etats-Unis, New-York, Trenton-limestone.

222. curta, Hall, 1847. Palæont. of New-York, t. I, p. 97, pl. 30, fig. 6. Etats-Unis, New-York, Trenton-limestone.

223. obtusa, Hall, 1847. Palæont. of New-York, t. I, p. 98, pl. 30, fig. 7. Etats-Unis, New-York, Trenton-limestone.

224. crassa, Hall, 1847. Palæont. of New-York, t. I, p. 98, pl. 30, fig. 8. Etats-Unis, New-York, Trenton-limestone.

' **225. submarginata,** d'Orb., 1847. *L. marginata,* d'Orb., 1842. Paléont. de l'Amér. mérid., p. 28, pl. 2, fig. 5 (non Phillips, 1836). Amér. mérid., Tacopaya (Bolivia).

' **226. Munsterii,** d'Orb., 1842. Paléont. de l'Amér. mérid., p. 29, pl. 2, fig. 6. Amér. mérid., Tacopaya (Bolivia).

' **227. dubia,** d'Orb., 1842. Paléont. de l'Amér. mérid., p. 29, pl. 2, fig. 7. Amér. mérid., Tacopaya (Bolivia).

OBOLUS, Eschw., 1829. Ce sont des Lingules, dont une seule valve est pourvue de rainure pour le passage du muscle externe.

228. appolinus, Eschw., 1829. Verneuil, Russie et Oural, t. III, pl. 19, fig. 3. Russie, lac Ladoga.

LEPTÆNA, Dalm., 1828, d'Orb. Nous n'y conservons que les espèces, quelles que soient leurs formes, qui n'ont pas d'ouverture deltoïde entre les crochets.

228'. inflexa, d'Orb. *Gonambonites inflexa, quadrata, latissima,* etc.

Pander. Bectr., 1830, p. 77, pl. 14, fig. 1, 5. *Orthis*, Verneuil. Russie, St-Pétersbourg, Russie septent., riv. Sjasse.

229. plana, d'Orb. *Gonambonites plana* et *ovata*, Pander, 1830, Beitr.; Russie, p. 78, pl. 16 *a*, fig. 3, 7.

230. perlata, d'Orb. *Hemipronites perlata*, etc. Pander, 1830, Beitr.; Russ., p. 75, pl. 16 *b*, fig. 2, 5, 9. *Orthis hemipronites* de Buch, 1840. Vern., Russie, p. 205, pl. 12. fig. 4.

231. semicircularis, d'Orb., 1847. *Terebratula semicircularis*, Eschw., 1829, Zool. spéc., t. I, p. 276, pl. 4, fig. 10 (non *Orthis, id.* Sow.). Russie, St-Pétersbourg.

232. obtusa, d'Orb. *Productus obtusus*, etc. Pander, 1830, Beitr., p. 87, pl. 26, fig. 1, 9. Russie, St-Pétersbourg.

233. deltoidea, Vern. et de Keys, 1845, Russie, p. 222, pl. 14, fig. 5. Hall, 1847, pl. 31 *a*, fig. 3. Russie, Reval ; Amér., Etats-Unis, New-York, Trenton-limestone.

234. Humboldtii, Vern. et de Keys., 1845, Russie, p. 226, pl. 14, fig. 7. Russie, St-Pétersbourg.

'**235. sericea,** J. Sow., 1839, in Sil. Syst. Murch., p. 636, pl. 19, fig. 1, 2. Hall, pl. 31 *b*, fig. 2, pl. 79, fig. 3. Angl., Caradoc ; Russie, Reval ; New-York, Trenton, rivière d'Hudson, Ohio (Cincinn.).

236. oblonga, Vern. et de Keys., 1845, Russie, p. 228, pl. 15, fig. 2. Russie, St-Pétersbourg.

237. Imbex, Vern. et de Keys., Russ., 1845, p. 230, pl. 15, fig. 3. *Plectambonites, id.* Pander, 1830. Russie, St-Pétersbourg.

238. duplicata, Sow., 1839, in Murch. Sil. Syst., pl. 22, fig. 2. Angl., Llandeïlo flags.

239. protensa?, Nob. *Orthis, id.* Sow. Murch., pl. 22, fig. 8, 9, Angl., Llandeïlo flags.

240. Sowerbii, Nob. *Orthis Sowerbii*, Sow., 1827, in Murch. Sil. Syst., pl. 22, fig. 10 (non *Lep. lata*, pl. 3, fig. 3). Angl., Llandeïlo.

241. semiluna, d'Orb., 1847. *Orthis semicircularis*, Sow., 1839, in Murch. Sil. Syst., pl. 21, fig. 7 (non Eschwald, 1829). Angleterre, Caradoc-sands.

242. anomala, Nob. *Orthis anomala*, Sow., 1839, in Murch. Silur. Syst., pl. 21, fig. 10. Angl., Caradoc-sands.

243. complanata, Sow., 1839, in Murch. Sil. Syst., pl. 20, fig. 6. Angl., Caradoc-sandstone.

244. grandis, Nob. *Orthis grandis*, Sow., 1839, Murch. Sil. Syst., pl. 20, fig. 12, 13. Angl., Caradoc-sands.

245. expansa, Nob. *Orthis expansa*, Sow., 1839, Murch. Sil. Syst., pl. 20, fig. 14. Angl., Caradoc-sands.

246. triangularis?, Nob. *Orthis triangularis*, Sow., 1839. Murch. Sil. Syst., pl. 20, fig. 17. Angl., Caradoc-sands.

247. bilobata, Nob., 1847. *Orthis bilobata*, Sow., 1839, Murch. Sil. Syst., pl. 19, fig. 7. Angl., Caradoc.

248. vespertilio?, d'Orb. *Orthis, id.* Sow., 1839, Murch. Sil. Syst., pl. 20, fig. 11. Angl., Caradoc-sands.

249. transversa, Vern. et de Keys, 1845, Russie, p. 231, pl. 15, fig. 4. *Plectambonites, id.* Pander, 1836. Russie, St-Pétersbourg.

250. convexa, Vern. et de Keys, 1845, Russie, p. 332, pl. 15, fig. 5. *Plectambonites*, *id.* Pander, 1836. Russie, St-Pétersbourg.

251. trema, De Keyserling, 1846. Geognost. beobacht., p. 216, pl. 16, fig. 1. Russie septentrionale, rivière Yiytsch.

252. recta, Hall, 1847. Palæont. of New-York, t. I, p. 113, pl. 31 *b*, fig. 6. Etats-Unis, New-York, Trenton-limestone.

253. planoconvexa, Hall, 1847. Palæont. of New-York, t. I, p. 114, pl. 31 *b*, fig. 7. Etats-Unis, New-York, Trenton limestone.

254. tenuilineata, Hall, 1847. Palæont. of New-York, t. I, p. 115, pl. 31 *b*, fig. 8. Etats-Unis, New-York, Trenton-limestone.

255. subtenta, Hall, 1847. Palæont. of New-York, t. I, p. 115, pl. 31 *b*, fig. 9. Etats-Unis, New-York, Trenton-limestone.

256. plicifera, Hall, 1847. Palæont. of New-York, t. I, p. 19, pl. 4 *bis*, fig. 1. Etats-Unis, New-York, Chazy-limestone.

257. incrassata, Hall, 1847. Palæont. of New-York, t. I, p. 19, pl. 4 *bis*, fig. 2. Etats-Unis, New-York, Chazy-limestone.

258. fasciata, Hall, 1847. Palæont. of New-York, t. I, p. 20, pl. 4 *bis*, fig. 3. Etats-Unis, New-York, Chazy-limestone.

260. camerata, Hall, 1847. Palæont. of New-York, t. I, p. 106, pl. 31 *a*. fig. 2. Etats-Unis, New-York, Trenton-limestone.

261. filitexta, Hall, 1847. Palæont. of New-York, t. I, p. 111, pl. 31 B, fig. 3. Etats-Unis, New-York, Trenton-limestone.

262. planumbona, Hall, 1847. Palæont. of New-York, t. I, p. 112, pl. 31 B, fig. 4. Etats-Unis, New-York, Trenton-limestone, Ohio.

263. deflecta, Hall, 1847. Palæont. of New-York, t. I, p. 113, pl. 31 B, fig. 5. Etats-Unis, New-York, Trenton-limestone.

264. alternistriata, Hall, 1847. Palæont. of New-York, t. I, p. 109, pl. 31 B. fig. 1. Etats-Unis, Trenton-limestone.

265. Strogonowii, d'Orb., 1847. *Orthis Strogonowii*, Kutorga, 1843. Verhandl. der Russisch, p. 60, pl. 3, fig. 1-8. Russie, envir. de Pawlowsk et de Pulkowa.

266. tumida, d'Orb., 1847. *Orthis tumida*, Kutorga, 1843. Verhandl. der Russisch, p. 63, pl. 3, fig. 9-13. Russie, env. de Powlowsk et de Pulkowa.

STROPHOMENA, Rafinesque, 1831. Nous conservons sous ce nom les *Leptæna*, avec une ouverture ronde au crochet.

* **267. alternata,** Conrad, 1838 ; Emmons, 1842. Geol. of New-York, part. 2, p. 395, fig. 3. Hall, pl. 31, fig. 1 ; pl. 31 A, fig. 1 ; pl. 79, fig. 2. N. Amériq. Ohio, Tennessée, New-York, Trenton ; Angleterre, Caradoc.

268. tenuistriata, d'Orb., *Leptæna tenuistria*, Sow., 1839, in Murch. Sil. Syst., pl. 22, fig. 2 A. Hall, pl. 31 A, fig. 4. Angleterre, Llandeïlo flags; Etats-Unis, New-York, Trenton.

ORTHISINA, d'Orb., 1847. Nous plaçons dans ce genre les *Orthis*, dont le deltidium est fermé, percé d'une ouverture ronde près du crochet de la grande valve.

269. Verneuili, d'Orb. *Orthis Verneuili*, Eschw., 1842, Urwelt. Russie, 2, p. 51, pl. 2, fig. 3-5. Russie, Reval, île de Dago. N. Amér. Riv. Ottava.

270. anomala, d'Orb. *Anomites anomalus*, Sch., 1822, Nach., p. 65, pl. 14, fig. 2. *Orthis*, etc. De Buch., Vern. Russie, Reval.

271.* **ascendens, d'Orb. *Pronites ascendens*, etc. Pander, 1830, Beitr., Russie, p. 72, pl. 17, fig. 2-6. *Orthis ascendens*, Vern., Russie, p. 203, pl. 12, fig. 3. Russie, Saint-Pétersbourg.

ORTHIS, Dalman, 1827. *Trigonotreta*, Conig. Nous conservons dans ce genre seulement les espèces pourvues d'une ouverture triangulaire ouverte, occupant toute la largeur de l'area.

272. flabellum, Sow., 1839, in Murch. Sil. Syst., pl. 19, fig. 8. Angleterre, Caradoc-sandstone.

273. costata, Sow., in Murch. Sil. Syst., pl. 21, fig. 11. Angleterre, Caradoc-sandstone.

274. orbicularis, Nob. *Atrypa orbicularis*, Sow., 1839, in Murch. Sil. Syst., pl. 19, fig. 3. Angleterre, Caradoc-sandstone.

275. collactis?, Dalm., 1827, Sow., 1839, in Murch. Sil. Syst., pl. 19, fig. 5. Norwége, Gotha ; Angleterre, Caradoc.

276. virgula, Sow., 1839, Murch. Sil. Syst., pl. 20, fig. 15. Angleterre, Caradoc-sandstone.

277. actoniæ, Sow., 1839, Murch. Sil. Syst., pl. 20, fig. 16. Angleterre, Caradoc-sandstone.

278. radians, Sow., 1839, Murch. Sil. Syst., pl. 22, fig. 11. Angleterre, Llandeilo flags.

***279. Lynx,** d'Orb. *Spirifer lynx*, Eschw., Vern. et de Keys., p. 136, pl. 3, fig. 3, 4. Hall, pl. 32 *c*, fig. 1. Russie ; Norwége ; Etats-Unis, New-York, Trenton, lac Michigan ; Canada ; Ohio, Kentucky.

280. parva, Vern. et de Keys., 1845, Russie, p. 188, pl. 13, fig. 3, 4. Russie, St-Pétersbourg, Oural ; Russie septent., rivièreYlitsch.

281. calligramma, Dalm., 1827, Vet. Acad. Handl., pl. 2, fig. 3; Verneuil, Russie, pl. 13, fig. 7. Anglet., Caradoc ; Russie, Skarpasen.

282. moneta, Eschw., apud de Buch., 1837, Ueber Delth., p. 65 ; Vern. et de Keys., 1845, Russie, p. 209, pl. 13, fig. 10.

283. extensa, Vern. et de Keys., 1845, Russie, p. 210, pl. 13, fig. 11. Russie, Saint-Pétersbourg.

284. ornata, d'Orb., 1847, *Leptæna ornata*, Eschw., Vern. et de Keys., Russie, p. 220, pl. 15, fig. 8.

285. costalis, Hall, 1847. Palæont. of New-York, t. I, p. 20, pl. 4 *bis*, fig. 4. Etats-Unis, New-York, Chazy-limestone.

286. testudinaria, Dalman ; Sow., in Murch. Sil. Syst., pl. 20, fig. 9-10, Hall, 1847. Palæont. of New-York, t. I, p. 117, pl. 32, fig. 1. Angleterre, Caradoc ; France, les ardoises d'Angers ; Etats-Unis, New-York, Trenton-limestone, Hudson river, Tennessée, Ohio, Cincinnati, Illinois, Canada.

287. subæquata, Conrad, 1843, Hall, 1847. Palæont. of New-York, t. I, p. 118, pl. 32, fig. 2. Etats-Unis, New-York, Trenton.

288. bellarugosa, Conrad, 1843, Hall, 1847. Palæont. of New-York, t. I, p. 118, pl. 32, fig. 3. Etats-Unis, New-York, Trenton.

289. disparilis, Conrad, 1843, Hall, 1847. Palæont. of New-York, t. I, p. 119, pl. 32, fig. 4. Etats-Unis, New-York, Trenton-limestone.

290. perveta, Conrad, 1843, Hall, 1847. Palæont. of New-York,

t. I, p. 120, pl. 32, fig. 5. Etats-Unis, New-York, Trenton-limestone.

291. æquivalvis, Hall, 1847. Palæont. of New-York, t. I, p. 120, pl. 32, fig. 6. Davidson, London, Geol. journ., pl. 25, fig. 5. Etats-Unis, New-York, Trenton-limestone; Angleterre.

292. fissicosta, Hall, 1847. Palæont. of New-York, t. I, p. 121, pl. 32, fig. 7. Etats-Unis, New-York, Trenton-limestone.

293. tricenaria, Conrad, 1843, Hall, 1847. Palæont. of New-York, t. I, p. 121, pl. 32, fig. 8. Etats-Unis, New-York, Trenton.

* **294. plicatella,** Hall, 1847. Palæont. of New-York, t. I, p. 122, pl. 32, fig. 9. Etats-Unis, New-York, Trenton, Ohio, Cincinnati.

295. erratica, Hall, 1847. Palæont. of New-York, t. I, p. 288, pl. 79, fig. 5. Etats-Unis, New-York, Hudson river group.

296. centrilineata, Hall, 1847. Palæont. of New-York, t. I, p. 289, pl. 79, fig. 5*. Etats-Unis, New-York, Hudson river group.

297. pectinella, Hall, 1847. Palæont. of New-York, t. I, p. 123, pl. 32, fig. 10, 11. Etats-Unis, New-York, Trenton-limestone.

298. insculpta, Hall, 1847. Palæont. of New-York, t. I, p. 125, pl. 32, fig. 12. Etats-Unis, New-York, Trenton-limestone.

299. dichotoma, Hall, 1847. Palæont. of New-York, t. I, p. 125, pl. 32, fig. 13. Etats-Unis, New-York, Trenton-limestone.

300. subquadrata, Hall, 1847. Palæont. of New-York, t. I, p. 126, pl. 32 A, fig. 1. Etats-Unis, New-York, Trenton-limestone.

* **301. sinuata,** Hall, 1847. Palæont. of New-York, t. I, p. 128, pl. 32 B, fig. 2; pl. 32 C, fig. 2. *Orthis occidentalis*, Hall, 1, p. 127, pl. 32 *a*, fig. 2. Etats-Unis, New-York, Trenton, Ohio (Cincinnati).

302. subjugata, Hall, 1847. Palæont. of New-York, t. I, p. 129, pl. 32 C, fig. 1. Etats-Unis, New-York, Trenton-limestone.

* **303. Humboldtii,** 1842, d'Orb., Paléont. de l'Amériq. mérid., p. 27, pl. 11, fig. 16-20. Amér. mérid., Rio Grande (Bolivia).

* **304. redux,** Barande, M. S. Petite espèce des grès de May (Calvados).

HEMITHIRIS, d'Orb., 1847, Paléontologie française, terrains crétacés, 4, p. 12.

* **305. communis,** d'Orb., 1848. *Terebratula communis*, Conrad (nom sous lequel je l'ai reçu). Etats-Unis, Cincinnati, Ohio, Blue lime.

306. subtrigonalis, d'Orb., 1848. *Atrypa subtrigonalis*, Hall, 1847. Palæont. of New-York, t. I, p. 145, pl. 33, fig. 12. Etats-Unis, New-York, Trenton-limestone.

* **307. increbescens,** d'Orb., 1848. *Atrypa increbescens*, Hall, 1847. Palæont. of New-York, t. I, p. 146, pl. 33, fig. 13; pl. 79, fig. 6. *Atrypa capax*, Conrad. Etats-Unis, New-York, Trenton-limestone, Hudson river group, Ohio (Cincinnati).

PORAMBONITES, Pander, 1830; Paléontologie française, terrains crétacés, 4, p. 12.

308. Tcheffkini, d'Orb. *Spirifer id.*, Vern. et de Keys., 1845, Russie, p. 129, pl. 2, fig. 1. Russie, Saint-Pétersbourg.

309. reticulata, Pander, 1830, Beitr. zur geog., p. 99, pl. 14, fig. 2; pl. 15, fig. 2. Russie, Saint-Pétersbourg.

* **310. alta,** Pander, 1830, Beitr. zur geog., p. 99, pl. 14, fig. 3, 4,

5; pl. 13, fig. 1-8. *Spirifer porambonites*, de Buch. Russie, Saint-Pétersbourg; Norwége.

311. æquirostris, d'Orb. *Terebratula æquirostris*, Schl., 1820, p. 282. *Spirifer id.* Vern. et de Keys., p. 132, pl. 3, fig. 1. Russie.

ATRYPA, Dalman, 1828. Coquille pourvue, à la grande valve, d'un crochet contourné sur lui-même et non perforé.

312. neglecta, d'Orb., 1847. *Tereb. neglecta*, Sow., in Murch. Sil. Syst., pl. 21, fig. 14. Angleterre, Caradoc-sandstone.

313. furcata, d'Orb., 1847. *Tereb. furcata*, Sow., 1839, in Murch. Sil. Syst., pl. 21, fig. 16. Angleterre, Caradoc-sandstone.

314. decemplicata, d'Orb., 1847. *Tereb. id.*, Sow., 1839, in Murch. Sil. Syst., pl. 21, fig. 17. Angleterre, Caradoc-sandstone.

315. pusilla, d'Orb., 1847. *Tereb. id.*, Sow., 1839, in Murch. Sil. Syst., pl. 21, fig. 18. Angleterre, Caradoc-sandstone.

316. unguis, d'Orb., 1847. *Tereb. unguis*, Sow., 1839, Murch. Sil. Syst., pl. 21, fig. 13. Angleterre, Caradoc-sandstone.

317. hemisphærica, Sow., 1839, in Murch. Sil. Syst., pl. 20, fig. 7. Angleterre, Caradoc-sandstone.

318. lens?, Sow., 1839, Murch. Sil. Syst., pl. 21, fig. 3. Angleterre, Caradoc-sandstone.

319. globosa, Sow., 1839, in Murch. Sil. Syst., pl. 22, fig. 2 *b*, 3, 4, 5. Angleterre, Llandeïlo flags.

320. crassa, Sow., 1839, in Murch. Sil. Syst., pl. 21, fig. 1. Angleterre, Caradoc-sandstone.

321. nucella, Dalman, 1827. Vet. acad. Handl., p. 46, pl. 5, fig. 1. Verneuil, pl. 8, fig. 8. Russie, Saint-Pétersbourg.

322. dubia, Hall, 1847. Palæont. of New-York, t. I, p. 21, pl. 4 *bis*, fig. 5. Etats-Unis, New-York, Chazy-limestone.

323. acutirostra, Hall, 1847. Palæont. of New-York, t. I, p. 21, pl. 4 *bis*, fig. 6. Etats-Unis, New-York, Chazy-limestone.

324. plena, Hall, 1847. Palæont. of New-York, t. I, p. 21, pl. 4 *bis*, fig. 7. Etats-Unis, New-York, Chazy-limestone.

325. plicifera, Hall, 1847. Palæont. of New-York, t. I, p. 22, pl. 4 *bis*, fig. 8. Etats-Unis, New-York, Chazy-limestone.

326. altilis, Hall, 1847. Palæont. of New-York, t. I, p. 23, pl. 4 *bis*, fig. 9. Etats-Unis, New-York, Chazy-limestone.

327. dentata, Hall, 1847. Palæont. of New-York, t. I, p. 148, pl. 33, fig. 14. Etats-Unis, New-York, Trenton-limestone.

328. modesta, Hall, 1847. Palæont. of New-York, t. I, p. 141, pl. 33, fig. 15. *Producta modesta*, Say. Etats-Unis, New-York, Trenton.

329. sordida, Hall, 1847. Palæont. of New-York, t. I, p. 148, pl. 33, fig. 16. Etats-Unis, New-York, Trenton-limestone.

330. cuspidata, Hall, 1847. Palæont. of New-York, t. I, p. 138, pl. 33*, fig. 1. Etats-Unis, New-York, Chazy, Trenton et Hudson river.

331. extans, Conrad, 1842, Hall, 1847. Palæont. of New-York, t. I, p. 137, pl. 33, fig. 1. Etats-Unis, New-York, Trenton-limestone.

332. nucleus, Hall, 1847. Palæont. of New-York, t. I, p. 138, pl. 33, fig. 2. Etats-Unis, New-York, Trenton-limestone.

333. bisulcata, Hall, 1847. *Orthis bisulcata*, Emmons, 1842. Pa-

læont. of New-York, t. I, p. 139, pl. 33, fig. 3. Etats-Unis, New-York, Trenton-limestone.
334. deflecta, Hall, 1847. Palæont. of New-York, t. I, p. 140, pl. 33, fig. 4. Etats-Unis, New-York, Trenton-limestone.
335. recurvirostra, Hall, 1847. Palæont. of New-York, t. I, p. 140, pl. 33, fig. 5. Etats-Unis, New-York, Trenton-limestone.
336. exigua, Hall, 1847. Palæont. of New-York, t. I, p. 141, pl. 33, fig. 6. Etats-Unis, New-York, Trenton-limestone.
337. circulus, Hall, 1847. Palæont. of New-York, t. I, p. 142, pl. 33, fig. 7. Etats-Unis, New-York, Trenton-limestone.
338. ambigua, Hall, 1847. Palæont. of New-York, t. I, p. 143, pl. 33, fig. 8, 9. Etats-Unis, New-York, Trenton-limestone.
339. hemiplicata, Hall, 1847. Palæont. of New-York, t. I, p. 144, pl. 33, fig. 10. Etats-Unis, New-York, Trenton-limestone.
PENTAMERUS, Sowerby, 1813.
340. lævis, Sow., Min. conch., 1813, pl. 28, fig. 2. Sow., 1839, in Murch. Sil. Syst., pl. 19, fig. 9. Angleterre, Caradoc-sandstone.
341. oblongus, Sow., in Murch. Sil. Syst., pl. 19, fig. 10. Angleterre, Caradoc-sandstone.
342. samojedicus, de Keyserling, 1846, Geognost. beobacth., p. 235, pl. 9, fig. 2. Russie septentrionale, Waschkina.
SPIRIFER, Sow., 1820. Nous y conservons les espèces dont l'ouverture n'est pas fermée.
343. dentatus, Vern. et de Keys., 1845, Russie, p. 138, pl. 3, fig. 5. Russie, Saint-Pétersbourg.
344. chama, Eschw., 1837; Vern. et de Keys., 1845, Russie, p. 139, pl. 5, fig. 1. Saint-Pétersbourg.
345. rectus, Vern. et de Keys., 1845, Russie, p. 140, pl. 6, fig. 16. Saint-Pétersbourg.
346. Panderi, Vern. et de Keys., Russie, p. 141, pl. 6, fig. 10. Russie.
347. insularis, Vern. et de Keys., 1845, Russie, p. 149, pl. 8, fig. 7. Russie; Norwége.
348. subalatus, d'Orb., 1847. *S. alatus*, Sow., 1839, in Murch. Sil. Syst., pl. 22, fig. 7 (non Schloth., 1820). Angl., Llandeïlo flags.
349. radiatus, Sow., 1839, in Murch. Sil. Syst., pl. 21, fig. 5. Angleterre, Caradoc-sandstone.
350. tripartitus, d'Orb. *Tereb. idem.* Sow., 1839, Murch. Sil. Syst., pl. 21, fig. 15. Angleterre, Caradoc-sandstone.
SIPHONOTRETA, Verneuil et de Keys., 1845.
351. unguiculata, Verneuil et de Keys., 1845. Russie et Oural, 2, p. 286, pl. 1, fig. 13. Russie, Saint-Pétersbourg.
352. verrucosa, Verneuil et de Keys., 1845. Russ. et Oural, 2, p. 287, pl. 1, fig. 14. Russie, Saint-Pétersbourg.
ORBICELLA, d'Orb., 1847, Paléont. française, terrains crétacés. Ce sont des orbicules de contexture perforée, dont la valve inférieure convexe est pourvue d'une ouverture latérale au sommet.
353. Buchii, d'Orb., 1847. *Orbicula Buchii*, et *O. reversa*, Verneuil, Russie et Oural, 2, p. 288, pl. 19, fig. 1, 2. Ichora, Russie.
354. punctata, d'Orb., 1847. *Orbicula punctata*, Sow., 1839, Murch.

Sil. Syst., pl. 20, fig. 5 (*Granulata*, in descrip.). Angleterre, Caradoc.

355. deformis, d'Orb., 1848. *Orbicula deformis*, Hall, 1847. Palæont. of New-York, t. I, p. 23, pl. 4 *bis*, fig. 10. Etats-Unis, New-York, Chazy-limestone.

* **356. filosa,** d'Orb., 1848. *Orbicula filosa*, Hall, 1847. Palæont. of New-York, t. I, p. 99, pl. 30, fig. 9. Etats-Unis, New-York, Trenton-limestone, Ohio (Cincinnati).

357. crassa, d'Orb., 1848. *Orbicula crassa*, Hall, 1847. Palæont. of New-York, t. I, p. 290, pl. 79, fig. 8. Etats-Unis, New-York, Hudson river group.

358. cælata, d'Orb., 1848. *Orbicula cælata*, Hall, 1847. Palæont. of New-York, t. I, p. 290, pl. 79, fig. 9. Etats-Unis, New-York, Hudson river group.

359. subtruncata, d'Orb., 1848. *Orbicula subtruncata*, Hall, 1847. Palæont. of New-York, t. I, p. 290, pl. 79, fig. 7. Etats-Unis, New-York, Hudson river group.

360. lamellosa, d'Orb., 1848. *Orbicula lamellosa*, Hall, 1847. Palæont. of New-York, t. I, p. 99, pl. 30, fig. 10. Etats-Unis, New-York, Trenton-limestone.

361. terminalis, d'Orb., 1848. *Orbicula terminalis*, Hall, 1847. Palæont. of New-York, t. I, p. 100, pl. 30, fig. 11. Etats-Unis, New-York, Trentoni-lmestone.

CRANIA, Retzius; d'Orb., Paléont. française, terrains crétacés, t. 4.

362 antiquissima, Vern. et de Keys., 1845, Russie, p. 289, pl. 1, fig. 12. *Orbicula antiquissima*, Eschw. Russie, Saint-Pétersbourg.

MOLLUSQUES BRYOZOAIRES.

PTILODICTYA, Lansdale, 1839. *Stictopora* et *Escharopora*, Hall, 1847. Ce so nt des *Membranipora*, testacés, adossés sur les deux côtés d'un polypier lamelleux, comme chez les *Eschara*.

363. ramosa, d'Orb., 1848. *Stictopora ramosa*, Hall, 1847. Palæont. of New-York, t. I, p. 51, pl. 12, fig. 6, 7. Etats-Unis, New-York, Black river.

364. labyrinthica, d'Orb., 1848. *Stictopora labyrinthica*, Hall, 1847. Palæont. of New-York, t. I, p. 50, pl. 12, fig. 8. Etats-Unis, New-York, Black river.

365. acuta, d'Orb., 1848. *Stictopora acuta*, Hall, 1847. Palæont. of New-York, t. I, p. 74, pl. 26 fig. 3. Etats-Unis, New-York, Trenton.

366. elegantula, d'Orb., 1848. *Stictopora elegantula*, Hall, 1847. Palæont. of New-York, t. I, p. 75, pl. 26, fig. 4. Etats-Unis, New-York, Trenton-limestone.

* **367. cruciformis,** d'Orb., 1848. Cette espèce, falciforme, très-remarquable, m'a été envoyée sous le nom de *Myriapora cruciformis*. Etats-Unis, Cincinnati, Ohio (Bue Lime).

* **368. recta,** d'Orb., 1848. *Escharopora recta*, Hall, 1847. Palæont. of New-York, t. I, p. 73, pl. 26, fig. 1, 2. Etats-Unis, New-York, Trenton-limestone, Ohio.

*369. **pavonia,** d'Orb., 1848. Espèce en grandes lames frondescentes souvent très-épaisses à leur base. Etats-Unis, Cincinnati, Ohio.

SULCOPORA, d'Orb., 1848. Ce sont des *Ptilodictya* également formés de deux couches adossées, dont les cellules sont placées par lignes entre des sillons.

370. **fenestrata,** d'Orb., 1848. *Stictopora fenestrata*, Hall, 1847. Palæont. of New-York, t. I, p. 16, pl. 4, fig. 4. Etats-Unis, New-York, Chazy-limestone.

SUBRETEPORA, d'Orb., 1848. Cellules grandes, sur une seule ligne, occupant toute la largeur de branches grêles, irrégulièrement anastomosées.

371. **reticulata,** d'Orb., 1848. *Intricaria reticulata*, Hall, 1847. Palæont. of New-York, t. I, p. 77, pl. 26, fig. 8. Etats-Unis, New-York, Trenton-limestone.

ENALLOPORA, d'Orb., 1848. Cellules alternes placées sur les côtés de branches grêles et comprimées.

372. **perantiqua,** d'Orb., 1848. *Gorgonia perantiqua*, Hall, 1847. Palæont. of New-York, t. I, p. 76, pl. 26, fig. 5. Etats-Unis, New-York, Trenton-limestone.

***STELLIPORA,** Hall, 1847. Cellules disposées à la surface élevée d'étoiles irrégulières, et au milieu de la surface creusée qui sépare ces étoiles.

373 (1). **antheloidea,** Hall, 1847. Palæont. of New-York, t. I, p. 79, pl. 26, fig. 10. Etats-Unis, New-York, Trenton-limestone, Cincinnati, Ohio (Blue Lime).

ECHINODERMES ASTEROIDES.

CŒLASTER, Agassiz.

379. **americanus,** d'Orb., 1847, Graham, James, 1846., Amer. journ., 2e série, t. I, p. 441. Etats-Unis, Cincinnati (Blue Limestone).

380. **matutina,** d'Orb., 1848. *Asterias matutina*, Hall, 1847. Palæont. of New-York, t. I, p. 91, pl. 29, fig. 5. Etats-Unis, New-York, Trenton-limestone.

381. **tenuiradiatus,** d'Orb., 1848. *Asterias tenuiradiatus*, Hall, 1847. Palæont. of New-York, t. I, p. 18, pl. 4, fig. 11. Etats-Unis, New-York, Chazy-limestone.

ECHINODERMES CRINOIDES.

ECHINOSPHÆRITES, Walenberg, 1821.

382. **aurantium,** de Buch, 1840, Vern., de Keys. et Murch., Russie, 2, p. 20, pl. I, fig. 8, pl. 27, fig. 6. Russie, Saint-Pétersbourg, Jamalasari, Douderof, Volkof, Reval, Norwège, Westgothland, Kimekalle, Christiania.

383. **balticus,** Eschwald, 1829, Verneuil, de Keys. et Murch., Russie, 2, p. 25, pl. 1, fig. 9. Russie, Reval, Pawlowsk près de Saint-Pétersbourg.

(1) Voyez les numéros 374 à 377 après les numéros 422.

384. pomum, Wahl., 1821, Verneuil, de Keys. et Murch., Russie, 2, p. 24, pl. 1, fig. 7. Russie, Pulkowa près de Saint-Pétersbourg ; Norwège, Christiania.

CARYOCISTITES, de Buch.

385. granatum, Wahl., 1821. *Sphæronites testudinarius*, Hisinger, Leth. suec., pl. 25, fig. 9, A. Buch, Cystidæ, p. 17. Suède, OEland en Dalécarlie.

386. testudinarius, de Buch, 1845, Cyst., p. 19, pl. 1, fig. 20. *Sphæronites testudinarius*, Hisinger Leth. Suec, pl. 25, fig. 9 *d*. Scandinavie. Bodahamn, OEland.

ECHINO-ENCRINUS, Meyer, 1826. *Gonærinites*, Eichwald, 1840.

387. striatus, Wolborth, 1842. Verneuil, de Keys. et Murch., Russie, 2, p. 29, pl. 1, fig. 5, pl. 27, fig. 10. Russie, Pavlosk près de Saint-Pétersbourg.

388. granatum, Meyer. *Echinosphocrites id.* Wolborth (non Wahlenb.).

389. anatiformis, Hall, 1847. Palæont. of New-York, t. I, p. 89, pl. 29, fig. 4. Etats-Unis, New-York, Trenton-limestone.

HEMICOSMITES, de Buch.

390. pyriformis, de Buch, 1840. Verneuil, de Keys. et Murch., Russie, 2, p. 31, pl. 1, fig. 3 ; de Buch, Cyst., 1845, pl. 1, fig. 11, 12. Russie, Saint-Pétersbourg, Narowa près Narwa, Reval.

CRYPTOCRINUS, de Buch.

391. lævis, Verneuil, de Keys. et Murch., Russie, 2, p. 34, pl. 1, fig. 4. Russie, Saint-Pétersbourg.

392. cerasus, de Buch, 1845, Uber Cystideen, p. 25, pl. 1, fig. 13, 14, et pl. 2, fig. 5. Russie, Pulkowa, Narwa, Narowa.

CYCOCISTITES, de Buch, 1845.

393. angulosus, de Buch, 1845, Uber cystideen, p. 21, pl. 1, fig. 15, 19. *Echinoencrinus Senckenbergii* et *angulosus*, Mey. Russie, Pulkowa, Unweit, Petersburg.

POTERIOCRINUS, Miller, 1821. Calice cupuliforme composé de trois séries de pièces, cinq pièces basales, une série de cinq grandes pièces intermédiaires.

394. alternatus, Hall, 1847. Palæont. of New-York, t. I, p. 83, pl. 28, fig. 1. Etats-Unis, New-York, Trenton-limestone.

395. subgracilis, d'Orb., 1847. *P. gracilis*. Hall, 1847. Palæont. of New-York, t. I, p. 84, pl. 28, fig. 2 (non M'Coy, 1844). États-Unis, New-York, Trenton-limestone.

CUPULOCRINUS, d'Orb., 1848. Calice cupuliforme composé de cinq séries de pièces, mais ayant cinq pièces basales.

396. heterocostalis, d'Orb., 1848. *Scyphocrinus heterocostalis*, Hall, 1847. Palæont. of New-York, t. I, p. 85, pl. 28, fig. 3. Etats-Unis, New-York, Trenton-limestone.

GLYPTOCRINUS, Hall, 1847. Calice cupuliforme composé de neuf rangées de pièces jusqu'à l'instant où les bras deviennent libres, cinq pièces basales, tiges à étoiles sur les plaques.

* **397. decadactylus,** Hall, 1847. Palæont. of New-York, t. I, p. 281, pl. 77, fig. 1; 78, fig. 1. Etats-Unis, New-York, Hudson river.

SCYPHOCRINUS, Zenker, 1839. *Schizocrinus*, Hall, 1847. Calice cupuliforme composé de six séries de pièces, cinq pièces basales.

398. nodosus, d'Orb., 1848. *Schizocrinus nodosus*, Hall, 1847. Palæont. of New-York, t. I, p. 81, pl. 27, fig. 1. Etats-Unis, New-York, Trenton-limestone.

399. striatus, d'Orb., 1848. *Schizocrinus striatus*, Hall, 1847. Palæont. of New-York, t. I, p. 316, pl. 28, fig. 4. Etats-Unis, New-York, Trenton-limestone, Ohio, Cincinnati.

HETEROCRINUS, Hall, 1847. Calice cupuliforme, composé de quatre à sept séries de pièces suivant les côtés, souvent très-disparates.

400. heterodactylus, Hall, 1847. Palæont. of New-York, t. I, p. 279, pl. 76, fig. 1. Etats-Unis, New-York, Hudson river group.

401. simplex, Hall, 1847. Palæont. of New-York, t. I, p. 280, pl. 76, fig. 2. Etats-Unis, New-York, Hudson river group.

402. gracilis, Hall, 1847. Palæont. of New-York, t. I, p. 280, pl. 76, fig. 3. Etats-Unis, New-York, Hudson river group.

TENTACULITES, Miller.

403. scalaris (Schloth), Sow., 1839, in Murch. Silur. Syst., pl. 19, fig. 15. Angleterre, Caradoc-sandstone.

404. annulatus (Schloth), Sow., 1839, in Murch. Silur. Syst., pl. 19, fig. 16. Angleterre, Caradoc Sandstone.

405. flexuosus, Hall, 1847. Palæont. of New-York, t. I, p. 92, pl. 29, fig. 6, pl. 78, fig. 2. Etats-Unis, New-York, Trenton-limestone, Hudson river.

ZOOPHYTES.

STREPTOLASMA, Hall, 1847. *Turbinolopsis*, Lonsdale, 1839 (non *Turbinolopsis*, Deslongchamps, 1821). Ce sont des *Cyathophyllum* dont les cellules sont en corne, plus profonds et peu lamelleux au centre.

406. expansa, Hall, 1847. Palæont. of New-York, t. I, p. 17, pl. 4, fig. 6. Etats-Unis, New-York, Chazy-limestone.

407. profunda, Hall, 1847. Palæont. of New-York, t. I, p. 49, pl. 12, fig. 4. Etats-Unis, New-York, Black river.

* **408. corniculum**, Hall, 1847. Palæont. of New-York, t. I, p. 69, pl. 25, fig. 1. Etats-Unis, New-York, Trenton-limestone.

409. crassa, Hall, 1847. Palæont. of New-York, t. I, p. 70, pl. 25, fig. 2. Etats-Unis, New-York, Trenton-limestone.

410. multilamellosa, Hall, 1847. Palæont. of New-York, t. I, p. 70, pl. 25. fig. 3. Etats-Unis, New-York, Trenton-limestone.

411. parvula, Hall, 1847. Paleont. of New-York, t. I, p. 71, pl. 25, fig. 4. Etats-Unis, New-York, Trenton-limestone.

DISCOPHYLLUM, Hall, 1847. C'est un *Cyathophyllum* plat, en lame horizontale avec des cloisons peu divisées du centre à la circonférence.

412. peltatum, Hall, 1847. Palæont. of New-York, t. I, p. 277, pl. 75, fig. 3. Etats-Unis, New-York, Hudson river group.

FAVISTELLA, Hall, 1847. Cellules hexagones, bordées, ornées en dedans de cloisons peu nombreuses, rayonnantes, la columelle creuse.

413. stellata, Hall, 1847. Palæont. of New-York, t. I, p. 275, pl. 75, fig. 1. Etats-Unis, New-York, Hudson river group.

COLUMNARIA, Goldfuss., 1830. Cellule hexagone, bordée, munie au centre de lames transverses et de quelques cloisons rayonnantes entre ce centre et le bord.

414. alveolata, Goldf., 1830, Petr. Germ., 1, pl. 24, fig. 7. Hall, 1847. Palæont. of New-York, t. I, p. 47, pl. 12, fig. 1. Etats-Unis, New-York, Black river.

LOUSDALIA, d'Orb., 1847. Autant qu'on peut en juger, ce genre a des cellules bordées comme les *Favistella;* la bordure ponctuée, mais au centre une columelle, peut-être lamelleuse.

415. inordinata, d'Orb., 1847. *Porites inordinata*, Lonsdale, 1839, in Murch. Silur. Syst., pl. 16 *bis*, fig. 12, 12 A, 12 E. Angleterre, Llandei'o flags.

ASTRÆOPORA, M' Coy, 1844. Ce sont des Columnaria, dont le bord est couvert de cloisons rayonnantes et non lisses.

416. vetusta, d'Orb. 1848. *Porites vetusta*, Hall, 1847. Palæont. of New-York, t. I, p. 71, pl. 25, fig. 5. Etats-Unis, New-York, Trenton-limestone.

CHŒTETES, Fischer, 1837.

417. petropolitanus, Lonsd., 1845. Russia and the Ural; Murch., Vern., Keys, vol. 1, p. 596, pl. A, fig. 10. De Keyserling, 1846. Geognost. beobacht, p. 180. Russie septentrionale, rivière Sjass, Pulkorka, Peporka.

418. heterosolen, de Keyserling, 1846. Geognost. beobacht., p. 181. *Calamopora fibrosa*, var sphæra. Lonsdale 1845. Russia and the Ural, vol. 1, p. 408. Russie septentrionale, Ylytsch.

420. lycoperdon, Hall, 1847. Palæont. of New-York, t. I, p. 48, pl. 12, fig. 3, 5, pl. 75, fig. 2, pl. 23, fig. 1, 3, pl. 24, fig. 1. Etats-Unis, New-York, Black river, Hudson river, Ohio, Cincinnati.

421. rugosus, Hall, 1847. Palæont. of New-York, t. I, p. 67, pl. 24, fig. 2. Etats-Unis, New-York, Trenton-limestone.

422. columnaris, Hall, 1847. Palæont. of New-York, t. I, p. 68, pl. 23, fig. 4. Etats-Unis, New-York, Trenton-limestone.

CERIOPORA, Goldfuss., 1826.

422'. expansa, d'Orb., 1847. *Chœtetes expansa*, Hall, 1847. Palæont. of New-York, t. I, p. 18, pl. 4, fig. 7. Etats-Unis, New-York, Chazy.

MONTICULIPORA, d'Orb., 1847. Cellules serrées, poriformes à la surface, d'un ensemble rameux ou encroûtant couvert de petites saillies coniques.

*** 374. mammulata,** d'Orb., 1848. *Ceriopora mammulata*, Readle (envoyée sous ce nom). Espèce en lame dont les monticules sont allongés. Etats-Unis, Cincinnati, Ohio (Blue Lime).

*** 375. ramosa,** d'Orb., 1848. *Ceriopora ramosa*, Readle (envoyé sous ce nom). Espèce rameuse dont les branches sont rondes. États-Unis, Cincinnati, Ohio (Blue Lime).

*** 376. frondosa,** d'Orb., 1848. Espèce à larges frondes dont les monticules sont coniques et très-espacés. Etats-Unis, Cincinnati, Ohio.

*** 377. filiasa,** d'Orb., 1848. *Favosites filiasa*, Readle (envoyée sous ce nom). Etats-Unis, Kentucky, Frankfort, Cincinnati, Ohio (Blue Lime).

AULOPORA, Goldfuss., 1830.

423. arachnoidea, Hall, 1847. Palæont. of New-York, t. I, p. 76, pl. 26, fig. 6. États-Unis, New-York, Trenton-limestone.

424. inflata, d'Orb., 1847. *Alecto inflata,* Hall, 1847. Palæont. of New-York, t. I, p. 77, pl. 26, fig. 7. Etats-Unis, New-York, Trenton.

AMORPHOZOAIRES.

PALÆOSPONGIA, d'Orb., 1848. Spongiaire subcupuliforme, à contexture irrégulièrement réticulée par lignes concentriques.

425. cyathiformis, d'Orb., 1848. *Porites cyathiformis,* Hall, 1847. Palæont. of New-York, t. I, p. 72, pl. 25, fig. 6. Etats-Unis, New-York, Trenton-limestone.

STROMATOPORA, Blainv., 1834. *Stromatocerium,* Hall, 1847.

426. rugosum, d'Orb., 1848. *Stromatocerium rugosum,* Hall, 1847. Palæont. of New-York, t. I, p. 48, pl. 12, fig. 2. Etats-Unis, New-York, Trenton-limestone, Black river.

PREMIER ÉTAGE : — SILURIEN.

B. SILURIEN SUPÉRIEUR OU MURCHISONIEN.

MOLLUSQUES.

CÉPHALOPODES TENTACULIFÈRES.

LITUITES, Breynius. Voy. p. 1.

1. articulatus, Sow., 1839, in Murch. Sil. Syst., pl. 11, fig. 5, 7. Angleterre, Ludlow-Rock.

2. Hisingerii, d'Orb., 1847. *Lituites convolvans*, Hisinger, 1837, Petret. suec., pl. 8, fig. 6. Suède.

3. lamellosus, Hisinger, 1837, Petret. suec., pl. 8, fig. 7. Suède.

HORTOLUS, Montfort, 1808. Voy. p. 1.

4. giganteus, d'Orb., 1847. *Lituites giganteus*, Sow., 1839, in Murch. Sil. Syst., pl. 11, fig. 4. Angleterre, Ludlow-Rock.

5. Ibex, d'Orb., 1847. *Lituites ibex*, Sow., 1839, in Murch. Sil. Syst., pl. 11, fig. 6. Angleterre, Ludlow-Rock.

6. Biddulphii, d'Orb., 1847. *Lituites Biddulphii*, Sow., 1839, in Murch. Sil. Syst., pl. 11, fig. 8. Angleterre, Ludlow-Rock.

7. perfectus, d'Orb. *Lituites perfectus*, Whalenb., Act. Upsal., vol. VIII, p. 83. *Spirula nodosa*, Bronn. *Lituites lituus*, Hisinger, pl. 8, fig. 5. Suède, OEland, Dalécarlie, Digerberg, Gottland.

GYROCERAS, Meyer, 1829. Coquille enroulée régulièrement sur le même plan, à tours disjoints, siphon subexterne.

8. costatum, d'Orb., 1847. *Inachus costatus*, Hisinger, 1837, Lethæa suecica, p. 38, pl. 12, fig. 2. Suède, Gottland, Katthammarwik.

CYRTOCERAS, Goldfuss., 1833. Voy. p. 1.

9. lævis, Sow., in Murch. Sil. Syst., pl. 8, fig. 21. Anglet., Ludlow.

GOMPHOCERAS, Sow., 1829. *Apioceras*, Fischer, 1844. *Poterioceras*, M'Coy, 1845. Coquille droite, fusiforme, rétrécie à l'ouverture qui est comprimée. Siphon central.

10. minor, De Keyserling, 1846, Geognost. beobacht., p. 269, pl. 13, fig. 8. Russie septentrionale, rivière Ylytsch.

11. pyriforme, d'Orb., 1847. *Orthoceras pyriforme*, Sow., 1839, in Murch. Sil. Syst., p. 620, pl. 8, fig. 19, 20. Angleterre, Ludlow.

ORTHOCERATITES, Breynius. Voy. p. 2.

12. filosus, Sow., 1839, in Murch. Silur. Syst., pl. 9, fig. 3. Angleterre, Ludlow-Rock.

13. virgatus, Sow., 1839, in Murch. Silur. Syst., pl. 9, fig. 4. Angleterre, Ludlow-Rock.

14. subdimidiatus, d'Orb., 1847. *O. dimidiatus*, Sow., 1839, in Murch. Sil. Syst., pl. 8, fig. 18 (non Munster). Angleterre, Ludlow.

15. bullatus, Sow., 1839, in Murch. Sil. Syst., pl. 5, fig. 29. Angleterre, Ludlow.

16. gregarius, Sow., in Murch. Sil. Syst., pl. 8, fig. 16. Angleterre, Ludlow.

17. ludensis, Sow., 1839, in Murch. Sil. Syst., pl. 9, fig. 1. Angleterre, Ludlow.

18. ibex, Sow., 1839, in Murch. Sil. Syst., pl. 9, fig. 5; pl. 5, fig. 3. *O. articulatus*, id., pl. 30, fig. 3. *O. Defrancii*, Troost. *O. undulatus*, Hisinger. Ile Gottland; Etats-Unis, New-York, Rochester, Tennessée, Pary; Angleterre, Ludlow-Rock.

19. distans, Sow., 1839, in Murch. Sil. Syst., pl. 8, fig. 17. Angleterre, Ludlow-Rock.

20. Mucktreensis, Sow., 1839, in Murch. Sil. Syst., pl. 6, fig. 11. Angleterre, Aymestry-limestone.

21. Brightii, Sow., 1839, in Murch. Sil. Syst., pl. 12, fig. 21 et 21 *a*. Angleterre, Wenlock-limestone.

22. excentricus, Sow., 1839, in Murch. Silur. Syst., pl. 13, fig. 16. Angleterre, Wenlock-shale.

23. fimbriatus, Sow., 1839, in Murch. Sil. Syst., pl. 13, fig. 20. Angleterre, Wenlock-shale.

24. subattenuatus, d'Orb., 1847. *O. attenuatus*, Sow., 1839, in Murch. Sil. Syst., pl. 13, fig. 25 (non Flemm.). Anglet., Wenlock.

25. canaliculatus, Sow., 1839, in Murch. Sil. Syst., pl. 13, fig. 26. Angleterre, Wenlock-shale.

26. sublævis, d'Orb., 1847. *O. lævis*, Hall, 1843. Natur. hist. of New-York, n. 25, fig. 2 (non Flemm.). Etats-Unis, New-York, Onondaga salt-group.

27. regularis, Schloth, Hisinger, 1837, Lethæa suecica, p. 29, pl. 9, fig. 3. Suède, Vestrogothia et Klefva Mosseberg.

28. centralis, Hisinger, 1837. Lethæa suecica, p. 29, pl. 9, fig. 4. Suède, Dalecarlia à Vikarby, et envir. de Sollero.

29. conicus, Hisinger, 1837. Lethæa suecica, p. 29, pl. 9, fig. 5. Suède, OElandia, Dalecarlia à Digerberg et Vikarby.

30. lineatus, Hisinger, 1837, Lethæa suecica, p. 29, pl. 9, fig. 6. Suède, in Vestrogothia ad Klefva prope Mosseberg.

ANDOCERAS, Hall, 1847. Voy. p. 3.

31. duplex, d'Orb., 1847. *Orthoceratites duplex*, Vahlemb., Fischer, 1844, Bull. Soc. impér. de Moscou, t. XVII, p. 762; Hisinger, pl. 9. fig. 1. Vestgothie, près de Kinne-Kulle, en Suède.

ACTINOCERAS. Bronn. Voy. p. 3.

32. nummularius, d'Orb., 1847. *Orthoceras nummularius*, Sow., 1839, in Murch. Sil. Syst., pl. 13, fig. 24. Angleterre, Wenlock.

MELIA, Fischer, 1830. Voy. p. 4.

33. angulata, d'Orb., 1847. *Orthoceras angulatus*, Vahlemb., Hisinger, 1837, Lethæa suecica, p. 28, pl. 10, fig. 1; Vahl., l. c., p. 90. Suède, Gottlandia et Katthammarvik.

34. imbricata, d'Orb., 1847. *Orthoceras imbricatum*, Wahlemberg, Hisinger, pl. 9, fig. 9; Sow., 1839, in Murch. Silur. Syst., pl. 9, fig. 2. Angleterre, Ludlow-Rock; Gothland.

CAMPULITES, Deshayes, 1832. *Phragmoceras,* Broderip. Coquille arquée, non spirale, représentant une corne ; ouverture comprimée et très-rétrécie. Siphon au bord interne.

35. arcuatus, d'Orb., 1847. *Phragmoceras arcuatum,* Sow., 1839, in Murch. Silur. Syst., pl. 10, fig. 1 ; pl. 11, fig. 1. Anglet., Ludlow.

36. nautileus, d'Orb., 1847. *Phragmoceras nautileum,* Sow., 1839, in Murch. Silur. Syst., pl. 10, fig. 2, 3. Angleterre, Ludlow-Rock.

37. ventricosus, d'Orb., 1847. *Phragmoceras ventricosum*, Sow., 1839, in Murch. Silur. Syst., pl. 10, fig. 4, 5, 6 (*Orthoceratites ventricosus,* Steininger). Angleterre, Ludlow-Rock.

38. compressus, d'Orb., 1847. *Phragmoceras compressum,* Sow., 1839, in Murch. Silur. Syst., pl. 11, fig. 2. Angleterre, Ludlow.

ONCOCERAS, Hall, 1847. Voy. p. 5.

39. tortuosus, d'Orb., 1848. *Lituites tortuosus,* Sow., 1839, in Murch. Silur. Syst., pl. 11, fig. 3. Angleterre, Ludlow-Rock.

MOLLUSQUES GASTÉROPODES.

LOXONEMA, Phillips, 1841. Voyez p. 5.

40. sinuosa, d'Orb., 1847. *Terebra sinuosa,* Sow., 1839, in Murch. Silur. Syst., pl. 8, fig. 15. Angleterre, Ludlow-Rock ; Etats-Unis, failles de l'Ohio, Cincinnati.

41. Boydii, Hall, 1843. Natur. hist. of New-York, n° 25, fig. 3. Etats-Unis, New-York, Onondaga Salt-group.

NATICA, Adanson, 1757. D'Orb., Paléont. franç., terr. crét., 5, p. 147.

42. subparva, d'Orb., 1847. *N. parva,* Sow., 1839, in Murch. Silur. Syst., pl. 5, fig. 24 (non Lea, 1833). Angleterre, Ludlow-Rock.

43. Venlockensis, d'Orb., 1847. *Nerita spirata,* Sow., 1839, in Murch. Silur. Syst., pl. 12, fig. 15 (non *N. spirata,* Sow., Min. conch., pl. 463). Angleterre, Wenlock-limestone.

STRAPAROLLUS, Montfort, 1808. Voyez p. 6.

44. alatus, d'Orb., 1847. *Euomphalus alatus,* Walemberg, Sow., 1839, in Murch. Silur. Syst., pl. 13, fig. 28. Anglet., Wenlock; Suède.

45. carinatus, d'Orb., 1847. *Euomphalus carinatus,* Sow., 1839, in Murch. Silur. Syst., pl. 6, fig. 10. Angleterre, Aymestry-limestone.

46. discors, d'Orb., 1847. *Euomphalus discors,* Sow., Min. conch., 1814, pl. 52, fig. 1. Sow., 1839, in Murch. Silur. Syst., pl. 12, fig. 18. Angleterre, Wenlock-limestone, Colebrook-Dale.

' **47. rugosus,** d'Orb., 1847. *Euomphalus rugosus,* Sow., Min. conch., 1814, pl. 52, fig. 2. Sow., 1839, in Murch. Silur. Syst., pl. 12, fig. 19. Angleterre, Wenlock-limestone, Colebrook-Dale, Dudley.

48. hemisphæricus, d'Orb., 1843. *Euomphalus hemisphæricus,* Hall, 1843. Natur. hist. of New-York, n° 16, fig. 1, 2. Etats-Unis, New-York, Niagara group, Rochester.

49. profundus, d'Orb., 1847. *Euomphalus profundus,* Conrad, Hall, 1843. Natur. hist. of New-York, n° 27, fig. 2. Etats-Unis.

50. æquilateratus, d'Orb., 1847. *Euomphalus æquilateratus,* Hisinger, 1837, Lethæa suecica, p. 36, pl. 11, fig. 8. Suède, Gottland.

51. catenulatus, d'Orb., 1847. *Euomphalus catenulatus*, Hisinger, 1837, Lethæa suecica, p. 37, pl. 11, fig. 9. Suède, Gottland, à Kattham.

52. subsulcatus, d'Orb., 1847. *Euomphalus subsulcatus*, Hisinger, 1837, Lethæa suecica, p. 37, pl. 11, fig. 10. Suède, Gottlandia.

53. angulatus, d'Orb., 1847. *Inachus angulatus*, Hisinger, 1837. Lethæa svecica, p. 37, pl. 11, fig. 12. Suède, Gottland.

54. sulcatus, d'Orb., 1847. *Inachus sulcatus*, Hisinger, 1837, Lethæa suecica, p. 38, pl. 12, fig. 1. Suède, Gottland, et Dalécarlie.

55. pseudoqualteriatus, d'Orb., 1847. *Euomphalus pseudoqualteriatus*, Buch, Hisinger, 1837, Lethæa suecica, p. 36, pl. 11, fig. 5. Suède, Da écarlie à Sjurberg et Digerberg.

56. pervetustus, d'Orb., 1847. *Euomphalus pervetustus*, Hall, 1843. Natur. hist. of New-York, n° 2, fig. 1 et 2. *Cyclostoma pervetusta*, Conrad (Geol. Rep. 1839, p. 65). Etats-Unis, New-York, Medina.

TURBO, Linné. Voy. p. 5.

57. Leda, d'Orb., 1847. *T. striatus*, Hisinger, 1847, Lethæa suecica, pl. 12, fig. 5 (non *striatus*, Adams, 1795). Suède Gothland.

58. bicarinatus, Vahlenb., l. c., p. 70, pl. 4, fig. 3, 4. Hisinger, 1837. Lethæa suecica, p. 38, pl. 12, fig. 3. Suède, Ostrogothia à Borenshult; Dalecarlia ad Vikarby.

59. cornu arietis, d'Orb., 1847. *Euomphalus cornu arietis*, Hisinger, 1837, Lethæa suecica, p. 36, pl. 11, fig. 6. Suède, Gothlandia ad montem Klinteberg, et ad Katthammar.

60. funatus, d'Orb., 1847. *Euomphalus funatus*, Sow., 1824, Min. Conch., 5, p. 1, 2, pl. 450, fig. 3; Sil. syst., p. 12, fig. 20. Angleterre, Dudley; Suède, Gothland.

61. corallii, Sow., 1839, in Murch. Sil. Syst., pl. 5, fig. 27. Angleterre, Ludlow-Rock.

62. octavia, d'Orb., 1847. *T. carinatus*, Sow., 1839, in Murch. Silur. Syst., pl. 5, fig. 28 (non Born, 1780). Angleterre, Ludlow-Rock.

63. Momus, d'Orb., 1847. *Euomphalus sculptus*, Sow., 1839, in Murch. Silur. syst., pl. 12, fig. 17 (non *sculptus*, Desh., 1824). Angleterre, Wenlock-limestone.

64. cirrhosus, Sow., 1839, in Murch. Silur. Syst., pl. 13, fig. 22. Angleterre, Wenlock-shale.

65. subcancellatus, d'Orb., 1847. *Littorina cancellata*, Hall, 1843. Natur. hist. of New-York, n° 8, fig. 5. Etats-Unis, New-York, Sodus-Point.

66. Hallii, d'Orb., 1847. *Littorina antiqua*, Conrad, Hall, 1843. Natur. hist. of New-York, n° 26, fig. 4 (Annual reports). Etats-Unis, New-Yorck, Waterlime-group.

67. mars, d'Orb., 1847. *Euomphalus sulcatus*, Hall, 1843. Natur. hist. of New-York, n° 25, fig. 4. Etats-Unis, New-York, Onondaga salt-group.

PLEUROTOMARIA, De France, 1825. Voy. p. 7.

68. undata, Sow., 1839, in Murch. Silur. Syst., pl. 8, fig. 13. Angleterre, Ludlow-Rock.

MURCHISONIA, Verneuil et d'Archiac, 1842. Voy. p. 8.

69. cingulata, d'Arch. et de Vern., 1841. Vern., de Keys. et Murch., Russie, 2, p. 339, pl. 22, f. 7. *Turritella cingulata*, Hisinger. Russie, Nijni-Tagilsk; Suède, Gothland.

70. articulata, d'Orb., 1847. *Pleurotoma articulata*, Sow., 1839, in Murch. Silur. Syst., pl. 55, fig. 2. Angleterre, Ludlow-Rock.

71 corallii, d'Orb., 1847. *Pleurotoma corallii*, Sow., 1839, in Murch. Silur. Syst., pl. 5, f. 26. Angleterre, Ludlow-Rock.

72. Lloydii, d'Orb., 1847. *Pleurotomaria Lloydii*, Sow., 1839, in Murch. Silur. Syst., pl. 8, fig. 14. Angleterre, Ludlow-Rock.

CAPULUS, Montfort, 1808, d'Orb., Moll. de l'Amérique méridionale. *Pileopsis*, Lamarck, 1811. *Hipponix*, Defrance, 1821; *Actita*, Fischer, 1844. *Acroculia*, Phillips, 1841.

73. haliotis, d'Orb., 1847. *Nerita haliotis*, Sow., 1839, in Murch. Silur. Syst., pl. 12, fig. 16. Angleterre, Wenlock-limestone.

BELLEROPHON, Montfort, 1808. Voy. p. 8.

74. Aymestriensis, Sow., 1839, in Murch. Silur. Syst., pl. 6, fig. 12; d'Orb., Céphal., pl. 8, fig. 15. Angleterre, Aymestry-limestone.

75. dilatatus, Sow., 1839, in Murch. Silur. Syst., pl. 12, fig. 23, 24; d'Orb., Céphal., pl. 8, fig. 8, 9. Angleterre, Wenlock-limestone, Ludlow-Burrington, Etats-Unis (Illinois), Chicago, Niagara.

76. Wenlockensis, Sow., 1839, in Murch. Silur. Syst., pl. 13, fig. 21; d'Orb., Céphal., pl. 8, fig. 7. Angleterre, Wenlock-shale, Ludlow, Ledbury.

77. Ouralicus, 1845. Verneuil, Murch. et de Keys., Russie, 2, p. 345, pl. 23, fig. 16. Oural, Nijni-Tourinik.

78. trilobatus, Hall, 1848. Natur. hist. of New-York, n° 2, fig. 6, 7. *Planorbis trilobatus*, Conrad, Géol. Rep., 1839, p. 65. Etats-Unis, New-York, Médina.

CIRTOLITES, Conrad, 1839. Voy. p. 9.

80. expansus, d'Orb., 1848. *Bellerophon expansus*, Sow., 1839, in Murch. Silur. Syst., pl. 5, fig. 32; d'Orb., Céphal., pl. 8, fig. 1. Angleterre, Ludlow-Rock.

81. Deslongchampsii, d'Orb., 1847. *Bellerophon Deslongchampsii*, d'Orb., 1840, Céphal., pl. 6, fig. 67. France, May (Calvados).

MOLLUSQUES PTÉROPODES.

CONULARIA, Sow., 1820. Voy. p. 9.

82. Sowerbii, Defrance, 1828. Vern., de Keys. et Murch., Russie, 2, p. 348, pl. 24, fig. 5. *Conularia quadrisulcata*, Sow., Silur. Syst., pl. 12, fig. 22 (non Miller). Russie; Bessarabie, Chotim; Angleterre, Wenlock; Etats-Unis, Tennessee; Nouvelle-Hollande; Suède, Ostrogothie.

MOLLUSQUES LAMELLIBRANCHES.

ORTHOCONQUES SINUPALLÉALES.

LYONNA, Turton, 1822. Voy. p. 10.

83. Sowerbii, d'Orb., 1847. *Mya rotundata*, Sow., 1839, in Murch.

Silur. Syst., pl. 6, fig. 1 (non *Rotundata*, Phill., 1835). Angleterre, Aymestry-limestone.

84. rigida, d'Orb., 1847. *Psammobia rigida*, Sow., 1839, in Murch. Silur. Syst., pl. 8, fig. 3. Angleterre, Ludlow-Rock.

85. amygdalina, d'Orb., 1847. *Cypricardia amygdalina*, Sow., 1839, in Murch. Silur. Syst., pl. 5, fig. 2. Angleterre, Ludlow.

86. impressa, d'Orb., 1847. *Cypricardia impressa*, Sow., 1839, in Murch. Silur. Syst., pl. 5, fig. 3. Angleterre, Ludlow Rock.

87. undata, d'Orb., 1847. *Cypricardia undata*, Sow. 1839. In Murch. Silur. Syst., pl. 5. fig. 4. Angleterre, Ludow Rock.

88. retusa, d'Orb., 1847. *Cypricardia retusa*, Sow., 1839, in Murch., Silur. Syst., pl. 5, fig. 5. Angleterre, Ludlow-Rock.

89. semisulcata, d'Orb., 1847. *Modiola semisulcata*, Sow., 1839, in Murch. Silur. Syst., pl. 8, fig. 6. Angleterre, Ludlow-Rock.

90. antiqua, d'Orb., 1847. *Modiola antiqua*, Sow., 1839, in Murch. Silur. Syst., pl. 13, fig. 1. Angleterre, Wenlock-shale.

91. obsoleta, d'Orb., 1847. *Cypricardia obsoleta*, Hall, 1843. Natural hist. of New-York, n° 7, fig. 3. États-Unis, New-York, Clinton group, Wolcott in Wayne county.

92. alata, d'Orb., 1847. *Cypricardia alata*, Hall, 1843. Natur. hist. of New-York, n° 2, fig. 3. *Unio primigenius*, Conrad, Geol. Rep., 1839, p. 66. États-Unis, New-York, Medina-sandstone.

ORTHOCONQUES INTÉGROPALLÉALES. (D'ORB.)

CYPRICARDIA, Lamarck, 1801.

93. solenoides, Sow., 1839, in Murch. Silur. Syst., pl. 8, fig. 2, Angleterre, Ludlow-Rock.

94. cymbæformis, Var., Sow., 1839, in Murch., Silur. Syst., pl. 5, fig. 6. Angleterre, Ludlow-Rock.

95. orthonota, Hall, 1843. Natur. hist. of New-York, n° 2, fig. 8, 9. *Unio orthonota*, Conrad, Geol. Rep., 1839, p. 66. États-Unis, New-York, Medina.

96. curta, d'Orb., 1847. *Orthonota curta*, Hall, 1843. Natur. hist. of New-York, n° 7, fig. 1. États-Unis, Wayne (contrée).

MEGALODON, Sow., 1827.

97. carpomorphum, d'Orb., 1847. *Cardium carpomorphum*, Dalmann, Hisinger, Leth. suecica, pl. 19, fig. 5. Suède, Gothland.

CARDINIA, Agassiz, 1838. *Sinemuria*, de Cristol, 1839. *Pachyodon*, Stucth.

98. complanata, 1847, *Pullastra complanata*, Sow., 1839, in Murch. Silur. Syst., pl. 5, fig. 7. Angleterre, Ludlow-Rock.

99. angusta, d'Orb., 1847. *Cypricardia angusta*, Hall, 1843. Natur. hist. of New-York, n° 7, fig. 6. États-Unis, New-York, Clinton group, Wolcott in Wayne county.

100. machæræformis, d'Orb. *Nucula machræforæmis*, Hall, 1843. Natur. hist. of New-York, n° 7, fig. 2. États-Unis, New-York, Clinton group, Wolcott in Wayne county.

CARDIUM, Bruguière, 1789; d'Orb., Paléont. franç., terr. crét., t. 3, p. 16.

101. sowerbianum, d'Orb., 1847. *C. striatum*, Sow., 1839, in Murch. Silur. Syst., pl. 6, fig. 2 (non de France, 1817). Angleterre, Aymestry-limestone.

102. fibrosum, d'Orb., 1847. *Cardiola fibrosa*, Sow., 1839, in Murch. Silur. Syst., pl. 8, fig. 4. Angleterre, Ludlow-Rock.

103. interruptum, d'Orb., 1847. *Cardiola interrupta*, Sow., 1839, in Murch. Silur. Syst., pl. 8, fig. 5 (Cardium? cornucopiæ, Goldf.). Angleterre, Ludlow-Rock.

NUCULA, Lamarck, 1801. Voy. p. 12.

104. anglica, d'Orb., 1847. *N. ovalis?* Sow., 1839, in Murch. Silur. Syst., pl. 5, fig. 8 (non Zieten, 1830). Angleterre, Ludlow.

105. mactræformis, Hall, 1843. Natur. hist. of New-York, nº 7, fig. 4. Etats-Unis, New-York, Clinton group, Wolcott in Wayne county.

LAMELLIBRANCHES PLUROCONQUES.

AVICULA, Klein, 1753. Voy. p. 13.

104. subretroflexa, d'Orb., 1847. *A. retroflexa*, Sow., 1839, in Murch. Silur. Syst., pl. 5, fig. 9 (non Hisinger, 1837). C'est évidemment une espèce différente ainsi que l'espèce de l'Ohio. Angleterre, Ludlow-Rock.

105. retroflexa, Hisinger, 1837, Leth. suecica, pl. 17, fig. 12. Suède.

106. lineatula, d'Orb., 1847. *A. lineata*, Sow., 1839, in Murch. Silur. Syst., pl. 5, fig. 10 (non Goldf., 1838). Angleterre, Ludlow.

107. reticulata, Sow., 1839, in Murch. Silur. Syst., pl. 6, fig. 3, Angleterre, Aymestry-limestone.

108. leptonota, Hall, 1843. Natur. hist. of New-York, nº 7, fig. 5. Etats-Unis, New-York, Clinton group, Wolcott in Wayne county.

109. emacerata, Conrad (Journ. Acad. Nat. Sc., vol. 8, p. 241, pl. 12, fig. 15). Hall, 1843. Natur. hist. of New-York, nº 14, fig. 4. Etats-Unis, New-York, Niagara group.

110. triquetra, Hall, 1843. Natur. hist. of New-York, nº 25, fig. 7. Etats-Unis, New-York, Onondaga salt group.

111. subrugosa, d'Orb., 1847. *A. rugosa*, Conrad (Annual Reports). Hall, 1843. Natur. hist. of New-York, nº 26, fig. 2 (non *rugosa* Lam.). Etats-Unis, New-York, Waterlime group.

POSIDONOMYA, Bronn, 1837. Voy. p. 13.

112. alata, Hall, 1843. Natur. hist. of New-York, nº 8, fig. 7. Etats-Unis, New-York, Rochester.

MOLLUSQUES BRACHIOPODES.

LINGULA, Bruguière, 1789. Voy. p. 14.

113. Lewisii, Sow., 1839, in Murch. Silur. Syst., pl. 6, fig. 9. Angleterre, Aymestry-limestone.

114. lata, Sow., 1839, in Murch. Silur. Syst., pl. 8, fig. 11. Angleterre, Ludlow-Rock.

115. minima, Sow., 1839, in Murch. Silur. Syst., pl. Angleterre, Ludlow Rock.

116. striata, Sow., 1839, in Murch. Silur. Syst., pl. 8, fig. 12. Angleterre, Ludlow-Rokc.

117. cuneata, Hall, 1843. Natur. hist. of New-York, n° 2, fig. 5, n° 3. (Geol. Report of 1839, p. 64). Etats-Unis, New-York, Medina-sandstone, Niagara.

118. subelliptica, d'Orb., 1847. *L. elliptica*, Hall, 1843. Natur. hist. of New-York, n° 7, fig. 7. (Non Phillips 1836). Etats-Unis, New-York, Clinton-group, Wolcott in Wayne county.

119. oblata, Hall, 1843. Natur. hist. of New-York, n° 7, fig. 8. Peut-être, *L. Lewisii*, Sow., n° 113. Etats-Unis, New-York, Clinton-group, Wolcott in Wayne county.

120. acutirostra, Hall, 1843. Natur. hist. of New-York, n° 7, fig. 9. Etats-Unis, New-York, Clinton-group, Wolcott in Wayne county.

121. suboblonga, d'Orb., 1847. *L. oblonga*, Conrad, Hall, 1843. Natur. hist. of New-York, n° 9, fig. 4 (non Eichwaldi Pander), (Annual geol. Report, p. 65). Etats-Unis, New-York, Clinton-group, Wolcott in Wayne county.

122. Clintoni, Vanuxem, Hall, 1843. Natur. hist. of New-York, n° 9 (Report, p. 78). Etats-Unis, New-York, Clinton-group, Wolcott in Wayne county.

123. lamellosa, Hall, 1843. Natur. hist. of New-York, n° 15, fig. 2. Etats-Unis, New-York, Niagara-group, Lockport.

PRODUCTUS, Sowerby, 1812.

124. Twamleyii, Davidson, 1847. Geolog. journ., pl. 26, fig. 1. Angleterre, Dudley.

CHONETES, Fischer, 1837.

125. cornuta, Koninck, 1848. Monog. des anim. foss., 1re part., p. 200, pl. 20, fig. 3. *Strophomena cornuta*, Hall, 1843. Natur. hist. of New-York, geolog. part. IV, p. 78, pl. 17, fig. 3. Etats-Unis, Amérique septentrionale, Sodusbay (New-York).

126. striatella, Koninck, 1848. Monog. des anim. foss. 1re part., p. 200, pl. 20, fig. 5. *Orthis striatella*, Dalman, 1827. Konigl. Akad. handl., p. 111, pl. 1, fig. 5. *Leptæna lata*, de Buch. *Chon. sarcinulata* (partim). Hollande, Groningue ; Angleterre, Ludlow, etc. ; Allemagne, Brandebourg ; Norwége, Malmo-Kalven ; Suède, Gothland ; Russie, Pokroï, Reval.

LEPTŒNA, Dalman, 1828. *Voy.* p. 14.

127. Orbigny, Davidson. *Orthis Fletcheri*, London, Geolog. jour., pl. 27, fig. 7 (non *Lep. Fletcheri*). Angleterre, Dudley.

128. filosa, Davidson, 1847. Geolog. journ., pl. 25, fig. 1. *Orthis filosa*, Sow., 1839, in Murch. Sil. Syst., pl. 13, fig. 12. Angleterre, Wenlock, Dudley.

'**129. euglypha,** Dalm., 1827. Sow., 1839, Murch. Sil. Syst., pl. 12, fig. 1. Davidson, Lond. Geol. journ., pl. 12, fig. 1—4 ; pl. 26, fig. 4. Angleterre, Wenlock-lim., Dudley ; Norwége, Gothland.

130. lævigata, Sow., 1839, in Murch. Sil. Syst., pl. 13, fig. 3. Davidson, Lond. Geol. journ., pl. 12, fig. 32. Angleterre, Wenlock, Burrington.

131. minima, Sow., 1839, in Murch. Sil. Syst., pl. 13, fig. 4. Davidson, London Geol., pl. 12, fig. 29. Angleterre, Wenlock, Burrington.

***132. transversalis,** Dalman, 1827; Sow., 1839, in Murch. Sil. Syst., pl. 13, fig. 2; Davidson, Geol. journ., pl. 25, fig. 2. Hall, 1843, nº 12. Angleterre, Wenlock, Dudley; N. Amér., Lockport; Norwége, Gothland, Bohême.

133. eximia, d'Orb., 1847. *Orthis eximia*, Vern., 1845. Russie, p. 192, pl. 11, fig. 2; Russie.

134. Ouralensis, Vern. et de Keys,, 1845, Russie, p. 220, pl. 14, fig. 1. Russie.

135. lepisma, Dalm., 1827. Sow., Sil. Syst., pl. 8, fig. 7. Angleterre, Ludlow-Rock, Clunganford; Suède.

***136. funiculata,** Davidson, 1847, London Geolog. journ., p. 57, pl. 12, fig. 5—8. *Orthis funiculata*, M'Coy, Sil. foss., pl. 3, fig. 11. Angleterre, Wenlock-limestone, Dudley; Gothland; Bohême.

137. Waltonii, Davidson, 1847, Geolog. journ., pl. 26, fig. 3. Angleterre, Wenlock, Talfield.

138. imbrex, Verneuil, Davidson, 1847, Geolog. journ., pl. 26, fig. 6; pl. 12, fig. 25—28. *Plectambonites imbrex*, Pander. Angleterre, Wenlock; Russie, Gothland.

139. Duvallii, Davidson, 1847, London Geolog. journ., p. 58, pl. 12, fig. 20, 21. Angleterre, Wenlock-limestone. Walsall.

140. Fletcheri, Davidson, 1847, London, Geolog. journ., p. 58, pl. 12, fig. 9, 10, 11; pl. 25, fig. 7. Angleterre, Wenlock-limestone, Barthall, Gothland.

141. punctilifera, d'Orb., 1847. *Strophomena punctilifera*, Conrad, Hall, 1843. Natur. hist. of New-York, nº 28, fig. 1. Etats-Unis, New-York.

142. radiata, d'Orb., 1847. *Strophomena radiata*, Conrad, Hall, 1843. Natur. hist. of New-York, nº 28, fig. 2. Etats-Unis, New-York.

143. striata, d'Orb., 1847. *Strophomena striata*, Hall, 1843. Natur. hist. of New-York, nº 12, fig. 8. Etats-Unis, New-York, Rochester et Lockport.

144. corrugata, d'Orb., 1847. *Strophomena corrugata*, Hall, 1843. Natur. hist. of New-York, nº 8, fig. 2. C. (Journ. Acad. nat. sc., vol. 8, p. 256; pl. 14, fig. 8). Etats-Unis, New-York, Rochester.

145. subplana, d'Orb., 1847. *Strophomena subplana*, Conrad, Hall, 1843. Natur. hist. of New-York, nº 12, fig. 1. (Journ. Acad. nat. sc., vol. 8, p. 258). Etats-Unis, New-York, Niagara-group, Lockport.

146. pecten, d'Orb., 1847. *Orthis pecten*, Dalman, Davidson, 1847, London Geolog. journ., p. 61, pl. 13, fig. 18—28; pl. 25, fig. 3. Angleterre, Wenlock-limestone; Suède, Ostrogothie.

STROPHOMENA, Rafinesque, 1831. *Voy.* p. 16.

147. rhomboidalis, d'Orb. *Anomites rhomboidalis*, Wahl., 1821, Act. soc. Ups., vol. 3, p. 65, n. 7. *Lepœtna depressa*, Vern. et de Keys., 1845, Russie, p. 234, pl. 15, f. 7 (*partim*). Hall, 1843, n. 12. New-

York, Niagara, Clinton, Illinois; Canada; Angleterre, Dudley, Mochtee; Norwège, île de Gothland; Bohême, Prague.

148. scabrosa, d'Orb., 1848. *Orthis scabrosa*, Davidson, 1847, London Geolog. journ., p. 61, pl. 13, fig. 14, 15. Angleterre, Wenlock.

149. antiquata, d'Orb., 1847. *Leptæna antiquata*, Davidson, 1847, Geolog. journ., pl. 26, f. 5. *Orthis antiquata*, Sow., 1839, Sil. Syst. Angleterre, Wenlock, Walsall.

ORTHIS, Dalman, 1827. *Voy.* p. 17.

150. elegantula, Dalman. Hall, 1843, no 8, f. 1. *O. canalis*, Sow., 1839, in Murch. Sil. Syst., pl. 13, f. 12 a. *O. orbicularis*, Sow., id., pl. 5, f. 6. Angl., Wenlock, Dudley; Etats-Unis, New-York, Tennessee; Norwège, Gothland.

151. hybrida, Sow., 1839, Sil. Syst., pl. 13, f. 11; Hall, 1843, n° 13, f. 7; Davidson, 1847, London Geolog. journ., p. 63, pl. 13, fig. 13. Angleterre, Wenlock-limestone; Etats-Unis, New-York, Tennessee; Canada; Gothland; Bohême.

***152. rustica,** Sow., 1839, in Murch. Sil. Syst., pl. 12, fig. 9. *O. rustica* et *rigida*, Davidson, 1847, London Geolog. journ., pl. 13, fig. 1-1. Angl., Wenlock-Rock.

153. argentea, Hisinger, 1837, Lethæa suecica, p. 72, pl. 20, fig. 15. Suède. Draggån, Rattvik, Skattungby, Dalecarlia.

154. zonata, Dalman, 1827, pl. 2, fig. 1; de Buch, Mém. de la Soc. Géol., 3, p. 219, pl. XII, fig. 23. Norwège, Ostgothland.

155. Bouchardi, Davidson, 1847, London Geolog. journ., p. 64, pl. 13, fig. 5-8. Angleterre, Wenlock-limestone, Benthall, Edje.

156. Lewisii, Davidson, 1847, London Geol. journ., pl. 27, fig. 4. Angleterre, Dudley, Walsall.

157. calligramma, Dalman. *Voy.* Etages Siluriens, n° 281. Angleterre, Wenlock.

158. æquivalvis, Davidson, London Geol. journ., pl. 27, fig. 5. Angleterre, Wenlock, Walsall.

159. biloba, Davidson, 1847, Geolog. journ., pl. 25, fig. 8. *Spirifer cardiospermiformis; anomia biloba*, Linné. *Spirifer sinuatus*, Sow., Sil. Syst., pl. 13, fig. 10. *Deltiris varica*, Conrad. Angleterre, Wenlock; Etats-Unis, New-York.

160. Walsallii, Davidson, 1847, Geolog. journ., pl. 25, fig. 9. Angleterre, Wenlock, Walsall.

161. circulis, Hall, 1843. Natur. hist. of New-York, n° 6, fig. 1. Etats-Unis, New-York, Niagara.

162. demissa, Dalm., l. c., p. 33, pl. 2, fig. 7. Hisinger, 1837. Lethæa suecica, p. 71, pl. 20, fig. 14. Suède, in OElandia ad Bodahamn.

163. callactis, Dalm., l. c., p. 28, pl. 2, fig. 2; Hisinger, 1837, Lethæa suecica, p. 70, pl. 20, fig. 9. Suède, Ostrogothia ad Husbysjol; Vestrogothia à Vlunda, près de Billingen.

164. Davidsoni, Verneuil. *O. calligramma*, var. Davidson, Angleterre, Walsall.

165. sinuosa, Hall. *Orthis formosa*, M. Davidson, Angleterre, Walsall.

166. biforatus, Davidson. *Spirifer Lynx,* auctorum, Angleterre, Walsall; Gothland, Russie.

HEMITHIRIS, d'Orb., 1847. *Voy.* p. 18.

167. didyma, d'Orb., 1847. *Atrypa didyma,* Dalman, 1827. Suède, Gothland.

* **168. Stricklandii,** d'Orb., 1847. *Tereb. Stricklandii,* Sow. 1839. Murch. Sil. Syst., pl. 13, fig. 19. Angl., Wenlock, Dudley.

169. aprinis, d'Orb., 1847. *Ter. idem,* Vern. et de Keys., 1845, Russie, p. 90, pl. 10, fig. 10. Russie.

170. borealis, d'Orb. *Tereb. borealis,* Schlh. 1821, Nachtr., pl. 20, fig. 1. Norwége, Gothland.

* **171. Henrici,** d'Orb., 1848. *Terebratula Henrici,* Barrande, 1847, Naturwis., pl. 440, pl. 18, fig. 5. Bohême, Prague et Beraun.

* **172. Wilsonii,** d'Orb., 1847. *Terebratula Wilsonii,* Sow., 1816, Min. Conch., t. II, p. 87, pl. 118, fig. 3. Barrande, pl. 18, fig. 4. Angleterre, Mordiford, Aymestry, Dudley, Russie; Bohême, Prague; Norwége, Gothland; États-Unis, Tennessée.

173. Verneuili, d'Orb., 1848. *Terebratula Wilsonii,* Davidson, Bull. de la Soc. géol. de France, Angleterre, Dudley.

* **174. crispata,** d'Orb., 1848. *Terebratula lacunosa,* Dalm., Sow., 1839, pl. 12, fig. 10. Hall, n° 27, fig. 3, Schlotheim, 1821. Petref. *Terebratula crispata,* Sow., 1839. Angleterre, Dudley; États-Unis, New-York; Russie, riv. Ylitsch.

175. Pomelii, d'Orb., 1848. *Terebratula Pomelii,* Davidson, 1848, Bull. de la Soc. géol. Angleterre, Dudley.

176. Baylii, d'Orb., 1848. *Terebratula Baylii,* Davidson, Bull. de la Soc. géol. Angleterre, Dudley.

177. Sowerbyi, d'Orb., 1847. *Atrypa didyma,* Sow., 1839, in Sil., pl. 6, fig. 4 (non Dalman). Note de M. Davidson. Angl., Aymestry.

ATRYPA, Dalman, 1828. Voy. p. 19.

178. camelina, d'Orb. *Tereb. camelina,* de Buch, 1840, Zur., geb., Russ., pl. 8, fig. 12-14. Russie, Oural.

179. subcamelina, d'Orb. *Ter. subcamelina,* Vern. et Keys. Russ., pl. 9, fig. 4. Russie, Oural.

180. nuda, d'Orb. *Ter. nuda,* de Buch, 1840. Vern., p. 109, pl. 3, fig. 10. Russie, Oural.

181. læviuscula. d'Orb. *Terebratula læviuscula,* Sow., 1819, pl. 13, fig. 14. Angleterre, Wenlock, Dudley.

* **182. compressa,** Sow., 1839, in Murch. Sil. Syst., pl. 13, fig. 5, Barrande, pl. 16, fig. 3. Angl., Wenlock; Bohême, environs de Prague.

183. depressa, Sow., 1839, in Murch. Sil. Syst., pl. 13, fig. 19-6 (*non Min. conch.*). Angl., Wenlock, Dudley.

184. pisum, d'Orb. *Spirifer idem,* Sow., 1839, in Murch. Sil. Syst., pl. 13, fig. 9. Angl., Wenlock.

185. prunum, Dalman, 1827, Mém. de l'Ac. de Suède, pl. 5, fig. 2. Norw., Gothland, Hisinger, pl. 22, fig. 4.

* **186. obovata,** Sow., 1839, in Murch. Silur, Syst., pl. 8, fig. 8-9, (non Min. Conch.) Barrande, pl. 15, fig. 8. Angleterre, Ludlow-rock, Benthall; Bohême, environs de Prague.

187. crebricosta, d'Orb. *Tereb. crebricosta*, Sow., 1839. Murch. Sil. Syst., pl. 13, fig. 18. Angl., Wenlock.
188. interplicata, d'Orb. *Tereb. id.* Sow., 1839. Murch. Sil. Syst., pl. 13, fig. 23. Angl., Wenlock.
189. Duboisii, d'Orb., 1847. *Terebratula idem*, Vern. et de Keys., Russie, p. 97, pl. 10, fig. 16. Russie, Oural; Lithuanie.
190. nucula, d'Orb., 1847. *Terebratula nucula*, Sow., 1839. Murch. Sil. Syst., pl. 5, fig. 20. Angleterre, Ludlow-rock.
191. pulchra, d'Orb., 1847. *Terebratula pulchra*, Sow., 1839. Murch. Sil. Syst. pl. 5, fig. 21. Angleterre, Ludlow-rock.
192. pentagona, d'Orb., 1847. *Terebratula pentagona*, Sow., 1839. Murch. Sil. Syst., pl. 5, fig. 22. Angleterre, Ludlow-rock.
***193. bidentata**, d'Orb., 1847. *Terebratula bidentata*, Hising., Sow. In Murch. Sil. Syst., pl. 12, fig. 13 a. Angleterre, Wenlock, Dudley.
***194. deflexa**, d'Orb. *Terebratula deflexa*, Sow., 1839. In Murch. Sil. Syst., pl. 12, fig. 14. Barrande, 1847, pl. 20, fig. 15. *Terebratula brevirostris*, Sow., 1839. Murch. Sil. Syst., pl. 13, fig. 15. Angleterre, Wenlock, Dudley; New-York; Bohême; Gothland.
195. dorsata, Hisinger. *Terebratula dorsata*, de Keyserling, 1846. Geognost., p. 241, pl. 10, fig. 2. *Atrypa dorsata*, His., 1837, Leth. Suec., p. 76, pl. 21, fig. 14. Russie septent., Ylitsch; Suède, OEIande.
196. umbra, d'Orb., 1848. *Terebratula umbra*, Barrande, 1847. Naturwiss. abhandl., p. 441, pl. 17, fig. 3. Bohême, Prague, Beraun.
197. tarda, d'Orb., 1848. *Terebratula tarda*, Barrande, 1847. Naturwiss. abhandl., p. 441, pl. 20, fig. 12. Bohême, Prague et Beraun.
198. Hebe, d'Orb., 1848. *Terebratula Hebe*, Barrande, 1847. Naturwiss. abhandl., p. 442, pl. 19, fig. 11. Bohême, Prague et Beraun.
199. Thisbe, d'Orb., 1848. *Terebratula Thisbe*, Barrande, 1847. Naturwiss., p. 419, pl. 16, fig. 4. Bohême, Prague et Beraun.
200. Proserpina, d'Orb., 1848. *Terebratula Proserpina*, Barrande, 1847. Naturwiss., p. 420, pl. 19, fig. 4. Bohême, Prague et Beraun.
201. matercula, d'Orb., 1848. *Terebratula matercula*, Barrande, 1847. Naturwiss., p. 421, pl. 20, fig. 4. Bohême, Prague et Beraun.
202. Eucharis, d'Orb., 1848. *Terebratula Eucharis*, Barrande, 1847. Naturwiss., p. 424, pl. 17, fig. 12. Bohême, Prague et Beraun.
203. Minerva, d'Orb., 1848. *Terebratula Minerva*, Barrande, 1847. Naturwiss., p. 425, pl. 17, fig. 7. Bohême, Prague et Beraun.
204. corvina, d'Orb., 1848. *Terebratula corvina*, Barrande, 1847. Naturwiss., p. 426, pl. 20, fig. 5. Bohême, Prague et Beraun.
205. nympha, d'Orb., 1848. *Terebratula Nympha*, Barrande, 1847. Naturwiss., p. 422, pl. 20, fig. 6. Bohême, Prague et Beraun.
206. Daphne, d'Orb., 1848. *Terebratula Daphne*, Barrande, 1847. Naturwiss., p. 427, pl. 17, fig. 10. Bohême, Prague et Beraun.
207. prægnans, d'Orb., 1848. *Terebratula prægnans*, Barrande, 1837. Naturwiss., p. 428, pl. 20, fig. 18. Bohême, Prague et Beraun.
208. Ephemera? d'Orb., 1848. *Terebratula Ephemera*, Barrande, 1847. Naturwiss., p. 408, pl. 16, fig. 11. Bohême, Prague et Beraun.
209. inelegans, d'Orb., 1848. *Terebratula inelegans*, Barrande, 1847. Naturwiss., p. 408, pl. 17, fig. 1. Bohême, Prague et Beraun.
210. monas, d'Orb., 1848. *Terebratula monas*, Barrande, 1847. Na-

turwiss. abhandl., p. 444, pl. 20, fig. 3. Bohême, Prague et Beraun.
211. ambigena, d'Orb., 1848. *Terebratula ambigena*, Barrande, 1847. Naturwiss., p. 444, pl. 20, fig. 11. Bohême, Prague et Beraun.
212. Latona, d'Orb., 1848. *Terebratula Latona*, Barrande, 1847. Naturwiss., p. 445, pl. 18, fig. 12. Bohême, Prague et Beraun.
213. Psyche, d'Orb., 1845. *Terebratula Psyche*, Barrande, 1847. Naturwiss., p. 446, pl. 18, fig. 6. Bohême, Prague et Beraun.
214. Amalthea, d'Orb., 1848. *Terebratula Amalthea*, Barrande, 1847. Naturwiss., p. 447, pl. 19, fig. 6. Bohême, Prague et Beraun.
216. sylphidea? d'Orb., 1848. *Terebratula sylphidea*, Barrande, 1847. Naturwiss., p. 449, pl. 18, fig. 7. Bohême, Prague et Beraun.
217. Monaca, d'Orb., 1848. *Terebratula Monaca*, Barrande, 1847, Naturwiss, p. 450, pl. 17, fig. 4. Bohême, Prague et Beraun.
***218. Sapho,** d'Orb., 1848. *Terebratula Sapho*, Barrande, 1847, Naturwiss., p. 396, pl. 16, fig. 3. Bohême, env. de Prague, Beraun.
219. Alecto, d'Orb., 1848. *Terebratula Alecto*, Barrande, 1847. Naturwiss., p. 398, pl. 20, fig. 2. Bohême, env. de Prague, Beraun.
***220. Megæra,** d'Orb., 1848. *Terebratula Megæra*, Barrande, 1847. Naturwiss., p. 399, pl. 16, fig. 9. Bohême, env. de Prague, Beraun.
221. Cybele? d'Orb., 1848. *Terebratula Cybele*, Barrande, 1847. Naturwiss. abhandl., p. 453, pl. 20, fig. 14. Bohême, Prague et Beraun.
222. membranifera, d'Orb., 1848. *Terebratula membranifera*, Barrande, 1847. Natur., p. 454, pl. 20, fig. 13. Bohême, Prague et Beraun.
223. semiorbis? d'Orb. *Terebratula semiorbis*, Barrande, 1847. Naturwiss., p. 454, pl. 20, fig. 1. Bohême, Prague et Beraun.
224. comata, d'Orb. *Terebratula comata*, Barrande, 1847. Naturwiss., abhandl. p. 455 pl. 16, fig. 7. Bohême, Prague et Beraun.
225. granulifera, d'Orb. *Terebratula granulifera*, Barrande, 1847. Naturwiss., p. 456, pl. 19, fig. 3. Bohême, Prague et Beraun.
226. Arachne, d'Orb. *Terebratula Arachne*, Barrande, 1847. Naturwiss., p. 457, pl. 17, fig. 14. Bohême, Prague et Beraun.
227. velox, d'Orb. *Terebratula velox*, Barrande, 1847. Naturwiss. abhandl., p. 430, pl. 15, fig. 1. Bohême, Prague et Beraun.
228 Phœnix, d'Orb. 1848. *Terebratula phœnix*, Barrande, 1847. Naturwiss., p. 431, pl. 17, fig. 1. Bohême, Prague et Beraun.
229. modica, d'Orb., 1848. *Tereb. modica*, Barrande, 1847. Naturturviss. abhandl., p. 432, pl. 20, fig. 17. Bohême, Prague et Beraun.
230. Berenice, d'Orb. *Terebratula Berenice*, Barrande, 1847. Naturwiss., p. 433, pl. 17, fig. 8. Barrande, Prague et Beraun.
***231. Haidingeri,** d'Orb., 1848. *Terebratula Haidingeri*, Barrande, 1847. Naturwiss. abhandl., p. 415, pl. 18, fig. 8, 9; pl. 19, fig. 1. Bohême, Prague et Beraun.
***232. linguata,** d'Orb., 1848. *Terebratula linguata*, Barrande, 1847. Naturwiss. abhandl., p. 385, pl. 15, fig. 2 et 5. Bohême, env. de Prague et de Beraun.
***233. Philomela,** d'Orb., 1848. *Terebratula Philomela*, Barrande, 1847. Naturwiss., p. 387, pl. 15, fig. 7. Bohême, Prague et Beraun.
234. securis, d'Orb., 1843. *Terebratula securis*, Barrande, 1847. Naturwiss., p. 388, pl. 16, fig. 1. Bohême, Prague et Beraun.

235. Baucis, d'Orb., 1848. *Terebratula Baucis*, Barrande, 1847. Naturwiss., p. 389, pl. 16, fig. 7. Bohême, Prague et Beraun.
236. obolina, d'Orb., 1848. *Terebratula obolina*, Barrande, 1847. Naturwiss., p. 404, pl. 20, fig. 16. Bohême, Prague et Beraun.
***237. Upsilon?** d'Orb., 1848. *Terebratula Upsilon*, Barrande, 1847. Naturwiss., p. 405, pl. 15, fig. 9. Bohême, Prague et Beraun.
238. Juno, d'Orb., 1848. *Terebratula Juno*, Barrande, 1847. Naturwiss., p. 407, pl. 15, fig. 10. Bohême, env. de Prague et de Beraun.
239. Eurydice? d'Orb., 1848. *Terebratula Eurydice*, Barrande, 1847. Naturwiss., p. 411, pl. 15, fig. 6. Bohême, Prague et Beraun.
240. melonica, d'Orb., 1848. *Terebratula melonica*, Barrande, 1847. Naturwiss., p. 412, pl. 14, fig. 6. Bohême, Prague et Beraun.
241. famula, d'Orb., 1848. *Terebratula famula*, Barrande, 1847. Naturwiss., p. 443, pl. 17, fig. 6. Bohême, Prague et Beraun.
242. Niobe, d'Orb., *Terebratula Niobe*, Barrande, 1847. Naturwiss. abhandl., p. 434, pl. 17, fig. 9. Bohême, Prague et Beraun.
243. solitaria, d'Orb., 1848. *Terebratula solitaria*, Barrande, 1847. Naturwiss. abhandl., p. 416, pl. 17, fig. 5. Bohême, Prague et Beraun.
244. latisinuata, d'Orb., 1848. *Terebratula latisinuata*, Barrande, 1847. Naturwiss., p. 392, pl. 15, fig. 3. Bohême, Prague et Beraun.
245. sulcata, Vanuxem, Hall, 1843. Natur. hist. of New-York, n° 26, fig. 5. (Geol. Report). Etats-Unis, New-York, Waterlime group.
246. nitida, Hall, 1843. Natur. hist. of New-York, n° 14, fig. 5. Anglet., Dudley, Walsall; Etats-Unis, New-York, Niagara, Lockport.
247. congesta, Hall, 1843. Natur. hist. of New-York, n° 6, fig. 2. (Conr. Jour., et Cod. Nat. sc., vol. 8, p. 265, pl. 16, fig. 18). Etats-Unis, New-York, Clinton group.
248. naviformis, Hall, 1843. Natur. hist. of New-York, n° 6, fig. 3. Etats-Unis, New-York, Sodus-point.
249. plicatula, Hall, 1843. Natur. hist. of New-York, n° 6, fig. 4. Etats-Unis, New-York, Niagara.
250. Thetis, d'Orb., 1848. *Terebratula Thetis*, Barrande, 1847. Naturwiss., p. 394, pl. 14, fig. 5. Bohême, Prague et Beraun.
251 nucella, Dalm., l. c., p. 46, pl. 5, fig. 1. Hisinger, 1837. Lethæa suecica, p. 76, pl. 22, fig. 2. Suède, Husbysjöl, Ostrogothiæ.
252. crassicostis, Dalm., l. c., p. 47. Hisinger, 1837. Lethæa suecica, p. 76, pl. 22, fig. 3. Suède, montium Vestrogothiæ.
***253. Capewellii**, d'Orb., 1848. *Terebratula Capewellii*. Davidson, 1848. London. geol. journ., Bull. de la soc. géol. de France. Angleterre, Wenlock, Walsall.
254. lewissii, d'Orb., 1848. *Terebratula Lewissii*, Davidson, 1848. London. geol. jour., Bull. de la soc. géol. de France. Angl., Dudley.
***255. navicula**, d'Orb., 1847. *Terebratula navicula*, Sow. In Murch. Sil. Syst. 611, pl. 5, fig. 17. Barrande, 1847. Naturwis., p. 402, pl. 15, fig. 4. Angleterre, Aymestry; Bohême, Prague et Beraun.
256. canalis, d'Orb., 1847. *Terebratula canalis*, Sow., 1839. Murch. Sil. Syst., pl. 5, fig. 18. Barrande, pl. 16, fig. 13. Angleterre, Ludlow-rock; Bohême, Prague et Beraun.
257. sphærica, Sow., Geol. trans., 5, pl. 57, fig. 3. Davidson, 1848. Bull. de la soc. géol. de France. Angleterre, Dudley.

PENTAMERUS, Sow., 1813.

*258. **Knightii**, Sow., 1812. Min. conch., 1, pl. 28. Barrande, pl. 21, fig. 3. Angl., Aymestry-lim.; Bohême, Prague et Beraun.

259. **vogulicus**, Vern. et de Keys., 1845, Russie, p. 113, pl. 7, fig. 2. Russie, Oural, rivière Ylitsch.

260. **conchidium**, Vern. *Gyp. conchidium*, Dal., Vern. et de Keys., 1846, Russie, p. 116, pl. 8. Suède.

261. **Bashkiricus**, Vern. et de Keys., 1845, p. 117, pl. 7, fig. 3. Russie, Suède.

262. **borealis**, Vern. *Gypydia idem*, Eichw., 1842. Urw. Russie, p. 74, pl. 1, fig. 14. Lithuanie.

*263. **galeatus**, Hall, 1843, no 27, fig. 1. *Atrypa galeata*, Sow., Sil. Syst., pl. 8, fig. 10. Vern., 1845, Russie, p. 120, pl. 8, fig. 3. Barrande, pl. 21, fig. 5. France, Néhou; Angleterre, Dudley, Ludlow-rock; Amér. du Nord, Niagara, New-York; Allemagne; Russie, Oural; Bohême, Prague et Beraun.

264. **oblongus**, Sow., Hall, 1843, no 5, fig. 1, 3. N.-Amérique, New-York, Ohio, Indiana, Illinois, Jowa, Canada, etc.

265. **integer**, Barrande, 1847. Naturwiss. abhandl., p. 464, pl. 22, fig. 7. Bohême, Prague et Beraun.

*266. **Sieberi**, de Buch, Barrande, 1847. Naturwiss. abhandl., p. 465, pl. 21, fig. 1, 2. Bohême, Prague et Beraun.

267. **acutolobatus**, Sandb., Barrande, 1847. Naturwiss. abhandl., p. 467, pl. 21, fig. 4. Bohême, Prague et Beraun.

268. **caducus**, Barrande, 1847. Naturwiss. abhandl., p. 469, pl. 22, fig. 1. Bohême, Prague et Beraun.

269. **pelagicus**, Barrande, 1847. Naturwis. abhandl., p. 469, pl. 22, fig. 3. Bohême, Prague et Beraun.

270. **problematicus**, Barrande, 1847. Naturwiss. abhandl., p. 470, pl. 17, fig. 15. Bohême, Prague et Beraun.

271. **optatus**, Barrande, 1847. Naturwiss. abhandl., p. 471. Bohême, Prague et Beraun.

272. **Bubo**, Barrande, 1847. Naturwiss. abhandl., p. 472, pl. 22, fig. 2. Bohême, Prague et Beraun.

*273. **linguifera**, Davidson. *Atrypa linguifera*, Sow., 1839, in Murch. Sil. Syst., pl. 13, fig. 8. Angleterre, Walsall, Wenlock.

CYRTHIA, Dalman, 1828. C'est un *Spirifer* dont le deltidium est entièrement fermé.

*274. **trapezoidalis**, *Spirifer trapezoidalis*, Sow., 1839, in Murch. Sil. Syst., pl. 5. Angleterre, Ludlow-rock; Suède, Gothland, Djupreken; Bohême, environs de Prague.

275. **exporrecta?** Dalm., l. c., p. 34, pl. 3, fig. 1. Hisinger, 1837, Lethæa Suecica, p. 72, pl. 21, fig. 2. Suède, Gothland.

SPIRIFER, Sow., 1820. Voy. p. 20.

*276. **interlineatus**, Sow., 1839, in Murch. Sil. Syst., pl. 6, fig. 6 Angleterre, Aymestry-limestone, Dudley.

*277. **crispus**, Sow. *Anomya crispa*, Linné. *Delthiris crispa*, Dalman., Sow., in Murch. Sil. Syst., pl. 12, fig. 8. *Delthiris crispus*, Dalman, 1827. (*Delthiris staminea* Hall.) Angleterre, Dudley, Wenlock; Nord-Amérique, Niagara; Norwége, Gothland.

*278. **sulcatus,** Verneuil. *Delthiris sulcatus*, Dalman. *Spirifer sulcatus*, Hisinger. *Delthiris decemplicatus*, Hall, 1843, n° 13, fig. 3. Angleterre, Dudley; Bohême, Prague; Norwége, Gothland; Nord-Amér., Lockport (New-York).

279. **Niagarensis,** de Verneuil. *Delthiris Niagarensis*, Conrad, Hall, 1843. Natur. hist. of New-York, n° 13, fig. 1. (Journ. Acad. nat. sc., vol. 8, p. 261). États-Unis, New-York, Niagara-group, Lockport.

280. **plicatus,** d'Orb., 1847. *Delthiris plicatus*, Hall, 1843. Natur. hist. of New-York, n° 26, fig. 1. *Orthis plicatus* (Geol. Report Third District). États-Unis, New-York, Waterlime-group.

281 **brachynota,** d'Orb., 1847. *Delthiris brachynota*, Hall, 1843. Natur. hist. of New-York, n° 5, fig. 6. États-Unis, New-York, Niagara.

*282. **cyrtæna,** *Delthiris cyrtæna*, Dalman, Hisinger, pl. 21, fig. 4. *Spirifer radiatus*, Sow., 1819, in Murch. Sil. Syst., 12, fig. 6. Hall, 1843, n° 3, fig. 2. Angleterre, Dudley; N. Amér., Ohio Springfield, Indiana Madisson; Suède, Gothland.

283. **conchydium,** d'Orb., 1847. *Gypidia conchydium*, Dalm. Vet. Acad. Handl., 1847, p. 41, pl. 4, fig. 1. Hisinger, 1837, Lethæa suecica, p. 74, pl. 21, fig. 10. Suède, Gothlandia, Klinteberg.

*284. **subspurius,** d'Orb., 1847. *S. spurius*, Barrande, 1848. (Non Braun. Munster 1841.) *Spirifer octoplicatus*, Sow., 1839, in Murch. Sil. Syst., pl. 12, fig. 7. (Non Sow., Min. Conch.) Angleterre, Dudley; Gothland; Bohême, Prague.

285. **subsulcatus,** d'Orb., 1847. *Delthiris id.*, Dalm., l. c., p. 39, pl. 3, fig. 8. Hisinger, 1837. Lethæa suecica, p. 73, pl. 21, fig. 7. Suède, in OElandia ad Bodahamn.

286. **ptychoides,** d'Orb., 1847. *Delthiris ptychoides*, Dalm., l. c., p. 40, pl. 3, fig. 5. Hisinger, 1837. Lethæa svecica, p. 73, pl. 21, fig. 8. Suède, in Gothlandia ad Vamblingbo.

287. **elevatus,** d'Orb., 1847. *Delthiris elevata*, Dalm. Vet. Acad. Handl., 1827, p. 36, pl. 3, fig. 3. Hisinger, 1837. Lethæa suecica, p. 72, pl. 21, fig. 3. Suède, In Gottlandia ad Djuviken.

*288. **indifferens,** Barrande M. S. Bohême, environs de Prague.

SPIRIGERINA, d'Orb., 1847. Coquille térébratuliforme, pourvue d'une ouverture ronde, séparée de la charnière, placée sous le crochet de la grande valve, au milieu d'un deltidium et d'une area. Test fibreux; bras spiraux à cône vertical dont le sommet est inférieur.

*289. **marginalis,** d'Orb., 1848. *Terebratula marginalis*, Dalm. *Tereb. imbricata*, Sow., 1839, Murch. Sil. Syst., pl. 12, fig. 12. Angl., Wenlock, Dudley; Suède, Gothland.

*290. **cuneata,** d'Orb., 1847. *Tereb. cuneata*, Dalm., Sow., in Murch. Sil. Syst., pl. 12, fig. 13. Barrande, 1847, pl. 17. Angl., Wenlock; New-York; Bohême, Prague et Beraun; Angl., Dudley.

291. **affinis,** d'Orb. *Atrypa affinis*, Sow., Murch. Sil. Syst., pl. 6, fig. 5, Hall, 1843, n° 8, fig. 8. Angl., Aymestry-limestone, Walsall; N.-Amér., Indiana, New-York. (Non *reticularis*.) Var. auctor. Bohême, Prague; Suède, Gotbland.

292. **aspera,** d'Orb. *Tereb. aspera*, Sch. *Atrypa tenuistria*, Sow.,

1839, Murch. Sil. Syst., pl. 12, fig. 5. Angl., Wenlock-lim., Walsall; Canada, Perry, Caspe; Suède, Gothland.

293. Barrandi, d'Orb., 1848. *Terebratula Barrandi*, Davidson, 1848. Bull. de la soc. géol. Angleterre, Walsall.

***294. princeps,** d'Orb., 1848. *Terebratula princeps*, Barrande, 1847. Naturwis. abhandl., p. 439, pl. 18, fig. 1, 2, 3, pl. 19, fig. 2. Bohême, Prague et Beraun.

SPIRIGERA, d'Orb., 1847. Coquille térébratuliforme, pourvue d'une ouverture ronde placée à l'extrémité du crochet de la grande valve, sans deltidium ni area; test de contexture fibreuse. Bras spiraux à cône latéral.

295. Ceres, d'Orb., 1848. *Terebratula Ceres*, Barrande, 1847. Naturwiss., p. 395, pl. 16, fig. 5. Bohême, env. de Prague et de Beraun.

296. vultur, d'Orb., 1848. *Terebratula vultur*, Barrande, 1847, Naturwiss., p. 385, pl. 14, fig. 4. Bohême, Prague et Beraun.

297. Circe, d'Orb., 1848. *Terebratula Circe*, Barrande, 1847. Naturwiss., p. 393, pl. 16, fig. 6. Bohême, env. de Prague et de Beraun.

***298. passer,** d'Orb., 1848. *Terebratula passer*, Barrande, 1847. Naturwiss., p. 381, pl. 16, fig. 2. Bohême, Prague et Beraun.

299. herculea, d'Orb., 1848. *Terebratula herculea*, Barrande, 1847. Naturwiss. abhandl., p. 382, pl. 14, fig. 1, 2. Bohême, env. de Prague et de Beraun.

***300. harpya,** d'Orb., 1847. *Terebratula harpya*, Barrande, 1847. Naturwiss., p. 400, pl. 16, fig. 8. Bohême, Prague et Beraun.

301. Hecate, d'Orb., 1848. *Terebratula Hecate*, Barrande, 1847. Naturwiss. abhandl., p. 409, pl. 16, fig. 12. Bohême, Prague et Beraun.

***302. tumida,** d'Orb., 1847. *Atrypa tumida*, Dalman. *Tereb. tumida*, de Buch, Mém. de la soc. géol., 3, pl. 19, fig. 13. Gothland; Angl., Dudley; Nord-Amér., Tennessée; Bohême, Prague.

TEREBRATULA, Lwyd, 1699. Nous ne conservons dans ce g[illegible]re que les espèces sans area dont l'ouverture entame plus le croche[illegible]que le deltidium, celui-ci en deux pièces, contexture perforée.

303. avicula? Sow., 1839, Murch. Sil. Syst., pl. 5, fig. 17. [illegible]ngl., Ludlow-rock.

304. scrobiculosa? Barrande, 1847. Naturwiss. abhand[illegible] p. 418, pl. 20, fig. 10. Bohême, Prague et Beraun.

305. hamifera? Barrande, 1847. Naturwiss. abhandl., [illegible] 417, pl. 20, fig. 9. Bohême, Prague et Beraun.

306. Salterii? Davidson, 1848. Bull. de la soc. géo[illegible] de France. Angleterre, Dudley.

307. Bouchardi? Davidson, 1848. Bull. de la soc. [illegible]ol. [illegible]e France. Angleterre, Dudley.

ORBICELLA, d'Orb., 1847, voy. p. 20.

308. rugata, d'Orb. *Orbicula rugata*, Sow, [illegible]39, [illegible]n Murch. Sil. Syst., pl. 5, fig. 11. Angl., Ludlow-rock.

309. striata, d'Orb. *Orbicula striata*, S[illegible] 1839, Murch. Sil. Syst., pl. 5. Angl., Ludlow-rock, Dudley.

310. parmulata, d'Orb., 1847. *Orbicul[illegible]rmulata*, Hall, 1843. Natur hist. of New-York, no 2, fig. 4. [illegible]ats-Unis, New-York, Lockport.

311. squamæformis, d'Orb., 1847. *Orbicula squamæformis,* Hall, 1843. Natur. hist. of New-York, n° 15, fig. 1. États-Unis, New-York, Niagara-group; Sweden, Monroe county.

313. corrugata, d'Orb., 1848. *Orbicula corrugata,* Hall, 1843. Natur. hist. of New-York, n° 15, fig. 3. États-Unis, New-York, Niagara-group, Rochester.

ORBICULOIDEA, d'Orb., 1847. Coquille de contexture cornée, non perforée, dont la valve inférieure concave est pourvue d'une ouverture latérale au sommet, pour le passage d'un pédoncule simple.

* **314. Forbesii,** d'Orb., 1848. *Orbicula Forbesii,* Davidson, 1848. Bull. de la soc. géol. de France. Angleterre, Walsall.

* **315. Morissii,** d'Orb., 1847. *Orbicula Morissii,* Davidson, 1848. Bull. de la soc. géol. de France. Angleterre, Dudley.

316. Davidsonii, d'Orb., 1848. *Orbicula Koninckii,* Davidson, 1848. Bull. de la soc. géol. de France (non Geinitz, 1848). Angl., Dudley.

CRANIA, Retzius, 1781; d'Orb., Paléont. franç., Terrains crétacés, t. 4.

* **317. Sedgwikii,** Lewis, manuscrit Davidson 1848. Bull. de la soc. géol. de France. Angleterre, Walsall.

MOLLUSQUES BRYOZOAIRES.

PTYLODICTYA, Lonsdale, 1839. Voy. p. 21.

* **318. sublanceolata,** d'Orb., 1847. *Ptylodictya lanceolata,* Lonsdale, 1839. In Murch. Silur. Syst., pl. 15, fig. 11, 11 *a* et 11 *c*. Hisinger, pl. 29, fig. 10 (non *Lanceolata,* Goldf., pl. 37, fig. 2. Angleterre, Wenlock-rock.

* **319. squamata,** d'Orb.; 1848. *Discopora squamata,* Lonsdale, 1839. In Murch. Silur. Syst., pl. 15, fig. 23, 23 *a*. Angl., Wenlock.

SULCOPORA, d'Orb., 1848. Voy. p. 22.

'20. scapellum, d'Orb., 1848. *Eschara scapellum,* Lonsdale, 1839. In Murch. Silur. Syst., pl. 15, fig. 25, 25 *a*, 25 *b*. Angl., Wenlock.

FNESTRELLA, Lonsdale. Cellules formant une double ligne irrégulière longitudinale, à la partie supérieure de branches dichotomes, ues entre elles par de petits rameaux latéraux non cellulifères.

***32 Lonsdalei,** d'Orb., 1847. *Fenestrella prisca*, Lonsdale. 183 In Murch. Silur. Syst., pl. 15, fig. 15, 15 *a*, 15 *c*., 18, 18 a, 18 c. (non Goldfuss. 1831). Angleterre, Wenlock-rock.

***322. subantiqua,** d'Orb., 1847. *F. antiqua,* Lonsdale, 1839. In Murch. Silur. Syst., pl. 15, fig. 16, 16 *a* (non Goldfuss., 1838). Angletere, Wenlock-rock.

***323. Mileri,** Lonsdale, 1839. In Murch. Silur. Syst., pl. 15, fig. 17. Angleterre, Wenlock-rock.

***324. reticulata,** Lonsdale, 1839. In Murch. Silur. Syst., pl. 15, fig. 19, 19 *a*. Angleerre, Wenlock-rock.

***325. assimilis,** d'Orb., 1847. *Gorgonia assimilis,* Lonsdale, 1839. In Murch. Silur. Syst., pl. 15, fig. 27, 27 a; 28, 28 a. Angleterre, Wenlock-rock.

***326. retefornis,** d'Orb., 1847. *Gorgonia reteformis,* Hall, 1843. Natur. hist. of N-York, n° 23, fig. 1. États-Unis, New-York, Niagara-group, Lockport.

*327. **microtrema**, d'Orb., 1847. Espèce dont les ouvertures sont très-petites ainsi que les tiges. Etats-Unis, Kentucky, failles de l'Ohio.

POLYPORA, M'Coy, 1844. Des cellules éparses en grand nombre entre les oscules.

328. **infundibulum**, d'Orb., 1847. *Retepora infundibulum*, Lonsdale, 1839, in Murch. Silur. Syst., pl. 15, fig. 24. Angleterre, Wenlock-rock.

OMNIRETEPORA, d'Orb., 1847. C'est un *Retepora* pourvu de cellules des deux côtés.

*329. **anastomosa**, d'Orb., 1847. Espèce qui m'a été envoyée des Etats-Unis, par M. Redle, sous le nom de *Millepora anastomosus*. Etats-Unis, failles de l'Ohio.

*330. **crassa**, d'Orb., 1847. *Hornera crassa*, Lonsdale, 1839. In Murch. Silur. Syst., pl. 15, fig. 13, 13 a. Angleterre, Wenlock.

PENNIRETEPORA, d'Orb., 1847. Deux rangées de cellules d'un seul côté. Ensemble penniforme, avec une tige et des rameaux libres latéraux.

*331. **Lonsdalei**, d'Orb., 1847. *Glauconome disticha*, Lonsdale, 1839. In Murch. Silur. Syst., pl. 15, fig. 12, 12 a et 12 d. (non *Glauconome disticha*, Gold., 1830). Angleterre, Wenlock-rock.

ANIMAUX RAYONNÉS.

ÉCHINODERMES CRINOIDES.

EUCALYPTOCRINUS, Goldf., 1831. *Hippanthocrinus*, Phillips, 1839.

332. **decorus**, d'Orb., 1847. *Hippanthocrinus decorus*, Phillips, 1839. In Murch. Silur. Syst., pl. 17, fig. 3. Hall, 1843, n° 18, fig. 2. Angleterre, Dudley, Wenlock; Suède, Gothland; Etats-Unis (Niagara), Lockport (Tennessee), comté de Perry.

333. **cælatus**, d'Orb., 1847. *Hippanthocrinus cælatus*, Hall, 1843. Natur. hist. of New-York, n° 18, fig. 1. États-Unis, New-York, Niagara-group, Lockport.

334. **rosaceus**, Goldf., Petref. Germ., p. 214, pl. 64, fig. 7; Hisinger, 1837, Lethæa suecica, p. 90, pl. 25, fig. 5. Suède, in Gotlandia ad Klinteberg.

CALLIOCRINUS, d'Orb., 1847. L'espèce suivante est le type du genre.

335. **costatus**, d'Orb., 1847. *Eugeniacrinites costatus*, Hisinger, 1837, Lethæa suecica, p. 90, pl. 30, fig. 14. Suède, in Gottlandia ad Monte-Klinteberg.

MELOCRINUS, Goldfuss, 1831. *Marsupiocrinus*, Hall, 1843. Calice cupuliforme composé de cinq séries de pièces : quatre pièces basales.

336. **dactylus**, d'Orb., 1847. *Marsupiocrinites dactylus*, Hall, 1843. Natur. hist. of New-York, n° 18, fig. 4, 5. Etats-Unis, New-York, Niagara-group, Lockport.

337. cælatus, d'Orb., 1847. *Marsupiocrinites cælatus,* Phillips, 1839. In Murch. Silur. Syst., pl. 18, fig. 3. Angleterre, Wenlock.

ENALLOCRINUS, d'Orb., 1847. Calice composé de trois séries de pièces : cinq pièces basales.

338. scriptus, d'Orb., 1847. *Apiocrinus scriptus,* Hisinger, d'Orb., 1839. Crinoïdes, p. 94, pl. 16, fig. 29. Suède, Gothland.

339. punctatus, d'Orb., 1847. *Apiocrinus punctatus,* Hisinger, d'Orb., 1839. Crinoïdes, p. 94, pl. 16, fig. 30. Suède, Gothland, Klinteberg.

GEOCRINUS, d'Orb., 1847. Calice cupuliforme, composé de huit rangées de pièces, dont trois pièces basales.

* **340. moniliformis,** d'Orb., 1847. *Actinocrinites moniliformis,* Phillips, 1839. In Murch. Silur. Syst., pl. 18, fig. 4. Angleterre, Wenlock-limestone.

DIMEROCRINUS, Phillips, 1839. Calice formé de trois séries de pièces, dont une série de trois pièces basales.

* **341. decadactylus,** Phillips, 1839. In Murch. Silur. Syst., pl. 17, fig. 4. Angleterre, Wenlock-limestone.

342. icosidactylus, Phillips, 1839. In Murch. Silur. Syst., pl. 17, fig. 5. Angleterre, Wenlock-limestone.

GLYPTOCRINUS, Hall, 1847. Calice composé de neuf séries de pièces : cinq pièces basales.

343. expansus, d'Orb., 1847. *Actynocrinus expansus,* Phillips, 1839. In Murch. Silur. Syst., pl. 17, fig. 9. Angleterre, Wenlock-limestone.

344. retiarius, d'Orb., 1847. *Actynocrinus retiarius,* Phillips, 1839. In Murch. Silur. Syst., pl. 17, fig. 7. Angleterre, Wenlock-limestone.

CUPULOCRINUS, d'Orb., 1848. Voy. p. 23.

***345. tuberculatus,** d'Orb., 1847. *Cyathocrinus tuberculatus,* Miller, 1821. Nat. hist., Crinoïd., p. 88, fig. 1, 2, Sow., in Murch., pl. 18, fig. 7. Angleterre, Dudley, Wenlock.

ICHTHYOCRINUS, Conrad, 1838. Calice composé de quatre séries de pièces. Cinq pièces basales.

346. pyriformis, d'Orb., 1847. *Cyathocrinus pyriformis,* Phillips, pl. 17, fig. 6. Hall, 1843. Natur. hist. of New-York, n° 17, fig. 2. Sow., Silurian Syst., p. 672, pl. 17, fig. 6. *Ichthyocrinus lævis,* Conrad, Journ. Acad. nat. sc., vol. 8, p. 279, pl. 15, fig. 16. Angleterre, Wenlock ; Etats-Unis, New-York, Niagara-group.

***347. goniodactylus?** d'Orb., 1847. *Cyathocrinus goniodactylus,* Sow., 1839. In Murch. Silur. Syst., pl. 17, fig. 1. Angl., Wenlock.

348. capillaris? d'Orb., 1847. *Cyathocrinus capillaris,* Sow., 1839. In Murch. Silur. Syst., pl. 17, fig. 2. Angleterre, Wenlock-limes.

349. arthriticus, d'Orb., 1847. *Actinocrinus arthriticus,* Sow., 1839. In Murch. Silur. Syst., pl. 17, fig. 8. Angleterre, Wenlock.

350. tesseracondactylus, d'Orb., 1847. *Actinocrinus idem,* Hisinger, 1837, pl. 25, fig. 4. (Non *Actin. Tesseracondactylus,* Goldfuss.). Suède, Gothland.

CYATHOCRINUS, Miller, 1821. Calice cupuliforme composé de trois séries de pièces : cinq pièces basales très-petites.

***351. rugosus,** Miller, 1821. Nat. hist., Crinoïd., p. 89, fig. 1 — 4.

Sow., in Murchis., pl. 18, fig. 1. Angleterre, Wenlock, Shropshire, Herefordshire; Suède, OEland et Gothland, in Dalecarlia.

RHODOCRINUS, Miller. Calice cupuliforme composé de sept séries de pièces : trois pièces basales.

*352. **verus,** Miller, 1821. Nat. hist., Crinoïd., p. 106, pl. 1, fig. 1—6. Angleterre, Bristol, Mendip-Hills, Mitchel Dean, Dudley.

ABRACRINUS, d'Orb., 1847. Calice cupuliforme formé de quatre séries de pièces : trois pièces basales.

*353. **simplex,** d'Orb., 1847. *Actinocrinus simplex*, Phillips, 1839. In Murch. Silur. Syst., pl. 18, fig. 8. Angleterre, Wenlock.

CARYOCRINUS, Say, 1838. *Phillipsocrinus*, M'Coy, 1844. Calice cupuliforme composé de trois séries de pièces : quatre pièces basales. Tige ronde avec des ramules.

354. **ornatus,** Say, Hall, 1843. Natur. hist. of New-York, n° 17, fig. 1, n° 19, fig. 4, n° 20, fig. 1, 2. (Journ. Acad. nat. sc., vol. 8, p. 289). Etats-Unis, New-York, Niagara-group, Lockport.

TENTACULITES, Miller.

355. **ornatus,** Sow., 1839. In Murch. Silur. Syst., pl. 12, fig. 25. Angleterre, Wenlock-limestone.

356. **tenuis,** Sow., 1839. In Murch. Silur. Syst., pl. 5, fig. 33 et 33 a. Angleterre, Ludlow-rock.

ZOOPHYTES.

CYATHOPHYLLUM, Goldfuss, 1830.

*357. **cæspitosum,** Lonsdale, 1839. In Murch. Silur. Syst., pl. 16, fig. 10. Angleterre, Wenlock-rock, Dudley.

358. **subturbinatum,** d'Orb., 1847. *C. turbinatum*, Lonsdale, 1839. In Murch. Silur. Syst., pl. 16, fig. 11, 11 a. (Non Goldf.). Angleterre, Wenlock-rock; Russie, Petropavlofsk (Oural).

359. **subdianthus,** d'Orb., 1847. *C. dianthus*, Lonsdale, 1839. In Murch. Silur. Syst., pl. 16, fig. 12, 12 a, 12 c. (Non Goldfuss, 1830). Angleterre, Wenlock-rock.

360. **angustum,** Lonsdale, 1839. In Murch. Silur. Syst., pl. 16, fig. 9. Angleterre, Wenlock-rock, Dudley.

361. **æquabilis,** Lonsdale, in Murchison, 1845, Russia..., p. 613, (pl. A, fig. 7). River Kakva, montag. N. de l'Ural, S. Petropavlofsk.

362. **pauciradiatum.** Espèce longue, grêle, divisée par des étranglements, qui m'a été envoyée sous ce nom par M. Beadle, Etats-Unis, Indiana.

STREPTOLASMA, Hall, 1847. Voy. p. 24.

364. **bina,** d'Orb., 1847. *Turbinolopsis bina*, Lonsdale, 1839. In Murch. Silur. Syst., pl. 16 *bis*, fig. 5, 5 a. Angleterre, Wenlock-rock.

DISCOPHYLLUM, Hall, 1847. Voy. p. 24.

365. **præacutum?** d'Orb., 1848. *Cyrtolites præacuta*, Lonsdale, 1839. In Murch. Silur. Syst., pl. 15, fig. 4. Angleterre, Ludlow.

366. **lenticulatum?** d'Orb., 1848. *Cyrtolites lenticulata*, Lonsdale, 1839. In Murch. Silur. Syst., pl. 15, fig. 5, 5 a, 5 b. Angl., Ludlow.

CYATHAXONIA, Michelin, 1846. C'est un *Cyathophyllum* dont la columelle, au lieu d'être en créux, est saillante au milieu, et souvent styliforme.

367. plicatum, d'Orb., 1847. *Strombodes plicatum*, Lonsdale, 1839. In Murch. Silur. Syst., pl. 16 *bis*, fig. 4, 4 a, 4 c. Angl., Wenlock.

ELLIPSOCYATHUS, d'Orb., 1847. Ce sont des *Cyathophyllum* dont la columelle est creuse, allongée, ce qui donne à la cellule une forme elliptique.

*__368. grandis.__ Espèce de 12 centimètres de long et large de 10, à cloisons supérieures, régulières, avec une ou deux plus petites dans l'intervalle. Angleterre, Dudley.

CLADOCORA, Lonsdale, 1839.

369. sulcata, Lonsdale, 1839. In Murch. Silur. Syst., pl. 16 *bis*, fig. 9, 9 a, 9 b. Angleterre, Wenlock-rock.

DIPHYPHYLLUM, Lonsdale, 1845.

370. flexuosum, d'Orb., 1847. *Caryophyllia flexuosa*, Lonsdale, 1839. In Murch. Silur. Syst., pl. 16, fig. 7, 7 a, 7 b. Angl., Wenlock.

CYSTIPHYLLUM, Lonsdale, 1839.

371. siluriense, Lonsdale, 1839. In Murch. Silur. Syst., pl. 16 *bis*, fig. 1, 1 a, 2. Angleterre, Wenlock-rock.

372. cylindricum, Lonsdale, 1839. In Murch. Silur. Syst., pl. 16 *bis*, fig. 3, 3 a, 3 b. Angleterre, Wenlock-rock.

373. excavatum, De Keyserling, 1846. Geognostisch beobachtungen, p. 159, pl. 1, fig. 4. Russie septentrionale, Waschkina près de la mer Glaciale.

LITHOSTROTION, Lwyd, 1699. *Acervularia*, Schweigger, 1817. *Favastræa* (pars), Blainville, 1834. Grandes cellules polygones évasées; une cavité au centre dont les bords sont relevés et distincts des bords externes.

*__374. Lonsdalei,__ d'Orb., 1847. *Astrea ananas*, Lonsdale, 1839. In Murch. Silur. Syst., pl. 16, fig. 6, 6 a et 6 f. (Non Goldfuss, 1830). Les cellules sont toujours plus petites. Angl., Wenlock, Dudley.

ACTINOCYATHUS, d'Orb., 1847. Nous conservons sous ce nom les espèces dont les cellules sont irrégulièrement polygones, creusées, à cloisons rapprochées; columelle saillante, distincte, avec une saillie non circonscrite autour.

375. Balticus, d'Orb., 1847. *Acervularia Baltica*, Lonsdale, 1839. In Murch. Silur. Syst., pl. 16, fig. 8, 8 a, 8 e. Angleterre, Wenlock-Rock.

FAVASTRÆA, Blainville, 1834. Cellules régulièrement creusées, à columelle fortement excavée.

*__376. striata,__ d'Orb., 1847. Grande espèce à larges cellules irrégulières dont les cloisons sont peu distinctes. Etats-Unis, failles de l'Ohio.

FAVOSITES, Lamarck, 1816. *Calamopora*, Goldfuss, 1830.

*__377. Gothlandica,__ Lam., 1816, Hisinger, pl. 27, fig. 4 (non Goldf.). Suède, Gothland; Etats-Unis, Niagara, Clinton; Angleterre, Wenlock, Dudley.

378. multipora, Lonsdale, 1839. In Murch. Silur. Syst., pl. 16 *bis*, fig. 5. Angleterre, Wenlock.

379. aspera, d'Orb., 1847. *Favosites alveolaris*, Lonsdale. In Murch., pl. 16 *bis*, fig. 1. (Non Goldfuss.). Angl., Wenlock; Russ., île de Dago.

***380. subbasaltica,** d'Orb., 1847. *Calamopora basaltica*, Hisinger, 1837. Lethea suecica, pl. 27, fig. 5. (Non Lam. 1816). Suède, Gothland; Etats-Unis, failles de l'Ohio.

ALVEOLITES, Lamarck, 1801. *Calamopora*, Goldfuss, 1830.

***381. subfibrosus,** d'Orb., 1847. *F. fibrosus*, Lonsdale, 1839. In Murch. Silur. Syst., pl. 15, fig. 1, 1 a. (Non Goldfuss, 1830). Angleterre, Ludlow-rock.

382. Lonsdalei, d'Orb., 1847. *Favosites polymorpha*, Lonsdale, 1839. In Murch. Silur. Syst., pl. 15, fig. 2. (Non Goldfuss.). Angleterre, Ludlow.

***383. hemisphærica**. Belle espèce des failles de l'Ohio (Cincinnati).

CHÆTETES, Fischer, 1837.

***384. antiqua,** d'Orb., 1847. *Discopora antiqua*, Lonsdale, 1839. In Murch. Silur. Syst., pl. 15, fig. 21, 21 a, 21 b. Angl., Wenlock.

***385. subfavosa,** d'Orb., 1847. *Discopora favosa*, Lonsdale, 1839. In Murch. Silur. Syst., pl. 15, fig. 22, 22 a. (Non *favosa* Goldf.). Angleterre, Wenlock-rock.

***386. irregularis,** d'Orb., 1847. *Berenicia irregularis*, Lonsdale, 1839. In Murch. Silur. Syst., pl. 15, fig. 20, 20 a. Angl., Wenlock.

***388. repens,** d'Orb., 1847. *Millepora repens*, Lonsdale, 1839. In Murch. Silur. Syst., pl. 15, fig. 30, 30 a. Angleterre, Wenlock.

CERIOPORA, Goldfuss, 1826.

***387. Anglica,** d'Orb., 1847. *Ceriopora granulosa*, Lonsdale, 1839. In Murch. Silur. Syst., pl. 15, fig. 29, 29 a. (Non Goldfuss. 1830.) Angleterre, Wenlock-rock.

***389. crassa,** d'Orb., 1847. *Heteropora crassa*, Lonsdale, 1839. In Murch. Silur. Syst., pl. 15, fig. 14, 14 a. Angleterre, Wenlock.

LIMARIA, Lonsdale, 1839.

***390. angularis,** d'Orb., 1847. *Escharina angularis*, Lonsdale, 1839. In Murch. Silur. Syst., pl. 15, fig. 10. Angleterre, Wenlock.

***391. Lonsdalei,** d'Orb., 1847. *Limaria clathrata*, Lonsdale, 1839. In Murch. Silur. Syst., pl. 16 *bis*, fig. 7, 7 a, 7 b. (Non Heininger, 1833). Angleterre, Wenlock-rock.

392. fracticosa,? Lonsdale, 1839. In Murch. Silur. Syst., pl. 16 *bis*, fig. 8, 8 a. Angleterre, Wenlock-rock.

GEOPORITES, d'Orb., 1847. Ce sont des *Porites* dont les cellules sont seulement cannelées et simplement creusées au milieu d'une masse poreuse.

***393. pyriformis,** d'Orb., 1847. *Porites pyriformis*, Lonsdale, 1839. In Murch. Silur. Syst., pl. 16, fig. 2, 2 a, exclus. 2 b. Angleterre, Wenlock-rock; Etats-Unis, failles de l'Ohio; Russie, île de Dago, Gothland.

394. Lonsdalei, d'Orb., 1847. *Porites pyriformis*, Lonsdale, 1839. In Murch. Silur. Syst., pl. 16, fig. 2 b (exclus. fig. 2 a, et 2 c, d). Angleterre, Wenlock.

395. intermedia, d'Orb., 1847. *Porites pyriformis*, Lonsdale, 1839.

In Murch. Silur. Syst., pl. 16, fig. 2 d, e (exclus. fig. 2 a, b, c). Angleterre, Wenlock.

396. interstincta, d'Orb., 1847. *Porites interstincta*, De Keyserling, 1846. Geognost. beobacht., p. 175. *Madreporites interstinctus*, Wahl. Nov. Act. Soc. Upsal., vol. 8, p. 98. Russie septentrionale, Waschkina.

BLUMENBACHIUM, Lonsdale, 1839.

397. globosum? Lonsdale, 1839. In Murch. Silur. Syst., pl. 15, fig. 26, 26 a. Angleterre, Wenlock-rock.

ASTRÆOPORA, M'Coy. 1844. Voy. p. 25.

398. organum? d'Orb., 1847. *Sarcinula organum*, Goldf., 1831. Petref. 1, p. 73, pl. 24, fig. 10. Suède, Gothland.

399. petaliformis, d'Orb., 1847. *Porites petaliformis*, Lonsdale, 1839. In Murch. Silur. Syst., pl. 16, fig. 4, 4 a. Angl., Wenlock.

400. expatiata, d'Orb., 1847. *Porites expatiata*, Lonsdale, 1839. In Murch. Silur. Syst., pl. 15, fig. 3, 3 a. Angleterre, Ludlow.

401. tubulata, d'Orb., 1847. *Porites tubulata*, Lonsdale, 1839. In Murch. Silur. Syst., pl. 16, fig. 3 f. (exclus. fig. 3 a, b, c, d). Angleterre, Wenlock-rock ; Etats-Unis, Ohio.

402. Lonsdalei, d'Orb., 1847. *Porites tubulata*, Lonsdale, 1839. Loc. cit., pl. 16, fig. 3, 3 a, 3 b, 3 c. (exclus. fig. 3 f, 3 d, 3 e). Angleterre, Wenlock.

403. grandis, d'Orb., 1847. *Porites tubulata*, Lonsdale, 1839. Loc. cit., pl. 16, fig. 3 d, e (exclus. fig. 3 a, b, c, et 3 f.) Angleterre, Wenlock.

HALYSITES, Fischer, 1806. *Catenipora*, Lamarck, 1816.

***404. escharoides,** Fischer, 1816. *Catenipora id.*, Goldf., 1, pl. 25, fig. 4. Hall, n° 22, fig. 1. Suède, Gothland, Dago ; Angleterre, Aymestry, Wenlock ; Etats-Unis (Niagara), Clinton, New-York, Tennessee, Jowa, Wisconsin, Indiana.

***405. labyrinthica,** Fischer, 1837. *Catenipora id.*, Goldf., 1, pl. 25, fig. 5. Allem., Groningen ; Suède, Gothland, île Dago ; Russie septentrionale, Waschkina ; Etats-Unis, failles de l'Ohio.

406. agglomerata, d'Orb., 1847. *Catenipora agglomerata*, Hall, 1843. Nat. hist. of New-York, n° 22, fig. 2. Etats-Unis, New-York, Niagara-group, Monroe-county.

HARMODITES, Fischer.

407. filiformis, d'Orb., 1847. *Syringopora id.*, Goldf., Petref. germ., 1, pl. 38, fig. 16. Angleterre, Ludlow, Wenlock.

409. verticillata, d'Orb. *Syringopora id.*, Goldf., 1843, Petref., 1, pl. 25, fig. 6. Nord-Amérique, Drumond, Island, Huron.

410. bifurcata, d'Orb., 1847. *Syringopora bifurcata*, Lonsdale, 1839. In Murch. Silur. Syst., pl. 16 *bis*, fig. 11. Angl., Wenlock.

411. Lonsdalei, d'Orb., 1847. *Syringopora cæspitosa*, Lonsdale, 1839. In Murch. Silur. Syst., pl. 16 *bis*, fig. 13. (Non Goldfuss., 1831). Angleterre, Wenlock.

***413. rugosa,** d'Orb., 1847. Espèce voisine de l'*H. ramulosa*, mais dont les tiges sont infiniment plus ridées transversalement. Etats-Unis, failles de l'Ohio.

AULOPORA, Goldfuss., 1830.

414. Lonsdalei, d'Orb., 1847. *A. conglomerata*, Lonsdale, 1839. In Murch. Silur. Syst., pl. 15, fig. 9. (Non Goldf., 1831). Angleterre, Wenlock; Russie, île de Dago.

415. consimilis? Lonsdale, 1839. In Murch. Silur. Syst., pl. 15, fig. 7. Angleterre, Wenlock.

415. Anglica, d'Orb., 1847. *Aulopora serpens*, Lonsdale. In Murch. Silur. Syst., pl. 15, fig. 6. (Non *Serpens*, Goldf., 1830). Les cellules paraissent d'une forme différente. Angleterre, Wenlock.

416. irregularis, d'Orb., 1847. *Aulopora tubæformis*, Lonsdale, 1839. In Murch. Silur. Syst., pl. 15, fig. 8. (Non Goldfuss., 1830). Les cellules plus petites. Angleterre, Wenlock-rock.

AMORPHOZOAIRES.

STROMATOPORA, Goldfuss., 1830. *Stromatocerium*, Hall, 1847.

***417. striatella,** d'Orb., 1847. *Stromatopora concentrica*, Lonsdale, 1839. In Murch. Silur. Syst., pl. 15, fig. 31, 31 a et 31 d. (Non Goldf., 1830). Les couches sont beaucoup plus serrées. Angleterre, Wenlock-rock; Russie septentrionale, Waschkina.

418. nummulitissimilis, Lonsdale, 1839. In Murch. Silur. Syst., pl. 15, fig. 32, 32 a. Angleterre, Wenlock-rock.

DEUXIÈME ÉTAGE : — DÉVONIEN.

ANIMAUX MOLLUSQUES.

CÉPHALOPODES TENTACULIFÈRES.

NAUTILUS, Breynius, 1732. Voy. Paléont. franç., terrains jur., 1, p. 144.

1. Germanicus, Phillips, d'Orb., Paléont. univ., pl. 85, fig. 1-3. Angleterre, Newton.

2. megasipho, Phillips, d'Orb., Paléont. univ., pl. 85, fig. 4-6. Angleterre, Petherwin.

3. orbicularis, Rœmer, 1843. Harzgebirges, p. 33, pl. 12, fig. 35. Prusse, Hartz.

4. polytrichus, Rœmer, 1843. Harzgebirges, p. 33, pl. 9, fig. 12. Prusse, Hartz, Lautenthal.

GYROCERAS, Meyer, 1829. Voy. p. 27.

***5. armatus,** d'Orb. *Cyrtoceras armatus*, Phillips, 1841. Paleoz. foss., pl. 48, fig. 225. Angleterre, Newton; Eifel.

6. depressus, d'Orb. *Cyrtoceras depressa*, Goldf., Vern. et d'Arch., 1841. Trans. Geol. Soc., 2e sér., VI, pl. 29, fig. 1. Allem., Paffrath, Eifel.

***7 Eifelensis,** d'Orb. *Cyrtoceratites Eifelensis*, Vern. et d'Arch., 1841. Trans. Geol. Soc., 2e sér., VI, pl. 31, fig. 2, p. 349. Prusse, Eifel.

8. marginalis, d'Orb., 1847. *Cyrtoceras marginalis*, Phillips, 1841. Paleoz. foss., pl. 46, fig. 219. Angleterre, Newton.

10. nautiloideus, d'Orb., 1847. *Cyrtoceras nautiloideum*, Phillips, 1841. Paleoz. foss., pl. 46, fig. 220. Angleterre, Newton.

11. convolvens, d'Orb., 1847. *Ortholus convolvens*, Stein, 1834, Mémoir. de la soc. géol., 1, pl. 23, fig. 3.

12. Goldfussii, d'Orb. *Cyrtoceratites ornatus*, Goldf., Vern. et d'Arch., 1841. Trans. Geol. Soc., p. 349, pl. 28, fig. 5 (non *Ornatus*, Phillips, 1841). Allemagne, Eifel, Paffrath.

***13. ornatus,** d'Orb. *Cyrtoceras idem*, Phillips, 1841. Paleoz. foss., pl. 45, fig. 217. Angleterre, Newton.

14. reticulatus, d'Orb. *Cyrtoceras idem*, Phillips, 1841. Paleoz. foss., pl. 48, fig. 224. Angleterre, Newton.

15. tetragonus, d'Orb., 1847. *Cyrtoceratites tetragonus*, Vern. et d'Arch., 1841. Trans. Geol. Soc., VI, p. 351, pl. 31, fig. 3. All., Eifel.

16. cancellatus, d'Orb., 1847. *Cyrtoceratites cancellatus*, Rœmer, 1844. Das Rhein, Ueberg, p. 80, pl. 6, fig. 4. Allem., Bredelar.

17. undulatus, d'Orb., 1847. *Cyrtoceras undulatum*, Vanuxem, Hall, 1843. Nat. hist. of New-York, n° 38, fig. 2, Geol. Rep. Etats-Unis, New-York,

CYRTOCERAS, Goldfuss, 1833. Voy. p. 1.

18. angustiseptatus, Munster, 1840. Beitr., H., 3, pl. 17, fig. 1 Allemagne, Elbersreuth.

19. arcuatus, Vern. *Cyrt. rusticum*, Phillips, 1841. Paleoz. foss., pl. 46, fig. 222. Angleterre, Petherwin; Allemagne, Eifel.

20. bdellalites, Phillips, 1841. Paleoz. foss., pl. 47, fig. 223. Angleterre, Torquay, Babbacombe.

21. fimbriatus, Phillips, 1841. Paleoz. foss., pl. 44, fig. 224. Angleterre, Newton.

22. flexuosus, Vern. et d'Arch., 1841. *Orthoceratites idem*, Schloth., 1821. Petref., t. 8, fig. 1. Allemagne, Eifel.

23. lamellosus, Vern. et d'Arch., 1841. Trans. Geol. Soc., 2e sér., VI, p. 348, pl. 28, fig. 4. Allemagne, Eifel.

24. lineatus, Goldf., Vern., 1841. Trans. Geol. Soc., 2e sér., VI, p. 351, pl. 30, fig. 2. Allemagne, Eifel, Paffrath.

25. nodosus, Phillips, 1841. Paleoz. foss., pl. 46, fig. 221. Angleterre, Plymouth, Newton.

26. obliquatus, Phillips, 1841. Paleoz. foss., pl. 46, fig. 218. Angleterre, Newton.

27. quindecimalis, Phillips, 1841. Paleoz. foss., pl. 44, fig. 216. Angleterre, Newton.

28. tredecimalis, Phillips, 1841. Paleoz. foss., pl. 44, fig. 215. Angleterre, Newton.

29. ungulatus, Munster, 1839. H. 1, pl. 17, fig. 6. Allemagne, Elbersreuth.

30. teres, Rœmer, 1843. Harzgebirges, p. 35, pl. 10, fig. 3. Prusse, Hartz, Grund.

31. multistriatus, Rœmer, 1844. Das Rhein. Veberg, p. 81, pl. 6, fig. 3. Prusse, Paffrath.

32. subrugosus, d'Orb., 1847. Espèce en corne ronde, peu allongée, arquée, pourvue de rides transversales irrégulières. Cloisons très-obliques. France, Néhou (Manche).

***33. nautiloideus,** d'Orb., 1847. *Orthoceratites nautiloideus*, Steininger, pl. 23, fig. 1. Allem., Eifel.

GOMPHOCERAS, Sow., 1829. Voy. p. 3.

34. sulcatulum, Vern., Murch. et de Keys., Russie, 1, p. 357, pl. 25, fig. 6. Russie, bords du Don près de Voroneje, Pskof, lac Ilmen.

35. subfusiforme, d'Orb. *Orthoceratites idem*, Munster, 1840. Beitr., H. 3, pl. 20, fig. 6. Allemagne, Gattendorf, près de Bayreuth.

36. subpyriforme, d'Orb. *Orthoc. idem*, Munster, 1840. Beitr., H. 3, pl. 20, fig. 10. Vern. et d'Arch., 1841. Trans. Geol. Soc., 6, pl. 28, fig. 3. Allem., Eifel, Paffrath.

ORTHOCERATITES, Breynius. Voy. p. 2.

37. semipartitus, Sow., 1839. In Murch. Silur. Syst., pl. 3, fig. 9 a. Angleterre, Old red Sandstone.

38. trochlearis, Sow., 1839. In Murch. Silur. Syst., pl. 3, fig. 9 b. Angleterre, Old red Sandstone, Petherwin.

39. substriatus, d'Orb., 1847. *O. striatus*, Sow., 1839. In Murch. Silur. Syst., pl. 3, fig. h (Non Sow., 1814). Angleterre, Old red Sandstone.

40. ellipsoideus, Phillips, 1841. Paleoz. foss., pl. 60, fig. 205*. Angleterre, Newton.

41. Jovellani, Verneuil et d'Arch., 1845. Bull. de la Soc. géol., 2e série, pl. 13, fig. 12. Espagne, Ferroñes (Asturies).

42. lineolatus, Phillips, 1841. Paleoz. foss., pl. 43, fig. 209. Croyde-Bay.

'**43. nodulosus,** Schloth., 1821. Petref., pl. 11, fig. 2. Allemagne, Eifel.

44. Phillipsii, d'Orb., 1847. *Orth. ibex*, Phillips, 1841. Paleoz. foss., pl. 4-3, fig. 208 (non *Ibex*. Sow., 1839). Angleterre, Petherwin.

45. tubiicnellus, Sow., 1839. Geol. Trans., pl. 57, fig. 29. Phill., Pal. foss., pl. 43, fig. 211. Angl., Newton, Plymouth.

46. tentacularis, Phillips, 1841. Paleoz. foss., pl. 43, fig. 210. Angleterre, Baggy-Point, Brushford, Meadsfood-sands.

47. striatulus, Sow., 1840. Geol. trans., v. 5, pl. 54, fig. 20. Angl., Petherwin.

48. Oceani, d'Orb., 1847. *O. cinctum*. Phillips, 1841. Paleoz. foss., pl. 41, fig. 204 (non *O. cinctus*. Münster, 1840). Angl., Petherwin.

49. litteralis, Phillips, 1841. Paleozoïc. foss., pl. 41, fig. 205. Angleterre, Petherwin.

50. granulatus, Münster, 1840. Beitra. zur Petref. 3, p. 104, pl. 9, fig. 4. Bavière, Elbersreuth.

51. punctatus, Münster, 1840. Beitra. zur Petref. 3, p. 104, pl. 9, fig. 5. Bavière, Elbersreuth.

52. anceps, Münster, 1840. Beitra. zur Petref. 3, p. 104, pl. 9, fig. 6 a, b. Bavière, Gattendorf.

53. maximus, Münster, 1840. Beitra. zur Petref. 3, p. 96, pl. 17, fig. 2. Bavière, Elbersreuth.

54. speciosus, Münster, 1840. Beitra. zur Petref. 3, p. 96, pl. 18, fig. 3. Bavière, Schübelhammer, Gattendorf.

55. ellipticus, Münster, 1840. Beitra. zur Petref. 3, p. 97, pl. 18, fig. 2 a, b. Bavière, Gattendorf.

56. interruptus, Münster, 1840. Beitra. zur Petref. 3, p. 97, pl. 9, fig. 3. Bavière, Gattendorf.

57. venustus, Münster, 1840. Beitra. zur Petref. 3, p. 98, pl. 18, fig. 6 a, b, c. Bavière, Elbersreuth.

58. semiplicatus, Münster, 1840. Beitra. zur Petref. 3, p. 98, pl. 18, fig. 7 a, b. Bavière, Schübelhammer.

59. dimidiatus, Münster, 1840. Beitra. zur Petref. 3, p. 98, pl. 19, fig. 2 et 5 (*O. dimidiatum*, Murch. pl. 8, fig. 18). Bavière, Elbersreuth.

60. Cypris, d'Orb., 1847. *Orthoceratites cinctus*, Münster, 1840. Beitra. zur Petref. 3, p. 99, pl. 19, fig. 4 a, b (non *Cinctus* Sow. M. Conch., pl. 588). Bavière, Schübelhammer.

61. linearis, Münster, 1840. Beitra. zur Petref. 3, p. 99, pl. 19, fig. 1 a, b. Bavière, Elbersreuth, Oberscheld.

62. subannularis, Münster, 1840. Beitra. zur Petref. 3, p. 99, pl. 19, fig. 3. Bavière, Elbersreuth.

63. costulatus, Münster, 1840. Beitra. zur Petref. 3, p. 99, pl. 19, fig. 7. Bavière, Elbersreuth.

64. duplicatus, Münster, 1840. Beitra. zur Petref. 3, p. 100, pl. 19, fig. 10 a, b. Bavière, Elbersreuth.

65. irregularis, Münster, 1840. Beitra. zur Petref. 3, p. 100, pl. 19, fig. 11. Bavière, Elbersreuth, Prag.

66. subflexuosus, Münster, 1840. Beitra. zur Petref. 3, p. 100, pl. 19, fig. 9 a, b. De Keyserling, Geog., 1846, pl. 13, fig. 9, 10. Bavière, Elbersreuth; Russie septentrionale, mont Timan.

67. calamiteus, Munster, 1839. Heft 1, p. 36, pl. 17, fig. 5. Allemagne, Fichtelgebirge.

68. decussatus, Munster, 1839. Beitr., 1, pl. 13, fig. 2. Allemagne, Elbersreuth.

69. striato-punctatus, Münster, 1840. Beitra. zur Petref. 3, p. 101, pl. 20, fig. 1 *bis*, 3. Bavière, Elbersreuth.

70. tenuistriatus, Münster, 1840. Beitra. zur Petref. 3, p. 102, pl. 20, fig. 4. Bavière, Schübelhammer.

71. Munsterianus, d'Orb., 1847. *O. striatulus*, Münster, 1840. Beitra. zur Petref., 3, p. 102, pl. 20, fig. 5, a, b, c, d (non *Striatulus*, Sow., 1839). Bavière, Schübelhammer.

72. acuarius, Münster, 1840. Beitra. zur Petref. 3, p. 95, pl. 17, fig. 5. Bavière, Elbersreuth, Gattendorf.

73. conoideus, Münster, 1840. Beitra. zur Petref. 3, p. 96, pl. 18, fig. 4 et 5. Bavière, Elbersreuth.

74. carinatus, Münster, 1840. Beitra. zur Petref. 3, p. 100, pl. 19, fig. 8 a (cas pathologique, mauvaise espèce). Bavière, Elbersreuth.

75. subtrochleatus, Münster, 1840. Beitra. zur Petref. 3, p. 101, pl. 19, fig. 6. Bavière, Elbersreuth.

76. crassus, Rœmer, 1843. Harzgebirges, p. 35, pl. 10, fig. 10 Prusse, Hartz.

77. paradoxus, Braun, Münster, 1842. Beitra. zur Petref. 5, p. 127, pl. 12, fig. 9 a, b. Bavière, Geiser.

78. subulatus, Hall, 1843. Natur. hist. of New-York, nº 39, fig. 1. Etats-Unis, New-York, Bloomfield, Ontario county.

*79. **Lorieri,** d'Orb., 1847. Espèce voisine de l'*O. nodulosus*, mais dont les côtes n'ont pas de tubercules. La coquille est régulièrement costulée en long et finement striée en travers. France, Néhou (Manche), Viré (Sarthe).

80. aciculus, Hall, 1843. Natur. hist. of New-York, nº 54, fig. 4. Etats-Unis, New-York, Portage group.

CAMEROCERAS, Conrad, 1842. Voy. p. 4.

81. vermicularis, d'Orb. *Orthoceras vermicularis*, Vern. et de Keys., Russie, 2, p. 355, pl. 25, fig. 4. Russie, Lichvin, Gouv. de Kaluga.

MELIA, Fischer, 1830. Voy. p. 4.

82. triangularis, d'Orb. *Orthocer. id.*, Vern. et d'Arch., 1841. Trans. Geol. Soc., 2e sér., VI, p. 347, pl. 27, fig. 1. Allem., Wissembach.

83. Wissembachii, d'Orb., 1847. *Orthoceratites Wissembachii*, Vern. et d'Arch., 1841. Trans. Geol. Soc., VI, pl. 27, fig. 3. Allemagne, Wissembach.

*84. **gracilis**, d'Orb., 1847. *Orthoceratites gracilis*, Blum., Vern. et d'Arch., id., id., pl. 27, fig. 4. Allemagne, Wissembach.

84. **Dannenbergii**, d'Orb., 1847. *Orthoceratites Dannenbergii*, Vern. et d'Arch., 1841., id., id., pl. 28, fig. 1. Allemagne, Wissembach.

85. **anguliferus**, d'Orb. *Orthocer. idem*, Vern et d'Arch., 1841. Trans. Geol. Soc., 2e sér., VI, p. 346, pl. 27, fig. 6. Allem., Paffrath.

86. **subflexuosus**, d'Orb. *Orthoceratites idem*, Münster, 1840. Beitr., H., III, pl. 19, fig. 9. Allemagne, Elbersreuth.

87. **compressus**, d'Orb., 1847. *Orthoceratites compressus*, Rœmer, 1843. Harzgebirges, p. 36, pl. 10, fig. 7. Prusse, Hartz, Grund.

88. **Keyserlingii**, d'Orb., 1847. *Orth. carinatus*, de Keyserling, 1846. Geognost. beobacht., p. 271, pl. 13, fig. 12. Russie septent., mont Timan.

CAMPULITES, Deshayes, 1832. Voy. p. 29.

89. **Brateri**, d'Orb., 1847. *Phragmoceras Brateri*, Münster, 1840. Beitra., 3, p. 105, pl. 1, fig. 10 a, b, c. Bavière, Gattendorf.

90. **subventricosus**, d'Orb., 1847. *Phragmoceras subventricosus*, Vern. et d'Arch., 1841. Trans. Geol. Soc., 2e sér., VI, p. 351, pl. 30, fig. 1. Prusse, Eifel, Paffrath.

TROCHOLITES, Conrad, 1832. V. p. 5.

91. **sulcata**, d'Orb., 1847. *Spirula sulcata*, Rœmer, 1843. Harzgebirges, p. 33, pl. 12, fig. 36. Prusse, Hartz, Schulenberg.

92. **spinosa?** d'Orb., 1847. *Clymenia spinosa*. Münster, 1842. Beitra. zur Petref., 5, p. 122, pl. 11, fig. 15 a, b. Bavière, Geiser.

93. **bisulcata**, d'Orb., 1847. *Clymenia bisulcata*, Münster, 1840. Beitra. zur Petref., 3, p. 93, pl. 16, fig. 6. Bavière, Schübelhammer.

94. **annulata**, d'Orb., 1847. *Clymenia annulata*, Münster, 1842. Beitra. zur Petref. 5, p. 123, pl. 12, fig. 1 a, b, c. Bavière, Geiser.

95. **angustisepta**, d'Orb., 1847. *Clymenia angustisepta*, Münster, 1832. Clym. et Gon., pl. 1, fig. 3. Allemagne, Fichtelgebirge.

96. **cincta**, d'Orb., 1847. *Clymenia cincta*, Münster, 1839, Beitra. H., 1, pl. 16, fig. 5. Allemagne, id.

97. **compressa**, d'Orb., 1832. *Clymenia compressa*, Münster, 1832. Clym. et Gon., pl. 1, fig. 4. Allemagne, id.

98. **Dunkeri**, d'Orb., 1847. *Clymenia Dunkeri*, Münster, 1839. Beitra., H. 1, pl. 16, fig. 1. Bavière, Gattendorf.

99. **fasciata**, d'Orb., 1847. *Clymenia fasciata*, Phillips, 1841. Paleoz. foss., pl. 53, fig. 242. Angleterre, Petherwin.

100. **lævigata**, d'Orb., 1847. *Clymenia lævigata*, Münster, 1832. Clym. et Gon., pl. 1, fig. 1. Angl., id. Allemagne, Fichtelgebirge.

101. **linearis**, d'Orb., 1847. *Clymenia linearis*, Münster, 1832. Id., pl. 2, fig. 5. Angleterre, Petherwin. Allemagne, Fichtelgebirge.

102. **paradoxa**, d'Orb., 1847. *Clymenia paradoxa*, Münster, 1839. Beitra., H. 1, pl. 16, fig. 6. Allemagne, Fichtelgebirge.

103. **pleurisepta**, d'Orb., 1847. *Clymenia pleurisepta*, Phillips, 1841. Paleoz. foss., pl. 54, fig. 244. Angleterre, Petherwin.

104. **plicata**, d'Orb., 1847. *Clymenia plicata*, Münster, 1839. Beitra., H. 1, pl. 16, fig. 4. Allemagne. Fichtelgebirge.

105. **pygmæa**, d'Orb., 1847. *Clymenia pygmæa*, Münster, 1832. Clym. et Gon., pl. 1, fig. 2. Allemagne, id.

106. sagittalis, d'Orb., 1847. *Clymenia sagittalis*, Phillips, 1841. Paleoz. foss., pl. 54, fig. 243. Angleterre, Petherwin.

107. valida, d'Orb., 1847. *Clymenia valida*, Phillips, 1841. Paleoz. foss., pl. 54, fig. 245. Angleterre, id.

108. inflata, d'Orb., 1847. *Clymenia inflata*, Münster, 1832. Clymenia, pl. 1, fig. 5. Allemagne, Fichtelgebirge.

CLYMENIA, Münster, 1832. *Endosiphonites*, Anstedt. Nous ne plaçons sous ce nom que les espèces dont les cloisons sont coudées, ou avec un angle sur le côté.

109. falcifera? Münster, 1842. Beitra. zur Petref., 5, p. 125, pl. 11, fig. 1 a, b. Bavière, Geiser.

110. interrupta, Braun. Münster, 1842. Beitra. zur Petref., 5, p. 126, pl. 12, fig. 3. Bavière, Geiser.

111. dorsonodosa? Braun, Münster, 1842. Beitra. zur Petref., 5, p. 126, pl. 12, fig. 2. Bavière, Geiser.

112. acuticostata? Braun, Münster, 1842. Beitra. zur Petref., 5, p. 126, pl. 12, fig. 6 a, b, c. Bavière, Geiser.

113. angulosa, Münster, 1839. Beitra., H. 1, pl. 16, fig. 3. Bavière, Schübelhammer.

114. annulosa, Münster, 1832, pl. 6, fig. 6. Bavière, Schübelham.

115. bilobata, Münster, 1839. Beitra., H. 1, pl. 2, fig. 6. Bavière, Schülbelhammer.

116. binodosa, Münster, 1839. Beitra., H. 1, pl. 2, fig. 3. Allemagne, Fichtelgebirge.

117. dorsorostrata, Münster, 1840. Beitra., H. 3, pl. 16, fig. 5. Bavière, Geiser, Gattendorf; Hanovre, Gerlas, Schübelhammer.

118. inæquistriata, Münster, 1832. Clym. et Gon., pl. 2, fig. 4. Allemagne, Fichtelgebirge.

119. ornata? Münster, 1839. Beitra., H. 1, pl. 2, fig. 7. Allemagne, id.

120. planorbiformis, Münster, 1822. Clym. et Gon., pl. 2, fig. 1. Allemagne, id.

121. semicostata? Münster, 1839. Beitra., H. 1, pl. 16, fig. 2. Bavière, Schübelhammer.

122. serpentina, Münster, 1832. Clym. et Gon., pl. 3, fig. 1. Allemagne, Fichtelgebirge.

123. striata, Münster, 1832. Clym. et Gon., pl. 3, fig. 2-5. Allemagne, id.; Angleterre, Petherwin.

124. lævis? Münster, 1832. Clym., pl. 2, fig. 3. Allemagne, id.

125. subnodosa? Münster, 1832. Id., pl. 6, fig. 7. Allemagne, id.

126. tenuistria, Münster, 1839. Beitra., H. 1, p. 11. Allemagne, id.

127. undulata, Münster, 1832. Clym., pl. 2, fig. 2. Allemagne, id.

128. Sedwickii, Münster, 1840. Beitra. zur Petref., 3, p. 92, pl. 16, fig. 3. *Clym. flexuosa*, Münster, 3, pl. 16, fig. 4. Bavière, Geiser.

129. subarmata? Münster, 1842. Beitra. zur Petref., 5, p. 123, pl. 12, fig. 4. Bavière, Geiser.

130. brevicostata? Münster, 1842. Beitra. zur Petref., 5, p. 124, pl. 12, fig. 5 a, b. Bavière, Geiser.

131. complanata? Hall, 1843. Natur. hist. of New-York, no 54, fig. 5. Etats-Unis, New-York, Portage group.

*****132** **Pailletei,** d'Orb., 1847. *Bellerophon Pailletei*, d'Orb., 1839. Bellérophons, pl. 7, fig. 8, 9. Espagne, Col d'Ogassa (Catalogne).

*****133.** **dubia,** d'Orb., 1847. *Bellerophon dubius*, d'Orb., 1839. Bellérophons, pl. 7, fig. 10, 11. Espagne, Col d'Ogassa (Catalogne).

CRYPTOCERAS, d'Orb., 1847. Voy. Etage carbonifèrien.

133'. subtuberculatus, d'Orb., 1849. *Nautilus subtuberculatus*, 1849. Sandberger's, Prospectus, pl. 1, fig. 3. Allemagne, Nassau.

STENOCERAS. C'est une orthocératite comprimée à lobe dorsal comme les goniatites.

134'. Verneuilli, d'Orb. Charmante espèce que M. de Verneuil possède dans sa riche collection de l'étage dévonien d'Allemagne.

AGANIDES, Montfort, 1808. *Goniatites*, Haan., 1825.

134. acutus, d'Orb., 1847. *Goniatites acutus*, Münster, 1840. Beitr., III, pl. 16, fig. 11. Keyserling, 1846, pl. 12, fig. 6. Bavière, Elbersreuth; Russie septentrionale, monts Timans, Uchta.

135. angustiseptatus, d'Orb., 1847. *Goniat. angustiseptatus*, Münster, 1832. Clym. et Gon., p. 18, id., id. Durrewald, Geroldsgrun.

136. angustus, d'Orb., 1847. *Goniatites angustus*, Münster, 1839. Beitr., 1, p. 28. Bavière, Schübelhammer.

137. arcuatus, d'Orb., 1847. *Goniatites arcuatus*, Münster, 1839. Beitr., 1, pl. 18, fig. 4. Id., id.

138. Becheri, d'Orb., 1847. *Goniatites Becheri*, Gold. Buch. Goniat., pl. 2, fig. 2. Duch. de Nassau, Eibach, Oberscheld.

139. biferus, d'Orb., 1847. *Goniatites biferus*, Phill., 1841. Paleoz. foss., pl. 49, fig. 230. Angleterre, Petherwin.

140. biimpressus, d'Orb., 1847. *Goniatites biimpressus*, de Buch. Goniat. in Schl. 1, fig. 2. Silésie, Ebersdorf.

141. Bronnii, d'Orb., 1847. *Goniatites Bronnii*, Münster, 1839. Beitr. H. 1, p. 22. Bavière, Gerlas.

142. Buchii, d'Orb., 1847. *Goniatites Buchii*, Vern et d'Arch., 1841. Trans. Geol. Soc. 2e série VI, p. 340, pl. 26, fig. 1, 2. Prusse, Brilon.

143. Bucklandi, d'Orb., 1847. *Goniatites Bucklandi*, Münster, 1839. Beitr., H. 1, pl. 18, fig. 5, p. 28. Bavière, Schübelhammer.

144. calculiformis, d'Orb., 1847. *Goniatites calculiformis*, Beyr., pl. 2, fig. 5. Vern. et d'Arch., p. 342. Duch. de Nassau, Oberscheld.

145. canalifer, d'Orb., 1847. *Goniatites canalifer*, Münster, 1839. Beitr., H. 1, p. 26, pl. 18, fig. 2. Bavière, Schübelhammer.

146. cancellatus, d'Orb., 1847. *Goniatites cancellatus*, Vern. et d'Arch., 1841. Trans., VI, p. 339, pl. 25, fig. 6. Prusse, Brilon.

147. carinatus, d'Orb., 1847. *Goniatites carinatus*, Beyr., pl. 2, fig. 2, p. 35. Duch. de Nassau, Oberscheld.

148. clymeniformis, d'Orb., 1847. *Goniatites clymeniformis*, Münster, 1839. Beitr., H. 1, pl. 17, fig. 4. Bavière, Gattendorf.

149. contiguus, d'Orb., 1847. *Goniatites contiguus*, Münster, 1832. Clym., pl. 3, fig. 8. Bavière, Schübelhammer.

150. Cottai, d'Orb., 1847. *Goniatites Cottai*, Münster, 1839. Beitr., H. 1, p. 25, id., id.

151. costulatus, d'Orb., 1847. *Goniatites costulatus*, Vern. et d'Arch., 1841. Trans., VI, p. 341, pl. 26, fig. 3. Prusse, Brilon.

152. costatus, d'Orb., 1847. *Goniatites costatus*, Vern. et d'Arch., 1841, id., id., VI, p. 340, pl. 31, fig. 1. Duch. de Nassau, Eibach.

153. cucullatus, d'Orb., 1847. *Goniatites cucullatus*, de Buch., Goniat, Clym., p. 11; pl. 1, fig. 4. Silésie, Ebersdorf.

154. divisus, d'Orb., 1847. *Goniatites divisus*, Münster, 1832. Clym. et Gon., pl. 4, fig. 6. Bavière, Geiger, près Hof.

155. æquabilis, d'Orb., 1847. *Goniatites æquabilis*, Beyr., pl. 2, fig. 1. Duch. de Nassau, Oberscheld.

156. evexus, d'Orb., 1847. *Goniatites evexus*, de Buch, Goniat. et Clym., pl. 1, fig. 3, 5. Prusse, Pelm près Gerolstein.

157. expansus, d'Orb., 1847. *Goniatites expansus*, de Buch, id., id., pl. 1, fig. 2. Bavière, Schübelhammer.

158. falcifer, d'Orb., 1847. *Goniatites falcifer*, Münster, 1840. Beitr., H. 3, pl. 16, fig. 7. Bavière, id.

159. globosus, d'Orb., 1847. *Goniatites globosus*, Münster, 1832. Clym. et Gon., pl. 4, fig. 4. Bavière, Gattendorf; Angleterre, Newton, Burhel.

160. Hœninghausi, d'Orb., 1847. *Goniatites Hœninghausi*, de Buch, Goniat., pl. 2, fig. 3. Prusse, Eifel, Paffrath.

161. Haueri, d'Orb., 1847. *Goniatites Haueri*, Münster, 1840. Beitrage, H. 3, pl. 16, fig. 10. Fichtelgebirge.

162. hybridus, d'Orb., 1847. *Goniatites hybridus*, Münster, 1832. Clym., p. 19, pl. 3, fig. 6. Bavière, Gerlas.

163. incertus, d'Orb., 1847. *Goniatites incertus*, Vern. et d'Arch., 1841. Trans. Geol. Soc., VI, p. 242, pl. 26, fig. 6. Prusse, Brilon.

164. insignis, d'Orb., 1847. *Goniatites insignis*, Phill., 1841. Paleoz. foss., pl. 49, fig. 228. Angleterre, Petherwin.

165. intermedius, d'Orb., 1847. *Goniatites intermedius*, Münster, 1839. Beitr., H. 1, pl. 18, fig. 7. Bavière, Schübelhammer.

166. intumescens, d'Orb., 1847. *Goniatites intumescens*, Beyr., pl. 2, fig. 3. Duch. de Nassau, Oberscheld.

167. latestriatus, d'Orb., 1847. *Goniatites latestriatus*, Beyr., Vern. et d'Arch., 1841. Trans. Geol. Soc., VI, p. 341, pl. 26, fig. 5. Duch. de Nassau, Eibach, Pessacher.

168. linearis, d'Orb., 1847. *Goniatites linearis*, Münster, 1832. Clym. et Gon., pl. 5, fig. 1, p. 22. Bavière, Schübelhammer; Angleterre, Petherwin.

169. maximus, d'Orb., 1847. *Goniatites maximus*, Münster, 1839. Beitr., H. 1, pl. 18, fig. 8. Id., id.

170. multiseptatus, d'Orb., 1847. *Goniatites multiseptatus*, de Buch, Gon., pl. 2, fig. 6. Prusse, Eifel.

171. multilobatus, d'Orb., 1847. *Goniatites multilobatus*, Beyr., pl. 1, fig. 9. Duch. de Nassau, Oberscheld.

172. Munsterii, d'Orb., 1847. *Goniatites Munsterii*, de Buch. Goniat., 2, fig. 5. Bavière, Elbersreuth.

173. obscurus, d'Orb., 1847. *Goniatites obscurus*, Münster, 1839. Beitr. H. 1, p. 31, id., id.

174. orbicularis, d'Orb., 1847. *Goniatites orbicularis*, Münster, 1832. Clym. et Gon., pl. 5, fig. 4, p. 26. Bavière, Schübelhammer.

175. orbiculus, d'Orb., 1847. *Goniatites orbiculus*, Beyr., pl. 2, fig. 4. Prusse, Eifel.
176. ovatus, d'Orb., 1847. *Goniatites ovatus*. Münster, 1832. Clym. et Gon., p. 4, pl. 4, fig. 1. Bavière, Gattendorf.
177. paucistriatus, d'Orb., 1847. *Goniatites paucistriatus*, Vern. et d'Arch., 1841. Trans. Geol. Soc., vi, p. 339, pl. 25, fig. 8. Duch. de Nassau, Oberscheld, Adorf.
178. pessoides, d'Orb., 1847. *Goniatites pessoides*, de Buch, Gon. et Clym., pl. 1, fig. 1. Silésie, Ebersdorf.
179. planus, d'Orb., 1847. *Goniatites planus*, Münster, 1832. Clym., p. 30, pl. 6, fig. 4. Bavière, Schübelhammer.
180. planidorsatus, d'Orb., 1847. *Goniatites planidorsatus*, Münster, 1839. Beitr., H. 1, pl. 3, fig. 7. Bavière, Gattendorf.
181. Proslii, d'Orb., 1847. *Goniatites Proslii*, Münster, 1839. Beitr., H. 1, pl. 17, fig. 3. Id., Schübelhammer.
182. primordialis, d'Orb., 1847. *Goniatites primordialis*, de Buch, Gon., pl. 1, fig. 15—17. Hanovre, Gründt, Goslar.
183. retrorsus, d'Orb., 1847. *Goniatites retrorsus*, de Buch, Vern. et d'Arch., 1841. Trans. Geol. Soc., vi, p. 338, pl. 25, fig. 2. *G. bicostatus*, Hall. Duch. de Nassau, Oberscheld, Adorf; Etats-Unis, New-York ; monts Timans, Russie.
184. quadripartitus, d'Orb., 1847. *Goniatites quadripartitus*, Münster, 1839. Beitr., H. 1, p. 19. Bavière, Gattendorf.
185. Rœmeri, d'Orb., 1847. *Goniatites Rœmeri*, Münster, 1839. Beitr., H. 1, pl. 18, fig. 3. Bavière, Schübelhammer.
186. simplex, d'Orb., 1847. *Goniatites simplex*, de Buch. Goniat., pl. 2, fig. 8. Duch. de Nassau, Oberscheld.
187. solaroides, d'Orb., 1847. *Goniatites solaroides*, de Buch., id., pl. 1, fig. 5. Silésie, Ebersdorf.
188. sulcatus, d'Orb., 1847. *Goniatites sulcatus*, Münster, 1832. Clym. et Gon., pl. 3, fig. 7. Bavière, Schübelhammer.
189. speciosus, d'Orb., 1847. *Goniatites speciosus*, Münster, 1832. Id , pl. 6, fig. 1. Id., id.
190. Bavariensis, d'Orb., 1847. *G. striatus*, Münster, 1839. Beitr., H. 1, p. 20, n° 19. (Non Sowerby.) Bavière, Schübelhammer.
191. striatulus, d'Orb., 1847. *Goniatites striatulus*, Münster, 1839. Beit., H. 5, pl. 12, fig. 8. Bavière, Gattendorf, Geiser.
192. subarmatus, d'Orb., 1847. *Goniatites subarmatus*, Münster, 1832. Clym. et Goniat., p. 28, pl. 6, fig. 2. Bavière, Schübelhammer.
193. subbilobatus, d'Orb., 1847. *Goniatites subbilobatus*, Münster, 1839. Beitr., H. 1, pl. 17, fig. 1. Bavière, Gattendorf.
194. subinvolutus, d'Orb., 1847. *Goniatites subinvolutus*, Münster, 1839. Beitr., H. 1, pl. 17, fig. 2. Bavière, Schübelhammer.
195. subcarinatus, d'Orb., 1847 *Goniatites subcarinatus*, Münster, 1839. Beitr., H. 1, pl. 18, fig. 1. Bavière, Schübelhammer.
196. sublinearis, d'Orb., 1847, *Goniatites sublinearis*, Münster, 1832. Clym. et Goniat., p. 22, pl. 4, fig. 5. Bavière, id., Gattendorf.
197. sublævis, d'Orb., 1847. *Goniatites sublævis*, Münster, 1832. Id., p. 20, pl. 4, fig. 2. Id., id.
198. subsulcatus, d'Orb., 1847. *Goniatites subsulcatus*, Münster,

1832. Clym. et Goniat., p. 23, pl. 5, fig. 2. Id., Schübelhammer.

199. tenuistriatus, d'Orb., 1847. *Goniatites tenuistriatus*, Vern. et d'Arch., 1841. Trans., VI, p. 343, pl. 26, fig. 7. Prusse, Brilon.

200. transitorius, d'Orb., 1847. *Goniatites transitorius*, Phillips, 1841. Paleoz. foss., pl. 60, fig. 227. * Angleterre, Newton.

201. tripartitus, d'Orb., 1847. *Goniatites tripartitus*, Münster, 1839. Beitr., H. 1, p. 20, H. 5, pl. 11, fig. 18. Bavière, Schübelhammer, Geiser.

202. tuberculosus, d'Orb., 1847. *Goniatites tuberculosus*, Vern. et d'Arch., 1841. Trans., VI, p. 342, pl. 26, fig. 4. Prusse, Brilon.

203. undulosus, d'Orb., 1847. *Goniatites undulosus*, Munster, 1832. Clym. et Goniat., p. 20, pl. 4, fig. 3. Bavière, Gattendorf.

204. Ungeri, d'Orb., 1847. *Goniatites Ungeri*, Münster, 1840. Beitr., H. 3, pl. 16, fig. 8. Bavière, Schübelhammer.

205. Verneuili, d'Orb., 1847. *Goniatites Verneuili*, Münster, 1839. Beitr., H. 1, pl. 3, fig. 9. Bavière, Gattendorf.

206. semistriatus, d'Orb., 1847. *Goniatites semistriatus*, Münst., Beitr., 3, p. 11, pl. 8, fig. 22. Bavière, Fichtelgebirge.

207. Dannenbergii, d'Orb., 1847. *Goniatites Dannenbergii*, Beyr., pl. 1, fig. 5. Duch. de Nassau, id., Wissembach.

208. Nœggerathi, d'Orb., 1847. *Goniatites Nœggerathi*, de Buch, Gon., pl. 1, fig. 6, 8. Id., id.

209. subnautilinus, d'Orb., 1847. *Goniatites subnautilinus*, de Buch, Gon., pl. 1, fig. 9, 11. Id., id.

210. latiseptatus, d'Orb., 1847. *Goniatites latiseptatus*, Beyr., pl. 2, fig. 1, 4. Id., id.

211. nummularius, d'Orb., 1847. *Goniat. nummularius*, Rœmer, 1843. Harzgebirge, p. 35, pl. 9, fig. 16. Prusse, Hartz. Grund.

212. cinctus, d'Orb., 1847. *Goniatites cinctus*, Braun, Münst., 1842. Beitra. zur Petref., 5, p. 127, pl. 12, fig. 7. Keyserl., pl. 12, fig. 2, 3. Bavière, Geiser; Russie septent., monts Timans, Uchta, Arcangel.

213. bisulcatus, d'Orb., 1847. *Goniatites bisulcatus*, de Keyserling, 1846. Geognost. beobacht., p. 282, pl. 12, fig. 7. 1844, pl. A., fig. 7. Russie septentrionale, monts Timans, Uchta, Arcangel.

214. Uchtensis, d'Orb., 1847. *Goniatites Uchtensis*, de Keyserling, 1846. Geognost. beobacht., p. 282, pl. 13, fig. 1. 1844, pl. B., fig. 1. Russie septentrionale, monts Timans, Arcangel, Uchta.

215. strangulatus, d'Orb., 1847. *Goniatites strangulatus*, de Keyserling, 1846. Geognost., p. 277, pl. 12, fig. 4. Id., 1844, Beschreib., pl. A., fig. 4. Russie septent., monts Timans, Arcangel, Uchta.

216. Ammon, d'Orb., 1847. *Goniat. Ammon*, de Keyserling, 1846. Geognost., p. 283, pl. 12, fig. 1; pl. 13, fig. 2. Id., 1844. Beschreibung, pl. A, fig. 1. Russie septent., monts Timans, Uchta, Arcangel.

217. Wurmii. *Goniatites Wurmii*, Rœmer, 1843. Harzgebirge, p. 33, pl. 9, fig. 7. Prusse, Hartz, Grund.

218. Ingleri, d'Orb., 1847. *Goniatites Ingleri*, Rœmer, 1843. Harzgebirge, p. 34, pl. 9, fig. 6. Keyserling, 1844, pl. B, fig. 2. Prusse, Hartz, Pelm; Russie, Arcangel, Uchta.

219. bicostatus, d'Orb., 1847. *Goniatites bicostatus*, Hall, 1843.

Natur. hist. of New-York, nº 55, fig. 8. Etats-Unis, New-York, Chautauque County.

220. sinuosus, d'Orb., 1847. *Goniatites sinuosus*, Hall, 1843. Natur. hist. of New-York, nº 55, fig. 9. Etats-Unis, New-York, Chautauque County.

MOLLUSQUES GASTÉROPODES.

LOXONEMA, Phillips, 1841. Voy. p. 5.

221. subobsoleta, d'Orb., 1847. *Turritella obsoleta*, Gold., pl. 195, fig. 11. Sow., 1839. In Murch. Silur. Syst., pl. 3, fig. 7 a, 12, fig. 9. Wurtemberg, Friederichshall; Angleterre, Old red.

222. conica, d'Orb., 1847. *Turritella conica*, Sow., 1839. In Murch. Silur. Syst., pl. 8, fig. 7 B., 8. Angleterre, Old red Sands.

223. Hennahiana, Phil., 1841. Pal. foss., pl. 38, fig. 184. *Terebra id.*, Sow., Geol. Trans., vol. 5, pl. 57, fig. 22. Angl., Plymouth.

224. lincta, Phil., 1841. Pal. Foss., pl. 38, fig. 185. Angl., Barton.

* **225. impressa,** d'Orb., 1847. Espèce voisine du L. *Phillipsii*, mais ayant une forte dépression près de la suture, et les côtes encore plus sinueuses. France, Ferques (Pas-de-Calais).

* **226. lævissima,** d'Orb., 1847. Espèce courte, à tours longs et peu renflés, très-lisses. France, Ferques.

227. præterita, Phil., 1841. Pal. foss., pl. 38, fig. 187. Angleterre, Newton, Plymouth, Chudleigh.

228. Phillipsii, d'Orb., 1847. *L. sinuosa*, Phil., 1841. Pal. foss., pl. 38, fig. 182; *Tereb. id.* (Non *Sinuosa*.) Sow., Sil. Syst., pl. 8, fig. 15. Angleterre, Petherwin.

229. reticulata, Phil., 1841. Pal. foss., pl. 60, fig. 187. Angleterre, Newton.

230. anglica, d'Orb., 1847. *Loxonema rugifera*, Phil., 1841. Pal. foss., pl. 38, fig. 188. (Non *Mel. rugifera*, Geol. Yorks., pl. 16, fig. 26.) Angleterre, Newton, Brushford.

231. nereis, d'Orb., 1847. *Loxonema tumida*, Phil., 1841. Pal. foss., pl. 38, fig. 186. (Non *Mel. id.*, Geol. Yorks., part. 2, pl. 16, fig. 2.) Angleterre, Petherwin.

232. gregaria, d'Orb., 1847. *Turritella gregaria*, Sow., 1839. In Murch. Silur. Syst., pl. 3, fig. 1. Angleterre, Old red Sandstone.

233. compressa, d'Orb., 1847. *Turritella compressa*, Münster, 1840. Beitra. zur Petref., 3, p. 89, pl. 15, fig. 19. *T. moniliformis*, Goldf., 1847, pl. 196, fig. 1. Bavière, Elbersreuth; Prusse, Eifel.

234. tenuicarinata, d'Orb., 1847. *Turritella tenuicarinata*, Münster, 1840. Beitra., 3, p. 89, pl. 15, fig. 20. Bavière, Elbersreuth.

235. lineata, d'Orb., 1847. *Turritella lineata*, Münster, 1840. Beitra. zur Petref., 3, p. 89, pl. 15, fig. 21. Bavière, Elbersreuth.

236. trochleata, d'Orb., 1847. *Turritella trochleata*, Münster, 1840. Beitra., 3, p. 88, pl. 15, fig. 18. Bavière, Elbersreuth.

237. antiqua, d'Orb., 1847. *Turritella antiqua*, Münster, 1840. Beitra., 3, p. 88, pl. 15, fig. 17. Bavière, Elbersreuth.

238. elongata, d'Orb., 1847. *Macrocheilus elongatus*, Phil., 1841. Pal. foss., pl. 39, fig. 195. Angleterre, Newton.

239. neglectus, d'Orb., 1847. *Macrocheilus neglectus*, Phill., 1841. Pal. foss., pl. 39, fig. 196. Allem.; Brushford.

240. subcancellata, d'Orb., 1847. *Turritella cancellata*, Goldf., 1844. Petref., 3, p. 103, pl. 195, fig. 10. (Non *cancellata*, Sow., 1839.) Prusse, Eifel.

241. absoluta, d'Orb., 1847. *Turritella absoluta*, Goldf., 1844. Petref., 3, p. 103, pl. 195, fig. 11. Prusse, Eifel.

242. prisca, d'Orb., 1847. *Melania prisca*, Münster, 1840. Beitr. zur Petref., 3, p. 83, pl. 15, fig. 1. Bavière, Elbersreuth.

* **243. arcuata,** d'Orb., 1847. *Melania arcuata*, Münster, 1840. Beit. zur Petref., 3, p. 83, pl. 15, fig. 2. *Loxonema nexilis*, Phillips, 1841, pl. 38, fig. 183. Bavière, Elbersreuth; France, Viré (Sarthe), Ferques; Angleterre, Newton, Petherwin; Etats-Unis, Ohio.

244. subangulata, d'Orb., 1847. *Melania subangulata*, Goldf., 1844. Petref., 3, p. 109, pl. 197, fig. 11. Prusse, Eifel.

245. deperdita, d'Orb., 1847. *Melania deperdita*, Goldf., 1844. Petref., 3, p. 110, pl. 197, fig. 12. Prusse, Eifel.

346. Hebe, d'Orb., 1847. *Melania absoluta*, Goldf., 1844. Petref., 3, p. 110, pl. 197, fig. 13 (non *absoluta*, Goldf., p. 195, fig. 11). Allemagne, Eifel.

247. Cytherea, d'Orb., 1847. *Melania antiqua*, Goldf., 1844. Petref., 3, p. 110, pl. 197, fig. 14. (Non *antiqua*, Münster, 1840). Prusse, Bensberg.

248. Kaupii, d'Orb., 1847. *Melania Kaupii*, Goldf., 1844. Petref., 3, p. 110, pl. 197, fig. 15. Allem., Gehaüsen.

249. Ponti, d'Orb., 1847. *Turritella Ponti*, Goldf., 1844. Petref., 3, p. 103, pl. 196, fig. 2. Prusse, Eifel.

250. biangulata, d'Orb., 1847. *Turritella biangulata*, Münster, Goldf., 1844. Petref. 3, p. 104, pl. 196, fig. 3. Allem., Regnitz, Losau.

251. subulata, Rœmer, 1843. Harzgebirges, p. 31, pl. 8, fig. 12. Prusse, Hartz, Lerbach.

252. teres, d'Orb., 1847. *Turritella teres*, Braun. Münster, 1842. Beitra. zur Petref., 5, p. 122, pl. 11, fig. 13. Bavière, Geiser.

MACROCHEILUS, Phillips, 1841. Nous plaçons sous ce nom des coquilles voisines des *Loxonema*, mais dont la bouche fortement évasée, très-largement sinueuse en avant, a son labre droit. La columelle aplatie, lisse, est comme dentée, ce qui simule une sorte de canal.

253. Phillipsii, d'Orb., 1847. *Macrocheilus Brevis*, Phillips, 1841. Paleozoïc foss., pl. 39, fig. 193. (Non *brevis*, Sow., M. Conch., pl. 566.) Angl., Plymouth.

254. subimbricatus, d'Orb., 1847. *M. imbricatus*, Phillips, 1841. Paleoz. foss., pl. 39, fig. 194 *b* (*Buccinum imbricatum*, Sow., Min. Conch., pl. 566). (Non Phillips, 1836.) Angl., Plymouth, Bradley, Newton.

255. Oceani, d'Orb., 1837. *Buccinum Oceani*, Goldf., 1843. Petref., 3, p. 29, pl. 173, fig. 1. Prusse, Eifel.

256. harpula, Phillips. *Murex harpula*, Sow. Min. Conch., pl. 578, fig. 5. *Macrocheilus ? id.*, Phil., Pal. foss., pl. 39, fig. 197. Angl., Plymouth, Bradley, Newton.

***257. subcostatus,** d'Orb., 1847. *Buccinum subcostatum*, Schloth.,

1821, pl. 12, fig. 3. *Macrocheilus arcuatus*, Phill. Pal. foss., pl. 60, fig. 194. *Buccinum Schlotheimii*, Vern. Trans., VI, pl. 32, fig. 2. Angleterre, Newton; Prusse, Paffrath.

*258. **arculatus,** d'Orb., 1847. *Buccinum arculatum*, Schloth., pl. 13, fig. 1. Vern., Trans. Geol. Soc., VI, pl. 32, p. 354. Goldf., pl. 172, fig. 15. Prusse, Paffrath, Eifel.

NATICA, Adanson, 1757. Voy. p. 29.

259. **subglaucinoïdes?** d'Orb., 1847. *N. glaucinoïdes*, Sow., 1839. In Murch. Silur. Syst., pl. 3, fig. 14 (non Sow., 1812). Angleterre, Old red Sandstone, Felindre.

260. **Ponti,** d'Orb., 1847. *Ampullaria Ponti*, Goldf., 1844. Petref., 3, p. 114, pl. 198, fig. 17. Prusse, Eifel.

261. **Oceani,** d'Orb., 1847. *Ampullaria Oceani*, Münst., Goldf., 1844. Petref., 3, p. 114, pl. 198, fig. 18. Prusse, Paffrath.

262. **Protei,** d'Orb., 1847. *Nerita Protei*, Münst., Goldf., 1844. Petref., 3, p. 114, pl. 198, fig. 19. Allemagne, Regnitz, Losau.

263. **antiqua,** Goldf., 1844. Petref., 3, p. 117, pl. 199, fig. 2, Prusse, Eifel.

264. **protogæa,** Goldf., 1844. Petref., 3, p. 117, pl. 199, fig. 4. Prusse, Paffrath.

265. **efossa,** Goldf., 1844. Petref., 3, p. 117, pl. 199, fig. 3. Allem., Paffrath.

*266. **Cotentina,** d'Orb., 1847. Espèces voisines des *Natices* précédentes, mais avec une plus longue spire, et les tours plus arrondis. France, Néhou (Manche).

PITONNELLUS, Montfort, 1810. *Rotella*, Lam., 1822.

*267. **heliciformis,** d'Orb., 1847. *Rotella heliciformis*, Goldf., 1844. Petref., 3, p. 102, pl. 195, fig. 7. Prusse, Paffrath.

TROCHUS, Adanson, 1757, d'Orb. Paléont. franç., terrains crétacés, 2, p. 181.

268. **helicites?**, Sow., 1839. In Murch. Silur. Syst., pl. 3, fig. 5. Angleterre, Old red Sandstone, Horeb Chapel.

269. **Neptuni,** Münst., 1840. Beitr. zur Petref., 3, p. 88, pl. 15, fig. 15. Bavière, Schübelhammer, Gattendorf.

270. **Petræos,** Münst., 1840. Beitr. zur Petref., 3, p. 88, pl. 15, fig. 16. Bavière, Schübelhammer.

271. **Verneuilii,** Goldf., 1843. Petref., 3, p. 51, pl. 178, fig. 8. Ratingen.

272. **purpura,** d'Orb., 1847. *Monodonta purpura*, d'Arch. et Vern., 1842. Trans. Geol. Soc., VI, p. 358, pl. 32, fig. 15. Prusse, Paffrath.

273. **exaltatus,** Goldf., 1843. Petref., 3, p. 49, pl. 178, fig. 1. Prusse, Eifel.

274. **angulosus,** Hœning., Goldf., 1843. Petref., 3, p. 49, pl. 178, fig. 2. Prusse, Eifel.

275. **Nessigii,** Rœmer, 1843. Harzgebirges, p. 29, pl. 7, fig. 15. Prusse, Hartz.

276. **oxygonus,** Rœmer, 1843. Harzgebirges, p. 29, pl. 8, fig. 5. Prusse, Hartz, Clausthal.

277. **Devonicus,** d'Orb., 1847. *Trochus Ivanii*, d'Arch. et de Vern.,

1842. Trans. Geol. Soc., VI, p. 359, pl. 32, fig. 16 (non *Ivanii*, Léveillé, 1833). Allemagne, Villmar.

278. Voronejensis, d'Orb., 1847. *Euomphalus idem*, Verneuil, Murch. et de Keys., Russie, 2, p. 334, pl. 23, fig. 8. Russie, Voroneje; Russie septent., Wol.

279. ellipticus, His. Goldf. 1843. Petref., 3, p. 49, pl. 178, fig. 4. Prusse, Eifel.

STRAPAROLLUS, Montfort, 1808. *Euomphalus*, Sow. Voy. p. 6.

280. subcarinatus, d'Orb., 1847. *Euomphalus subcarinatus*, Münster, 1840. Beitra., 3, p. 85, pl. 15, fig. 5 a, b, c. Bavière, Elbersreuth.

281. heliciformis, d'Orb., 1847. *Euomph. heliciformis*, Münst., 1840. Beitra., 3, p. 85, pl. 15, fig. 6. Bavière, Elbersreuth.

282. helicinus, d'Orb., 1847. *Euomphalus helicinus*, Münster, 1840. Beitra. zur Petref., 3, p. 85, pl. 15, fig. 7 a, b. *E. ellipticus*, Münster, 1842, H. 5, p. 122, pl. 11, fig. 12. Bavière, Elbersreuth, Geiser.

283. maximus, d'Orb., 1847. *Spirorbis maximus*, Steininger, 1833. Mém. de la soc. géol., 1, pl. 22, fig. 1. *Euomphalus trigonalis*, Goldf., d'Arch. et de Vern., 1842. Trans. Geol. Soc., VI, pl. 33, fig. 10, p. 365. Prusse, Paffrath.

284. Leonhardii, d'Orb., 1847. *Cirrus Leonhardii*, d'Arch. et Vern., p. 365, pl. 34, fig. 34, fig. 9, 9 a. Prusse, Paffrath.

285. circularis, d'Orb., 1847. *Euomphalus circularis*, Phil. Pal. foss., pl. 36, fig. 171. Angl., Newton.

286. radiatus, d'Orb., 1847. *Euomphalus radiatus*, Goldf., 1844. Petref., 3, p. 83, pl. 189, fig. 14. Prusse, Eifel.

287. Verneuilii, d'Orb., 1847. *Euomphalus Verneuilii*, Goldf., 1844. Petref., 3, p. 84, pl. 190, fig. 1. Prusse, Eifel.

288. Bronnii, d'Orb., 1847. *Euomphalus Bronnii*, Goldf., 1844. Petref., 3, p. 81, pl. 189, fig. 4. Prusse, Eifel.

289. Wahlenbergii, d'Orb., 1847. *Euomphalus Wahlenbergii*, Goldf., 1844. Petref., 3, p. 81, pl. 189, fig. 7. Prusse, Eifel.

290. discus, d'Orb., 1847. *Euomphalus discus*, Goldf., 1844. Petref., 3, p. 80, pl. 189, fig. 1. Prusse, Eifel.

291. rotula, d'Orb., 1847. *Euomphalus rotula*, Goldf., 1844. Petref., 3, p. 80, pl. 189, fig. 2. Prusse, Bensberg.

292. articulatus, d'Orb., 1847. *Euomphalus articulatus*, Goldf., 1844. Petref., 3, p. 82, pl. 189, fig. 10. Prusse, Eifel.

293. Kircholmiensis, d'Orb., 1847. *Platyschisma kircholmiensis*, de Keyserling, 1846. Geognost. beobacht., p. 264, pl. 11, fig. 7. Russie septentrionale, Kirchholm en Livonie.

294. Uchtensis, d'Orb., 1847. *Platyschisma Uchtensis*, de Keyserling, 1846. Geognost. beobacht., p. 263, pl. 11, fig. 6. Rusise septentrionale, Uchta, Isma.

295. Labadyei, d'Orb., 1847. *Euomphalus Labadyei*, d'Arch. et Vern., p. 362, pl. 33, fig. 6. Paffrath.

296. priscus, d'Orb., 1847. *Euomphalus lævis*, d'Arch. et Vern., 1842, p. 364, pl. 33, fig. 8. *Helcitis priscus*, Schlot., pl. 10, fig. 1. Prusse. Paffrath.

297. Schnurii, d'Orb., 1847. *Euomphalus Schnurii*, d'Arch. et Vern., p. 364, pl. 34, fig. 7, 7 a, 7 b. Prusse, Eifel.

298. serpens, d'Orb., 1847. *Euomphalus serpens*, Phil. Pal. foss., pl. 36, fig. 172. *E. depressus*, Hall, 1843. New-York, nº 73, fig. 1.? Petherwin, Brushford, Newton ; Etats-Unis, New-York.

'**299. planorbis,** d'Orb., 1847. *Euomph. planorbis*, d'Arch. et Vern., 1842. Trans. Geol., VI, p. 363, pl. 33, fig. 7. Paffrath, Villmar.

300. Archiaci, d'Orb., 1847. *Euomphalus Archiaci*, Goldf., 1844. Petref., 3, p. 82, pl. 189, fig. 11. Eifel.

301 annulatus, d'Orb., 1847. *Euomphalus angulatus*, Phil., 1841. Paleoz., pl. 60, fig. 172. Goldf., 1844. Petref., 3, p. 82, pl. 189, fig. 9. Angl., Newton ; Prusse, Eifel, Willmar, Paffrath.

SERPULARIA, Rœmer, 1843. Ce sont des *Straparollus*, dont les tours sont disjoints.

302. centrifuga, Rœmer, 1843. Harzgebirges, p. 31, pl. 8, fig. 13. *Euomphalus serpula*, Vern. et d'Arch., 1842. Trans. Geol. Soc., IV, p. 368, pl. 33, fig. 9 (non de Koninck). Prusse, Hartz, Grund, Paffrath.

303. circinalis, d'Orb., 1847. *Euomphalus circinalis*, Goldf., 1844. Petref., 3, p. 81, pl. 189, fig. 6. Prusse, Eifel.

TURBO, Linné. Voy. p. 5.

304. Williamsii, Sow., 1839, in Murch. Silur. Syst., pl. 3, fig. 6. Angl., Old red Sandstone, Horeb Chapel.

305. antiquus, d'Orb., 1847. *Scalaria antiqua*, Münster, 1839. Beitra. zur Petref., 1, p. 84, pl. 13, fig. 1. Bavière, Elbersreuth.

306. Pelops, d'Orb., 1847. *Nerita semistriata*, Münster, 1840. Beitra. zur Petref., 3, p. 83, pl. 15, fig. 3. Bavière, Schübelhammer.

307. venustus? d'Orb., 1847. *Nerita venusta*, Münster, 1840. Beitra. zur Petref., 3, p. 84, pl. 15, fig. 4. Bavière, Elbersreuth.

308. texatus, Münster, 1840. Beitra. zur Petref., 3, p. 89, pl. 15, fig. 22 a. Bavière, Elbersreuth.

309. Nerei, Münster, 1840. Beitra. zur Petref., 3, p. 89, pl. 15, fig. 23. Bavière, Elbersreuth.

310. ovatus, Münster, 1840. Beitra. zur Petref., 3, p. 90, pl. 15, fig. 24. Bavière, Elbersreuth.

311. inflatus, Münster, 1840. Beitra. zur Petref., 3, p. 90, pl. 15, fig. 25. Bavière, Schübelhammer.

312. Perseus, d'Orb., 1847. *T. Spiralis*, Münster, 1840. Beitra., 3, p. 85, pl. 15, fig. 8 (non *spiralis*, Montagu, 1803). Bavière, Elbersreuth.

313. Mysis, d'Orb., 1847. *T. Striatus*, Münster, 1840. Beitra., 3, p. 85, pl. 15, fig. 9 (non *striatus*, Adams, 1795). Bavière, Elbersreuth.

314. subgranulatus, d'Orb., 1847. *T. granulatus*, Münster, 1840. Beitra. zur Petref., 3, p. 86, pl. 15, fig. 10 a (non *granulatus*, Gmelin, 1789). Bavière, Schübelhammer, Gattendorf.

315. meridionalis, d'Orb., 1847. *Natica meridionalis*, Phil., 1841. Pal. foss., pl. 36, fig. 178. Angleterre, Baggy-Point.

'**316. subcostatus,** d'Orb., 1847. *Natica subcostata*, d'Arch. et Vern., 1842. Trans. Geol. Soc., VI, p. 366, pl. 34, fig. 5, 5 a. Prusse, Paffrath.

317. nixicosta, d'Orb., 1847. *Natica globosa*, d'Arch. et Vern., 1842, p. 366, pl. 34, fig. 6. *N. nixicosta*, Phil. Pal. foss., pl. 36, fig. 17 a. Prusse, Paffrath ; Angleterre, Petherwin.

318. submarginatus, d'Orb., 1847. *Natica marginata*, Rœmer,

1843. Harzgebirges, p. 27, pl. 7, fig. 6 (non *T. marginatus*, Lam., 1803). Prusse, Hartz, Grund.

319. excentricus, d'Orb., 1847. *Natica excentrica*, Rœmer, 1843. Harzgebirges, p. 27, pl. 7, fig. 7. Prusse, Hartz, Grund.

320. Rœmeri, d'Orb., 1847. *Natica inflata*, Rœmer, 1843. Harz., p. 27, pl. 7, fig. 8 (non *Inflata*, Münster, 1840). Prusse, Hartz, Grund.

321. Wurmii, Rœmer, 1843. Harzgebirges, p. 29, pl. 7, fig. 13. Prusse, Hartz, Grund.

322. Devoniensis, d'Orb., 1847. *T. canaliculatus*, Rœmer, 1843. Harzg., p. 29, pl. 7, fig. 14 (non *Gmelin*, 1789). Prusse, Hartz, Grund.

323. subangulosus, Rœmer, 1843. Harzgebirges, p. 29, pl. 8, fig. 8. Prusse, Hartz.

324. octocinctus, Rœmer, 1843. Harzgebirges, p. 30, pl. 8, fig. 7. Prusse, Hartz, Grund.

325. Triton, d'Orb., 1847. *Rotella Wurmii*, Rœmer, 1843. Harzg., p. 30, pl. 8, fig. 6 (non *T. Wurmii*, Rœmer). Prusse, Hartz, Grund.

326. cælatus, Goldf., 1844, 3, p. 90, pl. 192, fig. 3. Prusse, Eifel.

***327. armatus,** Goldf., 1844. Petref., 3, p. 89, pl. 192, fig. 2; pl. 193, fig. 17. Prusse, Eifel.

328. Opis, d'Orb., 1847. *T. semicostatus*, Goldf., 1844, 3, p. 90, pl. 192, fig. 5 (non *Semicostatus*, Montagu, 1803). Prusse, Eifel.

329. squamiferus, Arch. et Vern. Goldf., 1843. Petref., 3, p. 51, pl. 178, fig. 5. Bergkalke, Willmar, Limbourg.

330. linteatus, Goldf., 1844. Petref., 3, p. 91, pl. 192, fig. 7. Allemagne, Willmar.

331. Dannenbergii, Gold., 1844. Petref., 3, p. 91, pl. 192, fig. 8. Allemagne, Willmar.

332. amictus, d'Orb., 1847. *Trochus amictus*, Goldf., 1843. Petref., 3, p. 51, pl. 178, fig. 6. Prusse, Ratingen.

333. margaritifera, d'Orb., 1847. *Natica margaritifera*, Arch. et Vern., Trans. Geol. Soc., vi, pl. 36, fig. 4. Goldf., 1844. Petref., 3, p. 116, pl. 199, fig. 1. Prusse, Paffrath.

334. quinquecinctus, d'Orb., 1847. *Trochus quinquecinctus*, Goldf., 1843. Petref., 3, p. 49, pl. 178, fig. 3. Bensberg.

335. Minerva, d'Orb., 1847. *T. striatus*, Goldf., 1844. Petref., 3, p. 90, pl. 192, fig. 4 (non *striatus*, Hisinger, 1847). Prusse, Bensberg.

336. cirriformis, Sow. Geol. Trans., vol. 5, pl. 57, fig. 19, 20. Angleterre, Plymouth.

337. Niso, d'Orb., 1847. *T. subangulatus*, Sow. Geol. Trans., vol. 5, pl. 57, fig. 18 (non *Subangulatus*, Brochi, 1844). Angl., Plymouth.

338. Zilmæ, de Keyserling, 1846. Geognost. beobacht., p. 267, pl. 11, fig. 12. Russie septentrionale, Zilma.

PHASIANELLA, Lamarck, 1804; d'Orb., Paléont. franç., Terr. crét., 2, p. 232.

339. limnearis, d'Orb., 1847. *Melania limnearis*, Braun. Münster, 1842. Beitra. zur Petref., 5, p. 122, pl. 11, fig. 14. Bavière, Geiser.

340. adpressa, d'Orb., 1847. *Loxonema adpressa*, Rœmer, 1843. Harzgebirges, p. 30, pl. 8, fig. 10. Prusse, Hartz, Grund.

341. neritoidea, Goldf., 1844. Petref., 3, p. 113, pl. 178, fig. 13. Prusse, Eifel.

342. **ventricosa,** Goldf., 1844. Petref., 3, p. 113, pl. 198, fig. 14. Prusse, Eifel.
343. **ovata,** Goldf., 1844, 3, p. 113, pl. 198, fig. 15. Prusse, Eifel.
344. **fusiformis,** Goldf., 1844. Petref., 3, p. 114, pl. 198, fig. 16. Prusse, Eifel.
345. **microtricha,** d'Orb., 1847. *Pyrula microtricha*, Rœmer, 1843. Harzgebirges, p. 31, pl. 8, fig. 14. Prusse, Hartz, Grund.
346. **subclathrata,** Rœmer, 1843. Harzgebirges, p. 31, pl. 8, fig. 15. Prusse, Hartz, Grund.
SCALITES, Conrad, 1842. Voy. p. 7.
347. **domanicisiensis,** d'Orb., 1847. *Natuopses domaniciensis*, De Keyserling, 1846. Geognost. beobacht., p. 267, pl. 11, fig. 13. Russie septentrionale, Uchta.
348. **Rœmeri,** d'Orb., 1847. *Turbo Rœmeri*, Gold., 1844. Petref., 3, p. 91, pl. 192, fig. 6. Prusse, Eifel.
STOMATIA, Lamarck, 1805. Voy. p. 7.
349. **furcata,** d'Orb., 1847. *Sigaretus furcatus*, Goldf., 1843. Petref., 3, p. 13, pl. 168, fig. 14. Prusse, Eifel.
350. **rugosa,** d'Orb., 1847. *Sigaretus rugosus*, Goldf., 1843. Petref., 3, p. 13, pl. 168, fig. 15. Prusse, Eifel.
351. **lineata,** d'Orb., 1847. *Peleopsis lineata*, Goldf., 1843. Petref., 3, p. 13, pl. 168, fig. 2. Prusse, Eifel.
352. **substriata,** d'Orb., 1847. *Peleopsis substriata*, Münst., Goldf., 1843. Petref., 3, p. 10, pl. 168, fig. 4. Bavière, Schübelhammer.
CIRRUS, Sowerby, 1848. Nous conservons sous ce nom les espèces qui ont de longs tubes respiratoires dont les derniers sont percés.
359. **spinosus**, d'Orb., 1847. *Euomphalus spinosus*, Goldf., 1841, 1844; Petref., 3, p. 85, pl. 190, fig. 3. *Euomphalus Goldfussi*, d'Arch. et Vern., 1842. Trans. Geol. Soc., VI, p. 162, pl. 34, fig. 1, 1 a, 2, 2 a. Prusse, Lustheide, Paffrath, Eifel.
PLEUROTOMARIA, De France, 1825. Voy. p. 7.
360. **Devonica,** d'Orb., 1847. *P. striata*, Golfd., 1844. Petref., 3, p. 61, pl. 182, fig. 4 (non Sow., 1844). Allemagne, Ems.
361. **cœlata,** Goldf., 1844, 3, p. 61, pl. 182, fig. 5. Prusse, Eifel.
362. **tricincta,** Goldf., 1844. Petref., 3, p. 61, pl. 181, fig. 6. Allemagne, Bensberg.
363. **Paphia,** d'Orb., 1847. *P. quadricincta*, Goldf., 1844. Petref., 3, p. 62, pl. 182, fig. 7 (non Kon nck) Prusse, Willmar.
364. **tœniata,** Goldf., 1844. Petref., 3, p. 62, pl. 182, fig. 13. Allemagne, Willmar.
365. **subsulcata,** Goldf., 1844. Petref., 3, p. 62, pl. 182, fig. 14. Allemagne, Willmar.
366. **Murchisonii,** Goldf., 1844. Petref., 3, p. 62, pl. 191, fig. 10. Prusse, Eifel.
367. **Palamedes,** d'Orb., 1847. *P. fasciata*, Sandberger, Goldf., 1844, 3, p. 64, pl. 183, fig. 1 (non Sow., 1819). Allemagne, Willmar.
368. **sublenticularis,** d'Orb., 1847. *P. lenticularis*, Goldf., 1844. Petref., 3, p. 65, pl. 183, fig. 2 (non Sow., 1839). Allem., Willmar.
369. **Bischofii,** Gold., 1844, 3, p. 65, pl. 183, fig. 4. Allem., Willmar.

370. marginata, Münst., Goldf., 1844. Petref., 3, p. 66, pl. 183, fig. 8. Prusse, Eifel.
371. sublævis, Rœmer, 1843. Harzgebirges, p. 27, pl. 7, fig. 10. Prusse, Hartz, Grund.
372. subundulata, d'Orb., 1847. *P. undulata*, Rœmer, 1843. Harz., p. 28, pl. 7, fig. 10 (non *Phillips*, 1836). Prusse, Hartz, Grund.
373. centrifuga, Rœmer, 1843. Harzgebirges, p. 28, pl. 7, fig. 11. Prusse, Hartz, Grund.
374. suturalis, Rœmer, 1843. Harzgebirges, p. 28, pl. 7, fig. 12. Prusse, Hartz, Lerbach.
375. imbrica, Rœmer, 1843. Harzgebirges, p. 28, pl. 8, fig. 1. Prusse, Hartz, Grund.
376. binodosa, Rœmer, 1843. Harzgebirges, p. 28, pl. 8, fig. 2. Prusse, Hartz, Grund.
377. Daleidensis, Rœmer, 1844. Das Rhein, Veberg., p. 80, pl. 2, fig. 7. Allem., Daleiden.
378. impendens, Sow. Geol. Trans., pl. 57, fig. 16; Phil., Pal. foss., pl. 37, fig. 180. Angl., Plymouth, Newton, Hope.
379. sublimbata, d'Orb., 1847. *P. limbata*, d'Arch. et Vern., 1842. Trans. Geol. Soc., VI, p. 361, pl. 33, fig. 2. (Non Phillips, Yorks., pl. 15, fig. 18). Prusse, Paffrath.
380. Lonsdalii, d'Arch. et Vern., p. 359, pl. 32, fig. 21. Allemag., Willmar.
381. Beaumontii, d'Arch. et Vern., 1842. Trans. Geol. Soc., VI, p. 361, pl. 33, fig. 1. Allemagne, Willmar.
382. cancellata, Phil., Pal. foss., pl. 37, fig. 176. Angleterre, Petherwin, Pilton, Newton.
383. catenulata, d'Arch. et Vern., p. 360, pl. 32, fig. 17. Allemagne, Willmar.
384. cirriformis, Sow., Min. Conch. (index), pl. 171, fig. 2. Angl., Plymouth; Prusse, Paffrath.
385. elegans, d'Arch. et Vern., 1842. Trans. Geol. Soc., VI, p. 360, pl. 33, fig. 3. Allem., Willmar.
386. exaltata, d'Arch. et Vern., 1842, p. 361, pl. 33, fig. 5. Prusse, Paffrath.
'**387. delphinuloides,** Goldf. (Bonn. Mus.), Dech. *Euomphalus id.* Goldf. *Helicites id.*, Schlot., pl. 2, fig. 4. D'Arch. et Vern., 1842. Trans. Geol. Soc., VI, p. 361, pl. 33, fig. 4. Prusse, Paffrath.
388. gracilis, Phil., 1841. Pal. foss., pl. 37, fig. 181. Angleterre, Baggy-Point, Brushford.
389. Orbignyana, d'Arch. et Vern., 1842, p. 359, pl. 32, fig. 18. Allem., Willmar.
390. subtœniata, d'Orb., 1847. *Schizostoma tœniatum*, Goldf., 1844. Petref., 3, p. 79, pl. 188, fig. 4. Prusse, Eifel.
391. Pales, d'Orb., 1847. *Schizostoma fasciatum*, Goldf., 1844. Petref., 3, p. 79, pl. 188, fig. 5. (Non *fasciata*, Sow., 1818). Prusse, Eifel.
392. subvittata, d'Orb., 1847. *Schizostoma vittatum*, Goldf., 1844, 3, p. 79, pl. 188, fig. 6. (Non *vittata*, Phill., 1836). Prusse, Eifel.
393. costata, d'Orb., 1847. *Schizostoma costata*, Goldf., 1844. Petref., 3, p. 79, pl. 188, fig. 7. Prusse, Eifel.

394. Puzosii, d'Orb., 1847. *Schizostoma Puzosii*, d'Arch. et Vern., p. 365, pl. 34, fig. 8, 8 a, 8 b. Prusse, Eifel.

395. radiata, d'Orb., 1847. *Schizostoma radiata*, d'Arch. et Vern., p. 364, pl. 34, fig. 3, 3 a, 3 b. *Euomphalus radiatus*, Goldf. (Bonn. Mus.) Phil., Pal. foss., pl. 60, fig. 171*. Prusse, Eifel; Angl., Newton.

396. bistriata, d'Orb., 1847. *Schizostoma bistriata*, Münster, 1840. Beitra. zur Petref., 3, p. 86, pl. 15, fig. 11 a, b. Bavière, Elbersreuth.

397. lineata, d'Orb., 1847. *Turbo lineatus*, Hall, 1843. Natur. hist. of New-York, n° 41, fig. 1. Etats-Unis, New-York, Hamilton-group.

MURCHISONIA, d'Archiac et de Verneuil, 1842. Voy. p. 8.

398. brevis, d'Orb., 1847. *Buccinum breve*, Sow. Min. Conch., pl. 566, fig. 3. *Macrocheilus id. ?* Pal. foss., pl. 39, fig. 193. Angleterre, Bradley, Newton.

399. antitorquata, d'Orb., 1847. *Pleurotomaria antitorquata*, Münster, 1840. Beitra. zur Petref., 3, p. 87, pl. 15, fig. 12. Bavière, Schübelhammer.

400. contraria, d'Orb., 1847. *Pleurotomaria contraria*, Münster, 1840. Beitra., 3, p. 87, pl. 15, fig. 13. Bavière, Schübelhammer.

401. tricincta, Phillips, 1841. *Pleurotomaria tricincta*, Münster, 1840. Beitra. zur Petref., 3, p. 87, pl. 15, fig. 14. Bavière, Elbersreuth; Angleterre, Newton.

***402. Anglica,** d'Orb., 1847. *Murchisonia angulata*, Phillips, 1842. Paleoz. foss., pl. 39, fig. 189. (Non *angulata*, Phillips, Yorksh., pl. 16, fig. 16). Angleterre, Petherwin, Brushford; Prusse, Paffrath.

403. bigranulosa, d'Arch. et Vern., p. 357, pl. 32, fig. 9. Prusse, Paffrath.

***404. bilineata,** d'Arch. et Vern., p. 356, pl. 32, fig. 8. *Turritella bilineata*, Min. Conch. *Melani id.* Goldf., Bonn. Mus. France, Néhou; Prusse, Paffrath; Angleterre, Weipperfeldt, Cologne; Etats-Unis, (Indiana), Camp Creek.

***405. binodosa,** d'Arch. et Vern., p. 357, pl. 32, fig. 12. Lustheide.

***406. antiqua,** d'Orb., 1847. *M. coronata*, d'Arch. et Vern., p. 355, pl. 32, fig. 3. *Turritella id.*, et *spinosa*, Goldf., Bonn. Mus., Bayrich, Vest. Rhein., p. 8. *Ceritheum antiquum*, Stein., 1837. Mém. soc. géol. de Fr. 1, p. 367. Allem., Paffrath, Weipperfeldt, München-Mühle.

407. Defrancii, d'Orb., 1847. *Pleurotomaria Defrancii*, d'Arch. et Vern., 1847. Trans. Geol., VI, p. 360, pl. 32, fig. 22. Allem., Willmar.

408. geminata, Phil., 1841. Pal. foss., pl. 39, fig. 190. Angl., Newton.

***409. intermedia,** d'Arch. et Vern., 1842. Trans. Geol. Soc., VI, p. 356, pl. 32, fig. 4. Prusse, Paffrath.

410. spinosa, Phil., Pal. foss., pl. 39, fig. 192. *Buccinum spinosum*, Sow., Min. Conch., p. 566, fig. 4; *id.*, Sow., Geol. Trans., vol. 5, pl. 57, fig. 24-27. Angl., Plymouth, Bradley.

411. hercynica, Rœmer, 1843. Harzgebirges, p. 29, pl. 8, fig. 4. Prusse, Hartz, Grund, Bensberg.

412. grandæva, d'Orb., 1847. *Turritella grandæva*, Goldf., 1844. Petref., 3, p. 103, pl. 195, fig. 12. Prusse, Eifel.

***413. regularis,** d'Orb., 1847. Espèce voisine du *M. Grandæva*, mais à tours plus renflés, à ensemble plus court et d'un angle spiral plus ouvert. France, Néhou (Manche).

PORCELLIA, Léveillé, 1835. Ce sont des *Pleurotomaria*, pour ainsi dire enroulés sur le même plan, et seulement obliques dans le jeune âge.

414. parvula, Münster, 1840. Beitra. zur Petref., 3, p. 84. Jahrb., 1832, pl. 2, fig. a-c. Bavière, Elbersreuth.

415. cincta, Münster, 1840. Beitra. zur Petref., 3, p. 84. Bavière, Schübelhammer.

416. armatus, 1845. Verneuil, Murch. et de Keys., Russ., 2, p. 346, pl. 24, fig. 3. Russie, Tchudoro, Volkof.

***417. radiatus,** d'Orb., 1847. *Bellerophon radiatus*, d'Orb., 1838, Céphal., p. 217, pl. 6, fig. 20-23. *Porcellia retrorsa*, Münster, 1839. Beit. zur Petref., 1, p. 38, pl. 2, fig. 8. *Euomphalus striatus*, Goldf., 1844, pl. 189, fig. 15. Russie, Altaï; Prusse, Eifel, Fichtelgebirge.

418. Edouardii, d'Orb., 1847. *Bellerophon Edouardii*, d'Orb., 1839. Mon. des Céph., pl. 7, fig. 6, 7. Prusse, Eifel.

CAPULUS, Montfort, 1810. Voy. p. 31.

419. sigmoidalis, d'Orb., 1847. *Acroculia sigmoidalis*, Phil., 1841. Pal. foss., pl. 36, fig. 170. Angleterre, Torquay.

420. conoidea, d'Orb., 1847. *Fissurella conoidea*, Goldf., 1843. Petref., 3, p. 8, pl. 167, fig. 13. Prusse, Eifel.

421. trigona, d'Orb., 1847. *Pileopsis trigona*, Goldf., 1843. Petref., 3, p. 9, pl. 167, fig. 17. Prusse, Eifel.

422. compressa, d'Orb., 1847. *Pileopsis compressa*, Goldf., 1843. Petref., 3, p. 10, pl. 167, fig. 18. Prusse, Eifel.

***423. prisca,** d'Orb., 1847. *Pileopsis prisca*, Goldf., 1843. Petref., 3, p. 10, pl. 168, fig. 1. Prusse, Eifel.

424. contorta, d'Orb., 1847. *Acroculia contorta*, Rœmer, 1843. Harzgebirges, p. 26, pl. 7, fig. 1, 2. Prusse, Hartz.

425. ornata, d'Orb., 1847. *Acroculia ornata*, Rœmer, 1843. Harzgebirges, p. 27, pl. 7, fig. 3. Prusse, Hartz.

426. Zinckenii, d'Orb., 1847. *Acroculia Zinckenii*, Rœmer, 1843. Harzgebirges, p. 27, pl. 7, fig. 4. Prusse, Hartz.

427. canalifer, Münster, 1840. Beitra. zur Petref., 3, p. 82, pl. 14, fig. 27. *Acroculia vetusta*, Phillips, 1841. Paleoz., pl. 36, fig. 169. (Non Sow. Min. Conch., pl. 167.) Bavière, Schübelhammer.

428. trochleatus, Münster, 1840. Beitra. zur Petref., 8, p. 82, pl. 14, fig. 28. *C. substriatus*, Münster, *id.*, pl. 14, fig. 29. *Acroculia erecta*, Hall, 1843, nº 36, fig. 6. Bavière, Schübelhammer; Etats-Unis, New-York, Williamsville.

***429. Braunii,** Münster, 1842. Beitra., 5, p. 121, pl. 10, fig. 13. Goldf., 1843. Petref., pl. 168, fig. 3. Bavière, Geiser, Schübelhammer.

430. nonoplectus, Münster, 1842. Beitra. zur Petref., 5, p. 121, pl. 10, fig. 14 a, b. Bavière, Geiser.

431. cassideus, d'Orb., 1847. *Peleopsis cassideus*, d'Arch. et Vern., 1842. Trans. Geol., VI, p. 366, pl. 34, fig. 10, 10 a. Allem., Kemmenau.

432. Uchtæ, d'Orb., 1847. *Sigaretus Uchtæ*, de Keyserling, 1846. Geognost., p. 268, pl. 11, fig. 14. Russie septentrionale, Uchta.

BELLEROPHON, Montfort, 1808. Voy. p. 6.

433. globatus, Murchison, 1839. Silur., p. 604, 613, pl. 3, fig. 15; pl. 4, fig. 50. D'Orb., 1840. Céphal., p. 188, nº 7, pl. 8. Angleterre, Ludlowbone, Filendre, Ludfort.
434. primordialis, Schloth., Rœmer, 1843. Harzgebirges, p. 31, pl. 8, fig. 16. Prusse, Hartz, Grund.
435. acutus, Rœmer, 1843. Harzgebirges, p. 32, pl. 8, fig. 17. Prusse, Hartz, Grund.
436. bisulcatus, Rœmer, 1843. Harzgebirges, p. 32, pl. 9, fig. 1. Prusse, Hartz.
437. macromphalus, Rœmer, 1843. Harzgebirges, p. 32, pl. 9, fig. 3. Prusse, Hartz.
438. tuberculatus, Ferussac, 1825. D'Orb., 1840. Céphal., pl. 1, fig. 10, pl. 10, fig. 7-10. *B. nodulosus*, Goldf. Paffrath, Bensberg (Prusse); Chimay (Blaukenburg); Prusse, Gerolstein, Eifel; Russie septentrionale, Wol., Uchta.
439. striatus, Férussac, 1825. D'Orb., 1840. Céphal., pl. 1, fig. 11, pl. 3, fig 11, 13, 14, 17, pl. 4, fig. 1, 5. Hall, 1843, nº 55, fig. 7. *B. undulatus*, Goldf. Paffrath; Bellignies, près de Mons; Chimay; Bensberg (Prusse); États-Unis, Jowa, Davenport, New-York; Canada, lac Érié.
440. macrostoma, Rœmer, 1844. Das Rhein. Ueberg., p. 80, pl. 2, fig. 6. Allemagne, Unkel.
441. Goldfussii, d'Orb., 1840. Céphal., p. 205, nº 25, pl. 5, fig. 28-31. Prusse, Eifel.
442. subcarinatus, Münst. Beitr., 2, pl. 16, fig. 2. Bavière, Elbersreuth.
CYRTOLITES, Conrad, 1839. Voy. p. 9.
443. striatus, d'Orb., 1847. *Bellerophon striatus*, Sow., 1839, in Murch. Silur. Syst., pl. 3, fig. e. *B. Murchisonii*, d'Orb., Monog., pl. 8, fig. 14. Angleterre, Old red Sandstone, Felindre.
444. trilobatus, d'Orb., 1847. *Bellerophon trilobatus*, Murchison, 1839. Silur., p. 604 et 643, pl. 3, fig. 16. D'Orb., 1840. Céphal., p. 209, nº 32, pl. 7, fig. 24-27; pl. 8, fig. 18. Eifel, Felindre, East-Park, Michaelwood Chase et au N.-E. de Gaerfawr.
445. carinatus, d'Orb., 1847. *Bellerophon Carinatus*, Murchison, 1839. Silur., p. 634, pl. 3, fig. 4, et p. 604. D'Orb., 1840. Céphal., p. 209, nº 31, pl. 9, fig. 12. (Non *carinatus*, Hall, 1847). Horeb-Chapel et Bradnor-Hill (Angleterre).
446. cultratus, d'Orb., 1847. *Bellerophon cultratus*, d'Orb., 1840. Céphal., p. 208, nº 30, pl. 7, fig. 21, 22, 23. Prusse, Eifel.
447. patulus, d'Orb., 1847. *Bellerophon patulus*, Hall, 1843. Natur. hist. of New-York, nº 40, fig. 1. *B. expansus*, Hall, nºˢ 53, 54. États-Unis, New-York, Hamilton-group, Portage-group.
HELCION, Montfort, 1840. Voy. p. 9.
448. disciformis, d'Orb., 1847. *Patella disciformis*, Münster, 1840. Beitra. zur Petref., 3, p. 81, pl. 14, fig. 23. Bavière, Elbersreuth.
449. subradiata, d'Orb., 1847. *Patella subradiata*, Münster, 1840. Beitra. zur Petref., 3, p. 81, pl. 14, fig. 24. Goldf., pl. 166, fig. 16. Bavière, Elbersreuth.
450. elliptica, d'Orb., 1847. *Patella elliptica*, Münster, 1840. Beitra., 3, p. 81, pl. 14, fig. 25. Goldf., pl. 167, fig. 1. Bavière, Elbersreuth.

451. lævigata, d'Orb., 1847. *Patella lævigata*, Münster, 1840. Beitra. zur Petref., 3, p. 81, pl. 14, fig. 26. Goldf., pl. 166, fig. 17. Bavière, Elbersreuth.

452. Saturni, d'Orb., 1847. *Patella Saturni*, Goldf., 1843. Petref., 3, p. 5, pl. 157, fig. 3. Prusse, Eifel, Paffrath.

453. Neptuni, d'Orb., 1847. *Patella Neptuni*, Goldf., 1843. Petref., p. 5, pl. 167, fig. 3. Prusse, Eifel, Dillenburg.

454. primogenia, d'Orb., 1847. *Patella primogenia*, Schloth. Goldf., 1843. Petref., 3, p. 6, pl. 167, fig. 4. Prusse, Paffrath.

455. discoidea, d'Orb., 1847. *Patella discoidea*, Münst., Golf, 1843. Petref., 3, p. 4, pl. 166, fig. 15. Bavière, Elbersreuth.

METOPTOMA, Phillips, 1836. Ce sont des *Helcions* dont l'extrémité antérieure est tronquée ou sinueuse.

456. speciosa, d'Orb., 1847. *Patella speciosa*, Münster, Goldfuss., 1843. Petref., 3, p. 4, pl. 166, fig. 14. Allemagne, Schübelhammer.

DENTALIUM, Linné, 1740. D'Orb., Paléont. franç., terrains crét., 2, p. 399.

457. Saturni, Hœninghaus., 1836. Goldf., 1843. Petref., 3, p. 1, pl. 166, fig. 1. Prusse, Eifel, Paffrath.

458. antiquum, Goldf., 1843. Petref., 3, p. 2, pl. 166, fig. 2. Prusse, Eifel.

CONULARIA, Sow., 1820. Voy. p. 9.

459. Brongniarti, d'Arch. et Vern., 1842. Trans. Geol. Soc., VI, p. 353, pl. 31, fig. 6. France, Néhou (Manche).

460. Gerolsteinensis, d'Arch. et Vern., p. 352, pl. 31, fig. 5. Prusse, Eifel.

461. ornata, d'Arch. et Vern., p. 352, pl. 29, fig. 5. Eifel, Refrath.

462. acuta, Rœmer, 1843. Harzgebirges, p. 36, pl. 10, fig. 12, 13. Prusse, Hartz, Grund.

MOLLUSQUES LAMELLIBRANCHES.

ORTHOCONQUES SINUPALLÉALES.

PHOLADOMYA, Sowerby, 1826. D'Orb., Paléont. française, terr. crét., 3, p. 348.

463. radiata? Goldf., pl. 155, fig. 1. Prusse, Eifel, Bensberg.

464. loricata, d'Orb., 1847. *Cardium loricatum*, Goldf., pl. 141, fig. 5. Eifel, Paffrath.

LYONSIA, Turton, 1822. Voy. p. 10.

465. lyrata, d'Orb., 1847. *Sanguinolaria lyrata*, Phil., Pal. foss., pl. 58, fig. 53. Angleterre, Pilton.

466. subimpressa, d'Orb., 1847. *Myacites impressus*, Rœmer, 1844. Das Rhein. Ueberg., p. 79, pl. 2, fig. 4. Allemagne, Niederlahnstein.

467. substriatula, d'Orb., 1847. *Myacites striatulus*, Rœmer, 1844. Das Rhein. Ueberg., p. 79, pl. 2, fig. 3 (non *striatula*, Agassiz, 1842). Allemagne, Daleiden.

468. tellinaria, d'Orb., 1847. *Sanguinolaria tellinaria*, Gold., pl. 159, fig. 18. Prusse, Eifel.

469. truncata, d'Orb., 1847. *Sanguinolaria truncata*, Gold., pl. 159, fig. 13. Prusse, Eifel.
470. soleniformis, d'Orb., 1847. *Sanguinolaria soleniformis*, Gold., pl. 159, fig. 7. Altenahr.
471. lævigata, d'Orb., 1847. *Sanguinolaria lævigata*, Gold., pl. 159, fig. 14. Prusse, Eifel.
472. phaseolina, d'Orb., 1847. *Sanguinolaria phaseolina*, Gold., pl. 159, fig. 15. Prusse, Eifel.
473. prisca, d'Orb., 1847. *Lutraria prisca*, Gold. Pet. Germ., pl. 153, fig. 9. Prusse, Eifel.
474. subangustata, d'Orb., 1847. *Sanguinolaria angustata*, Goldf. Petref. Germ., pl. 159, fig. 9 (non Phillips, Yorks., pl. 5, fig. 2). Prusse, Eifel.
475. aviculoides, d'Orb., 1847. *Mytilus aviculoides*, Verneuil, Murch., 1845. Russie, 2, p. 318, pl. 20, fig. 7. Russie, Voroneje.
476. suboblongus, d'Orb., 1847. *Megalodon oblongus*, 1845. Verneuil, Murch., Russie, 2, p. 305, pl. 20, fig. 2. Russie, Zadonsk.
477. ovata, d'Orb., 1847. *Tellina ovata*, Hall, 1843. Natur. hist. of New-York, n° 40, fig. 6. Etats-Unis, New-York, Hamilton group.
478. contracta, d'Orb., 1847. *Cypricardia contracta*, Hall, 1843. Natur. Hist. of New-York, n° 73, fig. 4. Etats-Unis, New-York.
ANATINA, Lamarck, 1809. D'Orb., Paléont. franç., terr. crét., 3, p. 369.
479. Munsteri, d'Orb., 1847. *Pholadomya Munsteri*, d'Arch. et Vern., p. 376, pl. 37, fig. 3, 3 a, 3 b. Eifel, Bensberg.
LEDA, Schumacher, 1847. Voy. p. 11.
480. latissima, d'Orb., 1847. *Nucula latissima*, Phil., Pal. foss., pl. 58, fig. 65. Angleterre, Pilton.
481. fornicata, d'Orb., 1847. *Nucula fornicata*, Gold., pl. 124, fig. 5. Prusse, Bensberg, Eifel.
482. grandæva, d'Orb., 1847. *Nucula grandæva*, Gold., pl. 124, fig. 3. Prusse, Ems, Nassau, Hartz.
483. securiformis, d'Orb., 1847. *Nucula securiformis*, Gold., pl. 124, fig. 8. Allemagne, Ems.
484. solenoides, d'Orb., 1847. *Nucula solenoides*, Gold., pl. 124, fig. 9. Allemagne, Hartz.
485. Ingleri, d'Orb., 1847. *Nucula Ingleri*, Rœmer, 1843. Harzgebirges, p. 23, pl. 6, fig. 11. Prusse, Harrtz, Herrn, Ober-Bergrath.
486. Ahrendi, d'Orb., 1847. *Nucula Ahrendi*, Rœmer, 1843. Harz., p. 23, pl. 6, fig. 14. Prusse, Hartz, Herrn, Ober-Bergmeister.
487. Murchisoni ?, d'Orb., 1847. *Nucula Murchisoni*, Goldf., pl. 160, fig. 12. Prusse, Eifel.
488. Krachtæ, d'Orb., 1847. *Nucula Krachtæ*, Rœmer, 1843. Harzgebirges, p. 23, pl. 6, fig. 10. Prusse, Hartz, Angerstein.
489. Verneuilii, d'Orb., 1847. Verneuil, Murch. et de Keys., Russie, 2, p. 312, pl. 21, fig. 12. Russie, Voroneje.
490. bellatula, d'Orb., 1847. *Nucula bellatula*, Hall, 1843. Natur. hist. of New-York, n° 40, fig. 7. Etats-Unis, New-York, Hamilton.
491. lineolata, d'Orb., 1847. *Nucula lineolata*, Hall, 1843. Natur. hist. of New-York, n° 55, fig. 5. Etats-Unis, New-York.

THETIS, Sow., 1826. D'Orb., Paléont. franç., terr. crét., 3, p. 450.
492. trigona, Rœmer, 1843. Harzgebirges, p. 26, pl. 6, fig. 25. Prusse, Hartz, Herrn, Ober-Bergrath.

ORTHOCONQUES INTÉGROPALLÉALES.

MEGALODON, Sow., 1827. Voy. p. 12.
***493. cucullatus,** Sow., 1827. Min. Conch., 6, p. 132, pl. 568. Goldf., p. 132, fig. 8. Angleterre, Bradley près Newton, Bushel. (Devonshire) ; Allemagne, Paffrath, Sötenich, Banks.
494. bipartitus, Rœmer, 1844. Das Rhein, Ueberg., p. 78, pl. 2, fig. 2. Allemagne, Unkel.
495. elongatus, Rœmer, 1843. Harzgebirges, p. 24, pl. 6, fig. 16. Prusse, Hartz, Elbingerode.
496. concentricus, Vern. et d'Arch., 1842. Trans. Geol. Soc., VI, pl. 36, fig. 11. Prusse, Paffrath.
497. sulcatus, d'Orb., 1847. *Trigonia sulcata*, Goldf., Vern. et d'Arch., Trans. Geol., VI, pl. 37, fig. 6. Prusse, Eifel, Ems, Kemmenau.
498. declivis, d'Orb., 1847. *Lucina declivis*, Rœmer, 1843. Harzgebirges, p. 25, pl. 6, fig. 19. Prusse, Hartz.
499. oblongus, Goldf., pl. 133, fig. 4. Prusse, Paffrath, Sötenich.
500. rhomboideus, Goldf., pl. 133, fig. 3. Prusse, Paffrath.
501. truncatus, Goldf., pl. 132, fig. 10. Prusse, Paffrath.
502. alutaceus, Goldf., pl. 133, fig. 2. Prusse, Paffrath.
503. auriculatus, Goldf., pl. 133, fig. 1. Prusse, Paffrath.
***504. carinatus,** Goldf., pl. 132, fig. 9 ; Phil., Pal. foss., pl. 60, fig. 60*. Prusse, Paffrath ; Angl., Newton.
CYPRICARDIA, Lamarck, 1801.
505. Phillipsii, d'Orb., 1847. *Cypricardia impressa*, Phillips, 1841. Paleoz. foss., pl. 17, fig. 58. (Non *impressa*, Sow., 1839.) Angleterre, Baggy-Point.
506. cimbæformis, Sow., 1839. In Murch. Silur. Syst., pl. 3, fig. 10. A. Angleterre, Old red Sandstone.
507. pelagica, d'Orb., 1847. *Solen. pelagicus*, Gold., pl. 159, fig. 2. D'Arch. et Vern., p. 376, pl. 37, fig. 5, 5 *a*, 5 *b*. Prusse, Eifel.
508. vetusta, d'Orb., 1847. *Solen vetustus*, Gold., pl. 159, fig. 3. Prusse, Eifel.
509. Pomona, d'Orb., 1847. *Sanguinolaria carinata*, Gold., pl. 159, fig. 8 ; pl. 5, fig. 10. *Arca carinata*, Gold., pl. 166, fig. 11. (Non *Carinata*, Dech., 1824.) Allemagne, Westerwal, Eifel.
510. truncata, Conrad, Jour. Acad. nat. sc., vol. 8. Hall, 1843. Natur. hist. of New-York, n° 40, fig. 8 ; p. 244, pl. 12, fig. 17. Etats-Unis, New-York, Hamilton-group.
511. bellastriata, d'Orb., 1847. *Microdon bellastriata*, Conrad, Jour. Acad. nat. sc., vol. 8, p. 247, pl. 13, fig. 12. Hall, 1843. Natur. hist. of New-York, n° 40, fig. 2. Etats-Unis, New-York, Hamilton.
512. undulata, d'Orb., 1847. *Orthonota undulata*, Conrad, Annual geol. reports. Hall, 1843. Natur. hist., of New-York, n° 45, fig. 2. Etats-Unis, New-York, Hamilton-group.

513. subelongata, d'Orb., 1847. *C. elongata*, d'Arch. et Vern., p. 374, pl. 36, fig. 14. (Non Purch. 1837.) Allemagne, Willmar.

CARDINIA, Agassiz, 1838. Voy. p. 32.

514. Hamiltonensis, d'Orb., 1847. *Grammysia id.* Vern., 1847. Bull. de la Soc. géol. Etats-Unis, New-York, Hamilton ; France, Néhou; Eifel, Daun.

515. elliptica, d'Orb., 1847. *Pullastra elliptica*, Phil., Pal. foss., pl. 17, fig. 54. Angleterre, Petherwin.

516. anglica, d'Orb., 1847. *Pullastra complanata*, Phil., Pal. foss., pl. 17, fig. 56 (non *P. complanata*, Sow.). Angleterre, Pilton.

517. sublævis, d'Orb., 1847. *Pullastra lævis*, Sow., 1839, in Murch. Silur. Syst., pl. 3, fig. 1 a (non Münster., Angleterre, Old red Sandstone, Felindre.

518. compressa, d'Orb., 1847. *Sanguinolaria compressa*, Gold., pl. 159, fig. 16. Prusse, Eifel.

519. dorsata, d'Orb., 1847. *Sanguinolaria dorsata*, Gold., pl. 159, fig. 17. Prusse, Eifel.

520. Goldfussiana, d'Orb., 1847. *Sanguinolaria gibbosa*, Gold., pl. 159, fig. 10 (non Sow., Min.Conch., pl. 548, fig. 3). Allemagne, Allenah.

521. lamellosa? d'Orb., 1847. *Sanguinolaria lamellosa*, Gold., pl. 159, fig. 12. Prusse, Eifel.

522. Ungeri, d'Orb., 1847. *Sanguinolaria Ungeri*, Rœmer, 1843. Harzgebirges, p. 26, pl. 6, fig. 26. Prusse, Hartz, Unger.

523. Rœmeri, d'Orb., 1847. *Sanguinolaria elliptica*, Rœmer, 1843. Harzgebirges, p. 26, pl. 6, fig. 27 (non Phillips, 1841). Prusse, Hartz.

524. striatula, d'Orb., 1847. *Corbula striatula*, Rœmer, 1843. Harzgebirges, p. 25, pl. 6, fig. 21. Prusse, Hartz.

525. ovata, d'Orb., 1847. *Corbula ovata*, Rœmer, 1843. Harzgebirges, p. 25, pl. 6, fig. 24. Prusse, Hartz.

526. striata, d'Orb., 1847. *Sanguinolaria striata*, Gold., pl. 159, fig. 19. Regnitzlosau.

527. Bartlingii, d'Orb., 1847. *Crassatella Bartlingii*, Rœmer, 1843. Harzgebirges, p. 24, pl. 6, fig. 17. Prusse, Hartz.

528. inflata, d'Orb., 1847. *Tellina inflata*, Rœmer, 1843. Harzgebirges, p. 25, pl. 6, fig. 22. Prusse, Hartz.

529. bicarinata, d'Orb., 1847. *Isocardia bicarinata*, Rœmer, 1843. Hartzgebirges, p. 23, pl. 12, fig. 27. Prusse, Hartz.

530. vetusta, d'Orb., 1847. *Cyprina vetusta*, Rœmer, 1843. Harzgebirges, p. 25, pl. 6, fig. 18. Prusse, Hartz.

531. cincta, d'Orb., 1847. *Astarte cincta*, Gold., pl. 134, fig. 5. Presseck.

532. Devonica, d'Orb., 1847. *Schizodus devonicus*, 1845. Verneuil, Murch. et de Keys., Russie, 2, p. 310, pl. 20, fig. 8. Russie, Rielef.

LUCINA, Bruguière, 1791. D'Orb., Paléont. franç., terrains crétacés, 3, p. 115.

***533. antiqua,** Gold., p. 376, pl. 146, fig. 7. Prusse, Eifel, Paffrath.

534. lineata, Gold., pl. 146, fig. 8. Prusse, Eifel, Paffrath.

535. Dufrenoyi, d'Arch. et Vern., p. 375, pl. 37, fig. 2. Allemagne, Sötenich.

536. proavia, Goldf., 1840. Petref. Germ., p. 266, pl. 146, fig. 6. D'Arch. et Vern., 1842. Trans. Geol. Soc., 2e série, vol. VI, pl. 37, fig. 1. De Keyserling, 1846. Geognost. beobach., p. 256, pl. 10, fig. 18. Russie septentrionale, Uchta, Ishma; Prusse, Eifel; Etats-Unis, Indiana, Lewis, Creek (Kentucky), Louisville (Ohio).

537. rugosa, Gold., 1840. Petref. Germ., pl. 146, fig. 9. *Posidonia lyrata*, Conrad. Prusse, Eifel; Etats-Unis, New-York, Indiana.

538. Griffithii, 1845. Vern., de Keys. et Murch. Russie, 2, p. 301, pl. 20, fig. 10. Russie, Voroneje.

539. Devonica, d'Orb., 1847. *Venulites concentricus*, Rœmer, 1844. Das Rhein. Ueberg., p. 79, pl. 2, fig. 3 (non Lam., 1804). Daleiden, Daun et Prüm.

540. retusa, Hall, 1843. Natur. hist. of New-York, no 55, fig. 4. Etats-Unis, New-York.

541. suborbicularis, d'Orb., 1847. *Ungulina suborbicularis*, Hall, 1843. Natur. hist. of New-York, no 54, fig. 2. New-York, Portage.

CARDIUM, Bruguière, 1791. Voy. p. 33.

542. quinquecostatum, Münster, 1840. Beitra. zur Petref., 3, p. 63, pl. 13, fig. 6. Bavière, Elbersreuth.

543. bicarinatum, Münster, 1840. Beitra. zur Petref., 3, p. 63. pl. 12, fig. 7. Bavière, Elbersreuth.

544. disjunctum, Münster, 1840. Beitra. zur Petref., 3, p. 63, pl. 12, fig. 8. Bavière, Elbersreuth.

545. laterale, Münster, 1840. Beitra. zur Petref., 3, p. 63, pl. 13, fig. 4. Bavière, Schübelhammer.

546. subdeltoideum, d'Orb., 1847. *C. deltoideum*, Münster, 1840. Beitra. zur Petref., 3, p. 64, pl. 13, fig. 3 (non Phillips, 1836). Bavière, Schübelhammer.

547. texturatum, Münster, 1840. Beitra. zur Petref., 3, p. 64, pl. 12, fig. 9. Bavière, Schübelhammer.

548. Murchisoni? Münster, 1840. Beitra. zur Petref., 3, p. 64, pl. 12, fig. 17. Bavière, Schübelhammer.

549. Eulimene, Münster, 1840. Beitra. zur Petref., 3, p. 64, pl. 13, fig. 19. Bavière, Schübelhammer.

550. tenuisulcatum, Münster, 1840. Beitra. zur Petref., 3, p. 65, pl. 13, fig. 13. Bavière, Elbersreuth.

551. subgranulatum, Münster, 1840. Beitra. zur Petref., 3, p. 65, pl. 13, fig. 15, et Goldf., pl. 143, fig. 3. Bavière, Gattendorf.

552. costulatum? Münster, 1840. Beitra. zur Petref., 3, p. 65. Goldf., pl. 143, fig. 4 a, b. Bavière, Prag, Elbersreuth.

553. sublatum, d'Orb., 1847. *C. latum*, Münster, 1840. Beitra., 3, p. 65. Goldf., pl. 143, fig. 6 (non Born, 1780). Bavière, Elbersreuth.

554. semicinctum, Münster, 1840. Beitra. zur Petref., 3, p. 60, pl. 13, fig. 7. Bavière, Elbersreuth.

555. mytiloides, Münster, 1840. Beitra. zur Petref., 3, p. 60. Goldf., pl. 142, fig. 5 a, d. Bavière, Elbersreuth.

556. subgracile, d'Orb., 1847. *C. gracile*, Münster, 1840. Beitra., 3, p. 61. Goldf., pl. 142, fig. 6 a, d (non Purch., 1837). Elbersreuth.

557. arcuatum, Münster, 1840. Beitra. zur Petref., 3, p. 61, pl. 13, fig. 8. Bavière, Elbersreuth.

558. trigonum, Münster, 1840. Beitra. zur Petref., 3, p. 1. Goldf., 6, pl. 142, fig. 8. Bavière, Elbersreuth.
559. plicatum, Münster, 1840. Beitra. zur Petref., 3, p. 61. Goldf., pl. 142, fig. 9 a, c. Bavière, Elbersreuth et Prague.
560. tripartitum, Münst., 1840. Beitra. zur Petref., 3, p. 61. Goldf., pl. 142, fig. 10 a bis, h. Bavière, Elbersreuth.
561. nudum, Münster, 1840. Beitra. zur Petref., 3, p. 62, pl. 12, fig. 2. Bavière, Elbersreuth.
562. subarcuatum, Münster, 1840. Beitra. zur Petref., 3, p. 62, pl. 12, fig. 3. Bavière, Elbersreuth.
563. Menippe, Münster, 1840. Beitra. zur Petref., 3, p. 62, pl. 12, fig. 4. Bavière, Elbersreuth.
564. subsimile, Münster, 1840. Beitra. zur Petref., 3, p. 62, pl. 12, fig 5. Bavière, Elbersreuth.
565. Devonicum, d'Orb., 1847. *C. decussatum*, Münster, 1847. Beit., 3, p. 62, pl. 12, fig. 6 (non Mantell, 1822). Elbersreuth.
566. paradoxum, Münster, 1842. Beitra. zur Petref., 5, p. 118, pl. 11, fig. 7. Bavière, Geiser.
567. Braunii, d'Orb., 1847. *C. planicostatum*, Braun, Münster, 1842. Beitra., 5, p. 119, pl. 11, fig. 6 (non Sow., 1831). Geiser.
568. spurium, d'Orb., 1847. *Cardiola spurius*, Münster, 1840. Beitra. zur Petref., 3, p. 67, pl. 12, fig. 12. Bavière, Elbersreuth.
569. Bavaricum, d'Orb., 1847. *Cardiola intermedia*, Münster, 1840. Beitra. zur Petref., 3, p. 67. Goldf., pl. 143, fig. 2. (Non Sow., 1837). Bavière, Elbersreuth.
570. subdecussatum, d'Orb., 1847. *Cardiola subdecussata*, Münster, 1840. Beitra., 3, p. 67, pl. 13, fig. 16. Schübelhammer.
571. elegans, d'Orb., 1847. *Cardiola elegans*, Münster, 1840. Beitra. zur Petref., 3, p. 68, pl. 12, fig. 13. Bavière, Elbersreuth.
572. tegulatum, d'Orb., 1847. *Cardiola tegulata*, Münster, 1840. Beitra. zur Petref., 3, p. 68, pl. 12, fig. 14. Bavière, Elbersreuth.
573. sinuosum, d'Orb., 1847. *Cardiola sinuosa*, Münster, 1840. Beitra., 3, p. 68, pl. 12, fig. 15 a. Bavière, Schübelhammer.
574. duplicatum, d'Orb., 1847. *Cardiola duplicata*, Münster, 1840. Beitra. zur Petref., 3, p. 68, pl. 13, fig. 20 a, b; pl. 12, fig. 21. Bavière, Gattendorf et Schleitz.
575. dichotomum, d'Orb., 1847. *Cardiola dichotoma*, Münster, 1840. Beitra., 3, p. 69, pl. 12, fig. 16. Bavière, Schübelhammer.
576. substriatum, d'Orb., 1847. *Ericina striata*, Münster, 1840. Beitra., 3, p. 72, pl. 12, fig. 24. (Non *striatum*, Sow., 1839). Bavière, Elbersreuth.
577. subpygmæum, d'Orb., 1847. *Ericina pygmæa*, Münster, 1840. Beitra., 3, p. 72, pl. 12, fig. 25. (Non Donovan, 1799). Elbersreuth.
578. problematicum, Münster, 1842. Beitra. zur Petref., 5, p. 119, pl. 11, fig. 8 a, b. Bavière, Geiser.
579. subdichotomum, d'Orb., 1847. *C. dichotomum*, Braun, Münster, 1842. Beitra. zur Petref., 5, p. 120, pl. 11, fig. 11. (Non nº 575). Bavière, Geiser.
580. Mehlisii, Rœmer, 1843. Harzgebirges, p. 22, pl. 6, fig. 9. Prusse, Hartz, Herrn, Ober-Bergrath.

581. interpunctatum, Münster, 1840. Beitra. zur Petref., 3, p. 65, pl. 12, fig. 10. Bavière, Elbersreuth.
582. tenuistriatum, Münster, 1840. Beitra. zur Petref., 3, p. 66, Goldf., pl. 143, fig. 3 a, b. Keyserl., 1846, pl. 11, fig. 1. Bavière, Elbersreuth et Prague ; Russie septentrionale, rivière Uchta.
583. glabrum, Münster, 1840. Beitra. zur Petref., 3, p. 66, pl. 12, fig. 11. Bavière, Elbersreuth.
584. lineatum, Münster, 1840. Beitra. zur Petref., 3, p. 60. Goldf., pl. 142, fig. 4 a, b, c. Bavière, Elbersreuth.
585. subintermedium, d'Orb., 1847. *C. intermedium*, Münster, Goldf., 1839. Petref. 2, p. 217, pl. 143, fig. 2. (Non Sow., 1837.) Elbersreuth.
586. articulatum, d'Orb., 1847. *Cardiola articulata*, Münster, 1840. Beitra., 3, p. 69, pl. 9, fig. 2. Keyserling, 1846, pl. 11, fig. 2. Bavière, Gattendorf ; Russie septent., rivières Uchta et Ishma.
587. extensum, d'Orb., 1847. *Isocardia extensa*, Münster, 1840. Beitra. zur Petref., 3, p. 71, pl. 13, fig. 18. Bavière, Schübelhammer.
588. deltoideum, d'Orb., 1847. *Cyprina deltoidea*, Phil., Pal. foss., pl. 17, fig. 59. Angleterre, Petherwin.
589. concentricum, d'Orb., 1847. *Cardiola concentrica*, de Keyserling, 1846. Geognost. beobacht., p. 253. *Orbicula concentrica*, Buch, 1832. Ueb. Ammon., p. 49. *Cardium pectunculiodes*, d'Arch. et Vern., 1843. Geol. Trans., 2 ser., vol. VI, p. 375, pl. 30, fig. 12. Russie septentrionale, mont Timan, Oberscheld, Valdeck.
590. retrostriatum, d'Orb., 1847. *Cardiola retrostriata*, de Keyserling, 1846. Geognost. beobacht., p. 254, pl. 11, fig. 3. *Venericardium retrostriatum*, Buch, 1832. Ueb. Amm., p. 50. *Cardium palmatum*, Goldf., 1837. Petref. Germ., p. 217, pl. 143, fig. 7. Bavière, Gattendorf ; Russie septentrionale, Uchta, Ishma.
591. acutirostrum, d'Orb., 1847. *Pinnopsis acutirostra*, Hall, 1843. Natur. hist. of New-York, n° 54, fig. 7. Etats-Unis, New-York, Portage-group, Cashaqua Creek.
592. ornatum, d'Orb., 1847. *Pinnopsis ornatus*, Hall, 1843. Natur. hist. of New-York, n° 54, fig. 8. Etats-Unis, New-York, Portage-group, Cashaqua Creek.
593. vetustum, Hall, 1843. Natur. hist. of New-York, n° 55, fig. 2. Etats-Unis, New-York.
594. rhombeum, d'Orb., 1847. *Cypricardia rhombea*, Hall, 1843. Natur. hist. of New-York, n° 73, fig. 2 et 3. Etats-Unis, New-York.
595. marginatum, Goldf., pl. 141, fig. 4. Nassau, Kemmenau.
596. subangulatum, d'Orb., 1847. *C. angulatum*, Münster, Goldf., pl. 142, fig. 7. (Non Lam., 1819). Allem., Elbersreuth.
597. subincertum, d'Orb., 1847. *C. incertum*, Goldf., pl. 141, fig. 3. (Non Phillips, 1829). Allem., Banks-Rhein.
598. irregulare, d'Orb., 1847. *Mytilus irregularis*, Münster, 1840. Beitra. zur Petref., 3, p. 56, pl. 11, fig. 15. Bavière, Presseck.
599. subradiatum, d'Orb., 1847. *Mytilus radiatus*, Münster, 1840. Beitra. zur Petref. 3, p. 56, pl. 11, fig. 16. (Non Dujardin, 1837.) Bavière, Schübelhammer.
600. problematicum, d'Orb., 1847. *Avicula problematica*, Münster,

1840. Beitra. zur Petref., 3, p. 53, pl. 11, fig. 6. Bavière, Presseck.

601. subtrigonum, d'Orb., 1847. *Sanguinolaria trigona*, Münster, 1840. Beitra., 3, p. 73, pl. 12, fig. 28. (Non n° 558.) Bav., Elbersreuth.

CONOCARDIUM, Bronn, 1835. *Pleurorynchus*, Phillips, 1836. *Lychas*, Steininger, 1837. *Lunulocardium*, Münster, 1841.

602. semistriatum, d'Orb., 1847. *Lunulocardium semistriatum*, Münster, 1840. Beitra., 3, p. 69, pl. 13, fig. 9. Schübelhammer.

603. pyriforme, d'Orb., 1847. *Lunulocardium pyriforme*, Münster, 1840. Beitra., 3, p. 69, pl. 13, fig. 10. Bavière, Schübelhammer.

604. Partschii, d'Orb., 1847. *Lunulocardium Partschii*, *ovatum* et *processens*, Münster, 1840. Beitra. zur Petref., 3, p. 70, pl. 12, fig. 17, 18, 19. Bavière, Schübelhammer.

605. canalifer, d'Orb., 1847. *Lunulocardium canalifer*, Münster, 1840. Beitra., 3, p. 70, pl. 13, fig. 11. Bavière, Schübelhammer.

606. tetragonum, d'Orb., 1847. *Lunulocardium tetragonum*, Münster, 1840. Beitra., 3, p. 71, pl. 12, fig. 20. Geiser, Presseck.

607. excrescens, d'Orb., 1847. *Lunulocardium excrescens*, Münster, 1840. Beitra., 3, p. 70, pl. 13, fig. 12. Schübelhammer.

608. triangulum, d'Orb., 1847. *Cardium triangulum*, Münster, 1840. Beitra., 3, p. 59. Goldfuss., pl. 142, fig. 3 a, b, c. Elbersreuth.

609. semialatum, d'Orb., 1847. *Cardium semialatum*, Münster, 1840. Beitra., 3, p. 59, pl. 12, fig. 1. Bavière, Elbersreuth.

610. paucicostatum, d'Orb., 1847. *Cardium paucicostatum*, Münster, 1840. Beitra., 3, p. 59, pl. 13, fig. 2. Bavière, Elbersreuth.

611. propinquum, d'Orb., 1847. *Cardium propinquum*, Münster, 1840. Beitra., 3, p. 59, pl. 13, fig. 1 a, b. Bavière, Elbersreuth.

612. alternans, d'Orb., 1847. *Cardium alternans*, Münster, 1840. Beitra. zur Petref., 3, p. 60, pl. 13, fig. 5. Bavière, Elbersreuth.

613. Lyellii, d'Orb., 1847. *Cardium Lyellii*, d'Archiac et Vern., p. 375, pl. 36, fig. 8. Allemagne, Willmar.

•614. Villmarense, d'Orb., 1847. *Cardium Villmarense*, d'Arch. et Vern., p. 375, pl. 36, fig. 9. Allemagne, Willmar.

615. inæquicostatum, d'Orb., 1847. *Lunulocardium inæquicostatum*, Münster, 1842. Beitra., 5, p. 120, pl. 11, fig. 1 a, b. Geiser.

616. clathratum, d'Orb., 1847. *Cardium aliforme*, Var. *clathrata*. Gold., pl. 142, fig. 1 g; d'Arch. et Vern., pl. 36, fig. 7. Allemagne, Paffrath, Eifel.

617. trapezoidale, d'Orb. *Pleurorhynchus trapezoidalis*, Rœmer, 1843. Hartz, p. 22, pl. 6, fig. 6. Prusse, Hartz, Elbingerode.

618. subtrigonale, d'Orb., 1847. *Pleurorhynchus trigonalis*, Hall, 1843. Natur. hist. of New-York, n° 35, fig. 6 et 6 a. (*Non Phillips*, 1829). États-Unis, New-York, Williamsville.

619. Phillipsii, d'Orb., 1847. *Pleurorhynchus minax*, Phillips, 1841. Paleoz. foss., pl. 17, fig. 50. (*Non Phillips*, 1836. Yorks., pl. 5, fig. 27). Angleterre, Bradley, Halberton.

CARDIOMORPHA, Koninck, 1847. Ce sont des *Isocardia* sans dents à la charnière.

620. antiqua, d'Orb., 1847. *Isocardia antiqua*, Goldf., pl. 140, fig. 1. Allem., Nassau, Wissenbach.

621. Humboldtii, d'Orb., 1847. *Isocardia Humboldtii*, Goldf., pl. 140, fig. 2. Allem., Nassau, Wissenbach.

622. vetusta, d'Orb., 1847. *Isocardia vetusta*, Gold., pl. 160, fig. 14. Prusse, Eifel.

623. pygmæa, d'Orb., 1847. *Sanguinolaria pygmæa*, Goldf., pl. 159, fig. 20. Allem., Schübelhammer.

627. concentrica, d'Orb., 1847. *Cardiola concentrica*, Rœmer, 1843. Harzgebirges, p. 24, pl. 6, fig. 2. Prusse, Hartz, Grund.

628. Tanais, d'Orb., 1847. *Isocardia Tanaïs*, 1845. Verneuil, Murchis. et de Keys., Russ., 2, p. 302, pl. 20, fig. 6. Keyserling, 1846, pl. 10, fig. 20. Russie, Zadonsk, riv. Uchta et Ishma.

NUCULA, Lamarck, 1801.

629. lineata, Phil., Pal. foss., pl. 18, fig. 64, a, 3. Hall, 1834, 40, fig. 5. Angleterre, Baggy-Point; États-Unis, New-York, Hamilton-group, Cayuga.

630. plicata, Phil., Pal. foss., pl. 18, fig. 63. Angl., Baggy-Point.

631. obesa, Goldf., pl. 124, fig. 4. Allem., Ems, Nassau.

632. obsoleta, Goldf., pl. 124, fig. 6. Allem., Solingen.

633. prisca, Goldf., pl. 124, fig. 7. Var. *lævis*, Allem., Ems, Nassau, Bensberg.

634. subelliptica, d'Orb., 1847. *N. elliptica*, Rœmer, 1843. Harzgebirges, p. 23, pl. 6, fig. 12. (*Non Phillips*, 1839). Prusse, Hartz.

635. Protei, Münster, 1840. Beitra. zur Petref., 3, p. 54, pl. 11, fig. 9. Bavière, Elbersreuth.

636. Hamiltonensis, d'Orb., 1847. *Nucula oblonga*, Hall, 1843. Natur. hist. of New-York, n° 40, fig. 4. (Non *oblonga*, Sow.) États-Unis, New-York, Hamilton-group.

637. opima, Hall, 1843. Natur. hist. of New-York, n° 40, fig. 3. Etats-Unis, New-York, Hamilton-group.

ARCA, Linné, 1758. D'Orb., Paléont. franç., terr. crét., 3, p. 194.

638. Cawdori, d'Orb. 1847. *Cucullea Cawdori*, Sow., 1839, in Murch. Silur. Syst., pl. 3, fig. 11. Angleterre, Old red Sandstone.

639. subovata, d'Orb., 1847. *Cucullea ovata*, Sow., 1839, in Murch. Silur. Syst., pl. 3, fig. 12 b. *Nucula id.* Phill., pl. 18, fig. 65 (non *ovata*, Gmelin, 1789). Angleterre, Old red Sandstone, Felindre.

640. subantiqua, d'Orb., 1847. *Cucullea antiqua*, Sow., 1839, in Murch. Silur., Syst., pl. 3, fig. 12 a (non Goldf., 1838). Angleterre, Old red Sandstone, Felindre.

641. Lasii, d'Orb., 1847. *Cucullea Lasii*, Rœmer, 1843. Harzgebirges, p. 24, pl. 6, fig. 15. Prusse, Hartz, Herrn, Ober-Bergrath.

642. amygdalina, d'Orb., 1847. *Cucullea amygdalina*, Phill., Pal. foss., pl. 18, fig. 66. Angleterre, Marwood.

643. subangusta, d'Orb., 1847. *Cucullea angusta*, Sow., Geol. Trans., vol. 5, pl. 53, fig. 25 ; *Arca id.* Phill., Pal. foss., pl. 19, fig. 68 (non Defrance, 1816.) Angleterre, Marwood.

644. subdepressa, d'Orb., 1847. *Cucullea depressa*, Phill., Pal. foss., p. 42, pl. 19, fig. 71. Angleterre, Marwood.

645. Hardingii, d'Orb. *Cucullea Hardingii*, Sow., Geol. Trans., vol. 5, pl. 53, fig. 26, 27 ; Phill., Pal. foss., pl. 18, 19, fig. 67. Angleterre, Marwood.

646. trapezium, d'Orb., 1847. *Cucullea trapezium*, Sow., Geol. Trans., vol. 5, pl. 53, fig. 24; Phill., Pal. foss., pl. 19, fig. 70. Angleterre, Felindre.

647. unilateralis, d'Orb., 1847. *Cucullea unilateralis*, Sow., Geol. Trans., vol. 5, pl. 53, fig. 23; Phill., Pal. foss., pl. 19, fig. 69. Angleterre, Felindre.

648. Michelini, d'Arch. et Vern., p. 373, pl. 36, fig. 6. Prusse, Paffrath.

648'. prisca, Goldf., pl. 160, fig. 10. Allemagne, Glatz.

649. torulosa, de Buch, Gon. Clym., 1838, fig. 12. Allemagne, Falckenberg.

649'. Oreliana, 1845. Vern., Murch. et de Keys., Russie, 2, p. 314, pl. 20, fig. 3. Keyserling, 1846, pl. 10, fig. 21. Russie, Novazilskaya, Russie septentrionale, rivières Ishma, Uchta et Orel.

MYTILUS, Linné, 1758. D'Orb., Paléont. franç., terr. crét., 3, p. 263.

650. Damnoniensis, Phill., Pal. foss., pl. 17, fig. 61. Angl., Newton, Bushel.

650'. scalaris, d'Orb., 1847. *Modiola scalaris*, Phill., 1841, Pal. fos., pl. 60, fig. 62. Angl., Berry, Pomeroy.

651. amygdalinus, d'Orb., 1847. *Modiola amygdalina*, Phill., Pal. foss., pl. 17, fig. 62. Angl., Petherwin.

651'. cuspidatus, Münst., 1840. Beitra., 3, p. 55, pl. 11, fig. 10. Bavière, Schübelhammer, Geiser, Silésie, Falckenberg.

652. substriatus, Münst., 1840. Beitra. zur Petref., 3, p. 55, pl. 11, fig. 11. Bavière, Schübelhammer.

653. costatus, Münst., 1840. Beitra. zur Petref., 3, p. 55, pl. 11, fig. 12. Bavière, Schübelhammer.

654. obliquus, Münster, 1840. Beitra. zur Petref., 3, p. 55, pl. 11, fig. 13. Bavière, Geiser.

655. subsulcatus, Münst., 1840. Beitra. zur Petref., 3, p. 56, pl. 13, fig. 14. Bavière, Elbersreuth.

656. bilobatus, d'Orb., 1847. *Modiola bilobata*, Münst., 1840. Beitra. zur Petref., 3, p. 57, pl. 11, fig. 18. Bavière, Elbersreuth.

657. semistriatus, d'Orb., 1847. *Modiola semistriata*, Münst., 1848. Beitra. zur Petref., 3, p. 57, pl. 11, fig. 19. Bavière, Elbersreuth.

658. subconcentricus, d'Orb., 1847. *Modiola concentrica*, Hall, 1843. Natur. hist. of New-York, nº 40, fig. 9 (Non Münster, 1838). États-Unis, New-York, Hamilton-group.

659. dimidiatus, d'Orb., 1847. *Cardium dimidiatum*, Goldf., pl. 160, fig. 16. *Inoceramus Chemungensis*, Conrad, Etats-Unis (New-York), Chemung, Narvows; Prusse, Eifel.

660. priscus, Goldf., pl. 160, fig. 13. Prusse, Eifel.

LAMELLIBRANCHES PLEUROCONQUES.

POSIDONOMYA, Bronn, 1837. Voy. p. 13.

661. glabra? d'Orb., 1847. *Cardium glabrum*, Münst., Goldf., 1839. Petref., 2, p. 218, pl. 143, fig. 8. Allemagne, Prague et Elbersreuth.

662. acuta? d'Orb., 1847. *Modiola acuta*, Münst., 1840. Beitra. zur Petref., 3, p. 57, pl. 11, fig. 20. Bavière, Elbersreuth.

663. Germaniæ, d'Orb., 1847. *Modiola vetusta*, Münst., 1840. Beitra. zur Petref., 3, p. 56, pl. 11, fig. 17. (Non *Posidonomya vetusta*, Münster.) Bavière, Schübelhammer.

664. concentrica, d'Orb., 1847. *Arca concentrica*, Münster, 1840, Beitra. zur Petref., 3, p. 54, pl. 11, fig. 8, a, b. Bavière, Elbersreuth.

665. Munsterii, d'Orb., 1847. *Erycina glabra*, Münster, 1840. Beitr. zur Petref., 3, p. 72, pl. 12, fig. 23. (Non *Cardium glabrum*, Münster.) Bavière, Elbersreuth.

666. Nerei, d'Orb., 1847. *Mytilus Nerei*, Münster, 1840. Beitra. zur Petref., 3, p. 55, pl. 11, fig. 14. Bavière, Geiser.

667. Neptuni? d'Orb., 1847. *Astarte Neptuni*, Münster, 1840. Beitra. zur Petref., 3, p. 71, pl. 12, fig. 22. Bavière, Presseck.

668. obovata, d'Orb., 1847. *Sanguinolaria obovata*, Münst., 1840. Beitra. zur Petref., 3, p. 73, pl. 12, fig. 29. Bavière, Schübelhammer.

669. sulcata, d'Orb., 1847. *Sanguinolaria sulcata*, Münst., 1840. Beitra. 3, p. 72, pl. 12, fig. 26. Bavière, Schübelhammer.

670. undata, d'Orb., 1847. *Sanguinolaria undata*, Münst., 1840. Beitra., 3, p. 73, pl. 12, fig. 27. Bavière, Schübelhammer.

671. nobilis, Münst., 1840. Beitr., 3, p. 50, pl. 10, fig. 8. *P. elegans*, Münster, 1840, pl. 10, fig. 9. Bavière, Gattendorf.

672. grandis, Münster, 1840. Beitr. zur Petref., 3, p. 50, pl. 10, fig. 10. Bavière, Gattendorf.

673. semistriata, Münster, 1840. Beitr. zur Petref., 3, p. 51, pl. 10, fig. 11. Bavière, Schübelhammer.

674. venusta, Münster, 1840. Beitr. zur Petref., 3, p. 51, pl. 10, fig. 12. Bavière, Gattendorf.

675. lata, Münster, 1842. Beitr. zur Petref., 5, p. 117, pl. 11, fig. 3 a, b. Allemagne, Geiser.

676. costata, Münster, 1842. Beitr. zur Petref., 5, p. 117, pl. 11, fig. 2. Allemagne, Geiser.

677. subtextilis, d'Orb., 1847. *Astarte subtextilis*, Hall, 1843. Natur. hist. of New-York, n° 55, fig. 6. Etats-Unis, New-York.

678. elliptica, d'Orb., 1847. *Paracyclas elliptica*, Hall, 1843. Natur. hist. of New-York, n° 35, fig. 2. Etats-Unis, New-York, Corniferous-limestone, Le Roy, Genesee-county.

679. elongata, d'Orb., 1847. *Avicula elongata*, Beitr. zur Petref., 3, p. 54, pl. 11, fig. 2. Bavière, Geiser.

680. semiauriculata, d'Orb., 1847. *Avicula semiauriculata*, Münster, 1840. Beitr., 3, p. 51, pl. 11, fig. 1. Bavière, Geiser.

681. rugosa, d'Orb., 1847. *Avicula rugosa*, Münster, 1840. Beitr. zur Petref., 3, p. 52, pl. 11, fig. 3. Bavière, Schübelhammer.

682. gibbosa, d'Orb., 1847. *Avicula gibbosa*, Münster, 1840. Beitr., 3, p. 52, pl. 11, fig. 4. Bavière, Glucksbrunn et Sutherland.

683. inflata, d'Orb., 1847. *Avicula inflata*, Münster, 1840. Beitr., 3, p. 53, pl. 11, fig. 5. Bavière, Presseck, Schübelhammer.

684. regularis, d'Orb., 1847. *Inoceramus regularis*, Münster, 1840. Beitr. zur Petref., 3, p. 48, pl. 10, fig. 1. a. Bavière, Gattendorf.

685. semiorbicularis, d'Orb., 1847. *Inoceramus semiorbicularis*,

Münster, 1840. Beitr., 3, p. 48, pl. 10, fig. 3. Bavière, Elbersreuth.

686. trigona, d'Orb., 1847. *Inoceramus trigonus*, Münster, 1840. Beitr. zur Petref., 3, p. 48, pl. 10, fig. 3. Bavière, Elbersreuth.

687. subacuta, d'Orb., 1847. *Inoceramus acutus*, Münster, 1840. Beitr., 3, p. 49, pl. 10, fig. 4. (Non n° 662.) Bavière, Elbersreuth.

688. subobovata, d'Orb., 1847. *Inoceramus obovatus*, Münster, 1840. Beitr., 3, p. 49, pl. 10, fig. 6. (Non n° 668.) Bavière, Geiser.

689. Scylla, d'Orb., 1847. *Inoceramus semistriatus*, Münster, 1840. Beitr., 3, p. 49, pl. 10, fig. 7 a, b. (Non n° 673.) Bavière, Elbersreuth.

AVICULA, Klein, 1753. Voy. p. 13.

690. subradiata, Sow., Geol. Trans., vol. 5, pl. 54, fig. 1; Phil., Pal. foss., pl. 23, fig. 86. Angleterre, Petherwin.

691. texturata, Phil., Pal. foss., pl. 23, fig. 87. Angl., Barton.

692. pectinoides, Sow., Geol. Trans., vol. 5, pl. 54, fig. 2. Angleterre, Petherwin, Barnstaple.

693. rectangularis, Sow, 1839. Sil. Syst., pl. 3, fig. 2. Angleterre, Horeb Chapel; Prusse, Eifel.

694. cancellata, Phil., Pal. fos., pl. 22, fig. 84. Angleterre, Baggy-Point, Croyde, Braunston.

695. Damnoniensis, Sow., Geol. Trans., vol. 5, pl. 53, fig. 22. Phil., Pal. foss., pl. 23, fig. 90, 92; Hall, 1843. New-York, n° 59, fig. 1. Angleterre, Marwood; États-Unis, New-York.

696. exarata, Phil., Pal. foss., pl. 23, fig. 89. Angl., Petherwin.

697. anisota, Phil., Pal. foss., pl. 22, fig. 83. Angl., Meadsfoot.

698. rudis, Phil., Pal. foss., pl. 22, fig. 85. Angl., Brushford, Pilton.

699. Vesta, d'Orb., 1847. *A. ventricosa*, Gold., p. 119, fig. 2. Phil., Pal. foss., pl. 21, fig. 82. (Non Koch, 1837.) Iserlohn, Ems, Kemmenau, Petherwin.

700. lamellosa, Gold., pl. 120, fig. 1; d'Archiac et Vern., pl. 38, fig. 12, p. 408.) Siegen, Kemmenau, Weipperthal, Hartz.

701. lineata, Gold., pl. 119, fig. 6. Allem., Ems, Kemmenau, Chimay, Couvin.

702. plana, Gold., pl. 119, fig. 4. Allem., Ems, Kemmenau.

703. Rhexia, d'Orb., 1847. *A radiata*, Gold., pl. 119, fig. 7. (Non Leach., 1814.) Angleterre, Plymouth; Allem., Eifel, Iserlohn.

704. spinosa, Phil., Pal. foss., pl. 21, fig. 81. Angleterre, Woodabay, Newton.

705. trigona, Gold., pl. 120, fig. 3. Allem., Ems, Kemmenau.

706. nuda, Münster, 1842. Beitr. zur Petref., 5, p. 117, pl. 11, fig. 10. Bavière, Geiser.

707. tenuistriata, Braun, Münster, 1842. Beitr. zur Petref., 5, p. 118. pl. 11, fig. 9. Bavière, Geiser.

708. quinquecostata, Münster, 1842. Beitr. zur Petref., 5, p. 118, pl. 11, fig. 5. Bavière, Geiser.

709. planicostata, Braun, Münster, 1842. Beitr. zur Petref., 5, p. 118, pl. 11, fig. 4. Bavière, Geiser.

710. Bilsteinensis, d'Orb., 1847. *Pterinea Bilsteinensis*, Rœmer, 1844. Das Rhein. Ueberg., p. 77, pl. 6, fig. 1; a, b, c, d. Allem., Bilstein, Westphalie.

711. subtruncata, d'Orb., 1847. *Pterinea truncata*, Rœmer, 1844.

Das Rhein. Ueberg., p. 78, pl. 2, fig. 1. (Non Schum., 1817.) Allem., Waxweiller, Daleiden.

712. bicarinata, d'Orb., 1847. *Pterinea bicarinata*, Goldf., pl. 119, fig. 3. Lindlar (Westphalie).

713. carinata, d'Orb., 1847. *Pterinea carinata*, Gold., pl. 119, fig. 8. Vern., 1842, pl. 38, fig. 2. Lindlar (Westphalie), Kemmenau.

714. costulata, d'Orb., 1847. *Pterinea costata*, Gold., pl. 120, fig. 4; d'Arch. et Vern., pl. 38, fig. 3. (Non *costata*, Sow.) Allem, Ems, Kemmenau.

715. Wurmii, Rœmer, 1843. Harzgebirges, p. 21, pl. 6, fig. 7. Prusse, Hartz, Grund.

716. crinita, Rœmer, 1843. Harzgebirges, p. 21, pl. 6, fig. 8. Prusse, Hartz, Grund.

717. Inglerii, Rœmer, 1843. Harzgebirges, p. 21, pl. 6, fig. 4. Prusse, Hartz, Zellerfeld.

718. Kahlebergensis, Rœmer, 1843. Harzgebirges, p. 21, pl. 12, fig. 31. Prusse, Hartz.

719. Neptuni, Gold., pl. 116, fig. 4. Prusse, Eifel.

720. obsoleta, Gold, pl. 116, fig. 1. Allem., Abenthauer (Hundsruck).

721. lævis, d'Orb., 1847. *Pterinea lævis*, Gold., pl. 119, fig. 1. All., Kemmenau, Hartz, Lahn, près de Weilburg.

722. subantiqua, d'Orb., 1847. *A. antiqua*, Gold., pl. 160, fig. 9. (Non Defrance, 1816.) Prusse, Eifel.

723. Saturni, Gold., pl. 116, fig. 3. Prusse, Eifel.

724. elongata, d'Orb., 1847. *Pterinea elongata*, Goldf., pl. 119, fig. 5. Allem., Ems, Kemmenau.

725. semiauriculata, Münst., Beitr., 3, pl. 11, fig. 1. (*Monotis* Bronn.) Allem., Geiser.

726. Devonica, d'Orb., 1847. *A. Goldfussii*, , d'Arch. et Vern., p. 393, pl. 36, fig. 15. (Non Kork, 1837). Prusse, Paffrath, Refrath.

727. semialata, Münster, 1840. Beitra. zur Petref., 3, p. 53, pl. 11, fig. 7. Bavière, Presseck.

***728. subelegans,** d'Orb., 1848. *Pterinea elegans*, Goldf., pl. 119, fig. 9. (Non *elegans*, pl. 117.) France, Guéret, Sarthe ; Allem., Eifel, Chimay, Willmar.

729. Seckendorffii, d'Orb., 1847. *Pterinea idem*, Rœmer, 1843. Harzgebirges, p. 22, pl. 12, fig. 28. Prusse, Hartz, Seckendorf.

730. subovata, d'Orb., 1847. *Pterinea ovata*, Rœmer, 1843. Harzgebirges, p. 22, pl. 12, fig. 29. (Non Sow., 1826.) Prusse, Hartz.

731. fasciculata, Vern., 1846. *Pterinea id.*, Goldf., Petref. Germ., p. , pl. 120, fig. 5. *Avicula flabella*, Conrad, Prusse, Nassau, Ems; Etats-Unis (New-York).

732. Rœmeri, d'Orb., 1847. *Gervilia inconspicua*, Rœmer, 1843. Harzgebirges, p. 21, pl. 6, fig. 3. (Non Phillips, York), p. 2, pl. 6. Prusse, Hartz, Grund.

733. aculeata, Goldf., 1835, p. 283, pl. 60, fig. 8. (Non Risso, 1825). Prusse, Eifel.

734. Vorthii, 1845. Verneuil, Murch. et de Keys., Russie, 2, p. 322, pl. 21, fig. 1. Russie, Prussino; Allem., Grund, Hartz.

735. eximia, 1845, Verneuil, Murch. et de Keys. Russie, 2, p. 324, pl. 21, fig. 10. Russie, Zadonsk.

736. rugæstriata, d'Orb., 1847. *Lima rugæstriata*, Hall, 1843. Natur. hist. of New-York, n° 60, fig. 3. Etats-Unis, New-York, Rockville, Allegany-county.

737. suborbicularis, d'Orb., 1847. *Pterinea suborbicularis*, Hall, 1843. Natur. hist. of New-York, n° 60, fig. 1. Etats-Unis, New-York, Hobbieville, Allegany-county.

738. speciosa, Hall, 1834. Natur. hist. of New-York, n° 54, fig. 1 et 1 a. Etats-Unis, New-York, Portage-group.

739. muricata, Hall, 1843. Natur. hist. of New-York, n° 39, fig. 5. Etats-Unis, New-York, Avon.

740. americana, d'Orb., 1847. *Avicula lævis*, Hall, 1843. Natur. hist. of New-York, n° 39, fig. 6 (non *lævis*, Goldfuss, 1835). Etats-Unis, New-York, Avon.

741. æquilatera, Hall, 1843. Natur. hist. of New-York, n° 39, fig. 7. Etats-Unis, New-York, Bloomfield, Ontario-county.

742. signata, Hall, 1843. Natur. hist. of New-York, n° 60, fig. 5. Etats-Unis, New-York, Rockville.

743. Halleana, d'Orb., 1847. *A. decussata*, Hall, 1843. Natur. hist. of New-York, n° 44, fig. 1 et 2 (non Münster, 1838). Etats-Unis, New-York, Hamilton-group.

744. subpectiniformis, d'Orb., 1847. *A. pectiniformis*, Hall, 1843. Natur. hist. of New-York, n° 58, fig. 1 et 2 (non Geinitz, 1842). Etats-Unis, New-York, Chemung-group.

745. longispina, Hall, 1843. Natur. hist. of New-York, n° 58, fig. 3. Etats-Unis, New-York, Painted-post.

746. spinigera, Conrad, Jour. Acad. nat. sc., vol. 8, p. 237, pl. 12, fig. 18. Hall, 1843. Natur. hist. of New-York, n° 58, fig. 4. Etats-Unis, New-York, Painted-post.

747. subfragilis, d'Orb., 1847. *A. fragilis*, Hall, 1843. Natur. hist. of New-York, n° 51, fig. 1 et 2 (non Deshayes, 1824). Etats-Unis, New-York, Genesee-slate.

748. orbiculata, Hall, 1843. Natur. hist. of New-York, n° 43, fig. 1. Etats-Unis, New-York, Hamilton-group, Eighteen-Millecreek.

749. convexa, d'Orb., 1847. *Pecten convexus*, Hall, 1843. Natur. hist. of New-York, n° 60, fig. 7. Etats-Unis, New-York, Painted-post.

750. striata, d'Orb., 1847. *Pecten striatus*, Hall, 1843. Natur. hist. of New-York, n° 60, fig. 7. Etats-Unis, New-York, Painted-post.

751. crenulata, d'Orb., 1847. *Pecten crenulatus*, Hall, 1843. Natur. hist. of New-York, n° 60, fig. 8. Etats-Unis, New-York, Rockville.

752. dolabriformis, d'Orb., 1847. *Pecten dolabriformis*, Hall, 1843. Natur. hist. of New-York, n° 60, fig. 9. New-York, Rockville.

753. subgranulosa, d'Orb., 1847. *Pecten granulosus*, Phil., Pal. fos., pl. 21, fig. 75 (non Sow., 1827). Angl., Petherwin.

754. arachnoidea, d'Orb., 1847. *Pecten arachnoideus*, Phil., Pal. foss., pl. 21, fig. 80. Angleterre, Petherwin.

755. polytricha, d'Orb., 1847. *Pecten polytrichus*, Phil., Pal. foss., pl. 21, fig. 76. Angleterre, Brushford.

756. Rosalia, d'Orb., 1847. *A. radiata*, Goldfus. *Pecten transversus*,

Sow., Geol. Trans., vol. 5, pl. 53, fig. 3 id. Phil., pl. 21, fig. 77 (non Leach, 1814), (non *Pecten transversus*, Phil., Geol.Yorks., pl. 6, fig. 8). Barnstaple, Pilton, Brushford, Croyde, Petherwin; Eifel, Iserlohn.

757. Normaniana, d'Orb., 1847. Grande espèce, transverse, un peu carrée, presque aussi large sur la région cardinale que sur la région palléale ; ornée de côtes rayonnantes très-fines. France, Néhou (Manche).

PECTEN, Gualtier, 1742. D'Orb., Paléont. franç., terr. crét., 3, p. 576.

758. alternatus, Phil., 1842. Pal. foss., pl. 21, fig. 78. Angleterre, Petherwin.

759. nexilis, Sow., Geol. Trans., vol. 5, pl. 53, fig. 1, 2. Angleterre, Barnstaple.

760. subrugosus, d'Orb., 1847. *P. rugosus*, Phil., Pal. foss., pl. 21, fig. 79 (non Lamarck, 1819). Angl., Babbacombe.

761. linteatus, Gold., Petref., Germ., pl. 114, fig. 9. Belgique.

762. Altonis, Goldf., p. 160, fig. 5. Allem., Glatz (Silesia).

763. Hasbachii, d'Arch. et Vern., p. 372, pl. 36, fig. 13. Allem., Refrath.

764. striolatus, Gold., pl. 160, fig. 7. Prusse, Eifel.

765. Oceani, Gold., 1839, pl. 88, fig. 10. Prusse, Eifel, Goslar.

766. Phillipsii, Gold., p. 282, pl. 160, fig. 6. Allem., Glatz.

767. Ingriæ, d'Arch. et Vern., 1842. Verneuil, Murch. et de Keys., Russie, 2, p. 326, pl. 21, fig. 2. Keyserling, 1846. Russie, Volkof; Russie septent., rivière de Wol.

768. Halleanus, d'Orb., 1847. *P. cancellatus*, Hall, 1843. Natur. hist. of New-York, nº 60, fig. 4 (non Phillips, 1829). Etats-Unis, New-York, Phillipsburgh.

769. subduplicatus, d'Orb., 1847. *P. duplicatus*, Hall, 1843. Natur. hist. of New-York, nº 60, fig. 2 (non Sow., 1827). Etats-Unis, New-York, Phillipsburgh, Allegany-county.

770. subglaber, d'Orb., 1847. *Lima glaber*, Hall, 1843. Natur. hist. of New-York, nº 60, fig. 10 (non Montagu, 1803). Etats-Unis, New-York, Phillipsburgh.

771. subobsoletus, d'Orb., 1847. *Lima obsoleta*, Hall, 1843. Natur. hist. of New-York, nº 60, fig. 11 (non Donavan, 1799). Etats-Unis, New-York, Phillipsburgh.

MOLLUSQUES BRACHIOPODES.

LINGULA, Bruguière, 1789. Voy. p. 14.

772. cornea, Sow., 1839, in Murch. Sil. Syst., pl. 3, fig. 3. *Terebratula lingularis*, Münster, 1840. Beitr., 3, pl. 14, fig. 1. Angleterre, Tin., Mill Dorpat; Bavière, Elbersreuth.

773. spatulata, Hall, 1843. Natur. hist. of New-York, nº 51, fig. 5. Etats-Unis, New-York, Genesee-slate.

'774. concentrica, Hall, 1843. Natur. hist. of New-York, nº 51, fig. 6. Etats-Unis, New-York, Genesee-slate.

CALCEOLA, Lamarck, 1801.

'775. sandalina, Lam. *Anom. sandalium*, Lin., Gmel. (*Crepite, cre-*

pidolete, *sandalites*, etc., de Hüpsch, Obser. phy., t. 3, p. 150, 1; Schröt.) Schlot., Petref., p. 178; Bronn., Leth., Geog., pl. 3, fig. 5. Phil., Pal. foss., pl. 60, fig. 102. Angleterre, Chircombe Bridge, près Newton; Belgique, Chimay, Couvin; Prusse, Eifel, Brilon, Langenberg, Martenberg, Meschede, Goslar; France, Néhou, etc.

PRODUCTUS, Sowerby, 1812.

*776. **productoides**, d'Orb., 1847. *Orthis productoides*, Murch., 1840. Bull. de la soc. géol. de France, p. 254, pl. 2, fig. 7. *P. murchisonianus*, de Koninck, 1846. Mon. du G. prod., p. 245, pl. 16, fig. 3. Russie, Petschora; septentrionale, Wol et Ucbta, affluent de l'Ishma. Rives du Volkof, bords du lac Ilmen, Voroneje et Zadonsk sur le Don. Angleterre, Petherwin, en Devonshire; Belgique, env. de Chimay et de Couvin; Prusse, Gerolstein, Paffrath; Namur; France, Ferques; Van Diemen.

*777. **subaculeatus**, Murchison, 1840. Koninck, Mon. du G. prod., p. 249, pl. 16, fig. 4. Belgique, Chaudfontaine, Fraipont, Dison, Amay, env. de Huy, Namur, Feluy; Prusse, Gerolstein, Kirspenich, Eifel, Willmar sur la Lahn; France, Ferques (Pas-de-Calais), Gahard (Ille-et-Vilaine); Russie, Zadonsk sur le Don et env. de Voroneje, bords du lac Ilmen et du Volkof; Angleterre, dans le Devonshire.

778. **dissimilis**, De Koninck, 1847. Mon. du G. product., p. 255, pl. 16, fig. 5. Belgique, environs de Chimay.

779. **Lorieri**, d'Orb., 1847. Petite espèce qui diffère des trois précédentes par ses stries rayonnantes régulières, et par les rides transverses de son crochet. France, le Pont-Marie, près de Viré (Sarthe).

CHONETES, Fischer, 1837.

*780. **sarcinulata**, de Verneuil, 1845. Russia, vol. 2, p. 242. Koninck, 1848. Monog. des anim. foss., 1re part., p. 210, pl. 20, fig. 15. *Terebratulites sarcinulatus*, Schl., 1820. Petref., p. 256, pl. 29, fig. 3. France, Brest, Gahard; Angleterre, Devonshire, etc.; Allem., Prusse, Malmedy.

*781. **armata**, Bouchard, 1845. Vern. Russia, Murch. et Vern., etc., vol. 2, p. 241. Koninck, 1848. Monog. des anim. foss., 1re part., p. 215, pl. 20, fig. 14. France, Ferques; Amérique septent., Avon.

782. **dilatata**, Koninck, 1848. Monog. des anim. foss., 1re part., p. 195, pl. 20, fig. 10. *Hysterolites vulvarius*, Schl., 1820; Petref., p. 284, pl. 29, fig. 2. *Orthis dilatata*, Rœm., 1844. Veberg., p. 74, pl. 1, fig. 5. Angl., Hesham; Allemagne, Daleiden, Daun, etc.

*783. **convoluta**, Koninck, 1848. Monog. des anim. foss., 1re part., p. 217, pl. 20, fig. 16. *Leptæna convoluta*, Phill., 1841. Paleoz. foss. of Cornw., p. 57, pl. 24, fig. 96. Belgique, Chaudfontaine; Angleterre, Croyde-bay Irlande; Allem., Paffrath.

784. **crenulata**, Koninck, 1848. Monog., 1re part., p. 205, pl. 20, fig. 8. *Orthis crenulata*, Rœmer, 1844. Das Rhein, Veberg., p. 74, pl. 5, fig. 5. Belg., Chimay, Couvin; Allemagne, Keldenich.

785. **minuta**, Verneuil, Russie, 2, p. 241. Koninck, 1848. Monog. des anim. foss., 1re part., p. 219, pl. 20, fig. 18. *Orthis minuta*, Goldf., ap. v. Buch., 1836. Abhaudl. der Konigl. Akad. der Wissens. zur Berlin, p. 68. Allemagne, Blaukenheim.

*786. **nana**, de Vern., 1845. Russie, vol. 2, p. 245, pl. 15, fig. 12. Ko-

ninck, 1848. Monog., 1re part., p. 213, pl. 20, fig. 9. Russie, Voroneje; Etats-Unis, New-York, Louisville, Chaslon, Ohio, Indiana.
787. setigera, Koninck, 1848. Monog. des anim. foss., 1er part., p. 215, pl. 20, fig. 7. *Strophomena setigera*, Hall, 1843. Natur. hist. of New-York, Geolog., p. IV, p. 180, pl. 71, fig. 2. Amérique, Etats-Unis, New-York, Avon.
***788 Falklandica**, Morris et Sharpe, 1846. Quart. geol. journ. Lond., 2, p. 274, pl. 10, fig. 4. Koninck, 1848. Monog. des anim. foss., 1re part., p. 204, pl. 20, fig. 4. Amérique méridionale, îles Falkland.
LEPTÆNA, Dalman, 1828. Voy. p. 14.
***789. laticosta**, Conrad. France, Gahard (Bretagne); Allem., Eifel.
***790. Murchisoni**, Vern. et d'Arch., 1842. Trans. Geol. soc., VI, p. 371, pl. 36, fig. 2. France, rade de Brest, Izé, près de Vitré, Néhou (Manche); Allem., Siegen et Daleiden; Espagne (Asturies), Ferroñes.
***791. Fischeri**, Vern. et de Keys., 1845. Russie, p. 233, pl. 15, fig. 6; France, Ferque; Russie, bords du Don.
***792. Dutertrii**, Vern. et de Keys., 1845. Russie, p. 223, pl. 14, fig. 2. *Orthis id.*, Murch. France, Ferques (Pas-de-Calais); Russie, Voroneje; Etats-Unis, New-York; Espagne (Asturies), Ferroñes et Pelapaya; Belgique.
793. membranacea, Phil., Pal. foss., pl. 25, fig. 101. Angleterre, Pilton, Petherwin.
794. arcuata ? d'Orb. *Orthis arcuata*, Phill., Pal. foss., pl. 26, fig. 107. Angl., Hope.
795. calcar, d'Orb., 1847. *Orthis calcar*, Phill., Pal. foss., pl. 26, fig. 112. Angleterre, Pilton.
796. granulosa, d'Orb., 1847. *Orthis granulosa*, Phill., 1841. Pal. foss., pl. 25, fig. 101. Angl., Woodabay.
797. interstrialis, Nob. *Orthis id.*, Phill., 1841. Pal. foss., pl. 25, fig. 103. Angl., Barton. *Strophomena id.*, Hall, 1843, n° 61, fig. 5. Etats-Unis, New-York.
798. longisulcata ? d'Orb., 1847. *Orthis longisulcata*, Phill., 1841. Pal. foss., pl. 26, p. 105. Angl., Linton, Watersmut, Woodabay.
799. Thisbe, d'Orb., 1847. Espèce un peu transverse, néanmoins presque aussi longue que large, peu convexe, ornée de fines stries dichotomes, rayonnantes, égales. France, Néhou (Manche).
800. irregularis, d'Orb., 1837. *Orthis irregularis*, Rœmer, 1844. Das Rhein, Ueberg., p. 75, pl. 4, fig. 1. Allem., Gerolstein.
801. macroptera, d'Orb., 1847. *Orthis macroptera*, Rœmer, 1844. Das Rhein. Ueberg., p. 75, pl. 4, fig. 2. Allemagne, Refrath.
***802. Lepis**, d'Orb., 1847. *Strophomena lepis*, Brom. Vern., Trans. Geol. soc., VI, pl. 36, fig. 4. Allemagne, Eifel. *Orthis lepis*, Verneuil, Russie.
803. Sedgwickii, d'Orb., 1847. *Orthis id.*, Vern. et d'Arch., Trans. Geol. soc., VI, pl. 36, fig. 1. Allem., Siegen, Landerskron.
***804. asella**, Vern., 1845. Russia, 2, p. 224, pl. 14, fig. 3. De Keyserling, 1846. Geognost. beobacht., p. 217. France, Ferques (Pas-de-Calais); Russie septent., gouv. Woronesch, bords du Don.
805. squamula, de Keyserling, 1846. Geognost. beobacht., p. 217, pl. 7, fig. 3 a, b. Russie septentrionale, Tsilma, gouv. de Woronesch.

806. inæquistriata, d'Orb., 1847. *Strophomena inæquistriata*, Conrad, Journ. Acad. nat. sc., vol. 8, p. 254, pl. 14, fig. 2. Hall, 1843. Natur. hist. of New-York, nº 42, fig. 4. Etats-Unis, New-York, Hamilton-group; Moscow.

807. mucronata, d'Orb., 1847. *Strophomena mucronata*, Hall, 1843. Natur. hist. of New-York, nº 39, fig. 3. Etats-Unis, New-York, Avon.

808 pustulosa, d'Orb., 1847. *Strophomena pustulosa*, Hall, 1843. Natur. hist. of New-York, nº 39, fig. 4. Etats-Unis, New-York, Avon.

809. nervosa, d'Orb., 1847. *Strophomena nervosa*, Hall, 1843. Natur. hist. of New-York, n. 61, fig. 1. Etats-Unis, New-York.

810. bifurcata, d'Orb., 1847. *Strophomena bifurcata*, Hall, 1843. Natur. hist. of New-York, nº 61, fig. 2. Etats-Unis, New-York, Napoli, Cattarangus-county.

811. arctostriata, d'Orb., 1847. *Strophomena arctostriata*, Hall, 1843. Natur. hist. of New-York, nº 61, fig. 3. Etats-Unis, New-York, Hobbieville, Allegany-county.

812. pectinacea, d'Orb., 1847. *Strophomena pectinacea*, Hall, 1843, Natur. hist. of New-York, nº 61, fig. 4. Etats-Unis, Hobbieville.

814. acutiradiata, d'Orb., 1847. *Strophomena acutiradiata*, Hall, 1843. Natur. hist. of New-York, nº 35, fig. 3. Etats-Unis, Buffalo.

815. crenistria, d'Orb., 1847. *Strophomena crenistria*, Hall, 1843. Natur. hist. of New-York, nº 35, fig. 4. Etats-Unis, New-York, Vienna, Ontario-county.

***816. Sulivani ?** d'Orb., 1847. *Orthis Sulivani*, Morris, 1846. Quarterly Journal, 2, p. 275, pl. 10, fig. 1. Iles Malouines.

***817. tenuis ?,** d'Orb., 1847. *Orthis tenuis*, Morris, 1846. Quarterly journal, 2, p. 275, pl. 11, fig. 4. Iles Malouines.

***818. concinna ?,** d'Orb., 1837. *Orthis concinna*, Morris, 1846. Quarterly Journal, 2, p. 275, pl. 10, fig. 2. Iles Malouines.

***819. devonica,** d'Orb., 1847. *Orthis crenistria*, Var. *devonica*, de Keyserling, 1846. Geognost. beobacht, p. 221, pl. 7, fig. 7. Russie septentrionale, Ishma; France, Ferque.

STROPHOMENA, Rafinesque, 1835. Voy. p. 16.

820. rhomboidalis, d'Orb., 1847. Voy. Étage silurien, nº 147. *Leptæna nodulosa*, Phil., Pal. foss., pl. 24, fig. 94. *Strophomena undulata*, Vanuxem, Hall, 1843. Hist. nat. of New-York, nº 38, fig. 3. Angl., Newton; All., Eifel; Amér., États-Unis, New-York; France, le Pont-Marie, près de Viré (Sarthe).

ORTHIS, Dalmann, 1827. Voy. p. 17.

***821. striatula,** d'Orb., 1847. *Terebratulites striatulus*, Schloths, 1813. Min. Tasch., 7, pl. 2, fig. 6. *Spirifer striatulus*, d'Arch. et de Vern. France, Ferques (Pas-de-Calais), Viré (Sarthe), Néhou (Manche), Allem., Hartz, Eifel, Bensberg, Oural.

***822. fascicularis,** d'Orb., 1847. Espèce suborbiculaire très-déprimée; petite valve presque plate, ornée de stries en faisceaux qui partent de centres communs, droits au milieu, arqués sur les côtés. Espagne, Ferroñes (Asturies).

***823. Umbolata ?** Conrad. France, Gahard, Bretagne; N. Amr., New-York.

***824. elegans,** Bouchard. Petite espèce. France, Ferques.

825. tenuistriata, Sow., Geol. Trans., vol. 5, pl. 57, fig. 12. Angleterre, Morebath.

826. lunata, Sow., 1839. In Murchis. Silur. Syst., pl. 12, fig. d. Angleterre, Old red sandstone ; Allemagne ; Moselle.

827. parallela, Phill., 1841. Paleoz. foss., pl. 26, fig. 109. Angl., Petherwin, Pilton.

828. hians, de Buch, Soc. géol. de Fr., IV, pl. 11, fig. 14. All., Eifel ; Angl., Berenford.

***829. interlineata,** Hall, 1843. New-York, n° 62, fig. 3, 4. Phill., 1841. Paleoz., pl. 26, fig. 106. Angl., Petherwin; États-Unis, New-York.

830. lens, Phill., 1841. Paleoz. foss., pl. 26, fig. 100. Angl., Hope.

***831. orbicularis,** Vern. et d'Arch., 1845. Rech. sur les Ast., p. 42, pl. 15, fig. 9. Espagne (Asturies), Ferroñes et Pelapaya.

832. Zinckenii, Rœmer, 1843. Harzgebirges, p. 10, pl. 4, fig. 8. Prusse, Hartz.

833. dilatata, Rœmer, 1844. Das Rhein. Ueberg., p. 74, pl. 1, fig. 5. Waxweiller, Daleiden, Daun, Coblenz.

834. granulata, Münster, 1840. Beitra. zur Petref., 3, p. 79, pl. 14, fig. 17. Bavière, Schübelhammer.

835. concentrica, Münster, 1840. Beitra. zur Petref., 3, p. 79, pl. 14, fig. 19, a, b. Bavière, Elbersreuth.

836. subarachnoidea, d'Arch. et Vern., 1847. Trans. Geol. Soc., VI, p. 372, pl. 36, fig. 3. *O. arachnoidea,* Phill., Pal. foss., pl. 27, fig. 114 (non *Spir. id.* Yorkshire). Allem., Kemmenau, Ems, Hope.

837. Murchisoni, d'Arch. et Vern., p. 371, pl. 36, fig. 2. Allem., Siegen.

838. nucleiformis, Schlot. (coll.) ; de Buch, Mém. Soc. géol. Fr., t. 4, p. 212. Prusse, Eifel.

839. virgulata, J. Sow., 1842. Trans. Geol. Soc., VI, p. 409, pl. 38, fig. 8. Haiger, Sülbach, près de Dissenburg.

840. strigosa, J. Sow., 1842. Trans. Geol. Soc., VI, p. 409, pl. 38, fig. 7. Allem., Haiger, Sülbach, près de Dissenburg.

841. obovata, J. Sow., p. 409, pl. 38, fig. 10. Allemagne, Haiger, Sülbach, près de Dissenburg.

842. partita, J. Sow., 1847. Trans. Geol. Soc., VI, p. 409, pl. 38, fig. 11. Allemagne, Haiger, Sülbach, près de Dissenburg.

843. circularis, Sow., Trans. Geol. Soc., VI, pl. 38, fig. 12. Allem., Daun.

844. opercularis, Vern. et de Keys., 1845. Russie, p. 187, pl. 13, fig. 2 ; Russie, riv. Volkof.

845. lentiformis, Vanuxem, Geol. Report. Hall, 1843. Natur. hist. of New-York, n° 38, fig. 4. États-Unis, Corniferous-limestone.

846. nucleus, Hall, 1843. Natur. hist. of New-York, n° 39, fig. 8. États-Unis, New-York, Avon.

847. carinata, Hall, 1843. Natur. hist. of New-York, n° 62, fig. 1 et 10. États-Unis, New-York, Painted-post.

848. impressa, Hall, 1843. Natur. hist. of New-York, n° 62, fig. 2. États-Unis, New-York, près d'Elmira.

849. unguiculus, Hall, 1843. Natur. hist. of New-York, n° 62, fig. 5. *Atrypa unguicula,* Sow. in Geol. trans., 2e série, vol. 5, pl. 54, fig. 8. *Spirifera unguicula*, Phill., Pal. foss., pl. 26, fig. 119. États-Unis, New-York.

*850. **Inca,** d'Orb., 1842. Paléont. de l'Amér. mérid., p. 38, pl. 11, fig. 10-12; Viña perdida, Challuani, près Cochabamba (Bolivia).

*851. **pectinatus,** d'Orb., 1842. Paléont. de l'Am. mérid., p. 39, pl. 11, fig. 13-15; Amér. mérid., d'Achacache, près du lac de Titicaca, aux environs de la Paz (Bolivia).

852. **limitaris,** Vanuxem, Geol. Report. *Atrypa limitaris*, Hall, 1843. Natur. hist. of New-York, nº 39, fig. 11. États-Unis, New-York, Le Roy, Genesee-county.

HEMITHIRIS, d'Orb., 1847. Voy. p. 18.

853. **fissuracuta,** d'Orb. *Ter. idem*, Vern. et de Keys., 1845. Russie, p. 98, pl 9, fig. 1. Russie.

*854. **sub Wilsonii?** d'Orb. *Terebratula. Wilsonii* auctorum. Néhou (Manche), Viré (Sarthe); Anglet.; Russie; Belg., Chimay. (Elle paraît différer de l'*A. Wilsoni*, de l'étage silurien supérieur, par les plis plus fins et plus nombreux.

RHYNCHONELLA, d'Orb., 1847. Paléontologie française, terr. crét., 4, p. 13.

855. **Cypris,** d'Orb., 1847. Espèce voisine de l'*Atrypa livonica*, mais moins haute, plus petite et plus triangulaire. France, Néhou.

STRIGOCEPHALUS, Defrance, 1827. Nous réservons ce nom aux espèces munies d'une area, d'un delligum simple, dans lequel est percée une ouverture ronde, sans bourrelets, placée sous le crochet entier.

*856. **Burtini,** Def., 1826. Dict. des sc. nat., 41, p. 102, pl. 75, fig. 1. Angl.; All., Paffrath; Belgique; Russie.

*857. **dorsatus,** Goldf., Vern. et d'Arch., Trans. Geol. Soc., 2e sér., VI, pl. 35, fig. 5. Prusse, Paffrath.

UNCITES, Defrance, 1828.

858. **gryphus,** Defrance, 1828. Dict. des sc. nat., 55, p. 257, pl. 7. *Ter Gryphus*, Sch. Prusse, Paffrath.

ATRYPA, Dalmann, 1828. Voy. p. 19.

*859. **Boloniensis,** d'Orb., 1847. Espèce voisine de l'*A. livonica*, encore moins élevée, plus large, à côtes plus nombreuses. France, Ferques (Pas-de-Calais).

*860. **inornata,** d'Orb., 1847. Grande espèce lisse, presque circulaire, sans plis, sur la région palléale. France, Néhou.

861. **Alinensis?** d'Orb., *Terebratula id.* Vern. et de Keys., Russie, p. 95, pl. 10, fig. 15. Russie, Oural.

862. **Voltzii?** d'Orb., 1847. *Terebratula Voltzii*, Vern. et d'Arc., Trans. Geol. Soc., 2e sér., VII, pl. 35, fig. 4. Russie; Paffrath, Eifel.

863. **livonica?** d'Orb., *Tereb. livonica*, de Buch, 1834. Mém. de la Soc. géol., 3, pl. 14, fig. 5. Adsel. Russie septentrionale, rivières Sjass., Wol, Wytschegda, Uchta, Ishma, Tsilma.

864. **primipilaris?** d'Orb. *Tereb. primipilaris*, de Buch, 1834, pl. 16, fig. 16. Angleterre, Plymouth; All., Eifel.

865. **Daleidensis?** d'Orb., 1847. *Terebr. Daleidensis*, Rœmer, 1844. Das Rhein., p. 65, pl. 1, fig. 7. Allem., Daleiden, Coblenz.

866. **microrhyncha,** d'Orb., 1847. *Terebratula microrhyncha*, Rœmer, 1844. Das Rhein., p. 65, pl. 5, fig. 2. Allem., Gerolstein.

867. hispida, Sow., Geol. Trans., vol. 5, pl. 54, fig. 4. Angleterre, Petherwin.

868. impleta, Sow., Geol. Trans., vol. 5, pl. 57, fig. 2. Angleterre, Plymouth.

869. implexa, Sow., Geol. Trans., vol. 5, pl. 57, fig. 4. Angleterre, Plymouth.

870. lacryma, Sow., Geol. Trans., vol. 5, pl. 56, fig. 9. Angleterre, Plymouth, Barthon

871. protracta, Sow., Geol. Trans., vol. 5, pl. 56, fig. 16. Angleterre, Plymouth, Barton ; Eifel, Elbersreuth.

873. oblonga, Sow., Geol. Trans., vol. 5, pl. 53, fig. 6. Angleterre, Barnstaple.

874. striatula, Sow., Geol. Trans., vol. 5, pl. 54, fig. 10. Angleterre, Fowey, Petherwin, Barnstaple.

875. subdentata, Sow., Geol. Trans., vol. 5, pl. 54, fig. 7. *Tereb. rotunda ?* Münster, Beitr., h. 3, pl. 14, fig. 15. *Tereb. subdentata*, Phil., Pal. foss., pl. 35, fig. 164. Angleterre, Petherwin, Schübelhammer ?

876. triangularis, Sow., Geol. Trans., vol. 5, pl. 54, fig. 9. Angleterre, Petherwin, Schübelhammer ?

877. triloba, Sow., Geol. Trans., vol. 5, pl. 56, fig. 14. Angleterre, Petherwin, Newton.

878. proboscidalis, d'Orb., *Tereb. id.*, Phill., 1840. Paleoz. foss., pl. 34, fig. 39. Torquay.

879. crenulata, Sow., Trans. Geol. Soc., v, pl. 56, fig. 17. Phill., Paleoz. foss., pl. 34, fig. 162. Angleterre, Barton.

880. anisodonta, d'Orb. *Tereb. idem*, Phillips, 1841. Pal. foss., pl. 34, fig. 154. Angl., Barton ; All., Eifel.

881. bifera, d'Orb., 1847. *Tereb. bifera*, Phill., 1841. Pal. foss., pl. 24, fig. 151. Angleterre, Torquay, Plymouth.

882. compta ? d'Orb. *Ter. compta*, Phill., 1841. Pal. foss., pl. 35, fig. 161. Angleterre, Barton.

883. latecosta, Hall., 1843. New-York, nº 66, fig. 1-2. *Tereb. latecosta*, Phill., 1841. Pal. foss., pl. 34, fig. 153. Angleterre, Barton ; Etats-Unis, New-York.

884. subcuboides, d'Orb., 1847. *A cuboides*, Phillips, Paleoz foss., pl. 34. fig. 150. Hall., 1843. Nat. Hist., New-York, nº 50, fig. 1 (non Sow., 1840). Angleterre, Hope ; Belgique, Chimay ; New-York, Tully.

885. fallax, Sow., Trans. Geol. Soc., pl. 54, fig. 15, Angleterre, Petherwin.

886. ovalis ? d'Orb., 1847. *Orthis ovalis*, Rœmer, 1843. Harzgebirges, p. 10, pl. 12, fig. 16. Prusse, Hartz.

887. Buchii ? d'Orb., 1847. *Terebratula Buchii*, Münster, 1840. Beitra., 3, p. 74, pl. 14, fig. 2. Bavière, Geiser, Elbersreuth.

888. Wurmii ? d'Orb., 1847. *Terebratula Wurmii*, Rœmer, 1843. Harzgebirges, p. 19, pl. 5, fig. 15. Prusse, Hartz, Grund.

889. semilævis, d'Orb., 1847. *Terebratula semilævis*, Rœmer, 1843. Harzgebirges, p. 17, pl. 5, fig. 6. Prusse, Hartz, Grund.

***890. Wahlenbergii,** d'Orb., 1847. *Terebratula Wahlenbergii*,

Goldf., Rœmer, 1843. Harzgebirges, p. 17, pl. 5, fig. 4. Bronn. Leth., pl. 2, fig. 11 (?). Prusse, Hartz, Rübeland.

891. strigiceps, d'Orb., 1847. *Terebratula strigiceps,* Rœmer, 1844. Das Rhein. Ueberg., p. 68, pl. 1, fig. 6. Allemagne, Waxweiller.

892. Verslilafii? d'Orb., 1847. *Tereb. id.*, Vern. et de Keys., Russie, p. 86, pl. 10, fig. 7. Russie, Oural.

893. sublepida? d'Orb., 1847. *Ter. idem.* Vern., Russie, p. 96, pl. 10, fig. 14. Russie, Oural.

894. Huotina? d'Orb., 1847. *Ter. Huotina,* Vern. et de Keys., 1845. Russ., p. 81, pl. 10, fig. 4. Russie.

895. concinna? Hall, 1843. Natur. hist. of New-York, nº 42, fig. 3. Etats-Unis, New-York, Hamilton-group; Moscow.

896. polita, Hall., 1843. Natur. hist. of New-York, nº 66, fig. 5. Etats-Unis, New-York ; Jasper, Steuben-county.

897. mosacostalis, Hall., 1843. Natur. hist. of New-York, nº 67, fig. 1. Etats-Unis, New-York, Ithaca, Chemung.

898. contracta, Hall., 1843. Nat. hist. of New-York, nº 66, fig. 3 a. Etats-Unis, New-York, Steuben-county.

899. scitula, Hall., 1843. Natur. hist. of New-York, nº 35, fig. 1. Etats-Unis, New-York, Corniferous-limestone, Williamsville.

900. unguiformis, Conrad, Hall, 1843. Natur. hist. of New-York, nº 30, fig. 4. *Hipparionyx proximus,* Vanuxem, Geol. Report, p. 124, fig. 4. Etats-Unis, New-York, Oriskany-sandstone.

901. elongata, Conrad, Annual Report, 1839, p. 65. Hall, 1843. Natur. hist. of New-York, nº 29, fig. 2. Etats-Unis, Oriskany.

902. peculiaris, Conrad, Annual Report of 1841. Hall, 1843. Natur. hist. of New-York, nº 29, fig. 3. Etats-Unis, New-York, Oriskany.

'903. palmata, Morris, 1846. Quarterly Journal, 2, p. 276, pl. 10, fig. 3. Iles Malouines.

904. Yuennamensis, d'Orb., 1847. *Terebratula id.*, de Koninck, 1846. Bull. de l'Acad. roy. de Brux., t. XIII, pl. a, fig. 2. Chine, province de Yuennam.

905. subundata, d'Orb., 1847. *Terebratula subundata,* Münster, 1840. Beitr., III, pl. 14, fig. 7. All., Schübelhammer.

906. nucula, d'Orb., 1847. *Terebratula nucula,* Sow., 1839, in Murch. Silur. Syst., pl. 3, fig. c. Angleterre, Old red Sandstone.

907. virgo, d'Orb., 1847. *Terebratula virgo,* Phillips, 1841. Paleoz. foss., pl. 35, fig. 167. Angleterre, Barton.

908. subobovata, d'Orb., 1847. *Terebratula obovata,* Münster, 1840. Beitra. zur Petref., 3, p. 78, pl. 14, fig. 14 (non Sow., 1839). Bavière, Elbersreuth.

909. rotunda, d'Orb., 1847. *Terebratula rotunda,* Münster, 1840. Beitra. zur Petref., 3, p. 78, pl. 14, fig. 1, 5. Bavière, Schübelhammer.

910. Schnurii, d'Orb., 1847. *Terebratula Schnurii,* de Vern., Bul. Soc. géol. franç., t. II, p. 261, pl. 3, fig. 2. Eifel.

911. rotundata, d'Orb., 1847. *Terebratula rotundata,* Münster, 1840, 3, p. 75, pl. 14, fig. 3. Bavière, Schübelhammer.

912. subcurvata, d'Orb., 1847. *Terebratula subcurvata,* Münster, 1840. Beitra. zur Petref., 3, p. 75, pl. 14, fig. 4. Bavière, Elbersreuth.

913. cingulata, d'Orb., 1847. *Terebratula cingulata,* Münster,

1840. Beitra. zur Petref., 3, p. 77, pl. 14, fig. 13. Bavière. Elbersreuth.

*914. **Antisiensis**, d'Orb., 1847. *Terebratula Antisiensis*, d'Orb., 1842. Paléont. de l'Amér. mérid., p. 56, pl. 11, fig. 26-28. Amérique mérid., envir. de Cochabamba (Bolivia).

915. **Peruviana**, d'Orb., 1847. *Terebratula Peruviana*, d'Orb., 1842. Paléont. de l'Amér. mérid., p. 36, pl. 11, fig. 22-25. Amér. mér., Rio de Challuani, près de Cochabamba (Bolivia).

916. **multidens**, d'Orb., 1847. *Terebratula pleurodon*, Phillips, 1841. Paleoz. foss., pl. 35, fig. 155. Angleterre, Barton.

PENTAMERUS, Sow., 1813.

917. **globus**, Verneuil. *Trigonotreta globus*, Bronn. All., Eifel.

918. **elongata**, Hall, 1843. Natur. hist. of New-York, no 34, fig. 1. États-Unis, New-York, Onondaga-limestone.

CYRTHIA, Dalmann, 1828. Voy. p. 41.

*919. **heteroclyta**, d'Orb. *Calceol. heteroclyta*, Def. Dict., pl. 50, fig. 3. *Spirif. id.* Vern. et d'Arch., Rhein., Trans. Geol. Soc., VI, p. 370. France, Ferques; All., Eifel; Nord-Amér., New-York; Russie septentrionale, riv. Uchta.

*920. **Hispanica**, d'Orb., 1847. *Spirifer heteroclytus*, d'Arch. et de Vern., 1845. Bulletin de la Société géolog., 2, p. 15, fig. 4 (non Defrance). Espagne (Asturies), Ferroñes.

421. **subconica**? Sow., Trans. Geol. Soc., VI, pl. 57, fig. 10. Angleterre, Plymouth, Newton, Barton; Prusse, Eifel.

SPIRIFER, Sow., 1820. Voy. p. 20.

*922. **Minerva**, d'Orb., 1847. Espèce voisine de forme du *Cyrthia heteroclyta*, mais avec l'ouverture non fermée. France, Ferques (Pas-de-Calais).

923. **Venus**, d'Orb., 1847. Espèce très-allongée transversalement, aiguë sur les côtés, ornée de 9 grosses côtes de chaque côté du sillon médiau. France, Nébou (Manche).

924. **Cytherea**, d'Orb., 1847. Espèce voisine de la précédente, mais avec 14 côtes de chaque côté du sillon. Espagne, Ferroñes (Asturies).

*925. **Bouchardi**? Murch., Bull. de la Soc. géol., 11, p. 252, France, Ferques; Belg., Chimay.

*926. **Souichei**, d'Orb., Vern. et de Keys., Russie, p. 174, pl. 5, fig. 6. France, Ferques.

*927. **Archiachi**, Murch., 1840. Bull. de la Soc. géol., 11, p. 252, pl. 2, fig. 4. France, Ferques; Russie, bords du Don; Belg., Chimay; Russie septentrionale, rivière Uchta.

928. **striatulus**, Vern. *Tereb. id.*, Schlot., pl. 15, fig. 4; *T. excisus id.*, pl. 15, fig. 3. France, Ferques; Belgique, Chimay; Huy, Eifel, Hartz, Volkof, Ural.

*928'. **Verneuili**, Murch., Bull. de la Soc. géol. de Fr., 11, pl. 2, fig. 3, p. 352 (*Delth. cuspidata* Hall). France, Ferques; Belgique, Chimay; Nord Amér., New-York; Espagne, Ferroñes.

929'. **ptychodes**? (Dalm.), Sow., 1839, in Murch. Silur. Syst., pl. 3, fig. 13. Angleterre, Old red Sandstone.

*930. **speciosus**, de Buch. *Terebr. id.*, Schlot., pl. 16, fig. 1. *Spirif.*, de B. Mém. Soc. géol. fr., t. 4; *id.*, Phil. Pal. foss., pl. 58, fig. 134; *id.*,

Sow., Geol. Trans., vol. 5. *Hysterolites paradoxus, vulvarius,* Schlot. *Trigonotreta speciosa*, Bronn. Leth. Geol. pl. 2, fig. 15; König., Icon. foss. sect., pl. 6, fig. 71 ; d'Arch. et Vern., p. 408, pl. 38, fig. 5. Daun, Coblentz, Hickenvaghen, Auberlaustein près de Mayence; Angleterre, Newton, Torquay, Couvin ; Prusse, Eifel, Luga.

931. rudis? Phil., Pal. foss., pl. 31, fig. 136. Angl., Baggy-Point.

932. pulchellus, Sow., Geol. Trans., vol. v, pl. 57, fig. 9. Angl., Plymouth.

933. simplex, Phil., 1841, pl. 29, fig. 124 a. Angleterre, Plymouth.

934. disjunctus, J. Sow., 1840. Geol. Trans., 2e sér., 5, pl. 54, fig. 12, 13. Hall, 1843, New-York, n° 63. Russie; Angleterre, Petherwin; Etats-Unis, New-York.

935. costatus, Sow., Trans. Geol., v, pl. 55, fig. 5-7. Angl., Tintagel, Foway.

936. extensus, Sow., Trans. Geol., v, pl. 54, fig. 11. Angl., Barnstaple, Taunton.

937. giganteus, Sow., id., pl. 55, fig. 1. Angl., Tintagel.

938. grandævus, Phill., 1841, pl. 30, fig. 131. Angl., Petherwin.

939. hirundo, Phillips, 1841. Paleoz. foss., pl. 28, fig. 122. Angleterre, Hope, près Torquay.

940. inornatus, Sow., Trans. Geol. Soc., v, pl. 53, fig. 9. Angl., Ilfracombe.

941. megalobus, Phillips, 1841. Paleoz. foss., pl. 31, fig. 140. Angleterre, Brushford.

942. mesomalus, Phill., 1841. Paleoz. foss., pl. 31, fig. 137. Angleterre, Brushford.

943. microgemma, Phill., 1841. Pal. foss., pl. 27, fig. 116. Angleterre, Brushford.

944. nudus, Sow., Trans., v, pl. 57, fig. 8. Angl., Plymouth.

945. obliteratus, Phill., 1841, pl. 31, fig. 135. Angl., Brushford.

946. phalæna, Phill., 1841. Paleoz. foss., pl. 28, fig. 123. Angl., Hope, près Torquay.

947. protensus, Phill., 1841, pl. 28, fig. 118. Angl., Petherwin.

948. unguiculus, Phill., 1841. Paleoz. foss., pl. 28, fig. 119. Angleterre, Pilton.

949. affinis, Sow., Trans., v, pl. 57, fig. 11. Angl. Plymouth.

'950. ostiolatus, Vern. *Tereb., id.* Schlot., pl. 17, fig. 3; Stein., Mém. Soc. géol. fr., t. 1, p. 359; Sow., Geol. Trans., vol. 5; Phill., Pal. foss., pl. 30, fig. 132. *Trigonotreta, id.*, Bronn, pl. 2, fig. 14. *Delthyris lævicosta*, Gold., Dech. handb., p. 525. Daun, Newton, Linton, Huy, Couvin, Eifel, Chimay.

951. Murchisonianus, de Kon., Vern. et de Keys., 1845, p. 160, pl. 4, fig. 1. Russie, Kynosk ; Belg., Chimay.

'952. Lonsdalii, Murch., Bull. de la Soc. géol., t. xi, pl. 2, fig. 2, p. 251. France, Ferques ; Belgique, Chimay.

953. cultrijugatus, Rœmer, 1844. Das Rhein. Ueberg., p. 70, pl. 4, fig. 4. Allem., Braubach ; Etats-Unis, New-York, Ohio, Indiana.

'954. curvatus, Schloth., pl. 19, fig. 2. Rœmer, 1844. Das Rhein. Ueberg., p. 70, pl. 4, fig. 5. Allem., Gerolstein, Eifel.

955. macropterus, Rœmer, 1844. Das Rhein. Ueberg., p. 71, pl. 1, fig. 3 et 4. Allem., Coblenz, Daleiden, Eifel; Etats-Unis, Oriskany.
956. cuneatus, Rœmer, 1843. Harzgebirges, p. 12, pl. 4, fig. 10. Prusse, Hartz, Grund.
957. conoideus, Rœmer, 1843. Harzgebirges, p. 12, pl. 4, fig. 13. Prusse, Hartz.
958. deflexus, Rœmer, 1843. Harzgebirges, p. 18, pl. 4, fig. 14. Prusse, Hartz, Grund.
959. Zickzack, Rœmer, 1843. Harzgebirges, p. 14, pl. 4, fig. 17. Prusse, Hartz, Grund.
960. mediotextus, Vern. et d'Arch., 1842. Trans. Geol. Soc., 2e série, VI, p. 370, pl. 35, fig. 9. Prusse, Refrath.
961. cheiropteryx, Vern. et d'Arch., 1842. Trans. Geol. Soc., 2e sér., VI, p. 370, pl. 35, fig. 6. Prusse, Paffrath.
'962. micropterus, Goldf. *Hysterolites hystericus*, Schlot. Petref., p. 408, pl. 29, fig. 1. Kayserssteinel.
'964. aperturatus, Vern. et d'Arch., Trans. Geol. Soc., 2e sér., VI, p. 369, pl. 35, fig. 7. Allem., Paffrath.
965. comprimatus, Schloth. *Spir. mucronatus*, Conrad, Hall, 1843. New-York, n. 47, 45, 64. Allem., Eifel; Amér., Ohio.
966. undiferus, Rœmer, 1844. Das Rhein. Ueberg., p. 73, pl. 4, fig. 6. Sœtenich, Salten près Gerolstein.
967. Pellico, Vern. et d'Arch., 1845. Bull. de la Soc. géol., 2, pl. 15, fig. 1. Espagne (Asturies), Ferroñes.
968. Cabedanus, Vern. et d'Arch., 1845. Bull. de la Soc. géol., 2, pl. 15, fig. 3. Espagne (Asturies), Ferroñes.
969. Cabanillas, Vern. et d'Arch., 1845. Bull. de la Soc. géol., 2, pl. 15, fig. 6. Espagne (Asturies), Ferroñes et Pelapaya.
970. superbus, Eschw., 1840. Vern., Russie, p. 163, pl. 5, fig. 4.
971. Glinkanus, Vern. et de Keys., 1845. Russie, p. 170, pl. 3, fig. 8. Russie.
972. muralis, Vern. et de Keys., 1845. Russie, p. 171, pl. 5, fig. 5. Russie septentrionale, Volkof, rivières Wol et Uchta.
973. tenticulum, Vern. et de Keys., 1845. Russie, p. 159, pl. 5, fig. 7. Russie, lac Ilmen.
974. Pachyrrhynchus, Vern. et de Keys., 1845. Russie, p. 142, pl. 3, fig. 6. Russie, Oural.
975. labellum, Vern. et de Keys., 1845. Russie, p. 143, pl. 3, fig. 7.
976. strigoplocus, Vern. et de Keys., 1845. Russie, p. 151, pl. 4, fig. 2. Russie, Oural.
977. Anossofi, Vern. et de Keys., 1845. Russie, p. 153, pl. 4, fig. 3. Russie septent., Oural, rivière Uchta.
978. indentatus, de Keyserling, 1846. Geognost. beobacht., p. 227, pl. 7, fig. 9 a, b. *Atrypa indentata*, Sow., 1840. Geol. Trans., 2e sér., vol. V, pl. 54, fig. 6. Russie septent., mont Timan.
979. mesastrialis, d'Orb., 1847. *Delthyris mesastrialis*, Hall, 1843. Natur. hist. of New-York, no 63, fig. 1, 1 a. Cayuta-creek.
980. mesacostalis, d'Orb., 1847. *Delthyris mesacostalis*, Hall, 1843. Natur. hist. of New-York, no 63, fig. 2. Etats-Unis, New-York, Angelica.

981. granuliferus, d'Orb., 1847. *Delthyris granulifera*, Hall, 1843. Natur. hist. of New-York, nº 47, fig. 1. Etats-Unis, Hamilton.

982. congestus, d'Orb., 1847. *Delthyris congesta*, Hall, 1843. Natur. hist. of New-York, nº 47, fig. 2 et 2 a. Etats-Unis, Hamilton.

983. medialis, d'Orb., 1847. *Delthyris medialis*, Hall, 1843. Natur. hist. of New-York, nº 46, fig. 8, 8 a et 8 b. Etats-Unis, New-York, Hamilton-group; Moscow.

984. fimbriatus, d'Orb., 1847. *Delthyris fimbriata*, Conrad, Jour. Acad. nat. sc., vol. 8, p. 263. Hall, 1843. Natur. hist. of New-York, nº 46, fig. 10. Etats-Unis, New-York, Hamilton-group.

985. inermis, d'Orb., 1847. *Delthyris inermis*, Hall, 1843. Natur. hist. of New-York, nº 64, fig. 4. Etats-Unis, Chautauque-county.

986. acuminatus, d'Orb., 1847. *Delthyris acuminata*, Hall, 1843. Natur. hist. of New-York, nº 64, fig. 5. Etats-Unis, New-York, Ithaca.

987. arenosus, d'Orb., 1847. *Delthyris arenosa*, Conrad, Geol. annual report, 1839, p. 65. Hall, 1843. Natur. hist. of New-York, nº 29, fig. 1. Etats-Unis, New-York, Oriskany Sandstone.

988. consobrinus, d'Orb., 1847. *Delthyris zigzag*, Hall, 1843. Natur. hist. of New-York, nº 42, fig. 5. (Non *Zigzag*, Rœmer, 1843). Etats-Unis, New-York, Hamilton-group; Moscow.

989. undulatus, d'Orb., 1847. *Delthyris undulatus*, Hall, 1843. Natur. hist. of New-York, nº 34, fig. 3. Etats-Unis, Onondaga.

990. lævis, d'Orb., 1847. *Delthyris lævis*, Hall, 1843. Natur. hist. of New-York, nº 55, fig. 1 et 1 a. Etats-Unis, New-York, Cayuga.

991. acanthosus, d'Orb., 1847. *Delthyris acanthosa*, Hall, 1843. Natur. hist. of New-York, nº 64, fig. 2. Etats-Unis, Chemung.

992. sculptilis, d'Orb., 1847. *Delthyris sculptilis*, Hall, 1843. Natur. hist. of New-York, nº 48, fig. 6. Etats-Unis, New-York, Hamilton group, Eighteen-mile-creek.

993. duodenarius, d'Orb., 1847. *Delthyris duodenaria*, Hall, 1843. Natur. hist. of New-York, nº 35, fig. 5. Etats-Unis, Buffalo.

***994. Boliviensis,** d'Orb., 1842. Paléont. de l'Amér. mérid., p. 37, pl. 11, fig. 8, 9. Amér. mérid., Rio de Challuani, près de Cochabamba, Tomina et Tacopaya, près de Chuquisaca (Bolivia).

***995. Quichua,** d'Orb., 1842. Paléont. de l'Amér. mérid., p. 37, pl. 11, fig. 21. Amér. mérid., Tomina, près de Chuquisaca (Bolivia).

***996. Hawkinsii,** Morris, 1846. Quarterly Journal, 2, p. 276, pl. 11, fig. 1. Iles Malouines.

***997. Antarcticus,** Morris, 1846. Quarterly Journal, 2, p. 276, pl. 11, fig. 2. Iles Malouines.

998. Orbignyi, Morris, 1846. Quarterly Journal, 2, p. 276, pl. 11, fig. 3. Iles Malouines.

999. Chechiel, de Koninck, 1826. Bull. de l'Acad., roy. de Belg., t. XIII, fig. 1. Chine, province de Yuennam, à 100 lieues au nord de Canton; Van-Diemen.

SPIRIGERA, d'Orb., 1847. Voy. p. 43.

***1000. concentrica,** d'Orb., 1847. *Terebratula concentrica*, Buch, Vern., Russ., pl. 8, fig. 10, 11. Fr., Ferques, Néhou, Anglet., Allem., Russie septent., rivière Uchta, Espagne; Belgique, N. Amérique, Kentucky, Indiana, New-York.

1001. Helmesenii, d'Orb., 1847. *Tereb. id.*, de Buch, 1840. Vern., Russ., pl. 9, fig. 3. Russie, lac Ilmen.

1002. Puschana, d'Orb., 1847. *Ter. id.*, Vern. et de Keys., 1845. Russ. et Our., p. 69, pl. 9, fig. 10. Russie, Ulubue.

1003. decussata, d'Orb. *Tereb. id.*, Phill., 1841. Paleoz. foss., pl. 28, fig. 120. Angl., Petherwin.

1004. plebeia, d'Orb., *Atrypa plebeia*, Sow., Trans. Geol. Soc., v, pl. 56, fig. 12, 13. Angl., Plymouth.

1005. Ferronesensis, d'Orb., 1847. *Terebratula id.*, Vern. et d'Arch., 1845. Bulletin de la Soc. géol., 2, pl. 14, fig. 4. Espagne (Asturie), Ferroñes.

1006. Ezquerra, d'Orb., 1847. *Terebratula id.*, Vern. et d'Arch., 1845. Bull. de la Soc. géol., 2, pl. 14, fig. 5. Espagne (Asturie), Por de tras de la Peña, entre Ferroñes et Boneillas; France, Néhou.

1007. Hispanica, d'Orb., 1847. *Terebratula, id.*, Vern. et d'Arch., 1845. Bulletin, 2, pl. 14, fig. 6. Espagne (Asturies), Ferroñes.

1008. Toreno, d'Orb., 1847. *Terebratula id.*, Vern. et d'Arch., 1845. Bull. de la Soc. géol., 2, pl. 14, fig. 8. Espagne, Cerro de los Palacios, entre Belmes et Espiai (Sierra-Morena).

1009. subconcentrica, d'Orb., 1847. *Terebratula subconcentrica*, Vern. et d'Arch., 1845. Bull. de la Soc. géol., 2, pl. 14, fig. 1. Espagne (Asturies), Ferroñes, Por de tras de la Peña.

1010. Pelapayensis, d'Orb., 1847. *Terebratula id.*, Vern. et d'Arch., 1845. Bull. de la Soc. géol., 2, pl. 14, fig. 2. Espagne (Asturies), Pelapaya, Ferroñes; Oural, Seribrianka.

1011. campamanensis, d'Orb., 1847. *Terebratula id.*, Vern. et d'Arch., 1845. Bull. de la Soc. géol., 2, pl. 14, fig. 3. Espag., Ferroñes.

'1012. Meyendorfii, d'Orb., 1847. *Terebratula Meyendorfii*, Vern., de Keys. et Murch., Russie, pl. 9, fig. 15. Russie.

SPIRIGERINA, d'Orb., 1847. Voy. p. 42.

'1013. reticularis, d'Orb. *Anomya reticularis*, Len. *Ter. priscas* Schloth., 1820. Petref., p. 262, pl. 17, fig. 2, pl. 20, fig. 4. Hall, 1843. New-York, nº 41, fig. 4. *Atrypa lentiformis* et *affinis*, Hall, France, Ferques, Gèdre; pente du Brada (Pyrénées); Viré (Sarthe); Angl., All., Eifel, Russie; Belgique, Espagne, Ferroñes; Nord Amér., New-York, Ohio, Indiana.

'1014. spinosa, d'Orb. *Tereb. asper.*, Schl., 1813. Min. Tasch., v, vii, pl. 1, fig. 7. France, Ferques, Pologne, Russie, Allem., (*Atrypa spinosa*, Hall). Nord Amér., New-York.

1015. Arimaspus, d'Orb. *Orthis id.*, Eichw. *Ter.*, *id.* Vern. et de Keys., p. 94, pl. 10, fig. 11. Russie, Oural.

1016. desquamata? d'Orb. *Atrypa desquamata*, Sow., Trans. Geol. Soc., v, pl. 56, fig. 19-20. Angl., Plymouth.

1017. Oliviani, d'Orb., 1847. *Terebratula, id.*, Vern. et d'Arch., 1845. Bull. 2, pl. 14, fig. 10. Espagne (Asturie), Ferroñes.

1018. quadricostata? d'Orb., 1847. *Atrypa quadricostata*, Hall, 1843. Natur. hist. of New-York, nº 51, fig. 7. États-Unis, New-York, Genesee-slate.

1019. dumosa, d'Orb., 1847. *Atrypa dumosa*, Hall, 1843. Natur.

hist. of New-York, n° 65, fig. 1 et 1 a. Etats-Unis, New-York, Chemung et Elmiræ.

1020. hystrix, d'Orb., 1847. *Atrypa hystrix*, Hall, 1843. Natur. hist. of New-York, n° 65, fig. 2. Etats-Unis, Bath, Steuben.

1021. tribulis? d'Orb., 1847. *Atrypa tribulis*, Hall, 1843. Natur. hist. of New-York, n° 65, fig. 3. Etats-Unis, New-York, Chemung.

***1022. lepida,** d'Orb., 1847. *Terebratula lepida*, Goldf., Rœmer, 1843. Harzgebirges, p. 18, pl. 12, fig. 22. Vern. et d'Arch., 1842. Trans. Geol. Soc., vi, pl. 35. fig. 2. Prusse, Hartz, Schalke, Eifel.

***1023. ferita,** d'Orb., 1847. *Terebratula ferita*, de Buch, Vern. et d'Arch., Trans. Geol. Soc., 2e sér., vi, pl. 35, fig. 3. Allemagne, Eifel.

TEREBRATULA, Lwyd, 1699. Voy. p. 43.

1024. Adrieni, Vern. et d'Arch., 1845. Bull. de la Soc. géol., 2, pl. 14, fig. 11. Espagne, Ferroñes ; Prusse, Eifel.

1025. caica, Vern. et d'Arch., 1842. Trans. Geol. Soc., 2e série, vi, pl. 35, fig. 1. Prusse, Paffrath.

1026. prominula, Rœmer, 1844. Das Rhein. Ueberg., p. 66, pl. 5, fig. 3. Prusse, Eifel près Schœnecken.

1027. juvenis, Phill., 1841. Paleoz. foss., pl. 35, fig. 165. Angl., Plymouth.

ORBICULOIDEA, d'Orb., 1847. Voy. p. 44.

1028. plana, d'Orb., 1847. *Orbicula plana*, Münster, 1841. Beitr., iii, pl. 14, fig. 22. Allem., Schübelhammer.

1029. lævigata, d'Orb., 1847. *Orbicula lævigata*, Münster, 1841. Beitr., iii, pl. 14, fig. 21. Allem., Elbersreuth.

1030. subrugata? d'Orb., 1847. *Orbicula subrugata*, Münster, 1841. Beitr., iii, pl. 14, fig. 20. Allem., Elbersreuth.

1031. lodensis, d'Orb., 1847. *Orbicula lodensis*, Hall, 1843. Natur. hist. of New-York, n° 51, fig. 8. Etats-Unis, New-York, Genesee-slate.

1032. minuta, d'Orb., 1847. *Orbicula minuta*, Hall, 1843. Natur. hist. of New-York, n° 39, fig. 9. Etats-Unis, New-York, Avon.

1033. plicata, d'Orb., 1847. *Orbicula plicata*, Dunker, 1847. Palæontographica, n° 1, p. 131, pl. 18, fig. 8. Allem., Elbersreuth.

CRANIA, Retzius, 1781. Voy. p. 44.

1034. obsoleta, Gold., Petref., pl. 163, fig. 9. Allem., Eifel.

1035. proavia, Goldf., Petref., pl. 163, fig. 10. Allem., Eifel.

MOLLUSQUES BRYOZOAIRES.

PTYLODICTYA, Lonsdale, 1839. Voy. p. 21.

1035'. lanceolata, d'Orb., 1847. *Flustra lanceolata*, Goldf., pl. 37, fig. 2. Allem., Goningen.

RETEPORA, Lamarck. Nous conservons dans ce genre, seulement les espèces à cellules éparses, peu nombreuses, disséminées à la partie supérieure de branches anastomosées de manière à former des mailles, et non des lignes d'oscules.

***1036. Boloniana,** d'Orb., 1847. *Retepora retiformis*, Michelin, pl. 49, fig. 7 (non Schlotheim, non *Gorgonia infundibuliformis*, Goldf.). France, Ferques.

1037. Phillipsiana, d'Orb., 1847. *Gorgonia ripisteria,* Phillip., 1841. Paleoz. foss., pl. 11, fig. 30 (non Goldfuss, 1830). Angleterre, Mudstone-Bay.

1038. pertusa? Stein., 1833. Mém. de la Soc. géol., 1, p. 340, pl. 20, fig. 8. Prusse, Eifel.

1039. explanata, Rœmer, 1843. Harzgebirges, p. 7, pl. 12, fig. 3. Prusse, Hartz.

RETEPORINA, d'Orb., 1847. Ce sont des *Fenestrella,* dont les cellules sont sur deux lignes rapprochées et non séparées par une côte.

1040. prisca, d'Orb., 1847. *Retepora prisca,* Goldf., 1831. Petref., 1, p. 103, pl. 36, fig. 19. Prusse, Eifel.

HEMITRYPA, Phillips, 1844.

1041. oculata, Phil., Pal. foss., pl. 13, fig. 38. Angl., Barton.

FENESTRELLA, Lonsdale. Voy. p. 41.

1042. Bouchardi? d'Orb., 1847. *Gorgonia, id.,* Michelin, 1845. Icon. Zoophyt., p. 192, pl. 49, fig. 8. Cette espèce ne peut être une Gorgone. France, Ferques.

1043. dubia? d'Orb., 1847. *Gorgonia ripisteria,* Michelin, 1845, pl. 49, fig. 9. (Non Goldf., 1831). Ce n'est pas une Gorgone. France, Ferques.

***1044. Verneuiliana,** Michelin, 1845. Iconog. zoophyt., p. 193, pl. 49, fig. 10. France, Ferques.

***1045. antiqua,** d'Orb., 1847. *Retepora antiqua,* Goldf., 1831. Petref. Germ., 1, p. 28, pl. 9, fig. 10. *Retepora infundibulum,* Michelin, 1847. Icon., pl. 49, fig. 6 (non Lonsdale). Phillips, pl. 12, fig. 35. Prusse, Eifel; France, Ferques (Pas-de-Calais); Angl., Petherwin.

1046. arthritica, Phill., 1841. Pal. foss., pl. 12, fig. 36. Anglet., Torquay, Hope, West Haggington.

1047. Braunii, d'Orb., 1847. *Retepora Braunii,* Rœmer, 1843. Harzgebirges, p. 7, pl. 3, fig. 5. Prusse, Hartz.

1048. Keyserlingii, d'Orb., 1847. *Fenestrella antiqua,* de Keyserling, 1846. Geognost., p. 186, pl. 3, fig. 9 a, b. (Non Goldfuss, 1830, pl. 9, fig. 10). Russie septentrionale, Uchta, Woronesch.

1049. antiquata, d'Orb., 1847. *F. antiqua,* Blainville, 1834. *Cellepora antiqua,* Goldf. Petref., 1, p. 27, pl. 9, fig. 8 (non fig. 16). *Discopora antiqua,* Edwalds. Prusse, Eifel.

ICHTHYORACHIS, M'Coy, 1844. Ce sont des *Penniretepora*, (voy. p. 45), dont les cellules sont éparses sur les tiges au lieu d'être sur deux lignes.

1050. bipinnata, d'Orb., 1847. *Glauconome bipinnata,* Phil., Pal. foss., pl. 11, fig. 33. Croyde, Pilton, Brushford.

PENNIRETEPORA, d'Orb., 1847. Voy. p. 45.

1051. antiqua, d'Orb., 1847. *Retepora flustriformis,* Rœmer, 1843. Harzgebirges, p. 7, pl. 3, fig. 6. *Sertularia antiqua,* Stein., 1833. Mém. de la Soc. géol., 1, pl. 20, fig. 1. Prusse, Hartz, Gerolstein.

1052. disticha, d'Orb., 1847. *Glauconome disticha,* Gold., pl. 64, fig. 15 (non Lonsdale, 1839). Prusse, Eifel.

ARCHIMEDIPORA, d'Orb. Cellules longues, placées aux angles saillants d'une spirale autour d'une tige allongée.

1052'. Archimedes, d'Orb. *Retepora Archimedes*, Lesueur, 1842. Americ. Journ., 43, p. 19, fig. 2. Etats-Unis, Kentucky.

ANIMAUX RAYONNÉS.

ÉCHINODERMES CRINOIDES.

PENTREMITES, Say, 1820. Trois séries de pièces; trois pièces basales.

1053. ovalis, Gold., pl. 50, fig. 1; Phil. Pal., fos., pl. 14, fig. 40. Brushford, Ratingen.

* **1054. Verneuilii**, Beadle. Cette espèce ovale, très-remarquable, nous a été envoyée sous ce nom par M. Beadle. États-Unis, failles de l'Ohio.

PENTREMITIDEA, d'Orb., 1847. Calice composé de deux séries de cinq pieux superposées.

* **1055. Schultii**, d'Orb., 1847. *Pentremites Schultii*, Vern. et d'Arch., 1845. Bull. de la Soc. géol., 2, pl. 15, fig. 12. Espagne (Asrie), Ferroñes.

* **1056. Paillettei**, d'Orb., 1847. *Pentremites Paillettei*, Vern et d'Arch., 1845. Bull. de la soc. Géol., 2, pl. 15, fig. 10-11. Espagne (Asturie), Ferroñes.

APLOCRINUS, Steininger, 1837. C'est un *Pentremites* pourvu de bras en dehors des ambulacres. Quatre séries de pièces; cinq pièces basales.

1057. mespiliformis, d'Orb., 1847. *Eugeniacrinites mespiliformis*, Gold., pl. 64, fig. 6. *Haplocrinites sphæroideus*, Stein., Bull. Soc. géol. de France, etc., t. VIII, p. 232, fig. 19. Prusse, Eifel.

1058. stellaris, Rœmer, 1844. Das Rhein., Ueberg, p. 63, pl. 3, fig. 5.

CUPRESSOCRINUS, Goldfuss, 1832. *Halocrinus*, Steininger, 1838.

* **1059. crassus**, Gold., 1832, pl. 64, fig. 4. *Halocrinus pyramidalis*, Steininger, 1838. Bull. de la Soc. géol., 9, p. 295. Prusse, Eifel.

* **1060. abbreviatus**, Gold. nov. act. Acad., pl. 30, fig. 4. Prusse, Eifel, Willmar.

* **1061. elongatus**, Gold., nov. act. Acad., pl. 30, fig. 2. Prusse, Eifel.

1062. gracilis, Gold., pl. 64, fig. 5. Prusse, Eifel.

1063. tesseratus, Gold., pl. 59, fig. 11. Prusse, Eifel.

1064. tetragonus, Gold. nov., pl. 30, fig. 3. Prusse, Eifel.

1065. teres, Rœmer, 1843. Harzgebirges, p. 8, pl. 3, fig. 10. Prusse, Hartz, Rübeland.

ECHINOSPHÆRITES.

1066. tessellatus, 1845. Vern., de Keys et Murch., Russie, 2, p. 381, pl. 27, fig. 7. *Sphæronites id*, Phillips, 1841. Russie, Jolva; Angl., St-Mary-Church, Plymouth.

MELOCRINUS, Goldfuss, 1831. Voy. p. 45.
1067. lævis, Gold., pl. 60, fig. 2. Prusse, Eifel, Baireuth.
1068. fornicatus, Gold., pl. 60, fig. 2. Nov. Act. Acad., pl. 31, fig. 2. Prusse, Eifel, Baireuth.
1069. gibbosus, Gold., pl. 64, fig. 2. Prusse, Eifel, Baireuth.
1070. hieroglyphicus, Gold., pl. 60, fig. 1. Prusse, Eifel, Baireuth.
1071. pyramidalis, Gold., Nov. Act. Acad., pl. 31, fig. 1. Prusse, Eifel, Baireuth.
1072. verrucosus, Gold., Nov. Act. Acad., pl. 31, fig. 3. Prusse, Eifel, Baireuth.
CTENOCRINUS, Bronn, 1840. Calice cupuliforme composé de sept séries de pièces, dont trois pièces basales.
1073. typus, Bronn, Rœmer, 1844. Das Rhein. Ueberg., p. 60, pl. 1, fig. 1. Allemagne, Ems, Hausling, Nassau.
PLATYCRINUS, Miller, 1821. Calice cupuliforme composé de deux rangées de pièces : trois pièces basales; cinq grandes pièces brachiales.
1074. granuliferus, Rœmer, 1844. Das Rhein. Ueberg., p. 63, pl. 3, fig. 4. Willmar.
1075. Buchii, Rœmer, 1843. Harzgebirges, p. 9, pl. 12, fig. 13. Prusse, Hartz.
1076. interscapularis, Phil., Pal. fos., pl. 14, fig. 39. Plymouth, Newton.
1077. depressus, Gold., pl. 58, fig. 1. Prusse, Eifel.
1078. hieroglyphicus? Gold., Nov. Act. Acad., pl. 31, fig. 10. Prusse, Eifel.
1079. ventricosus? Gold., pl. 58, fig. 4. Eifel.
* **1080. Phillipsii,** d'Orb., 1847. *Platycrinus tuberculatus*, Phillips, 1839. Paleoz. foss., pl. 60, fig. 39 * (non *P. tuberculatus*, Miller). Angleterre, Newton.
GLYPTOCRINUS, Hall, 1847. Voy. p. 46.
1081. priscus, d'Orb., 1847. *Pentacrinus priscus*, Gold., pl. 53, fig. 7. Prusse, Eifel.
SCYPHOCRINUS, Zenker. *Schizocrinus*, Hall, 1847. Six séries de pièces au calice, dont cinq pièces basales.
1082. elegans, Münster, 1840. Beitr. zur Petref., 3, p. 112, pl. 9, fig. 8 a *bis*. Bavière, Elbersreuth.
POTERIOCRINUS, Miller, 1821. Calice composé de trois séries de pièces, dont cinq pièces basales.
1083. fusiformis, Rœmer, 1844. Das Rhein., p. 61, pl. 3, fig. 2.
CYATHOCRINUS, Miller, 1821. Trois séries de pièces au calice, dont cinq pièces basales.
1084. macrodactylus, Phil., Pal. fos., pl. 15, fig. 41. Angleterre, Brushford, Pilton.
1085. geometricus, Gold., pl. 58, fig. 5; Phil., Pal. fos., pl. 60, fig. 41. Angl., Newton; Eifel.
1086. nodulosus? Phil., Pal. fos., pl. 16, fig. 4. Angl., Torquay.
1087. ornatissimus, Hall, 1843. Natur. hist. of New-York, nº 56, fig. 1. États-Unis, New-York.

1088. pinnatus, Gold., pl. 58, fig. 7; Phil., Pal. foss., pl. 16, fig. 45. Angleterre, Mudstone-Bay; Eifel, Goslar.
1089. teres? Münster, 1840. Beitr. zur Petref., 3, p. 113, pl. 9, fig. 9. Bavière, Schübelhammer.
1090. dubius, Münster 1840. Beitra. zur Petref, 3, p. 113, pl. 9, fig. 10, a, b, c. Bavière, Schübelhammer, Gattendorf.
1091. megastylus? Phil., Pal. foss., pl. 16, fig. 47. Angleterre, Whitesand-Bay.
1092. variabilis? Phil. pal. foss., pl. 16, fig. 48. Angl. Pilton.
1093. ellipticus? Phil., Pal. foss., pl. 16, fig. 49. Petherwin.
1094. decaphyllus? Rœmer, 1843. Harzgebirges, p. 8, pl. 3, fig. 11. Prusse, Hartz.
1095. tricarinatus? Rœmer, 1843. Harzgebirges, p. 8, pl. 3, fig. 11. Prusse, Hartz, Grund.

RHODOCRINUS, Miller, 1821. Voy. p. 47.
1096. crenatus, Goldf., 1832, 1, p. 64, fig. 3. Eifel.
1097. canaliculatus, Goldf., pl. 60, fig. 6. Eifel.
1098. tortuosus? Rœmer, 1843. Harzgebirges, p. 8, pl. 3, fig. 12. Prusse, Hartz, Freunde.
1099. gyratus? Gold., pl. 60, fig. 4. Prusse, Eifel.
1100. quinquepartitus?, Gold., pl. 60, fig. 5. Prusse, Eifel.

AMBLACRINUS, d'Orb., 1847. Calice composé de trois pièces, dont trois pièces basales.
1101. rosaceus, d'Orb., 1847. *Platycrinus rosaceus*, Rœmer, 1844. Das Rhein. Ueberg., p. 63, pl. 3, fig. 3. Allem., Gerolstein.

TRIACRINUS, Münster, 1839. Calice composé de deux séries de pièces : trois pièces basales, et trois pièces brachiales.
1102. pyriformis, Münster, Beitr., H. 1, 1839, pl. 1, fig. 4. Allem., Schübelhammer (Clym. lim.).

ASTEROCRINUS, Münster?
1103. Murchisoni, Münst., Beitr., H. 1, 1839, pl. 16, fig. 7. Bavière, Elbersreuth (Orth. lim.).

Tiges dont le genre est inconnu, mais qui doivent être des *Platycrinus* ou des *Milocrinus*, mais non des *Actinocrinus* comme l'a pensé M. Goldfuss.
1104. muricatus, Goldf., 1832, 1, p. 195, pl. 59, fig. 8. Eifel.
1105. nodulosus, Goldf., 1832, 1, p. 195, pl. 59, fig. 9. Eifel.
1106. moniliferus, Goldf., 1832, 1, p. 196, pl. 59, fig. 10. Eifel.
1107. cingulatus, Goldf., pl. 59, fig. 7. Eifel, Baireuth.
1108. tenuistriatus? Phil., Pal. foss., pl. 16, fig. 44. Linton, Pilton, Plymouth.
1109. striatus, Münster, 1840. Beitr. zur Petref., 3, p. 113, pl. 9, fig. 11. Bavière, Hof.

ZOOPHYTES.

AMPLEXUS, Sow.
1111. tortuosus, Phillips, 1841. Paleoz. foss., pl. 3, fig. 8. Angl., Petherwin, Plymouth.

CYATHOPSIS, d'Orb., 1847. Ce sont des *Amplexus*, qui ont une partie creusée latéralement en dedans de la cellule.

*1112. **cornu bovis**, d'Orb., 1847. *Caninia cornu bovis*, Michelin, 1845. Iconog. zoophyt., p. 185, pl. 47, fig. 8. France, Ferques.

CANINIA, Michelin, 1847. Ce sont des *Cyathophyllum*, avec une partie latérale creusée comme les *Cyathopsis*.

*1113. **punctata**, d'Orb. Cette espèce magnifique de conservation m'a été envoyée par M. Beadle, sous le nom de *Cyathophyllum punctatum*. Etats-Unis, failles de l'Ohio (Cincinnati).

*1114. **sulcatum**, d'Orb. Cette espèce pourvue d'un plus profond sillon, m'a été envoyée par M. Beadle sous le nom de *Cyathophyllum sulcatum*. Etats-Unis, failles de l'Ohio (Cincinnati), lac Erié.

STREPTOLASMA, Hall, 1847. Voy. p. 24.

*1115. **pleuriradialis**, d'Orb., 1847. *Turbinopsis pleuriradialis*, Phil., Pal. foss., pl. 2, fig. 5. Brushford, Linton; France, Néhou.

ELLIPSOCYATHUS, d'Orb., 1847. Voy. p. 48.

1116. **bicostatum**, d'Orb., 1847. *Anthophyllum bicostatum*, Gold., pl. 13, fig. 12. Prusse, Heisterstein (Eifel).

CYATHOPHYLLUM, Goldfuss, 1830.

*1117. **ceratites**, Goldf., 1831. Petref. Germ., 1, pl. 17, fig. 2. Belgique, Chimay; Prusse, Eifel, Bensberg, Oberscheld; France, Ferques.

1118. **explanatum**, Goldf., 1831. Petref., 1, pl. 16, fig. 5. Prusse, Bensberg.

*1119. **flexuosum**, Goldf., 1831. Id. 1, p. , pl. 17, fig. 3. Prusse, Eifel, Bensberg ; France, Ferques (Pas-de-Calais).

1120. **dianthus**, Goldf., 1, pl. 15, fig. 13. Eifel ; France, Ferques.

*1121. **hexagonum**, Goldf., 1, pl. 19, fig. 5 (exclus, pl. 20, fig. 1). Prusse, Eifel, Bensberg, Refrath.

1122. **priscum**, Münster, 1840. Beitra. zur Petref., 3, p. 114, pl. 9, fig. 11 a, b, c, d. Bavière, Schübelhammer.

1123. **lituodes**, Münster, 1840. Beitra. zur Petref., 3, p. 114, pl. 9, fig. 12. Allem., Geiser.

1124. **Celticum?** d'Orb., 1847. *Petræa Celtica*, Lonsdale, Geol. Trans., pl. 58, fig. 6. Angl., Denas, Cove, Padstow, Berry-Pommeroy, Cornwall-Bay ; France, Kerliver, près Le Faou.

1125. **decussatum?** d'Orb., 1847. *Petræa decussata*, Münster, 1839. Beitr.; H. 1, pl. 3, fig. 1. Bavière, Elbersreuth.

1126. **Kochii?** d'Orb., 1847. *Petræa Kochii*, Münster, 1839. Id., id., pl. 3, fig. 5. Id., id.

1127. **radiatum?** d'Orb., 1847. *Petræa radiata*, Münster, 1839. Id., id., pl. 3, fig. 4. Id., id.

1128. **semistriatum?** d'Orb., 1847. *Petræa semistriata*, Münster, 1839. Id., id., pl. 3, fig. 2. Id., id.

1129. **tenuicostatum?** d'Orb., 1847. *Petræa tenuicostata*, Münster, 1839. Id., id., pl. 3, fig. 3. Id., id., Schübelhammer.

*1130. **turbinatum?** Gold., p. 56, pl. 16, fig. 8. Hall, 1843. Natur. hist. of New-York, n° 49, fig. 1. Phillips., Pal. foss., pl. 7, fig. 9. Prusse, Eifel; France, Ferques; Anglet., Plymouth; Etats-Unis, New-York, Hamilton-group, Livingston-county.

'1131. marginatum, Gold., pl. 16, fig. 3. Prusse, Bensberg.

'1132. radicans, Gold., pl. 16, fig. 2. France, Ferques; Eifel.

1133. distortus, d'Orb., 1847. *Strombodes distortus*, Hall, 1843. Natur. hist. of New-York, nº 48, fig. 4. *S. rectus, simplex* et *helianthoides*, Hall, 1843, nº 48, fig. 3, 5, 6. Etats-Unis, New-York, Hamilton-group; Moscow.

DIPHYPHYLLUM, Lonsdale, 1845.

'1134. cœspitosum, d'Orb., 1847. *Cyathophyllum idem*. Goldf., 1, pl. 19, fig. 2. Keys., 1846, pl. 2, fig. 6. France, Ferques; Eifel, Bensberg, Paffrath, Refrath; Angl., Plymouth, Torquay; Espagne, Ferroñes; Russie septent., rivière Uchta, Woronesch et Tschussowaja.

DISCOPHYLLUM, Hall, 1847. Voy. p. 24.

1135. helianthoides, d'Orb., 1847. *Cyathophyllum helianthoides*, Goldf., 1831. Petref. Germ., 1, pl. 20, fig. 2. Prusse, Eifel.

CYSTIPHYLLUM, Lonsdale, 1839.

'1136. Damnoniense, Lonsd., Geol. Trans., vol. 5, pl. 58, fig. 11. Phil., Pal. foss., pl. 4, fig. 11. Hall, 1843, pl. 48, fig. 1. Plymouth, Ogwell, Newton; États-Unis, New-York.

1137. vesiculosum, Phil., Pal. foss., pl. 4, fig. 12. *Cyathophyllum vesiculosum*, Goldfuss., pl. 18, fig. 1. Babbacombe, Eifel.

1138. secundum, d'Orb., 1847. *Cyathophyllum secundum*, Goldf., pl. 18, fig. 2. Prusse, Eifel, Bensberg.

1139. placentiforme, d'Orb., 1847. *Cyathophyllum placentiforme*, Gold., pl. 18, fig. 4. Couvin; Eifel, Bensberg.

1140. lamellosum, d'Orb., 1847. *Cyathophyllum lamellosum*, Gold., pl. 18, fig. 3. Eifel, Bensberg, Refrath.

'1141. vermicularis, Goldf., 1831. Petref. Germ., 1, pl. 17, fig. 4. Angl., Plymouth, Ogwell, Newton; France, Ferques; Prusse, Eifel.

LITHOSTROTION, Lwyd, 1699. Voy. p. 48.

'1142. ananas, d'Orb., 1847. *Cyathophyllum id.*, Goldf., pl. 19, fig. 4. *Acervularia id.* Mich., pl. 47, fig. 1. France, Ferques; Belgiq., Namur; Prusse, Eifel.

1143. Hennahii, d'Orb. *Astrea id.*, Lonsdale, Geol. Trans., vol. 5, pl. 58, fig. 3. Angl., Plymouth, Barton, Newton.

1144. pentagona, d'Orb., 1847. *Cyath. id.*, Gold., 1831. Petref. Germ., 1, pl. 19, fig. 3. *Acervularia pentagona*, Michelin, pl. 49, fig. 2. Anglet., Plymouth, Ogwell, Torquay; Belg., Chaudfontaine, Couvin, Namur; France, Ferques.

'1145. profunda, d'Orb., 1847. *Cyathophyllum id.*, Michelin, 1845. Icon. zoop., p. 184, pl. 48, fig. 1. France, Ferques.

1146. quadrigeminum, d'Orb., 1847. *Cyathophyllum quadrigeminum*, Goldf., 1830. Petref., pl. 18, fig. 6 *a* (exclus., fig. 6 *b*).

'1147. arachnoides, d'Orb., 1847. *Astrea id.*, Defrance. *Cyathophyllum hexagonum*, Michelin., pl. 47, fig. 2. *Astrea basaltiformis*, Rœmer, Hartz, pl. 2, fig. 12 (non Goldfuss). France, Ferques; Prusse, Hartz, Grund.

STROMBODES, Goldfuss, 1830.

'1148. pentagonus, Goldfuss, 1830. Petref. Germ., pl. 21, fig. 2. Etats-Unis, Drummond-Island, failles de l'Ohio (Cincinnati).

FAVASTRÆA, Blainville, 1834. Voy. p. 48.

1149. quadrigeminum ? d'Orb., 1847. *Cyathophyllum id.*, Gold., pl. 18, fig. 6, pl. 19, fig. 1. Lonsd., Geol. Trans., vol. 5, p. 703. Eifel, Bensberg, Refrath, Paffrath, Chaudfontaine.

1150. hexagona, d'Orb., 1847. *Cyath. id.* Goldf., 1830. Petref., Germ., p. , pl. 19, fig. 5 e. Prusse, Eifel.

1150'. intercellulosa, d'Orb., 1847. *Astræa intercellulosa*, Phillips, 1841. Pal. foss., pl. 6, fig. 17. Angleterre, Plymouth.

1151. hypocrateriformis, d'Orb. *Cyathophyllum id.*, Gold., 1, pl. 17, fig. 1 c. Prusse, Bensberg, Eifel.

1152. rugosa, d'Orb., 1847. *Astræa rugosa*, Hall, 1843. Natur. hist. of New-York, n° 32, fig. 2. États-Unis, Onondaga, Le Roy.

1153. sulcata, d'Orb., 1847. *Columnaria sulcata*, Goldf., Petref., p. 72, pl. 24, fig. 9. Allemagne, Bensberg.

MICHELINIA, de Koninck, 1844.

***1154. convexa**, d'Orb., 1847. Espèces dont les cloisons transversales sont convexes et saillantes. États-Unis, Preston-county (Virginie).

ACTINOCYATHUS, d'Orb., 1832. Voy. p. 48.

1154'. Phillipsii, d'Orb., 1847. *Acervularia Baltica*, Phillips, 1841. Pal. foss., pl. 7, fig. 18 (Non *Baltica*, Lonsdale, 1839). Angleterre.

1154''. Hennahii, d'Orb., 1847. *Astræa Hennahii*, Phillips, 1841. Pal. foss., pl. 6, fig. 16 *a*. Angl.

PHILLIPSASTRÆA, d'Orb., 1847. Ce sont des *Siderastrea*, dont la columelle, au lieu d'être styliforme saillante, est large et divisée en cloisons rayonnantes, comme chez les *Columnastræa*.

1155. parallela, d'Orb., 1847. *Astrea parallela*, Rœmer, 1843. Harzgebirges, p. 5, pl. 3, fig. 1. Prusse, Hartz ; Flintshire. (Cette espèce est-elle bien de l'étage devonien ?)

1155'. Hennahii, d'Orb., 1847. *Astræa Hennahii*, Phillips, 1841. Paleoz. foss., pl. 6, fig. 16 b ; pl. 7, fig. 15 D.

FAVOSITES, Lam., 1816. *Calamopora*, Goldfuss, 1830.

***1156. alveolaris**, Lam., 1816. *Calamopora id.*, Goldf., Petref., p. 77, pl. 26, fig. 1. France, Ferques ; Prusse, Eifel ; Russie septentrionale, mont Timan ; rivière Waschkina.

***1157. suborbicularis**, d'Orb., 1847. *Calamopora suborbicularis*, Michelin, 1845. Iconog. zoophyt., p. 188, pl. 48, fig. 7. *Alveolites id.*, Lam. France, Ferques, Prusse, Eifel.

***1158. Goldfussii**, d'Orb., 1847. *Calamopora Gothlandica*, Goldfuss, 1830, pl. 26, fig. 3 (non *Gothlandica*, Lam. Les cellules sont bien plus grandes. Prusse ; Eifel.

***1159. cronigera**, d'Orb., 1847. *Calamopora polymorpha*, Var., Goldf., 1831, p. 79, pl. 27, fig. 3. Prusse, Paffrath.

1160. basaltica, Lam., 1816. *Calamophora id.*, Goldf., Petref., p. 78, pl. 26, fig. 4. Prusse, Eifel.

ALVEOLITES, Lamarck, 1801. Voy. p. 49.

1161. celleporatus, d'Orb., 1847. *Calamopora polymorpha*, Var., c, Goldf., 1831, 1, p. 79, pl. 27, fig. 4. Prusse, Eifel, Paffrath.

***1162. cervicornis**, d'Orb., 1847. *Calamopora polymorpha*, Var. d.

Goldf., 1831. Petref. Germ., 1, p. 79, pl. 27, fig. 5. Prusse, Bensberg ; France, Ferques. *Alveolites cervicornis*, Blainville.

*1163. **polymorpha,** d'Orb., 1847. *Calamopora id.*, Goldf., 1831, pl. 27, fig. 2. Prusse, Eifel; Espaghe (Asturie), Ferroñes ; Russie septentrionale, monts Timans.

*1164. **spongites,** d'Orb., 1847. *Calamopora spongites*, Goldf., 1831. pl. 28, fig. 2. France, Ferques ; Prusse, Eifel; Russie sept., rivière Uchta.

1165. **fibrosus,** d'Orb., 1847. *Favosites fibrosa*, Phil. Pal., foss., pl. 9, fig. 25 (non Sow., 1839). *Calamopora fibrosa*, Goldf., 1831, pl. 28, fig. 4. Hall, 1843, n° 32, fig. 1. *Favosites macroporus*, Stein., p. 337. Eifel, Bensberg, Fowey, Hillsborough, Combe-Martin, Darlington, Sharkham ; Russie septentrionale, rivière Waschkina et mont Timan ; États-Unis, New-York, Clarence, Erie-county.

*1166. **tuberosa,** d'Orb., 1847. *Calamopora spongites*, Var *tuberosa*, Goldf., pl. 28, fig. 1 h. Prusse, Bensberg.

CHÆTETES, Fischer, 1837.

1167. **subfibrosa,** d'Orb., 1847. *Calamopora fibrosa*, Goldf., 1833, 1, p. 215, pl. 64, fig. 9 (non pl. 2), (non pl. 28, fig. 4). Prusse, Eifel.

1168. **radiata,** d'Orb., 1847. *Flustra radiata*, Stein., 1837. Mém. de la Soc. géol., 1, pl. 20, fig 3. Prusse, Eifel.

1170. **favosa,** d'Orb. *Cellepora favosa*, Goldf., pl. 64, fig. 16. Eifel.

CERIOPORA, Goldfuss, 1826.

1171. **Boloniensis,** d'Orb. 1847. *C. affinis*. Michelin, 1847. Icon. zoophyt., p. 189, pl. 48, fig. 10 (non Goldf., 1831). France, Ferques.

1172. **Goldfussii,** Michelin, 1845. Iconog. zoophyt., p. 190, pl. 18, fig. 9. France, Ferques.

1173. **gracilis,** d'Orb., 1847. *Millepora gracilis*, Phil., Pal. foss., pl. 11, fig. 31. Angleterre, Croyde, Pilton.

1174. **similis,** d'Orb., 1847, *Millepora similis*, Phill., Pal. foss., pl. 11, fig. 32. Angleterre, Torquay, Cannington-Park.

1175. **affinis,** Goldfuss, 1831. Petref. Germ., pl. 64, fig. 11. Eifel.

1176. **punctata,** Gold., pl. 64, fig. 12. Prusse, Eifel.

1177. **granulosa,** Gold., pl. 64, fig. 13. Lonsd., Sil. Syst., pl. 15, fig. 29. Prusse, Eifel.

1177'. **oculata,** Gold., 1831. Petref., pl. 64, fig. 14. Prusse, Eifel.

LIMARIA, Steininger, 1833.

1178. **clathrata,** Stein., 1833. Mém. de la Soc. géol., 1, pl. 20, fig. 6 (non Lonsd., Sil. Syst., pl. 16 *bis*, fig. 7). Prusse, Eifel.

GEOPORITES, d'Orb., 1847. Voy. p. 49.

1179. **porosa,** d'Orb., 1847. *Astræa id.*, Goldf., 1, pl. 21, fig. 7. Prusse, Eifel.

*1180. **placenta,** d'Orb.? *Calamopora placenta*, Goldf., 1831. Petref Germ., 1, pl. 9, fig. 18. Angl., Plymouth, Ogwell, Newton, Bushel ; Prusse, Eifel ; France, Ferques.

*1181. **Boloniensis,** d'Orb., 1847. Espèce dont les cellules sont plus petites que chez le *G. porosa*, et surtout bordées autour. France, Ferques (Pas-de-Calais), Viré (Sarthe).

*1182. **Americana,** d'Orb., 1847. Espèce dont les cellules sont semblables, mais un peu plus petites que chez le *G. Boloniensis*. États-Unis, failles de l'Ohio (Cincinnati).

1182'. Phillipsii, d'Orb., 1847. *Porites pyriformis*, Phillips., 1841. Pal. foss., pl. 7, fig. 19 (non Lonsdale). Angl., Plymouth.

HARMODITES, Fischer.

'1183. cœspitosa, *Syringopora idem*, Goldf., 1831. Petref. Germ. 1, pl. 25, fig. 9. *Calamopora infundibulifera*, Goldf., 1831. Petref. Germ., pl. 27, fig. 1. Prusse, Paffrath, Eifel, Bensberg.

'1184. Bouchardi, Michelin, 1845. Iconogr. zoophyt., p. 185, pl. 48, fig. 3. France, Ferques (Pas-de-Calais).

HALYSITES, Fischer, 1806. *Catenipora*, Lamarck, 1816.

1185. catenulata, d'Orb., 1847. *Tubipora catenulata*, Linné. *Catenipora escharoides*, Goldfuss, 1, p. 75, pl. 25, fig. 4, Prusse, Eifel.

'**AULOPORA,** Goldfuss. 1830.

1186. Boloniensis, d'Orb., 1847. *Criserpia boloniensis*, Michelin, 1845. Icon. zoophyt., p. 48, pl. 48, fig. 11 ? France, Ferques.

'1187. tubæformis, Goldf., 1831. Petref. Germ. 1, p. 83, pl. 29, fig. 2. France, Ferques ; Prusse, Eifel.

1188. spicata, Goldf., 1831, 1, p. 83, pl. 29, fig. 3. Prusse, Eifel.

'1189. conglomerata, Goldf., 1831. Petref. Germ. 1, p. 83, pl. 29, fig. 4 (non Lonsdale). Prusse, Bensberg ; France, Ferques.

1190. serpens, Goldf., 1831. 1, pl. 29, fig. 1. France, Ferques ; Gothland ; Espagne (Asturie), Ferroñes ; Russie sept., rivière Uchta.

STROMATOPORA, Goldfuss., 1830. Voy. p. 51.

1191. concentrica, Gold., pl. 8, fig. 5. De Blainv. Man. d'Act., pl. 70, fig. 1. Phil., Pal. foss., pl. 10, fig. 28. *Spongia undulata*, Stein., Mém., p. 347. Chudleigh, Torquay, banks of the Lahn ; Langenaubach, Schwelm, Hartz, Grund ; Russie sept., monts Timans.

1192. polymorpha, Goldf., pl. 10, fig. 6 ; pl. 64, fig. 8. Lonsdale, Geol. Trans., vol. 5, p. 703, 737. Phil., Pal. foss., pl. 10, fig. 27. France, Ferques ; Eifel, Hagen, Paffrath, Schwelm, Mettmann, Lahn, Elbersfeld ; Chudleigh, Darlington ; Russie sept., rivière Uchta.

1193. capitata, d'Orb., 1847. *Tragos capitatum*, Goldf., 1830, pl. 5, fig. 6. Allem., Bensberg.

1194. Goldfussii, d'Orb., 1847. *Stromatopora polymorpha*, Goldf., pl. 64, fig. 8 a (non pl. 10, fig. 6). Prusse, Eifel.

1195. sulcata, d'Orb., 1847. *Stromatopora polymorpha*, Goldf., 1830, pl. 64. fig. 8 c (exclus. fig. *a*, *d* et pl. 10, fig. 6). Prusse, Eifel.

SPARSISPONGIA, d'Orb., 1847. Spongiaire pourvu d'oscules épars, isolés ou groupés à la surface d'un ensemble polymorphe.

1196. polymorpha, d'Orb., 1847. *Stromatopora polymorpha*, Goldf., 1831, pl. 64, fig. 8 f (exclus. fig. 8 *a*, *b*, *c* et pl. 10, fig. 6). Eifel.

'1197. radiosa, d'Orb., 1847. *Stromatopora polymorpha*, Goldf., 1831, pl. 64, fig. 8 *d* (exclus. fig. a, b, c, f et pl. 10, fig. 6). Phillips, pl. 10, fig. 27. Eifel ; France, Ferques ; Angl., Darlington.

1198. ramosa, d'Orb., 1847. *Stromatopora polymorpha*, Goldf., 1831, pl. 64, fig. 8 e (exclus. fig. *a*, *b*, *c*, *d* et pl. 10, fig. 6). Prusse, Eifel.

TROISIÈME ÉTAGE : — CARBONIFÉRIEN.

ANIMAUX MOLLUSQUES.

CÉPHALOPODES TENTACULIFÈRES.

NAUTILUS, Breynius, 1732. Voy. p. 54.

1. discus, Sow., 1813. D'Orb., Paléont. univ., 1, pl. 87, fig. 1-2. Angleterre, Kendal.

2. anglicus, d'Orb., Paléont. univ., 1, pl. 87, fig. 1-3. (Non *Complanatus,* Sow., 1820, non Reineck, 1818). Angl., Scarlet, île de Man.

3. mutabilis, d'Orb., 1847. Paléont. univ., 1, pl. 88, fig. 1-4. *Discites id.*, M'Coy. Irlande.

4. compressus, Morris, 1843. D'Orb., Paléont. univ., 1, pl. 88, fig. 5-8. Angleterre, Cork.

'5. Leveilleanus, de Koninck, 1844. D'Orb., Paléont. univ., 1, pl. 89. Belgique, Visé.

6. costellatus, d'Orb. *Discites id.*, M'Coy, d'Orb., Paléont. univ., 1, pl. 90, fig. 1-3. Irlande.

7. planotergatus, d'Orb. *Discites id.*, M'Coy, Paléont. univ., 1, pl. 90, fig. 4-6. Irlande.

8. discors, d'Orb. *Discites discors,* M'Coy, d'Orb., Paléont. univ., 1, pl. 91, fig. 1-2. Irlande.

9. trochlea, d'Orb., Paléont. univ., 1, pl. 91, fig. 3-4. *Discites trochlea,* M'Coy. Irlande.

10. Tchefkinii, Vern., Murch. et de Keys. D'Orb., Paléont. univ., 1, pl. 91, fig. 5, 6. Russie, Oural, Cosatchi-Datchi, à l'E. de Miask., gouv. d'Orembourg.

'11. subsulcatus, Phillips, d'Orb., Paléont. univ., 1, pl. 92. Angleterre, Kildare, High-green-wood, Bolland, Coalbrook-dale; Belgique, Visé, Tournay, Mons.

12. Phillipsianus, d'Orb., Paléont. univ., 1, pl. 93, fig. 1-5. *N. sulcatus,* Sow., 1826. (Non *N. sulcatus,* Risso, 1826). Anglet., Castleton, Bowis, Northumberland; Irlande; Belgique, Visé.

'13. sulcifer, Léveillé, d'Orb., Paléont. univ., 1, pl. 93, fig. 6-9. *N. dorsatus,* Léveillé. Belgique, Tournay.

14. multicarinatus, Sow., d'Orb., Paléont. univ., 1, pl. 94, fig. 1-3. *Temnocheilus porcatus,* M'Coy. Angl., Cork, Cumberland, Irlande.

15. Verneuilianus, d'Orb., Paléont. univ., 1, pl. 94, fig. 4, 5. *N. bicarinatus,* Vern., 1845. (Non *Bicarinatus,* Montagu, 1808). Russie, Cosatchi-Datchi (Oural).

16. tetragonus, Phill., d'Orb., Paléont. univ., 1, pl. 94, fig. 6-11. Angleterre, Kildare, Kulkeagh, Bolland, Northumberland.
17. Koninckii, d'Orb., Paléont. univ., 1, pl. 95, fig. 1-6. *N. cariniferus*, de Koninck, 1844 (non Sowerby). *Temnocheilus crenatus*, M'Coy. Belgique, Tournay ; Angleterre, Kildare, Bolland, Irlande.
18. pinguis, de Koninck, d'Orb., Paléont. univ., 1, pl. 95, fig. 7-8. Belgique, Tournay ; Cork (Irlande).
19. cariniferus, Sow., 1824. D'Orb., Paléont. univ., 1, pl. 96, fig. 1, 2 (non de Koninck). Angleterre, Cork, Bolland, Kildare, Coalbrook-Dale.
'20. stygialis, de Koninck, d'Orb., Paléont. univ., 1, pl. 96, fig. 3, 4. Belgique, Visé, Tournay ; Angleterre, Castleton.
21. sulciferus, Phillips, d'Orb., Paléont. univ., 1, pl. 97. Angl., Florence-court, Enniskillen, Kulkeagh.
22. tuberculatus, Sowerby, d'Orb., Paléont. univ., 1, pl. 98. Angleterre, Kildare, High-green-wood ; Russie, Artinsk, Slatuous (Oural), riv. Prikcha (Valdai), Vitegra ; Etats-Unis, Ohio, Kentucky, Louisville.
23. Luidii, Martin, d'Orb., Paléont. univ., 1, pl. 99, fig. 1-5. Angleterre, Derbyshire, Ashford.
24. cyclostomus, Phill., 1836. D'Orb., Paléont. univ., 1, pl. 99, fig. 4-7. Angleterre, Castleton, Bolland ; Russie, Cosatchi-Datchi (Oural) ; Belgique, Visé.
25. pentagonus, Sow., 1819. D'Orb., Paléont. univ., 1, pl. 100, fig. 1. Angl., Closeburn.
26. ingens, Mart., d'Orb., Paléont. univ., pl. 100, fig. 2. Angl., Coniston près Gargrave, Clastering, Dykes.
27. bistrialis, Phill., 1836. D'Orb., Paléont. univ., 1, pl. 100, fig. 3. Angleterre, Bolland.
28. goniolobus, Phill., 1836. D'Orb., Paléont. univ., 1, pl. 100, fig. 4-6. Angleterre, Bolland.
29. coronatus, d'Orb., Paléont. univ., 1, pl. 101, fig. 1. *Temnocheilus coronatus*, M'Coy. Irlande.
30. Coyanus, d'Orb., Paléont. univ., 1, pl. 101, fig. 2, 3. *Temnocheilus pinguis*, M'Coy, 1844. (Non *N. pinguis*, de Koninck). Irlande.
31. falcatus, Sow., d'Orb., Paléont. univ., 1, pl. 102, fig. 1, 2. Angleterre, Coalbrook-dale.
32. armatus, Sow., d'Orb., Paléont. univ., 1, pl. 102, fig. 3. Angleterre, Coalbrook-dale.
33. bilobatus, Sow., 1819. D'Orb., Pal. univ., 1, pl. 103. *N. clitellarius*, Sow. Angl., Coalbrook-Dale ; Russie, Cosatchi-Dachi (Oural).
34. globatus, Sow., 1824. D'Orb., Paléont. univ., 1, pl. 104, fig. 1, 2. Angleterre, Bolland.
35. concavus, Sow., d'Orb., Paléont. univ., 1, pl. 104, fig. 3-5. Angleterre, Bolland ; Belgique, Visé.
36. triangulatus, Sow., d'Orb., Paléont. univ., 1, pl. 105, fig. 1, 2. Angl., Coalbrook-dale.
37. oxystomus, Phillips, 1836. D'Orb., Paléont. univ., pl. 105, fig. 3, 4. Angl., Florence-court, Enniskillen, île de Man ; Belg., Visé.

38. biangulatus, Sow., Phillips, 1836. Yorkshire, p. 232, pl. 17, fig. 22. Angleterre, Bolland, Irlande.

NAUTILOCERAS, d'Orb., 1847. Ce sont des *Gyroceras*, dont le siphon n'est pas dorsal.

***39. aigoceros,** d'Orb., 1847. *Gyroceras aigoceros*, Koninck, Descrip., p. 532, pl. 48, fig. 1. Belgique, Tournay.

***40. serratum,** d'Orb., 1847. *Gyroceras serratum*, Koninck, Descrip., p. 533, pl. 48, fig. 2. Belgique, Tournay.

***41. Meyerianum,** d'Orb., 1847. *Gyroceras Meyerianum*, Koninck, Descrip., p. 534, pl. 47, fig. 6. Belgique, Tournay.

CYRTOCERAS, Goldfuss, 1833. Voy. p. 1.

***46. unguis,** Koninck, Descrip. des anim. foss., p. 524, pl. 47, fig. 8, et pl. 48, fig. 6. *Orthocera unguis*; *O. arcuatum*, Phillips. Belgique, Tournay, Visé; Anglet., Bolland et Arconnaught.

49. rugosum, Koninck, Descrip. des anim. foss., p. 527, pl. 44, fig. 8 et pl. 47, fig. 7. *Orthoceras annulatum* et *rugosum*, Phillips. Belgique, Visé; Angleterre, Northumberland, Bowes.

52. novem angulatum, Vern., de Keys. et Murch., Russie, 1, p. 338, pl. 24, fig. 10. Russie, Cosatchi-Datchi, à l'est de Miask (Oural).

APLOCERAS, d'Orb., 1847. Ce sont des *Cyrtoceras*, dont le siphon est subcentral au lieu d'être latéral.

***47. Verneuilianum,** d'Orb., 1847. *Cyrtoceras id.*, Koninck, Descrip. des anim. foss., p. 525, pl. 44, fig. 7 et pl. 48, fig. 6. Belgique, Visé, Tournay; Irlande, Queen's-county.

***48. cinctum,** d'Orb., 1847. *Cyrtoceras cinctum*, Koninck, Descrip., p. 526, pl. 48, fig. 4. Belgique, Tournay.

50. tessellatum, d'Orb., 1847. *Cyrtoceras tessellatum*, Koninck, Descrip., p. 528, pl. 48, fig. 5. Belgique, Visé.

***51. Puzosianum,** d'Orb., 1847. *Cyrtoceras Puzosianum*, Koninck, Descrip., p. 529, pl. 48, fig. 3. Belgique, Tournay.

53. paradoxicum, d'Orb., 1847. *Orthocera paradoxica*, Sow., 1824. Min. Conch., t. 5, p. 81, pl. 457. Angleterre, Irlande.

54. dentaloideum, d'Orb., 1847. *Orthocera dentaloideum*, Phillips, 1836. Yorkshire, p. 239, pl. 21, fig. 12. Angleterre, Bolland.

55. Geineri, d'Orb., 1847. *C. tuberculatum*, M'Coy, 1844. Ireland, pl. 4, fig. 2. Irlande.

GOMPHOCERAS, Sow., 1829. Voy. p. 3.

56. fusiforme, d'Orb., 1847. *Orthoceras fusiformis*, Sow., 1828. Min. Conch., t. 6, p. 167, pl. 588, fig. 1, 2. Phillips, pl. 21, fig. 14, 15. Angleterre, Queen's-county; Irlande, Preston dans le Lancastershire, Bolland, Kildare.

57. cordiforme, d'Orb., 1847. *Orthoceras cordiformis*, Sow., 1819. Min. Conch., t. 3, p. 85, pl. 247. Angl., Closeburn.

58. Trochoides, d'Orb., 1847. *Apioceras Trochoides*, Fischer, Fahrenkohl, 1844. Bull. Soc. imp. de Moscou, t. 17, p. 779, pl. 19, fig. 1. Russie, Karowa (Kalouga).

59. ventricosum, de Kon., 1848. *Poterioceras ventricosum*, M'Coy, 1844. Ireland, pl. 1, fig. 2. Irlande.

ORTHOCERATITES, Breynius. Voy. p. 2.

***60. Goldfussianus,** Koninck, 1844. Descrip. des anim. foss.,

p. 510, pl. 43. *O. incomitatum*, M'Coy, 1844, fig. 3 et fig. 4. Ireland, p. 9, pl. 1, fig. 6. Belgique, Visé, Tournay.

'61. **cinctus**, Sow., 1829. Koninck, Descrip., p. 512, pl. 43, fig. 6, pl. 44, fig. 5 et pl. 47, fig. 3. Belgique, Visé, Tournay; Angl., Bolland, Preston, Castleton, Newton, Petherwin, Queen's-county.

'62. **subcentralis**, Koninck, Descrip., p. 514, pl. 44, fig. 3. *O. sulcatulum*, M'Coy, Ireland, p. 8, pl. 1, fig. 4. Belg., Tournay; Irlande.

'63. **conquestus**, Koninck, p. 514, pl. 45, fig. 4. Belg., Visé, Tournay.

64. **dilatatus**, Koninck, Descrip., p. 515, pl. 45, fig. 8, 9. Belgique, Chokier près de Liége.

65. **strigillatus**, Koninck, Descrip., p. 516, pl. 45, fig. 6. Belgique, Chokier, Grivignée.

66. **Koninckianus**, d'Orb., 1847. *O. anceps*, Koninck, 1844. Descrip., p. 517, pl. 45, fig. 7. (Non Münster, 1840). Belgique, Chokier.

'67. **Martinianus**, Koninck, Descrip., p. 505, pl. 41, fig. 4. Belgique, Visé, Tournay.

'68. **calamus**, de Kon., Descrip., p. 506. Belgique, Visé, Tournay; Russie, Oural; Etats-Unis, Ohio.

'69. **crenulatus**, Fischer, 1830. *O. laterale*, Phillips, 1836. Koninck, Descrip. des anim. foss., p. 508, pl. 43, fig. 2. *O. undulatus*, Sow., 1814. (Non *Undulatus*, Schloth., 1813). Belgique, Visé, Tournay; Angleterre, Scaleber près Settle, Bolland, Castleton.

70. **inæquiseptum**, Phillips, 1836. Yorks., p. 238, pl. 21, fig. 7. Angleterre, Bolland.

71. **angularis**, Phillips, 1836. Yorks., p. 238, pl. 21, fig. 4. Angleterre, Bolland, High-green-wood.

'72. **dactyliophorus**, Koninck, 1844. Descrip. des anim. foss., p. 518, pl. 47, fig. 1 et pl. 48, fig. 7. *Cycloceras lævigatum*, M'Coy, 1844. Ireland, pl. 1, fig. 3. Belgique, Tournay, Visé.

'73. **sublinearis**, d'Orb., 1847. *O. linearis*, Koninck, Descrip., p. 519, pl. 44, fig. 6. (Non Munster, 1840). Belgique, Tournay.

'74. **subcanaliculatus**, Koninck, Descrip., p. 519, pl. 47, fig. 5. Belgique, Tournay.

'75. **Gesneri**, Fleming, 1828. Koninck, Descrip., p. 520, pl. 47, fig. 4. Belgique, Tournay, Visé, Angl.; Ashford (Derbyshire).

76. **reticulatus**, Phillips, 1836. Yorks., p. 238, pl. 21, fig. 11. Angleterre, Bolland.

77. **ovalis**, Phillips, Vern. et de Keys., Russie, 2, p. 354, pl. 25, fig. 1. Russie, Artinsk; Angleterre, Yorkshire.

78. **Frearsi**, Vern., de Keys. et Murch., Russie, 2, p. 356, pl. 25, fig. 3. Russie, Moscou.

79. **striolatus**, Mey., Nov. acta. Vern. et d'Arch., 1841. Trans. Geol. Soc., VI, p. 345, pl. 27, fig. 5. Allem., Herborn.

80. **giganteus**, Sow., 1819. Min. Conch., t. 3, p. 81, pl. 246. Angleterre, Closeburn (Dumfrieshire).

81. **annulatus**, Sow., 1816. Min. Conch., t. 1, p. 77, pl. 133. Angleterre, Colebrook-dale

82. **striatus**, Sow., 1814. Min. Conch., t. 1, p. 129, pl. 58. Angleterre, Black-Rocks près de Cork.

83. mucronatus, M'Coy, 1844. A synopsis of the Ireland, p. 7, pl. 1, fig. 1. Irlande.

84. subdistans, d'Orb., 1847. *O. distans,* M'Coy, 1844. Ireland, p. 8, pl. 1, fig. 4 (non Sowerby, 1839). Irlande.

ACTINOCERAS, Bronn, 1835. Voy. p. 3.

85. giganteum, d'Orb., 1848. *Orthoceratites giganteum,* Koninck, 1844. Belgique, pl. 46. Belgique, Visé, Dives; Angleterre, Bolland.

MELIA, Fischer, 1830. Voyez p. 4.

86. Steinhaueri, d'Orb., 1847. *Orthoceratites Steinhaueri,* Sow., Phillips, 1836. Yorkshire, p. 238, pl. 21, fig. 5. Angl., Bolland, Halifax.

87. Breynii, d'Orb., 1847. *Orthoceratites Breynii,* Mart., pl. 39, Sow., pl. 60. Phillips, 1836. Yorkshire, p. 238. Angleterre, Kulkeagh, Bowes.

* **88. Münsteriana,** d'Orb., 1847. *Orthoceras Münsterianum,* Koninck, Descrip. des anim. foss., p. 506, pl. 43, fig. 1, c. et fig. 5; pl. 44, fig. 1 et pl. 48, fig. 13. Belgique, Visé, Tournay.

89. pygmæa, d'Orb., 1847. *Orthoceras pygmæum,* Koninck, Des., p. 507, pl. 45, fig. 5. Belgique, Chokier; Angl., Penneystone.

90. vestita, Fischer, Fahrenkohl, 1844. Bull. Soc. impér. de Moscou, t. 17, p. 782. *O. distans (Melia),* Fisch., Bull., 1829, p. 324. Oryctograph., p. 125. Bull., pl. 11, fig. 10. Env. de Moscou, sur l'Oka (Kalouga), Carowa (Sergiuesski).

91. attenuata, Fischer, 1844. Bull. de la Soc. imp. des natural. de Moscou, p. 767, pl. 8, fig. 1. Russie, Karowa, gouv. de Kalouga.

92. affinis, Fisch., 1844. Bull. de la Soc. imp. des natural. de Moscou, p. 765, pl. 7, fig. 2. Russie, Moskwa.

SUBCLYMENIA, d'Orb., 1847. C'est une *Clymenia* à cloisons non coudées, mais ayant un lobe dorsal qui manque dans ce genre.

93. evoluta, d'Orb., 1847. *Goniatites evolutus,* Phillips, 1836. Yorkshire, p. 237, pl. 20, fig. 65-68. Angleterre, Flasby, etc.

CRYPTOCERAS, d'Orb., 1847. C'est un nautile pour les cloisons, pour la forme, dont le siphon est au dos de la coquille comme chez les ammonites.

94. dorsalis, d'Orb., 1847. *Nautilus dorsalis,* Phillips, 1836. Yorkshire, p. 231, pl. 18, fig. 1, 2. Angleterre, Kildare.

AGANIDES, Montfort, 1808. *Goniatites,* Hann., 1825.

95. nitidus, d'Orb., 1847. *Goniatites nitidus,* Phillips, 1836. Yorkshire, p. 235, pl. 20, fig. 10, 11, 12. Angleterre, Ribble-river.

96. Gibsoni, d'Orb., 1847. *Goniatites Gibsoni,* Phillips, 1836. Yorkshire, p. 236, pl. 20, fig. 13-18. Angleterre, High-green-wood.

97. vesica, d'Orb., 1847. *Goniatites vesica,* Phillips, 1836. Yorkshire, p. 236, pl. 20, fig. 19, 20, 21. Angleterre, Black-Hall in Bolland, Kulkeagh shale.

98. calyx, d'Orb., 1847. *Goniatites calyx,* Phillips, 1836, p. 236, pl. 20, fig. 22, 23. Angleterre, High-green-wood, Black-Hall, Kulkeagh.

99. Gilbertsoni, d'Orb., 1847. *Goniatites Gilbertsoni,* Phillips, 1836. Yorkshire, p. 236, pl. 20, fig. 27-31. Angleterre, Yorkshire.

100. Looneyi, d'Orb., 1847. *Goniatites Looneyi,* Phillips, 1836. Yorkshire, p. 236, pl. 20, fig. 32, 33, 34, 35. Angl., High-green-wood.

101. paucilobus, d'Orb., 1847. *Goniatites paucilobus,* Phillips,

1836. Yorkshire, p. 236, pl. 20, fig. 36, 37, 38. Angleterre, Yorkshire.

102. obtusus, d'Orb., 1847. *Goniatites obtusus*, Phillips, 1836. Yorkshire, p. 234, pl. 19, fig. 10-13. Anglet., Black-Hall, Bolland.

103. striolatus, d'Orb., 1847. *Goniatites striolatus*, Phillips, 1836. Yorkshire, p. 234, pl. 19, fig. 14-19. Angleterre, Kulkeagh, Enniskillen, High-green-wood, Todmorden.

103' subfurcatus, d'Orb., 1847. *Temnocheilus furcatus*, M'Coy, 1844, p. 21, pl. 4, fig. 12 (non Münster, 1841). Irlande.

104. Henslowi, d'Orb., 1847. *Goniatites Henslowi*, Sow., Min. Conch., pl. 262. — Phillips, 1836, Yorkshire, p. 236, pl. 20, fig. 29. — Angleterre, île de Man, Ecton (Staffordshire).

105. cyclolobus, d'Orb., 1847. *Goniatites cyclolobus*, Phillips, 1836. Yorkshire, p. 237, pl. 20, fig. 40, 42. Verneuil, Russie, pl. 27, fig. 4. *Goniatites discus*, M'Coy, Ireland, pl. 2, fig. 6. Angleterre, Bolland; Russie, Cosatchi-Datchi.

106. mixolobus, d'Orb., 1847. *Goniatites mixolobus*, Phillips, 1836. Yorkhshire, p. 237, pl. 20, fig. 43-47. Angleterre, Bolland.

107. intercostalis, d'Orb., 1847. *Goniatites intercostalis*, Phillips, 1836. Yorkshire, p. 237, pl. 20, fig. 61, 62. Angleterre, Bolland.

109. truncatus, d'Orb., 1847. *Goniatites truncatus*, Phillips, 1836. Yorkshire, p. 234, pl. 19, fig. 20, 21. Angleterre, Bolland.

110. platylobus, d'Orb., 1847. *Goniatites platylobus*, Phillips, 1836. Yorkshire, p. 235, pl. 20, fig. 5, 6. *Goniatites stenolobus*, Phillips, id., pl. 20, fig. 7-9. Angleterre, Bolland.

111. spirorbis, d'Orb., 1847. *Goniatites spirorbis*, Gilb., Phillips, 1836. Yorkshire, p. 237, pl. 20, fig. 51-55. Angleterre, Black-Hall.

112. micronotus, d'Orb., 1847. *Goniatites micronotus*, Phillips, 1836. Yorkshire, p. 234, pl. 19, fig. 22, 23. Angleterre, Bolland.

113. bidorsalis, d'Orb., 1847. *Goniatites bidorsalis*, Phillips, 1836, p. 235, pl. 20, fig. 2, 3, 4. Angleterre, in shale Woodfold.

114. ceratitoides, d'Orb., 1847. *Goniatites ceratitoides*, de Buch. *Ammonites ophideus*, Koninck, Desc., p. 564, pl. 50, fig. 6. *Goniatites serpentinus*, Phillips, 1836, York., pl. 20, fig. 48, 49. Silésie, Falckenberg; Belgique, Visé; Angleterre, Bolland, Todmorden.

* **115. rotatorius**, Koninck, 1848. *Amm. id.* Descript. des anim. foss., p. 565, pl. 51, fig. 1. Belgique, Tournay; États-Unis, Indiana, Rockfort, sur la rivière Muskalatak.

* **116. belvalianus**, 1848. *Amm. id.*, Koninck, Descrip. des anim. foss., p. 566, pl. 49, fig. 5. Belgique, Tournay.

117. complicatus, 1848. *Amm. id.*, Koninck, Descrip. des anim. foss., p. 567, pl. 50, fig. 8. Belgique, Visé.

* **118. striatus**, Koninck, 1848. *Amm. id.*, Descrip. des anim. foss., p. 568, pl. 49, pl. 50, fig. 7. *Goniatites striatus*, *Crenistria implicatus*, Phillips. Prusse, Bredlar; Belgique, Visé; Anglet., Buxton, Bolland, Flasby, île de Man.

* **119. sphæricus**, Koninck, 1848. *Amm. id.*, Descrip., p. 570, pl. 49, fig. 6, pl. 50, fig. 9, 10. *Goniatites sphæricus*, Phillips. *G. latus* et *sphæroidalis*, M'Coy, 1844. Ireland, pl. 2, fig. 7. Belgique, Visé, Chokier; Angleterre, Buxton, Castleton, Bolland, Irlande, île de Man, Kildare; Allemagne, Herborn; Amériq., New-York.

120. mutabilis, Koninck, 1848. *Amm.*) *id.*, Descrip. des anim. foss., p. 578, pl. 50, fig. 12. *Goniatites mutabilis*, Phillips. Belgique, Visé ; Angleterre, Todmorden.

* **121. atratus,** Koninck, 1848. M. S. *Amm. id.*, Descrip. des anim. foss., p. 581, pl. 50, fig. 3. Belgique, Chokier ; Anglet.

122. carina, Koninck, 1848. M. S. *Amm. id.*, Descrip. des anim. foss., p. 582, pl. 50, fig. 4. *Goniatites carina*, Phillips, 1836. York., pl. 20, fig. 63, 64. Belgique, Visé ; Angleterre, Bolland.

122'. vittiger, Koninck, 1848. M. S. *Amm. vittiger*, Descrip. des anim. foss., p. 582, pl. 50, fig. 5. *Goniatites vittiger* et *rotiformis*, Phillips, 1836. Belgique, Visé ; Angleterre, Bolland.

123. diadema, Koninck, 1848. M. S. *Amm. id.*, Descrip. des anim. foss., p. 574, pl. 50, fig. 1, 2. *Goniatites reticulatus* et *excavatus*, Phillips. Belgique, Chokier ; Angleterre, Kulkeagh, High-green-wood ; Russie, Cosatchi-Datchi.

* **124. Listeri,** Koninck, 1848. *Amm. id.*, Descrip. des anim. foss., p. 577, pl 51, fig. 4. *Ammonites Listeri*, Martin, 1809. Sow., pl. 501, fig. 1. Belgique, Trou-Souris, près de Liége ; Angleterre, Middleton, Halifax, Sheffield, Saddleworth ; Allem., Werden.

* **125. princeps,** Koninck, 1848. *Amm. id.*, Descrip. des anim. foss., p. 579, pl. 51, fig. 2, 3. Belgique, Tournay ; Irlande, Cork.

125'. interruptus, Koninck, 1848. M. S. *Amm. id.*, Descrip. des anim. foss., p. 580, pl. 50, fig. 11. Belgique, Visé.

126. Barbotanus, d'Orb., 1847. *Goniatites Barbotanus*, Vern., Murch., 2, p. 369, pl. 27, fig. 3. Russie, Cosatchi-Datchi.

127. Josse, d'Orb., 1847. *Goniatites Jossæ*, Verneuil, Murch. et de Keys., Russie, 2, p. 371, pl. 26, fig. 2, 3. Russie, mont Kachkabache près d'Artinsk (Oural).

128. Soboleskianus, d'Orb., 1847. *Goniatites Soboleskianus*, Verneuil, Murch. et de Keys., Russ., 2, p. 372, pl. 26, fig. 5. Artinsk.

129. Koninckianus, d'Orb., 1847. *Goniatites Koninckianus*, Verneuil, Murch. et de Keys., Russie, 2, p. 373, pl. 26, fig. 4. Artinsk.

130. Kingianus, d'Orb., 1847. *Goniatites Kingianus*, Verneuil, Murch. et de Keys., Russie, 2, p. 374, pl. 27, fig. 6. Russie, Artinsk.

131. Orbignyanus, 1847. *Goniatites Orbignyanus*, Vern., Murch. et de Keys., Russ., 2, p. 375, pl. 26, fig. 6. Russie, Artinsk.

132. carbonarius, d'Orb., 1847. *Goniatites carbonarius*, Goldf., Desch. de Buch, pl. 2, fig. 9. Westph., Hoffnung, Werden.

133. Marianus, d'Orb., 1847. *Goniatites Marianus*, Verneuil et de Keys., Russie et Oural, 2, p. 369, pl. 27, fig. 2. Cosatchi-Datchi.

134. Coyanus, d'Orb., 1847. *Goniatites Bronnii*, M'Coy, 1844. Ireland, p. 12, pl. 4, fig. 17 (non Münster, 1839). Irlande.

135. fasciculatus, d'Orb., 1847. *Goniatites fasciculatus*, M'Coy, Ireland, pl. 2, fig. 8. Irlande.

MOLLUSQUES GASTÉROPODES.

EULIMA, Risso, 1825. D'Orb., Paléont. franç., terr. crét., 2, p. 64.

* **136. Phillipsiana,** Koninck, Descrip. des anim. foss., p. 471, pl. 41, fig. 8. Belgique, Tournay.

137. Coyana, d'Orb., 1847. *Elenchus subulatus*, M'Coy, 1844. A Syn. of Ireland, p. 42, pl. 5, fig. 19 (non Risso, 1826). Irlande.

LOXONEMA, Phillips, 1841. Voy. p. 5.

138. tumida, Morris, 1843. *Melania tumida*, Phillips, 1836. Yorkshire, p. 229, pl. 16, fig. 2. Angleterre, Bolland, Kildare.

139. Murchisoniana, de Koninck, 1843. *Chemnitzia Murchisoniana*, Koninck, Descrip., p. 461, pl. 41, fig. 1. Belgique, Visé.

' **140. rugifera,** Morris, 1843. *Chemnitzia rugifera*, Koninck, Descrip. des anim. fos., p. 462, pl. 41, fig. 2. *Melania rugifera*, Phillips. Belgique, Visé; Angleterre, Northumberland.

' **141. similis,** de Koninck, 1843. *Chemnitzia similis*, Koninck, Descrip. des anim. foss., p. 463, pl. 41, fig. 3. Belgique, Visé.

142. primordialis, d'Orb., 1847. *Fusus primordialis*, de Koninck, 1843. Descript. des anim. foss., p. 490, pl. 42, fig. 6. Belgique, Visé.

143. polygyra, M'Coy, 1844. Ireland, p. 30, pl. 3, fig. 1. Irlande.

144. pulcherrima, M'Coy, 1844, p. 30, pl. 7, fig. 7. Irlande.

145. turrita, M'Coy, 1844. Ireland, p. 31, pl. 5, fig. 7. Irlande.

146. megaspira, d'Orb., 1847. *Turritella megaspira*, M'Coy, 1844. A Syn. of Ireland, p. 31, pl. 5, fig. 5. Irlande.

147. scalarioidea, Morris, 1843. *Chemnitzia scalarioidea*, Koninck, Descrip., p. 463, pl. 41, fig. 4. *L. brevis*, M'Coy, pl. 3, fig. 2. Belgique, Visé; Angleterre, Bolland, Yorkshire, Irlande.

' **148. Lefebvrei,** d'Orb., 1847. *Chemnitzia Lefebvrei*, Koninck, Descrip. des anim. foss., p. 464, pl. 41, fig. 7. *Melania sulculosa*, Phillips, 1836. *Rissoa Lefebvrei*, Léveillé, 1835. Belgique, Visé, Tournay; Angleterre, Bolland, Kildare.

149. constricta, de Koninck, 1843. *Chemnitzia constricta*, Koninck, Descrip. des anim. foss., p. 465, pl. 41, fig. 5. *Melania constricta*, Sow., 1818, Phillips. Belgique, Visé; Angleterre, Tideswell, Buxton, Huclow, Bolland, Kirby, Lonsdale.

' **150. impendens,** M'Coy, 1844. Ireland, pl. 3, fig. 3. *L. elongata*, de Koninck, 1843. *Chemnitzia elongata*, Koninck, Descrip., p. 466, pl. 41, fig. 6. Belgique, Tournay.

' **151. curvilinea?** de Koninck, 1843. *Chemnitzia curvilineata*, Koninck, Descrip. des anim. foss., p. 467, pl. 41, fig. 10. *Buccinum curvilineum*, Phillips. Belgique, Tournay.

' **152. gracilis,** de Koninck, 1843. *Chemnitzia gracilis*, Koninck, Descrip. des anim. foss., p. 468, pl. 41, fig. 11. Belgique, Tournay.

153. parvula, de Koninck, 1843. *Cerithium parvulum*, 1845. Descrip. des anim. foss., p. 493, pl. 41, fig. 12. Belgique, Visé.

154. acuminata, d'Orb., 1847. *Chemnitzia acuminata*, de Keyserling, 1846. Geognost. beobacht., p. 268, pl. 11, fig. 15. *Melania acuminata*, Goldf., 1844. Petref. Germ., p. 111, pl. 108, fig. 7. Russie septentrionale, Wol.; Allem., Ratingen.

MACROCHEILUS, Phillips, 1841. Voy. p. 63.

' **155. acutus,** Phillips, 1841. *Buccinum acutum*, Sow., Min. C., pl. 566, fig. 1. Phill., 1836, pl. 16, fig. 11, 21. *M. ovalis*, M'Coy, 1844. Ireland, p. 29, pl. 5, fig. 3. *Littorina pusilla*, M'Coy, pl. 5, p. 26. *Elenchus antiquus*, M'Coy, Ireland, pl. 5, fig. 18. Whitewell, Bolland, Northumberland, Kildare, Irlande; Belgique, Visé, Tournay.

156. imbricatus, d'Orb., 1847. *Buccinum imbricatum*, Sow., Phillips, 1836, p. 229, pl. 16, fig. 9, 19, 20. Angl., Bolland, île de Man.

157. sigmilineus, d'Orb., 1847. *Buccinum sigmilineum*, Phillips, 1836. Yorkshire, p. 230, pl. 16, fig. 12. Angleterre, Bolland.

158. rectilineus, d'Orb., 1847. *Buccinum rectilineum*, Phillips, 1836. Yorkshire, p. 230, pl. 16, fig. 10. Angleterre, Bolland.

159. canaliculatus, M'Coy, 1844. A Syn. of Ireland, p. 28, pl. 5, fig. 1. Irlande.

160. fimbriatus, M'Coy, 1844, p. 28, pl. 5, fig. 2. Irlande.

ACTEONINA, d'Orb., 1847. Ce sont des *Acteon* sans dents ni plis sur la columelle.

161. carbonaria, d'Orb., 1847. *Chemnitzia carbonaria,* Koninck, p. 469, pl. 41, fig. 15 a, b, c. Belgique, Visé, Tournay.

NATICA, Adanson, 1757. Voy. p. 29.

162. elliptica, Phillips, 1836. Yorkshire, p. 224, pl. 14, fig. 23. Angleterre, Bolland, Northumberland.

163. elongata, Phillips, 1836. York., p. 225, pl. 14, fig. 28. Angleterre, Bolland.

* **164. variata,** Phill., 1836. Geol. of Yorks., 2, p. 224, pl. 14, fig. 26 et 27. *Natica variata*, Koninck, Descrip. des anim. foss., p. 481, pl. 22, fig. 8. *Naticopsis canaliculata*, M'Coy, 1844. Ireland, pl. 7, fig. 3. *Naticopsis neritoides*, M'Coy, pl. 5, fig. 25. Belgique, Visé, Tournay; Angleterre, Bolland, Kildare en Yorkshire, Irlande.

* **165. plicistria,** Phillips, 1836. *Nerita plicistria*, Koninck, Desc., p. 483, pl. 42, fig. 3. Belgique, Visé, Lives, Chokier; Angl., Bolland, Kirby, Lonsdale, Bristol, Northumberland, Kildare, Preston.

166. spirata, d'Orb., 1847. *Nerita spirata*, Sow., 1821. Min. Conch., v, p. 73, pl. 463, fig. 1 et 2. Koninck, Descrip. des anim. foss., p. 484, pl. 42, fig. 3 d. *Natica planispira*, Phillips, pl. 14, fig. 24. Belgique, Visé; Angleterre, Bolland.

167. ampliata, Phill., 1836. Geol. of Yorks., p. 224, pl. 14, fig. 21 et 24. *Nerita ampliata*, Koninck, Descrip., p. 485, pl. 42, fig. 2. Belgique, Visé; Angl., Bolland, en Irlande et dans le Northumberland.

168. Omaliana, de Koninck, ap. d'Omal., 1843. Précis élém. de géol., p. 516. Koninck, Descrip., p. 479, pl. 42, fig. 1. Verneuil, Russie, pl. 23, fig. 9. Belgique, Visé; Russie, Oural, Cosatchi-Datchi.

169. Coyana, d'Orb., 1848. *Turbo spirata*, M'Coy, 1844. A Syn. of Ireland, p. 32, pl. 5, fig. 29. (Non *Spirata*, Sow., 1821). Irlande.

170. subneritoides, d'Orb., 1847. *N. neritoides*, M'Coy, 1844. Ireland, p. 33, pl. 5, fig. 25 (non Grateloup, 1827). Irlande.

171. Phillipsii, d'Orb., 1848. *Naticopsis Phillipsii*, M'Coy, 1844. A Syn. of Ireland, p. 33, pl. 3, fig. 9, et pl. 6, fig. 4 a, b. *Natica elliptica?* Phill., Geol. York. Irlande.

172. carbonaria, d'Orb., 1848. *Naticopsis dubia*, M'Coy, 1844. A Syn., p. 33, pl. 7, fig. 2 et 2 a (non Rœmer, 1836). Irlande.

* **173. Antisiensis,** d'Orb., 1842. Paléont. de l'Amér. mérid., p. 43, pl. 3, fig. 10. Amér. mérid., Yarbichambi (Bolivia).

* **174. buccinoides,** d'Orb., 1842. Paléont. de l'Amér. mér., p. 43, pl. 3, fig. 8, 9. Amér. mérid., Yarbichambi (Bolivia).

' **175. Michotiana**, d'Orb., 1847. *Macrocheilus Michotianus*, Koninck, Descrip., p. 474, pl. 41, fig. 14 a, b. Belgique, Tournay.

TROCHUS, Adanson, 1757. Voy. p. 64.

176. priscus, d'Orb., 1847. *Trochella prisca*, M'Coy, 1844. A Syn. of Ireland, p. 43, pl. 7, fig. 1. Irlande.

177. lenticulatus, d'Orb., 1847. *Pleurotomaria lenticulata*, M'Coy, 1844. A Syn. of Ireland, p. 40, pl. 7, fig. 5. Irlande.

' **178. biserratus**, Koninck, Descrip. des anim. foss., p. 449, pl. 39, fig. 3. Belgique, Visé; Angleterre, Derbyshire.

179. lepidus, Koninck, 1843. Descrip. des anim. foss., p. 450, pl. 39, fig. 2. Belgique, Visé.

180. Hisingerianus, Koninck, p. 446, pl. 39, fig. 1. Belg., Visé.

181. coniformis, Koninck, Desc., p. 447, pl. 37, fig. 4. Visé.

182. tenuispira, Koninck, p. 448, pl. 39, fig. 4. Belgique, Visé.

183. subhelicinoides, d'Orb., 1847. *Pleurotomaria helicinoides*, M'Coy, 1844, p. 41, pl. 7, fig. 6 (non Lam., 1803). Irlande.

STRAPAROLUS, Montfort, 1810. *Euomphalus*, Sow. Voy. p. 6.

' **184. catilloides**, d'Orb., 1847. *Euomphalus catilloides*, Koninck, 1844. Descrip. des anim. foss., p. 429, pl. 25, fig. 3. *Inachus catilloides*, Conrad. *Euomphalus marginatus*, M'Coy. Ireland, pl. 5, fig. 21. Belgique, Visé; Angleterre, Glascow; États-Unis, Maryland, Ohio.

' **185. pentangulatus**, d'Orb., 1847. *Euomphalus pentangulatus*, Sow., 1814. Min. Conch., pl. 45, fig. 1, 2. Koninck, Descrip. des anim. foss., p. 430, pl. 24, fig. 9. Belgique, Visé, Tournay, Lives près Namur, Chanxe, Comblain-au-Pont, Chokier, Fetay, Ecaussinnes, Soignies, etc.; Angleterre, Bolland, Dublin, Kildare, Northumberland, Kendal, Armagh; France, Sablé; Allemagne, Ratingen; Russie, Podolsk, Miatchkova, Fedotova, sur la Dwina, etc.; Russie sept., Sopljussa; États-Unis (Indiana), Paola.

186. nodosus, d'Orb., 1847. *Euomphalus nodosus*, Sow., 1814. Min. Conch., 1, p. 99, pl. 46. Koninck, 1844. Descrip. des anim. foss., p. 432. Belgique, Visé; Angleterre, Derbyshire.

' **187. acutus**, d'Orb., 1847. *Euomphalus acutus*, Flemminck, 1828. Koninck, Descrip. des anim. foss., p. 433, pl. 24, fig. 7. Sow., Min. Conch., pl. 141, fig. 1. Phillips, 1836, pl. 13, fig. 12. E. *crotalostomus*, M'Coy, 1844. Ireland, pl. 7, fig. 4. Belgique, Visé, Tournay; Angleterre, Derbyshire, Bolland, Arconnaught; Allemagne, Ratingen, Berlin; Russie, Podolsk et Vasilievskoë.

188. Koninckii, d'Orb., 1847. *Euomphalus planorbis*, Koninck, Descrip. des anim. foss., p. 434, pl. 25, fig. 7. (Non Verneuil, 1842. Geol. Soc., VI, pl. 33, fig. 7). Belgique, Visé.

189. serus, d'Orb., 1847. *Euomphalus serus*, de Koninck ap. d'Omal., 1843. Précis élém. de géol., p. 517. Koninck, Descrip. des anim. foss., p. 435, pl. 25, fig. 6. Belgique, Visé.

' **190. tuberculatus**, d'Orb., 1847. *Euomphalus tuberculatus*, de Koninck ap. d'Om., 1843. Précis, p. 517. Koninck, Descrip., p. 436, pl. 28 *bis*, fig. 7 et pl. 24, fig. 12. Belgique, Tournay.

191. pileopsideus, d'Orb., 1847. *Euomphalus pileopsideus*, Koninck, 1844. Descrip. des anim. foss., p. 437, pl. 24, fig. 4 et 6. *Cir-*

rus pileopsideus, Phillips, 1836, pl. 13, fig. 6. *Euomphalus neglectus*, M'Coy. Belgique, Visé; Angleterre, Bolland, Yorkshire, Irlande.

* **192. Dionysii,** Montfort, 1808. *Euomphalus Dionysii*, Koninck, Descrip. des anim. foss., p. 438, pl. 24, fig. 1, 2, 3, 4, 5 et 8. *Euomphalus rotundatus*, Flemminck. *Euomp. anguis*, M'Coy, Ireland. Belgique, Visé, Chokier, Seilles, Lives, Jeumont, Tournay; France, Sablé; Russie, Valdai, Moscou; Irlande.

193. fallax, d'Orb., 1847. *Euomphalus fallax*, Koninck, Descrip. des anim. foss., p. 340, pl. 24, fig. 15 et 16. *Solarium antiquum* et *semistriatum*, Koninck. *Platyschisma Jamesii*, M'Coy, Ireland, pl. 5, fig. 20. Belgique, Visé, Chokier; Angleterre, Yorkshire.

* **194. helicoides,** d'Orb., 1847. *Euomphalus helicoides*, Koninck, Descrip., p. 340, pl. 36, fig. 3. *Ampullaria helicoides*, Sow., 1828. Min. Conch., pl. 522, fig. 2. *Pleurotomaria id.*, Phillips, 1836, pl. 15, fig. 28. *P. ovoidea* et *glabrata*, Phillips, pl. 15, fig. 27, 28. Belgique, Visé, Chokier, Tournay; Angleterre, Bolland, Irlande.

* **195. radians,** d'Orb., 1847. *Euomphalus radians*, Koninck, Descrip., p. 342, pl. 23 *bis*, fig. 5. Belgique, Visé, Tournay.

* **196. catillus,** d'Orb., 1847. *Euomphalus catillus*, Sow., 1814. Min. Conch., pl. 45, fig. 3, 4. Koninck, Descrip. des anim. foss., p. 427, pl. 24, fig. 10. *Schizostoma catillus*, Bronn. Belgique, Visé, Lives; Angleterre, Buxton, Bolland; Russie, Moscou.

* **197. tabulatus,** d'Orb., 1847. *Euomphalus tabulatus*, Morris, 1843. Koninck, 1844. Descrip. des anim. foss., p. 428, pl. 24, fig. 11. *Cirrus tubulatus*, Phillips, 1836, pl. 13, fig. 7. Belgique, Tournay; Angleterre, Bolland, Northumberland, Kendal.

198. pentagonalis, d'Orb., 1847. *Cirrus pentagonalis*, Phillips, 1836. Yorkshire, p. 226, pl. 13, fig. 8. *Euomphalus elongatus*, M'Coy, Ireland, pl. 3, fig. 12. Angleterre, Bolland.

199. pugilis, d'Orb., 1847. *Euomphalus pugilis*, Phill., 1836. Geol. of Yorks., 2, p. 225. Koninck, Descrip. des anim. foss., p. 422, pl. 25, fig. 4. *Euomphalus bifrons*, Phillips, pl. 13, fig. 4. Belgique, Visé; Allem., Ratingen; Angl., Bolland.

200. lepidus, d'Orb., 1847. *Euomphalus lepidus*, Koninck, 1843, Descrip. des anim. foss., p. 423, pl. 23 *bis*, fig. 6. Belgique, Visé.

* **201. lævigatus,** d'Orb., 1847. *Euomphalus æqualis*, Sow., 1814, Koninck. Descrip. des anim. foss., p. 424, pl. 25, fig. 2 et pl. 28, fig. 3. *Porcelia lævigata*, Léveillé, 1835. Belgique, Visé, Tournay; Angleterre, Kendal, Westmoreland; Russie septentrionale, rivière Ylytsch; Russie, Cosatchi-Datchi (Oural).

202. Soiwæ, d'Orb., 1847. *Euomphalus Soiwæ*, de Keyserling, 1846. Geognost., p. 266, pl. 11, fig. 11. Russie septentrionale, Soiwa.

* **203. antiquus,** d'Orb., 1847. *Solarium antiquum*, d'Orb., 1842. Paléont. de l'Amér. mérid., p. 42, pl. 3, fig. 1-3. Amér. mérid., île de Quevaya, près le lac de Titicaca (Bolivia).

204. perversus, d'Orb., 1847. *Solarium perversum*, d'Orb., 1842. Paléont. de l'Amér. mérid., p. 42, pl. 3, fig. 5, 6, 7. Amér. mérid., Yarbichambi, au nord de la Paz (Bolivia).

205. hians, d'Orb., 1847. *Euomphalus hians*, Kutorga, 1844. Verhandl. Kaiserl. Russie, Saint-Pétersbourg, p. 85, pl. 9, fig. 2. Russie, gouv. d'Orembourg, Sterlitamack.

206. quadratus, d'Orb., 1848. *Euomphalus quadratus*, M'Coy, 1844. A Syn. of Ireland, p. 37, pl. 5, fig. 22. Irlande.

SERPULARIA, Rœmer, 1843. Voy. p. 66.

* **207. serpula,** d'Orb., 1847. *Euomphalus serpula*, de Koninck, 1843. Koninck, Descrip. des anim. foss., p. 425, pl. 23 *bis*, fig. 8 et pl. 25, fig. 5. Belgique, Visé, Tournay.

208. angiostomus, d'Orb., 1847. *Euomphalus angiostomus*, de Koninck, 1843. Descrip., p. 426, pl. 23 *bis*, fig. 9. Belgique, Visé.

SCALITES, Conrad, 1842. Voy. p. 7.

209. Issedon, d'Orb., 1847. *Ianthina Issedon*, 1845. Verneuil, Murch. et de Keys. Russie, 2, p. 341, pl. 23, fig. 5. *Euomphalus id.*, Ech. Russie, Gerichof (Altaï).

210. Verneuilii, d'Orb., 1847. Verneuil, Murch. et de Keyserl., Russie, 2, p. 342, pl. 23, fig. 14. Vallée de la Prikcha (Valdaï).

TURBO, Linné, Voy. p. 5.

211. tiara, Sow., 1847. Min. Conch., pl. 551, fig. 1. Phillips, 1836, p. 226, pl. 13, fig. 9. Angleterre, Bolland, environs de Preston.

212. semisulcatus, Phillips, 1836. Yorkshire, p. 226, pl. 13, fig. 10. Angleterre, Bolland.

213. globularis, d'Orb., 1847. *Buccinum globulare*, Phillips, 1836, Yorkshire, p. 230, pl. 16, fig. 15. Angleterre, Bolland.

214. subspiralis, d'Orb., 1847. *Cirrus spiralis*, Phillips, 1836. p. 226, pl. 13, fig. 14 (Non *Spiralis*, Montagu, 1803). Angl., Bolland.

215. parallelus, d'Orb., 1847. *Buccinum parallelum*, Phillips, 1836. Yorkshire, p. 229, pl. 16, fig. 8. Angleterre, Bolland.

216. liratus, d'Orb., 1847. *Natica lirata*, Koninck, Desc., p. 476, pl. 42, fig. 5. *Natica lirata*, Phill., 1836. Yorks., 2, p. 224, pl. 14, fig. 22 et 31. Belgique, Visé; Angleterre, Bolland en Yorkshire.

***217. tabulatus ?** d'Orb., 1847. *Ampullaria tabulata*, Koninck, Descript., p. 488, pl. 42, fig. 4. *Natica tabulata*, Phillips, pl. 14, fig. 29. Belgique, Visé, Tournay; Angleterre. Bolland en Yorkshire.

218. solidus, d'Orb., 1847. *Littorina solida*, Koninck, Descript. des anim. foss., p. 457, pl. 39, fig. 5 a, b, c. Belgique, Visé.

219. Lacordairianus, d'Orb., 1847. *Littorina Lacordairiana*, Koninck, Descript., p. 457, pl. 40, fig. 1. Belgique, Visé.

***220. biserialis,** Phillips, 1836. Geol. York., pl. 13, fig. 11. Koninck, Descript., p. 458, pl. 40, fig. 6. Belgique, Visé, Tournay; Angleterre, Bolland, Yorkshire; Russie, Oural, Cosatchi-Datchi.

***221. subpygmæus,** d'Orb., 1847. *T. pygmæus*, Koninck, 1844. p. 452, pl. 40, fig. 2 (Non *Pygmæus*, Münster, 1841). Belgique, Tournay.

***222. cryptogrammus,** Koninck, 1844. Descript. des anim. foss., p. 453, pl. 40, fig. 3. Belgique, Visé, Tournay.

223. Hœninghausianus, Koninck, 1844. Descript. des anim. foss., p. 453, pl. 40, fig. 5. Belgique, Visé.

224. deornatus, de Koninck, d'Om., 1843. Préc. élém. de géol., p. 516. Koninck, 1844. Descript., p. 454, pl. 40, fig. 4. Belgique, Visé.

225. Mariæ, d'Orb., 1847. *Natica Mariæ*, Verneuil, Murch., 2, p. 332, pl. 27, fig. 12. Russie, Vitegra, Archangelskoï, Miatchkova.

226. biserratus, d'Orb., 1847. *Pleurotomaria biserrata*, Phillips, 1836. Yorkshire, p. 228, pl. 15, fig. 29. *P. serrilimba*, Phillips, 1836, Yorks., pl. 15, fig. 30. Angleterre, Derbyshire.
227. nobilis? d'Orb., 1847. *Ampullaria nobilis*, Sow., 1826. Min. 6, p. 39, pl. 522, fig. 1. Angleterre, Black-Rocks en Irlande.
228. subantiquus, d'Orb., 1847. *Lacuna antiqua*, M'Coy, 1844. A Syn. of Ireland, p. 32, pl. 5, fig. 24. Irlande.
PHASIANELLA, Lamarck, 1804. Voy. p. 67.
*229. **subventricosa**, d'Orb., 1847. *Chemnitzia ventricosa*, Koninck, p. 408, pl. 41, fig. 9 (non Goldf., 1842). Belgique, Visé, Tournay.
STOMATIA, Lamarck, 1801. Voy. p. 7.
230. Ermani, d'Orb., 1847. *Capulus Ermani*, 1845. Verneuil, de Keys. et Murch., Russie, 2, p. 331, pl. 23, fig. 10. Cosatchi-Datchi, Oural.
POLYTREMARIA, d'Orb., 1847. Avec les ouvertures séparées sur une ligne comme des *Haliotis*. Ce genre a la forme trochoïde des *Pleurotomaria*.
231. catenata, d'Orb., 1847. *Pleurotomaria catenata*, Koninck, Description des anim. foss., p. 374, pl. 32, fig. 1. Belgique, Visé.
CIRRUS, Sow., 1818. Voy. p. 68.
232. cristatus, d'Orb., 1847. *Euomphalus cristatus*, Phillips, 1836. Yorkshire, p. 225, pl. 13, fig. 5. Angleterre, Bolland.
233. armatus? Koninck, p. 343. pl. 24, fig. 18. Belgique, Visé.
MURCHISONIA, Verneuil et d'Archiac, 1842. Voy. p. 8.
234. spiralis? d'Orb., 1847. *Turritella spiralis*, Phillips, 1836. Yorkshire, p. 229, pl. 16, fig. 5. Angleterre, Yorkshire.
235. suturalis? d'Orb., 1847. *Turritella suturalis*, Phillips, 1836, p. 229, pl. 16, fig. 6. Angleterre, Bolland, Kirby, Lonsdale.
236. tæniata? d'Orb., 1847. *Turritella tæniata*, Phillips, 1836. Yorkshire, p. 229, pl. 16, fig. 7. Angleterre, Yorkshire.
237. triserialis? d'Orb., 1847. *Turritella triserialis*, Phillips, 1836. Yorkshire, p. 229, pl. 16, fig. 25. Angleterre, Yorkshire, Otterburn, Northumberland.
238. vittata, Verneuil. *Buccinum vittatum*, Phillips, 1836. Yorkshire, p. 230, pl. 16, fig. 14. Angleterre. Bolland.
*239. **angulata**, Phillips, Koninck, Descript. des anim. foss., p. 412, pl. 38, fig. 8, et pl. 40, fig. 8. York., pl. 16, fig. 16. *Rostellaria angulata*, Phillips, 1836. *M. Larcomi*, M'Coy, pl. 5, fig. 8. Belgique, Visé, Tournay; Angleterre, Bolland, Valdaï (Russie).
240. abbreviata, Koninck, Descript. des anim. foss., p. 415, pl. 38, fig. 3 et 6. *Turritella abbreviata*, Sow., 1829. Min. Conch., VI, pl. 565, fig. 2. Belgique, Visé; Angleterre, Bradley.
241. striatula, Koninck, 1843. Descript. des anim. foss., p. 415, pl. 40, fig. 7 a, b. Belgique, Visé.
242. subsulcata, Koninck, 1843, p. 416, pl. 38, fig. 4. *Loxonema sulcatula*, M'Coy, 1844, pl. 5, fig. 6. Belgique, Visé; Irlande.
*243. **Sedgwickiana**, Koninck, 1843. Descript. des anim. foss., p. 417, pl. 38, fig. 7. Belgique, Tournay.
244. Humboldtiana, Koninck, p. 410, pl. 38, fig. 1. Belg., Visé.
245. Archiaciana, de Koninck, 1843. Descript., p. 411, pl. 38, fig. 2. Belgique, Visé.

246. spirata, Goldf., 1843. Petref., 3, p. 26, pl. 172, fig. 6. Allemagne, Ratingen.
247. Josepha, de Kon., Goldf., 1843. Petref., 3, p. 26, pl. 172, fig. 7. Belgique, Visé.
248. trilineata, Goldf., 1843. Petref., 3, p. 26, pl. 172, fig. 8. Allem., Ratingen.
249. plicata, Goldf., 1843. Petref., 3, p. 26, pl. 172, fig. 9. Allem., Ratingen.
250. fusiformis, d'Orb., 1847. *Pleurotomaria fusiformis,* Phillips, 1836. Yorkshire, p. 227, pl. 15, fig. 16. Angleterre, Bolland.
251. quadricarinata, M'Coy, 1844, p. 42, pl. 5, fig. 9. Irlande.
PLEUROTOMARIA, Defrance, 1825. Voy. p. 7.
252. excavata, Phillips, 1836, p. 228, pl. 15, fig. 20. *P. virgulata,* Koninck, 1843, pl. 32, fig. 4. Angleterre, Bolland; Belgique, Visé.
253. sculpta, Phillips, 1836, p. 227, pl. 15, fig. 12. Angl., Bolland.
254. undulata, Phillips, 1836. Yorks., p. 227, pl. 15, fig. 14. Angleterre, Bolland.
255. tumida, Phillips, 1836. Yorks., p. 226, pl. 15, fig. 3. Angleterre, Bolland.
256. inconspicua, Phillips, 1836. Yorkshire, p. 227, pl. 15, fig. 8. *P. abdita,* Phillips, pl. 15, fig. 15. Angleterre, Bolland.
257. strialis, Phillips, 1836, p. 227. pl. 15, fig. 9. Angl., Bolland.
'258. vittata, Phillips, 1836. Yorks., p. 228, pl. 15, fig. 24. Angleterre, Bolland, Otterburn.
259. sulcatula, Phillips, 1836. Yorkshire, p. 226, pl. 15, fig. 5. *P. sulcata id.* Phillips, pl. 15, fig. 6. Angl., Bolland, île de Man.
'260. tornatilis, Phillips, 1846. Yorks., pl. 15, fig. 25. Koninck, Descript., p. 376, pl. 31, fig. 4. Belgique, Visé; Angl., Bolland.
'261. Koninckii, d'Orb., 1847. *Pleurotomaria delphinuloides,* Koninck, 1844. Descript., p. 377, pl. 36, fig. 4. (Non *Helicites delphinuloides,* Schloth., 1822, Petref., pl. 11, fig. 4). Belgique, Tournay.
262. pulchella, Koninck, 1843, 1844. Descript., p. 379, pl. 35, fig. 6. Belgique, Visé.
'263. nobilis, Koninck, 1843, 1844. Descript., p. 380, pl. 34, fig. 9. Belgique, Tournay.
'264. quadricincta, Koninck, 1843, 1844. Descript., p. 380, pl. 32, fig. 5. Belgique, Tournay.
265. pyramidalis, Koninck, 1843, p. 381, pl. 34, fig. 1. Belg., Visé.
'266. Cauchyana, Koninck, 1843. Belgique, p. 382, pl. 34, fig. 5. Belgique, Tournay.
267. variata, Koninck, 1843. Belgique, p. 383, pl. 35, fig. 2; pl. 37, fig. 3. Belgique, Visé.
268. insculpta, de Koninck, 1843, p. 384, pl. 33, fig. 1. Belg., Visé.
269. inflata, de Koninck, 1843, p. 385, pl. 35, fig. 7. Belg., Visé.
270. spiralis, Koninck, 1843, p. 386, pl. 32, fig. 3. Belg., Visé.
'271. Benediana, de Koninck, 1843. Belgique, p. 386, pl. 32, fig. 8. Belgique, Tournay.
272. submonilifera, d'Orb., 1847. *P. monilifera,* Phillips, 1836. Geol. of Yorks., 2, p. 227, pl. 15, fig. 10 a. Koninck, p. 387, pl. 34, fig. 2 (non Zieten, 1830). Belgique, Visé; Angleterre, Bolland.

273. interstrialis, Phill., 1836. Geol. of Yorks., 2, p. 227, pl. 15, fig. 10. Koninck, Descript. des anim. foss., p. 388, pl. 33, fig. 5; pl. 35, fig. 5. Belgique, Visé, Tournay; Angleterre, Bolland.

274. atomaria, Phill., 1836. Yorks., 2, p. 227, pl. 15, fig. 11. Koninck, p. 389, pl. 35, fig. 4. Belgique, Visé; Angleterre, Bolland.

*275. **Yvanii,** Koninck, Descript., p. 390, pl. 37, fig. 1 et fig. 7. *Trochus Yvanii*, Léveillé, 1835. Mém. de la Soc. géol. de France, 2, p. 39, pl. 2, fig. 21. *P. concentricus?* Phill., Yorks., pl. 15, fig. 23. *P. canaliculata*, M'Coy. Belgique, Visé, Tournay; Angl., Bolland.

276. Panope, d'Orb., 1847. *P. Münsteriana*, de Koninck, 1843, p. 392, pl. 34, fig. 4 (non Rœmer, 1841). Belgique, Visé, Tournay.

277. Sowerbyana, Koninck, p. 393, pl. 31, fig. 6. Tournay.

278. Frenoyana, Koninck, 1843, p. 394, pl. 31, fig. 5. Belg., Visé.

*279. **conica,** Phill., 1836. Geol. of Yorks., 2, p. 228, pl. 15, fig. 22. Koninck, Descript. des anim. foss., p. 395, pl. 31, fig. 3. Belg., Visé, Tournay; Angleterre, Bolland, Derbyshire.

280. Galeottiana, Koninck, 1844, p. 396, pl. 35, fig. 3. Visé.

*281. **carinata,** Sow., 1834. Phillips, 1836. York., pl. 15, fig. 1. Koninck, p. 307, pl. 31, fig. 1. *P. flammigera*, Phillips, Yorks., pl. 15. fig. 2. Belgique, Visé, Tournay; Angleterre, Settle, Irlande.

*282. **striata,** Sow., 1834. Phillips, 1836. Yorks., p. 226. *P. lirata*, Phillips, 1836. Yorks., pl. 15, fig. 13. Koninck, Descript. des anim. foss., p. 399, pl. 31, fig. 2. *P. Hainesii*, M'Coy, 1844. Ireland, pl. 3, fig. 8. Belgique, Visé, Tournay; Angleterre, Derbyshire; Irlande.

283. acuta, Phill., 1836. Geol. of Yorks., 2, p. 228, pl. 15, fig. 21. Koninck, p. 400, pl. 34, fig. 6. Belgique, Visé; Angleterre, Bolland.

284. contraria, Koninck, 1843. Descript., p. 401, pl. 34, fig. 7. Belgique, Visé.

285. minuta, Koninck, 1843, p. 402, pl. 34, fig. 8. Belg., Visé.

286. Portlockiana, Koninck, 1843. Descript., p. 403, pl. 33, fig. 4. Belgique, Visé.

287. expansa, Phill., Geol. of Yorks., 2, p. 226, pl. 15, fig. 4. Koninck, Descript., p. 404, pl. 36, fig. 6 (Non *Expansa*, Sow., 1821). Belgique, Visé; Angleterre, Bolland, Baggy-Point en Devonshire.

*288. **naticoides,** Koninck, 1843, p. 405, pl. 31, fig. 8. *P. lævis*, M'Coy, Ireland, pl. 5, fig. 15. Belgique, Visé, Tournay; Irlande.

289. limbata, Phill., 1836. Yorks., pl. 15, fig. 18. *Id.* de Koninck, Descript., p. 367, pl. 37, fig. 5. Belgique, Visé; Angleterre, Bolland.

290. squamula, Phillips, 1836. Yorks., pl. 15, fig. 17. Koninck, p. 368, pl. 37, fig. 6. Belgique, Visé; Angleterre, Bolland.

291. scripta, Koninck, 1843, p. 406, pl. 36, fig. 5. Belg., Visé.

292. callosa, Koninck, p. 406, pl. 36. fig. 7. Belgique, Visé.

293. fragilis, Koninck, 1844, p. 372, pl. 35, fig. 8. Belgique, Visé.

294. granulosa, Koninck, 1844, p. 373, pl. 33, fig. 2, 3. Visé.

295. ornatissima, Koninck, 1843. Descript., p. 365, pl. 24, fig. 14; pl. 34, fig. 2. Belgique, Visé.

296. Eliana, Koninck, 1843, p. 366, pl. 34, fig. 1. Belgique, Visé.

297. gemmulifera, Phill., 1836. Geol. of Yorks., 2, p. 227, pl. 15, fig. 18. Koninck, Descript., p. 370, pl. 31, fig. 7. *P. radula*, Koninck, pl. 32, fig. 2. Belgique, Visé; Angleterre, Bolland; Allem., Ratingen.

*298. **dives**, Koninck, 1844. Descript., p. 374, pl. 32, fig. 6. Belgique, Visé, Tournay.

299. **subangulata**, d'Orb., 1847. *P. angulata*, Koninck, 1844. Descript., p. 369, pl. 37, fig. 2 (non Sowerby, 1839). Belgique, Visé.

300. **Ouralica**, 1845. Verneuil, Murch. et de Keys., Russie, 2, p. 336, pl. 23, fig. 12. Russie (Oural), Cosatchi-Datchi.

301. **Altaica**, 1845. Verneuil, Murch. et de Keys., Russie, 2, p. 337, pl. 23, fig. 6. Russie, Altaï.

302. **Karpinskiana**, 1845. Verneuil, Murch. et de Keys., Russie, 2, p. 338, pl. 23, fig. 11. Russie, Cosatchi-Datchi.

303. **subtrochiformis**, d'Orb., 1847. *P. trochiformis*, de Keyserling, 1846. Geognost., p. 265, pl. 11, fig. 9 (non Morris, 1843). Russie septentrionale, Soiwa.

*304. **angulosa**, d'Orb., 1842. Paléont. de l'Amér. mérid., p. 43, pl. 3, fig. 4. Amér. mérid., Yarbichambi (Bolivia).

305. **subtricincta**, d'Orb., 1847. *Macrocheilus tricinctus*, M'Coy, 1844. A Syn. of Ireland. p. 29, pl. 5, fig. 4. Irlande.

306. **filosa**, M'Coy, 1844. A Syn. of Ireland, p. 40, pl. 5, fig. 14.

307. **multicarinata**, M'Coy, 1844. A Syn. of Ireland, p. 41, pl. 5, fig. 16. Irlande.

308. **Griffithii**, M'Coy, 1844. A Syn. of Ireland, p. 40, pl. 6, fig. 1.

309. **altavittata**, M'Coy, 1844, p. 39. pl. 5, fig. 11. Irlande.

310. **M'Coyana**, d'Orb., 1847. *P. clathrata*, M'Coy, 1844. A Syn. of Ireland, p. 39, pl. 5, fig. 12 (non Münster, 1842). Irlande.

311. **decussata**, M'Coy, 1844. A Syn. of Ireland, p. 40, pl. 5, fig. 18.

PORCELLIA, Léveillé, 1835. Voy. p. 71.

*312. **puzo**, Léveillé, 1835. Mém. de la Soc. géol., 11, pl. 2, fig. 10, 11. Koninck, Descript., p. 859, pl. 28, fig. 1. *Bellerophon Puzosii*, d'Orb., Bellér., pl. 6, fig. 17, 19. Belgique, Visé, Tournay.

*313. **Woodwardii**, Koninck, 1844. Descr., p. 368, pl. 28, fig. 2. *Nautilus Woodwardii*, Sow., Min. Conch., pl. 571, fig. 3. *Bellerophon id.*, d'Orb., Bell., pl. 6, fig. 17-19. Belgique, Visé, Tournay.

314. **Verneuilii**, Koninck, 1844, p. 361, pl. 28, fig. 4. *Bellerophon Verneuilii*, d'Orb., Belléroph., 1839, pl. 6, fig. 12-14. Belg., Visé.

CAPULUS, Montfort, 1810. 31.

*315. **vetustus**, Koninck, Descript., p. 332, pl. 22, fig. 7; pl. 23 *bis*, fig. 2. *Pileopsis vetusta*, Sow., 1829. Min. Conch., pl. 607, fig. 1-3. *Pileopsis trilobus*, Phill., 1836, pl. 14, fig. 12-13. *Acroculia canaliculata*, M'Coy, 1844, pl. 3, fig. 13. Belgique, Visé, Tournay; Allemagne, Ratingen; Irlande, Queen's-county; Angl., Whitewell, (Yorkshire).

*316. **neritoides**, Koninck, Descript., p. 334, pl. 23 *bis*, fig. 1. *Pileopsis neritoides*, *vetustus* et *angustus*, Phillips, 1836, pl. 14, fig. 16-18, 14, 19, 20. Belgique, Tournay; Angleterre, Bolland.

317. **tubifer**, d'Orb., 1847. *Pileopsis tubifer*, Sow., 1829. Min. Conch., VI, p. 223, pl. 607, fig. 4. Phillips, 1836, pl. 14, fig. 14. Angleterre, Preston (Lancastershire).

318. **Münsteriana**, d'Orb., 1847. *Actita Münsteriana*, Fischer, Fahrenkohl, 1844. Bullet. de la Soc. imp. des natural. de Moscou, p. 802, pl. 19, fig. 2. Russie, env. de Moscou.

FISSURELLA, Bruguière, 1791. D'Orb., Paléont. franç., terr. crét., 2, p. 396.

319. elongata, M'Coy, 1844. A Syn. of Ireland, p. 43, pl. 5, fig. 27.

BELLEROPHON, Montfort, 1808. Voy. p. 6.

320. Corriei, d'Orb., 1840. Céphal., p. 194, n° 14, pl. 4, fig. 9-12. Irlande, Antrim.

321. Sowerbyi, d'Orb., 1840. Céphal., p. 103, n° 21, pl. 5, fig. 19-23. Irlande; Yorkshire (Angleterre); France, Juigné (Sarthe).

***322. decussatus**, Flemming, Brit. anim., p. 338, n° 4. *Bellerophon elegans* et *clathratus*, d'Orb., 1840. Céphal., p. 203, pl. 7, fig. 14-18. *B. reticulatus*, M'Coy, 1844, p. 25, pl. 2, fig. 2. Ecosse, Linlithgowshire; Belgique, Visé, Tournay.

***323. bicarinus**, Léveillé, 1835. *B. hiulcus*, d'Orb., 1840. Céphal., pl. 1, fig. 4, pl. 4, fig. 13, pl. 5, fig. 5, 8. (Non Martin). Belgique, Visé, Tournay; Allem., Ratingen; Derbyshire.

***324. tenuifascia**, Sow., Min. Conch., pl. 470, fig. 2, 3. D'Orb., 1840. Céphal., pl. 1, fig. 6, 7, pl. 5, fig. 14-18. Derbyshire, env. de Settle (Yorkshire); Belgique, Liége, Visé; Allemagne, Ratingen.

***325. Urii**, Flemming, British anim., p. 338, n° 8. D'Orb., 1840. Céphal., pl. 4, fig. 14, 19. *B. atlantoides*, d'Orb. *B. spiralis*, Phillips, pl. 17, fig. 11, 12, 18. Belg., Tournay; Angl., Yorkshire, Glascow.

326. Ferussaci, d'Orb., 1840. Céphal., p. 186, n° 3, pl. 2, fig. 7-10. Irlande, Kildare; Belgique, Visé.

327. hiulcus, Sow., 1825. Min. Conch., pl. 470, fig. 1. Koninck Descrip., p. 348, pl. 27, fig. 2. *B. Münsterii*, d'Orb., 1839. Mon. des Céph., belléroph., pl. 2, fig. 11-15. *B. lævis*, M'Coy, pl. 2, fig. 1. Belgique, Tournay, Visé; Etats-Unis, Kentucky, Edyville, Missouri, Saint-Louis; Oural, Cosatchi-Datchi; Russie sept., rivière Ylytsch.

328. costatus, Sow., 1825. Min. Conch., pl. 470, fig. 4. Koninck, Descrip., p. 343, pl. 24, fig. 2, pl. 31, fig. 5. *B. apertus*, Sow., d'Orb., 1839. Belléroph., pl. 3, fig. 4-6. Belgique, Visé; Angleterre, Kendal, Carlingford, Bristol, Bolland en Irlande.

329. Keynianus, Koninck, p. 340, pl. 29, fig. 4. Belg., Visé.

***330. Witryanus**, Koninck, Descrip., p. 341, pl. 28, fig. 9, pl. 30, fig. 2. Belgique, Tournay.

***331. cornua-rietis**, Sow., 1825. Min. Conch., pl. 469, fig. 2. *B. tangentialis*, Phillips, 1836. York., pl. 17, fig. 6, 7, 14. Koninck, Descrip., p. 342, pl. 30, fig. 1. Belgique, Visé, Tournay; Angleterre, Bolland et Queen's-county; Russie, env. de Moscou.

332. vasulites, Montfort, 1808. Conchyl. Syst., 1, p. 50-51. D'Orb., 1840. Céphal., 184, pl. 1, fig. 8-9, pl. 2, fig. 1-6. Belgique, Souvré, Visé, Tournay.

***333. Dumontii**, d'Orb., 1840. Céphal., p. 189, n° 8, pl. 2, fig. 16-20. *B. obsoletus*, M'Coy, 1844, p. 24, pl. 2, fig. 3. Belg., Visé; Irlande.

***334. Duchastelii**, Léveillé, Mém. de la Soc. géol. de France, 2, p. 38, n° 4, pl. 11, fig. 8, 9. D'Orb., 1840. Céphal., p. 212, n° 35, pl. 6, fig. 8-11. Tournay (Belgique).

335. canaliferus, Goldf., Keferstein, Nat. der Erdk. 2 *th.*, p. 430, n° 16. D'Orb., 1840. Céphal., p. 193, n° 13, pl. 4, fig. 6-8. *B. imbricatus*, pl. 5, fig. 1-4. Allem., Ratingen; Belgique, Visé.

336. Leveilleanus, Koninck, p. 355, pl. 29, fig. 1. Belg., Visé.
METOPTOMA, Phillips, 1836. Voy. p. 73.
337. pileus, Phillips, 1836. Yorkshire, p. 224, pl. 14, fig. 7. *Patella id.*, Koninck, 1844, pl. 23, fig. 7. Angl., Bolland; Belgique, Visé.
338. imbricata, Phillips, 1836. Yorkshire, p. 224, pl. 14, fig. 8. *Patella imbricata*, Koninck, 1844, pl. 23 bis, fig. 4. Angl., Bolland.
339. elliptica, Phillips, 1836, p. 224, pl. 14, fig. 9. *Patella elliptica*, Koninck, 1844, pl. 23 bis, fig. 3. Angl., Bolland; Belg., Visé.
340. oblonga, Phillips, 1836. Yorkshire, p. 224, pl. 14, fig. 10. *Patella oblonga*, Koninck, 1843, pl. 23, fig. 6. Angl., Bolland; Belg., Visé.
341. sulcata, Phillips, 1836. Yorkshire, p. 224, pl. 14, fig. 11. Angleterre, Bolland.
342. solaris, d'Orb., 1847. *Patella solaris*, Koninck, Descrip. des anim. foss., p. 327, pl. 22, fig. 6 a, b. Belgique, Visé.
HELCION, Montfort, 1810. Voy. p. 9.
343. sinuosa, d'Orb., 1847. *Patella sinuosa*, Phillips, 1836. Yorks., p. 223, pl. 14, fig. 2. Koninck, pl. 23, fig. 4. *Patella scutiformis*, Phillips, 1836, pl. 14, fig. 1. *Umbrella lævigata*, M'Coy, Ireland, pl. 5, fig. 31. Angleterre, Bolland; Belgique, Visé; Irlande.
344. mucronata, d'Orb., 1847. *Patella mucronata*, Phillips, 1836. Yorkshire, p. 223, pl. 14, fig. 3. Angleterre, Bolland.
345. curvata, d'Orb., 1847. *Patella curvata*, Phillips, 1836. Yorks., p. 223, pl. 14, fig. 4. Angleterre, Bolland.
346. retrorsa, d'Orb., 1847. *Patella retrorsa*, Phillips, 1836. Yorks., p. 223, pl. 14, fig. 5. Angleterre, Bolland.
347. lateralis, d'Orb., 1847. *Patella lateralis*, Phillips, 1836. Yorkshire, p. 223, pl. 14, fig. 6. Angleterre, Bolland.
***348. Ryckholtiana,** d'Orb., 1847. *Patella Rickholtiana*, Koninck, Descrip. des anim. foss., p. 327, pl. 23, fig. 5 a, b. Belgique, Tournay.
349. Koninckii, d'Orb., 1847. *Siphonaria Koninckii*, M'Coy, 1844. Ireland, p. 46, pl. 3, fig. 14. Irlande.
CHITON, Linné, 1758. D'Orb., Mollusques de l'Amér. méridionale.
***350. priscus,** Münster, 1839. Koninck, Descrip., p. 321, pl. 23, fig. 1. Belgique, Tournay.
351. concentricus, Koninck, p. 322, pl. 22, fig. 4. Belg., Visé.
352. subgemmatus, d'Orb., 1847. *C. gemmatus*, Koninck, Descrip., p. 323, pl. 23, fig. 2. (Non Blainville, 1825). Belgique, Visé.
CHITONELLUS, Lamarck, 1819.
353. cordifer, d'Orb., 1847. *Chiton cordifer*, Koninck, Descrip., p. 324, pl. 22, fig. 5. Belg., Tournay.
DENTALIUM, Linné, 1740. Voy. p. 73.
***354. priscum,** Münster, 1843. Koninck, Descrip., p. 316, pl. 22, fig. 1. Belgique, Tournay.
355. ingens, Koninck, p. 317, pl. 22, fig. 2. Belgique, Visé.
356. ornatum, Koninck, p. 318, pl. 22, fig. 3. Belgique, Visé.
357. inornatum, M'Coy, 1844. A Syn., p. 47, pl. 5, fig. 30. Irlande.

MOLLUSQUES PTÉROPODES.

CONULARIA, Sow., 1820. Voy. p. 9.
358. irregularis, Koninck, Descrip., p. 496, pl. 45, fig. 2. Belg., Visé, Tournay.

MOLLUSQUES LAMELLIBRANCHES.

ORTHOCONQUES SINUPALLÉALES. (D'ORB.)

PHOLADOMYA, Sowerby, 1826. Voy. p. 73.
359. iridinoides, d'Orb., 1847. *Sanguinolites iridinoides*, M'Coy, 1844. A Syn. of Ireland, p. 49, pl. 12, fig. 1. Irlande.
360. plicata, d'Orb., 1847. *Sanguinolites plicatus*, M'Coy, 1844. p. 49, pl. 10, fig. 3. *Sanguinolaria plicata*, Portk. Geol., Rep. Irlande.
361. sulcata, d'Orb., 1847. *Sanguinolaria sulcata*, Phillips, 1836. Yorkshire, p. 209, pl. 5, fig. 5. Angleterre, Northumberland; Russie, Moscou, Peredki.
'**362. regularis,** d'Orb., 1847. *Allorisma id.*, King., Vern., Murch. et de Keys., Russie, 2, p. 298, pl. 19, fig. 6, pl. 21, fig. 11. Russie, Stolobinskoï (Valdai), Sloboda, Tarousa, rivière Ylytsch.
363. curta, d'Orb., 1847. *Sanguinolites curtus*, M'Coy, 1844. A Syn. of Ireland, p. 48, pl. 11, fig. 1. Irlande.
364. subradiata, d'Orb., 1847. *Sanguinolites radiatus*, M'Coy, 1844. A Syn. of Ireland, p. 50, pl. 18, fig. 4. (Non Goldf., 1838). Irlande.
LYONSIA, Turton, 1822. Voy. p. 10.
365. angustata? d'Orb., 1847. *Sanguinolaria angustata*, Phillips, 1835. Yorkshire, p. 208, pl. 5, fig. 2. *Sanguinolites discors*, M'Coy, pl. 8, fig. 4. Angleterre, Bolland; Russie, Peredki, Valdai; Irlande.
366. tumida, d'Orb., 1847. *Sanguinolaria tumida*, Phillips, 1836. Yorkshire, p. 209, pl. 5, fig. 3. Angleterre, Bolland, Coalbrook-dale, Kirby, Lonsdale; Irlande, Kildare.
367. arcuata? d'Orb., 1847. *Sanguinolaria arcuata*, Phillips, 1836, Yorkshire, p. 209, pl. 5, fig. 4. Angl., Harelaw, Northumberland.
368. concinna, d'Orb., 1847. *Cypricardia concinna*, M'Coy, 1844. A Syn. of Ireland, p. 59, pl. 8, fig. 24. Irlande.
369. subcuneata, d'Orb., 1847. *Cypricardia cuneata*, M'Coy, 1844. A Syn., p. 59, pl. 8, fig. 25. (Non *Cuneata*, Desh., 1838). Irlande.
'**370. Omaliana,** d'Orb., 1847. *Pholadomya Omaliana*, Koninck, Descrip. des anim. foss., p. 65, pl. 5, fig. 4 a, b. Belgique, Tournay.
371. Verneuilii, d'Orb., 1847. *Sanguinolaria*, Rœmer, Vern., Murch. et de Keys., Russie, 2, p. 300, pl. 19, fig. 19 (Non York., 1837). Oural, Cosatchi-Datchi.
372. corrugata, d'Orb., 1847. *Sedgwickia corrugata*, M'Coy, 1844. A Syn. of Ireland, p. 62, pl. 8, fig. 18. Irlande.
373. gigantea, d'Orb., 1847. *Sedgwickia gigantea*, M'Coy, 1844. A Syn. of Ireland, p. 62, pl. 11, fig. 40. *Sedgwickia bullata*, M'Coy, pl. 8, fig. 19. (Jeune) Irlande.
374. attenuata, d'Orb., 1847. *Sedgwickia attenuata*, M'Coy, 1844. A Syn. of Ireland, p. 62, pl. 11, fig. 39. Irlande.

375. cylindrica, d'Orb., 1847. *Cypricardia cylindrica*, M'Coy, 1844. A Syn. of Ireland, p. 60, pl. 8, fig. 23. Irlande.

376. modiolaris, d'Orb., 1847. *Cypricardia modiolaris*, M'Coy, 1844. A Syn. of Ireland, p. 60, pl. 8, fig. 27. Irlande.

377. oblonga, d'Orb., 1847. *Cypricardia oblonga*, M'Coy, 1844. Syn. of Ireland, p. 60, pl. 8, fig. 21. Irlande.

378. quadrata, d'Orb., 1847. *Cypricardia quadrata*, M'Coy, 1844. A Syn. of Ireland, p. 60, pl. 8, fig. 22. Irlande.

379. sinuata, d'Orb., 1847. *Cypricardia sinuata*, M'Coy, 1844. A Syn. of Ireland, p. 61, pl. 8, fig. 26. Irlande.

380. socialis, d'Orb., 1847. *Cypricardia socialis*, M'Coy, 1844. A Syn. of Ireland, p. 61, pl. 8, fig. 12. Irlande.

381. subtumida, d'Orb., 1847. *Cypricardia tumida*, M'Coy, 1844. A Syn. of Ireland, p. 61, pl. 8, fig. 13. Irlande.

382. centralis, d'Orb., 1847. *Venus centralis*, M'Coy, 1844. A Syn. of Ireland, p. 53, pl. 11, fig. 6. Irlande.

383. subattenuata, d'Orb., 1847. *Anatina attenuata*, M'Coy, 1844. A. Syn., p. 51, pl. 8, fig. 6. (Non *Attenuata*, M'Coy, n° 374). Irlande.

384. clavata, d'Orb., 1847. *Pandora clavata*, M'Coy, 1844. A Syn. of Ireland, p. 51, pl. 11, fig. 2. Irlande.

385. elongata, d'Orb., 1847. *Lutraria elongata*, M'Coy, 1844. A Syn. of Ireland, p. 52, pl. 8, fig. 3. Irlande.

386. Coyana, d'Orb., 1847. *Nucula oblonga*, M'Coy, 1844. A Syn. of Ireland, p. 70, pl. 11, fig. 24. (*N. oblonga*, M'Coy). Irlande.

387. minor, d'Orb., 1847. *Solenopsis minor*, M'Coy, 1844. A Syn., p. 47, pl. 8, fig. 2. (*Solen pelagicus*, Portk., non Goldf.). Irlande.

388. minima, d'Orb., 1847. *Sedgwickia minima*, M'Coy, 1844. A Syn. of Ireland, p. 62, pl. 8, fig. 17. Irlande.

389. securiformis, d'Orb., 1847. *Dolabra securiformis*, M'Coy, 1844. A Syn. of Ireland, p. 66, pl. 11, fig. 15. Irlande.

SOLEMYA, Lamarck, 1819.

390. primæva? Phillips, 1836, p. 209, pl. 5, fig. 6. Vern., Russie, 2, pl. 19, fig. 5. Angleterre, Northumberland; Russie, Tarousa sur l'Oka.

391. Puzosiana? Koninck, p. 60, pl. 5, fig. 2. Belg., Tournay.

LEDA, Schumacher, 1817. Voy. p. 11.

392. stilla, d'Orb., 1847. *Nucula stilla*, M'Coy, 1844. Ireland, p. 71, pl. 11, fig. 18. Irlande.

393. delta, d'Orb., 1847. *Nucula delta*, M'Coy, 1844. Ireland, p. 69, pl. 11, fig. 22. Irlande.

394. leiorhynchus, d'Orb., 1847. *Nucula leiorhynchus*, M'Coy, 1844. Ireland, p. 69, pl. 11, fig. 27. Irlande.

395. longirostris, d'Orb., 1847. *Nucula longirostris*, M'Coy, 1844. Ireland, p. 70, pl. 11, fig. 19. Irlande.

396. birostrata, d'Orb., 1847. *Nucula birostrata*, M'Coy, 1844. A Syn. of Ireland, p. 68, pl. 11, fig. 23. Irlande.

397. subcarinata, d'Orb., 1847. *Nucula carinata*, M'Coy, 1844. A Syn. of Ireland, p. 68, pl. 11, fig. 21 (non Lea, 1843). Irlande.

398. clavata, d'Orb., 1847. *Nucula clavata*, M'Coy, 1844. A Syn. of Ireland, p. 69, pl. 11, fig. 25. Irlande.

399. palmæ, d'Orb., 1847. *Nucula palmæ*, Sow., 1824. Min. Conch., 5, p. 117, pl. 475, fig. 1. Angl., Derbyshire.
400. claviformis, d'Orb., 1847. *Nucula claviformis*, Sow., 18. Phillips, 1836. Yorkshire, p. 210, pl. 5, fig. 17. Angleterre, Harelaw, Northumberland, Otterburn, Bolland.
401. brevirostris, d'Orb., 1847. *Nucula brevirostris*, Phillips, 1836, p. 210, pl. 5, fig. 11 a. Angl., Harelaw, Northumberland.

ORTHOCONQUES INTÉGROPALLÉALES.

MEGALODON, Sow., 1827.
* **402. antiqua**? d'Orb., 1847. *Trigonia antiqua*, d'Orb., 1842. Paléont. de l'Amér. mér., p. 44, pl. 3, fig. 12, 13, Yarbichambi (Bolivia).
403. transversa, d'Orb. *Astarte transversa*, de Koninck, Descript. des anim. foss., p. 80, pl. 4, fig. 11. Belgique, Visé.
CYPRICARDIA, Lamarck, 1801.
404. tumida, d'Orb., 1847. *Nucula tumida*, Phillips, 1836. Yorkshire, p. 210, pl. 5, fig. 15. Angleterre, Bolland, Bowes, Northumberland, Kulkeagh, Irlande.
405. rhombea, Phillips, 1836. Yorkshire, p. 209, pl. 5, fig. 10. *C. glabrata*, Phillips, pl. 5, p. 25. *C. bipartita*, de Koninck, pl. 1, fig. 15. Angleterre, Bolland, Northumberland; Russie, Oural, Cosatchi-Datchi; Belgique, Visé.
***406. cingulata**? Koninck, p. 92, pl. 8, fig. 11, *Venerupis cingulatus*, M'Coy, 1844, pl. 10, fig. 1. Belgique, Visé, Tournay; Allem., Ratingen, près Dusseldorf; Angl., Bolland, Irlande.
407. striato-lamellosa, Koninck, p. 93, pl. H, fig. 8. Visé.
***408. transversa,** Koninck, Descrip., p. 94, pl. 1, fig. 3, a, b et pl. 3, fig. 8. Belgique, Tournay.
409. Selysiana? Koninck, p. 95, pl. 6, fig. 7. Belgique, Visé.
410. Koninckiana, d'Orb., 1847. C. *trapezoidalis*, Koninck, 1844. Descrip., p. 96, pl. 6, fig. 8. (Non Rœmer, 1841). Belgique, Visé.
411. parvula, Koninck, p. 97, pl. 2, fig. 3. Belgique, Visé.
***412 parallela,** Koninck, Descrip., p. 97, pl. 3, fig. 15. *Venus parallela*, Phillips, pl. 5, fig. 8. Belg., Visé, Tournay; Angl., Bolland.
413. globosa? Koninck, p. 98, pl. 2, fig. 1. Belgique, Visé,
* **414. squamifera,** d'Orb., 1847. *Modiola squamifera*, Phillips, 1836, p. 209, pl. 5, fig. 22. Angl., Bolland; États-Unis, Schoharri.
415. concinna, d'Orb., 1847. *Modiola concinna*, M'Coy, 1844. A Syn. of Ireland, p. 74, pl. 11, fig. 28. Irlande.
416. rectangularis, d'Orb., 1847. *Nucula rectangularis*, M'Coy, 1844. A Syn. of Ireland, p. 71, pl. 11, fig. 20. Irlande.
CARDINIA, Agassiz, 1838. Voy. p. 32.
417. corrugata, d'Orb., 1847. *Dolabra corrugata*, M'Coy, 1844. A Syn. of Ireland, p. 65, pl. 11, fig. 12. Irlande.
418. crassistria, d'Orb., 1847. *Pullastra crassistria*, M'Coy, 1844. A Syn. of Ireland, p. 54, pl. 11, fig. 7. *Astarte quadrata*, M'Coy, 1844, pl. 11, fig. 4. Irlande.
419. elegans, d'Orb., 1847. *Pullastra elegans*, M'Coy, 1844. A Syn. of Ireland, p. 54, pl. 8, fig. 16. Irlande.

420. ovaliformis, d'Orb., 1847. *Pullastra ovalis*, M'Coy, 1844. A Syn. of Ireland, p. 55, pl. 8, fig. 20 (non Martin). Irlande.
421. abbreviata, Koninck, Descrip., p. 70, pl. 1, fig. 7. *Unio abbreviata*, Goldf., pl. 131, fig. 15. Belgique, Val-Benoît, près Liége.
422. nana, Koninck, 1844, p. 71, pl. 1, fig. 6. Belgique, Liége.
423. robusta, Koninck, Descrip. des anim. foss., p. 71, pl. H, fig. 1. *Unio robustus*, J. Sow., Trans. Geol. Soc., v, pl. 39, fig. 1. Belgique, près de Liége; Angleterre, Coalbrook-dale.
424. carbonaria, Koninck, p. 72, pl. 1, fig. 10. *Tellinites carbonarius*, Schlotheim. *Unio carbonarius*, Goldf., pl. 131, fig. 19. Belgique, Val-Benoît, près de Liége; Allem., Niederstaufenbach, près Kusel.
425. subconstricta, Agassiz, trad. de Sowerby, pl. 33, fig. 1-3. Koninck, Descrip., p. 73, pl. 1, fig. 9. *Unio subconstrictus*, Sow., M. Conch., pl. 33, fig. 1. Belgique, Liége, Val-Benoît; Derbyshire.
426. ovalis, Koninck, Descrip., p. 74, pl. H, fig. 2. *Mya ovalis*, Martin. *Unio uniformis*, Sow., pl. 33, fig. 4 (non Goldfuss). Belgique, près de Liége, et Val-Benoît.
427. utrata, Koninck, p. 75, pl. H, fig. 3. *Unio utratus*, Goldfs., pl. 131, fig. 16. Belgique, Liége et Val-Benoît; Westphalie, Werden.
428. gibbosa, d'Orb., 1847. *Sanguinolaria gibbosa*, Sow., 1827. Min. Conch., 6, p. 91, pl. 548, fig. 3. Angleterre, Irlande.
429. acuta, Agassiz. Koninck, Descrip., p. 75, pl. 1, fig. 8. *Unio acutus*, Sow., M. Conch., pl. 33, fig. 5-7. Belgique, Val-Benoît, Liége; Allem., Taune, près Bochum; Anglet., Bradford (Yorkshire).
430. phaseolus, Koninck, Descr., p. 76, pl. H, fig. 4. *Unio phaseolus*, Sowerby, Trans. Geol. Soc., v, pl. 39, fig. 11. Belgique, Quaregnon (Hainaut), Blaton; Angl., Coalbrook-dale.
***431. tellinaria,** Koninck, Descrip., p. 77, pl. H, fig. 5, et pl. 1, fig. 14. *Unio tellinaria*, Goldf., pl. 131, fig. 17. Belgique, Val-Benoît, la Batterie, Liége.
***432. laminata?** Koninck, Descrip., p. 78, pl. H, fig. 6. *Lucina laminata*, Phillips, pl. 5, fig. 12. Belgique, Tournay; Anglet., Bolland.
433. Eichwaldiana, Keyserling, 1846. *Unio id.*, Vern., Murch. et de Keys., 2, p. 307, pl. 21, fig. 9. Russie, Lissitchia, Balka (Donetz), rivière Waschkina.
434. subparallela, de Keyserling, 1846. Geognost. beobacht., p. 255, pl. 10, fig. 15. *Modiola subparallela*, Portlock, 1843. Geol. rep., p. 433, pl. 34, fig. 16. Russie septentrionale, Petschora.
LUCINA, Bruguière, 1791. Voy. p. 76.
435. Coyana, d'Orb., 1848. *Lucina antiqua*, M'Coy, 1844. A Syn. of Ireland, p. 53, pl. 8, fig. 9 (non Goldf., 1839). Irlande.
436. Hiberniceusis, d'Orb., 1847. *Ungulina antiqua*, M'Coy, 1844. A Syn. of Ireland, p. 53, pl. 8, fig. 8. Irlande.
CONOCARDIUM, Bronn. Voy. p. 80.
***437. fusiforme,** d'Orb., 1847. *Pleurorhynchus fusiformis*, M'Coy, 1844. A Syn. of Ireland, p. 58, pl. 9, fig. 3. Irlande.
438. giganteum, d'Orb., 1847. *Pleurorhynchus giganteus*, M'Coy, 1844. A Syn. of Ireland, p. 58, pl. 9, fig. 1. Irlande.
439. inflatum, d'Orb., 1847. *Pleurorhynchus inflatus*, M'Coy, 1844. A Syn. of Ireland, p. 58, pl. 9, fig. 2. Irlande.

440. nodulosum, d'Orb., 1847. *Pleurorhynchus nodulosus*, M'Coy, 1844. A Syn. of Ireland, p. 59, pl. 9, fig. 4. Irlande.

'441. alæforme, d'Orb., 1847. *Cardium alæforme*, Sow., Min. Conch., 6, p. 100, pl. 552, fig. 2. Koninck, Descript., p. 83, pl. 4, fig. 12. *Pleurorhynchus aliformis* et *armatus*, Phillips, 1836, Yorks. Belgique, Visé, Tournay; Allemagne, Ratingen; Angl., Scarlet, Bolland, Kildare.

'442. hybernicum, Agassiz. *Cardium hibernicum*, Sow., Min. Conc., 1, p. 187, pl. 82, fig. 1, 2 et 6, p. 100. Koninck, Descript., p. 85, pl. 4, fig. 13. *Pleurorhynchus hibernicus*, Phillips, York., pl. 5, fig. 26. Belgique, Visé; Allem., Ratingen; Angleterre, au comté de la Reine, à Bolland et Mendip; Irlande, à Limerick.

443. rostratum, d'Orb., 1847. *Cardium rostratum*, Koninck, Description des anim. foss., p. 87, pl. 2, fig. 9. *Conocardium elongatum*, Bronn. *Pleurorhynchus elongatus*, Phillips, pl. 5, fig. 28. Belgique, Visé; Allem., Ratingen; Anglet., Bakewell, Bolland.

444. strangulatum, d'Orb., 1847. *Cardium strangulatum*, Koninck, Descript. des anim. foss., p. 88, pl. h, fig. 7. Belgique, Visé.

445. irregulare, d'Orb., 1847. *Cardium irregulare*, Koninck, Descript. des anim. foss., p. 89, pl. 4, fig. 14 a, b. Belgique, Visé.

'446. trigonale, d'Orb., 1847. *Pleurorhynchus trigonalis*, Phillips, 1836. Yorkshire, p. 211, pl. 5, fig. 32. Angleterre, Bolland.

447. minax, d'Orb., 1847. *Pleurorhynchus minax*, Phillips, 1836. Yorkshire, p. 210, pl. 5, fig. 27. *Cardium Uralicum*, Verneuil, Russie. pl. 20, fig. 11. *Conocardium Uralicum*, Keys. Angleterre, Bolland; Irlande, Kildare; Russie, Oural, Cosatchi-Datchi, Ustjushma.

ISOCARDIA, Lamarck, 1799; d'Orb., Paléont. fr., terr. crét., 3, p. 45.

448. pumila? Koninck, p. 100, pl. 4, fig. 15. Belgique, Visé.

449. deperdita? Koninck, p. 100, pl. 2, fig. 2. Belgique, Visé.

CARDIOMORPHA, de Koninck, 1847. Voy. p. 80.

450. laminata, d'Orb., 1847. *Lucina laminata* Phillips, 1836. Yorkshire, p. 209, pl. 5, fig. 12. Angleterre, Bolland.

451. undulata, d'Orb., 1847. *Nucula undulata*, Phillips, 1836. Yorkshire, p. 210, pl. 5, fig. 16. Angleterre, Bolland.

'452. elliptica, Koninck, 1844. Descript., p. 106, pl. 2, fig. 5; pl. 3, fig. 16. *Venus elliptica?* Phillips, 1836. York., pl. 5, fig. 7. Belgique, Visé; Angleterre, Northumberland.

453. livida, Koninck, 1844, p. 106, pl. 3, fig. 4 a, b. *Modiola megaloba*, M'Coy, 1844. Ireland, pl. 11, fig. 31. Belg., Visé; Irlande.

454. senilis, d'Orb., 1847. *Corbula senilis*, Phillips, 1836. Yorkshire, p. 209, pl. 5, fig. 1. Angleterre, Castleton, Bolland, Colster-dale.

455. elongata, Koninck, 1844, p. 102, pl. 1, fig. 1. Belg., Visé.

'456. oblonga, Koninck, 1844. Descript., p. 103, pl. 2, fig. 7. *Isocardia oblonga*, Sow., 1825. Min. Conch., pl. 491, fig. 2. *C. ventricosa*, M'Coy, pl. 13, fig. 3. Belgique, Visé; Angleterre, Bolland; Irlande, Dublin, Kildare.

'457. Puzosiana, Koninck, 1844. Descript., p. 104, pl. 2, fig. 8. Belgique, Tournay.

'458. Archiaciana, Koninck, 1844. Descript., p. 104, pl. 2, fig. 4. *Nucula unilateralis*, M'Coy, 1844. Ireland, p. 71, pl. 11, fig. 17. Belgique, Tournay; Irlande.

*459. **striata**, Koninck, 1844. Descript., p. 105, pl. h, fig. 9. *Sanguinolaria striata*, Münster, Goldfuss, pl. 159, fig. 19. Belgique, Visé; Allem., Regnitzlosau.

460. **nana**? Koninck, 1844, p. 108, pl. 3, fig. 18. Belgique, Visé.

461. **radiata**, Koninck, 1844. Descript., p. 109, pl. 2, fig. 6; pl. 3, fig. 9. Belgique, Visé.

*462. **sulcata**, Koninck, 1844, p. 109, pl. 2, fig. 18. Verneuil, Russie, pl. 20, fig. 2. Belgique, Visé; Russie, Oural, Cosatchi-Datchi.

463. **lamellosa**, Koninck, 1844. Descript. des anim. foss., p. 110, pl. 1, fig. 2 a, b, c. *Astarte gibbosa*, M'Coy, 1844. Ireland, pl. 8, fig. 11. Belgique, Lives près Namur; Irlande.

464. **pristina**, d'Orb., 1847. *Amphiderma id.*, 1845. Verneuil, Murch. et de Keys., Russie, 2, p. 300, pl. 20, fig. 5. Oural, Cosatchi-Datchi; Anglet., Chepping.

465. **prisca**, d'Orb., 1847. *Lutraria prisca*, M'Coy, 1844. A Syn. of Ireland, p. 52, pl. 12, fig. 4. Irlande.

466. **obsoleta**, d'Orb., 1847. *Venerupis obsoletus*, M'Coy, 1844. A Syn. of Ireland, p. 67, pl. 11, fig. 16. Irlande.

467. **scalaris**, d'Orb., 1847. *Venerupis scalaris*, M'Coy, 1844. A Syn. of Ireland, p. 67, pl. 10, fig. 6. Irlande.

468. **globosa**, d'Orb., 1847. *Sedgwickia globosa?* M'Coy, 1844. A Syn. of Ireland, p. 52, pl. 11, fig. 38. Irlande.

469. **tenuistria**, d'Orb., 1847. *Venus tenuistria*, M'Coy, 1844. A Syn. of Ireland, p. 54, pl. 8, fig. 10. Irlande.

470. **compressa**, d'Orb., 1847. *Edmondia compressa*, M'Coy, 1844. A Syn. of Ireland, p. 52, pl. 13, fig. 10. Irlande.

471. **ovata**, d'Orb., 1847. *Mactra ovata*, M'Coy, 1844. A Syn. of Ireland, p. 52, pl. 11, fig. 3. Irlande.

472. **orbicularis**, d'Orb., 1847. *Cardium orbiculare*, M'Coy, 1844. A Syn. of Ireland, p. 56, pl. 12, fig. 7. Irlande.

473. **corrugata**, M'Coy, 1844, p. 56, pl. 8, fig. 15. Irlande.

474. **Egertoni**, d'Orb., 1847. *Cyprina Egertoni*, M'Coy, 1844. A Syn. of Ireland, p. 55, pl. 10, fig. 9. Irlande.

475. **costellata**, d'Orb., 1847. *Sanguinolites costellatus*, M'Coy, 1844. A Syn. of Ireland, p. 48, pl. 8, fig. 5. Irlande.

476. **axiniformis**, d'Orb., 1847. *Isocardia axiniformis*, Phillips, 1836. Yorkshire, p. 209, pl. 5, fig. 13. *Nucula luciniformis*, Phillips, pl. 5, fig. 11. Angleterre, Northumberland.

477. **obliqua**, d'Orb., 1847. *Lima obliqua*, M'Coy, 1844. A Syn. of Ireland, p. 88, pl. 15, fig. 7. Irlande.

EDMONDIA, de Koninck, 1844.

*478. **unioniformis**, de Koninck, 1844. Descript., p. 67, pl. 1, fig. 4. *Isocardia unioniformis*, Phillips, 1836. Yorks., p. 209, pl. 5, fig. 18. Belgique, Visé; Angleterre, Bolland; Russie septentrionale, rivière Soiwa; Oural, Cosatchi.

*479. **Josepha**, Koninck, 1844. Descript. des anim. foss., p. 68, pl. 1, fig. 5 a, b. Belgique, Visé; Angleterre, Bolland.

NUCULA, Lamarck, 1801. Voy. p. 12.

480. **cylindrica**, M'Coy, 1844. Ireland, p. 69, pl. 11, fig. 26. Irlande.

481. cardiiformis, Eichw., 1840. Verneuil, Murch. et de Keys., Russie, 2, p. 301, pl. 20, fig. 9. Russie, Peredki.
482. primigenius, d'Orb., 1847. *Donax primigenius*, M'Coy, 1844. A Syn. of Ireland, p. 56, pl. 10, fig. 7. Irlande.
ARCA, Linné, 1758. Voy. p. 13.
483. cancellata, Sow., 1827. Min. Conch., 5, p. 115, pl. 473, fig. 2. Angl., Derbyshire.
484. obscura, Koninck, 1844, p. 114, pl. 2, fig. 16. Belg., Visé.
485. faba, Koninck, 1844, p. 115, pl. 2, fig. 17. Belgique, Visé.
486. pinguis, Koninck, 1844, p. 116, pl. 2, fig. 11. Belg., Visé.
'**487. arguta,** Koninck, 1844. Descrip., p. 116, pl. 3, fig. 12. *Cucullea arguta*, Phill., York., pl. 5, fig. 20; Verneuil, Russie, pl. 19, fig. 12. Belgique, Visé; Angleterre, Bolland; Russie, Oural, Cosatchi-Datchi.
488. elegantula, Koninck, 1844, p. 117, pl. 3, fig. 3. Belg., Visé.
489. tessellata, Koninck, 1844, p. 118, pl. 3, fig. 2. Belg., Visé.
490. Lacordairiana, Koninck, 1844. Descrip., p. 119, pl. 2, fig. 14. Verneuil, Russie, pl. 19, fig. 13. *A. fimbriata*, M'Coy, 1844. Ireland, pl. 12, fig. 8. *Byssoarca costellata*, M'Coy, 1844, pl. 11, fig. 36. *A. reticulata?* M'Coy. Belgique, Visé, Tournay; Russie, Oural, Cosatchi-Datchi; Irlande.
491. Verneuiliana, Koninck, 1844. Descrip., p. 120, pl. 2, fig. 12. Belgique, Visé.
492. fimbriata, Koninck, 1844, p. 121, pl. 2, fig. 13. Belg., Visé.
493. obtusa, Koninck, 1844, p. 112, pl. 2, fig. 15. *Cucullea obtusa*, Phillips, 1836. York., pl. 5, fig. 19. Visé; Angleterre, Bolland.
494. aviculoides, Koninck, 1844. Descrip., p. 114, pl. 3, fig. 17, 20. Belgique, Visé.
495. subclathrata, d'Orb., 1847. *Byssoarca clathrata*, M'Coy, 1844. Ireland, p. 72, pl. 11, fig. 34. (Non Basterot, 1825). Irlande.
496. lanceolata, d'Orb., 1847. *Byssoarca lanceolata*, M'Coy, 1844. A Syn. of Ireland, p. 72, pl. 11, fig. 33. Irlande.
497. semicostata, d'Orb., 1847. *Byssoarca semicostata*, M'Coy, 1844. A Syn. of Ireland, p. 73, pl. 11, fig. 35. Irlande.
498. acutirostris, d'Orb., 1847. *Crenella acutirostris*, M'Coy, 1844. A Syn. of Ireland, p. 73, pl. 11, fig. 37. Irlande.
499. anatina, Koninck, 1847. *Psammobia decussata*, M'Coy, 1844. A Syn. of Ireland, p. 53, pl. 10, fig. 2. Irlande.
500. subrugosa, d'Orb., 1847. *Lanistes rugosus*, M'Coy, 1844. A Syn. of Ireland, p. 76, pl. 10, fig. 8. (Non *Rugosa*, Münster, 1841). Irlande.
501. divisa, d'Orb., 1847. *Modiola divisa*, M'Coy, 1844. A Syn. of Ireland, p. 74, pl. 11, fig. 30. Irlande.
502. gregaria, d'Orb., 1847. *Dolabra gregaria*, M'Coy, 1844. A Syn. of Ireland, p. 65, pl. 11, fig. 11. Irlande.
MYTILUS, Linné, 1758. Voy. p. 82.
503. patulus, d'Orb., 1847. *Modiola patula*, M'Coy, 1844. A Syn. of Ireland, p. 75, pl. 13, fig. 13. Irlande.
504. dactyloides, d'Orb., 1847. *Lythodomus dactyloides*, M'Coy, 1844. A Syn. of Ireland, p. 75, pl. 11, fig. 41. Irlande.
505. inconspicuus, d'Orb., 1847. *Gervilia inconspicua*, Phillips, 1836. Yorkshire, p. 212, pl. 6, fig. 13. Angleterre, Castleton.

505'. subelongatus, d'Orb., 1847. *Modiola elongata*, Phillips, 1836. Yorkshire, p. 210, pl. 5, fig. 24. (Non Lam., 1819). Angl. Bolland.
506. subcuneatus? d'Orb., 1847. *Nucula cuneata*, Phillips, 1836. Yorkshire, p. 210, pl. 5, fig. 14. (Non *Cuneatus*, Sow., 1818). Angleterre, Bolland.
507. lingualis, d'Orb., 1847. *Modiola lingualis*, Phillips, 1836. Yorkshire, p. 209, pl. 5, fig. 21. Angleterre, Castleton.
508. tenera, d'Orb., 1847. *Cardiomorpha tenera*, Koninck, 1844. Descrip. des anim. foss., p. 107, pl. 3, fig. 5. Belgique, Visé.
509. Goldfussianus, d'Orb. 1847. *Myalina Goldfussiana*, Koninck, Descrip. des anim. foss., p. 126, pl. 3, fig. 7. Belgique, Visé.
510. lamellosus, d'Orb., 1847. *Myalina lamellosa*, Koninck, Descrip. des anim. foss., p. 126, pl. 3, fig. 6. Belgique, Visé.
511. pygmæus, Gold., pl. 128, fig. 6. Allem., Ratingen.
512. Teploff, 1845. Verneuil, Murch. et de Keys., Russie, 2, p. 318, pl. 19, fig. 17. Russie, Lissitchia-Balka.
PINNA, Linné, 1758. D'Orb., Paléont. franç., terr. crét., 3, p. 249.
515. granulosa, d'Orb., 1847. *Modiola granulosa*, Phillips, 1836. Yorkshire, p. 210, pl. 5, fig. 23. Angleterre, Northumberland, Bolland.
516. Koninckii, d'Orb., 1847. *Pinna prisca*, Koninck, 1844. Descrip., p. 123, pl. 1, fig. 16. (Non Goldfuss, 1838). Belgique, Visé.
517. flabelliformis, Koninck, 1844. Descrip., p. 124, pl. 5, fig. 1. *Pinna costata*, Phillips, 1836. Yorkshire, pl. 6, fig. 2. *P. flexicostata*, M'Coy, pl. 19, fig. 1. Belgique, Visé; Angleterre, Buxton, Bakewell, Ashford, Moulton, Bolland et Derbyshire, Irlande.
518. Ivaniskiana, Verneuil, Murch. et de Keys., Russie, 2, p. 319, pl. 20, fig. 12. Russie, Lissitchia-Balka.
519. mutica, M'Coy, 1844. Ireland, p. 86, pl. 19, fig. 11. Irlande.

LAMELLIBRANCHES PLEUROCONQUES.

AVICULA, Klein, 1753. Voy. p. 13.
520. plicata, d'Orb., 1847. *Pecten plicatus*, Sow., 1827. Min. Conch., VI, p. 143, pl. 574, fig. 3. Angleterre, Calc. carb. d'Irlande.
521. granulosa, d'Orb., 1847. *Pecten granosus*, Sow., 1827. Min. Conch., VI, p. 143, pl. 574, fig. 2. Angl., Queen's-county en Irlande.
522. cycloptera, Phillips, 1836. Yorkshire, p. 211, pl. 6, fig. 5. Angleterre, Bolland.
523. alternata, d'Orb., 1847. *Meleagrina alternata*, M'Coy, 1844. A Syn. of Ireland, p. 79, pl. 13, fig. 17. Irlande.
524. subechinata, d'Orb., 1847. *Meleagrina echinata*, M'Coy, 1844. A Syn. of Ireland, p. 79, pl. 13, fig. 18. (Non Sow., 1819). Irlande.
525. rigida, d'Orb., 1847. *Meleagrina rigida*, M'Coy, 1844. A Syn. of Ireland, p. 80, pl. 13, fig. 16. Irlande.
526. angustata, d'Orb., 1847. *Pteronites angustatus*, M'Coy, 1844. A Syn. of Ireland, p. 81, pl. 13, fig. 6. Irlande.
527. lata, d'Orb., 1847. *Pteronites latus*, M'Coy, 1844. A Syn. of Ireland, p. 81, pl. 13, fig. 7. Irlande.
528. semisulcata, d'Orb., 1847. *Pteronites semisulcatus*, M'Coy, 1844. A Syn. of Ireland, p. 81, pl. 11, fig. 32. Irlande.

529. sulcata, d'Orb., 1847. *Pteronites sulcatus,* M'Coy, 1844. A Syn. of Ireland, p. 82, pl. 13, fig. 5. Irlande.

530. subventricosa, d'Orb., 1847. *Pteronites ventricosus,* M'Coy, 1844. Ireland, p. 82, pl. 13, fig. 8. (Non Koch, 1837). Irlande.

531. desquamata, d'Orb., 1847. *Pterinea desquamata,* M'Coy, 1844. A Syn. of Ireland, p. 82, pl. 13, fig. 2. Irlande.

532. intermedia, d'Orb., 1847. *Pterinea intermedia,* M'Coy, 1844. A Syn. of Ireland, p. 82, pl. 13, fig. 1. Irlande.

533. concentrico-striatus, d'Orb., 1847. *Pecten concentrico-striatus,* M'Coy, 1844. Ireland, p. 91, pl. 14, fig. 5. Irlande.

534. angusta, M'Coy, 1844. Ireland, p. 83, pl. 13, fig. 20. Irlande.

535. bicostata, M'Coy, 1844, p. 83, pl. 13, fig. 26. Irlande.

536. flabellula, M'Coy, 1844, p. 83, pl. 13, fig. 27. Irlande.

537. subgibbosa, d'Orb., 1847. *A. gibbosa,* M'Coy, 1844. Ireland, p. 83, pl. 13, fig. 25. (Non Münster, 1841.) Irlande.

538. informis, M'Coy, 1844. Ireland, p. 83, pl. 13, fig. 21. Irlande.

540. recta, M'Coy, 1844. Ireland, p. 84, pl. 13, fig. 24. Irlande.

541. Verneuilii, M'Coy, 1844, p. 85, pl. 13, fig. 19. Irlande.

542. flabellulum, d'Orb., 1847. *Pecten flabellum,* M'Coy, 1844. A Syn. of Ireland, p. 93, pl. 15, fig. 17 (non nº 536). Irlande.

543. flexuosa, d'Orb., 1847. *Pecten flexuosus,* M'Coy, 1844. A Syn. of Ireland, p. 93, pl. 13, fig. 1. Irlande.

544. Forbesii, d'Orb., 1847. *Pecten Forbesii,* M'Coy, 1844. A Syn. of Ireland, p. 93, pl. 15, fig. 20. Irlande.

545. obtusa, d'Orb., 1847. *Lanistes obtusus,* M'Coy, 1844. A Syn of Ireland, p. 76, pl. 13, fig. 9. Irlande.

546. variabilis, d'Orb., 1847. *Pecten variabilis,* M'Coy, 1844. A Syn. of Ireland, p. 101, pl. 16, fig. 7. Irlande.

547. æqualis, d'Orb., 1847, *Monotis æqualis,* M'Coy, 1844. A Syn. of Ireland, p. 101, pl. 15, fig. 1. Irlande.

548. M'Coyana, d'Orb., 1847. *Malleus orbicularis,* M'Coy, 1844. A Syn. of Ireland, p. 87, pl. 19, fig. 2. (Non Sow., 1839.) Irlande.

549. subalternata, d'Orb., 1847. *Lima alternata,* M' Coy, 1844. A Syn. of Ireland, p. 87, pl. 15, fig. 4. (Non *Alternata,* nº 523.) Irlande.

550. semicircularis, d'Orb., 1847. *Pecten semicircularis,* M'Coy, 1844. A Syn. of Ireland, p. 99, pl. 17, fig. 10. Irlande.

551. semistriata, d'Orb., 1847. *Pecten semistriatus,* M' Coy, 1844. A Syn. of Ireland, p. 99, pl. 17, fig. 9. Irlande.

552. alata, d'Orb., 1847. *Cypricardia alata,* M'Coy, 1844. A Syn. of Ireland, p. 59, pl. 10, fig. 4. Irlande.

553. concavus, M' Coy, 1844. Ireland, p. 90, pl. 15, fig. 10. Irlande.

554. cingenda, d'Orb., 1847. *Pecten cingendus,* M'Coy, 1844. A Syn. of Ireland, p. 90, pl. 17, fig. 11. Irlande.

555. mundus, d'Orb., 1847. *Pecten mundus,* M'Coy, 1844. A Syn. of Ireland, p. 97, pl. 17, fig. 5. Irlande.

556. suborbiculata, d'Orb., 1847. *Pecten orbiculatus,* M'Coy, 1844. A Syn. of Ireland, p. 97, pl. 14, fig. 8. (Non Hall, 1843.) Irlande.

557. carbonaria, d'Orb., 1847. *Lima semisulcata,* M'Coy, 1844. A Syn. of Ireland, p. 88, pl. 15, fig. 2 (non nº 528). Irlande.

558. pera, d'Orb., 1847. *Pecten pera*, M'Coy, 1844. A Syn of Ireland, p. 97, p. 15, fig. 19. Irlande.

559. subplanicostata, d'Orb., 1847. *Pecten planicostatus*, M'Coy, 1844. Ireland, p. 98, pl. 14, fig. 6. (Non Münster, 1841.) Irlande.

560. incrassata, d'Orb., 1847. *Pecten incrassatus*, M'Coy, 1844. A Syn. of Ireland, p. 94, pl. 16, fig. 1. Irlande.

561. intercostata, d'Orb., 1847. *Pecten intercostatus*, M'Coy, 1844. A Syn. of Ireland, p. 95, pl. 18, fig. 4. Irlande.

562. Hardingii, d'Orb., 1847. *Pecten Hardingii*, M'Coy, 1844. A Syn. of Ireland, p. 94, pl. 15, fig. 18. Irlande.

563. megalotis, d'Orb., 1847. *Pecten megalotis*, M'Coy, 1844. A Syn. of Ireland, p. 96, pl. 14, fig. 7. Irlande.

564. fallax, d'Orb., 1847. *Pecten fallax*, M'Coy, 1844. A Syn. of Ireland, p. 92, pl. 14, fig. 2. Irlande.

565. sublobata, Phillips, 1836. Yorkshire, p. 211, pl. 6, fig. 25. Angleterre, Castleton.

566. laminosa, d'Orb., 1847. *Gervilia laminosa*, Phillips, 1836. Yorkshire, p. 212, pl. 6, fig. 18. Angleterre, Bolland, Colster-dale.

567. tessellata, Phill., Geol of Yorks., 2, p. 211, pl. 6, fig. 6. Koninck, Descript., p. 134, pl. 6, fig. 2, 4 et 11. Belgique, Visé ; Angleterre, Bolland et Colster-dale.

568. Dumontiana, Koninck, 1844. p. 134, pl. 6, fig. 3. Visé.

569. radula, Koninck, 1844, p. 135, pl. 4, fig. 1. Belg., Visé.

570. papyracea, Goldfuss, Petref., pl. 116, fig. 5. Koninck, 1844. Descript., p. 136, pl. 5, fig. 6. *Pecten papyraceus*, Sow., pl. 354. Belgique, Melin, Rashay (Liége) ; Allem., Werden et d'Essen ; Anglet., Coalbrook-dale et de Bradford.

571. simplex, Koninck, 1844. Descript., p. 137, pl. 4, fig. 2 et 5. *Pecten simplex*, Phillips, 1836. York., pl. 6, fig. 27. *Meleagrina pulchella*, M'Coy, pl. 12, fig. 6. Belgique, Visé ; Irlande.

572. sublævigata, d'Orb., 1847. *A. lævigata*, Koninck, 1844. Descript., p. 137, pl. 3, fig. 19. (Non Zeiten, 1830.) *Inoceramus lævissimus*, M'Coy, 1844. Ireland, pl. 19, fig. 6. *Lima lævigata*, M'Coy, pl. 14, fig. 3. Belgique, Visé ; Irlande.

573. elliptica, Phillips, 1836. York., pl. 6, fig. 15. *Avicula tumida* et *Buchiana*, Koninck, p. 138, pl. 1, fig. 12, pl. 3, fig. 14. *Meleagrina lævigata* et *quadrata*, M'Coy, 1844. Ireland, p. 80, pl. 12, fig. 5 ; pl. 10, fig. 5. *Pecten dipilis*, M'Coy. Belgique, Visé ; Irlande.

574. paradoxides, Koninck, 1844, p. 139, pl. 6, fig. 6. Visé.

575. lunulata, Koninck, 1844. Descript., p. 129, pl. 3, fig. 21. *Gervilia lunulata* et *squamosa*, Phillips, 1836. Yorks., pl. 6, fig. 12. Belgique, Visé ; Angleterre, Colster-dale, Bolland, Kildare, Hawes, etc.

576. Benediana, Koninck, 1844. Descript., p. 130, pl. 3, fig. 22. Belgique, Visé ; Angleterre, Colster-dale, Bolland, Kildare, Hawes, etc.

577. acutirostris, Koninck, 1844. Descript., p. 131, pl. 1, fig. 2. Belgique, Visé.

'**578. Nystiana,** Koninck, 1844. Descript., p. 131, pl. 3, fig. 26. *Avicula radiata*, Phill., Geol. of Yorks., 2, p. 211, pl. 6, fig. 8. (Non *Deshayes*.) Belgique, Visé ; Angleterre, Bolland.

'**579. vetusta Nyst.,** Koninck, 1844, p. 132, pl. 3, fig. 25. Visé.

580. nobilis, [Koninck, 1844, p. 132, pl. 3, fig. 24. *Pecten cognatus*, M'Coy, 1844. Ireland, p. 90, pl. 19, fig. 4. Belgique, Visé; Irlande.
581. magnifica, Koninck, 1844, p. 133, pl. 3, fig. 23. Visé.
582. virgula, d'Orb., 1847. *Myalina virgula*, Koninck, Descript., pl. 6, fig. 3. Belgique, Visé.
583. lepida, Gold., pl. 116, fig. 2. Allem., Herborn.
585. subpapyracea, Verneuil, Murch. et de Keys., Russ., 2, p. 325, pl. 21, fig. 3. Russie, Lissitchia-Balka; Russie sept., Petschora.
586. hemisphærica, Koninck, 1844. Descript., p. 142, pl. 1, fig. 13. *Pecten hemisphærica*, Phillips, 1836. York., pl. 6, fig. 16. Belgique, Visé; Angleterre, Bolland.
POSIDONOMIA, Bronn, 1837. Voy. p. 13.
588. vetusta, Bronn., Koninck, 1844. Descript., p. 141, pl. 6, fig. 1. *Inoceramus auriculatus*, M'Coy; Ireland, pl. 19, fig. 5. *Inoceramus vetustus*, Sow., M'C., pl. 584, fig. 2; Phillips, 1836. York., pl. 6, fig. 3-4. Belgique, Visé; Allem., Ratingen; Angleterre, Castleton, Settle, Bolland, Flashy, Todmorden, Kulkeagh, Clare et Kildare (Irlande).
589. Becheri, Gold., pl. 113, fig. 6. Bronn. Miner. Jahr., 1828, pl. 2, fig. 1-4; Herborn, Frankenberg (Hesse).
590. subcostata, [d'Orb., 1847. *P. costata*, M'Coy, 1844. Ireland, p. 78, pl. 13, fig. 15. (Non Münster, 1840.) Irlande.
591. membranacea, M'Coy, 1844, p. 78, pl. 13, fig. 14. Irlande.
PECTEN, Gualtieri, 1742. Voy. p. 87.
592. interstitialis, Phillips, 1836. Yorkshire, p. 212, pl. 6, fig. 24. Angleterre, Hawes, Bolland.
593. deornatus, Phillips, 1836. Yorkshire, p. 213, pl. 6, fig. 26. Angleterre, Yorkshire.
594. fimbriatus, Phillips, 1836. Yorkshire, p. 213, pl. 6, fig. 28. Angleterre, Castleton.
595. dissimilis, Flem., Phillips, 1836. Yorkshire, p. 212, pl. 6, fig. 17 (19?). Angleterre, Bolland, Linlithgow.
596. arenosus, Phillips, 1836. Yorkshire, p. 212, pl. 6, fig. 20. Angleterre, Bolland, Colster-dale, Derbyshire, Kildare, Kulkeagh, etc.
597. stellaris, Phillips, 1836. Yorkshire, p. 212, pl. 6, fig. 18. Angleterre, Yorkshire.
598. anisotus, Phillips, 1836. Yorkshire, p. 212, pl. 6, fig. 22. Angleterre.
599. dissimilis, Flem., Brit. anim. Koninck, p. 144, pl. 4, fig. 7, 8. Belgique, Tournay, Visé; Ang., Bolland, Linlithgow.
600. illegalis, Koninck, p. 145, pl. 4, fig. 6. Visé; Angleterre.
601. mactatus, Koninck, p. 146, pl. 5, fig. 5. Belgique, Tournay.
602. grandævus, Gold., pl. 88, fig. 9. Allem., Herborn.
603. Bouei, 1845. Verneuil, Murch. et de Keys., Russie, 2 p. 326, pl. 21, fig. 6. Russie septentrionale, Peredki, rivière Soiwa.
604. subfimbriatus, 1845. Verneuil, Murch. et de Keys., Russie, 2, p. 327, pl. 21, fig. 5. Russie, Peredki.
605. Valdaicus, 1845. Verneuil, Murch et de Keys., Russie, 2, p. 328, pl. 27, fig. 9. Russie, Bystreza.
606. Sibericus, 1845. Verneuil, Murch. et de Keys., Russie, 2, p. 329, pl. 21, fig. 7. Russie septentrionale, Cosatchi-Datchi, Petschora.

607. subclathratus, de Keyserling, 1846. Geognost. beobacht., p. 243, pl. 10, fig. 7. Russie septentrionale, Petschora.
608. Paredezii, d'Orb., 1842. Paléont. de l'Amér. mérid., p. 44, pl. 3, fig. 11. Amér. mérid., Yarbichambi, au nord de la Paz (Bolivia).
609. conoideus, M'Coy, 1844. p. 91, pl. 17, fig. 2. Irlande.
610. consimilis, M'Coy, 1844. p. 91, pl. 15, fig. 16. Irlande.
611. duplicicosta, M'Coy, 1844, p. 92, pl. 15, fig. 9. Irlande.
612. subelongatus, d'Orb., 1847. *P. elongatus*, M'Coy, 1844. Ireland, p. 92, pl. 16, fig. 9. (Non Lam. 1819). Irlande.
613. exiguus, M'Coy, 1844. Ireland, p. 92, pl. 15, fig. 11. Irlande.
614. subconcinnus, d'Orb., 1847. *Lima concinna*, M'Coy, 1844. A Syn. of Ireland, p. 87, pl. 15, fig. 6. (Non Kock, 1837). Irlande.
615. sclerotis, M'Coy, 1844, p. 99, pl. 16, fig. 4. Irlande.
616. Sedgwickii, M'Coy, 1844, p. 99, pl. 14, fig. 4. Irlande.
617. segregatus, M'Coy, 1844, p. 99, pl. 17, fig. 3. Irlande.
618. æqualis, M'Coy, 1844. Ireland, p. 89, pl. 15, fig. 13. Irlande.
619. Arinus, d'Orb., 1847. *P. asperulus*, M'Coy, 1844. Ireland, p. 89, pl. 16, fig. 5. (Non Münst. 1838). Irlande.
620. bellis, M'Coy, 1844. Ireland, p. 89, pl. 15, fig. 15. Irlande.
621. Coyanus, d'Orb., 1847. *P. cancellatulus*, M'Coy, 1844. Ireland, p. 89, pl. 14, fig. 9. (Non Phillips, 1829). Irlande.
622. planoclathratus, M'Coy, 1844, p. 98, pl. 16, fig. 2. Irlande.
623. quinquelineatus, M'Coy, 1844. Ireland, p. 98, pl. 17, fig. 6. Irlande.
624. gibbosus, M'Coy, 1844. Ireland, p. 93, pl. 18, fig. 5. *Pecten gibbosus*, M'Coy. In Catal. Geol. Soc. Dublin. Irlande.
625. rugulosus, M'Coy, 1844, p. 98, pl. 17, fig. 7. Irlande.
626. subdecussatus, d'Orb., 1847. *Lima decussata*, M'Coy, 1844. Ireland, p. 87, pl. 15, fig. 3. (Non Schlotheim, 1820). Irlande.
627. carbonarius, d'Orb., 1847. *P. clathratus*, M'Coy, 1844. Ireland, p. 90, pl. 14, fig. 12. (Non Rœmer, 1836). Irlande.
628. cælatus, M'Coy, 1844, Ireland, p. 90, pl. 18, fig. 2. Irlande.
629. comptus, M'Coy, 1844, p. 90, pl. 15, fig. 14. Irlande.
630. Jonesii, M'Coy, 1844. Ireland, p. 95, pl. 16, fig. 10. Irlande.
631. subirregularis, d'Orb., 1847. *P. irregularis*, M'Coy, 1844. Ireland, p. 95, pl. 15, fig. 8. (Non Schloth., 1813). Irlande.
632. meleagrinoides, M'Coy, 1844, p. 90, pl. 16, fig. 3. Irlande.
633. hians, M'Coy, 1844. Ireland, p. 94, pl. 16, fig. 6. Irlande.
634. Knockonniensis, M'Coy, 1844. p. 95, pl. 17, fig. 4. Irlande.
635. micropterus, M'Coy, 1844. p. 96, pl. 15, fig. 12. Irlande.
636. filatus, M'Coy, 1844. Ireland, p. 93, pl. 14, fig. 10. Irlande.
637. leiotis, M'Coy, 1844. Ireland, p. 96, pl. 15, fig. 21 Irlande.
638. subspinulosus, d'Orb., 1847. *P. spinulosus*, M'Coy, 1844. Ireland, p. 100, pl. 17, fig. 1. Irlande.
639. tabulatus, M'Coy, 1844, p. 100, pl. 16, fig. 12. Irlande.
640. macrotis, M'Coy, 1844. Ireland, p. 96, pl. 16, fig. 13.
641. Bathus, d'Orb., 1847. *P. Sowerbyi*, M'Coy, 1844. Ireland, p. 100, pl. 14, fig. 1. (Non Nyst. 1843). Irlande.
642. subtripartitus, d'Orb., 1847. *P. tripartitus*, M'Coy, 1844. Ireland, p. 101, pl. 16, fig. 8. (Non Deshayes, 1824). Irlande.

643. subundulatus, d'Orb., 1847. *P. undulatus*, M'Coy, 1844. Ireland, p. 101, pl. 17, fig. 12. Irlande.
644. Murchisoni, M'Coy, 1844, p. 97, pl. 18, fig. 3. Irlande.
645. subserratus, d'Orb., 1847. *P. serratus*, M'Coy, 1844. Ireland, p. 100, pl. 17, fig. 8. (Non Nilsson, 1828). Irlande.
646. ovatus, M'Coy, 1844. Ireland, p. 97, pl. 14, fig. 11. Irlande.

MOLLUSQUES BRACHIOPODES.

LINGULA, Brugnière, 1791. Voy. p. 14.
647. squamiformis, Phillips, 1836. York., p. 221, pl. 11, fig. 14. Angleterre, Bolland.
648. elliptica, Phillips, 1836. Yorkshire, p. 221, pl. 11, fig. 15. Angleterre, Ashford in Derbyshire.
649. marginata, Phillips, 1836. York., p. 221, pl. 11, fig. 16. Angleterre, Bowes.
650. mytiloides, Sowerby, 1812. Min. Conch., 1, pl. 59, fig. 1. Koninck, Descrip. des Anim. foss., p. 309, pl. 6, fig. 9. Belgique, Visé; Angleterre, comté de Durham, Bolland.
651. parallela, Phillips, 1836. Geol. of Yorks., p. 221, pl. 2, fig. 17, 18 et 19. Koninck, Descrip., p. 310. Belgique, Ampsin, près de Huy; Angleterre, Northumberland.
CALCEOLA, Lamarck, 1801.
652. Dumontiana? Koninck, p. 312, pl. 21, fig. 5. Visé.
PRODUCTUS, Sowerby, 1812.
653. striatus, de Koninck, 1843. *Id.* Mon. du G. *Productus*, p. 123, pl. 1, fig. 1. Belgique, Visé; Russie, vallées de Stolobenca et de Prikcha (Valdaï), Lontchinskaia-Gorka près Tichwin (Novgorod), Andoma, env. de Vitegra, Berekowa, sur l'Ossct et à Gourieva (Toula), (Oural) Tsousavaya, Grobovo; Isset près de Kaminsk, Schleifsteinberg (Soiwa), Sopyousa, Zvemigorod (Moscou); Ile aux Ours; Angleterre, Bolland, Kirby-Lonsdale.
'654. giganteus, Sow., 1823. Koninck, Mon. du G. *Prod.*, p. 128, pl. 1, fig. 2, pl. 2, fig. 1, pl. 3, pl. 4, fig. 1, pl. 11, fig. 8 Belgique, Visé, Chokier et Temploux; Russie, Karova, Jerovskoi sur l'Oka, Mydinsk, Drægitchi, Igra, la Serena, Orlova, Nikoulin de la Dougna (Kalouga), Saraninsk dans l'Oural, Peredki (Valdaï), Kaminka, Biclaïa et Ostaschkof sur le Volga; dans l'Oural à Kamensk et à Biclobar sur l'Isset; Wol, affluent de Wytschegda; Podtscher sur la Petschora et Ylytsch; à Borowitchie, sur le Msta, sur les bords de la Kamenka et Balaja, près Podborje (Novogorod). En Silésie, Altvasser, Hausdorf, et Falkenberg (comté de Glatz) en Carinthie; Bleiberg sur les bords du Rhin, Ratingen. Angleterre, Lowick, Sunderland et Nortumberland, Kendal, Buxton, Fairfield (Derbyshire); Bolland, Aldstone-Moor, Hawes, Askrigg, Kirby-Lonsdale, Addleburgh, Fountain's-fell, Ulverston (Yorkshire), Wallington près Wolverhampton, Myuidd-Careg près Kidwelly (Caermartenshire). Irlande, au sommet du mont Misery de l'Ile aux Ours.
655. latissimus, J. Sowerby, 1823. Min. Conch., IV, pl. 330. Ko-

ninck, Mon. du genre *Productus*, p. 42, pl. 2, fig. 2, pl. 3, fig. 2. Angleterre, Tydmour, Kirby-Lonsdale, Sunderland, etc.; Belgique, Visé; Russie, Touda; dans le Valdaï; Islande; Czerna (Cracovie).

*656. **margaritaceus**, Phill., 1836. Koninck, Mon. du G. *Prod.*, p. 141, pl. 4, fig. 3. Belgique, Visé, Tournay; Allem., Ratingen; Silésie, Altwasser; Kildare, Millicent-clane, Fümer et Salmon Man of War en Irlande, et Angl., Bolland, Florence-court (Yorkshire); bords de l'Ylytsch.

657. **flexistria**, M'Coy, 1844. De Koninck, Mon. du G. *Prod.*, p. 144, pl. 17, fig. 1. Belgique, Visé; Kildare en Irlande; Russie, Cosatchi-Datchi (versant oriental de l'Oural).

658. **mammatus**, de Keyserl., 1846. Beob., p. 206, pl. 4, fig. 5. De Koninck, Mon. du G. *Prod.*, p. 146, pl. 7, fig. 4. Russie, bords de la Petschora.

*659. **Cora**, d'Orb., 1842. Paléont. de l'Am. mérid., p. 55, pl. 5, fig. 8, 9, 10. De Koninck, Mon. du G. *Prod.*, p. 148, pl. 4, fig. 4, et pl. 5, fig. 2. Belgique, Visé, Chokier, Tournay; Binch (Hainaut); Ratingen (Prusse); bords du Missouri; Angleterre, Kendal dans le Westmoreland, Lowick, Yorkshire, Derbyshire, Irlande; Russie, bords de la Wiljii, affluent de la Taroussa et des bords de la Lonja, district de Medynsk (Kalouga), Cosatchi-Datchi, env. de Stertitamak; entre Perm et Serebriansk, Kachira sur l'Oka, Unja près Kosimof. Amér. du Nord, Flintridge, Zanesville, Guernesey-county (Ohio) et entre New-Harmony et Mont-Vernon (Indiana), Windsor (Nouv.-Ecosse), Heavensworth (Indiana). Vlacof, sur la Kamenka (Donetz). Plateau Bolivien au-dessus de Patapotani, dans une île du lac de Titicaca et à Yarbichambi (Amérique méridionale).

660. **arcuarius**, de Koninck, 1843. Mon. du G. *Prod.*, p. 152, pl. 4, fig 2. Belgique, Visé.

*661. **undiferus**, de Koninck, 1846. Mon. du G. *Prod.*, p. 155, pl. 5, fig. 4 et pl. 11, fig. 5. Belgique, Visé, Tournay.

662. **ermineus**, de Koninck, 1843. *Id.* Mon. du G. *Prod.*, p. 61, pl. 6, fig. 5, pl. 18, fig. 1. Belgique, Visé.

663. **Griffithianus**, de Koninck, 1848. Mon. du G. *Prod.*, p. 74 a, pl. 18, fig. 7. Belgique, Visé; Irlande.

664. **Buchianus**, Koninck, 1848. Mon. du G. *Prod.*, p. 129, pl. 18, fig. 4. Belgique, Visé.

665. **undatus**, Defr., 1826. Koninck, Mon. du G. *Prod.*, p. 156, pl. 5, fig. 3. Belgique, Visé; Russie, Unja près Kosimof, Nikoulin, affluent de la Nachabana, Karova (Kalouga); Ile de Van Diémen près la route de Paterson à Allan-River.

666. **porrectus**, Kutorga, 1844. Koninck, Mon. du G. *Prod.*, p. 158 pl. 6, fig. 2. Russie, Sterlitamack.

667. **proboscideus**, de Vern., 1840. Koninck, Mon. du G. *Prod.*, p. 160, pl. 6, fig. 4. Belgique, Visé.

668. **Nystianus**, de Koninck, 1843. Mon. du G. *Prod.*, p. 163, pl. 6, fig. 4, et pl. 14, fig. 5. Belgique, Visé.

669. **geminus**, Kutorga, 1844. De Koninck, Mon. du G. *Prod.*, p. 166, pl. 6, fig. 3. Russie, Sterlitamack.

670. **Medusa**, Koninck, 1843. Mon. du G. *Prod.*, p. 169, pl. 5,

fig. 5. Belgique, Visé; Russie, Vitegra, Tcheket près de Sterlitamark (Orenbourg).

671. plicatilis, Sow., 1824. De Koninck, Mon. du G. *Prod.*, p. 171, pl. 5, fig. 6. Belgique, Visé; Angleterre, Castleton (Yorkshire), Manorhamilton, Derbyshire; Bavière, Hof; Silésie, Falkenberg; Ratingen, près de Dusseldorf; Russie, Moscou, Miatschkowa, Drogomilow, Podolsk, Alexine sur l'Okka, Zissisanskoi sur le Donetz.

***672. sublævis,** de Koninck, 1843. Mon. du G. *Prod.*, p. 174, pl. 7, fig. 1. Belgique, Visé; France, Glageon près d'Avesnes (Nord).

***673. Boliviensis,** d'Orb., 1842. Paléont. de l'Am. mérid., p. 52, pl. 4, fig. 5-9. De Koninck, Mon. du G. *Prod.*, p. 177, pl. , fig. . Amér. mérid., Bolivia, Yarbichambi près de la Paz, non loin de Titicaca; Russie septent., bords de l'Indiga.

674. expansus, de Koninck, 1843. Mon. du G. *Prod.*, p. 181, pl. 7, fig. 3. Belgique, Visé; Russie, Sérébriakowa, pays des Cosaques du Don, et Saraninsk dans l'Oural.

***675. semireticulatus,** Flem., 1828. Brit. anim., p. 3879. Koninck, Mon. du G. *Prod.*, p. 183, pl. 8, fig. 1, pl. 9, fig. 1 et pl. 10, fig. 1. Belgique, Visé, Chokier, Lives, Tournay, Ath, Feluy, Ecaussines, Soignies, Chauxe, Comblain-au-Pont; Allemagne, Ratingen, Altwasser, Hausdorf, Falkenberg; Russie, env. de Moscou, sur la Dwina, l'Oka, la Pinega, la Petschora; dans les monts Timans près de la mer Glaciale, dans le Donetz et jusque dans l'Oural, à Sterlitamack et Sarana; à Cosatchi-Datchi, sur le revers oriental de l'Oural, à l'est de Minsk, à Soulem sur la Tchusovaya; montagnes de l'Altaï, mines de Rydark, Zirianof, Nikolaïef et de Laziha; Irlande, Angleterre, Yorkshire, Derbyshire, Cumberland, Northumberland, Flintshire; Espagne, Asturies, env. de Pola, de Leña et de Miéres del Camino; Etats-Unis, Ohio, Missouri, Mississipi; Amérique mérid., île de Quebaja, située dans le lac de Titicaca, Andes Boliviennes; Nouvelle-Hollande.

***676. costatus,** Sow., 1827. Min. Conch., p. 115, pl. 560, fig. 1. Koninck, Mon. du G. *Prod.*, p. 192, pl. 8, fig. 3, pl. 10, fig. 3. Russie, Sloboda (Toula), Botcharova sur le Volga (Twer), Karova (Kalouga), a Bristritza (Novogorod); Amér. septent., Saint-Louis, Missouri, Lowick, Glosgown; Angleterre, Irlande.

***677. Flemingii,** Sow., 1812. Min.Conch., 1, p. 155, pl. 68, fig. 2. Koninck, Mon. du G. *Prod.*, p. 196, pl. 10, fig. 2, 3. Belgique, Visé, Tournay, Feluy, Ecaussines, Chauxe, Chokier, Lives; Allemagne, Ratingen, Altwasser en Silésie; Anglet., Hesham (Cumberland), Northumberland, Sunderland, l'Irlande; Russie, Karova (Kalouga) Kief, Botcharova (Twer), Dioezina, pays des Cosaques du Don; à Kopatchova (Dwina), bords du Bielaia, près de la mer Glaciale; Alexine, Serpoukof sur l'Oka (Donetz), Lissichi-Balka et Pietnaz, bords de la Belaja, de la Soiwa et de l'Ylytsch; Espagne, Pola de Leña et Miéres del Camino; Etats-Unis, sur les bords du Missouri; Amér. mérid., Yarbichambi près du lac Titicaca, sur le plateau Bolivien des Andes; Australie, Carrocreek, île de Van Diemen.

678. carbonarius, Koninck, 1843. Mon. du G. *Prod.*, p. 202, pl. 10, fig. 4. Belgique, Chokier; Russie, vallée de la Prikcha (Valdaï).

679. subquadratus, Morris, 1845. Koninck, Mon. du G. *Prod.*, p. 203, pl. 14, fig. 1. Australie, île de Van Diemen, mont Dromedary, mont Wellington (Strzelecki) et de Glendon (Leichardt).

***680. spinulosus,** J. Sowerby, 1812. Min. Conch., pl. 68, fig. 3. Koninck, Mon. du G. *Prod.*, p. 205, pl. 11, fig. 2. Belgique, Visé; Ecosse, Linlithgow; Russie, bords de la Soiwa, affluent de la Petschora.

***681. Villiersi,** d'Orb., 1842. Paléont. de l'Am. mérid., p. 53, pl. 4, fig. 13-14. Koninck, Mon. du G. *Prod*, p. 211, pl. 11, fig. 1; Amér. mérid., Bolivia, Yarbichambi, sur le plateau Bolivien, près de la Paz.

682. tessellatus, de Koninck, 1847. Mon. du G. *Prod.*, p. 213, pl. 14, fig. 2. Belgique, Visé.

683. scabriculus, Sow., 1812. Min. Conch., p. 69, fig. 1. Koninck, Mon. du G. *Prod.*, p. 214, pl. 11, fig. 6. Belgique, Visé; Allemagne, Ratingen; Comblain-au-Pont; Colebrook-dale; France, Avesnes (Nord); Russie, Karova (Kalouga), Peredki, bords de la Nista (Valdaï), Sloboda (Toula), Pietnaz près Goussondareva (Donetz); Angl., à Tideswell, à Buxton, à Bowes et à Harelaw; env. de Potsdam; Cliffton; Irlande, Cork, Kildare, Jankarstow, Bolland (Yorkshire).

***684. Humboldtii,** d'Orb., 1842. Paléont. de l'Amér. mérid., p. 54, pl. 5, fig. 4-7. De Koninck, Mon. du G. *Prod.*, p. 218, pl. 12, fig. 2. Amér. mérid., Bolivia, Yarbichambi, sur le plateau des Andes; Russie, bords de la Soiwa, affluent de la Waschkina, près la mer Glaciale, env. de Nishnei-Irginsk, sur la pente occidentale de l'Oural.

685. pyxidiformis, de Koninck, 1843. Mon. du G. *Prod.*, p. 220, pl. 11, fig. 7, pl. 12, fig. 1, et pl. 14, fig. 2. Belgique, Visé; Angleterre, Bolland (Yorkshire), Kildare, Ballyshannon-harbour (Irlande).

***686. pustulosus,** Phill., 1836. York., pl. 7, fig. 15. De Koninck, Mon. du G. *Prod.*, p. 222, pl. 12, fig. 4, pl. 13, fig. 1 et pl. 16, fig. 8 et 9. Belgique, Visé, Tournay, Feluy, Ecaussines et Chauxe; Angl., Easki, Blarath (Irlande), Bolland et Florence-court (Yorkshire); Allem., Ratingen (Prusse).

687. Leuchtenbergensis, de Koninck, 1843. Mon. du G. *Prod.*, p. 226, pl. 14, fig. 3. Belgique, Visé.

688. punctatus, J. Sowerby, 1823. Min. Conch., pl. 323, de Koninck, Mon. du G. *Prod.*, p. 228, pl. 12, fig. 2. Belgique, Visé, Lives et Namur; Russie, vallée de la Prikcha (Valdaï), Alexine sur l'Oka, la Dwina entre Syskaia et Kopatcheva, la Pinega, env. de Kargopol, Cosatchi-Datchi sur le revers oriental de l'Oural, env. de Moscou et Miatchkova, à Svenigorod; Jaroslavki (Orenbourg), et Sérébriakowa (pays des Cosaques du Don); Amérique septent., Zanesville (Ohio), Eddyville (Kentucky); en Angleterre, Buxton, Bolland, Florence-court, Settle, Cumberland, Otterburn, Lowick, et Sunderland; en Irlande, Cork et Kildare; Allemagne, Ratingen; en Silésie, Altwasser; Espagne (Asturies), Pola de Leña.

***689. fimbriatus,** Sow., 1824. Min. Conch., v, pl. 459, fig. 1. De Koninck, Mon. du G. *Prod.*, p. 233, pl. 12, fig. 3. Belgique, Visé, Chokier; Prusse, Ratingen; Angl., Bolland, Greenhow-hill, Moulton, île de Man, Cumberland, Northumberland; Irlande, Kildare; Russie, Sterlitamack, Sloboda (Toula)

***690. Deshayesianus,** de Koninck, 1843. Mon. du G. *Prod.*, p. 236, pl. 14, fig. 4. Belgique, Visé.

***691. marginalis,** de Koninck, 1846. Mon. du G. *Prod.*, p. 238, pl. 14, fig. 7. Belgique, Visé.

692. Keyserlingianus, de Koninck, 1846. Mon. du G. *Prod.*, p. 239, pl. 14, fig. 6. Belgique, Visé ; Russie, Likwin (Kalouga), Cosatchi-Datchi (versant oriental de l'Oural).

693. brachythærus, G. Sow., 1844. Geol. Observ. on the Island, by Darwin, p. 158. Koninck, Mon. du G. *Prod.*, p. 241, pl. 16, fig. 1. Australie à Illawara, Raymond-terrace (Nouvelle-Galles), à Eastern-Marches et au mont Wellington (terre de Van Diemen).

***694. Orbignyanus,** Koninck, 1848. Mon. du G. *Prod.*, p. 152, pl. 18, fig. 5. Amér. mérid., Bolivia, Yarbichambi, près de la Paz.

695. Verneuilianus, Koninck, 1848. Mon. du G. *Prod.*, p. 163, pl. 18, fig. 6. Russie, Serebrjakowa (pays des Cosaques du Don).

696. granulosus, Phillips, 1836. York., pl. 8, fig. 15. Koninck, Mon. du G. *Prod.*, p. 243, pl. 16, fig. 7. Belgique, Visé; Angl., Ballintrillick et Killukin (Irlande), Bolland et île de Man; Russie, Serebrjakowa (pays des Cosaques du Don).

***697. aculeatus,** Sow., 1814. Min. Conch., 1, pl. 68, fig. 4. De Koninck, Mon. du G. *Prod.*, p. 252, pl. 16, fig. 6. Belgique, Visé, Tournay; Angl., Bakewell près Buxton (Derbyshire), Bolland (Yorkshire), Irlande; Russie, env. de Buregi (Nowgorod), Cosatchi-Datchi.

698. mesolobus, Phillips, 1836. Yorks., pl. 7, fig. 12, 13. Koninck, Mon. du G. *Prod.*, p. 272, pl. 17, fig. 2. Belgique, Visé, Tournay ; Irlande, Angleterre, Derbyshire, Queen's-county, Bolland, Yorkshire ; en Russie, à Ilinsk sur le Tchusovaya (Oural), env. de Moscou.

699. Christiani, de Koninck, 1847. Mon. du G. *Prod.*, p. 274, pl. 17, fig. 3. Angleterre, pays de Galles.

CHONETES, Fischer, 1837.

700. concentrica, Koninck, 1848. Mon., 1re part., p. 186, pl. 20, fig. 19. Belgique, Visé.

***701. papilionacea,** Koninck, 1848. Mon., 1re part., p. 187, pl. 19, fig. 2. De Kon., 1843. Descrip. des anim. foss. de Belg., p. 212, pl. 13, fig. 5, et pl. 13 *bis*, fig. 1. France, Sablé ; Belgique, Visé, Chokier, Temploux; Angleterre, Bolland ; Allem., Oberkunzendorf; Russie, Karova, Kopatcheva, Oural, Podtscher.

***702. comoides,** Koninck, 1848. Mon., 1re part., p. 189, pl. 19, fig. 1. *Productus comoides*, Sow., 1823. Min. Conch., vol. IV, p. 31, pl. 329. Kon., 1843. Descrip. des anim. foss. de Belg., p. 207. France, Sablé ; Belgique, Visé ; Angl., Sackagh ; Allem., Ratingen ; Russie, Switschei, Oural, bords de l'Ylytsch.

703. Shumardiana, Koninck, 1848. Monog., 1re part., p. 192, pl. 20, fig. 1. Amérique septent., Jefferson-county, Kentucky.

704. Dalmaniana, Koninck, 1848. Monog., 1re part., p. 193, pl. 91, fig. 3. Koninck, 1843. Descrip., p. 210, pl. 13, fig. 3, et pl. 13 *bis*, fig. 2. Belgique, Visé ; Angl., Kendal, Granard.

705. sulcata, Koninck, 1848. Mon., 1re part., p. 196, pl. 20, fig. 12. *Orthis sulcata*, M'Coy, 1844. Syn. carb. foss. Ireland, p. 126, pl. 20, fig. 6. Belgique, Visé ; Angleterre, Irlande, Lowick.

706. Laguessiana, Koninck, 1848. Mon., 1re part., p. 198, pl. 20, fig. 6. Koninck, 1843. Belg., p. 211, pl. 12 *bis*, fig. 4. Belgique, Espinois; Angleterre, Derwick, Rahoran.

707. perlata, Koninck, 1848. Mon., 1re part., p. 199, pl. 20, fig. 11. *Leptæna perlata,* M'Coy, 1844, p. 120, pl. 20, fig. 9. Irlande.

708. variolata, Koninck, 1848. Mon. du genre *Chonetes*, p. 206, pl. 19, fig. 5, pl. 20, fig 2. *Productus variolata*, d'Orb., 1839. Paléont. de l'Am. mér., pl. 4, fig. 10-11. Belgique, Tournay; Angleterre, Shropshire, etc.; Russie, Karowa, Wol, Oural, bords de la Soiwa; Amérique septentrionale, Guernesey; Amérique méridionale, Bolivia, Yarbichambi; Australie, Carrocreek.

709. Buchiana, Koninck, 1848. Monog., 1re part., p. 218, pl. 20, fig. 17. De Kon., 1843, p. 208, pl. 13, fig. 1. Belgique, Visé.

710. elegans, Koninck, 1848. Monog. des anim. foss., 1re part., p. 219, pl. 20, fig. 13. Belgique, Visé, Comblain-au-Pont.

711. tuberculata, Koninck, 1848. Monog. des anim. foss., 1re part., p. 222, pl. 19, fig. 4. *Leptæna tuberculata*, M'Coy, 1844. Ireland, p. 121, pl. 20, fig. 5. Belgique, Visé; Angleterre, Irlande, Lowick.

LEPTÆNA, Dalman, 1828. Voy. p. 14.

712. pecten, Dalman. *Orthis umbraculum*, Koninck. Descrip., p. 222, pl. 13, fig. 4 et 7, pl. 13 *bis*, fig. 7. *Anomia pecten*, Linné. Belgique, Visé, Tournay, Ecaussines, Feluy, Comblain-au-Pont, Couvin; Angleterre, Bolland, Yorkshire, Plymouth, Irlande; Valdaï, Peredki, Volkofskaïa, Moscou en Russie, et du Kentucky.

713. arachnoidea, d'Orb., 1847. *Spirifer idem*, Phillips, 1836. York., 2, p. 220, pl. 11, fig. 4. (Non Paleoz. foss, pl. 27, fig 114) Angleterre; Belgique, Tournay; France, Sablé; Russie, Arcangel, Wol, affluent du Wytschegda, Soiwa, Petschora.

714. radialis? d'Orb. *Spirifera radialis*, Phillips, 1836. Yorkshire, p. 220, pl. 11, fig. 5. Angleterre, Florence-court, Cumberland.

715. comata, d'Orb., 1847. *Orthis comata*, M'Coy, 1844. A Syn. of Ireland, p. 122, pl. 22, fig. 5. Irlande.

716. Kellii, d'Orb., 1847. *Orthis Kellii*, M'Coy, 1844. A Syn. of Ireland, p. 124, pl. 22, fig. 4. Irlande.

717. latissima, d'Orb., 1847. *Orthis latissima*, M'Coy, 1844. A Syn. of Ireland, p. 125, pl. 20, fig. 20. Irlande.

718. Bechei, d'Orb., 1847. *Orthis Bechei*, M'Coy, 1844. A Syn. of Ireland, p. 122, pl. 22, fig. 3. Irlande.

719. caduca, d'Orb., 1847. *Orthis caduca*, M'Coy, 1844. A Syn. of Ireland, p. 123, pl. 22, fig. 6. Irlande.

STROPHOMENA, Raphinesque. Voy. p. 16.

720. depressa, d'Orb., 1847 *Leptagonia depressa*, M'Coy, 1845. *Producta depressa*, Sow., 1825. M. C., pl. 459, fig 3. *Leptæna depressa*. Koninck, p. 215, pl. 12, fig. 3, 4, 5, 6, pl. 13, fig. 6. (Coquille bien distincte de l'espèce de l'étage dévonien, par ses côtes rayonnantes plus grosses.) Belgique, Houffalise, Verviers, Couvin et Chimay, Visé, Comblain, Feluy, Ecaussines, Tournay; Angleterre, Pilton, Irlande, Yorkshire, Derbyshire, Northumberland.

ORTHIS, Dalman, 1827. Voy. p. 17.

721. cylindrica, M'Coy, 1844, p. 123, pl. 22, fig. 1. Irlande.

722. senilis, d'Orb., 1847. *Spirifer senilis*, Phillips, 1836. Yorkshire, p. 216, pl. 9, fig. 5, 6. Angleterre, Bolland.

723. crenistria, Nob. *Spirifer idem.*, Phillips, 1836. York., 2, p. 216, pl. 59, fig. 6. (Non Verneuil.) *O. quadrata*, M'Coy, 1844. Ireland, pl. 20, fig. 18. Angl., Russie; N. Amér., Kentucky, Irlande.

724. Olivieriana, Vern. et de Keys., 1845. Russie, p. 193, pl. 11, fig. 3. Russie, Pamara, Petschora.

726. Koninckii, d'Orb., 1847. *Orthis striatula*, Koninck, Descrip., p. 224, pl. 13, fig. 11, pl. 13 *bis*, fig. 6. (Non Schloth., 1813.) Belgique ; Visé, Angleterre, Powis castle, Yorkshire, New-York.

727. resupinata, Koninck, Descrip., p. 226, pl. 13, fig. 9. *Spirifer resupinata* et *connivens*, Phillips, Yorksh., pl. 11, fig. 1. Angleterre ; France, Sablé (Sarthe) ; Belgique, Visé, Lives près Namur, Feluy, Écaussines, Tournay ; États-Unis, Missouri, Saint-Louis.

728. Michelini, Koninck, Descrip., p. 228, pl. 13, fig. 8. *Terebratula Michelini*, Léveillé, 1835. Mém. de la Soc. géol., 2, pl. 2, fig. 14-17. *Spirifer filearia*, Phillips, 1836, pl. 11, fig. 3. *O. divaricata*, M'Coy, 1844. Ireland, pl. 20, fig. 17. Belgique, Tournay, Visé ; Angleterre, Bolland, Fountain's-fell, Derbyshire ; États-Unis, Ohio, Kentucky, Tennessées ; Espagne ; Russie ; Irlande.

729. Keyserlingiana, Koninck, 1834. Descrip., p. 230, pl. 13, fig. 12. Belgique, Visé ; Russie septentrionale, Belaja, Indiga.

730. Sharpei, Morris, 1843. Catal. of British foss , p. 125. De Keyserling, 1846. Geognost. beobacht., p. 221, pl. 7, fig. 5. *Orthis Sharpei*, Vern., etc. Russie septentrionale, Ylytsch.

731. Cora, d'Orb., 1842. Paléont. de l'Amér. mérid., p. 48, pl. 3, fig. 21-23. Peut être *O. Keyserlingiana*, Koninck. Amér. mérid., Yarbichambi (Bolivia).

RHYNCHONELLA, Fischer, 1827. Voy. p. 92.

***732. angulata,** d'Orb., 1847. *Terebratula angulata*, Koninck, Descrip., p. 284, pl. 19, fig. 1. *Terebratula excavata*, Phillips. *Anomya angulata*, Linné, 1767, p. 1154, n° 238. *Terebratula lateralis*, Sow., 1812. M. C., pl. 83. Belg., Visé ; Angl., Dublin, Cork, île de Man.

ATRYPA, Dalman, 1828. Voy. p. 19.

733. gregaria, M'Coy, 1844, p. 153, pl. 22, fig. 18. Irlande.

734. isorhyncha, M'Coy, 1844, p. 154, pl. 18, fig. 8. Irlande.

735. laticliva, M'Coy, 1844, p. 154, pl. 22, fig. 16. Irlande.

736. nana, M'Coy, 1844. Ireland, p. 155. pl. 22, fig. 19. Irlande

737. obtusa, M'Coy, 1844. Ireland, p. 155, pl. 22, fig. 20. Irlande.

738. semisulcata, M'Coy, 1844, p. 157, pl. 22, fig. 15. Irlande.

739. triplex, M'Coy, 1844. Ireland, p. 157, pl. 22, fig. 17. Irlande.

740. virgonoides, M'Coy, 1844, p. 158, pl. 22, fig. 21. Irlande.

741. acuminata, d'Orb., 1847. *Terebratula acuminata*, Sow., 1821. Min. Conch., 1, p. 189, pl. 83, fig. 2-3. Koninck, Descrip., p. 278, pl. 18, fig. 3. *Terebratula acuminata*, *mesogona*, Phillips. *T. reniformis*, *platyloba*, Sow., 1825. Min. Conch , pl. 495, fig. 2 ; pl. 496, fig. 1-5. Belgique, Visé, Tournay ; Angleterre, Bolland, Kildare, etc.; Russie.

742. rhomboidea, d'Orb., 1847. *Terebratula rhomboidea*, Phillips, 1836. York., pl. 12, fig. 18-19. Koninck, p. 282, pl. 18, fig. 3. Belgiq., Visé; Angleterre, Bolland, Barton ; Russie septentrionale, Petschora.

743. Mantiæ, d'Orb., 1847. *Terebratula Mantiæ*, Sow., 1821. Min. Conch., pl. 277, fig. 1. Koninck, Descrip., p. 287, pl. 19, fig. 4. *Terebratula proava*, Phillips, 1836. York., pl. 12, fig. 37. Belgique, Visé, Tournay; Angleterre, Bolland, Irlande.

744. pentatoma, d'Orb., 1847. *Terebratula pentatoma*, Fischer, 1809. Not. sur les foss., pl. 2, fig. 11. Koninck, Descrip., p. 289, pl. 19, fig. 2. *Terebratula pleurodon, sulcirostris* et *flexistria*, Phillips, York., pl. 12, fig. 25-26. Belgique, Visé, Tournay; Angleterre, Bolland; Russie septentrionale, rivière Soiwa.

745. Tumida, d'Orb., 1847. *Terebratula tumida*, Phillips, 1836. Yorkshire, p. 222, pl. 12, fig. 35. Angleterre, Bolland.

746. cuboides, Sow., 1840. Trans. Geol. Soc., 5, p. 56, fig. 24. *Terebratula cuboides*, Koninck, Descrip., p. 285, pl. 19, fig. 3. Belgique, Visé; Angleterre, Bolland.

747. pugneus, d'Orb., 1847. *Terebratula pugneus*, Mart. Sow, Phillips, 1836. Yorkshire, p. 222, pl. 12, fig. 17. *Terebratula reniformis*, Phillips, 1836. York., pl. 12, fig. 13-15. Angleterre, Yorkshire.

748 radialis, d'Orb., 1847. *Terebratula radialis*, Phillips, 1836. Yorkshire, p. 223, pl. 12, fig. 40-41. Angleterre, Bolland; Russie.

749. antiquata, d'Orb., 1847. *Terebratula antiquata*, Phillips, 1836. Yorkshire, p. 223, pl. 11, fig. 20. Angleterre, Bolland.

750. ventilabrum, d'Orb., 1847. *Terebratula ventilabrum*, Phillips, 1836. Yorkshire, p. 223, pl. 12, fig. 36, 38, 39. Angleterre, Bolland; Russie septentrionale, rivière Soiwa.

751. Andii, d'Orb., 1847. *Terebratula Andii*, d'Orb., 1842. Paléont. de l'Amér. mérid., p. 45, pl. 3, fig. 14-15. Yarbichambi (Bolivia).

752. Gaudryi, d'Orb., 1847. *Terebratula Gaudryi*, d'Orb., 1842. Amér. mérid., p. 45, pl. 3, fig. 16. Yarbichambi (Bolivia).

753. cordiformis? d'Orb. *Ter. id.*, Sow., 1825. Min. Conch., 5, p. 153, pl. 495. Angleterre, Belgique; Russie.

754. seminula, d'Orb. *Spirifer seminula*, Phillips, 1836. Yorkshire, p. 222, pl. 12, fig. 21, 22, 23. Angleterre, Bolland.

SPIRIFER, Sow., 1820. Voy. p. 20.

***755. duplicostata,** Phillips, 1836. Yorkshire, p. 218, pl. 10, fig. 1. *S. furcata*, M'Coy, 1844, p. 131, pl. 22, fig. 12. Angleterre, Bolland, Derbyshire, Northumberland, Irlande.

756. integricosta, Phillips, 1836. Yorkshire, p. 219, pl. 10, fig. 2. Angleterre, Bolland, Northumberland.

***757. planata,** Phillips, 1836. Yorkshire, p. 219, pl. 10, fig. 3. Angleterre, Bolland.

758. ovalis, Phillips, 1836. Yorkshire, p. 219, pl. 10, fig. 5. *Brachythiris hemisphærica*, M'Coy, 1844, p. 141, pl. 19, fig. 10. Angleterre, Bolland, Irlande.

759. attenuatus, Sow., 1825. Min. Conch., 5, pl. 493, fig. 3-5. Phillips, 1836. Yorkshire, p. 218, pl. 9, fig. 13. Angleterre, Bolland, Queen's-county; États-Unis, Ohio.

760. septosa, Phillips, 1836. Yorkshire, p. 216, pl. 9, fig. 7. Angleterre, Ribblehead, Burton-fell, Cumberland.

761. distans, Sow., Phillips, 1836. Yorkshire, p. 217. Angleterre, Bolland; Irlande, Dublin.

762. imbricata, Sow., 1822. Min. Conch., t. 4, p. 39, pl. 334, fig. 3-4. Angleterre, Derbyshire.

763. triangularis, Fleming, 1828. Sow., Phillips, 1836, p. 217, pl. 9, fig. 12. *S. ornithoryncha*, M'Coy, 1844, p. 133, pl. 21, fig. 1. Angletere. Bolland, Kirby-Lonsdale, Derbyshire, Irlande ; Visé.

764. sexradialis, Phillips, 1836. Yorkshire, p. 219, pl. 10, fig. 8. Angleterre, Bolland.

765. pinguis, Sow., Phillips, 1836. Yorkshire, p. 218, pl. 9, fig. 18-19. Angleterre, Bolland, Castleton.

766. oblatus, Sow., 1840, 8, p. 123, pl. 268. Anglet., Bolland.

767. acutus, Flem. *S. minimus*, Sow., 1822. Min. Conch., 4, p. 105, pl. 377, fig. 1. Bakewell.

***768. rotundatus,** Sow., 1825, v, p. 89, pl. 461, fig. 1. Koninck, Descrip., p. 268, pl. 14, fig. 2, pl. 15, fig. 4, pl. 17, fig. 3. (Non Verneuil, 1842.) Belgique, Visé, Tournay ; Anglet., Middleton, Kildare, Bolland, en Irlande, Limerick, et Queen's-county (Yorkshire).

769. acuticostatus, Koninck, 1844, p. 265, pl. 17, fig. 6. Visé.

770. Buchianus, Koninck, 1844. Descrip., p. 265, pl. 15, fig. 3; pl. 19, fig. 6 Belgique, Visé.

***771. trisulcosus**, Phillips, 1836. York., p. 219, pl. 10, fig. 6. *S. triradialis*, id. Phill., Koninck, Descrip., p. 266, pl. 17, fig. 7. Belgique, Visé; Angleterre, Bolland.

***772. glaber,** Sow., 1821. Min. Conch., 3, pl. 269, fig. 1-2. Koninck, Descrip., p. 267, pl. 18, fig. 1. *S. linguifera, decorata, symetrica, mesoloba*, Phillips, pl. 10, fig. 9-14. Belgique, Visé, Lives, Chokier, Tournay ; Allemagne, Ratingen ; Angleterre, Bolland, île de Man, Irlande ; France, Sablé ; Russie.

***773. lineatus,** Phillips, 1836. York., 2, pl. 10, fig. 17. Koninck, Descrip., p. 270, pl. 6, fig. 5, pl. 17, fig. 8. *S. reticularia, reticulata*, M'Coy, 1844, p. 143, pl. 19, fig. 15. *S. elliptica, imbricata, fimbriata*, Phillips, pl. 10, fig. 6-20. France, Lyon ; Belgique, Visé ; Angleterre, Kirby-Lonsdale, Bolland; Russie ; États-Unis, Ohio, Indiana, Missouri ; Russie septentrionale, rivière Soiwa.

***774. Bronnianus,** Koninck, 1844, p. 242, pl. 15, fig. 6. Visé.

***775. cuspidatus,** Sow., 1818. Min. Conch., 2, p. 42, pl. 120, fig. 1-3. Koninck, Descrip., p. 243, pl. 14, fig. 1. Phillips, pl. 9, fig. 1-4. Belgique, Tournay, Comblain au Pont (Liège) ; France, Sablé ; Angleterre, Castleton, Derbyshire, Cork, Saint-Vincent's-rock, près Bristol, Saint-Hilaire (Glamorganshire), Bolland, Settle (Yorkshire), Kildare ; Amérique, New-York et comté de Davidson, Tennessee, Mississipi, et Queen's-county (Irlande), Barton, Roquigny.

776. subconicus, Koninck, 1844, p. 255, pl. 12 *bis*, fig. 5. *Spirifer attenuatus*, de Buch. Belgique, Visé ; Angleterre, Middleton.

***777. striatus,** Sow., 1821. Min. Conch., 3, p. 125, pl. 270. Koninck, Descrip., p. 256, pl. 15 *bis*, fig. 4. *Spirifer condor*, d'Orb., 1839. Paléont. de l'Amér. mér., pl. 5, fig. 11-14. *S. princeps*, M'Coy, 1844, p. 133, pl. 21, fig. 1. Belgique, Visé ; Allemagne, Ratingen ; Angleterre, Kildare, Cork, Bolland, Queen's-county près Dublin, et Derbyshire; Amér. mér., Bolivia, Yarbichambi près de la Paz; Russie, Oural; Etats-Unis, Kentucky, Tennessee, Missouri, Mississipi.

778. sublamellosus, Koninck, 1844, p. 258, pl. 18, fig. 2. Visé.

779. duplicicosta, Phillips, 1836. Yorks., 2, pl. 10, fig. 1. Koninck, Descrip., p. 259, pl. 16, fig. 2. Belgique, Visé; Angleterre, Bolland, Derbyshire, Northumberland.

780. pectinoides, Koninck, 1844, p. 260, pl. 16, fig. 4. Visé.

781. recurvatus, Koninck, 1844, p. 261, pl. 16, fig. 5. Visé.

782. crassus, Koninck, 1844. Descrip., p. 262, pl. 15 *bis*, fig. 5. *Brachythiris planicostata*, M'Coy, 1844, p. 146, pl. 21, fig. 5. Belgique, Visé; Angleterre; Russie, Oural.

783. Oceani, d'Orb., 1847. S. *cheiropteryx*, Koninck, 1844. Descr., p. 245, pl. 15, fig. 9. (Non Verneuil, 1842.) Belgique, Visé.

784. Fischerianus, Konnick, 1844, p. 246, pl. 14, fig. 3. *S. clathrata*, M'Coy, 1844, p. 130, pl. 19, fig. 9. Belgique, Visé; Irlande.

'**785. convolutus,** Phillips, 1836. York., 2, pl. 9, fig. 7. Koninck, Descript., p. 247, pl. 17, fig. 2. *Spirifer rhomboidea* et *fusiformis*, Phillips, pl. 9, fig. 8-11. Belgique, Visé; Angleterre, Bolland; Irlande.

786. trigonalis, Sow., 1821. Min. conch., 3, pl. 263, fig. 1-3. Koninck, Descript., p. 249, pl. 17, fig. 1. *S. transiens*, M'Coy, 1844, p. 134, pl. 22, fig. 14. Belgique, Visé; Angleterre, Castleton, Overton près d'Archover, Kirby-Lonsdale et Arran, dans le Derbyshire et Northumberland; Allemagne, Ratingen; Irlande.

'**787. bisulcatus,** Sow., 1825. Min.Conch., 5, p. 152, pl. 241, fig. 5. Koninck, Descript., p. 250, pl. 14, fig. 4, pl. 16, fig. 8. *Sp. semicircularis*, Phillips, pl. 9, fig. 15-16. Belgique, Visé et Chokier; Allemagne, Ratingen; Angleterre, Kildare près Dublin, Chipping, Whitewell, Queen's-county, Isle of Man, Bolland, Coalbrook-dale et Northumberland; en Pensylvanie, près de Bettlehem.

'**788. Sowerbyi,** Koninck, Descript., p. 252. pl. 16, fig. 1. *Coristite, Sowerbyi*, Fischer. *Spirifer coristites*, de Buch. Belgique, Tournay, Ath, Soignies, Feluy, Ecaussines, Comblain-au-Pont et de Chauxhe; Russie, Grigorievo, Podolsk, Miatchkova, environs de Moscou.

'**789. Rœmerianus,** Koninck, 1844, p. 235, pl. 15, fig. 2. *Sp. bicarinata*, M'Coy, pl. 22, fig. 10. Belgique, Tournay, Visé; Irlande.

'**790. histericus,** Koninck, Descript., p. 236, pl. 15, fig. 3. Exclus. Syn. (Non *Spirifer micropterus*, Goldf., Vern., 1842. Trans., VI.) Belgique, Visé, Tournay, Feluy, Ecaussines, Pont.

'**791. octoplicatus,** Sow., 18... Min. Conch., pl. 562, fig. 4. *Spirifer crispus*, Koninck, p. 237, pl. 15, fig. 7, pl. 17, fig. 5. (Non Sow. non Dalman.) *Spirifer insculpta*, Phillips, 1836. York., pl. 9, fig. 2. Belgique, Visé, Tournay; Allem., Ratingen; Anglet., Bolland.

'**792. Koninckianus,** d'Orb., 1847. *Spirifer heteroclytus*, Koninck, Descript., p. 239, pl. 15, fig. 8, pl. 15 bis, fig. 2. (Non d'Archiac et de Verneuil.) Belgique, Tournay; Angleterre, Barton.

793. quadriradiatus, Vern. et de Keys., 1845. Russie, p. 150, pl. 6, fig. 7. Russie, Oural.

794. Lamarckii, Vern. et de Keys., 1845. Russie, p. 152, pl. 6, fig. 8. Russie, Moscou.

795. Mosquensis, Vern., 1845. Russie, p. 161, pl. 5, fig. 2. Russie, Moscou; Russie sept., rivières Soiwa, Uchta et Indiga.

796. Strangwaysi, Vern. et de Keys., 1845. Russie, p. 164, pl. 6, fig. 1. Russie, Dvina, rivière Ylytsch.
797. Saranæ, Vern. et de Keys., 1845. Russie, p. 169, pl. 6, fig. 15. Russie, Sarana, Oural, rivière Soiwa.
798. incrassatus, Eschw., 1829. Zool. sp. 1, p. 276, pl. 4, fig. 12. *Spirifer Pentlandi*, d'Orb. Russie ; Amér. mérid., près de la Paz.
799. cinctus, de Keyserling, 1846, p. 229, pl. 8, fig. 2. *Spirifer superbus*, Vern., 1845, etc. Russie sept., Sopljussa, Petschora.
800. dorsata, d'Orb., 1847. *Cyrthia dorsata*, M'Coy, 1844. A Syn. of Ireland, p. 136, pl. 22, fig. 14. Irlande.
801. mesogonia, d'Orb., 1847. *Cyrthia mesogonia*, M'Coy, 1844. A Syn. of Ireland, p. 137, pl. 22, fig. 13. Irlande.
802. rhomboidalis, d'Orb., 1847. *Martinia rhomboidalis*, M'Coy, 1844. A Syn. of Ireland, p. 141, pl. 22, fig. 11. Irlande.
803. strigocephaloides, d'Orb., 1847. *Martinia strigocephaloides*, M'Coy, 1844. A Syn. of Ireland, p. 141, pl. 22, fig. 8. Irlande.
804. decemcostata, M'Coy, 1844, p. 131, pl. 22, fig. 9. Irlande.
805. laminosa, d'Orb., 1847. *Cyrthia laminosa*, M'Coy, 1844, p. 137, pl. 21, fig. 4. Irlande.
806. fasciger, de Keyserling, 1846. Geognost. beobacht., p. 231, pl. 8, fig. 3 a, b, c. Russie sept., Soiwa ; États-Unis, Zanerville.
807. rectangulatus, Kutorga, 1844. Verhandl., Kaiserl. St-Pétersb., p. 90, pl. 9, fig. 5. Russie, gouv. d'Orembourg, Sterlitamack.
808. rugulatus, Kutorga, 1844. Verhandl. Kaiserl., Russ., St-Pétersb., p. 91, pl. 9, fig. 8. Russ., gouv. d'Orembourg.
809. panduriformis, Kutorga, 1844. Verhandl. Kaiserl., Russie, St-Pétersb., p. 91, pl. 9, fig. 6. Russie, Sterlitamack.
810. triplicatus, Kutorga, 1842. Verhandl. Kaiserl., Russ., St-Pétersb., p. 23, pl. 5, fig. 6. Russie, gouv. d'Orembourg.
811. nucleolus, Kutorga, 1842. Verhandl. Kaiserl., Russie, St-Pétersb., p. 23, pl. 5, fig. 7. Russie, gouv. d'Orembourg, Ebendaher.
812. pentagonus, Kutorga, 1842. Verhandl. Kairsel., Russie, St-Pétersb., p. 24, pl. 5, fig. 8. Russie, gouv. d'Oremb., Ebendaher.
813. corculum, Kutorga, 1842. Verhandl., p. 25, pl. 5, fig. 9. (Non Schloth., 1822.) Russie, gouvernement d'Orembourg.
814. subrostratus, d'Orb., 1847. *S. rostratus*, Kutorga, 1842. Verhandl. Kaiserl., Russie, St-Pétersbourg, p. 25, pl. 5, fig. 10. (Non Schloth., 1822.) Russie, gouvern. d'Orembourg.
SPIRIGERA, d'Orb., 1847. Voy. p. 42.
***815. Roissyi,** d'Orb., 1847. *Spirifer Roissyi*, Léveillé, 1835. Mém. de la Soc. géol., t. 2, p. 39, pl. 11, fig. 18-20. D'Orb., 1842. Paléont. de l'Amér. mérid., p. 46, pl. 3, fig. 17-19. *Actinoconchus paradoxus*, M'Coy, 1844, p. 150, pl. 21, fig. 6. Belgique, Tournay ; Russie, Miatchkova et Yaouza ; Amér. mérid., Yarbichambi (Bolivia) ; États-Unis, Kentucky, Louisville.
***816. serpentina,** d'Orb., 1847. *Terebratula serpentina*, Koninck, Descript., p. 291, pl. 19, fig. 8 a, b, c, d. Belgique, Tournay.
***817. lamellosa,** d'Orb., 1847. *Spirifer lamellosus*, Léveillé, 1835. Mém. de la Soc. géol., 2, p. 39, fig. 21-23. *S. squamosa*, Phill., 1836. York., 2, pl. 10, fig. 21. *Terebratula lamellosa*, de Koninck, 1844.

Descript., p. 299, pl. 20, fig. 5. Angleterre, Kendal, Florence-court ; Belgique, Visé, Tournay.

818. ambigua, d'Orb., 1847. *Terebratula ambigua*, Koninck, p. 296. *Spirifer ambiguus*, Sow., 1823. Min. Conch., p. 105, pl. 376. Belgique, Visé ; Angl., Northumberland, Bakewell ; Russie sept., rivière Wytschegda ; États-Unis, Illinois, Wabash, Ohio, Grexensburg.

819. Blodeana? d'Orb. *Tereb. idem*, de Vern. et de Keys., Russie, p. 71, pl. 9, fig. 11. Russie.

***820. planosulcata,** d'Orb. *Tereb. idem*, Koninck, 1842. Belgique, pl. 21, fig. 1. *Spirifer id*, Phill. Angleterre, Bolland ; Nord. Amériq., Ohio, Zanesville ; Indiana, Harmony ; Illinois, Sparta ; Tournay.

821. expansa? d'Orb., 1847. *Spirifer expansa*, Phillips, 1836. Yorkshire, p. 220, pl. 10, fig. 18. *Spirifer glabristria id*, Phillips. *S. globularis idem*. Angleterre, Bolland ; Russie sept., rivière Ylytsch.

822. pentaedra, d'Orb., 1847. *Spirifer pentaedra*, Phillips, 1836. Yorkshire, p. 221, pl. 12, fig. 3. Angleterre, Bolland, Orton.

TEREBRATULA, Lwyd, 1699. Voy. p. 43.

823. trilatera? Koninck, Descript., p. 292, pl. 19, fig. 7. Visé.

***824. subcrispata,** d'Orb., 1847. *T. crispata*, Koninck, Descript., p. 292, pl. 19, fig. 5. (Non Sow., 1837). Belgique, Tournay.

825. sacculus, Martin, 1809. Petref., pl. 16, fig. 9. Koninck, Descript., p. 293, pl. 20, fig. 3. *T. hastata*, Phillips, Yorks., 2, p. 221, pl. 12, fig. 1. Belgique, Visé, Tournay ; Angleterre, Otterburn, Bolland ; Russie septentrionale, rivière Soiwa.

826. fusiformis, Vern., 1845. Russ., p. 65, pl. 9, fig. 8. Russie, Oural.

827. reflexa, Koninck, p. 298, pl. 20, fig. 4. Belgique, Visé.

828. triloba? M'Coy, 1844, p. 149, pl. 20, fig. 21. Irlande.

ORBICULOIDEA, d'Orb., 1847. Voy. p. 44.

829. nitida, d'Orb., 1847. *Orbicula nitida*, Phillips, 1836. Yorkshire, p. 221, pl. 11, fig. 10, 11, 12, 13. Angleterre, Bowes, Pateleybridge, Lee, Harelaw, Otterburn, Coalbrook-dale.

830. Davreuxiana, d'Orb., 1847. *Orbicula Davreuxiana*, Koninck, Descript., p. 306, pl. 21, fig. 4. Belgique, Tournay.

831. concentrica, d'Orb., 1847. *Orbicula concentrica*, Koninck, Descript. des anim. foss., p. 307, pl. 21, fig. 3. Belgique, Visé.

832. antiqua, d'Orb., 1847. *Anomya antiqua*, M'Coy, 1844. A Syn. of Ireland, p. 87, pl. 19, fig. 7. Irlande.

833. quadrata, d'Orb., 1847. *Orbicula quadrata*, M'Coy, 1844. A Syn. of Ireland, p. 104, pl. 20, fig. 1. Irlande.

834. trigonalis, d'Orb., 1847. *Orbicula trigonalis*, M'Coy, 1844. A Syn. of Ireland, p. 104, pl. 20, fig. 2. Irlande.

835. vesiculosa, d'Orb., 1847. *Crania vesiculosa*, M'Coy, 1844. A Syn. of Ireland, p. 105, pl. 20, fig. 3. Irlande.

MOLLUSQUES BRYOZOAIRES.

PTYLODICTYA, Lonsdale, 1839. Voy. p. 21.

836. palmata, d'Orb., 1847. *Flustra palmata*, M'Coy, 1844. A Syn. of Ireland, p. 194, pl. 26, fig. 14. Irlande.

SULCORETEPORA, d'Orb., 1847. Cellules placées par lignes dans des sillons d'un seul côté de branches simples déprimées.

837. parallela, d'Orb., 1847. *Flustra parallela*, Phillips, 1836. Yorkshire, p. 200, pl. 1, fig. 47, 48. Angl., Whitewell.

838. raricosta, d'Orb., 1847. *Vencularia raricosta*, M'Coy, 1844. A Syn. of Ireland, p. 198, pl. 27, fig. 11. Irlande.

RETEPORA, Lamarck. Voy. p. 100.

***839. ripisteria,** d'Orb., 1847. *Gorgonia ripisteria*, Goldf., pl. 7, fig. 2. Koninck, Descrip., p. 6, pl. a, fig. 4. Belgique, Tournay, Visé.

840. irregularis, Phillips, 1836. Yorkshire, p. 199, pl. 1, fig. 21, 22. Angl., Florence-court.

841. laxa, Phillips, 1836. Yorkshire, p. 199, pl. 1, fig. 26, 30. Angleterre, Whitewell; Irlande, Kildare.

842. undata, M'Coy, 1844. Ireland, p. 207, pl. 29, fig. 11. Irlande.

FENESTRELLA, Lonsdale, 1839. Voy. p. 41.

***843. membranacea,** d'Orb. *Retepora id.*, Phillips, Yorks., 1836, pl. 1, fig. 1-6. Michelin, p. 261, pl. 60, fig. 8. *Gorgonia id.*, Koninck. Belgique, Tournay; Angl., Bolland, Kildare-county, Irlande.

***844. undulata,** d'Orb. *Retepora id.*, Phillips, 1836. Geol. of Yorks., pl. 1, fig. 16-18. *F. frutex*, M'Coy, 1814. A Syn., p. 201, pl. 28, fig. 10. Belg., Tournay; Angl., Bolland, Harrogate, Hawes; Irlande.

***845. Michelini,** d'Orb., 1847. *Gorgonia undulata*, Michelin, 1845. Icon. Zooph., pl. 60, fig. 10. (Non Phillips, 1836). Belgique, Tournay.

846. flabellata, M'Coy, 1844. *Retepora flabellata*, Phillips, 1836. p. 198, pl. 1, fig. 7-10. Angleterre, Bolland, Harrogate, Richemont, Hawes, Kirby, Lonsdale, Middleham, Brough; Irlande, Kildare.

847. pluma, d'Orb., 1847. *Ptylopora pluma*, de Keyserling, 1846, p. 187, pl. 3, fig. 11 a. (Non *Retepora pluma*, Phillips, non *Ptylopora pluma*, M'Coy). Russie septent., cours inférieur du Petschora.

848. tenuifila, d'Orb. *Retepora tenuifila*, Phillips, 1836, p. 199, pl. 1, fig. 23, 24, 25. Angleterre, Florence-court; Russie, Moscou.

849. Russiensis, d'Orb., 1847. *Fenestrella carinata*, de Keyserling, 1846, p. 186, pl. 3, fig. 12 a, b. (Non *Fenestrella carinata*, M'Coy, 1844, pl. 28, fig. 2. Russie septent., Belaja, mont Timan, Ylytsch.

850. polyporata, d'Orb., 1847. *Retepora polypora*, Phillips, 1836. Yorkshire, p. 199, pl. 1, fig. 19, 20. Angl., Florence-court.

851. hibernica, Scouler *Hemitrypa hibernica*, M'Coy, 1844. A Syn. of Ireland, p. 205, pl. 29, fig. 7. Irlande.

852. hemisphærica, M'Coy, 1844, p. 202, pl. 29, fig. 4. Irlande.

853. Morrisii, M'Coy, 1844. Ireland, p. 202, pl. 28, fig. 14. Irlande.

854. multiporata, M'Coy, 1844, p. 203, pl. 28, fig. 9. Irlande.

855. oculata, M'Coy, 1844. Ireland, p. 203, pl. 23, fig. 15. Irlande.

856. plebeia, M'Coy, 1844. p. 203, pl. 29, fig. 3. Irlande.

857. quadradecimalis, M'Coy, 1844, p. 204, pl. 28, fig. 13. Irlande.

858. varicosa, M'Coy, 1844. Ireland, p. 204, pl. 28, fig. 8. Irlande.

859. ejuncida, M'Coy, 1844, p 201, pl. 28, fig. 11. Irlande.

860. Veneris? Lonsdale in Murchison, 1845. Russia, p. 630. *Retepora Veneris*, Fisch., Oryc. de Moscou, p. 165, pl. 39, fig. 1. Stretinsk, sud-est de Kungur.

861. Martis? Lonsdale in Murchison, 1845, Russia, p. 630. *Retepora Martis*, Fischer, Oryc. de Moscou, p. 165, pl. 39, fig. 2. Goradofka.

FENESTRELLINA, d'Orb., 1847. Ce sont des *Fenestrella* qui ont, sur la côte qui sépare les deux rangées de cellules, des pores intermédiaires très-espacés.

862. crassa, d'Orb., 1847. *Fenestrella crassa*, M'Coy, 1844. A Syn. of Ireland, p. 201, pl. 29, fig. 1. Irlande.

863. carinata, d'Orb., 1847. *Fenestrella carinata*, M'Coy, 1844. A Syn. of Ireland, p. 200, pl. 28, fig. 12. Irlande.

864. formosa, d'Orb., 1847. *Fenestrella formosa*, M'Coy, 1844. A Syn. of Ireland, p. 201, pl. 29, fig. 2. Irlande.

865. nodulosa, d'Orb., 1847. *Retepora nodulosa*, Phillips, 1836. Yorkshire, p. 199, pl. 1, fig. 31, 32, 33. Angleterre, Whitewell in Bolland, Greenhow-hill, Harrogate.

POLYPORA, M'Coy, 1844. Voy. p. 45.

'866. retiformis, d'Orb. *Gorgonia id.*, Koninck. *Retepora id.*, Michelin, p. 261, pl. 66, fig. 7 (non pl. 49). Belgique, Tournay, Visé; Allemagne, Ratingen.

867. Goldfussiana, d'Orb., 1847. *Gorgonia Goldfussiana*, Koninck, Descrip., p. 6, pl. A, fig. 6. Belgique, Visé.

868. fastuosa, d'Orb., 1847. *Gorgonia fastuosa*, Koninck, Descrip., p. 7, pl. a, fig. 5. Belgique, Feluy près de Mons.

869. bifurcata, de Keyserling, 1846. Geognost. beobacht., p. 189, pl. 3, fig. 8 a, b. *Retepora bifurcata*, Fisch., 1837. Oryct. du gouv. de Moscou, pl. 39, fig. 4. Russie septent., Belaja, Indiga.

870. flustriformis? d'Orb., 1847. *Retepora flustriformis*, Phillips, 1836. Yorkshire, p. 198, pl. 1, fig. 11, 12. Angleterre, Bolland, Harrogate, Richmond, Florence-court, près Enniskillen.

871. orbicribrata, de Keyserling, 1846. Geognost. beobacht., p. 189, pl. 3. fig. 7 a. Russie septent., Belaja, Indiga.

'872. flexuosa, d'Orb., 1847. *Retepora flexuosa*, d'Orb., 1842. Paléont. de l'Amér. mérid., p. 57, pl. 6, fig. 6-8. Yarbichambi (Bolivia).

873. verrucosa, M'Coy, 1844. Ireland, p. 206, pl. 29, fig. 6 Irlande.

874. dendroides, M'Coy, 1844, p. 206, pl. 29, fig. 9. Irlande.

875. marginata, M'Coy, 1844, p. 206, pl. 29, fig. 5. Irlande.

876. papillata, M'Coy, 1844, p. 206, pl. 29, fig. 10. Irlande.

PTYLOPORA, M'Coy, 1844. C'est une *Fenestrellina*, en forme de plume comme les *Penniretepora*.

877. pulcherrima, d'Orb., 1847. *Glauconome pulcherrima*, M'Coy, 1844. A Syn. of Ireland, p. 199, pl. 28, fig. 4. Irlande.

878. pluma, Scouler, Mss. M'Coy, 1844. Ireland, p. 200, pl. 28, fig. 6. Irlande.

ICHTHYORACHIS, M'Coy, 1844. Voy. p. 101.

879. Newenhami, M'Coy, 1844, p. 205, pl. 29, fig. 8. Irlande.

880. dubia, d'Orb., 1847. *Gorgonia dubia*, Koninck, Descrip. des Anim. foss., p. 8, pl. a, fig. 7. Belgique, Visé.

PENNIRETEPORA, d'Orb., 1847. Voy. p. 45.

881. grandis, d'Orb., 1847. *Glauconome grandis*, M'Coy, 1844. A Syn. of Ireland, p. 199, pl. 28, fig. 3. Irlande.

'882. pluma, d'Orb., 1847. *Retepora pluma*, Phillips, 1829. Yorks.,

pl. 1, fig. 13-15. Michelin, pl. 60, fig. 11. Belgique, Tournay; Angleterre, Bolland, Florence-court.

883. gracilis, d'Orb., 1847. *Glauconome gracilis*, M'Coy, 1844. A Syn. of Ireland, p. 199, pl. 28, fig. 5. Irlande.

COSCINIUM, de Keyserling, 1846.

884. cyclops, de Keyserling, 1846. Geognost. beobacht., p. 192, pl. 3, fig. 5 a, b. Russie septent., Belaja, Indiga.

885. stenops, de Keyserling, 1846. Geognost. beobacht., p. 193, pl. 3, fig. 6 a, b, c. Russie septent., Belaja.

CRISIOIDES, Michelin, 1846 (peut-être un *Alecto*).

886. tubæformis, Michelin, 1846. Icon. Zoophyt., p. 263, pl. 60, fig. 12. Belgique, Tournay.

ÉCHINODERMES.

CIDARIS, Lamarck.

887. Münsteriana, de Kon., An. foss., p. 35, pl. E, fig. 2. Agass., Cat., 1847, p. 25. Belgique, Visé.

ECHINOCRINUS, M'Coy, 1844. *Palæocidaris*, Desor, 1847.

888. Rossica, d'Orb., 1847. *Palæocidaris Rossica*, Desor. Agass., 1847. Cat., p. 140. *Cidaris Rossicus*, Buch. Karsten, Archiv., 1842, p. 523. Murch. et Vern., Géol. de la Russ. d'Europe, vol. 2, p. 17, pl. 1, fig. 2. Russie, Utega, Kopocheva, Kosimol, Miatchkova, Podolsk.

'889. Nerei, d'Orb., 1847. *Palæocidaris Nerei*, Desor. Agass., 1847. Cat. syst., p. 36. *Cidaris Nerei*, Koninck, Belgique, pl. E, fig. 1. Belgique, Tournay, Regnitzlosau; Etats-Unis, Saint-Louis (Indiana), Heavensworth Tennessee), Montgomery.

'890. Protei, d'Orb., 1847. *Palæocidaris Protei*, Desor. Agass., 1847. Cat. syst., p. 36, *Cidaris Protei*, Münster, 1841. Beitrage, p. 40. Belgique, Tournay.

'891. prisca, d'Orb., 1847. *Palæocidaris prisca*, Desor. Agass., 1847. Cat. syst., p. 36. *Cidaris prisca*, Münster, 1841, p. 41. Belg., Tournay.

892. triserialis, M'Coy, 1844, p. 173, pl. 26, fig. 1. Irlande.

893. Urii, M'Coy, 1844. Ireland, p. 174, pl. 27, fig. 1. Irlande.

PALÆCHINUS, M'Coy, 1844.

894. elegans, M'Coy, 1844. Ireland, p. 172, pl. 24, fig. 2. Irlande.

895. ellipticus, Scouler. M'Coy, 1844, p. 172, pl. 24, fig. 3.

896. gigas, M'Coy, 1844. Ireland, p. 172, pl. 24, fig. 4. Irlande.

897. Kœnigii, M'Coy, 1844. A Syn., p. 72, pl. 24, fig. 1. Irlande.

898. sphæricus, Scouler, Mss. M'Coy, 1844. Ireland, p. 172, pl. 24, fig. 5. Irlande.

899. multipora, d'Orb., 1847. *Melonites multipora*, Owen, 1846. American journal, vol. 2, p. 225, fig. 1. St-Louis, Missouri.

CÆLASTER, Agassiz.

900. constellata, d'Orb., 1847. *Asterias constellata*, Thorent, 1839. Mém. de la Soc. géol., 3, p. 259, pl. 22, fig. 7. France, Mondrepuis (Aisne).

PENTREMITES, Say, 1820. Voy. p. 102.

901. acutus, Gilb. Phillips, 1836. Yorks., p. 207, pl. 3, fig. 4-5. Angl., Bolland.

902. pentangularis, Gilb. Phillips, 1836, p. 207. Bolland.
903. ellipticus, Sow. Phillips, 1836. Yorks., p. 207, pl. 3, fig. 6, 7, 8. Angl., Bolland.
*__904. orbicularis,__ Gilb. Phillips, 1836. Yorks., p. 207, pl. 3, fig. 9. Angl., Bolland.
*__905. oblongus,__ Gilb. Phillips, 1836. Yorks., p. 207, pl. 3, fig. 11-12. Angl., Bolland.
906. angulatus, Gilb. Phillips, 1836. Yorks., p. 207, pl. 3, fig. 13. Angl., Bolland.
*__907. Puzosii,__ Münster, Beitr. zur Petref., 1, p. 1, pl. 1, fig. 5. Koninck, Descrip., p. 36, pl. E, fig. 3. Belgique, Tournay.
*__908. Orbignyanus,__ Koninck, p. 37, pl. E, fig. 4. Belg., Tournay.
*__909. inflatus,__ Gilbertson, Coll. Phillips, 2, p. 207, pl. 3, fig. 1, 2, 3. Koninck, Descrip., p. 38. Belgique, Tournay; Angl., Bolland.
*__910. florealis,__ Say, 1820. Goldf., 1832. Petref., 1, p. 16, pl. 50, fig. 2. Amér. sept., Mississipi, Kentucky.
*__911. pyriformis,__ Say, 1842. Amer. Journ., 50, p. 20. Etats-Unis, Kentucky.

DIMORPHICRINUS, d'Orb., 1847. C'est un *Aplocrinus* dont le calice est composé de deux séries de pièces au lieu de quatre, et qui ont comme elles des bras grêles.

912. pentangularis, d'Orb., 1847. *Platycrinites pentangularis,* Miller, 1821. Crinoidea, p. 83. Angleterre, Mendip hills, Bristol, Mitchel Dean.

GILBERTSOCRINUS, Phillips, 1829. Calice cupuliforme composé de sept rangées de pièces comme le *Rhodocrinus,* mais ayant cinq pièces basales, et les bras composés de deux séries de pièces.

913. mammillaris, Phillips, 1836. Yorks., p. 207, pl. 4, fig. 23. Angl., Bolland.
914. bursa, Phillips, 1836, p. 207, pl. 4, fig. 24, 25. Bolland.
915. calcaratus, Phillips, 1836., p. 207, pl. 4, fig. 22. Bolland.
916. abnormis, M'Coy, 1844. Ireland, p. 180, pl. 26, fig. 3. Irlande.

ACTINOCRINUS, Miller, 1821. Calice composé de cinq séries de pièces, trois pièces basales, douze pièces brachiales.

917. triaconta dactylus, Miller, 1821, p. 95, pl. 1, fig. 1, 2. Phillips, 1836. York., 2, pl. 4, fig. 16. Angleterre, Broughton Stokes in Craven, Yorkshire, Mendip hills, Bolland, Bristol, Kildare.
*__918. polydactylus,__ Miller, 1821, p. 103, pl. 1, fig. 1, 2. Phillips, 1836. Yorks., 2, pl. 4, fig. 17, 18. Koninck, Belgique, pl. G, fig. 3. Angleterre, Mendip hills, Caldy island, Bolland; Tournay.
919. costus, M'Coy, 1844. Ireland, p. 181, pl. 26, fig. 2. Irlande.
*__920. Gilbertsoni,__ Miller. Phillips, 1836. Yorks., pl. 4 fig. 19, p. 206. Koninck, pl. G. fig. 2. Angl., Bolland; Belgique, Tournay.
921. tessellatus, Phillips, 1836. Yorks., p. 206, pl. 4, fig. 21. Anglet., près de Frome, Sommerset.
922. globosus, Phillips, 1836. Yorks., p. 206, pl. 4, fig. 26, 29. Angl., Bolland.
*__923. lævis,__ Koninck, Descrip., p. 52, pl. G, fig. 4. Belgique, Tournay; Angl., Mitchel Dean; Allem., Ratingen, Wrietzen, Strorkow près de Stemplin et de Potsdam.

924. concavus, d'Orb., 1847. *Euryocrinus concavus,* Phillips, 1836. Yorkshire, p. 205, pl. 4, fig. 14, 15. Angleterre, Bolland.

DIMEROCRINUS, Phillips, 1839. Voy. p. 46.

925. constrictus, d'Orb., 1847. *Actinocrinus constrictus,* M'Coy, 1844. Ireland, p. 181, pl. 27, fig. 3. Irlande.

PLATYCRINUS, Miller, 1821. Voy. p. 103.

* **926. lævis,** Miller, 1821. Crinoid., p. 74, pl. 1, fig. 1-28. Phillips, York., 2, pl. 3, fig. 14-15. Koninck, Belgique, pl. F, fig. 1. Anglet., Mendip hills, Bristol, Dublin, Bolland; Belgique, Tournay.

927. rugosus, Miller, 1821, p. 79, fig. 1-24. Phillips, 2, pl. 3, fig. 2. Angl., Caldy-island, coast of Wales, Mendip hills.

* **928. tuberculatus,** Miller, 1821. Nat. hist. Crinoid., p. 81, fig. 1, 2. Phillips, 2, pl. 3, fig. 17. Angl., Lyme-Regis; Tournay.

* **929. granulatus,** Miller, 1821. Crinoid., p. 82, fig. 1, 2, 3. Koninck, Belgique, pl. F, fig. 2. Phillips, York., 2, pl. 3, fig. 16. Angl., Mendip hills, Bolland; Belgique, Tournay.

* **930. striatus,** Miller, 1821. Crinoid., p. 82, fig. 1-4. Koninck, Belgique, pl F, fig. 3. Angleterre, Bristol; Belg., Tournay.

931. pentangularis, Miller, 1821. Crinoid., p. 83, fig. 1-8, Angl., Mendip hills, Bristol, Mitchel Dean.

932. ellipticus, Phillips, 1836. Yorks., p. 204, pl. 3, fig. 19, 21. Angl., Atport in Derbyshire, Bolland.

* **933. laciniatus,** Gilb. Phillips, 1836. Yorks., p. 204, pl. 3, fig. 18. Angl., Bolland.

934. gigas, Gilb. Phillips, 1836. Yorks., p. 204, pl. 3, fig. 22, 23. Angl., Bolland.

935. punctatus, M'Coy, 1844, p. 177, pl. 25, fig. 15-17. Irlande.

936. elongatus, Gilb. Phillips, 1836. Yorks., p. 204, pl. 3, fig. 24, 26. Angl., Bolland.

937. contractus, Gilb. Phillips, 1836. Yorks., p. 204, pl. 3, fig. 25. Angl., Bolland.

938. similis, M'Coy, 1844. Ireland, p. 177, pl. 26, fig. 6. Irlande.

939. triacontadactylus, M'Coy, 1844. Ireland, p. 177, pl. 25, fig. 2-7. Irlande.

940. expansus, M'Coy, 1844, p. 175, pl. 25, fig. 18, 19. Irlande.

ABRACRINUS, d'Orb., 1847. Calice composé de quatre séries de pièces, trois pièces basales.

941. pusillus, d'Orb., 1847. *Actinocrinus pusillus,* M'Coy, 1844. Ireland, p. 182, pl. 26, fig. 4. Irlande.

AMBLACRINUS, d'Orb., 1847. Calice composé de trois séries de pièces, trois pièces basales.

942. inæquidactylus, d'Orb., 1847. *Cyathocrinus inæquidactylus,* M'Coy, 1844. Ireland, p. 179, pl. 26, fig. 8. Irlande.

POTERIOCRINUS, Miller, 1821. Voy. p. 103.

* **943. crassus,** Miller, 1821. Crinoid., p. 68, fig. 1-17. De Koninck, Belgique, pl. F, fig. 4. Angl., Yorkshire, Lime Bristol, Clevedon Bay, Somersetshire; Belgique, Tournay.

944. tenuis, Miller, 1821, p. 71, fig. 1-25. Mendip hills, Bristol.

* **945. conicus,** Phill. Geol. of Yorks., 2, p. 205, pl. 4, fig. 3 et 7.

Koninck, Descrip., p. 47, pl. F, fig. 5. Belgique, Visé, Tournay, Feluy et Ecaussines; Angl., Bolland.

946. impressus, Phillips, 1836. Yorks., p. 205, pl. 4, fig. 1. Angl., Whitewell, Bristol, Arran.

947. gracilis, M'Coy, 1844, p. 178, pl. 25, fig. 11-14. Irlande.

948. granulosus, Phillips, 1836. Yorks., p. 205, pl. 4, fig. 2, 4, 8, 9, 10. Angl., Bolland, Belmore, Enniskillen, Kirkaldy.

949. nobilis? Phillips, 1836, p. 205, pl. 3, fig. 40. Bolland.

950. Egertoni? Phillips, 1836. Yorks., p. 205, pl. 3, fig. 39. Angl., Florence-court, Hawes.

CYATHOCRINUS, Miller, 1821, p. 103.

951. calcaratus, Phillips, 1836. Yorks., p. 206, pl. 3, fig. 35. Angl., Bolland.

952. bursa, Phillips, 1836. Yorks., p. 206, pl. 3, fig. 29. Peut-être le même que le *C. calcaratus,* Phill. Angl., Bolland.

953. distortus, Gilb. Phillips, 1836. Yorks., p. 206, pl. 3, fig. 34. Angl., Bolland.

954. quinquangularis, Miller, 1821, p. 92. Phillips, 1836. Yorks., p. 206, pl. 3, fig. 30-32. De Koninck, Belg., pl. G, fig. 1. Angl., Bolland, Green how hill, Coalbrook-dale; Belgique, Visé.

955. ornatus, Phillips, 1836. Yorks., p. 206, pl. 3, fig. 36, 37. Angl., Bolland.

956. mamillaris, Phillips, 1836, Yorks., p. 206, pl. 3, fig. 28. Angl., Bolland.

957. conicus, Phillips, 1836, p. 206, pl. 8, fig. 27. Bolland.

958. caryocrinoides, d'Orb., 1847. *Phillipsocrinus caryocrinoides,* M'Coy, 1844. Ireland, p. 183, pl. 26, fig. 5. Irlande.

958'. macrocheirus, M'Coy, 1844, p. 179, pl. 25, fig. 8-10. Irlande.

TAXOCRINUS, M'Coy, 1844. Calice composé de deux séries de pièces; cinq pièces basales; bras larges sans ramules.

959. polydactylus, M'Coy, 1844, p. 178, pl. 26, fig. 7. Irlande.

EDWARSOCRINUS, d'Orb., 1847. Calice composé de deux rangées de pièces ; cinq pièces basales ; bras étroits à ramules.

959'. ornatus, d'Orb., 1847. *Platycrinus ornatus,* M'Coy, 1844. A Syn. of Ireland, p. 176, pl. 25, fig. 1. Irlande.

SYMBATHOCRINUS, Phillips, 1839. Calice composé de deux séries de pièces; une seule pièce basale. Genre douteux, peut-être basé sur un calice incomplet.

960. conicus, Phillips, 1836. Yorks., p. 206, pl. 4, fig. 12, 13. Angl., Bolland.

ATOCRINUS, M'Coy, 1844. Une seule série de pièces au calice, d'où partent les pièces brachiales.

960'. Milleri, M'Coy, 1844, p. 183, pl. 25, fig. 20. Irlande.

DICHOCRINUS, Münster, 1836. Deux pièces basales au calice.

961. radiatus, Münster, Beitr., 1, p. 2, pl. 1, fig. 8. De Koninck, Descrip., p. 40, pl. E, fig. 6. Belgique, Tournay.

961'. septosus, Koninck, Descrip., p. 40, pl. E, fig. 7. Belgique, Tournay.

ZOOPHYTES.

AMPLEXUS, Sowerby.

'962. **coralloides,** Sow., 18?. Min. Conch., 1, p. 165, pl. 72. Michelin, pl. 59, fig. 6. *Amplexus Sowerbyi,* Phillips, Yorks., 2, pl. 2, fig. 24. Koninck, pl. B, fig 6. Belgique, Tournay, Visé; Angl., Cork, Dublin; Russie, gouvernement d'Orembourg, Sterlitamack.

962'. **serpuloides,** Koninck, 1844. Descrip., p. 23, pl. B, fig. 7-8. Michelin, pl. 59, fig. 7. Belgique, Visé, Tournay.

CANINIA, Michelin, 1844. Voy. p. 105.

963. **gigantea,** Michelin, 1842. Icon. Zoophyt., p. 81, pl. 16, fig. 1. France, Juigné, Sablé, Solesmes, Chalonnes; Belgique, Tournay.

'964. **patula,** Michelin, 1846. Icon., p. 255, pl. 59, fig. 4. Belgique, Tournay. Peut-être le jeune du *Gigantea.* France, Avesnes (Nord).

'965. **cornucopiæ,** Michelin, 1846. Zoophyt., p. 255, pl. 59, fig. 5. Belgique, Tournay.

SIPHONOPHYLLIA, M'Coy, 1844. Ce sont des *Caninia*, dont le siphon, est central au lieu d'être latéral.

966. **cylindrica,** Scouler. M'Coy, 1844. Ireland, p. 187, pl. 27, fig. 5. Irlande.

967. **ibicina,** d'Orb., 1847. *Caninia ibicina,* Lonsdale in Murch., 1845; Russia, p. 617 (pl. A, fig. 6). *Turbinolia ibicina?* Fischer, Oryc., p. 153, pl. 30, fig. 5. Russie, Miatchkova, Velikovo.

CYATHAXONIA, Michelin, 1846. Voy. p. 48.

'968. **plicata,** d'Orb., 1847. *Cyathophyllum plicatum,* Koninck, Descrip., p. 22, pl. C, fig. 4. *Cyathaxonia tortuosa,* Michelin, 1846. Zooph., p. 258, pl. 59, fig. 8. Belgique, Tournay.

969. **spinosa,** Michelin, 1846. Zoophyt., pl. 59, fig. 10. *Amplexus spinosus,* Koninck, pl. 6, fig. 1. Tournay; États-Unis, Louisville.

'970. **mitrata,** d'Orb., 1847. *Cyathophyllum mitratum,* Koninck, 1844, p. 22, pl. C, fig. 5. *Cyathaxonia cornu,* Michelin, 1846. Zoophyt., p. 258, pl. 59, fig. 9. Belgique, Tournay; États-Unis, Louisville.

'971. **striata,** d'Orb., 1847. *Turbinolia striata,* d'Orb., 1842. Paléont. de l'Amér. mérid., p. 56, pl. 6, fig. 4-5. Yarbichambi (Bolivia).

972. **coniseptum,** d'Orb., 1847. *Cyathophyllum coniseptum,* de Keyserling, 1846. Geogn. beobacht., p. 64, pl. 2, fig. 2. Russie sept., mont Sopljussa près de Petschora.

CYATHOPHYLLUM, Goldfuss, 1830.

973. **fungites,** Koninck, Descrip., p. 24, pl. D, fig. 2. *Turbinolia fungites,* Phillips, 1836. Yorks., 2, p. 203, pl. 2, fig. 23. Belg., Visé; Angl., Bolland, Bristol, etc.

974. **excentricum,** Goldf., 1830, 1, p. 55, pl. 16, fig. 4. Allem., Ratingen, Dusseldorf.

975. **arietinum,** de Keyserling, 1846. Geognost., p. 165, pl. 2, fig. 3. Russie sept., Ylytsch, ouest de l'Oural.

976. **corniculum,** de Keyserling, 1846. Geognost., p. 166, pl. 2, fig. 4. Russie sept., Ylytsch.

977. multiplex, De Keyserling, 1846. Geog., p. 163, pl. 2, fig. 1. Russie sept., rivière Ylytsch, ouest de l'Oural.

978. expansum, d'Orb., 1847. *Turbinolia expansa*, M'Coy, 1844. Ireland, p. 186, pl. 28, fig. 7. Irlande.

MORTIERIA, Koninck, 1844.

'979. vertebralis, Koninck, Descrip., p. 12, pl. B, fig. 3. Tournay.

DIPHYPHYLLUM, Lonsdale, 1845.

980. ibicinum, d'Orb., 1847. *Lithodendron ibicinum*, de Keyserling, 1846. Geognost., p. 167, pl. 2, fig. 5. Russie sept., Soiwa.

'981. fasciculatum, d'Orb., 1847. *Lithodendron fasciculatum*, de Keyserling, 1846. Geognost., p. 170, pl. 3, fig. 2. *Caryophyllia fasciculata*, Koninck, Belg., pl. D, fig. 5. Phillips, pl. 2, fig. 16, 17. Russie sept., Oural, Ylytsch, Ishma, Petschora; Belg., Visé; Angl., Teesdale, Bristol.

982. concameratum, d'Orb., 1847. *Lithodendron concameratum*, de Keyserling, 1846. Geognost., p. 170, pl. 3, fig. 1. Russie sept., Oural, rivière Ylytsch.

'983. sexdecimale, d'Orb., 1847. *Caryophyllia sexdecimalis*, Koninck, p. 17, pl. D, fig. 4. *Lithodendron sexdecimale*, Phillips, 2, pl. 2, fig. 11-13. Belg., Visé; Angl., Kirby-Lonsdale, etc.

984. irregulare, d'Orb., 1847. *Lithodendron irregulare*, Phillips, 1836, p. 202, pl. 2, fig. 14-15. Ash fell, Northumberland.

985. longiconicum, d'Orb., 1847. *Lithodendron longiconicum*, Phillips, 1836, p. 203, pl. 2, fig. 18. Kulkeagh, Florence-court.

986. sociale, d'Orb., 1847. *Lithodendron longiconicum*, Phill., 1836. Yorks., p. 203, pl. 2, fig. 19. Angl., Settle.

987. concinnum, Lonsdale in Murch., 1845. Russia, p. 624, (pl. A, fig. 4). Russie, Tchirief, Kamensk, rivière Issetz, Oural.

988. pauciradialis, d'Orb., 1847. *Lithodendron pauciradialis*, M'Coy, 1844. Ireland, p. 189, pl. 27, fig. 7. Irlande.

990. annulatum, d'Orb., 1847. *Lithodendron annulatum*, Lonsdale in Murchison, 1845. Russia, p. 599 (pl. A, fig. 5). Rivière Issetz, est de Ekaterinburg, Tchanovaya.

LITHOSTROCION, Lwyd, 1699. Voy. p. 48.

991. basaltiforme, Phillips, 1836. Yorks., p. 202; pl. 2, fig. 21, 22. Angl., Ribblehead, Moughton scar, Hesket-Newmarket, South Wales, Wrekin.

992. floriforme, de Keyserling, 1846. Geog., p. 154, pl. 1, fig. 1. *Erismatolithus madreporites (floriformis)*, Martin, 1809. Petref., Derb., pl. 43, fig. 3, 4, pl. 44, fig. 5. *Astrea emarciata*, Fisch., 1837. Oryct., p. 154, pl. 31, fig. 5. *Strombodes pentagonum*, Eichw., 1840. Bull. de l'Acad. de Saint-Pétersbourg, vol. 7, p. 89. *Lithostrotion emarciatum*, Lonsdale, 1845, in Russia Vern., Keys., p. 603. Russie sept., mont Timan, Moscou, Borovetchi (Valdaï).

993. microphyllum, de Keyserling, 1846. Geog., p. 156, pl. 1, fig. 2. Russie sept., monts Ural et rivière Ylytsch.

994. inconferta, d'Orb., 1847. *Stylastræa inconferta*, Lonsdale in Murchison, 1845. Russia, p. 621 (pl. A, fig. 2). Russie, Kosatchi-Datchi, sud de Miask, Oural.

995. mamillare, Lonsdale in Murchison, 1845. Russia, p. 606.

Astræa mamillaris, Fischer, Oryc. de Moscou, p. 154, pl. 31, fig. 2, 3. Priksha (Valdaï), gouv. de Novogorod.

ACROCYATHUS, d'Orb., 1847. Cellule comme celle des *Strombodes*, mais dont le centre forme un cône saillant stylitiforme costulé.

995'. floriformis, d'Orb., 1847. Espèce des Etats-Unis (Indiana) qui m'a été envoyée sous ce nom par M. Beadle.

LASMOCYATHUS, d'Orb., 1847.

996. aranea, d'Orb., 1847. *Astræa aranea*, M'Coy, 1844. Ireland, p. 187, pl. 27, fig. 6. Irlande.

FAVASTREA, Blainville, 1834. Voy. p. 48.

997. regia, d'Orb., 1847. *Cyathophyllum regium*, Phillips, 1836. Yorks., p. 201, pl. 2, fig. 25, 26. Angl., Lofthouse, Nidderdale, Derbyshire, Pembrokeshire.

998. senilis, d'Orb., 1847. *Columnaria senilis*, Koninck, Descrip., p. 25, pl. B, fig. 9. Belgique, Visé.

999. heliops, d'Orb., 1847. *Peripædum heliops*, de Keyserling, 1846. Geog., p. 157, pl. 1, fig. 3. Russie sept., rivière Petschora.

ACTINOCYATHUS, d'Orb., 1847. Voy. p. 48.

1000. crenularis, d'Orb., 1847. *Cyathophyllum crenularis*, Phillips, 1836. Yorks., p. 202, pl. 2, fig. 27, 28. Angleterre, Clithero, Mendip, Bristol, Derbyshire.

MICHELINIA, Koninck, 1844.

***1001. tenuisepta**, Koninck, 1844. Déscrip., p. 31, pl. C, fig. 3. France, Sablé, Juigné; Belgique, Tournay; Angleterre.

***1002. favosa**, Koninck, 1844, p. 30, pl. C, fig. 2. Tournay.

1003. compressa? Michelin, 1846. Zoophyt., p. 254, pl. 59, fig. 3. Belgique, Tournay.

1004. concinna, Lonsdale in Murchison, 1845. Russia, p. 611 (pl. A, fig. 3). Russie, Uts-Koiva, Tchussovaya.

1005. antiqua, d'Orb., 1847. *Dictuophyllia antiqua*, M'Coy, 1844. Ireland, p. 191, pl. 26, fig. 10. Irlande.

FAVOSITES, Lamarck, 1816. Voy. p. 48.

1006. dentifera, d'Orb. *Calamopora dentifera*, Phillips, 1836. Yorks., p. 201, pl. 1, fig. 58, 60. Angl., Bolland.

1007. parasitica, d'Orb., 1847. *Calamopora parasitica*, Phillips, 1836. Yorks., p. 201, pl. 1, fig. 61, 62. Angl., Bolland.

1008. tenuisepta, d'Orb., 1847. *Calamopora tenuisepta*, Phillips, 1836. Yorks., p. 201, pl. 2, fig. 30. Angl., Bolland, Mendip.

1009. megastoma, d'Orb., 1847. *Calamopora megastoma*, Phillips, 1836. Yorks., p. 201, pl. 2, fig. 29. Angl., Bolland.

***1010. tumida**, d'Orb., 1847. *Calamopora tumida*, Phillips, 1836. Yorks., p. 200, pl. 1, fig. 49-57. Angl., Harrogate, Greenhow hill, Brough, Middleham, Florence-court, Arran.

1011. incrustans, d'Orb., 1847. *Calamopora incrustans*, Phillips, 1836. Yorkshire, p. 200, pl. 1, fig. 63, 64. Angl., Bolland.

1011'. cylindrica, Michelin, 1846. Zoophyt., p. 255, pl. 60, fig. 1. Belgique, Tournay.

ALVEOLITES, Lamarck, 1801. Voy. p. 49.

***1012. confertus**, d'Orb., 1847. *Harmodites confertus*, de Keyserling, 1846. Geognost., p. 172, pl. 8, fig. 3. Russie sept., Sopljussa près de la rivière Petschora.

CHETETES, Fischer, 1837.

1013. septosus, de Keyserling, 1846, p. 183. *Favosites septosus*, Fleming, 1830. Brit. Anim. Phill., 1836, 2, pl. 2, fig. 3-5. Russie sept., Bergkalke, gouv. Nowgorod; Angl., Northumberland, Bristol.

1014. capillaris, de Keyserling, 1846. Geognost., p. 188. *Favosites capillaris*, Phill., 1836. Yorks, vol. mut. L, p. 200, pl. 2, fig. 6-8. Angl., Gordale, Ribblehead; Russie sept., Petschora, mont Timan.

1015. radians, Fischer, Oryc. de Moscou, p. 160, pl. 36, fig. 6. Lonsdale in Murchison, 1845. Russia, p. 595 (pl. A, fig. 9). Russie, Borovitchi, Kaluga.

1016. dilatatus, Fischer, p. 160, pl. 36, fig. 2. Lonsdale in Murchison, 1845. Russia, p. 596. Russie, Borovitchi, Miatchkova.

1017. megastoma, d'Orb., 1847. *Berenicia megastoma*, M'Coy, 1844. Ireland, p. 195, pl. 26, fig. 13. Irlande.

1018. subantiqua, d'Orb. *Orbiculites antiqua*, M'Coy, 1844. Ireland, p. 195, pl. 26, fig. 16 (non *Antiqua*, Sow., 1839). Irlande.

'**1019. Koninckii,** d'Orb., 1847. *Ceriopora favosa*, Descript. foss., p. 2, pl. D, fig. 1 (non Goldfuss, pl. 64, fig. 16). Tournay.

CERIOPORA, Goldfuss, 1826.

'**1020. irregularis,** d'Orb. *Alveolites irregularis* et *scabra*, Koninck, pl. B, fig. 1, 5 et fig. 2. *Alveolites id.*, Michelin, pl. 60, fig. 4. Belgique, Visé, Tournay.

'**1021. funiculina,** d'Orb. *Alveolites id.*, Michelin, 1846. Icon. Zoophyt., p. 26, pl. 60, fig. 5. Belg., Tournay.

'**1022. tumida,** d'Orb., 1847. *Alveolites tumida*, Michelin, 1846, pl. 60, fig. 2. *Calamopora id.*, Phillips, 1829. Belgique, Tournay.

'**1023. subramosa,** d'Orb., 1847. *Ceriopora ramosa*, d'Orb., 1842. Paléont. de l'Amér. mérid., p. 56, pl. 6, fig. 9, 10. (Non Rœmer, 1840.) Amér. mérid., Yarbichambi (Bolivia).

'**1024. inflata,** d'Orb., 1847. *Calamopora inflata*, Koninck, Descr., p. 10, pl. A, fig. 8. Belgique, Visé.

1025. dubia, d'Orb., 1847. *Verticillopora dubia*, M'Coy, 1844. Ireland, p. 194, pl. 27, fig. 12. Irlande.

1026. spicularis, d'Orb., 1847. *Millepora spicularis*, Phill., 1836. Yorks., p. 200, pl. 1, fig. 40, 41, 42. Angl., Whitewell.

1027. suboculata, d'Orb., 1847. *Millepora oculata*, Phillips, 1836. Yorks., p. 200, pl. 1, fig. 43-46. (Non Goldfuss, 1831.) Angl., Whitewell, Florence-court.

1029. rhombifera, d'Orb., 1847. *Millepora rhombifera*, Phillips, 1836. Yorks., p. 199, pl. 1, fig. 34, 35. *Vencularia megastoma*, M'Coy, 1844, p. 198, pl. 27, fig. 10. Angleterre, Bolland; Irlande.

1030. interporosa, d'Orb., 1847. *Millepora interporosa*, Phil., 1836. Yorks, p. 199, pl. 1, fig. 36-39. Angl., Whitewell, Pateley-bridge, Harrogate, Florence-court.

1031. bigemmis, de Keyserling, 1846. Geognost., p. 184, pl. 3, fig. 13, 13 a. Russie sept., affluent du Wol.

1032. dichotoma, d'Orb., 1847. *Vencularia dichotoma*, M'Coy, 1844. Ireland, p. 198, pl. 27, fig. 15. Irlande.

ASTRÆOPORA, M'Coy, 1844. Voy. p. 25.

1033. antiqua, M'Coy, 1844, p. 191, pl. 26, fig. 9. Irlande.

HARMODITES, Fischer.

1034. gracilis, de Keyserling, 1846, p. 173, pl. 3, fig. 4. Russie, affluents du Sopljussa, près Petschora, et rivière Ylytsch.

1035. parallelus, Fisch., 1828. Progr. sur les polyp. foss., p. 23, n° 6. De Keyserling, 1846, p. 173. *Syringopora parallela*, Lonsd., 1845. Russia, p. 591. Russie sept., Sopljussa, près de Petschora.

1036. ramulosus, de Keyserling, 1846. Geognost., p. 174. *Tubipora ramulosa*, Park., 1811. Org. Rem., vol. 2, p. 18, pl. 3, fig. 1. *Syringopora ramulosa*, Goldf., pl. 25, fig. 7. Phill., pl. 2, fig. 1. Russie septent., Sopljussa, Petschora; Anglet., Mendip, Ashfeld.

1037. distans, Fisch., 1828. Progr. sur les polyp., p. 19, n° 1, fig. 1. De Keyserling, 1846, p. 174. *Aulopora intermedia*, Fisch., 1837. Oryct., p. 162, pl. 27, fig. 5. Russie sept., Ylytsch, ouest de l'Oural.

1038. geniculata, d'Orb., 1847. *Syringopora geniculata*, Phillips, 1836. Yorks., p. 201, pl. 2, fig. 1. Angl., Mendip, Ashfeld.

'**1040. strues,** d'Orb., 1847. *Tubipora strues*, Parkinson, 1811. *Harmodites catenatus*, Michelin, p. 82, pl. 16, fig. 2. Koninck, Belgique, pl. B, fig. 4. Belg., Tournay.

1041. reticulata, d'Orb., 1847. *Syringopora reticulata*, Goldf., pl. 25, fig. 8; Mart., pl. 42. Phillips, 1836, p. 201. Angl., Ashford.

AULOPORA, Golfuss, 1830.

'**1043. campanulata,** M'Coy, 1844, p. 190, pl. 26, fig. 15. Irlande.

1044. gigas, M'Coy, 1844, p. 190, pl. 27, fig. 14. Irlande.

FORAMINIFÈRES (D'ORB.).

FUSULINA, Fischer, 1837.

'**1045. cylindrica,** Fischer, 1837. Oryct., p. 126, pl. 18, fig. 1-5. De Keyserling, 1846. Geognost., p. 194. D'Orbig., 1845. Russia and the Ural by Murch., 2, p. 16, pl. 1, fig. 1. Russie sept., Sowia, Belaja, Indiga; États-Unis, Ohio, Flint-bridge.

AMORPHOZOAIRES.

STROMATOPORA, Goldfuss.

1046. subtilis, M'Coy, 1844, p. 194, pl. 27, fig. 9. Irlande.

1047. distans, d'Orb., 1847. *Ceriopora distans*, M'Coy, 1844. Ireland, p. 194, pl. 27, fig. 13. Irlande.

QUATRIÈME ÉTAGE : — PERMIEN.

MOLLUSQUES CÉPHALOPODES.

NAUTILUS, Breynius, 1732. Voy. p. 52.
1. Freieslebeni, Geinitz, 1848. Zechsteing., p. 6, pl. 3, fig. 7. Allemagne. Milbitz et Röpsen, près de Gera, Ilmenau, Tubinge.
ORTHOCERATITES, Breynius, 1732. Voy. p. 2.
2. Geinitzii, d'Orb., 1848. Geinitz, Zechsteing., p. 6, pl. 3, fig. 8. Allem., près de Gera.

MOLLUSQUES GASTÉROPODES.

LOXONEMA, Phillips, 1841. Voy. p. 5.
3. Altenburgensis, d'Orb., 1847. *Turbonilla Altenburgensis*, Geinitz, 1848. Zechsteing., p. 7, pl. 3, fig. 9, 10. Allem., Altenburg.
NATICA, Adanson, 1757. Voy. p. 29.
4. hercynica, Geinitz, 1848. Zechsteing., p. 7, pl. 3, fig. 11, 12, 13. Allem., Herrn, Osterode, Scharzfeld, Sachswerfen (Hartz).
TURBO, Linné. Voy. p. 5.
5. helicinus, d'Orb., 1848. *Trochus helicinus*, Geinitz, 1848. Zechsteing., p. 7, pl. 3, fig. 14. *Trochilites helicinus*, Schloth., 1820, p. 161. Allem., Glücksbrunn, près Seebach (Thuringe).
6. subpusillus, d'Orb., 1848. *Trochus pusillus*, Geinitz, 1848. Zechsteing., p. 7, pl. 3, fig 15, 16 (non *T. pusillus*, Brocch., 1814). Allem., Corbusen, près de Ronneburg, Altenburg.
7. Meyeri, Münst., Goldf., 1844, 3, p. 92, pl. 192, fig. 14. Allem., Glücksbrunn.
PLEUROTOMARIA, Defrance, 1825. Voy. p. 7.
8. Penea, 1845. Vern., de Keys. et Murch., 2, p. 336, pl. 22, fig. 5. Russie, Meteltamak, Cluitziski, Arzamas.
9. antrina, Geinitz, 1848. Zechsteing., p. 7, pl. 3, fig. 19. *Trochilites antrina*, Schloth., Beitrage, p. 32, pl. 7, fig. 6. Gala, p. 95. Allem., Glücksbrunn, Könitz, Asbach et Schmalkalden.
10. Verneuili, Geinitz, 1848. Zechsteing., p. 7, pl. 3, fig. 17, 18. Allem., Corbusen, près Ronneburg, Cosma, près d'Altenburg, et Mühlberg près de Sachswerfen (Harz).
MURCHISONIA, Verneuil et d'Archiac, 1842. Voy. p. 8.

11. subangulata, 1845. Verneuil, de Keys. et Murch., 2, p. 346, pl. 22, fig. 6. Geinitz, 1848, pl. 3, fig. 20. Russie, Nikeforova, Itschalki; Allem., Mühlberg, Harz.
12. biarmica? d'Orb., 1847. *Turritella biarmica*, Kutorga, 1842. Verhandl. Kaiserl., Russie, Saint-Pétersb., p. 28, pl. 6, fig. 3. Russie, gouv. d'Orembourg.

MOLLUSQUES LAMELLIBRANCHES.

ORTHOCONQUES SINUPALLÉALES.

PANOPÆA, Ménard, 1807. D'Orb., Paléont. franç., terr. crét., 3, p. 324.
13. lunulata, Geinitz, 1848. Zechst., p. 8, pl. 3, fig. 21, 22. *Amphidesma lunulata*, de Keyserling, 1846. Geognost., p. 256, pl. 10, fig. 16. Allem., Thieschultz, Gera, Corbusen, près Ronneburg; Russie sept., Uchta, Wymm, Petschora.
LYONSIA, Turton, 1822. Voy. p. 10.
14. dubia, d'Orb., 1848. *Tellinites dubius*, Schloth., 1821. *Schizodus Schlotheimii*, Geinitz, 1848 Zechsteing., p. 8, pl. 3, fig. 23-33 (Exclus Syn., non *Axinus obscurus*, Sow.). Allem., Cosma, Sommeritz, Lehndorf, Zehma près d'Altenburg, Roschütz près de Gera, Könitz, Glücksbrunn, Salzungen, Ahlstedt près de Schlensingen, Altendorf, Zizzendorf.
15. biarmica, d'Orb., 1848. *Solemya biarmica*, Geinitz, 1848. Zechsteing., p. 8, pl. 3, fig. 34. (Non *Solemya biarmica* de Vern.) Allem., Riechelsdorf.
16. Kutorgana, d'Orb., 1847. *Osteodesma id.*, 1845. Verneuil, de Keys. et Murch., 2, p. 295, pl. 19, fig. 9. Russie sept., Pinega.
17. bicarinata, d'Orb., 1847. *Cypricardia bicarinata*, de Keyserling. 1846, p. 257, pl. 10, fig. 17. Russie sept., Kischerma.
PERIPLOMA, Schumacher, 1817. D'Orb., Paléont. franç., terr. crét., 3, p. 379.
18. biarmica, d'Orb., 1847. *Solemya id.*, Verneuil, de Keyser. et Murch., 1845, p. 294, pl. 19, fig. 4. Russie sept., Kniazpavlova, Kircem de Wel près de Kischerma.
LEDA, Schum., 1817. Voy. p. 11.
19. Kasanensis, d'Orb., 1847. *Nucula id.*, Verneuil, 1845. De Keys. et Murch., 2, p. 312, pl. 19, fig. 14. Russie, Sviask près de Kazan.
20. parunculus, d'Orb., 1847. *Nucula parunculus*, de Keyserling, 1846. Geognost., p. 261, pl. 14, fig. 3, Russie sept.
21. speluncaria, d'Orb., 1847. *Nucula speluncaria*, Geinitz, 1848. Zechsteing., p. 9, pl. 4, fig. 6. Allem., Katzenstein (Hartz).

ORTHOCONQUES INTÉGROPALLÉALES (D'ORB.).

CARDINIA, Agassiz, 1838. Voy. p.
22. umbonata, d'Orb. *Unio id.*, Fischer, 1840. Verneuil, de Keys.

et Murch., 1845. Russie, 2, p. 306, pl. 19, fig. 10. Russie, Nijni-Troisk.

LUCINA, Bruguière, 1791. Voy. p. 32.

23. minutissima, d'Orb., 1847. *Cardiomorpha minuta*, de Keyserling, 1846. Geognost., p. 256, pl. 10, fig. 13. (Non Desh. 1824.) Russie sept., Kischerma.

24. Rossica? d'Orb., 1847. *Schizodus Rossicus*, 1845. Vern., de Keys. et Murchis., Russie, 2, p. 309, pl. 19, fig. 7, 8. Russie, Itschalki sur le Piana, à l'E. d'Arzamas, Cluitziski sur le Volga, au-dessous de Kasan, à Kleveline, sur le Teheremsham, à Kischerma.

NUCULA, Lamarck, 1801. Voy. p. 12.

25. Wymmensis, de Keyserl., 1846. Geognost., p. 261, pl. 14, fig. 4. Russie sept.

ARCA, Linné, 1758. Voy. p. 13.

26. Kingiana, 1845. Verneuil, de Keys. et Murchis., 2, p. 313, pl. 19. fig. 11. (Non Geinitz, Zechs., p. 9, pl. 4, fig. 8.) Russie, Iltchegulova, Wymm.

27. antiqua, Münst., Goldf., 1838, 2, p. 145, pl. 122, fig. 8. Allem., Glücksbrunn.

28. tumida, Sowerby, 1824. Min. Conch., 4, p. 116, pl. 473, fig. 4. Angl., Durham, Humbleton, Tunstal-hill près de Sunderland.

29. subtumida, d'Orb., 1848. *Arca tumida*, Geinitz, 1848. Zechsteing., p. 9, pl. 4, fig. 7 (non *Tumida*, Sowerby; exclus Synonym.). Allem., Pössneck, Glücksbrunn, Waterberg (Thüringen).

30. Permiana, d'Orb., 1848. *Arca Kingiana*, Geinitz, 1848. Zechsteing., p. 9, pl. 4, fig. 8. (Non de Vern., Géol. de la Russie d'Europe, p. 313. pl. 19, fig. 11. Elle est plus carrée à l'extrémité anale.) Allem., Könitz près de Saalfeld (Thuringe).

MYOCONCHA, Sow., 1824. D'Orb., Paléont. franç., terrains crétacés, 3, p. 259.

31. Pallasi, d'Orb., 1847. *Mytilus id.*, 1845. Verneuil, de Keys. et Murch., 2, p. 316, pl. 19, fig. 16. Russie, Arzamas, Ustlon, Itschalki, rivière Uchta, partie septentrionale.

32. simpla, d'Orb., 1847. *Modiola simpla*, Keyserl., 1846. Geognost., p. 260, pl. 10, fig. 22, pl. 14, fig. 1. Russie sept., Wel près Kischerma.

33. Murchisoni, d'Orb., 1848. *Cardita Murchisoni*, Geinitz, 1848. Zechsteing., p. 9, pl. 4, fig. 1-5 (Exclus. Synonymie toute fausse). Allem., Schwaara près Gera, Corbusen près Ronneburg, Kamsdorf, Osterode.

MYTILUS, Linné, 1758. Voy. p. 82.

34. Hausmanni, Goldfuss, 1837, pl. 138, fig. 4. De Keyserl., 1846. Geognost., p. 260, pl. 14, fig. 2. Geinitz, 1848. Zechsteing., p. 9, pl. 4, fig. 9-15. *Modiola acuminata*, Sow., 1829. Geol. Trans., 2e sér., vol. 3, p. 119 (non Schloth., 1821). Russie sept., Wel près de Kischerma; Allem., Cosma et Lehndorf près d'Altenburg, Mühlberg près de Sachswerfen.

AVICULA, Klein, 1753. Voy. p. 13.

35. antiquata, d'Orb., 1847. *A. antiqua*, Münster, Goldf., pl. 116, fig. 7, 1836. Verneuil, de Keys. et Murchis., 1845, 2, p. 319, pl. 20, fig. 13. Russie, Tioplova, Itschalki, Gluitziski, Pinega, Barnoukova, Wytschegda; Allem., Glücksbrunn.

36. Kazanensis, 1845. Verneuil, de Keys. et Murchis., 2, p. 320, pl 20, fig 14. Russie, près de Kazan, Sergieisk, rivière Uchta.

37. ceratophaga, Schloth., Gold., 1838, 2, p. 126, pl. 116, fig. 6. *Gervilia ceratophaga*, Geinitz, 1848, pl. 4, fig. 16, 17. Allem., Glücksbrunn (Thuringe), Altendorf, Zizzendorf près de Pössneck, Könitz.

38. Keyserlingii, d'Orb., 1847. *A. impressa*, de Keyserl., 1846. Geognost., p. 249, pl. 10, fig. 10 (non Münster, 1841). Russie sept., Kischerma sur la Wel.

39. arcana, de Keyserl., 1846. Geognost., p. 250, pl. 10, fig. 19. Russie sept., Wol, Wytschegda.

40. speluncaria, de Keyserl., 1846. Geognost., p. 248. Geinitz, 1848. Zechst., p. 10, pl. 4, fig. 18, 19. Russie sept., Ust-Ioschuga, Pinega; Allem., Corbusen près de Ronneburg, Könitz, Altenstein, près de Thal.

41. lorata, de Keyserl., 1846. Geognost., p. 248, pl. 10, fig. 11. Russie sept., Kischerma.

42. Permiana, d'Orb., 1847. *A. Kasanensis*, Geinitz, 1848. Zechsteing., p. 10, pl. 4, fig. 20, 21 (Non de Vern., Géol. de la Russie d'Europe, p. 320, pl. 20, fig. 14; elle est beaucoup plus courte que l'espèce de M. de Verneuil). Allem., Corbusen et Pössneck.

PECTEN, Gualtieri, 1742. Voy. p. 87.

43. Kokcharofi, 1845. Verneuil, de Keys. et Murchis., 2, p. 325, pl. 20, fig. 16. Keyserl., 1846, pl. 10, fig. 9. Russie, Sehrdrova, Wytschegda et Myldina.

44. pusillus, Münst., Goldf., 1836, 2, p. 72, pl. 98, fig. 8. Geinitz, 1848. Zechst., pl. 4, fig. 22. *Pleuronites pusillus*, Schloth. Allem., Glücksbrunn, Liebenstein.

45. sericeus, de Keyserl., 1846. Geognost., p. 246, pl. 10, fig. 12. *Avicula sericea*, Vern., 1845, etc. Russie, pl. 20, fig. 15. Russie sept., Uchta, Wymm, Wel près de Kischerma, environs de Kazan.

OSTREA, Linné, 1758. D'Orb., Paléont. franç., terr. crétacés, 3, p. 692.

46. matercula, 1845. Verneuil, de Keys. et Murchis., 2, p. 330, pl. 21, fig. 13. Russie, Itschalki.

MOLLUSQUES BRACHIOPODES.

LINGULA, Bruguière, 1791. Voy. p. 14.

47. Credneri, Geinitz, 1848. Zechs., p. 11, pl. 3, fig. 23, 24. Allem., Corbusen, Cosma, Ilmenau.

PRODUCTUS, Sowerby, 1812.

48. hemisphæricum, Kutorga, 1844. Koninck, Prod., p. 153, pl. 6, fig. 1. Russie, des bords de l'Isak, affluent de la Dioma (Orenbourg), bord de la Pinega près de Ust-Ioschuga.

49. Leplayi, de Vern., 1845; de Koninck, Prod., p. 178, pl. 7, fig. 2. Russie, Bielagorskaia, Backmout, sur la route de Lissischansk à Saint-Pétersbourg ; Nijnei,Irginsk, sur le flanc ouest de l'Oural ; Spitzberg, rade de Bell-sound ; Allem., Milbitz près de Géra.

50. Cancrini, Murch., de Vern., 1845. Koninck, Prod., p. 208, pl. 11, fig. 3. Bell-sound au Spitzberg ; Russie, Kischerma sur le Wel (Wologda), bords de l'Ouchta, affluent du Wym ; Chidrova, près l'embouch. de la Waga dans la Dwina ; envir. d'Arzamas, Kniaspavlova, chemin d'Itschaiki à Barnoukova, Sviask, Cluitziski sur le Volga, près de Kazan ; à Tchistopol et à Jelabuga, vers l'embouch. de la Kama ; entre l'Ufa, la Kama et la Volga ; Nikefura ou Nikiforova ; Iltchigulova, Meteftamack, Soutangubei, Sergieisk à l'est de Samara ; Grebeni près d'Orenbourg, Ust-Ioschuga sur la Pinega ; Allemagne, près de Gera à Milbitz, Corbusen près de Ronneburg.

51. horridus, Sow., 1823. Koninck, Prod., p. 266, pl. 15, fig. 1. Allem., Könitz, entre Bucha et Gosswitz ; Græfenheim, Schmerbach près de Gotha envir. de Géra, Röpsen, Schwaar, Corbusen près Ronnebourg ; en Silésie, à Laubau sur la Queis ; Glücksbrunn (Thuringe), Büdingen (Wetteravie) ; Anglet., Bredon (Derbyshire), Humbleton, Middleridge et Nosterfield ; Bell-sound au Spitzberg.

52. spiniferus, King, 1845. Koninck, Prod., p. 212. Angl. Humbleton.

53. Goldfussi, Koninck, 1847. Product., p. 257, pl. 11, fig. 4, et pl. 15, fig. 4. *Orthis Goldfussii*, Geinitz, 1848, p. 14, pl. 5, fig. 27-33. Allem., Milbitz et Ropsen, Gera, Corbusen près de Ronneburg.

54. horrescens, de Vern., 1845. Koninck, Prod., p. 259, pl. 15, fig. 6. Russie, Sautangulova, district de Bielebei, Nikifur sur la Dioma (Orembourg) ; Ust-Vaga, au sud d'Archangel, près Krasnoborsk ; Kirma sur le Wel ; Kirilof, entre Vitegra et Wologda.

55. Lewisianus, de Koninck, 1847. Prod., p. 262, pl. 15, fig. 5. *Orthis excavatus*, Gein., 1848. Zechst., p. 14, pl. 5, fig. 35-40, pl. 6, fig. 20-23. Anglet., Humbleton ; Allem., Géra.

56. Morisianus, Verneuil, 1845. Koninck, Productus, p. 264. Anglet., Humbleton.

57. Geinitzianus, de Koninck, 1847. Prod., p. 264, pl. 15, fig. 3. Allem.. Milbitz, Könitz ; Spitzberg, Bell-sound.

CHONETES, Fischer, 1837.

58. subvariolata, Koninck, 1848. Monog., 1re part., p. 206, pl. 19, fig. 5, pl. 20, fig. 2 (exclus Syn.). Oural, Bielozeskaia.

ORTHIS, Dalman, 1827. Voy. p. 17.

59. Wangenhemi, Vern. et de Keys., p. 194, pl. 11, fig. 5. Russ., Grebeni, au nord d'Orembourg.

60. pelargonata, Geinitz, 1848. Zechs., p. 13, pl. 5, fig. 11-15. *Terebratulites pelargonata*, Schloth., Petref., p. 275 ; Beitr. zur Naturg., p. 28, pl. 8, fig. 21-24. *O. Lapsii*, Buch, Delth., p. 62 ; Geinitz, Grundr., p. 517, pl. 22, fig. 6. Röpsen près Géra, Corbusen, près Ronneburg ; Schmerbach, près Gotha ; Könitz, Altenstein.

RHYNCHONELLA, Fischer, 1827. Voy. p. 92.

61. Geinitziana, d'Orb., 1847. *Terebratula Geinitziana*, Vern. et de Keys., 1845, p. 83, pl. 10, fig. 5. Geinitz, Zechst., pl. 4, fig. 41, 42. Russie, Schidrova, près de l'embouch. de la Vaga (Dvina) ; rivières Uchta et Wym.

62. Schlotheimii, d'Orb., 1847. *Ter. id.*, de Buch, 1834. Mém. de la Soc. géol., 3, p. 138, pl. 14, fig. 7. Geinitz, 1848. Zechst., p. 12, pl. 4, fig. 43-50. Anglet., Yorkshire, Spitzberg; Allem., Meiningen, Glücksbrunn, Liebenstein.

ATRYPA, Dalman, 1828. Voy. p. 19.

63. superstes, d'Orb., 1847. *Ter. idem.*, Vern. et de Keys., 1845, p. 104, pl. 8, fig. 5. Geinitz, 1848. Zechst., p. 12, pl. 4, fig. 51, 52. Russie, Kirilof; Allem., Könitz, près de Saalfeld.

CYRTHIA, Dalman, 1828. Voy. p. 41.

64. cristata, d'Orb., 1847. *Terebratul. cristatus*, Schl. *Spirifer cristatus*, de Buch., Mém. de la Soc. géol., 4, pl. 8, fig. 9. Allem., Glücksbrunn, près Meiningen; Anglet., Humbleton-hill, près Sunderland.

SPIRIFER, Sowerby, 1820. Voy. p. 20.

65. Blasii, Vern., 1845, p. 168, pl. 6, fig. 9. Russie, Kirilof.

66. curvirostris, Vern., 1845, p. 172, pl. 6, fig. 14. Russie, Kirilof.

67. alatus, de Koninck. *Terebratula alatus*, Schlotheim, 1820. *Spirifer undulatus*, Sow., 1827. Min., 6, p. 119, pl. 562, fig. 1. Geinitz, Zechst., p. 13, pl. 5, fig. 1-8. Anglet., Humbleton, Spitzberg.

68. Schrinkii, de Keyserling, 1846. Geognost., p. 234. Russ. sept., Wytschegda.

69. rugulatus, Kutorga, 1842. Verhandlungen Kaiserl., Russie, Saint-Pétersbourg, p. 22, pl. 5, fig. 5. Russie, gouv. d'Orembourg.

SPIRIGERA, d'Orb., 1847. Voy. p. 43.

70. pectinifera, d'Orb., 1847. *Atrypa pectinifera*, Sow., 1840. *Terebratula pectinifera*, Vern., Russie, pl. 8, fig. 12. Geinitz, Zech., p. 11, pl. 4, fig. 37-40. Russie, environs de Kirilof, Tioplova, à l'O. d'Arzamas; Bielebei, sur la rivière de Wol; Kischèrma, Wym et Seregof; Allem., Milbitz, près de Géra.

TEREBRATULA, Lwyd, 1699. Voy. p. 43.

71. subelongata, d'Orb., 1847. *T. elongata*, Geinitz, 1848. Zechst., p. 4, pl. 4, fig. 27-36. (Non Schloth., 1814.) Vern. et de Keys., p. 66, pl. 9, fig. 9. Russie, Bielebei, Wytschegda, Ustnem, Myldina.

72. sufflata, Schloth., Mém. de l'Acad. des sc. de Bavière, 1817, pl. 7, fig. 10. Allem., Meiningen, Corbusen, près Ronneburg; Röpsen, Milbitz, près Géra, Könitz, près Saalfeld, Pössneck, Liebenstein, Glücksbrunn.

73. Qualenii, Fisch., Kutorga, 1842. Verhandl. Kaiserl., Saint-Pétersb., p. 26, pl. 6, fig. 2. Russie, gouvern. d'Orembourg.

ORBICULOIDEA, d'Orb., 1847. Voy. p. 44.

74. Koninckii, d'Orb., 1847. *Orbicula Koninckii*, Geinitz, 1848. Zechsteing., p. 11, pl. 4, fig. 25, 26. Allem., Ilmenau, Corbusen.

MOLLUSQUES BRYOZOAIRES.

FENESTRELLA, Lonsdale. Voy. p. 44.

75. Geinitzii, d'Orb., 1848. *F. antiqua*, Geinitz, 1848. Zechst., p. 18, pl. 7, fig. 14, 15. (Non *Gorgonia antiqua*, Goldf., Pet. Germ., 1, p. 99, pl. 36, fig. 3, ou seulement une partie.) Allem., Corbusen in Ronneburg, Milbitz près Géra, Glücksbrunn.

KERATOPHYTES, Schlotheim, 1820. Ce sont des *Fenestrella* qui ont plus de deux rangées de cellules.

76. retiformis, Schloth., Petref., p. 342. Beitr. z. Naturg. de Verst. in Geogn. hins., p. 17, pl. 1, fig. 1, 2. *Fenestrella retiformis*, Geinitz, 1848. Zechsteing., p. 17, pl. 7, fig. 11, 12, 13. *Gorgonia infundibuliformis*, Goldf., Petref. Germ., 1, p. 20, pl. 10, fig. 1, p. 98, pl. 36, fig. 2. Allem., Thuringen, Altenburg, près Pössneck, Könitz, Liebenstein, Glücksbrunn; Russie, Kniaspavlova, près Arzamas.

RETEPORA, Lamarck. Voy. p. 100.

77. Ehrenbergi, d'Orb., 1848. *Fenestrella Ehrenbergi*, Geinitz, 1848. Zechst., p. 18, pl. 7, fig. 16, 17, 18. *Gorgonia Ehr.*, Gein., Grundr. de Verst., p. 585, pl. 23, fig. 12. All., Corbusen et Milbitz, Glücksbrunn.

PENNIRETEPORA, d'Orb., 1847. Voy. p. 45.

78. dubia, d'Orb., 1847. *Keratophytes dubius*, Schloth., 1820, pl. 2, fig. 4, pl. 4, fig. 16, 17. *Fenestrella anceps*, Geinitz, 1848. Zechst., p. 18, pl. 7, fig. 19-21 (exclus. fig. 22, 23). *Gorgonia anceps*, Goldf., Petr. Germ., 1, p. 98, pl. 36, fig. 1. Allem., Corbusen près Ronneburg, Milbitz, près Géra.

79. Geinitzii, d'Orb., 1848. *Fenestrella anceps*, Geinitz, 1848, pl. 7, fig. 23. (Exclus. fig. 19-22, 23, bien différente des autres figures. Allem., Corbusen près Ronneburg.

POLYPORA, M'Coy, 1844. Voy. p. 45.

80. biarmica, de Keyserling, 1846. Geognost., p. 191, pl. 3, fig. 10. Russie sept., Wytschegda.

ICHTHYORACHIS, M'Coy, 1844. Voy. p. 101.

81. anceps, d'Orb. *Gorgonia anceps*, Goldfuss, pl. 36, fig. 1. (Non Linné). Allem., Glücksbrunn.

82. Geinitzii, d'Orb., 1848. *Fenestrella anceps*, Geinitz, 1848. Zech., p. 18, pl. 7, fig. 22. (Exclus. fig. 19-21, 23.) Allem., Corbusen près de Ronneburg et de Géra. (Il n'est pas certain que ce soit la même espèce que l'*anceps* n° 81).

ANIMAUX RAYONNÉS.

ÉCHINODERMES ÉCHINIDES.

CIDARIS, Lamarck.

83. Keyserlingi, Geinitz, 1848. Zechst., p. 16, pl. 7, fig. 1, 2. Allem., Corbusen.

ZOOPHYTES.

CYATHOPHYLLUM, Goldfuss, 1830.

84. profundum? Geinitz, 1842. Jahrb., pl. 10, fig. 14. Zechs., p. 17, pl. 7, fig. 7. Allem., Ilmenau et Eisleben.

CHÆTETES, Fischer, 1837.

85. crassa, d'Orb., 1847. *Stenopora crassa*, Lonsdale, de Keyserling, 1846. Geognost., p. 183. Lonsd. 1845. Russia, vol. 1, p. 633, pl. A, fig. 12. Russie sept., Pinega, Ust-Vaga.

86. Tasmanensis, d'Orb., 1847. *Stenopora Tasmanensis*, Lonsdale. Tasmanie.

87. spinigera, d'Orb., 1847. *Stenopora spinigera*, Lonsdale, 1845. In Murch. Russie, 1, p. 632, pl. A, fig. 11. Russie, Oural.

88. Mackrothi, d'Orb., 1848. *Stenopora Mackrothi*, Geinitz, 1848. Zechst., p. 17, pl. 7, fig. 8-10, 29. *Calamopora Mackr.*, Gein., Grundr. d. Verst., p. 582. Allem., Milbitz près Géra.

89. producti, d'Orb., 1848. *Alveolites producti*, Geinitz, 1848. Zech., p. 19, pl. 7, fig. 28, 30, 31. (Exclus fig. 29.) Corbusen in Altenburgischen.

90. dubium, d'Orb., 1847. *Coscinium dubium*, Geinitz, 1848. Zechst., p. 19, pl. 7, fig. 24, 27. Allem., Corbusen, Milbitz, Liebenstein, Glücksbrunn.

CERIOPORA, Goldfuss.

91. submilleporacea, d'Orb., 1847. *C. milleporacea*, Kutorga, 1842. Verhandl. Kaiserl., Russie, Saint-Pétersb., p. 28, pl. 6, fig. 5. (Non Goldfuss, 1831.) Russie, gouvern. d'Orembourg.

TERRAINS TRIASIQUES.

CINQUIÈME ÉTAGE : — CONCHYLIEN.

MOLLUSQUES CÉPHALOPODES.

CONCHORHYNCHUS, Blainville, 1827. D'Orb., Paléont. univ., Moll. viv. et foss., p. 587.

* **1. avirostris,** Bronn; d'Orb., Paléont. univ., pl. 78, terr. paléoz., pl. 1. France, Rehainviller, près de Lunéville (Meurthe); Bavière, Laineck, près de Bayreuth; Wurtemberg, Meinegen, Willingen.

2. duplicatus, d'Orb., Paléont. univ., pl. 78; terr. paléoz., pl. 1. Bavière, Laineck, près de Bayreuth.

NAUTILUS, Breynius, 1732. Voy. p. 54.

* **3. arietis,** Reineike, 1818. D'Orb., Paléont. univ., pl. 106. *N. Bidorsatus*, Schl., 1821. France, Lunéville; le Cas, près du Beausset (Var); Wurtemberg, Willingen.

CERATITES, de Haan, 1825. Ce sont des Ammonites dont les lobes des cloisons ne sont pas divisés en rameaux.

4. Bogdoanus, d'Orb., 1847. *Amm. idem*, de Buch. Expl. de 2 planches d'Amm., pl. 2, fig. 2. Russie, mont Bogdo, steppes d'Astrakan.

* **5. nodosus,** Haan, 1825, Amm. et Goniat. *Ammonites nodosus*, Bruguière, 1789. Zieten, pl. 2, fig. 1. France, Lunéville (Vosges); Allem., Irschara, Campillberge, etc., etc.

6. enodis, d'Orb., 1847. *Ammonites enodis*, Quinstedt, 1846. Petref., p. 70, pl. 3, fig. 15. Allemagne.

7. Hedenstromi, Keyserling, 1845. Beschreibung einiger von Middendorff, p. 7, pl. 2, fig. 5-7, et pl. 3, fig. 1-6. Russie, nord de la Sibérie.

8. Middendorffi, Keyserling, 1845. Beschreib., p. 11, pl. 1, pl. 2, fig. 1-4. Russie, Sibérie.

9. euomphalus, Keyserling, 1845. Beschreib., p. 14, pl. 3, fig. 7-10. Russie, Sibérie.

10. Eichwaldi, Keyserling, 1845. Beschreib., p. 16, pl. 3, fig. 11-14. Russie, Sibérie.

* **11. Geinitzii,** d'Orb., 1847. Espèce à tours entièrement découverts, pourvus de deux pointes externes dans le jeune âge, mais lisses en-

suite et comprimés. Allem., Irschara, Campillbergo. (Espèce envoyée par M. Geinitz sous le nom de *Nodosus*.)

MOLLUSQUES GASTÉROPODES.

CHEMNITZIA, d'Orb., 1839. Nous plaçons sous ce nom les soi-disant Mélanies marines, sans plis sur la columelle.

12. scalata, d'Orb., 1847. *Turritellites scalatus,* Bronn, 1837. Leth. geog., pl. 11, fig. 14. *Strombus scalatus,* Schloth., pl. 32, fig. 10.

13. obliterata, d'Orb., 1847. *Turritella obliterata,* Goldf., 1844, 3, p. 106, pl. 196, fig. 14. France, Lunéville; Allem., Rüdersdorf.

14. dubia, d'Orb., 1847. *Turbinites dubius,* Bronn, 1837. Leth. geog., pl. 11, fig. 15. Allemagne.

LOXONEMA, Phillips, 1841. Voy. p. 5.

***15. Potosensis,** d'Orb., 1847. *Chemnitzia Potosensis,* d'Orb., 1842. Paléont. de l'Amér. mérid., p. 60, pl. 6, fig. 1-3. Santa-Lucia, près de Potosi (Bolivia).

16. obsoleta, d'Orb., 1847. *Turritella obsoleta,* Zieten, 1830. Wurtemb., p. 47, pl. 36, fig. 1. *Buccinus obsoletus,* Schloth., 1822, p. 108, pl. 32, fig. 8 (non Goldfuss). Wurtemberg, Dietersweiler, près Freudenstadt, Friedrichshall.

***17. Hehlii,** d'Orb., 1847. *Fusus Hehlii,* Zieten, 1830. Wurtemb., p. 47, pl. 36, fig. 2. Wurtemberg, Böblingen, Vicentin.

***18. Lebrunii,** d'Orb., 1847. Espèce lisse comme le *L. obsoleta,* mais à spire plus allongée. France, environs de Lunéville (Meurthe).

NATICA, Adanson, 1757. Voy. p. 29.

***20. Gaillardoti,** Voltz, Zieten, 1830. Wurtemb., p. 43, pl. 32, fig. 7. France, Lunéville (Meurthe); Wurtemberg, près de Rottweil.

21. pulla, Goldf., Zieten, 1830. Wurtemb., p. 43, pl. 32, fig. 8, près d'Horgen.

NERITOPSIS, Sowerby. D'Orb., Paléont. franç., terr. crét., 2, p. 174.

22. subcancellata, d'Orb., 1847. *Nerita cancellata,* Zieten, 1830. Wurtemb., p. 44, pl. 32, fig. 9 (non Sow., 1836). Wurtemberg.

PHASIANELLA, Lamarck, 1804. Voy. p. 67.

23. Menkei, d'Orb., 1847. *Turbo Menkei,* Münst., Goldf., 1844, 3, p. 93, pl. 193, fig. 1. Allem., Hessischen.

TURBO, Linné. Voy. p. 5.

24. Albertinus, d'Orb., 1847. *Trochus Albertinus,* Goldf., Zieten, 1830. Wurtemb., p. 91, pl. 63, fig. 5, et sup., pl. 34. Rottweil.

25. gregarius, Schloth., Goldf., 1844, 3, p. 93, pl. 193, fig. 3. *Buccinites gregarius,* Schloth., pl. 3, fig. 6. Allem., Laineck, Rüdersdorf.

26. Goldfussii, d'Orb., 1847. *Trochus Hausmanni,* Goldf., 1843, 3, p. 52, pl. 178, fig. 12. (Non *Hausmani,* pl. 193, fig. 4.) Allemagne, Braunschweig.

27. helicites, Münst., Goldf., 1844, 3, p. 93, pl. 193, fig. 2. Allem., Laineck (Baireuthischen).

28. Hausmanni, Goldf., 1844, 3, p. 93, pl. 193, fig. 4. Allemagne, Göttingen.

CAPULUS, Monfort, 1810. Voy. p. 31.

29. mitratus, d'Orb., 1847. *Patella mitrata*, Schloth., 1822. Næcht., pl. 32, fig. 5. Allemagne.

HELCION, Monfort, 1810. Voy. p. 9.

30. subaciculata, d'Orb., 1847. *Patella subaciculata*, Münst., Goldf., 1843, 3, p. 6, pl. 167, fig. 6. Allem., Baireuth.

31. discoides, d'Orb., 1847. *Patella discoides*, Schloth., 1822. Næcht., pl. 32, fig. 4. Allemagne.

DENTALIUM, Linné, 1740. Voy. p. 73.

32. læve, Schloth., Goldf., 1843, 3, p. 2, pl. 166, fig. 4. Baireuth.

MOLLUSQUES LAMELLIBRANCHES.

PANOPÆA, Ménard, 1807. D'Orb., Paléont. franç., terr. crét., 3, p. 324.

33. musculoides, d'Orb., 1847. *Myacites musculoides*, Schl. Goldf., 1839, 2, p. 259, pl. 153, fig. 10. Zieten, pl. 71, fig. 5. Allem., Brindloch, Weimar; Wurtemberg, Marbach, près de Willingen.

* **34. ventricosa,** d'Orb., 1847. *Myacites ventricosus*, Schl. Goldf., 1839, 2, p. 260, pl. 153, fig. 11. Zieten, pl. 64, fig. 3. Schloth., pl. 33, fig. 2. France, Mortagne (Meurthe), Le Beausset (Var); Allemagne, Brindloch, Weimar, Wurtemberg, Dietersweiler, Freudenstadt.

***35. elongatissima,** d'Orb., 1847. *Myacites elongatus*, Schl. Goldf., 1839, 2, p. 260, pl. 153, fig. 12 (non *Elongatus*, Rœmer, 1836). France, Mortagne, près de Nancy (Meurthe); Allem., Brindloch et Weimar.

36. mactroides, d'Orb., 1847. *Myacites mactroides*, Schl. Goldf., 1839, 2, p. 260, pl. 154, fig. 1. Allem., Brindloch; Wurtemberg, Marbach, près Villingen.

37. grandis, d'Orb., 1847. *Myacites grandis*, Münst., Goldf., 1839, 2, p. 261, pl. 154, fig. 2. Leineck (Baireuthischen).

38. obtusa, d'Orb., 1847. *Myacites obtusus*, Goldf., 1839, 2, p. 261, pl. 154, fig. 4. Allem., Leineck, Marbach.

* **39. subæquivalvis,** d'Orb., 1847. *Arcomya inæquivalvis*, Agass., 1844. Etud. crit., p. 176, pl. 9, fig. 1-9 (non *Æquivalvis*, d'Orb., 1844). Wurtemberg, Dietersweiler.

LYONSIA, Turton, 1822. Voy. p. 10.

40. Albertii, d'Orb., 1847. *Myacites Albertii*, Voltz., Goldf., 1839, 2, p. 261, pl. 154, fig. 3. Allem., Saltzbad, Ats.

LEDA, Schumacher, 1817. Voy. p. 11.

41. speciosa, d'Orb., 1847. *Nucula speciosa*, Münst., Goldf., 1838, 2, p. 152, pl. 124, fig. 10. Allem., Baireuth.

42. excavata, d'Orb., 1847. *Nucula excavata*, Münst., Goldf., 1838, 2, p. 153. pl. 124, fig. 14. Allem., Leineck.

CYPRINA, Lamarck, 1811. *Arctica*, Schumacher, 1817. D'Orb., Paléont. franç., terr. crét., 3, p. 96.

43. donacina? d'Orb., 1847. *Venus donacina*, Schl. Goldf., 1839, 2, p. 242, pl. 150, fig. 3. Allem., Gotha.

44. nuda? d'Orb., 1847. *Venus nuda*, Goldf., Zieten, 1830. Wurtemb., p. 94, pl. 71, fig. 3. Marbach, près Villingen.

CYPRICARDIA, Lamarck, 1801.

* **45. dubia**, d'Orb., 1847. *Corbula dubia*, Münst., Goldf., 1839, 2, p. 250, pl. 151, fig. 13. France, Montauville (Meurthe); Allem., Gegend, Iena.

* **46. incrassata**, d'Orb., 1847. *Nucula incrassata*, Münst., Goldf., 1838, 2, p. 152, pl. 124, fig. 11. France, Montauville, Sainte-Anne (Meurthe); Allem., Baireuth.

47. gregaria, d'Orb., 1847. *Nucula gregaria*, Münst., Gold., 1838, 2, p. 152, pl. 124, fig. 12. Allem., Brindloch, Leineck.

48. cardissoides, d'Orb., 1847. *Myophoria cardissoides*, Alberti, p. 55. Bronn. *Lirodon deltoideum*, Goldf., 1839, 2, p. 197, pl. 135, fig. 13. Sulzbad, Billigheim, Heidelberg.

CARDINIA, Agassiz, 1838. Voy. p. 82.

49. Lebrunii, d'Orb., 1847. Espèce allongée, lisse. France, Rehainviller (Meurthe).

MYOPHORIA, Bronn, 1835. Ce sont des Trigonies dont la charnière n'a pas de stries transverses.

50. Kefersteinii, d'Orb., 1847. *Lirodon Kefersteinii*, Münster, Goldf., 1839, 2, p. 199, pl. 136, fig. 2. Allem., Raibel en Kærnthen.

* **51. Goldfussii**, Alberti. *Lirodon Goldfusii*, Goldf., 1839, 2, p. 199, pl. 136, fig. 3. Zieten, pl. 71, fig. 1. France, Montauville, près de Lunéville (Meurthe); Allem., Hall, Dürheim, Halsfurth; Wurtemberg, Marbach, près de Villingen.

52. orbicularis, Bronn, 1847. Lethea geog., pl. 13, fig. 11. *Lirodon orbiculare*, Goldf., 1839, 2, p. 196, pl. 135, fig. 10. Allem., Culmbach, Heidelberg.

* **53. trigona**, d'Orb., 1847. *Mactra trigona*, Alberti, Zieten, 1830, pl. 71, fig. 4. *Lirodon ovatum*, Gold., 1839, 2, p. 196, pl. 135, fig 11. France, Lunéville (Meurthe); Allem., Villingen, Würtemb., Brandenburg.

54. lævigata, Bronn, 1837. Leth. geog., p. 173. *Lirodon lævigatum*, Golf., 1839, 2, p. 197, pl. 135, fig. 12. Zieten. *Trigonia lævigata*, Zieten, 1830, p. 94, pl. 71, fig. 2. Wurtl., Villingen, Dürheim, Wurtemberg, Marbach, près de Villingen.

55. vulgaris, Bronn, 1837. *Trigonellites vulgaris*, Schloth., Zieten, 1830. Wurtemb., p. 78, pl. 58, fig. 2. Schl. supplém., pl. 36, fig. 5. *Lirodon vulgare*, Goldf., pl. 135, fig. 16. Wurtemberg, Schmieden, près de Caunstadt, Bindloch, Rüdersdorf.

* **56. simplex**, d'Orb., 1847. *Lirodon simplex*, Goldf., 1839, 2, p. 197, pl. 135, fig. 14. France, Sainte-Anne, Blamont, Mortagne, près de Lunéville (Meurthe); Allem., Bindloch, Bühlingen.

* **57. curvirostris**, Alberti, p. 78. Bronn, Leth., pl. 11, fig. 6. *Lirodon curvirostris*, Goldf., 1839, 2, p. 197, pl. 135, fig. 15. France, Le Cas, près du Beausset (Var); Allem., Bindloch, Rüdersdorf.

58. cardissoides, d'Orb., 1847. *Trigonia cardissoides*, Goldf., Zieten, 1830. Wurtemb., p. 78, pl. 58, fig. 4. Wurtemberg, Dietersweiler, Horgen, vers la source du Neckar.

59. pes anseris, Bronn, 1837. Leth. geog., p. 172, pl. 11, fig. 8.

Lirodon pes anseris, Goldf., 1839, 2, p. 199, pl. 136, fig. 1. Allem.

NUCULA, Lamarck, 1801. Voy. p. 12.

60. Ulysses, d'Orb., 1847. *N. cuneata*, Münst., Goldf., 1838, 2, p. 153, pl. 124, fig. 15 (non Phillips, 1835). Allem., Leineck.

61. Goldfussi, Alberti, Goldf., 1838, 2, p. 152, pl. 124, fig. 13. Allem., Leineck, Rothenburg, Villingendorf.

ARCA, Linné, 1758. Voy. p. 13.

62. minutissima, d'Orb., 1847. *A. minuta*, Goldf., 1838, 2, p. 145, pl. 122, fig. 9 (non Gmelin, 1789). Villingen.

63. Triasina, d'Orb., 1847. *A. inæquivalvis*, Zieten, 1830. Wurtemb., p. 94, pl. 70, fig. 3. Sup., pl. 54 (non Linné). Freudenstadt.

PINNA, Linné, 1758. Voy. p. 135.

64. prisca, Münst., Goldf., 1838, 2, p. 164, pl. 127, fig. 2. Allem., Würzburg.

MYTILUS, Linné, 1758. Voy. p. 82.

65. Beaumontii, Verneuil, de Keys. et Murchis., 1845, 2, p. 315, pl. 22, fig. 2. Russie, mont Bogdo.

66. minutissimus, d'Orb., 1847. *M. minutus*, Goldf., 1838, 2, p. 173, pl. 130, fig. 6 (non Zieten, 1830). Allem., Tübingen.

* **67. eduliformis**, Schlotheim, 1820. Petref., pl. 37, fig. 4. *Mytilus vetustus*, Goldf., 1838, 2, p. 168, pl. 128, fig. 7. Zieten, pl. 59, fig. 2. Bavière, Baireuth ; France, Lunéville ; Wurtemberg, Reckarroms, près de Louisbourg.

LIMA, Bruguière, 1791. D'Orb., Paléont. franç., terrains crétacés, 3, p. 524.

* **68. striata**, Desh., Goldf., 1836, 2, p. 78, pl. 100, fig. 1 a, exclus. *Chamites striatus*, Schloth., 1822, pl. 34, fig. 1. *Plagiostoma striata*, Zieten, pl. 50, fig. 1. France, Lunéville ; Allem., Baireuth, Wurtemberg, Besigheim, Friedrichshall.

69. costata, Münst., Goldf., 1836, 2, p. 79, pl. 100, fig. 2. Allem., Baireuth.

70. lineata, Desh., Goldf., 1836, 2, p. 79, pl. 100, fig. 3, a, b. *Plagiostoma lineatum*, Volz., Zieten, pl. 50, fig. 2. Allem., Thuringe, Baireuth ; Wurtemberg, Dietersweiler, Schwennengen.

71. radiata, Goldf., 1836, 2, p. 79, pl. 100, fig. 4. Allemagne, Baireuth.

* **72. regularis**, d'Orb., 1847. *Plagiostoma regularis*, Klöden, Zieten, 1830. Wurtemb., p. 92, pl. 69, fig. 3. Les côtes sont plus séparées que chez le *L. striata*. France, Le Beausset (Var) ; Wurtemberg, Dietersweiler, près Freudenstadt.

73. ventricosa, d'Orb., 1847. *Plagiostoma ventricosum*, Zieten, 1830, Wurtemb., p. 67, pl. 50, fig. 3. Wurtemberg, Dietersweiler.

74. Shlotheimii, d'Orb., 1847. *Chamites punctatus*, Schloth., 1822, Næch., pl. 34, fig. 3. *Plagiostoma interpunctatum*, Alberti. Allem.

LAMELLIBRANCHES PLEUROCONQUES (D'ORB.).

AVICULA, Klein, 1753. Voy. p. 13.

* **75. socialis**, Alberti, Goldfuss., pl. 117, fig. 2. Zieten, 1830,

Wurtemberg, p. 93, pl. 69, fig. 7. *Mytulites socialis*, Schloth., pl. 37, fig. 1. Wurtemberg, Schmieden, près Caunstadt, Rucken; France, Le Beausset (Var).

76. acuta, Goldf., 1838, 2, p. 127, pl. 116, fig. 8. Allem., Evogesis, Zweibrücken.

77. Alberti, Münst., Goldf., 1838, 2, p. 127, pl. 116, fig. 9, Allem., Evogesis, Zweibrücken; Wurtemberg, Rüdersdorf; Russie, mont Bogdo.

* **78. Bronnii,** Alberti, Goldf., 1838, 2, p. 129, pl. 117, fig. 3. Zieten, pl. 55, fig. 3. France, Mortagne, Montauville, près de Lunéville (Meurthe); Allem., Baireuth et Würtemberg, Villingen, Horgen.

79. crispata, Goldf., 1838, 2, p. 129, pl. 117, fig. 4. Villingen (Würtemberg).

80. Dalailamæ, 1845. Verneuil, de Keys. et Murchis., 1845, 2, p. 322, pl. 22, fig. 1. Russie, mont Bogdo.

81. Germaniæ, d'Orb., 1847. *Monotis Alberti*, Goldfuss, 1838, pl. 120, fig. 6 (non *Alberti*, pl. 116, fig. 9). Allem., Rüdersdorf, (Wurtemberg.)

* **82. Lebrunii,** d'Orb., 1847. Espèce voisine de forme de l'*A. Bronnii*, mais pourvue de stries rayonnantes sur la partie convexe. France, Rehainviller (Meurthe).

* **83. lævigata,** d'Orb., 1847. *Pecten lævigatus*, Goldf., Zieten, 1830. Wurtemb., p. 92, pl. 69, fig. 4. Schloth., Sup., pl. 35, fig. 2. *Pecten vestitus*, Goldfuss, pl. 98, fig. 9. Wurtemberg, Neckarrems, près Louisbourg; France, Le Beausset (Var).

PERNA, Bruguière, 1791. D'Orb., Paléont. franç., terrains crét., 3, p. 492.

84. vetusta, Goldf., 1836, 2, p. 104, pl. 107, fig. 11. Allemagne, Dürrheim.

PECTEN, Gualtieri, 1742. Voy. p. 87.

85. tenuistriatus, Münst., Goldf., 1835, 2, p. 42, pl. 88, fig. 12. Allem., Culmbach.

* **86. inæquistriatus,** Münst., Goldf., 1835, 2, p. 42, pl. 89, fig. 1. Zieten, pl. 53, fig. 3. France, Le Beausset (Var).

87. Eolus, d'Orb., 1847. *P. reticulatus*, Schloth., Goldf., 1835, 2, p. 43, pl. 89, fig. 2 (non *Chemnitz*, 1795). Allem., Baireuth.

88. discites, Hehl., Goldf., 1836. Petref., 2, p. 73, pl. 98, fig. 10. Zieten, pl. 52, fig. 5. *Ostracites pleuronectes discites*, Schloth., pl. 35, fig. 3. Baireuth; Wurtemberg, Schmieden, près de Caunstadt, dans la vallée du Neckar.

HINNITES, Defrance, 1821.

89. comta, d'Orb., 1847. *Ostræa comta*, Goldf., 1835, 2, p. 4, pl. 72, fig. 6. *Ostrea spondyloides*, Schloth., pl. 36, fig. 1, a. Allemagne, Münster.

OSTREA, Linné, 1758. D'Orb., Paléont. franç., terrains crétacés, 3, p. 692.

90. difformis, Schloth., Goldf., 1835, t. 2, p. 2, pl. 72, fig. 1. *O. complicata*, et *complanata*, Goldfuss, pl. 72, fig. 3, 4. Allemagne, Weimar, Leineck, Villingen, Rottweil.

* **91. subspondyloides,** d'Orb., 1847. *O. spondyloides*, Schloth.,

Goldf., 1835, 2, p. 3, pl. 72, fig. 5 (non Gmel., 1789). *O. multicostata*, Goldfuss, pl. 72, fig. 5. France, Le Beausset (Var); Allem., Rottweil, Baireuth, Wurzburg.

92. placunoides, Münst., Goldf., 1835, 2, p. 19, pl. 76, fig. 1. Allem., Baireuth.

MOLLUSQUES BRACHIOPODES.

SPIRIFER, Sowerby, 1820. Voy. p. 20.

93. fragilis, de Buch, Mém. de la Soc. géol., 5, pl. 8, fig. 8. *Terebratulites fragilis*, Schloth., 1820. Allem., Burgtonna, Herda près Ohrdruf, entre Friesen et Greitz, Jagerberg, près de Yena.

SPIRIGERA, d'Orb., 1847. Voy. p. 42.

94. trigonella, d'Orb., 1847. *Terebratula trigonella*, Schltho., 1820, p. 271, n° 37 (non Zieten). Allem., Steubendorf; à Tarnowitz, Silésie (nous avons reconnu les spires de cette espèce sur un échantillon de la collection de M. de Verneuil); Vicentin, à Recoaro.

TEREBRATULA, Lwyd, 1699. Voy. p. 43.

*95. **communis**, Bosc, 1801. Bourguet, pl. 30, fig. 194. *Terebratulites vulgaris*, Schloth., Petref., pl. 37, fig. 5, 6. Zieten, Wurt., pl. 39, fig. 1. France, Lunéville, Beausset, Toulon (Var); Wurtemberg, Baireuth; Silésie, à Tarnowitz; Pologne, Porzow, Szydlow, Kielce, Tokarnia, Bobrownik, Schlesischen; Tyrol, vallée de Rosetz (M. Zigno).

96. angusta, Schloth., 1820. Petref., p. 285. De Buch, Mém. de la Soc. géol., 3, p. 217, pl. 20, fig. 8. Silésie, Tarnowitz.

ANIMAUX RAYONNÉS.

ÉCHINODERMES.

CIDARIS, Lamarck.

97. grandævus, Goldf., in Alberti Monog., p. 96. Agass., Cat. syst., p. 28. Wurtemberg.

PLEURASTER, Agassiz.

98. obtusa, Agassiz. *Asterias obtusa*, Goldf., 1833, 1, p. 208, pl. 63, fig. 3. France, environs de Draguignan (Var); Allemagne, Villingen, Würtemberg.

ACROURA, Agassiz. Ce sont des Ophiures dont les bras sont couverts, sur les côtés de petites écailles.

99. prisca, Agassiz. *Ophiura prisca*, Münst., Goldf. 1833, 1, p. 206, pl. 62, fig. 6. Münster, 1839. Beitr., 1, p. 99, pl. 11, fig. 2. Allemagne, Leineck, près de Bayreuth.

ASPIDURA, Agassiz. Dix plaques à la face supérieure du disque; les bras entourés d'écailles imbriquées.

100. loricata, Agassiz. *Ophiura loricata*, Goldf., 1833, 1, p. 207, pl. 62, fig. 7. Würtemb., Friedrichshall.

101. Ludeni, Hagenow, (1846. Palæontographica, n° 1, p. 21, Allemagne, Iena.

ENCRINUS, Miller, 1821. D'Orb., Monographie des Crinoïdes.

* **102. entrocha,** d'Orb., 1839. Crinoïdes, pl. 18. *Encrinus moniliformis, Liliiformis*, Miller, 1821. *Isis entrocha*, Linné, 1767. France, Draguignan (Var), Lunéville (Meurthe); Allem., Erkeroth, Guessing, Querfurth, près de Tangelstadt, duché de Weimar, Gotta, Waltersbausen, Schwerfen.

103. pentactinus, Bronn. *Chelocrinus idem*, Meyer, 1837. Isocrinus, p. 262, pl. 16, fig. 8. Allem.

104. Schlotheimii, Quenstedt, 1835. Wiegmann's Archiv. H, p. 223, pl. 4, fig. 1. *Chelocrinus id.*, Meyer, 1847. *Isocrinus* pl. 16, fig. 9. Allem.

ZOOPHYTES.

PRIONASTREA, Edwards et Haime, 1849. Ce sont des Astrées dont la cellule est polygone, à parois communes, mais distinctes, à cloisons lamelleuses nombreuses, sans columelle styliforme.

105. polygonalis, d'Orb., 1847. *Astræa id.*, Michelin, 1841. Icon. Zooph., p. 14, pl. 3, fig. 1. France.

FAVOSITES, Lamarck.

106. Archiacii, d'Orb., 1847. *Sarcinula Archiacii*, Michelin, Icon. Zooph., pl. 3, fig. 2. France, Magnière (Meurthe).

AMORPHOZOAIRES.

AMORPHOSPONGIA, d'Orb., 1847.

107. triasica, d'Orb., 1847. *Spongia triasica*, Michelin, Icon., p. 14, pl. 3, fig. 3. France, Rehainviller (Meurthe).

SIXIÈME ÉTAGE : — SALIFÉRIEN.

MOLLUSQUES CÉPHALOPODES.

CONCHORHYNCHUS, Blainville, 1827. Voy. p. 171.
1. **Cassianus,** Meyer, d'Orb., Paléont. univ., pl. 78. Autriche, S.-Cassian.
NAUTILUS, Breynius, 1732. Voy. p. 54.
2. **Sauperi,** Hauer, 1846. Uber die Cephalop. des Muschelm., p. 6, pl. 1, fig. 1-4. Autriche, Bleiberg; Tyrol, Aussée.
3. **subreticulatus,** d'Orb., 1847. *N. reticulatus*, Hauer, 1846. Die Cephalop. des Salzkam., p. 37, pl. 10, fig. 7-9 (non Blainville, 1816). Autriche, Hallstatt.
4. **acutus,** Hauer, 1846. Die Salzk., p. 38, pl. 11, fig. 1-2. Hallstatt.
5. **mesodicus,** Quenstedt, Hauer, 1846. Die Salzk., p. 36, pl. 10, fig. 4-6. Hallstatt, Aussée (Tyrol).
6. **Breunneri,** Hauer, 1847. Naturwiss., p. 262, pl. 8, fig. 1-3. Tyrol, Aussée.
7. **Barrandi,** Hauer, 1847. Naturwiss., p. 263, pl. 7, fig. 15-18. Tyrol, Aussée.
NAUTILOCERAS, d'Orb., 1847. Voy. p. 112.
8. **linearis,** d'Orb., 1847. *Cyrtoceras linearis*, Münster, 1841. Beitra., 4, p. 125, pl. 14, fig. 5. S.-Cassian.
ORTHOCERATITES, Breynius, 1732. Voy. p. 2.
9. **elegans,** Münster, 1841, 4, p. 125, pl. 14, fig. 2. S.-Cassian.
10. **subundatus,** Münster, 1841. Beitr., 4, p. 125, pl. 14, fig. 3. S.-Cassian.
11. **inducens,** Braun, Münster, 1841. Beit., 4, p. 125, pl. 14, fig. 4. S.-Cassian.
12. **subellipticus,** d'Orb., 1847. *O. ellipticus*, Klipstein, 1843. Beit., p. 144, pl. 9, fig. 5 (non Münster, 1840). S.-Cassian.
13. **politus,** Klipstein, 1843. Beit., p. 144, pl. 9, fig. 6. S.-Cassian.
14. **freieslebensis,** Klipstein, 1843. Beit., p. 143, pl. 9, fig. 4. S.-Cassian.
15. **latiseptatus,** Hauer, 1846. Cephalop., p. 41, pl. 11, fig. 9, 10. Hallstatt.
16. **salinarius,** Hauer, 1846. Cephalop., p. 42, pl. 11, fig. 6-8. Hallstatt.

17. dubius, Hauer, 1847. Naturwiss., p. 260, pl. 7, fig. 3-8. Tyrol, Aussée.

MELIA, Fischer, 1830. Voy. p. 4.

18. alveolaris, d'Orb., 1847. *Orthoceras alveolare*, Quenstedt., Hauer, 1847. Naturwiss., p. 258, pl. 7, fig. 9-10. Tyrol, Aussée, Hallstatt.

19. reticulata, d'Orb., 1847. *Orthoceras reticulatum*, Hauer, 1847. Naturwiss., p. 258, pl. 7, fig. 11-14. Tyrol, Aussée.

20. convergens, d'Orb., 1847. *Orthoceras convergens*, Hauer, 1847. Naturwiss., p. 259, pl. 7, fig. 1-2. Tyrol, Aussée.

AGANIDES, Montfort, 1808. *Goniatites*, Han, 1825.

21. spurius, d'Orb., 1847. *Goniatites spurius*, Münster, 1841. Beitr., 4, p. 127, pl. 14, fig. 7. *Goniatites Blumii*, Klipstein, 1843, p. 139, pl. 8, fig. 13. Saint-Cassian.

22. armatus, d'Orb., 1847. *Goniatites armatus*, Münster, 1841. Beitr., 4, p. 127, pl. 14, fig. 8. Saint-Cassian.

23. Eryx, d'Orb., 1847. *Goniatites Eryx*, Münster, 1841. Beitr., 4, p. 128, pl. 14, fig. 9. Saint-Cassian.

24. glaucus, d'Orb., 1847. *Goniatites glaucus*, Münster, 1841. Beitr., 4, p. 128, pl. 14, fig. 10. Saint-Cassian.

25. furcatus, d'Orb., 1847. *Goniatites furcatus*, Münster, 1841. Beitrage, 4, p. 128, pl. 14, fig. 11. Saint-Cassian.

26. Wissmanni, d'Orb., 1847. *Goniatites Wissmanni*, Münster, 1841 Beitr,. 4, p. 129, pl. 14, fig. 12. Saint-Cassian.

27. Friesei, d'Orb., 1847. *Goniatites Friesei*, Münster, 1841. Beitr., 4, p. 129, pl. 14, fig. 13. Saint-Cassian.

28. pisum, d'Orb., 1847. *Goniatites pisum*, Münster, 1841. Beitr., 4, p. 127, pl. 14, fig. 6. Saint-Cassian.

29. æquilobatus, d'Orb., 1847. *Goniatites æquilobatus*, Klipstein, 1843. Beitr., p. 139, pl. 8, fig. 14. Saint-Cassian.

30. Rosthornii, d'Orb., 1847. *Goniatites Rosthornii*, Klipstein, 1843. Beit., p. 142, pl. 8, fig. 19. Tyrol, Saint-Cassian.

31. Dufrenoyi, d'Orb., 1847. *Goniatites Dufrenoyi*. Klipstein, 1843. Beit., p. 142, pl. 8, fig. 20. Tyrol, Saint-Cassian.

32. radiatus, d'Orb., 1847. *Goniatites radiatus*, Klipstein, 1843. Beit., p. 140, pl. 8, fig. 15. Tyrol, Saint-Cassian.

33. bidorsatus, d'Orb., 1847. *Goniatites bidorsatus*, Klipstein, 1843. Beit., p. 140, pl. 8, fig. 16. Saint-Cassian.

34. Iris, d'Orb., 1847. *Goniatites Iris*, Klipstein, 1843. Beit., p. 141, pl. 8, fig. 17. *Goniatites tenuissimus*, Klipst., p. 143, pl. 8, fig. 21. Saint-Cassian.

35. Haidingeri, d'Orb., 1847. *Goniatites Haidingeri*, Hauer, 1847. Naturwiss., p. 264, pl. 8, fig. 9-11. Tyrol, Aussée.

36. infrafurcatus, d'Orb., 1847. *Goniatites infrafurcatus*, Klipstein, 1843. Beit., p. 136, pl. 8, fig. 9. Saint-Cassian.

37. Beaumontii, d'Orb., 1847. *Goniatites Beaumontii*, Klipstein, 1843. Beit., p. 136, pl. 8, fig. 8. Peut-être *Goniatites Bronnii*, Klipst., p. 141, pl. 8, fig. 18. Saint-Cassian.

38. suprafurcatus, d'Orb., 1847. *Goniatites suprafurcatus*, Klipstein, 1843. Beit., p. 137, pl. 8, fig. 10. Saint-Cassian.

39. Klipsteini, d'Orb., 1847. *Goniatites Buchii*, Klisptein, 1843. Beit., p. 137, pl. 8, fig. 11 (non Verneuil, 1842). Saint-Cassian.

40. ornatus, d'Orb., 1847. *Goniatites ornatus*, Klipstein, 1843. Beit., p. 138, pl. 8, fig. 12 (jeune individu). Saint-Cassian.

41. decoratus, d'Orb., 1847. *Goniatites decoratus*, Hauer, 1846. Céphalop., p. 35, pl. 11, fig. 3-5. Hallstatt.

CERATITES, Haan, 1825. Voy. p. 177.

42. Busiris, Münster, 1841. Beitr., 4, p. 130, pl. 14, fig. 15. Saint-Cassian.

43. basileus, Münster, 1841. Beitr., 4, p. 131, pl. 14, fig. 16. Saint-Cassian.

44. bipunctatus, Münster, 1841. Beitr., 4, p. 131, pl. 14, fig. 17. *Ceratites Zeuscheri*, Klipst., 1843, p. 131, pl. 8, fig. 2. *Ceratites subdenticulatus*, Klipst., 1843, p. 125, pl. 7, fig. 7. Saint-Cassian.

45. dichotomus, Münster, 1841. Beitr., 4, p. 132, pl. 14, fig. 18. *Ceratites Ingeri*, Klipst., 1843, p. 133, pl. 8, fig. 4. Saint-Cassian.

46. Okeani, Münster, 1841, p. 132, pl. 15, fig. 19. Saint-Cassian.

47. venustus, Münster, 1841, p. 133, pl. 15, fig. 20. Saint-Cassian.

48. Münsteri, Wissmann, Münst., 1841. Beitr., 4, p. 133, pl. 15, fig. 21. Saint-Cassian.

49. sulcifer, Münster, 1841. Beitr., 4, p. 134, pl. 15, fig. 22. *Ammonites rimosus*, Münster, 1841, p. 139, pl. 15, fig. 31. Saint-Cassian.

50. Achelous, Münster, 1841, 4, p. 134, pl. 15, fig. 23. Saint-Cassian.

51. Agenor, Münster, 1841, p. 135, pl. 15, fig. 24. Saint-Cassian.

52. Jarbas, Münster, 1841, 4, p. 135, pl. 15, fig. 25. St-Cassian.

53. irregularis, Münster, 1841. Beitr., 4, p. 135, pl. 15, fig. 26. Saint-Cassian.

54. Bœtus, Münster, 1841. Beitr., 4, p. 129, pl. 14, fig. 14. *Ceratites Karstenii?* Klipst., 1843, p. 132, pl. 8, fig. 3. Saint-Cassian.

55. Meriani, Klipstein, 1843. Beit., p. 134, pl. 8, fig. 5. St-Cassian.

56. brevicostatus, Klipstein, 1843. Beit., p. 134, pl. 8, fig. 6. Saint-Cassian.

57. Agassizii, Klipstein, 1833, p. 135, pl. 8, fig. 7. St-Cassian.

58. infundibuliformis, Klipstein, 1843. Beit., p. 130, pl. 8, fig. 1. Saint-Cassian.

AMMONITES, Bruguière, 1791. D'Orb., Paléont. franç., terr. crét.

59. floridus, Hauer, 1847. Naturw., p. 22, pl. 1, fig. 5-14. *Nautilus floridus*, *N. bisulcatus*, *N. nodulosus*, *N. redivivus*, Wulfen, 1793. Ueber den kærhthnerischen Psauensch. Helminthòlith. Erlangen, 1793, p. 113, fig. 16, fig. 10, 17, 18. Autriche, Bleiberg.

60. Gaytani, Klipstein, 1843. Beit., p. 110, pl. 5, fig. 4. *A. striatulus*, Münster, 1841. Beit., 4, p. 139, pl. 15, fig. 33 (Non *Striatulus*, Sow., 1823). *A. subumbilicatus*, Bronn, Hauer, 1846, p. 17, pl. 7, fig. 1-7. Saint-Cassian, Aussée, Hallstatt.

***61. Aon,** Münster, 1841. Beitr., 4, p. 136, pl. 15, fig. 27. *A. Brotheus*, Münster, pl. 15, fig. 28. *A. Humboldtii*, Klipst., 1843, p. 112, pl. 5, fig. 5. *A. Credneri*, Klipstein, p. 119, pl. 6, fig. 10. *A. noduloso-costatus*, Klipstein, p. 123, pl. 7, fig. 5. *A. æquinodosus*, Klipstein, 1843, p. 121, pl. 7, fig. 1. *A. Dechnii*, Klipstein, 1843, p. 118, pl. 6, fig. 6. *A. Velthemii*, Klipstein, 1843, p. 122, pl. 7, fig. 3. *A. spinulo-costatus*, Klipstein, 1843, p. 112, pl. 5, fig. 6. Autriche, Saint-Cassian, Aussée (Tyrol).

62. Rüppelli, Klipstein, 1843. Beit., p. 130, pl. 9, fig. 3. *A. furcatus*, Münster, 1841. Beitr., 4, p. 137, pl. 15, fig. 29 (non *Furcatus*, Sow., 1836). *A. nodo-costatus*, Klipstein, 1843, p. 120, pl. 6, fig. 12. St-Cassian.

***63. Maximiliani-Leuchtenbergensis,** Klipstein, 1843. Beit., p. 114, pl. 6, fig. 1. *A. bicarinatus*, Münster, 1841. Beitr., 4, p. 138, pl. 15, fig. 30 (non *Bicarinatus*, Hartmann, 1830). Saint-Cassian, Hallstatt.

***64. cymbiformis,** d'Orb., 1847. *Nautilus cymbiformis*, Wulfen, 1793. Ueber, fig. 20. *A. Joannis-Austriæ*, Klipstein, 1843, p. 105, pl. 5, fig. 1. *A. quadrilabiatus*, Bronn. Klipstein, 1843, p. 116, pl. 6, fig. 3. *A. multilobatus*, Klipstein, 1843. p. 129, pl. 9, fig. 1. *A. Partschii*, Klipst., p. 109, pl. 5, fig. 3. *A. labiatus*, Bronn, Klipstein, 1843, p. 119, pl. 6, fig. 9. Autriche, Saint-Cassian, Bleiberg, Hallstatt, Aussée.

65. mirabilis, Klipstein, 1843, p. 108, pl. 5, fig. 2. Saint-Cassian.

66. bidenticulatus, Klipstein, 1843. Beitr., p. 113, pl. 5, fig. 7. Saint-Cassian.

67. Acis, Münster, 1841, p. 139, pl. 15, fig. 32. Saint-Cassian.

68. subcingulatus, d'Orb., 1847. *A. cingulatus*, Klipstein, 1843. Beitr., p. 125, pl. 7, fig. 6 (non Haan, 1825). Saint-Cassian.

69. Ungeri ? Klipstein, 1843. Beitr., p. 118, pl. 6, fig. 7 (peut-être jeunes, d'une autre espèce). Saint-Cassian.

70. latilabiatus, Klipstein, 1843, p. 119, pl. 6, fig. 8. St-Cassian.

71. armato-cingulatus, Klipstein, 1843. Beitr., p. 128, pl. 7, fig. 10. Saint-Cassian.

72. Goldfussii, Klipstein, 1843, p. 116, pl. 6, fig. 4. St-Cassian.

73. Meyeri, Klipst., 1843. Beitr., p. 121, pl. 7, fig. 2. St-Cassian.

74. umbilicatus, Klipstein, 1843, p. 117, pl. 6, fig. 5. St-Cassian.

75. acuto-costatus, Klipstein, 1843. Beitr., p. 121, pl. 6, fig. 13. Saint-Cassian.

76. Wengensis, Klipstein, 1843, p. 120, pl. 6, fig. 11. St-Cassian.

77. Bouei, Klipstein, 1843. Beit., p. 123, pl. 7, fig. 4. St-Cassian.

78. Mandelslohii, Klipstein, 1843. Beitr., p. 115, pl. 6, fig. 2. Saint-Cassian.

79. granuloso-striatus, Klipstein, 1843. Beitr., p. 126, pl. 7, fig. 8. Saint-Cassian.

80. Larva, Klipstein, 1843. Beitr., p. 127, pl. 7, fig. 9. St-Cassian.

***81. Metternichii,** Hauer, 1846. Salzkam., p. 1, pl. 1, pl. 2, fig. 1-2, pl. 3, fig. 1, pl. 4, fig. 4. Autriche, Hallstatt.

82. Jarbas, Münst., Hauer, 1846. Muschelm., p. 6, pl. 1, fig. 15. Bleiberg, Aussée.

83. amœnus, Hauer, 1846. Cephalop., p. 21, pl. 7, fig. 8-10. Hallstatt.

84. Ramsaueri, Quenstedt, Hauer, 1846. Die Cephalop. des Salzkam., p. 22, pl. 8, fig. 1-6. *A. catenatus*, Buch, 1833. Jahrb., p. 168. (Non Sow., 1832.) *A. infundibulum*. Quenstedt, 1845. Jahrb., p. 682. (Non d'Orbigny, 1841.) Hallstatt.

85. angustilobatus, Hauer, 1846. Cephalop., p. 25, pl. 8, fig. 7-8, pl. 9, fig. 5. Hallstatt.
86. tornatus, Bronn, 1832. Jahrb., p. 160, n° 11. Hauer, 1846. Salzkam., p. 26, pl. 9, fig. 1-4. *A. multilobatus*, Bronn., 1832. Jahrb., p. 160, n° 11. *A. aratus*, Quenstedt, 1846. Jahrb., p. 683. (Non *Aratus*, Michaud, 1836.) Hallstatt, Aussée.
'87. neojurensis, Quenstedt, 1845. Hauer, 1846. Ceph., p. 8, pl. 3, fig. 2-4. Hallstatt.
'88. debilis, Hauer, 1846. Cephalop., p. 10, pl. 4, fig. 1-3. Hallstatt.
'89. subgaleatus, d'Orb., 1847. *A. galeatus*, Hauer, 1846. Cephalop., p. 12, pl. 5, fig. 6. (Non de Buch, 1839.) Hallstatt.
90. Layeri, Hauer, 1847. Naturwiss., p. 269, pl. 9, fig. 1-3. Aussée.
91. Simonyi, Hauer, 1847. Naturwiss., p. 270, pl. 9, fig. 4-6. Aussée.
92. Haueri, d'Orb., 1847. *A. falcatus*, Hauer, 1847. Naturwiss., p. 273, pl. 9, fig. 7-10. (Non *falcatus*, Mantell, 1822.) Tyrol, Aussée.
93. bicrenatus, Hauer, 1846. Cephalop., p. 29, pl. 9, fig. 6-8. Hallstatt.
94. salinarius, Hauer, 1846. Die Cephalop. des Salzkam., p. 30. pl. 10, fig. 1-3. *A. Turneri*, Bronn, 1832. Jahrb., p. 161 (non Sow.). *A. Walcotii*, Buch, 1833. Jahrb., p. 188 (non Sowerby). Hallstatt.

MOLLUSQUES GASTÉROPODES.

RISSOA, Freminville, 1814. D'Orb., Paléont. franç., terr. crét., 2, p. 60.
95. Bronnii, d'Orb., 1847. *Turbo Bronnii*, Wissm., Münster, 1841. Beitra., 4, p. 115, pl. 12, fig. 29. Autriche, Saint-Cassian.
96. subcarinata, d'Orb., 1847. *Cochlearia carinata*, Braun, Münster, 1841. Beitra., 4, p. 104, pl. 10, fig. 27. (Non Phillips, 1836.) Autriche, Saint-Cassian (Tyrol).
97. Braunii, d'Orb., 1847. *Cochlearia Braunii*, Klipstein, 1844. Beitr., p. 206, pl. 14, fig. 27. Tyrol, Saint-Cassian.
98. quadrangula, d'Orb., 1847. *Turritella quadrangulo-nodosa*, Klipstein, 1844. Beitr., p. 175, pl. 11, fig. 14. Saint-Cassian.
99. spinosa, d'Orb., 1847. *Turritella spinosa*, Klipstein, 1844. Beitra., p. 176, pl. 11, fig. 15. Saint-Cassian.
100. subcanaliculata, d'Orb., 1847. *Turritella subcanaliculata*, Klipstein, 1844. Beitr., p. 177, pl. 11, fig. 21. Tyrol, Saint-Cassian.
101. tenuistriata, d'Orb., 1847. *Melania tenuistriata*, 1841. Münster, Beitr. zur Petref., 4, p. 97, pl. 9, fig. 44. Autriche, Saint-Cassian.
102. Haueri, d'Orb., 1847. *Melania Haueri*, Klipstein, 1844. Beitr. zur geolog. Kenn., p. 190, pl. 12, fig. 30. Saint-Cassian.
103. biserta, d'Orb., 1847. *Turbo bisertus*, Münster, 1841. Beitra. zur Petref., 4, p. 116, pl. 12, fig. 38. Autriche, Saint-Cassian.
104. subelegans, d'Orb., 1847. *Turbo elegans*, Münster, 1841. Beitra., 4, p. 116, pl. 12, fig. 39. (Non Risso, 1826.) Saint-Cassian.
EULIMA, Risso, 1825. Voy. p. 116.
105. angusta, d'Orb., 1847. *Melania angusta*, Münster, 1841. Beitra. zur Petref., 4, p. 95, pl. 9, fig. 30. Autriche, Saint-Cassian.

106. subcolumnaris, d'Orb., 1847. *Melania subcolumnaris*, Münster, 1841. Beitra. zur Petref., 4, p. 95, pl. 9, fig. 31. Saint-Cassian.

107. longissima, d'Orb., 1847. *Melania longissima*, Münster. 1841. Beitra. zur Petref., 4, p. 95, pl. 9, fig. 24. Autriche, Saint-Cassian.

108. Koninckiana, d'Orb., 1847. *Melania Koninckiana*, Münster, 1841. Beitra. zur Petref., 4, p. 95, pl. 9, fig. 25. Saint-Cassian.

109. fusiformis, d'Orb., 1847. *Melania fusiformis*, Münster, 1841. Beitra. zur Petref., 4, p. 95, pl. 9, fig. 27. Autriche, Saint-Cassian.

110. gracilis, d'Orb., 1847. *Melania gracilis*, Münster, 1841. Beitra. zur Petref., 4, p. 95, pl. 9, fig. 28. Autriche, Saint-Cassian.

111. pupæformis, d'Orb., 1847. *Melania pupæformis*, Münster, 1841. Beitra. zur Petref., 4, p. 96, pl. 9, fig. 34. Saint-Cassian.

112. subovata, d'Orb., 1847. *Melania subovata*, Münster, 1841. Beitra. zur Petref., 4, p. 94, pl. 9, fig. 19. Autriche, Saint-Cassian.

113. multitorquata, d'Orb., 1847. *Melania multitorquata*, Münster, 1841. Beitra., 4, p. 96, pl. 9, fig. 35. Saint-Cassian (Tyrol).

114. terebra, d'Orb., 1847. *Melania terebra*, Klipstein, 1844. Beitr. zur geolog. Kenn., p. 191, pl. 12, fig. 33. Tyrol, Saint-Cassian.

CHEMNITZIA, d'Orb., 1839. Voy. p. 172.

115. crassa, d'Orb., 1847. *Melania crassa*, Münster, 1841. Beitra. zur Petref., 4, p. 94, pl. 9, fig. 17. Autriche, Saint-Cassian (Tyrol).

116. nympha, d'Orb., 1847. *Melania nympha*, Münster, 1841. Beitra. zur Petref., 4, p. 94, pl. 9, fig. 18. Autriche, Saint-Cassian.

117. similis, d'Orb., 1847. *Melania similis*, Münster, 1841. Beitra. zur Petref., 4, p. 94, pl. 9, fig. 20. Autriche, Saint-Cassian.

118. conica, d'Orb., 1847. *Melania conica*, Münster, 1841. Beitra. zur Petref., 4, p. 94, pl. 9, fig. 21. Autriche, Saint-Cassian.

119. subconcentrica, d'Orb., 1847. *Melania subconcentrica*, Münster, 1841. Beitra. zur Petref., 4, p. 97, pl. 9, fig. 46. Saint-Cassian.

120. obovata, d'Orb., 1847. *Melania obovata*, Münster, 1841. Beitra. zur Petref., 4, p. 96, pl. 9, fig. 33. Autriche, Saint-Cassian.

121. subtortilis, d'Orb., 1847. *Melania subtortilis*, Münster, 1841. Beitra. zur Petref., 4, p. 95, pl. 9, fig. 29. Autriche, Saint-Cassian.

122. semiglabra, d'Orb., 1847. *Turritella semiglabra*, Münster, 1841. Beitra. zur Petref., 4, p. 122, pl. 13, fig. 40 a. Saint-Cassian.

123. cochleata, d'Orb., 1847. *Turritella cochleata*, Münster, 1841. Beitra. zur Petref., 4, p. 122, pl. 13, fig. 41. Autriche, Saint-Cassian.

124. Munsterii, d'Orb., 1847. *Turritella semilis*, Münster, 1841. Beitra. zur Petref., 4, p. 122, pl. 13, fig. 42. (Non *Semilis*, pl. 9, Münster.) Autriche, Saint-Cassian.

125. Lommelii, d'Orb., 1847. *Turritella Lommelii*, Wissmann, Münster, 1841. Beitra., 4, p. 122, pl. 13, fig. 43. Saint-Cassian.

126. columnaris, d'Orb., 1847. *Melania columnaris*, Münster, 1841. Beitra. zur Petref., 4, p. 95, pl. 9, fig. 26. Autriche, St-Cassian.

127. sulcifera, d'Orb., 1847. *Turritella sulcifera*, Münster, 1841. Beitra. zur Petref., 4, p. 119, pl. 13, fig. 15. Autriche, Saint-Cassian.

128. punctata, d'Orb., 1847. *Turritella punctata*, Munster, 1841. Beitra. zur Petref., 4, p. 119, pl. 13, fig. 16 et 36 a, b. St-Cassian.

129. bipunctata, d'Orb., 1847. *Turritella bipunctata*, Münster, 1841. Beitra. zur Petref., 4, p. 119, pl. 13, fig. 17. Saint-Cassian.

130. inæquistriata, d'Orb., 1847. *Melania inæquistriata,* Münster, 1841. Beitra. zur Petref., 4, p. 97, pl. 9, fig. 49. Saint-Cassian.

131. texata, d'Orb., 1847. *Melania texata,* Münster, 1841. Beitr. zur Petref., 4, p. 97, pl. 9, fig. 48 a, b. Autriche, Saint-Cassian.

132. concentrica, d'Orb., 1847. *Melania concentrica,* Münst., 1841. Beitra. zur Petref., 4, p. 97, pl. 9, fig. 47. Autriche, Saint-Cassian.

133. reflexa, d'Orb., 1847. *Turritella reflexa,* Münster, 1841. Beitra. zur Petref., 4, p. 118, pl. 13, fig. 8. Autriche, Saint-Cassian (Tyrol).

134. carinata, d'Orb., 1847. *Turritella carinata,* Münster, 1841. Beitra. zur Petref., 4, p. 118, pl. 13, fig. 9. Autriche, Saint-Cassian.

135. subscalaris, d'Orb., 1847. *Melania subscalaris,* Münster, 1841. Beitra. zur Petref., 4, p. 94, pl. 9, fig. 22. Autriche, St-Cassian.

136. cochlea, d'Orb., 1847. *Melania cochlea,* Münster, 1841. Beitra. zur Petref., 4, p. 94, pl. 9, fig. 23. Autriche, Saint-Cassian.

137. subcarinata, d'Orb., 1847. *Turritella subcarinata,* Münster, 1841. Beitra. zur Petref., 4, p. 142, pl. 9, fig. 45. St-Cassian.

138. turritellaris, d'Orb., 1847. *Melania turritellaris,* Münster, 1841. Beitra. zur Petref., 4, p. 96, pl. 9, fig. 36. Autriche, St-Cassian.

139. subtenuis, d'Orb., 1847. *Melania tenuis,* Münster, 1841. Beitra. zur Petref., 4, p. 96, pl. 9, fig. 37. (Non 6, 158.) Saint-Cassian.

140. canalifera, d'Orb., 1847. *Melania canalifera,* Münster, 1841. Beitra. zur Petref., 4, p. 96, pl. 9, fig. 39. Autriche, Saint-Cassian.

141. supraplecta, d'Orb., 1847. *Melania supraplecta,* Münster, 1841. Beitra. zur Petref., 4, p. 96, pl. 9, fig. 40. Autriche, St-Cassian.

142. perversa, d'Orb., 1847. *Melania perversa,* Münster, 1841. Beitra. zur Petref., 4, p. 96, pl. 9, fig. 41. Autriche, Saint-Cassian.

143. nodosa, d'Orb., 1847. *Melania nodosa,* Münster, 1841. Beitra. zur Petref., 4, p. 96, pl. 9, fig. 42. Autriche, Saint-Cassian.

144. oblique-costata, d'Orb., 1847. *Melania oblique-costata,* Bronn, Münst., 1841. Beitra., 4, p. 97, pl. 9, fig. 43. Saint-Cassian.

145. subpunctata, d'Orb., 1847. *Turritella subpunctata,* Münster, 1841. Beitra. zur Petref., 4, p. 118, pl. 18, fig. 10 a, b. St-Cassian.

146. Bolina, d'Orb., 1847. *Turritella Bolina,* Münster, 1841. Beitra. zur Petref., 4, p. 118, pl. 13, fig. 11. Autriche, Saint-Cassian.

147. trochleata, d'Orb., 1847. *Turritella trochleata,* Münster, 1841. Beitra. zur Petref., 4, p. 118, pl. 13, fig. 12. Autriche, St-Cassian.

148. Cassiana, d'Orb., 1847. *Turritella supraplecta,* Münster, 1841. Beitra., 4, p. 118, pl. 13, fig. 13 (non pl. 9, Münster). Saint-Cassian.

149. compressa, d'Orb., 1847. *Turritella compressa,* Münster, 1841. Beitra., 4, p. 120, pl. 13, fig. 22. Autriche, Saint-Cassian.

150. pygmæ, d'Orb., 1847. *Turritella pygmæ,* Münster, 1841. Beitra. zur Petref., 4, p. 120, pl. 13, fig. 23. Autriche, Saint-Cassian.

151. tricostata, d'Orb., 1847. *Turritella tricostata,* Münster, 1841. Beitr. zur Petref., 4, p. 120, pl. 13, fig. 24. Autriche, Saint-Cassian.

152. margaritifera, d'Orb., 1847. *Turritella margaritifera,* Münster, 1841. Beitr. zur Petref., 4, p. 120, pl. 13, fig. 25. Saint-Cassian.

153. binodosa, d'Orb., 1847. *Turritella binodosa,* Münster, 1841. Beitr. zur Petref., 4, p. 120, pl. 13, fig. 26. Autriche, Saint-Cassian.

154. armata, d'Orb., 1847. *Turritella armata,* Münster, 1841. Beitr. zur Petref., 4, p. 120, pl. 13, fig. 27. Autriche, Saint-Cassian.

155. perarmata, d'Orb., 1847. *Turritella perarmata*, Münster, 1841. Beitr. zur Petref., 4, p. 120, pl. 13, fig. 28. Autriche, Saint-Cassian.
156. flexuosa, d'Orb., 1847. *Turritella flexuosa*, Münster, 1841. Beitr. zur Petref., 4, p. 120, pl. 13, fig. 29 a. Autriche, Saint-Cassian.
157. Koninckiana, d'Orb., 1847. *Turritella Koninckiana*, Münster, 1841. Beitr. zur Petref., 4, p. 121, pl. 13, fig. 30. Saint-Cassian.
158. tenuis, d'Orb., 1847. *Turritella tenuis*, Münster, 1841. Beitr. zur Petref., 4, p. 121, pl. 13, fig. 31. Autriche, Saint-Cassian.
159. hybrida, d'Orb., 1847. *Turritella hybrida*, Münster, 1841. Beitr. zur Petref., 4, p. 121, pl. 13, fig. 32 a. Autriche, St-Cassian.
160. cylindrica, d'Orb. 1847. *Turritella cylindrica*, Münster, 1841. Beitr. zur Petref., 4, p. 121, pl. 3, fig. 33 a. Saint-Cassian.
161. subornata, d'Orb., 1847. *Turritella subornata*, Münster, 1841. Beitr. zur Petref., 4, p. 121, pl. 13, fig. 34 a. Autriche, Saint-Cassian.
162. arcte-costata, d'Orb., 1847. *Turritella arcte-costata*, Münst., 1841. Beitr. zur Petref., 4, p. 121, pl. 13, fig. 35. Saint-Cassian.
163. ornata, d'Orb., 1847. *Turritella ornata*, Münster, 1841. Beitr. zur Petref., 4, p. 121, pl. 13, fig. 38. Autriche, Saint-Cassian.
164. nodoso-plicata, d'Orb., 1847. *Turritella nodoso-plicata*, Münster, 1841. Beitr., 4, p. 122, pl. 13, fig. 39. Saint-Cassian.
165. acuticostata, d'Orb., 1847. *Turritella acuticostata*, Klipstein, 1844. Beitr. zur geolog. Kenn., p. 179, pl. 11, fig. 27. St-Cassian.
166. Walmstedtii, d'Orb., 1847. *Turritella Walmstedtii*, Klipst., 1844. Beitr., p. 179, pl. 11, fig. 28 et 29. Tyrol, Saint-Cassian.
166. strigillata, d'Orb., 1847. *Turritella strigillata*, Klipstein, 1844. Beitr., p. 176, pl. 11, fig. 17. Tyrol, Saint-Cassian.
167. gracilis, d'Orb., 1847. *Turritella supraplecta*, Münster, var. *gracilis* nobis. Klipstein, 1844. Beitr. zur geolog. Kenn., p. 177, pl. 11, fig. 18. (Non Münster, 1841.) Tyrol, St-Cassian.
167'. rugoso-costata, d'Orb., 1847. *Melania rugoso-costata*, Klipstein, 1844. Beitr., p. 191, pl. 12, fig. 31. Tyrol, St-Cassian.
168. tenuissima, d'Orb., 1847. *Melania tenuissima*, Klipstein, 1844. Beitr., p. 191, pl. 12, fig. 32. Tyrol, Saint-Cassian.
169. Klipsteini, d'Orb., 1847. *Melania texata*, Klipstein, 1844. Beitr., p. 187, pl. 12, fig. 14. (Non Münster, 1841.) St-Cassian.
170. larva, d'Orb., 1847. *Melania larva*, Klipstein, 1844. Beitr. zur geolog. Kenn., p. 188, pl. 12, fig. 17. Tyrol, St-Cassian.
171. Amalthea, d'Orb., 1847. *Turritella Amalthea*. Klipstein, 1844. Beitr. zur geolog. Kenn., p. 177, pl. 11, fig. 19. Tyrol, St-Cassian.
172. anthophylloides, d'Orb., 1847. *Melania anthophylloides*, Klipstein, 1844. Beitr., p. 185, pl. 12, fig. 6. Tyrol, St-Cassian.
173. Hauslabii, d'Orb., 1847. *Melania Hauslabii*, Klipstein, 1844. Beitr. zur geolog. Kenn., p. 185, pl. 12, fig. 7. Tyrol, St-Cassian.
174. subnodosa, d'Orb., 1847. *Melania subnodosa*, Klipstein, 1844. Beitr. zur geolog. Kenn., p. 189, pl. 12, fig. 26. Tyrol, St-Cassian.
175. scalaris, d'Orb., 1847. *Turbo scalaris*, Münster, 1841. Beitr. zur Petref., 4, p. 116, pl. 12, fig. 40. Autriche, St-Cassian (Tyrol).
176. Hornesi, d'Orb., 1847. *Melania Hornesi*, Klipstein, 1844. Beitr. zur geolog. Kenn., p. 191, pl. 12, fig. 34. Tyrol, Saint-Cassian.
177. Fuchsii, d'Orb., 1847. *Turritella Fuchsii*, Klipstein, 1844.

Beitr. zur geolog. Kenn., p. 174, pl. 11, fig. 11. Tyrol, St-Cassian.

178. Goldfussii, d'Orb., 1847. *Turritella Goldfussii*, Klipstein, 1844. Beitr. zur geolog. Kenn., p. 173, pl. 11, fig. 4. Tyrol, St-Cassian.

LOXONEMA, Phillips, 1842. Voy. p. 5.

179. falcifera, d'Orb., 1847. *Melania falcifera*, Klipstein, 1844. Beitr. zur geolog. Kenn., p. 188, pl. 12, fig. 18. Tyrol, St-Cassian.

180. acute-striata, d'Orb., 1847. *Melania acute-striata*, Klipstein, 1844. Beitr., p. 188, pl. 12, fig. 19. Tyrol, Saint-Cassian.

181. strigillata, d'Orb., 1847. *Melania strigillata*, Klipstein, 1844. Beitr. zur geolog. Kenn., p. 188, pl. 12, fig. 20. Tyrol, St-Cassian.

182. Plieningeri, d'Orb., 1847. *Melania Plieningeri*, Klipstein, 1844. Beitr. zur geolog. Kenn., p. 189, pl. 12, fig. 21. Tyrol, St-Cassian.

183. turritelliformis, d'Orb., 1847. *Melania turritelliformis*, Klipstein, 1844. Beitr., p. 189, pl. 12, fig. 22. Tyrol, St-Cassian.

184. Dunkeri, d'Orb., 1847. *Melania Dunkeri*, Klipstein, 1844. Beitr. zur geolog. Kenn., p. 189, pl. 12, fig. 23. Tyrol, St-Cassian.

185. tenuiplicata, d'Orb., 1847. *Melania tenuiplicata*, Klipstein, 1844. Beitr., p. 189, pl. 12, fig. 24. Tyrol, Saint-Cassian.

186. formosa, d'Orb., 1847. *Melania formosa*, Klipstein, 1844. Beitr. zur geolog. Kenn., p. 189, pl. 12, fig. 25. Tyrol, St-Cassian.

187. Stotteri, d'Orb., 1847. *Melania Stotteri*, Klipstein, 1844. Beitr. zur geolog. Kenn., p. 186, pl. 12, fig. 10. Tyrol, St-Cassian.

188. tornata, d'Orb., 1847. *Turritella tornata*, Klipstein, 1844. Beitr. zur geolog. Kenn., p. 178, pl. 11, fig. 22. Tyrol, St-Cassian.

189. Zeuschneri, d'Orb. 1847. *Turritella Zeuschneri*, Klipstein, 1844. Beitr., p. 178, pl. 11, fig. 24. Tyrol, Saint-Cassian.

190. pupa, d'Orb., 1847. *Melania pupa*, Klipstein, 1844. Beitr. zur geolog. Kenn., p. 190, pl. 12, fig. 27. Tyrol, Saint-Cassian.

191. late-scalata, d'Orb., 1847. *Melania late-scalata*, Klipstein, 1844. Beitr., p. 190, pl. 12, fig. 29. Tyrol, Saint-Cassian.

192. Zietenii, d'Orb., 1847. *Melania Zietenii*, Klipstein, 1844. Beitr. zur geolog. Kenn., p. 191, pl. 12, fig. 35. Tyrol, Saint-Cassian.

193. nuda, d'Orb., 1847. *Melania nuda*, Klipstein, 1844. Beitr. zur geolog. Kenn., p. 176, pl. 11, fig. 16. Tyrol, St-Cassian.

194. Brongniarti, d'Orb., 1847. *Melania Brongniarti*, Klipstein, 1844. Beitr., p. 187, pl. 12, fig. 13. Tyrol, Saint-Cassian.

196. trochiformis, d'Orb., 1847. *Melania trochiformis*, Klipstein, 1844. Beitr., p. 185, pl. 12, fig. 5. Tyrol, St-Cassian.

197. minima, d'Orb., 1847. *Melania minima*, Klipstein, 1844. Beitr. zur geolog. Kenn., p. 186, pl. 12, fig. 8. Tyrol, St-Cassian.

ACTEONINA, d'Orb., 1847. Voy. p. 118.

198. scalaris, d'Orb., 1847. *Tornatella scalaris*, Münster, 1841. Beitr. zur Petref., 4, p. 103, pl. 10, fig. 26. Autriche, St-Cassian.

199. abbreviata, d'Orb., 1847. *Tornatella abbreviata*, Klipstein, 1844. Beitr., p. 205, pl. 14, fig. 25. Tyrol, Saint-Cassian.

200. Alpina, d'Orb., 1847. *Oliva Alpina*, Klipstein, 1844. Beitr. zur geolog. Kenn., p. 205, pl. 14, fig. 26. Tyrol, St-Cassian.

201. Orbignyana? d'Orb., 1847. *Fusus Orbignyanus*, Münster, 1841. Beitr. zur Petref., 4, p. 142, pl. 9, fig. 38. Autriche, St-Cassian.

NATICA, Adanson, 1757. Voy. p. 29.

202. decorata, d'Orb., 1847. *Nerita decorata*, Münster, 1841. Beitr. zur Petref., 4, p. 98, pl. 10, fig. 1. Autriche, St-Cassian (Tyrol).

203. neritacea, Münst., 1841, 4, p. 98, pl. 10, fig. 2. St-Cassian.

204. Cassiana, Wissmann, Münster, 1841. Beitr., 4, p. 98, pl. 10, fig. 3. St-Cassian.

205. subelongata, Münster, 1841. Beitr., 4, p. 99, pl. 10, fig. 4. (Non Phillips, 1836.) St-Cassian.

206. sublineata, Münst., 1841, 4, p. 99, pl. 10, fig. 6. St-Cassian.

207. substriata, Münst., 1841, 4, p. 99, pl. 10, fig. 5. St-Cassian.

208. turbilina, Münst., 1841, 4, p. 99, pl. 10, fig. 7. St-Cassian.

209. subplicistria, d'Orb., 1847. *N. plicistria*, Münster, 1841. Beitr., 4, p. 99, pl. 10, fig. 8. (Non Phillips, 1836.) St-Cassian.

210. impressa, Münst., 1841, p. 99, pl. 10, fig. 9. St-Cassian.

212. pseudospirata, d'Orb., 1847. *N. subspirata*, Münster, 1841. Beitr., 4, p. 100, pl. 10, fig. 10. (Non Rœmer, 1839.) St-Cassian.

213. neritina, Münst., 1841, p. 100, pl. 10, fig. 13. St-Cassian.

214. subovata, Münster, 1841, p. 100, pl. 10, fig. 11. St-Cassian.

215. angusta, Münster, 1841, p. 100, pl. 10, fig. 12. St-Cassian.

216. submaculosa, d'Orb., 1847. *N. maculosa*, Klipstein, 1844. Beitr., p. 193, pl. 13, fig. 1. (Non Blainville, 1825.) St-Cassian.

217. Mandelslohii, Klipstein, 1844. Beitr., p. 193, pl. 13, fig. 2. St-Cassian.

218. Catulli, Klipstein, 1844, p. 193, pl. 13, fig. 3. Saint-Cassian.

219. Deshayesii, Klipstein, 1844, p. 194, pl. 13, fig. 4. St-Cassian.

220. Inæquiplicata, Klipstein, 1844. Beitr., p. 194, pl. 13, fig. 5. St-Cassian.

221. Becksii, Klipstein, 1844, p. 194, pl. 13, fig. 6. St-Cassian.

222. ovata, Klipstein, 1844. Beitr., p. 194, pl. 13, fig. 7. St-Cassian.

223. Bronnii, d'Orb., 1847. *Naticella Bronnii*, Klipstein, 1844. Beit., p. 198, pl. 13, fig. 19. Tyrol, St-Cassian.

224. acute-costata, d'Orb., 1847. *Naticella acute-costata*, Klipstein, 1844. Beitr., p. 199, pl. 14, fig. 4. Tyrol, Saint-Cassian.

225. Landgrebii, Klipst., 1844, p. 195, pl. 13, fig. 8. St-Cassian.

226. plicatilis, Klipstein, 1844, p. 195, pl. 13, fig. 9. St-Cassian.

227. Haidingeri, Klipstein, 1844. Beitr., p. 195, pl. 13, fig. 10 et 11. St-Cassian.

228. Schwarzenbergi, Klipstein, 1844. Beitr., p. 196, pl. 13, fig. 12. St-Cassian.

229. globulosa, Klipstein, 1844, p. 196, pl. 13, fig. 13. St-Cassian.

230. gracilis, Klipst., 1844, p. 196, pl. 13, fig. 14. Saint-Cassian.

231. Ægenhausii, Klipstein, 1844. Beitr., p. 196, pl. 13, fig. 15. St-Cassian.

232. hieroglypha, Klipstein, 1844. Beitr., p. 197, pl. 13, fig. 16. St-Cassian.

233. Althusii, Klipstein, 1844, p. 197, pl. 13, fig. 17. St-Cassian.

234. Alpina, d'Orb., 1847. *Nerita Alpina*, Klipstein, 1844. Beitr., p. 200, pl. 14, fig. 8. St-Cassian.

235. arcte-costata, d'Orb., 1847. *Naticella arcte-costata*, Klipstein, 1844. Beitr., p. 200, pl. 14, fig. 7. Tyrol, Saint-Cassian.

236. Munsteriana, d'Orb., 1847. *Natica lyrata*, Münster, 1841. Beitr., 4, p. 101, pl. 10, fig. 25. (Non Sowerby, 1836). St-Cassian.
237. costata, d'Orb., 1847. *Naticella costata*, Münster, 1841. Beitr. zur Petref., 4, p. 101, pl. 10, fig. 24. Autriche, St-Cassian.
237'. subhybrida, d'Orb., 1847. *Turbo hybridus*, Münster, 1841. Beitr., 4, p. 116, pl. 12, fig. 41. (Non Lam., 1804.) St-Cassian.
NERITOPSIS, Sow. Voy. p. 172.
238. pyrulæformis, d'Orb., 1847. *Naticella pyrulæformis*, Klipstein, 1844. Beitr. zur geolog. Kenn., p. 199, pl. 14, fig. 6. Tyrol, St-Cassian.
TROCHUS, Adanson, 1757. Voy. p. 64.
239. subbisertus, d'Orb., 1847. *T. bisertus*, Münster, 1841. Beitr., 4, p. 107, pl. 11, fig. 11. (Non Phillips, 1839.) St-Cassian.
240. binodosus, Münster, 1841. Beitr., 4, p. 107, pl. 11, fig. 12. St-Cassian.
241. subconcavus, Münster, 1841. Beitr., 4, p. 107, pl. 11, fig. 13. St-Cassian.
242. bipunctatus, Münster, 1841. Beitr., 4, p. 107, pl. 11, fig. 14. St-Cassian.
243. semipunctatus, Braun, Münster, 1841. Beitr., 4, p. 107, pl. 11, fig. 15. St-Cassian.
244. bistriatus, Münster, 1841. Beitr., 4, p. 108, pl. 11, fig. 16. St-Cassian.
245. subpyramidalis, d'Orb., 1847. *T. pyramidalis*, Münster, 1841, p. 108, pl. 11, fig. 17. (Non Chemn., 1781.) Saint-Cassian.
246. nudus, Münster, 1841, p. 108, pl. 11, fig. 22. Saint-Cassian.
247. subglaber, Münster, 1841. Beitr., 4, p. 108, pl. 11, fig. 22. St-Cassian.
248. subverrucosus, d'Orb., 1847. *T. verrucosus*, Münster, 1841. Beitr., 4, p. 108, pl. 11, fig. 23. (Non Gmelin, 1789.) St-Cassian.
249. laticostatus, Münster, 1841. Beitr., 4, p. 109, pl. 11, fig. 24. St-Cassian.
250. subtricarinatus, d'Orb., 1847. *T. tricarinatus*, Klipstein, 1844. Beitr., p. 148, pl. 9, fig. 10. (Non Lam., 1804.) St-Cassian.
251. quadrilineatus, Klipstein, 1844. Beitr., p. 149, pl. 9, fig. 11. St-Cassian.
252. Caumontii, Klipstein, 1844, p. 149, pl. 9, fig. 12. St-Cassian.
253. Deslongchampsii, Klipstein, 1844. Beitr., p. 149, pl. 9, fig. 13. St-Cassian.
254. strigillatus, Klipstein, 1844. Beitr., p. 152, pl. 9, fig. 19. St-Cassian.
255. Asius, d'Orb., 1847. *T. acuticarinatus*, Klipstein, 1844. Beitr., p. 152, pl. 9, fig. 20. (Non Münster, 1843.) St-Cassian.
256. subpunctatus, Klipstein, 1844. Beitr., p. 152, pl. 9, fig. 21. St-Cassian.
258. subcostatus, Münster, 1841. Beitr., 4, p. 108, pl. 11, fig. 18. St-Cassian.
259. Nerei, d'Orb., 1847. *Pleurotomaria Nerei*, Münster, 1841. Beitr., 4, p. 113, pl. 12, fig. 17. Autriche, Saint-Cassian (Tyrol).
260. Cassianus, d'Orb., 1847. *Monodonta Cassiana* Wissmann,

Münster, 1841. Beitr., 4, p. 114, pl. 12, fig. 18. St-Cassian (Tyrol).
261. Eurytus, d'Orb., 1847. *Monodonta nodosa*, Münster, 1841, Beitr., 4, p. 114, pl. 12, fig. 19. (Non Sow.), St-Cassian.
262. subelegans, d'Orb., 1847. *Monodonta elegans*, Münster, 1841. Beitr., 4, p. 114, pl. 12, fig. 20. (Non Gmelin, 1789.) St-Cassian.
263. fasciolatus, 1847. d'Orb., *Turbo fasciolatus*, Münster, 1841, Beitr. zur Petref., 4, p. 114, pl. 12, fig. 21. Autriche, St-Cassian (Tyrol).
264. subornatus, d'Orb., 1847. *T. ornatus*, Klipstein, 1844. Beitr., p. 147, pl. 9, fig. 9. (Non Lam., 1804.) St-Cassian.
265. tristriatus, Münster, 1841. Beitr., 4, p. 108, pl. 11, fig. 19. St-Cassian.
266. subdecussatus, Münster, 1841. Beitr., 4, p. 108, pl. 11, fig. 20. St-Cassian.
267. Maximiliani Leuchtenbergensis, Klipstein, 1844. Beitr. zur geolog. Kenn., p. 147, pl. 9, fig. 8. Tyrol, St-Cassian.
268. subcalcar, d'Orb., 1847. *Pleurotomaria calcar*, Münster, 1841, p. 110, pl. 11, fig. 28. (Non *calcar*, Chemn., 1781.) St-Cassian.
269. Timeus, d'Orb., 1847. *Pleurotomaria subcostata*, Münster, 1841, p. 111, pl. 12, fig. 3 a, b. (Non n° 258.) St-Cassian.
270. Mineus, d'Orb., 1847. *Pleurotomaria canalifera*, Münster, 1841, 4, p. 111, pl. 12, fig. 4. (Non Lam., 1822). St-Cassian.
271. subdentatus, d'Orb., 1847. *Pleurotomaria subdentata*, Münster, 1841, 4, p. 111, pl. 12, fig. 5 a, b. St-Cassian.
272. Helirius, d'Orb., 1847. *Pleurotomaria binodosa*, Münster, 1841, 4, p. 111, pl. 12, fig. 6. (Non Münster, 1841.) St-Cassian.
273. subnodosus, d'Orb., 1847. *Monodonta subnodosa*, Klipstein, 1844. Beitr., p. 154, pl. 9, fig. 23. Tyrol, Saint-Cassian.
274. subgracilis, d'Orb., 1847. *Monodonta gracilis*, Klipstein, 1844. Beitr. zur geolog. Kenn., p. 154, pl. 9, fig. 24. Tyrol. St-Cassian.
275. spiritus, d'Orb., 1847. *Monodonta spirita*, Klipstein, 1844. Beitr. zur geolog. Kenn., p. 155, pl. 9, fig. 25. Tyrol, St-Cassian.
276. subcinctus, d'Orb., 1847. *Monodonta cincta*, Klipstein, 1844. Beitr., p. 155, pl. 14, fig. 33. (Non Phill., 1836.) Tyrol, St-Cassian.
277. Gnydus, d'Orb., 1847. *T. bicarinatus*, Klipstein, 1844. Beitr., p. 150, pl. 9, fig. 16. (Non Lam., 1803.) St-Cassian.
278. interruptus, Klipstein, 1844. Beitr., p. 151, pl. 9, fig. 17. St-Cassian.
279. quadrangulo-nodulosus, Klipstein, 1844. Beitr., p. 150, pl. 9, fig. 15. St-Cassian.
280. subcancellatus, d'Orb., 1847. *Delphinula cancellata*, Klipstein, 1844, p. 203, pl. 14, fig. 15. (Non Münster, 1843.) St-Cassian.
281. biarmatus, d'Orb., 1847. *Delphinula biarmata*, Klipstein, 1844. Beitr. zur geolog. Kenn., p. 203, pl. 14, fig. 16. Tyrol, Saint-Cassian.
282. lineatulus, d'Orb., 1847. *Delphinula lineata*, Klipstein, 1844. Beitr., p. 203, pl. 14, fig. 17. (Non Lam., 1822.) Tyrol, St-Cassian.
283. Studeri, d'Orb., 1847. *Euomphalus Studeri*, Klipstein, 1844. Beitr. zur geolog. Kenn., p. 201, pl. 14, fig. 10. Tyrol, Saint-Cassian.
284. sphæroidicus, d'Orb., 1847. *Euomphalus sphæroidicus*, Klipstein, 1844. Beitr., p. 201, pl. 14, fig. 11. Tyrol, St-Cassian.

285. complanatus, d'Orb., 1847. *Euomphalus complanatus*, Klipstein, 1844. Beitr., p. 202, pl. 14, fig. 12. Tyrol, St-Cassian.
286. Zinkeni, Klipstein, 1844, p. 149, pl. 9, fig. 14. St-Cassian.
287. Bianor, d'Orb., 1847. *Solarium subpunctatum*, Klipstein, 1844. Beitr. zur geolog. Kenn., p. 201, pl. 14, fig. 9. Tyrol, St-Cassian.
288. subscalaris, d'Orb., 1847. *Pleurotomaria scalaris*, Münster, 1841, 4, p. 109, pl. 11, fig. 27. (Non Rœmer, 1836.) St-Cassian.
289. helicoides, d'Orb., 1847. *Rotella helicoides*, Münster, 1841. Beitr. zur Petref., 4, p. 117, pl. 13, fig. 5. Autriche, St-Cassian (Tyrol).
290. serratus, d'Orb., 1847. *Schizostoma serrata*, Münster, 1841. Beitr. zur Petref., 4, p. 106, pl. 11, fig. 7 a. Autriche, St-Cassian (Tyrol).
STRAPAROLUS, Montfort, 1810. *Euomphalus*, Sow. Voy. p. 6.
291. subhelicoides, d'Orb., 1847. *Euomphalus helicoides*, Klipstein, 1844. Beitr., p. 202, pl. 14, fig. 13. (Non *Helicoides*, Sow., 1818.) Tyrol, St-Cassian.
292. reconditus, d'Orb., 1847. *Euomphalus reconditus*, Klipstein, 1844, p. 202, pl. 14, fig. 14. Tyrol, Saint-Cassian.
293. dentatus, d'Orb., 1847. *Euomphalus dentatus*, Münster, 1841. Beitr. zur Petref., 4, p. 106, pl. 11, fig. 8 et 9. Autriche, St-Cassian.
294. cingulatus, d'Orb., 1847. *Porcellia cingulata*, Münster, 1841. Beitr. zur Petref., 4, p. 105, pl. 11, fig. 4 a. Autriche, St-Cassian.
295. Cassianus, d'Orb., 1847. *Delphinula Verneuilii*, Klipstein, 1844. Beitr., p. 204, pl. 14, fig. 19. (Non Münster, 1843.) Tyrol, St-Cassian.
DELPHINULA, Lamarck, 1804. D'Orb., Paléont. franç., terr. crét., 2, p. 208.
296. lævigata, Münster, 1841, p. 104, pl. 10, fig. 29. St-Cassian.
TURBO, Linné. Voy. p. 5.
297. subreflexus, d'Orb., 1847. *T. reflexus*, Münst., 1841. Beitra., 4, p. 115, pl. 12, fig. 30. (Non *reflexus*, Gmelin, 1789.) St-Cassian.
298. Geranna, Münster, 1841, p. 115, pl. 12, fig. 31. St-Cassian.
299. bicingulatus, Münster, 1841. Beitra., 4, p. 115, pl. 12, fig. 32. St-Cassian.
300. subcarinatus, Münst., 1841, p. 116, pl. 12, fig. 33. St-Cassian.
301. vixcarinatus, Münst., 1841, p. 116, pl. 12, fig. 34. St-Cassian.
302. haudcarinatus, Münster, 1841. Beitra., 4, p. 116, pl. 12, fig. 35. St-Cassian.
303. cochlearis, Braun, Münster, 1841. Beitra., 4, p. 116, pl. 12, fig. 36. St-Cassian.
304. Yo, d'Orb., 1847. *Naticella ornata*, Münster, 1841. Beitra., p. 101, pl. 10, fig. 14 a. (Non *ornatus*, Sow., 1819.) St-Cassian.
305. striato-costatus, d'Orb., 1847. *Naticella striato-costata*, Münster, 1841. Beitra., p. 101, pl. 10, fig. 15 a. St-Cassian.
306. subplicatus, d'Orb., 1847. *Naticella plicata*, Münster, 1841. Beitra. zur Petref., 4, p. 101, pl. 10, fig. 16 a. Autriche, St-Cassian.
307. subarmatus, d'Orb., 1847. *Naticella armata*, Münst., 1841. Beitra. zur Petref., 4, p. 102, pl. 10, fig. 17 a. Autriche, St-Cassian.
308. subornatus, d'Orb., 1847. *Naticella subornata*, Münst., 1841. Beitr. zur Petref., 4, p. 102, pl. 10, fig. 16 a. Autriche, St-Cassian.
309. subnodulosus, d'Orb., 1847. *Naticella nodulosa*, Münster, 1841. Beitr. zur Petr., 4, p. 102, pl. 10, fig. 20. Autriche, St-Cassian.

310. subdecussatus, d'Orb., 1847. *Naticella decussata*, Münster, 1841. Beitra., 4, p. 102, pl. 10, fig. 21, 22. (Non Montagu, 1803.) Autriche, Saint-Cassian.

311. concentricus, d'Orb., 1847. *Naticella concentrica*, Münster, 1841. Beitra. zur Petref., 4, p. 102, pl. 10, fig. 23. Saint-Cassian.

312. salus, d'Orb., 1847. *Pleurotomaria venusta*, Münster, 1841. Beitr. zur Petref., 4, p. 113, pl. 12, fig. 13 a, b. (Non *venusta*, Münster, 1846.) Autriche, Saint-Cassian (Tyrol).

313. nodosus, d'Orb., 1847. *Pleurotomaria nodosa*, Münster, 1841. Beitr., 4, p. 113, pl. 12, fig. 14 a, b. Autriche, Saint-Cassian.

314. striato-punctatus, Münster, 1841, 4, p. 115, pl. 12, fig. 27. Saint-Cassian.

315. subcinctus, d'Orb., 1847. *T. cinctus*, Münster, 1841. Beitra., 4, p. 115, pl. 12, fig. 28. (Non Donovan, 1799.) Autriche, St-Cassian.

316. Melania, Münster, 1841. Beitra., 4, p. 117, pl. 12, fig. 42. Autriche, Saint-Cassian.

317. Philippi, Klipstein, 1844, p. 156, pl. 10, fig. 1. St-Cassian.

318. Jaschianus, Klipstein, 1844. Beitr., p. 156, pl. 10, fig. 2. St-Cassian.

319. noduloso-cancellatus, Klipst., 1844. Beitr., p. 156, pl. 10, fig. 3. St-Cassian.

320. ellipticus, Klipstein, 1844. Beitr., p. 157, pl. 10, fig. 4. Saint-Cassian.

321. subconcinnus, d'Orb., 1847. *T. concinnus*, Klipstein, 1844. Beitr., p. 157, pl. 10, fig. 5. (Non *concinnus*, 1836. Voy. étage 13, n° 114.) Tyrol, Saint-Cassian.

322. semiplicatilis, Klipstein, 1844. Beitr., p. 157, pl. 10, fig. 6. Saint-Cassian.

323. tenuicingulatus, Klipstein, 1844, p. 157, pl. 10, fig. 7. Saint-Cassian.

324. abbreviatus, Klipstein, 1844. Beitr., p. 158, pl. 10, fig. 9. Saint-Cassian.

325. tricingulatus, Klipstein, 1844. Beitr., p. 158, pl. 10, fig. 10. Saint-Cassian.

326. strigillatus, Klipstein, 1844. Beitr., p. 158, pl. 10, fig. 11. Saint-Cassian.

327. subpunctatus, d'Orb., 1847. *Pleurotomaria subpunctata*, Klipstein, 1844, p. 167, pl. 10, fig. 28. Tyrol, Saint-Cassian.

328. subtricarinatus, Münster, 1841. Beitra., 4, p. 114, pl. 12, fig. 22. (Non Brocchi, 1814.) Autriche, Saint-Cassian.

329. pleurotomarius, Münster, 1841. Beitra., 4, p. 114, pl. 12, fig. 23. Saint-Cassian.

330. subpleurotomarius, Münst., 1841, 4, p. 115, pl. 12, fig. 24. Saint-Cassian.

331. subtrochleatus, d'Orb., 1847. *T. trochleatus*, Münster, 1841. Beitra., 4, p. 115, pl. 12, fig. 25. (Non Dujardin, 1837.) St-Cassian.

332. subcrenatus, d'Orb., 1847. *T. crenatus*, Münster, 1841, 4, p. 115, pl. 12, fig. 26. (Non *crenatus*, Chemnitz, 1795.) Saint-Cassian.

333. Johannis Austriæ, d'Orb., 1847. *Pleurotomaria Johannis Austriæ*, Klipstein, 1844, p. 161, pl. 10, fig. 8. Tyrol, St-Cassian.

334. Bronnii, d'Orb., 1847. *Pleurotomaria Bronnii,* Klipstein, 1844. Beitr. zur geolog. Kenn., p. 161, pl. 10, fig. 14. St-Cassian.
335. substriatus, d'Orb., 1847. *Pleurotomaria substriata,* Klipstein, 1844. Beitr. zur geolog. Kenn., p. 162, pl. 10, fig. 15. St-Cassian.
336. salinarius, d'Orb., 1847. *Pleurotomaria Meyeri,* Klipstein, 1844. Beitr., p. 162, pl. 10, fig. 16. (Non *T. Meyeri*, Münster, 1844.) Saint-Cassian.
337 Credneri, d'Orb., 1847. *Pleurotomaria Credneri,* Klipstein, 1844. Beitr. zur geolog. Kenn., p. 163, pl. 10, fig. 17. St-Cassian.
338. Klipsteini, d'Orb., 1847. *Pleurotomaria Beaumontii,* Klipstein, 1844. Beitr., p. 163, pl. 10, fig. 18. Tyrol, Saint-Cassian.
339. pygmæus, d'Orb., 1847. *Euomphalus pygmæus,* Münster, 1841. Beitr. zur Petref., 4, p. 104, pl. 11, fig. 1. Autriche, Saint-Cassian.
340. Panopæ, d'Orb., 1847. *Euomphalus spiralis,* Münster, 1841. Beitr., 4, p. 105, pl. 11, fig. 2. (Non *spiralis*, Mont., 1803.) Saint-Cassian.
341. contrarius, d'Orb., 1847. *Euomphalus contrarius,* Braun, Münster, 1841. Beitr., 4, p. 105, pl. 11, fig. 3. St-Cassian.
342. plicato-nodosus, d'Orb., 1847. *Pleurotomaria plicato-nodosa,* Klipstein, 1844. Beitr., p. 169, pl. 10, fig. 32. Tyrol, Saint-Cassian.
343. granulosus, d'Orb., 1847. *Pleurotomaria granulosa,* Klipstein, 1844. Beitr., p. 169, pl. 10, fig. 33. Tyrol, Saint-Cassian.
344. subgracilis, d'Orb., 1847. *Pleurotomaria gracilis,* Klipstein, 1844. Beitr., p. 170, pl. 11, fig. 1. (Non *T. gracilis,* Brocchi, 1814.) Tyrol, Saint-Cassian.
345. supranodosus, d'Orb. 1847. *Monodonta supranodosa,* Klipstein, 1844. Beitr., p. 153, pl. 9, fig. 22. Tyrol, Saint-Cassian.
346. margine-nodosus, d'Orb., 1847. *Pleurotomaria margine-nodosa,* Klipstein, 1844. Beitr., p. 166, pl. 10, fig. 24. Saint-Cassian.
347. Münsteri, d'Orb., 1847. *Pleurotomaria Münsteri,* Klipstein, 1844. Beitr., p. 166, pl. 10, fig. 25, 26. Tyrol, Saint-Cassian.
348. Brandis, d'Orb., 1847. *Pleurotomaria Brandis,* Klipstein, Beitr. zur geolog. Kenntn., p. 164, pl. 10, fig. 21. Tyrol, St-Cassian.
349. pentagonalis, d'Orb., 1847. *Pleurotomaria pentagonalis,* Klipstein, 1844. Beitr., p. 164, pl. 10, fig. 22. Saint-Cassian.
350. binodulosus, d'Orb., 1847. *Trochus binodulosus,* Klipstein, 1844. Beitr., p. 151, pl. 9, fig. 18. Tyrol, Saint-Cassian.
351. rugoso-carinatus, d'Orb., 1847. *Naticella rugoso-carinata,* Klipstein, 1844. Beitr., p. 198, pl. 14, fig. 2. Tyrol, Saint-Cassian.
352. crenatus, d'Orb., 1847. *Pleurotomaria crenata,* Münster, 1841. Beitr. zur Petref., 4, p. 113, pl. 12, fig. 15. Autriche, Saint-Cassian.
353. granulo-costatus, d'Orb., 1847. *Naticella granulo-costata,* Klipstein, 1844. Beitr., p. 198, pl. 14, fig. 1. Tyrol, Saint-Cassian.
354. tricinctus, d'Orb., 1847. *Turritella tricincta,* Münster, 1841. Beitr. zur Petref., 4, p. 119, pl. 13, fig. 21. Autriche, Saint-Cassian.
355. pleurotomarioides, d'Orb., 1847. *Pleurotomaria angulata,* Münster, 1841. Beitr., 4, p. 112, pl. 12, fig. 10. (Non *angulatus,* Montagu, 1803.) Autriche, Saint-Cassian.
PHASIANELLA, Lamarck, 1801. Voy. p. 67.
356. Klipsteiniana, d'Orb., 1847. *Turbo Cassianus,* Wiss., Münst.,

1841. Beitr., 4, p. 117, pl. 13, fig. 1. (Non n° 369.) Autr., St-Cassian.

357. intermedia, d'Orb., 1847. *Turbo intermedius,* Münster, 1841. Beitr. zur Petref., 4, p. 117, pl. 13, fig. 2. Autriche, Saint-Cassian.

358. striatula, d'Orb., 1847. *Turbo striatulus,* Münster, 1841. Beitr. zur Petref., 4, p. 117, pl. 13, fig. 3. Autriche, Saint-Cassian.

359. similis, d'Orb., 1847. *Turbo similis,* Münster, 1841. Beitr. zur Petref., 4, p. 117, pl. 13, fig. 4. Autriche, Saint-Cassian.

360. venusta, d'Orb., 1847. *Scalaria venusta,* Münster, 1841. Beitr. zur Petref., 4, p. 103, pl. 10, fig. 28. Autriche, Saint-Cassian (Tyrol).

361. Münsteri, Wismann, Münster, 1841, 4, p. 118, pl. 13, fig. 7. Saint-Cassian.

362. paludinaris, d'Orb., 1847. *Melania paludinaris,* Münster, 1841. Beitr. zur Petref., 4, p. 97, pl. 9, fig. 50. Autriche, Saint-Cassian.

363. Hagenovii, d'Orb., 1847. *Melania Hagenovii,* Klipstein, 1844. Beitr. zur geolog. Kenntn., p. 187, pl. 12, fig. 15. Tyrol, St-Cassian,

364. bolina, d'Orb., 1847. *Melania Alberti,* Klipstein, 1844. Beitr., p. 187, pl. 12, fig. 16. (Non Dujardin, 1837.) Tyrol, Saint-Cassian.

365. plicata, d'Orb., 1847. *Melania plicata,* Klipstein, 1844. Beitr. zur geolog. Kenn., p. 190, pl. 12, fig. 28. Tyrol, St-Cassian.

366. Partschii, d'Orb., 1847. *Melania Partschii,* Klipstein, 1844. Beitr. zur geolog. Kenn., p. 186, pl. 12, fig. 12. Tyrol, St-Cassian.

367. angusta, d'Orb., 1847. *Turbo angustus,* Klipstein, 1844. Beitr. zur geolog. Kenn., p. 158, pl. 10, fig. 8. Tyrol, St-Cassian.

368. variabilis, d'Orb., 1847. *Melania variabilis,* Klipstein, 1844. Beitr. zur geolog. Kenn., p. 186, pl. 12, fig. 9. Tyrol, St-Cassian.

369. Cassiana, d'Orb., 1847. *Melania Cassiana,* Klipstein, 1844. Beitr. zur geolog. Kenn., p. 192, pl. 12, fig. 36. Tyrol, St-Cassiap.

370. abbreviata, d'Orb., 1847. *Melania abbreviata,* Klipstein, 1844. Beitr. zur geolog. Kenn., p. 185, pl. 12, fig. 4. Tyrol, St-Cassian.

STOMATIA, Lamarck, 1801. Voy. 7.

371. neritoides, d'Orb., 1847. *Capulus neritoides,* Münster, 1841. Beitr., 4, p. 93, pl. 9, fig. 13. (Non Phillips.) Autriche, St-Cassian.

372. Goldfussii, d'Orb., 1847. *Rotella Goldfussii,* Münster, 1841. Beitr. zur Petref., 4, p. 117, pl. 13, fig. 6. Autriche, St-Cassian (Tyrol).

373. cincta, d'Orb., 1847. *Naticella cincta,* Klipstein, 1844. Beitr. zur geolog. Kenn., p. 199, pl. 14, fig. 5. Tyrol, St-Cassian.

374. compressa, d'Orb., 1847. *Naticella compressa,* Klipstein, 1844. Beitr. zur geolog. Kenn., p. 199, pl. 14, fig. 3. Tyrol, St-Cassian.

375. Münsteri, d'Orb., 1847. *Naticella Münsteri,* Klipstein, 1844. Beitr. zur geolog. Kenn., p. 198, pl. 13, fig. 18. Tyrol, St-Cassian.

376. carinata, d'Orb., 1847. *Sigaretus carinatus,* Münster, 1841. Beitr., 4, p. 93, pl. 9, fig. 16 a, b. Goldfuss, pl. 168, fig. 16. *Sigaretus tenuicinctus,* Klipstein, 1844, p. 204, pl. 14, fig. 20. St-Cassian.

PLEUROTOMARIA, Defrance, 1825. Voy. p. 7.

377. Pamphilus, d'Orb., 1847. *P. lineata,* Klipstein, 1844. Beitr., p. 170, pl. 11, fig. 3. (Non Goldf., 1843.) Tyrol, St-Cassian.

378. subplana, d'Orb., 1847. *P. plana,* Klipstein, 1844. Beitr., p. 170, pl. 14, fig. 30. (Non Münster, 1843.) Tyrol, St-Cassian.

379. tricarinata, Klipstein, 1844. Beitr., p. 171, pl. 14, fig. 31. St-Cassian.

380. subconcava? d'Orb., 1847. *P. concava*, Münster, 1841. Beitr., 4, p. 112, pl. 12, fig. 7. (Non Deshayes, 1825.) Autriche, St-Cassian.

381. radians, Wissmann, Münster, 1841. Beitr., 4, p. 112, pl. 12, fig. 8. St-Cassian.

382. cochlea, Münster, 1841, 4, p. 112, pl. 12, fig. 9. St-Cassian.

383. texturata, Münster, 1841, p. 110, pl. 12, fig. 1. St-Cassian.

384. subgranulata, Münst., 1841, p. 110, pl. 12, fig. 2. Saint-Cassian.

385. Triton, d'Orb., 1847. *P. decorata*, Münster, 1841. Beitr., 4, p. 112, pl. 12, fig. 12. St-Cassian.

386. Protei, Münster, 1841, 4, p. 112, pl. 12, fig. 12. St-Cassian.

387. bicingulata, Klipstein, 1844. Beitr., p. 168, pl. 10, fig. 30. St-Cassian.

388. subcoronata, Münster, 1841. Beitr., 4, p. 109, pl. 11, fig. 25. Saint-Cassian.

389. coronata, Münster, 1841. Beitr., 4, p. 109, pl. 11, fig. 26. Saint-Cassian.

390. concinna, Klipstein, 1844. Beitr., p. 164, pl. 10, fig. 20. Saint-Cassian.

391. subgracilis, d'Orb., 1847. *Schizostoma gracilis*, Braun, Münster, 1841, 4, p. 106, pl. 11, fig. 10. Saint-Cassian (Tyrol).

392. subplicata, Klipstein; 1844. Beitr., p. 167, pl. 10, fig. 27. Saint-Cassian.

393. elliptica, Klipstein, 1844. Beitr., p. 168, pl. 10, fig. 31. Saint-Cassian.

394. Amalthea, Klipstein, 1844. Beitr., p. 163, pl. 10, fig. 19. Saint-Cassian.

395. cancellato-cingulata, Klipstein, 1844, p. 165, pl. 10, fig. 23. Saint-Cassian.

396. subcancellata, d'Orb., 1847. *P. cancellata*, Münster, 1841. Beitr., 4, p. 113, pl. 12, fig. 16. Klipst., pl. 10, fig. 31, pl. 11, fig. 2 (Non *cancellata*, Phillips, 1841). Saint-Cassian.

397. spuria? Münster, 1841. Beitr., 4, p. 110, pl. 11, fig. 29. Saint-Cassian.

398. obtusa, Klipstein, 1844. Beitr., 4, p. 168, pl. 10, fig. 29. Saint-Cassian.

399. bilineata, d'Orb., 1847. *Turbo bilineatus*, Klipstein, 1844. Beitr. zur geolog. Kenn., p. 159, pl. 10, fig. 12. Tyrol, St-Cassian.

400. planata, d'Orb., 1847. *Delphinula plana*, Klipstein, 1844. Beitr. p. 203, pl. 14, fig. 18. (Non *plana*, Münster, 1843). Tyrol, Saint-Cassian.

PORCELLIA, Léveillé, 1835. Voy. p. 71.

401. Buchii, d'Orb., 1847. *Schizostoma Buchii*, Münster, 1841. Beitr., zur Petref., 4, p. 105, pl. 11, fig. 5, a, b, c. St-Cassian.

402. costata, d'Orb., 1847. *Schizostoma costata*, Münster, 1841, Beit. zur Petref., 4, p. 106, pl. 6, a. Autriche, Saint-Cassian.

CERITHIUM, Adanson, 1757. D'Orb., Paléont. franç., terr. crét., 2, p. 351.

403. quadrangulatum, Klipstein, 1844. Beitr., p. 181, pl. 11, fig. 32. Saint-Cassian.

404. Kobellii, Klipstein, 1844. Beitr. p. 181, pl. 11, fig. 33. Saint-Cassian.

405. subventricosum, Klipstein, 1844. Beitr., p. 182, pl. 11, fig. 34. (Non Sow., 1822). St-Cassian.

406. lateplicatum, Klipstein, 1844. Beitr., p. 182, pl. 11, fig. 35. Saint-Cassian.

407. Meyeri, Klipstein, 1844, p. 182, pl. 11, fig. 36. St-Cassian.

408. spinulosum, Klipstein, 1844. Beitr., p. 183, pl. 12, fig. 1. Saint-Cassian.

409. Jageri, d'Orb., 1847. *Turritella Jageri*, Klipstein, 1844. Beitr. zur geolog. Kenn., p. 173, pl. 11, fig. 5. Tyrol, St-Cassian.

410. subconicum, d'Orb., 1847. *Turritella conica*. Klipstein, 1844, p. 173, pl. 11, fig. 6. (Non Blainville, 1827). St-Cassian (Tyrol).

411. Gaytani, d'Orb., 1847. *Turritella Gaytani*, Klipstein, 1844. Beitr. zur geolog. Kenn., p. 174, pl. 11, fig. 7. Tyrol, St-Cassian.

412. Blumii, d'Orb., 1847. *Pleurotoma Blumii*, Wissm., Münster, 1841. Beitr. zur Petref., 4, p. 123, pl. 13, fig. 47. Autriche, St-Cassian.

413. sublineatum, d'Orb., 1847. *Pleurotoma sublineata*, Münst., 1841. Beitr. zur Petref., 4, p. 123, pl. 13, fig. 48. Autriche, St-Cassian.

414. tripunctatum, d'Orb., 1847. *Fusus tripunctatus*, Münster, 1841. Beitr., 4, p. 123, pl. 13, fig. 49. Saint-Cassian (Tyrol).

415. nodoso-carinatum, d'Orb., 1847. *Fusus nodoso-carinatus*, Münster, 1841. Beitr., 4, p. 123, pl. 13, fig. 50. Saint-Cassian.

416. subnodosum, d'Orb., 1847. *Fusus subnodosus*, Münster, 1841. Beitr., zur Petref., 4, p. 124, pl. 13, fig. 51. Autriche, St-Cassian.

417. bisertum, Münster, 1841. Beitr., 4, p. 122, pl. 13, fig. 44. Saint-Cassian.

418. Alceste, d'Orb., 1847. *C. acutum*, Münster, 1841. Beitr., 4, p. 122, pl. 13, fig. 37. (Non Sow., 1822). St-Cassian.

419. Alberti, Wissmann, Münster, 1841. Beitr., 4, p. 123, pl. 13, fig. 45. St-Cassian.

420. subcancellatum, Münster, 1841. Beitr., 4, p. 123, pl. 13, fig. 46. St-Cassian.

421. subdecussatum, d'Orb., 1847. *Turritella decussata*, Münst., 1841. Beitr., 4, p. 119, pl. 13, fig. 14 (non Brug., 1790). St-Cassian.

422. margine-nodosum, d'Orb., 1847. *Turritella margine-nodosa*, Münster, 1841. Beitr., 4, p. 119, pl. 13, fig. 18. Autriche, St-Cassian.

423. pseudonodulosum, d'Orb., 1847. *Turritella nodulosa*, Münster, 1841, 4, p. 119, pl. 13, fig. 19 (non Brug., 1790). Saint-Cassian.

424. colon, d'Orb., 1847. *Turritella colon*, Münster, 1841. Beitr., 4, p. 119, pl. 13, fig. 20. Autriche, St-Cassian.

425. decoratum, d'Orb., 1847. *Turritella decorata*, Klipstein, 1844. Beitr., p. 175, pl. 11, fig. 12. Tyrol, St-Cassian.

426. subquadrangulatum, d'Orb., 1847. *Turritella quadrangulata*, Klipstein, 1844. Beitr., p. 175, pl. 11, fig. 13 (non n° 403). Tyrol, St-Cassian.

427. Bucklandii, d'Orb., 1847. *Turritella Bucklandii*, Klipstein, 1844. Beitr., p. 174, pl. 11, fig. 8. Tyrol, Saint-Cassian.

428. Hehlii, d'Orb., 1847. *Turritella Hehlii*, Klipstein, 1844. Beitr., p. 174, pl. 11, fig. 10. Tyrol, Saint-Cassian.

429. Brandis, Klipstein, 1844. Beitr., p. 180, pl. 11, fig. 30 et fig. 9. Saint-Cassian.
433. subgracile, d'Orb., 1847. *C. gracile*, Klipstein, 1844. Beitr., p. 183, pl. 12, fig. 2 (non Lam., 1804). St-Cassian.
434. Haueri, d'Orb., 1847. *Turritella Haueri*, Klipstein, 1844. Beitr., p. 178, pl. 11, fig. 25. St-Cassian.
435. subgranulatum, d'Orb., 1847. *Pleurotoma subgranulata*, Klipstein, 1844. Beitr., p. 183, pl. 12, fig. 3. Tyrol, St-Cassian.
CAPULUS, Montfort, 1810. Voy. p. 31.
436. pustulosus, Münster, 1841. Beitr., 4, p. 93, pl. 9, fig. 12. Saint-Cassian.
EMARGINULA, Lamarck, 1801. D'Orb., Paléont. franç., terrains crét., 2, p. 391.
437. Goldfussii, Römer, Münster, 1841. Beitr., 4, p. 92, pl. 9, fig. 15. St-Cassian.
HELCION, Montfort, 1810. Voy. p. 9.
438. costulata, d'Orb., 1847. *Patella costulata*, Münster, 1841. Beitr. zur Petref., 4, p. 91, pl. 9, fig. 9, a, b. Autriche, St-Cassian.
439. nuda, d'Orb., 1847. *Patella nuda*, Klipstein, 1844. Beitr. zur geolog. Kenn., p. 205, pl. 14, fig. 23. Tyrol, Saint-Cassian.
440. granulata, d'Orb. 1847. *Patella granulata*, Münster, 1841. Beitr. zur Petref., 4, p. 92, pl. 9, fig. 10, a, b. Autriche, St-Cassian.
441. capulina, d'Orb., 1847. *Patella capulina*, Braun, Münster, 1841. Beitr. zur Petref., 4, p. 92, pl. 9, fig. 11. Autriche, St-Cassian.
442. campanæformis, d'Orb., 1847. *Patella campanæformis*, Klipstein, 1844. Beitr., p. 204, pl. 14, fig. 21. Saint-Cassian.
443. lineata, d'Orb., 1847. *Patella lineata*, Klipstein, 1844. Beitr. zur geolog. Kenn., p. 204, pl. 14, fig. 22. Tyrol, Saint-Cassian.
DENTALIUM, Linné, 1740. Voy. p. 73.
444. decoratum, Münster, 1841. Beitr., 4, p. 91, pl. 9, fig. 7. Saint-Cassian.
445. undulatum, Münster, 1841. Beitr., 4, p. 91, pl. 9, fig. 6. Saint-Cassian.
446. simile, Münster, 1841. Beitr., 4, p. 91, pl. 9, fig. 8. St-Cassian.
447. canaliculatum, Klipstein, 1844. Beit., p. 206, pl. 14, fig. 28. Saint-Cassian.

MOLLUSQUES LAMELLIBRANCHES.

LEDA, Schumacher, 1817. Voy. p. 11.
448. elliptica, d'Orb., 1847. *Nucula elliptica*, Goldf., Münster, 1841. Beitr., 4, p. 83, pl. 8, fig. 8. *Nucula tenuis*, Klipst., 1845. Beitr., p. 263, pl. 17, fig. 17. Saint-Cassian.
449. sublineata, d'Orb., 1847. *Nucula lineata*, Goldf., Münster, 1841. Beitr., 4, p. 83, pl. 8, fig. 9. (Non *lineata*, Sow., 1836.) Autriche, Saint-Cassian.
450. præacuta, d'Orb., 1847. *Nucula præacuta*, Klipstein, 1845. Beitr. zur geolog. Kenntn., p. 263, pl. 17, fig. 18. Tyrol, St-Cassian.
451. sulcellata, d'Orb., 1847. *Nucula sulcellata*, Wissm., Klipstein,

1845, p. 263, pl. 17, fig. 19; Münster, pl. 8, fig. 15. Saint-Cassian.

452. faba, d'Orb., 1847. *Nucula faba*, Wissm., Münster, 1841. Beitr., 4, p. 85, pl. 8, fig. 16. (Non Goldf., 1838.). Saint-Cassian.

453. Zelima, d'Orb., 1847. *Nucula subovalis*, Goldf., Münster, 1841. Beitr. zur Petref., 4, p. 84, pl. 8, fig. 12. Autriche, St-Cassian (Tyrol).

454. undata, d'Orb., 1847. *Nucula undata*, Klipstein, 1845. Beitr. zur geolog. Kenntn., p. 262, pl. 17, fig. 16 et 21. Tyrol, St-Cassian.

OPIS, Defrance, 1825; d'Orb., Paléont. franç., terr. crétacés, 3, p. 51.

455. Heninghausii, d'Orb., 1847. *Cardita Heninghausii*, Klipstein, 1845. Beitr., p. 254, pl. 16, fig. 20. Tyrol, Saint-Cassian.

CYPRINA, Lamarck, 1811. Voy. p. 173.

456. subrostrata, d'Orb., 1847. *Isocardia rostrata*, Münster, 1841. Beitr., 4, p. 87, pl. 8, fig. 26. (Non 20, 316.) Autriche, Saint-Cassian.

457. strigillata, d'Orb., 1847. *Cardita strigillata*, Klipstein, 1845. Beitr. zur geolog. Kenntn., p. 255, pl. 16, fig. 23. Tyrol, St-Cassian.

458. plana, d'Orb., 1847. *Isocardia plana*, Münster, 1841. Beitr. zur Petref., 4, p. 87, pl. 8, fig. 23. Autriche, Saint-Cassian (Tyrol).

459. astartiformis, d'Orb., 1847. *Isocardia astartiformis*, Münst., 1841. Beitr., 4, p. 87, pl. 8, fig. 24. Saint-Cassian.

460. laticostata, d'Orb., 1847. *Isocardia laticostata*, Münster, 1841. Beitr. zur Petref., 4, p. 87, pl. 8, fig. 25. Autriche, Saint-Cassian.

CARDINIA, Agassiz, 1838. Voy. p. 32.

461. subproblematica, d'Orb., 1847. *Unio problematicus*, Klipstein, 1845, p. 265, pl. 17, fig. 25. (Non Münster, 1842.) Saint-Cassian.

462. Münsteri, d'Orb., 1847. *Unionites Münsteri*, Wissm., Münst., 1841. Beitr. zur Petref., 4, p. 20, pl. 16, fig. 5. Autriche, St-Cassian.

TRIGONIA, Bruguière, 1791; d'Orb., Paléont. franç., terr. crétacés, 3, p. 128.

463. harpa, Münster, 1841, 4, p. 89, pl. 7, fig. 30. St-Cassian.

464. Gaytani, Klipstein, 1845, p. 252, pl. 16, fig. 16. St-Cassian.

MYOPHORIA, Bronn, 1835. Voy. p. 174.

465. Blainvillei, Klipstein, 1845. Beitr., p. 253, pl. 16, fig. 17. Saint-Cassian.

466. inæquicostata, Klipstein, 1845. Beitr., p. 254, pl. 16, fig. 18. Saint-Cassian.

467. lineata, Münster, 1841, 4, p. 88, pl. 7, fig. 29. St-Cassian.

468. ornata, Münster, 1841, 4, p. 88, pl. 8, fig. 21. St-Cassian.

469. decussata, d'Orb., 1847. *Cardita decussata*, Münster, 1841. Beitr. zur Petref., 4, p. 86, pl. 8, fig. 20. Autriche, Saint-Cassian.

470. rugosa, d'Orb., 1847. *Cardita rugosa*, Klipstein, 1845. Beitr. zur geolog. Kenntn., p. 254, pl. 16, fig. 19. Tyrol, Saint-Cassian.

LUCINA, Bruguière, 1791. Voy. p. 32.

471. Deshayesii, Klipstein, 1845. Beitr., p. 256, pl. 16, fig. 24. Saint-Cassian.

472. duplicata, Münster, 1841. Beitr., 4, p. 90, pl. 8, fig. 28. Saint-Cassian.

473. Alpina? d'Orb., 1847. *Sanguinolaria Alpina*, Münst., 1841. Beitr. zur Petref., 4, p. 142, pl. 8, fig. 29. Autriche, Saint-Cassian.

CARDIUM, Linné, 1758. Voy. p. 33.

474. elegantulum, d'Orb., 1847. *C. elegans*, d'Orb., 1847. *Car-*

dita elegans, Klipst., 1845. Beitr., p. 255, pl. 16, fig. 21. (Non Münster, 1840.) Tyrol, Saint-Cassian.
475. tenue, d'Orb., 1847. *Cardita tenuis*, Klipstein, 1845. Beitr. zur geolog. Kenntn., p. 255, pl. 16, fig. 22. Tyrol, Saint-Cassian.
476. denti-costatum, d'Orb., 1847. *Spondylus denti-costatus*, Klipstein, 1845. Beitr., p. 246, pl. 17, fig. 28. Tyrol, Saint-Cassian.
477. crenatum, d'Orb., 1847. *Cardita crenata*, Goldf., Münst., 1841. Beitr. zur Petref., 4, p. 86, pl. 8, fig. 19, a, b. St-Cassian.
478. subdubium, d'Orb., 1847. *C. dubium*, Münster, 1841. Beitr., 4, p. 90, pl. 8, fig. 27. (Non Geinitz, 1840.) Saint-Cassian.
ISOCARDIA, Lamarck, 1799.
479. minuta, Klipstein, 1845, p. 261, pl. 17, fig. 11. St-Cassian.
480. granulo-rugosa, Klipstein, 1845. Beitr., p. 261, pl. 17, fig. 27. Saint-Cassian.
481. Buchii, Klipst., 1845. Beitr., p. 259, pl. 17, fig. 4. St-Cassian.
481'. Mandelslohii, Klipstein, 1845. Beitr., p. 260, pl. 17, fig. 5. Saint-Cassian.
482. Partschii, Klipstein, 1845., p. 260, pl. 17, fig. 6. St-Cassian.
483. subconcentrica, d'Orb., 1847. *I. concentrica*, Klipst., 1845. Beitr., p. 260, pl. 17, fig. 7. (Non Sow., 1825.) Saint-Cassian.
484. Blumii, Klipstein, 1845. Beitr., p. 260, pl. 17, fig. 9. St-Cassian.
485. subrimosa, d'Orb., 1847. *Isocardia rimosa*, Klipstein, 1845. Beitr. var. *elongata*, p. 261, pl. 17, fig. 10. Tyrol, Saint-Cassian.
486. rimosa, Münster, 1841, 4, p. 87, pl. 8, fig. 22. St-Cassian.
NUCULA, Lamarck, 1801. Voy. p. 12.
487. subnuda, d'Orb., 1847. *N. nuda*, Wissm., Münster, 1841. Beitr., 4, p. 85, pl. 8, fig. 17. (Non Phillips, 1829.) Saint-Cassian.
488. subobliqua, d'Orb., 1847. *N. obliqua*, Münster, 1841. Beitr., 4, p. 85, pl. 8, fig. 18. (Non Blainville, 1825.) Saint-Cassian.
489. strigillata, Goldf., Münster, 1841. Beitr., 4, p. 83, pl. 8, fig. 10. Saint-Cassian.
490. subcordata, d'Orb., 1847. *N. cordata*, Münster, 1841. Beitr., 4, p. 84, pl. 8, fig. 11. (Non Goldfuss, 1838.) Saint-Cassian.
491. inflata, Wissm., Münster, 1841. Beitr., 4, p. 20, pl. 16, fig. 7. Saint-Cassian.
492. tenuilineata, Klipstein, 1845. Beitr., p. 263, pl. 17, fig. 20, Saint-Cassian.
493. subcuneata, d'Orb., 1847. *N. cuneata*, Münster, 1841. Beitr., 4, p. 84, pl. 8, fig. 13. (Non Phillips, 1836.) Saint-Cassian.
494. subtrigona, Münster, 1841. Beitr., 4, p. 84, pl. 8, fig. 14. Saint-Cassian.
ISOARCA, Münster, 1843.
495. Stotteri, d'Orb., 1847. *Nucula Stotteri*, Klipstein, 1845. Beitr. zur geolog. Kenntn., p. 262, pl. 17, fig. 8. Tyrol, Saint-Cassian.
ARCA, Linné, 1758. Voy. p. 13.
496. strigillata, Münster, 1841, 4, p. 8, pl. 81, fig. 2. St-Cassian.
497. rugosa, Münst., 1841. Beitr., 4, p. 82, pl. 8, fig. 2. St-Cassian.
498. impressa, Münster, 1841, 4, p. 82, pl. 8, fig. 4. St-Cassian.
499. Aspasia, d'Orb., 1847. *A. concentrica*, Münster, 1841. Beitr., 4, p. 82, pl. 8, fig. 5. (Non Münster, 1840, étage 2e.) Saint-Cassian.

500. latissima, d'Orb., 1847. *A. lata*, Münster, 1841. Beitr., 4, p. 82, pl. 8, fig. 6. (Non Gmelin, 1789.) Saint-Cassian.

501. nuda, Münster, 1841. Beitr., 4, p. 82, pl. 8, fig. 7. St-Cassian.

502. subcardiiformis, d'Orb., 1847. *Avicula cardiiformis*, Münst, 1841. Beitr., 4, p. 78, pl. 7, fig. 18. (Non Basterot, 1825.) St-Cassian.

503. formosissima, d'Orb., 1847. *A. formosa*, Klipstein, 1845. Beitr., p. 264, pl. 17, fig. 22. (Non Sow., 1833.) St-Cassian.

504. Danembergi, Klipstein, 1845. Beitr., p. 264, pl. 17, fig. 23. St-Cassian.

505. hemisphærica, Klipstein, 1845. Beitr., p. 264, pl. 17, fig. 24. St-Cassian.

MYOCONCHA, Sowerby, 1824. Voy. p. 166.

506. Maximiliani, d'Orb., 1847. *Mytilus Maximilianus Leuctembergensis*, Klipstein, 1845. Beitr., p. 256, pl. 17, fig. 1. St-Cassian.

507. lata, d'Orb., 1847. *Mytilus latus*, Klipstein, 1845. Beitr. zur geolog. Kenn., p. 257, pl. 17, fig. 13. Tyrol, St-Cassian.

MYTILUS, Linné, 1758. Voy. p. 82.

508. similis, d'Orb., 1847. *Modiola similis*, Münster, 1841. Beitr., 4, p. 81, pl. 7, fig. 27. *Modiola plana*, Klipstein, 1845, pl. 17, fig. 3. St-Cassian.

509. subdimidiatus, d'Orb., 1847. *Modiola dimidiata*, Münster, 1841. Beitr., 4, p. 81, pl. 7, fig. 28. (Non Goldf.) St-Cassian (Tyrol).

510. subpygmæus, d'Orb., 1847. *M. pygmæus*, Münster, 1841. Beitr., 4, p. 80, pl. 7, fig. 26. (Non Goldf., 1838.) St-Cassian.

511. subscalaris, d'Orb., 1847. *M. scalaris*, Klipstein, 1845. Beitr., p. 257, pl. 17, fig. 14. (Non Phillips, 1841.) St-Cassian.

512. præacutus, Klipstein, 1845, p. 258, pl. 17, fig. 15. St-Cassian.

513. gracilis, d'Orb., 1847. *Modiola gracilis*, Klipstein, 1845. Beitr. zur geolog. Kenn., p. 258, pl. 17, fig. 2. Tyrol, St-Cassian.

514. Münsteri, Klipstein, 1845, p. 257, pl. 17, fig. 12. St-Cassian.

LIMA, Bruguière, 1791. Voy. p. 175.

515. subpunctata, d'Orb., 1847. *L. punctata*, Münster, 1841. Beitr., 4, p. 73, pl. 6, fig. 29. (Non Sow., 1815.) Autriche, St-Cassian (Tyrol).

516. angulata, Münster, 1841, p. 73, pl. 6, fig. 30. St-Cassian.

517. margine-plicata, Klipstein, 1845. Beitr., p. 248, pl. 16, fig. 7. St-Cassian.

AVICULA, Klein, 1753. Voy. p. 13.

518. subcostata, Goldf., 1838. Petref., 2, p. 129, pl. 117, fig. 5. Zieten, pl. 69, fig. 6. Allemagne, Villingen, en Wurtemberg, Sulz sur le Neckar.

519. salinaria, d'Orb., 1847. *Monotis salinaria*, Bronn, Goldf., 1833, p. 139, pl. 121, fig. 1. Allem., Dovrenberge Hallein.

520. Iris, d'Orb., 1847. *Monotis inæquivalvis*, Bronn, Goldf., 1838. Petref., 2, p. 139, pl. 121, fig. 2. Dovrenberge zu Hallein.

521. gryphæata, Münster, 1841. Beitr., 4, p. 75, pl. 7, fig. 7. Goldf., 2, p. 127, pl. 116, fig. 10. Autriche, St-Cassian (Tyrol).

522. tenuistria, Münster, 1841. Beitr. zur Petref., 4, p. 76, pl. 7, fig. 8. Goldf., pl. 116, fig. 11. Autriche, St-Cassian.

523. bidorsata, Münster, 1841. Beitr., 4, p. 76, pl. 7, fig. 9. *Avicula trapezoides*, Klipstein, 1845, pl. 15, fig. 24. Autriche, Saint-Cassian.

524. Cassiana, d'Orb., 1847. *A. decussata*, Münster, 1841. Beitr. 4, p. 76, pl. 7, fig. 10. Goldf., pl. 116, fig. 12. (Non Münster, 1838.) Autriche, St-Cassian.

525. planidorsata, Münster, 1841. Beitr., 4, p. 76, pl. 7, fig. 11. St-Cassian.

526. impressa, Münster, 1841, 4, p. 76, pl. 7, fig. 12. St-Cassian.

527. arcuata, Münster, 1841, 4, p. 77, pl. 7, fig. 13. St-Cassian.

529. gea, d'Orb., 1847. *A. antiqua*, Münster, 1841. Beitr., 4, p. 77, pl. 7, fig. 15. (Non Defrance, 1816.) St-Cassian.

530. alternans, Münster, 1841, 4, p. 77, pl. 7, fig. 16. St-Cassian.

531. bifrons, Münster, 1841, 4, p. 77, pl. 7, fig. 17. St-Cassian.

532. depressa, Wissmann, Münster, 1841. Beitr., 4, p. 19, pl. 16, fig. 3. St-Cassian.

533. glaberrima, Wissm., Münster, 1841, 4, p. 20, pl. 16, fig. 4. St-Cassian.

534. subpygmæa, d'Orb., 1847. *A. pygmœa*, Münster, 1841. Beitr., 4, p. 78, pl. 7, fig. 21. (Non Koch, 1837.) St-Cassian.

535. æquivalvis, Münster, 1841, 4, p. 78, pl. 7, fig. 19. St-Cassian.

536. Klipsteini, d'Orb., 1847. *A. pectinoides*, Klipstein, 1845. Beitr., p. 242, pl. 15, fig. 22. (Non Sow., 1838.) Tyrol, St-Cassian.

537. subimpressa, d'Orb., 1847. *Avicula impressa*, Klipstein, 1845. Beitr., p. 243, pl. 15, fig. 23. (Non Münster, 1841.) St-Cassian.

538. complanata, Klipstein, 1845. Beitr., p. 243, pl. 26, fig. 17. St-Cassian.

539. Wissmanni, Münster, 1841, p. 78, pl. 8, fig. 1. St-Cassian.

540. Johannis-Austriæ, d'Orb., 1847. *GerviliaJohannis-Austriæ*, Klipstein, 1845. Beitr., p. 249, pl. 16, fig. 8. Tyrol, St-Cassian.

GERVILIA, Defrance, 1820. D'Orb., Paléont. franç., terrains crét., 3, p. 480.

541. angusta, Münster, 1841. Beitr., 4, p. 79, pl. 7, fig. 23. Goldf., pl. 115, fig. 6. Autriche, St-Cassian (Tyrol).

542. angulata, Münster, 1841. Beitr., 4, p. 79, pl. 7, fig. 24. *Gervilia intermedia*, Münster, pl. 7, fig. 25? St-Cassian.

POSIDONOMYA, Bronn, 1837. Voy. p. 13.

543. lineata, d'Orb., 1847. *Monotis lineata*, Münst., Goldf., 1838. Petref., 2, p. 140, pl. 121, fig. 3, pl. 117, fig. 6. Aussee, Wirbel.

544. minuta, Alberti, Zieten, 1830. Wurtemb., p. 72, pl 54, fig. 5. Goldf., pl. 113, fig. 5. Wurtemberg, Rottweil, Heilbronn, Pforzheim.

545. striata, d'Orb., 1847. *Avicula striata*, Münster, 1841. Beitr. zur Petref., 4, p. 78, pl. 7, fig. 20. Autriche, St-Cassian.

546. Wengensis, Wissm., Münster, 1841, 4, p. 23, pl. 16, fig. 12. St-Cassian.

547. Lommelii, d'Orb., 1847. *Halobia Lommeli*, Wissm., Münster, 1841. Beitr. zur Petref., 4, p. 22, pl. 16, fig. 11. Autriche, St-Cassian.

548. dubia, d'Orb., 1847. *Avicula dubia*, Münster, 1841. Beitr. zur Petref., 4, p. 78, pl. 7, fig. 22. Autriche, St-Cassian (Tyrol).

PECTEN, Gualtieri, 1742. Voy. p. 87.

549. moniliferus, Braun, Münster, 1841. Beitr., 4, p. 72, pl. 7, fig. 4. St-Cassian.

550. subdemissus, Münster, 1841, p. 73, pl. 7, fig. 6. St-Cassian.

551. auristriatus, Münster, 1841. Beitr., 4, p. 73, pl. 6, fig. 35. St-Cassian.

552. subalternans, d'Orb., 1847. *P. alternans*, Münster, 1841. Beitr., 4, p. 71, pl. 6, fig. 25. (Non Dubois, 1831.) St-Cassian.

553. octoplectus, Münster, 1841, p. 72, pl. 6, fig. 26. St-Cassian.

554. Nerei, Münster, 1841. Beitr., 4, p. 72, pl. 6, fig. 27. St-Cassian.

555. Protei, Münster, 1841, p. 72, pl. 7, fig. 6. Saint-Cassian.

556. raricostatus, Münster, 1841. Beitr., 4, p. 72, pl. 6, fig. 28. St-Cassian.

557. tubulifer, Münster, 1841. Beitr., 4, p. 72, pl. 6, fig. 31. Klipstein, pl. 16, fig. 10. St-Cassian.

558. interstriatus, Münster, 1841. Beitr., 4, p. 72, pl. 6, fig. 32 et pl. 7, fig. 5. St-Cassian.

559. decoratus, Klipstein, 1845, p. 250, pl. 16, fig. 9. St-Cassian.

560. Cassianus, d'Orb., 1847. *P. multiradiatus*, Klipstein, 1845. Beitr., p. 250, pl. 16, fig. 10 et 14. (Non Lam., 1819.) St-Cassian.

561. terebratuloides, Klipstein, 1845, p. 251, pl. 16, fig. 11. St-Cassian.

562. Sandbergeri, Klipstein, 1845. Beitr., p. 251, pl. 16, fig. 12. St-Cassian.

563. granulo-costatus, Klipstein, 1845. Beitr., p. 251, pl. 16, fig. 13. St-Cassian.

564. subgranulosus, d'Orb., 1847. *Spondylus granulosus*, Klipstein, 1845, p. 245, pl. 15, fig. 27. (Non Phillips, 1842.) St-Cassian.

565. Klipsteini, d'Orb., 1847. *Spondylus acute-costatus*, Klipstein, 1845. Beitr., p. 245, pl. 15, fig. 28. (Non Lam., 1819.) St-Cassian.

HINNITES, Defrance, 1821.

566. latus, d'Orb., 1847. *Spondylus latus*, Klipstein, 1845. Beitr. zur geolog. Kenn., p. 244, pl. 15, fig. 25. Tyrol, St-Cassian.

567. Schlotheimii, d'Orb., 1847. *Spondylus Schlotheimii*, Klipstein, 1845. Beitr., p. 244, pl. 15, fig. 26. Tyrol, Saint-Cassian.

568. sulcatus, d'Orb., 1847. *Spondylus sulcatus*, Klipstein, 1845. Beitr. zur geolog. Kenn., p. 245, pl. 15, fig. 29. Tyrol, St-Cassian.

569. sublevatus, d'Orb., 1847. *Spondylus sublevatus*, Münster, 1841. Beitr. zur Petref., 4, p. 74, pl. 6, fig. 38. Autriche, St-Cassian.

PLICATULA, Lamarck, 1801. D'Orb., Paléont. franç., terr. crét., 3, p. 678.

570. obliqua, d'Orb., 1847. *Spondylus obliquus*. Münster, 1841, Beitr. zur Petref., 4, p. 74, pl. 6, fig. 34. Autriche, St-Cassian.

OSTREA, Linné, 1758. Voy. p. 176.

571. venusta, Braun, Münster, 1841, 4, p. 69, pl. 7, fig. 1. Saint-Cassian.

572. arcta, d'Orb., 1847. *Gryphæa arcta*, Braun, Münster, 1841. Beitr. zur Petref., 4, p. 70, pl. 7, fig. 2 a, b. Autriche, St-Cassian.

573. Bronnii, Klipstein, 1845. Beitr. *O. aviculoides*, Klipstein, pl. 15, fig. 30, p. 247, pl. 15, fig. 31. Tyrol, St-Cassian.

574. montis caprilis, Klipstein, 1845, p. 247, pl. 16, fig. 5. St-Cassian.

MOLLUSQUES BRACHIOPODES.

PRODUCTUS, Sowerby, 1812.
575. **Leonhardi**, Wissmann, 1841. Koninck, Prod., p. 276, pl. 17, fig. 4. Münster, pl. 6, fig. 21. *Producta dubia*, Münster, pl. 6, fig. 24. Saint-Cassian.
RHYNCHONELLA, Fischer, 1827. Voy. p. 92.
576. **subacuta**, d'Orb., 1847. *Terebratula subacuta*, Münster, 1841. Beitr. zur Petref., 4, p. 55, pl. 6, fig. 1 a, b. Autriche, Saint-Cassian.
577. **semiplecta**, d'Orb., 1847. *Terebratula semiplecta*, Münster, 1841. Beitr., 4, p. 55, pl. 6, fig. 2. *Terebratula Johannis-Austriæ*, Klipst., p. 211, pl. 15, fig. 1, pl. 16, fig. 1. Saint-Cassian.
578. **semicostata**, d'Orb., 1847. *Terebratula semicostata*, Münster, 1841. Beitr. zur Petref., 4, p. 56, pl. 6, fig. 3. Autriche, St-Cassian.
579. **quadriplecta**, d'Orb., 1847. *Terebratula quadriplecta*, Münst., 1841. Beitr. zur Petref., 4, p. 58, pl. 6, fig. 9. Autriche, St-Cassian.
580. **flexuosa**, d'Orb., 1847. *Terebratula flexuosa*, Münster, 1841. Beitr., 4, p. 59, pl. 6, fig. 8. Klipst., pl. 15, fig. 4. St-Cassian.
581. **contraplecta**, d'Orb., 1847. *Terebratula contraplecta*, Münst., 1841. Beitr. zur Petref., 4, p. 59, pl. 9, fig. 2. Autriche, Saint-Cassian.
582. **Haueri**, d'Orb., 1847. *Terebratula Haueri*, Klipstein, 1844. Beitr., p. 219, pl. 16, fig. 2. Tyrol, Saint-Cassian.
583. **sellaris ?** d'Orb., 1847. *Terebratula sellaris*, Klipstein, 1844. Beitr. zur geolog. Kenntn., p. 204, pl. 15, fig. 11. Tyrol, St-Cassian.
584. **semiplicata ?** d'Orb., 1847. *Terebratula semiplicata*, Klipst., 1844. Beitr., p. 214, pl. 15, fig. 3. Tyrol, Saint-Cassian.
CYRTHIA, Dalman, 1828. Voy. p. 41.
585. **calceola ?** d'Orb., 1847. *Spirifer calceola?* Klipstein, 1844. Beitr. zur geolog. Kenntn., p. 227, pl. 16, fig. 4. Tyrol, St-Cassian.
SPIRIFER, Sowerby, 1820. Voy. p. 20.
586. **Dalmani ?** d'Orb., 1847. *Orthis Dalmani*, Klipstein, 1844. Beitr. zur geolog. Kenntn., p. 235, pl. 15, fig. 15. St-Cassian.
587. **concentricus**, d'Orb., 1847. *Orthis concentrica*, Münster, 1841. Beitr. zur Petref., 4, p. 65, pl. 6, fig. 19 a, b. Autriche, Saint-Cassian.
588. **rostratus**, Schlotheim, 1822, pl. 16, fig. 4. Münster, 1841. Beitr., 4, p. 66, pl. 6, fig. 20. Saint-Cassian.
589. **rariplectus**, Braun, Münster, 1841, 4, p. 66, pl. 9, fig. 1. Saint-Cassian.
590. **dichotomus**, Braun, Münster, 1841, 4, p. 67, pl. 9, fig. 4. Saint-Cassian.
591. **spurius**, Braun, Münster, 1841, 4, p. 67, pl. 9, fig. 3. Saint-Cassian.
592. **Maximiliani-Leuchtembergensis ?** Klipstein, 1844. Beitr. zur geolog. Kenntn., p. 226, pl. 15, fig. 16. Saint-Cassian.
593. **Humboldtii ?** Klipstein, 1844. Beitr., p. 233, pl. 15, fig. 17. Saint-Cassian.
594. **Cassianus**, d'Orb., 1847. *S. Buchii*, Klipstein, 1844. Beitr., p. 230, pl. 15, fig. 14. (Non Koninck, 1844). Saint-Cassian.

595. bidorsatus? Klipstein, 1844. Beitr., p. 232, pl. 15, fig. 19. Saint-Cassian.

596. procerrimus? Klipstein, 1844. Beitr., p. 233, pl. 15, fig. 8. Saint-Cassian.

597. Brandis, Klipstein, 1844, p. 228, pl. 15, fig. 18. St-Cassian.

SPIRIGERA, d'Orb , 1847. Voy. p. 43.

598. quinquecostata, d'Orb., 1847. *Terebratula quinquecostata,* Münster, 1841, 4, p. 59, pl. 6, fig. 6 a, b. Autriche, Saint-Cassian.

599. quadricostata, d'Orb. 1847. *Terebratula quadricostata,* Braun, Münster, 1841. Beitr., 4, p. 60, pl. 9, fig. 5 a, b. Saint-Cassian.

600. tricostata, d'Orb., 1847. *Terebratula tricostata,* Münster, 1841. Beitr., 4, p. 57, pl. 6, fig. 7 a, b. Autriche, Saint-Cassian.

601. crista-galli? d'Orb., 1847. *Terebratula crista-galli,* Klipst., 1844. Beitr., p. 217, pl. 15, fig. 9. Tyrol, Saint-Cassian.

TEREBRATULA, Lwyd, 1699. Voy. p. 43.

602. elongata, Schloth., de Buch, Münster, 1841. Beitr. zur Petref., 4, p. 62, pl. 6, fig. 14. Autriche, Saint-Cassian (Tyrol).

603. subsufflata, d'Orb., 1847. *T. sufflata,* Münster, 1841. Beitr., 4, p. 63, pl. 6, fig. 15 (non Schloth.). Saint-Cassian.

604. subcurvata, Münster, 1841. Beitr., 4, p. 63, pl. 6, fig. 17. Saint-Cassian.

605. Wissmanni, Münster, 1841. Beitr., 4, p. 64, pl. 6, fig. 18. Saint-Cassian.

606. subangusta, Münster, 1841. Beitr., 4, p. 64, pl. 6, fig. 16. Saint-Cassian.

607. subbipartita, d'Orb., 1847. *T. bipartita,* Münster, 1841. Beitr., 4, p. 60, pl. 6, fig. 11. (Non Brocchi, 1814). St-Cassian.

608. Münsterii, d'Orb., 1847. *Terebratula vulgaris,* Münster, 1841. Beitr., 4, p. 61, pl. 6, fig. 12. (Non Schloth.) Autriche, St-Cassian.

609. subpentagonalis? d'Orb., 1847. *T. pentagonalis,* Klipstein, 1844. Beitr., p. 220, pl. 15, fig. 12. (Non Phillips, 1835). St-Cassian.

610. triangulata, Klipstein, 1844. Beitr., p. 221, pl. 16, fig. 3. Saint-Cassian.

611. præmarginata, Klipstein, 1844, p. 222, pl. 15, fig. 6. Saint-Cassian.

612. æqualis, Klipstein, 1844, p. 223, pl. 15, fig. 7. St-Cassian.

613. Cassiana, d'Orb., 1847. *T. Bronnii,* Klipstein, 1844. Beitr., p. 215, pl. 15, fig. 13. (Non Hag. Rœmer, 1841.) St-Cassian.

614. salinaria, d'Orb., 1847. *T. Buchii,* Klipstein, 1844. Beitr., p. 218, pl. 15, fig. 2. (Non Rœmer, 1837.) St-Cassian.

615. multicostata, Klipstein, 1844. Beitr., p. 216, pl. 15, fig. 5. Saint-Cassian.

615'. suborbicularis, Münster, 1841. Beitr., 4, p. 56, pl. 6, fig. 4. Saint-Cassian.

ORBICULOIDEA, d'Orb., 1847. V. p. 44.

616. discoidea, d'Orb., 1847. *Orbicula discoidea,* Münster, 1841. Beitr. zur Petref., 4, p. 69, pl. 6, fig. 22 a. Autriche, Saint-Cassian.

617. lata, d'Orb., 1847. *Orbicula lata,* Münster, 1841. Beitr. zur Petref., 4, p. 69, pl. 6, fig. 23 a. Autriche, St-Cassian (Tyrol).

MOLLUSQUES BRYOZOAIRES.

COSCINIUM, de Keyserling, 1846.
618. elegans, d'Orb., 1847. *Flustra elegans*, Münster, 1841. Beitr. zur Petref., 4, p. 32, pl. 2, fig. 1. Autriche, St-Cassian (Tyrol).
ASPENDESIA, Lamouroux, 1821.
619. spongiosa? d'Orb., 1847. *Catenipora spongiosa*, Klipstein, 1845. Beitr., p. 287, pl. 19, fig. 19. Tyrol, Saint-Cassian.

ÉCHINODERMES.

CIDARIS, Lamarck.
620. Klipsteini, Marcou, 1847. Agass., Cat., p. 140. *Cidaris Orbignyana*, Klipstein, 1845. Beitr., p. 270, pl. 18, fig. 5. (Non Agassiz, 1840). Tyrol, Saint-Cassian.
621. Bronnii, Klipstein, 1845, p. 270, pl. 18, fig. 6. St-Cassian.
622. ovifera, Klipstein, 1845, p. 271, pl. 18, fig. 8. St-Cassian.
623. globifera, Klipstein, 1845, p. 271, pl. 18, fig. 9. St-Cassian.
624. subspinulosa, d'Orb., 1847. *C. spinulosa*, Klipstein, 1845. Beitr., p. 271, pl. 18, fig. 10. (Non Agassiz). St-Cassian.
625. bicarinata, Klipstein, 1845. Beitr., p. 272, pl. 18, fig. 11. St-Cassian.
626. subbispinosa, d'Orb., 1847. *C. bispinosa*, Klipstein, 1845. Beitr., p. 272, pl. 18, fig. 12. (Non Defrance, 1817). St-Cassian.
627. Hausmanni, Wissmann, Münster, 1841. Beitr., 4, p. 44, pl. 3, fig. 14. St-Cassian.
628. trigona, Münster, 1841, 4, p. 44, pl. 3, fig. 15. St-Cassian.
629. spinosa, Münster, 1841. Beitr., 4, p. 44, pl. 3, fig. 16. *C. Wissmani*, Desor, 1847, Cat., p. 26. St-Cassian.
630. cingulata, Münster, 1841. Beitr., 4, p. 44, pl. 3, fig. 17. St-Cassian.
631. flexuosa, Münster, 1841. Beitr., 4, p. 44, pl. 3, fig. 18. Klipst., pl. 18, fig. 1. St-Cassian.
632. semicostata, Münster, 1841. Beitr., 4, p. 45, pl. 3, fig. 20. St-Cassian.
633. scrobiculata, Braun, Münster, 1841, 4, p. 45, pl. 3, fig. 21. St-Cassian.
634. decorata, Münster, 1841. Beitr., 4, p. 45, pl. 3, fig. 22. St-Cassian.
635. Braunii, Agassiz, 1847. *Catenifera*, Münster, 1841. Beitr., 4, p. 45, pl. 3, fig. 23. (Non *Agass.*, 1840). *C. baculifera*, Münster, pl. 3, fig. 24. (Non *Agass.*) St-Cassian.
636. dorsata, Bronn, Münster, 1841. Beitr., 4, p. 46, pl. 4, fig. 1. St-Cassian.
637. subalata, d'Orb., 1847. *C. alata*, Münster, 1841. Beitr., 4, p. 47, pl. 4, fig. 2. (Non Agassiz, 1840.) St-Cassian, Buchenstein.
638. subcoronata, Münster, 1841. Beitr., 4, p. 40, pl. 3, fig. 1. Agass. Cat., p. 28. St-Cassian.

639. subsimilis, Münster, 1841, 4, p. 40, pl. 3, fig. 2. St-Cassian.
640. venusta, Münster, 1841, 4, p. 41, pl. 3, fig. 4. St-Cassian.
641. liagora, Münster, 1841, 4, p. 41, pl. 3, fig. 5. St-Cassian.
642. garana, Braun, Münster, 1841, 4, p. 42, pl. 3, fig. 7. Saint-Cassian.
643. pentagona, Münster, 1841. Beitr., 4, p. 42, pl. 3, fig. 8. St-Cassian.
644. subpentagona, Braun, Münster, 1841, 4, p. 42, pl. 3, fig. 9. St-Cassian.
645. subnobilis, Münster, 1841. Beitr., 4, p. 42, pl. 3, fig. 10. St-Cassian.
646. Buchii, Münster, 1841. 4, p. 43, pl. 3, fig. 11. St-Cassian.
647. remifera, Münster, 1841. Beitr., 4, p. 43, pl. 3, fig. 12. St-Cassian.
648. biformis, Münster, 1841. Beitr., 4, p. 43, pl. 3, fig. 13. Agass., Cat., 1847, p. 31. St-Cassian.
649. Rœmeri, Wissman, Münster, 1841, 4, p. 47, pl. 4, fig. 3. St-Cassian.
650. Wachteri, Wissman, Münster, 1841. Beitr., 4, p. 48, pl. 5, fig. 22. St-Cassian.
651. Brandis, Klipstein, 1845, p. 269, pl. 18, fig. 2. St-Cassian.
652. fasciculata, Klipstein, 1845. Beitr., p. 269, pl. 18, fig. 3. St-Cassian.
653. Meyeri, Klipstein, 1845, p. 269, pl. 18, fig. 4. St-Cassian.

HEMICIDARIS, Agassiz.

654. Admeto, Desor, Agass., 1847. Cat. syst., p. 35. *Cidaris Admeto*, Braun, Münster, 1841. Beitr., 4, p. 40, pl. 3, fig. 3. St-Cassian.
655. regularis, Desor, Agass., 1847. Cat. syst., p. 35. *Cidaris regularis*, Münster, 1841. Beitr., 4, p. 41, pl. 3, fig. 6. St-Cassian.
656. linearis, Desor, Agass., 1847. Cat. syst., p. 35. *Cidaris linearis*, Münster, 1841. Beitr., 4, p. 45, pl. 3, fig. 19. Klipst., pl. 18, fig. 13. St-Cassian.

ENCRINUS, Miller, 1821.

657. entrocha, d'Orb., 1839. *Encrinus liliiformis*, Schloth. Münster, 1841. Beitr., 4, p. 52, pl. 5, fig. 1-9. Autriche, Saint-Cassian.
658. varians, Münster, 1841. Beitr. zur Petref., 4, p. 52, pl. 5, fig. 8-10. Klipst., pl. 18, fig. 19. Autriche, St-Cassian.
659. granulosus, Münster, 1841. Beitr., 4, p. 53, pl. 5, fig. 11-20. Klipst., pl. 18, fig. 20-23. (Le *flabellocrinites Cassianus*, Klipst., pl. 12, fig. 23, n'est, à ce qu'il paraît, qu'une tige d'*Encrinus* déformée par la pression.) St-Cassian.

PENTACRINUS, Miller, 1821.

660. subcrenatus, Münster, 1841. Beitr., 4, p. 49, pl. 4, fig. 6. St-Cassian.
661. propinquus, Münster, 1841. Beitr., 4, p. 49, pl. 4, fig. 9. St-Cassian.
662. Braunii, Münster, 1841, 4, p. 50, pl. 4, fig. 8. St-Cassian.
663. lævigatus, Münster, 1841. Beitr., 4, p. 50, pl. 4, fig. 7. St-Cassian.

ZOOPHYTES.

THECOPHYLLIA, Edwards et Haime, 1848.
664. crenata, Münster, 1841. Beitr. zur Petref., 4, p. 35, pl. 2, fig. 11. *M. rugosa*, Münster, pl. 2, fig. 12. Autriche, St-Cassian.
666. cellulosa ? Klipstein, 1845. Beitr., p. 290, pl. 20, fig. 2. St-Cassian.
667. obliqua, Münster, 1841, 4, p. 35, pl. 2, fig. 8. St-Cassian.
668. boletiformis, Münster, 1841. Beitr., 4, p. 35, pl. 2, fig. 9. St-Cassian.
669. gracilis, Münster, 1841, 4, p. 34, pl. 2, fig. 5. St-Cassian.
670. capitata, Münster, 1841, 4, p. 34, pl. 2, fig. 6. St-Cassian.
671. granulata, d'Orb., 1847. *Cyathophyllum granulatum*, Münster, 1841. Beitr., 4, p. 37, pl. 2, fig. 24. Autriche, Saint-Cassian.
MONTLIVALTIA, Lamouroux, 1821.
672. radiciformis, d'Orb., 1847. *Cyathophyllum radiciforme*, Münster, 1841. Beitr. zur Petref., 4, p. 38, pl. 2, fig. 23. Klipstein, pl. 20, fig. 4. Autriche, St-Cassian.
CONOPHYLLIA, d'Orb., 1847. Ce sont des *Thecophyllia* avec une saillie styliforme ronde à la columelle.
673. granulosa, d'Orb., 1847. *Montlivaltia granulosa*, Münster, 1841. Beitr. zur Petref., 4, p. 35, pl. 2, fig. 10. Autriche, St-Cassian.
674. pygmæa, d'Orb., 1847. *Montlivaltia pygmæa*, Münster, 1841. Beitr. zur Petref., 4, p. 36, pl. 2, fig. 14. Autriche, St-Cassian.
LASMOPHYLLIA, d'Orb., 1847. Ce sont des *Montlivaltia* sans encroûtement extérieur, dont l'ombilic en entonnoir est allongé.
675. venustum, d'Orb., 1847. *Anthophyllum venustum?* Münster, 1841. Beitr. zur Petref., 4, p. 36, pl. 4, fig. 5. Autriche, St-Cassian.
676. dichotoma? d'Orb., 1847. *Montlivaltia dichotoma*, Klipstein, 1845. Beitr., p. 289, pl. 19, fig. 22. Tyrol, Saint-Cassian.
ACROSMILIA, d'Orb., 1847. Cellule striée en dehors comme les *Lithodendron*, mais seule isolée.
677. acaulis, d'Orb., 1847. *Montlivaltia acaulis*, Münster, 1841. Beitr. zur Petref., 4, p. 34, pl. 2, fig. 7. Autriche, St-Cassian.
678. granulata, d'Orb., 1849. *Cyathophyllum granulatum*, Klipstein, 1845. Beitr., p. 290, pl. 20, fig. 3. (Non Münster). St-Cassian.
EUNOMYA, Lamouroux, 1821.
680. gracilis, d'Orb., 1849. *Cyathophyllum gracile*, Münster, 1841. Beitr. zur Petref., 4, p. 37, pl. 2, fig. 15. Autriche, St-Cassian (Tyrol).
681. confluens, d'Orb., 1849. *Cyathophyllum confluens*, Münster, 1841. Beitr., 4, p. 37, pl. 2, fig. 16. Autriche, St-Cassian.
683. sublævis, d'Orb., 1849. *Lithodendron sublæve*, Münster, 1841. Beitr., 4, p. 33, pl. 2, fig. 4. St-Cassian.
CALAMOPHYLLIA, Blainville, 1830.
682. subdichotoma ? d'Orb., 1849. *Lithodendron subdichotomum*, Münster, 1841, 4, p. 33, pl. 2, fig. 3. St-Cassian.
PRIONASTREA, Edwards et Haime.
685. venusta, d'Orb., 1849. *Astrea venusta*, Münster, 1841. Beitr. zur Petref., 4, p. 38, pl. 2, fig. 17. Autriche, St-Cassian.

CONVEXASTREA, d'Orb., 1847. Cellule en relief, à six grosses cloisons principales et d'autres intermédiaires, columelle creuse.

686. regularis, d'Orb., 1847. *Astrea regularis*, Klipstein, 1845. Beitr. zur geolog. Kenn., p. 293, pl. 20, fig. 11. Tyrol, St-Cassian.

SYNASTREA, Edwards et Haime. Cellule superficielle, avec une dépression columellaire; cloisons nombreuses, peu saillantes, rayonnant jusqu'au centre de la cellule voisine.

687. ramosa, d'Orb., 1849. *Agaricia ramosa*, Münster, 1841. Beitr. zur Petref., 4, p. 32, pl. 2, fig. 2. Autriche, St-Cassian (Tyrol).

688. Zieteni, d'Orb., 1849. *Montlivaltia Zieteni*, Klipstein, 1845. Beitr. zur geolog. Kenn., p. 289, pl. 20, fig. 1. Tyrol, St-Cassian.

CENTRASTRÆA, d'Orb., 1847. Ce sont des *Synastrea* avec une columelle styliforme.

689. Goldfussii, d'Orb., 1847. *Astrea Goldfussii*, Klipstein, 1845. Beitr. zur geolog. Kenn., 4, p. 293, pl. 20, fig. 10. Tyrol, St-Cassian.

OULOPHYLLIA, Edwards et Haime.

690. Bronnii, d'Orb., 1849. *Meandrina Bronnii*, Klipstein, 1845. Beitr., p. 292, pl. 20, fig. 8. St-Cassian.

691. labyrinthica, d'Orb., 1849. *Meandrina labyrinthica*, Klipstein, 1845. Beitr., p. 292, pl. 20, fig. 9. St-Cassian.

POLYTREMA, Risso, 1826.

692. subspongites, d'Orb., 1847. *Calamopora spongites*, Münster, 1841. Beitr., 4, p. 38, pl. 2, fig. 18. (Non Goldfuss, 1830.) St-Cassian.

693. subfibrosa, d'Orb., 1847. *Calamopora fibrosa*, Goldfuss., Münster, 1841, 4, p. 39, pl. 2, fig. 19 a, b, c, d. St-Cassian.

694. gnemidium, d'Orb., 1847. *Calamopora gnemidium*, Klipstein, 1845. Beitr., p. 285, pl. 19, fig. 15 et fig. 16. Tyrol, St-Cassian.

695. granulata, d'Orb., 1847. *Cellepora granulata*, Münster, 1841. Beitr. zur Petref., 4, p. 32, pl. 1, fig. 28. Autriche, St-Cassian (Tyrol).

AMORPHOZOAIRES.

EUDEA, Lamouroux, 1821. Nous conservons dans ce genre les spongiaires cylindriques, pourvus de pores latéraux et d'un oscule médian supérieur.

696. Manon, d'Orb., 1847. *Scyphia Manon*, Münster, 1841. Beitr. zur Petref., 4, p. 29, pl. 1, fig. 15. Autriche, St-Cassian (Tyrol).

697. gracilis, d'Orb., 1847. *Myrmecium gracile*, Münster, 1841. Beitr. zur Petref., 4, p. 31, pl. 1, fig. 26, 27. Autriche, Saint-Cassian.

698. polymorpha, d'Orb., 1847. *Scyphia polymorpha*, Klipstein, 1845. Beitr., p. 284, pl. 19, fig. 12. Tyrol, Saint-Cassian.

699. subcariosa, d'Orb., 1847. *Scyphia subcariosa*, Braun, Münster, 1841. Beitr., 4, p. 29, pl. 2, fig. 21. *Cnemidium rotulare*, Münster, 1841, pl. 1, fig. 25. St-Cassian.

700. pyriformis, d'Orb., 1847. *Cnemidium pyriforme*, Klipstein, 1845. Beitr., p. 291, pl. 20, fig. 5. Tyrol, St-Cassian.

HIPPALIMUS, Lamouroux, 1821. Nous conservons sous ce nom les spongiaires cylindriques, qui ont un oscule supérieur, mais qui manquent de pores latéraux.

701. subcæspitosus, d'Orb., 1847. *Scyphia subcæspitosa,* Münster, 1841. Beitr. zur Petref., 4, p. 28, pl. 1, fig. 14. Autriche, St-Cassian.

702. submarginatus, d'Orb., 1847. *Manon submarginatum*, Münster, 1841. Beitr., 4, p. 27, pl. 1, fig. 9. St-Cassian (Tyrol).

703. pisiformis, d'Orb., 1847. *Manon pisiforme*, Münster, 1841. Beitr. zur Petref., 4, p. 28, pl. 1, fig. 10. Autriche, St-Cassian.

704. capitatus, d'Orb., 1847. *Scyphia capitata*, Münster, 1841. Beitr. zur Petref., 4, p. 28, pl. 1, fig. 12.

LYMNOREA, Lamouroux, 1821. Ce sont des spongiaires de formes diverses qui s'encroûtent extérieurement dans leur partie inférieure, pour ne laisser que la partie supérieure spongidée et percée d'un oscule.

705. hybrida, d'Orb., 1847. *Tragos hybridum*, Münster, 1841. Beitr. zur Petref., 4, p. 29, pl. 1, fig. 16. Autriche, Saint-Cassian.

706. milleporata, d'Orb., 1847. *Tragos milleporatum*, Münster, 1841. Beitr. zur Petref., 4, p. 29, pl. 1, fig. 17. Autriche, St-Cassian.

707. astroites, d'Orb., 1847. *Cnemidium astroites*, Münster, 1841. Beitr. zur Petref., 4, p. 31, pl. 1, fig. 24. Autriche, St-Cassian.

708. involuta, d'Orb., 1847. *Tragos involutum*, Klipstein, 1845. Beitr. zur geolog. Kenn., p. 282, pl. 19, fig. 7. Tyrol, St-Cassian.

709. hieroglypha, d'Orb., 1847. *Scyphia hieroglypha*, Klipstein, 1845. Beitr. zur geolog. Kenn., p. 284, pl. 19, fig. 6. St-Cassian.

710. sulcata, d'Orb., 1847. *Tragos sulcatum*, Klipstein, 1845. Beitr. zur geolog. Kenn., p. 283, pl. 19, fig. 8. Tyrol, St-Cassian.

LEIOSPONGIA, d'Orb., 1847. Ce sont des *Lymnorea*, sans oscule au sommet de l'ensemble.

711. granulosa, d'Orb., 1847. *Achilleum granulosum*, Münster, 1841. Beitr. zur Petref., 4, p. 26, pl. 1, fig. 4. Autriche, St-Cassian.

712. milleporata, d'Orb., 1847. *Achilleum milleporatum*, Münster, 1841. Beitr. zur Petref., 4, p. 26, pl. 1, fig. 5. Autriche, St-Cassian.

713. verrucosa, d'Orb., 1847. *Achilleum verrucosum*, Münster, 1841. Beitr. zur Petref., 4, p. 25, pl. 1, fig. 1. Autriche, St-Cassian.

714. subcariosa, d'Orb., 1847. *Achilleum subcariosum*, Münster, 1841. Beitr. zur Petref., 4, p. 26, pl. 1, fig. 2. Autriche, St-Cassian.

715. radiciformis, d'Orb., 1847. *Achilleum radiciforme*, Münster, 1841. Beitr., 4, p. 27, pl. 2, fig. 20 b. *Tragos ramulosum*, Klipstein, 1845, pl. 19, fig. 9, 10. St-Cassian.

716. reticularis, d'Orb., 1847. *Achilleum reticulare*, Münster, 1841. Beitr., 4, p. 27, pl. 4, fig. 4. *Catenipora Orbignyana*, Klipstein, 1845, pl. 19, fig. 20. St-Cassian.

VERRUCOSPONGIA, d'Orb., 1847. Spongiaire polymorphe avec des saillies éparses percées d'un oscule.

717. armata, d'Orb., 1847. *Scyphia armata*, Klipstein, 1845. Beitr. zur geolog. Kenn., p. 284, pl. 19, fig. 13 et 14. Tyrol, St-Cassian.

SPARSISPONGIA, d'Orb., 1847. Voy. p. 109.

718. concinna, d'Orb., 1847. *Cnemidium concinnum*, Klipstein, 1845. Beitr., p. 292, pl. 20, fig. 7. Tyrol, St-Cassian.

STELLISPONGIA, d'Orb., 1847. Spongiaires polymorphes, dont la surface est couverte d'oscules à peine marqués, d'où partent des sillons qui constituent une étoile informe.

719. stellaris, d'Orb., 1847. *Cnemidium stellare*, Klipstein, 1845. Beitr. zur geolog. Kenn., p. 291, pl. 20, fig. 6. Tyrol, St-Cassian.

720. astroites, d'Orb., 1847. *Tragos astroites*, Münster, 1841. Beitr. zur Petref., 4, p. 30, pl. 1, fig. 18. Autriche, St-Cassian.

721. turbinata, d'Orb., 1847. *Cnemidium turbinatum*, Münster, 1841. Beitr. zur Petref., 4, p. 30, pl. 1, fig. 19. Autriche, St-Cassian.

722. Manon, d'Orb., 1847. *Cnemidium Manon*, Münster, 1841. Beit. zur Petref., 4, p. 30, pl. 1, fig. 20. Autriche, St-Cassian.

723. variabilis, d'Orb., 1847. *Cnemidium variabile*, Münster, 1841. Beitr., 4, p. 30, pl. 1, fig. 21-22. Autriche, St-Cassian.

CUPULOSPONGIA, d'Orb., 1847. Ce sont des spongiaires testacés en forme de cupule.

724. patellaris, d'Orb., 1847. *Achilleum patellare*, Münster, 1841. Beitr. zur Petref., 4, p. 26, pl. 1, fig. 6. Autriche, St-Cassian (Tyrol).

AMORPHOSPONGIA, d'Orb., 1847.

725. Waltheri, d'Orb., 1847. *Achilleum Waltheri*, Münster, 1841. Beitr. zur Petref., 4, p. 26, pl. 1, fig. 7. Autriche, St-Cassian.

726. Faundelii, d'Orb., 1847. *Achilleum rugosum*, Münster, 1841. Beitr., 4, p. 26, pl. 1, fig. 3. (Non Goldf., 1831.) *Achilleum Faundelii*, Münster, 1841, pl. 1, fig. 8. *Achilleum polymorphum*, Klipstein, pl. 19, fig. 3. St-Cassian.

727. dubia, d'Orb., 1847. *Manon dubium*, Münster, 1841. Beitr. zur Petref., 4, p. 28, pl. 1, fig. 11. Autriche, St-Cassian.

728. pertusa, d'Orb., 1847. *Manon pertusum*, Klipstein, 1845. Beitr. zur geolog. Kenn., p. 282, pl. 19, fig. 4. Tyrol, St-Cassian.

729. poracea, d'Orb., 1847. *Manon poraceum*, Klipstein, 1845. Beitr. zur geolog. Kenn., p. 282, pl. 19, fig. 5. Tyrol, St-Cassian.

730. acute-marginata, d'Orb., 1847. *Tragos acute-marginatum*, Klipstein, 1845. Beitr., p. 282, pl. 19, fig. 2. Tyrol, St-Cassian.

731. Klipsteini, d'Orb., 1847. *Achilleum poraceum*, Klipstein, 1845. Beitr., p. 281, pl. 19, fig. 1. (Non *poraceum*, Klipstein, pl. 19, fig. 5.) St-Cassian.

732. spongiosa, d'Orb., 1847. *Tragos spongiosum*, Klipstein, 1845. Beitr., p. 283, pl. 19, fig. 11. Tyrol, St-Cassian.

STROMATOPORA, Blainville, 1834. Voy. p. 51.

733. porosa, Klipstein, 1845, p. 287, pl. 19, fig. 18. St-Cassian.

TERRAINS JURASSIQUES.

SEPTIÈME ÉTAGE : — SINÉMURIEN.

MOLLUSQUES CÉPHALOPODES.

BELEMNITES, Lamarck. D'Orb., Paléont. univ., moll. viv. et foss., 1, p. 459 ; terr. jurass., 1, p. 40.

*1. **acutus,** Miller, 1823. D'Orb., Paléont. univ., pl. 38, fig. 8-14. Terr. jurass., p. 94, pl. 9, fig. 8-14. France, Villefranche, Semur (Côte-d'Or), Avallon (Yonne), Salins (Jura), Nancy (Meurthe); Anglet., Shorne-cliff, Charmouth.

NAUTILUS, Breynius, 1732. Voy. p. 52.

*2. **striatus,** Sow., 1817. Min. conch., 2, p. 183, pl. 182. D'Orb.; Paléont. franç., terr. jurass., 1, p. 148, pl. 25. France, Pouilly, Semur (Côte-d'Or), Avallon (Yonne), Lyon (Rhône), St-Rambert (Ain), Nancy (Meurthe); Angleterre, Lyme-Regis.

AMMONITES, Bruguière, d'Orb., Paléont. franç.

*3. **bisulcatus,** Brug., 1789. D'Orb., Paléont. franç., terr. jurass., 1, p. 187, pl. 43. *A. Conybeari*, Quenstedt, pl. 3, fig. 13 (non Sow.). France, Lyon, Avallon, Semur, Salins, Castellane; Angleterre, Lyme-Regis; Wurtemberg, Tubingen; Italie, Campiglia de spezzia.

*4. **obtusus,** Sow., 1817. D'Orb., Paléont. franç., terr. jurass., 1, p. 191, pl. 44. *A. Turneri*, Quenstedt. France, St-Rambert (Ain), Avallon (Yonne), Semur (Côte-d'Or); Angleterre, Lyme-Regis; Allemagne, Goppingen.

*5. **stellaris,** Sow., 1815. D'Orb., Paléont. franç., terr. jurass., 1, p. 193, pl. 45. France, Semur, Salins (Jura); Mont-de-Lans (Isère); Mazangues, Nancy; Anglet., Lyme-Regis.

*6. **liasicus,** d'Orb., Paléont. franç., terr. jurass., 1, p. 199, pl. 48. France, Semur (Côte-d'Or), Dignes (Basses-Alpes), Niederbronn (Bas-Rhin).

*7. **tortilis,** d'Orb., Paléont. franç., terr. jurass., 1, p. 201, pl. 49. France, Beauregard, Pouilly (Côte-d'Or), Salins (Jura), Avallon (Yonne).

*8. **Conybeari,** Sow. D'Orb., Paléont. franç., terr. jurass., 1, p. 202, pl. 50. France, Saint-Amand (Cher), Salins (Jura), Lyon, Nancy, Semur, Chaudon (Basses-Alpes), Nantua (Ain); Suisse (Vaud), galerie de Fontement.

*9. **kridion,** Hehl. D'Orb., Paléont. franç., terr. jurass., 1, p. 205, pl. 51, fig. 1-6. France, Subles (Calvados), Villefranche, Mont-de-Lans (Isère), Nancy (Meurthe); Angleterre, Lyme-Regis; Sicile près de Taornima.

*10. **Scipionianus,** d'Orb., Paléont. franç., terr. jurass., 1, p. 207, pl. 51, fig. 7, 8. France, Mont-de-Lans (Isère), Semur (Côte-d'Or), Avallon (Yonne), Salins (Jura).

*11. **Johnstoni,** Sow., Min. Conch., pl. 449, fig. 1. *A. torus*, d'Orb., Paléont. franç., terr. jurass., 1, p. 212, pl. 53. *A. raricostatus?* Dunker, Paléont., pl. 13, fig. 21. (Non pl. 17, fig. 1.) France, Valognes; Zinsweiller; Angleterre, Watchet; Allem., Halberstadt.

*12. **raricostatus,** Zieten. D'Orb., Paléont. franç., terr. jurass., 1, p. 213, pl. 54. France, Semur, Avallon (Yonne), Nancy, Lyon; Angleterre, Lyme-Regis, Wurtemberg, Bolland; Italie à la Spezzia.

*13. **Aphioides,** d'Orb., Paléont. franç., terr. jurass., 1, p. 241, pl. 64, fig. 3, 5°. France, Saint-Amand (Cher).

*14. **Carusensis,** d'Orb., Paléont. franç., terr. jurass., 1, pl. 84, fig. 5, 6. *Am. Bifer* (pars), Quenstedt. France, Saint-Amand (Cher), environs de Lyon (Rhône); Allemagne, Balingen; Italie, Campiglia de Spezzia.

*15. **Birchii,** Sow., d'Orb., Paléont. franç., terr. jurass., 1, p. 287 pl. 86. France, Semur, Avallon.

*16. **rotiformis,** Sow., d'Orb., Paléont. franç., terr. jurass., 1, p. 295, pl. 89. France, Pouilly (Côte-d'Or); Angleterre.

*17. **Boucaultianus,** d'Orb., Paléont. franç., terr. jurass., 1, p. 294, pl. 90. France, Semur (Côte-d'Or); Italie, Campiglia de Spezzia.

*18. **Charmassei,** d'Orb., Paléont. franç., terr. jurass., 1, p. 296, pl. 91, 92, fig. 1, 2. France, Semur.

*19. **Laigneletii,** d'Orb., Paléont. franç., terr. jurass., 1, p. 298, pl. 92, fig. 3, 4. France, Semur.

*20. **Moreanus,** d'Orb., 1843. Paléont. franç., terr. jurass., 1, p. 299, pl. 93. *A. lacunatus*, Quenstedt, 1846, pl. 11, fig. 13. France, Pont Saint-Auber près d'Avallon (Yonne); Allem., Ofterdingen.

*21. **catenatus,** Sow., d'Orb., Paléont. franç., terr. jurass., 1, p. 301, pl. 94. *A. geometricus*, Phillips, 1835. Yorkshire, pl. 14, fig. 5, 9. France, Semur (Côte-d'Or), Avallon (Yonne), Castellane (Basses-Alpes), Salins (Jura); Spezzia, Italie; Angleterre, Yorkshire.

*22. **Sinemuriensis,** d'Orb., Paléont. franç., terr. jurass., 1, p. 303, pl. 95, fig. 1-3. France, Semur (Côte-d'Or).

*23. **Sauzeanus,** d'Orb., Paléont. franç., terr. jurass., 1, p. 304, pl. 95, fig. 4, 5. France, Semur (Côte-d'Or), environs d'Avallon (Yonne).

*24. **Collenoti,** d'Orb., 1843. Paléont. franç., terr. jurass., 1, p. 305, pl. 95, fig. 6-9. *Am. oxynotus*, Quenstedt, 1846. France, Semur (Côte-d'Or), Avallon (Yonne), Augy-sur-Aubois (Cher); Allem., Balingen.

*25. **Sismondæ,** d'Orb., Paléont. franç., terr. jurass., 1, p. 309, pl. 97, fig. 1-2. Italie, Spezzia.

*26. **Phillipsii,** Sow., d'Orb., Paléont. franç., terr. jurass., 1,

p. 310, pl. 97, fig. 6-9. Italie, Campiglia de Spezzia; France, Avallon (Yonne), Dignes (Basses-Alpes).

*27. **articulatus,** Sow., d'Orb., Paléont. franç., terr. jurass., 1, p. 312, pl. 97, fig. 10-13. Italie, Campiglia de Spezzia.

*28. **Nodotianus,** d'Orb., 1848. Paléont. franç., terr. jurass., 1, p. 198, pl. 47. France, Pouilly (Côte-d'Or), Avallon (Yonne), Salins (Jura).

*29. **planorbis,** Sow., 1824. Min. Conch., 5, pl. 448. *A. psilonotus*, Quenstedt, 1846, pl. 3, fig. 19, p. 77. France, Pouilly (Côte-d'Or), Avallon (Yonne), Augy (Cher); Allem., Tubingen, Balingen; Angl., Watchet.

*30. **Aballoensis,** d'Orb., 1847. Espèce lisse, subcarénée dans le jeune âge, à dos rond chez les adultes, à tours recouverts aux deux tiers. France, environs d'Avallon (Yonne), Augy (Cher).

*31. **Æduensis,** Desplaces de Charmasse, d'Orb., 1847. Grande espèce voisine de l'*A. Birchii*, mais avec une seule pointe latérale dans le jeune âge, et pourvue de côtes simples plus tard. France, Dezize, près d'Autun.

32. **Hagenowi,** Dunker, 1847. Palæontographica, no 1, p. 115, pl. 13, fig. 22, et pl. 17, fig. 2. Allem., Halberstadt.

*33. **Landrioti,** d'Orb., 1847. Espèce voisine de l'*A. liasicus*, mais dont les tours sont plus étroits, les côtes plus grosses, et les lobes non obliques. France, entre Pouilly et Semur (Côte-d'Or).

TURRILITES, Lamarck, 1801. D'Orb., Paléont. franç., terr. jurass., 1, p. 172, terr. crét., 1, p. 569.

*34. **Boblayei,** d'Orb., Paléont. franç., terr. jurass., 1, p. 178, pl. 41. France, Augy-sur-Aubois (Cher).

*35. **Valdani,** d'Orb., Paléont. franç., terr. jurass., 1, p. 179, pl. 42, fig. 1, 3. France, Augy-sur-Aubois.

*36. **Coynarti,** d'Orb., Paléont. franç., terr. jurass., 1, p. 181, pl. 42, fig. 4-7. France, Augy-sur-Aubois. 172. 172.

MOLLUSQUES GASTÉROPODES.

CHEMNITZIA, d'Orb., 1829. Voy. p.

37. **liasina,** d'Orb., 1847. *Rissoa liasina*, Dunker, 1847. Palæontographica, no 1, p. 108, pl. 13, fig. 11. Allemagne, Halberstadt.

38. **Krausseana,** d'Orb., 1847. *Paludina Krausseana*, Dunker, 1847. Palæontographica, no 1, p. 107, pl. 13, fig. 10. Allem., Halberstadt.

39. **solidula,** d'Orb., 1847. *Paludina solidula*, Dunker, 1847. Palæontographica, no 1, p. 108, pl. 13, fig. 9. Allem., Halberstadt.

40. **subulata,** d'Orb., 1847. *Paludina subulata*, Dunker, 1847. Palæontographica, no 1, p. 108, pl. 13, fig. 8. Allem., Halberstadt.

41. **Zenkeni,** d'Orb., 1847. *Melania Zenkeni*, Dunker, 1847. Palæontographica, no 1, p. 108, pl. 13, fig. 1, 2, 3. Allem., Halberstadt.

*42. **globosa,** d'Orb., 1847. *Melania globosa*, Marcou M. S. Espèce courte, presque pupoïde, presque lisse, à peine marquée de lignes d'accroissement avec lesquelles viennent se croiser quelques stries longitudinales à peine marquées. France, Salins (Jura).

*43. **semi-costata,** d'Orb., 1847. *Melania semi-costata*, Deslongch., 1842. Mém. Soc. lin. de Norm., t. 7, p. 220, pl. 12, fig. 2. France, environs de Bayeux (Calvados), Augy-sur-Aubois (Cher).

*44. **Vesta,** d'Orb., 1847. Espèce courte, mais conique, lisse, à tours non saillants. France, Montigny (Côte-d'Or), dans le minérai de fer.

*45. **Phidias,** d'Orb., 1847. Espèce allongée, lisse. France, Beauregard (Côte-d'Or).

ACTEONINA, d'Orb., 1847. Voy. p. 118.

46. **fragilis,** d'Orb., 1847. *Tornatella fragilis*, Dunker, 1847. Palæontographica, n° 1, p. 111, pl. 13, fig. 19. Allem., Halberstadt.

NATICA, Adanson, 1757. D'Orb., Paléont. franç., terrains crétacés, 2, p. 147.

47. **subangulata,** d'Orb., 1847. *Ampullaria angulata*, Dunker, 1847. Palæontographica, n° 1, p. 110, pl. 13, fig. 4. (Non *Angulata*, Sow., 1831). Allem., Halberstadt.

NERITA, Guettard, 1756. D'Orb., Paléont. franç., terr. crét., 2.

48. **liasina,** d'Orb., 1847. *Neritina liasina*, Dunker, 1847. Palæontographica, n° 1, p. 110, pl. 13, fig. 13-16. Allem., Halberstadt.

STRAPAROLUS, Montfort, 1810. Voy. p. 6.

49. **liasinus?** d'Orb., 1847. *Planorbis liasinus*, Dunker, 1847. Palæontographica, n° 1, p. 107, pl. 13, fig. 20. Allem., Halberstadt.

TURBO, Linné. Voy. p. 5.

50. **cyclostomoides,** Kock, 1837. Beitr., p. 27, pl. 1, fig. 13. Allemagne, Halberstadt.

51. **litorinæformis,** Kock, 1837. Beitr., p. 27, pl. 1, fig. 16. Allem., Halberstadt.

*52. **Philenor,** d'Orb., 1847. Espèce allongée, longue de 4 cent. ornée de côtes peu saillantes, tuberculeuses. France, près de Luxembourg (Moselle), Semur (Côte-d'Or).

*53. **Landriotii,** d'Orb., 1847. Espèce courte à carène aiguë sur des tours treillissés. France, Pouilly (Côte-d'Or).

*54. **Philemon,** d'Orb., 1847. Petite espèce lisse, dont le dernier tour à deux carènes très-marquées. France, Semur (Côte-d'Or).

PLEUROTOMARIA, Defrance, 1825. D'Orb., Paléont. franç., terr. crét., 2, p. 237.

*55. **Anglica,** Defrance. *Trochus Anglicus*, Sow., 1816, Min. Conch., 2, p. 95, pl. 142. *Pleur. tuberculosa*, Zieten, pl. 35, fig. 3. *P. undosa*, Deslongch., 1848, Soc. lin., 8, p. 77, pl. 12, fig. 2. (Non *Undosa*, Schubler, 1830). France, Semur (Côte-d'Or), Avallon (Yonne), Metz (Moselle), Bligny et Bracon, près de Salins (Jura), Nancy (Meurthe), Fontaine-Etoupefour (Calvados); Allemagne, Banz, Altdorf, Boll, Berg, Kahlefeld, Markoldendorf.

*56. **foveolata,** d'Orb., 1847. *Trochus foveolatus*, Kock, 1837. Beitr. zur Kenn. Ool., p. 28, pl. 1, fig. 10. Allemagne.

*57. **Marcousana,** d'Orb., 1847. Très-grande espèce, plus haute que large, conique, à tours non saillants. France, Salins (Jura).

57'. **cœpa,** Deslongchamps, 1848. Norm., t. 8, p. 150, pl. 17, fig. 4. France, Hettange (Moselle).

CERITHIUM, Adanson, 1757. D'Orb., Paléont. franç., terr. crét. 2, p. 351.

58. **subturritella,** d'Orb., 1847. *Melania turritella*, Dunker, 1847. Palæontographica, no 1, p. 109, pl. 13, fig. 5, 6, 7. Allemagne, Halberstadt.

*59. **Sidæ,** d'Orb., 1847. Espèce lisse avec une légère saillie, dans le sens de l'enroulement, au tiers supérieur de chaque tour. France, Augy-sur-Aubois (Cher).

*60. **Semele,** d'Orb., 1847. Petite espèce à tours anguleux chargés chacun de trois côtes longitudinales granuleuses. France, Semur (Côte-d'Or).

HELCION, Montfort, 1810. Voy. p. 9.

61. **Dunkeri,** d'Orb., 1847. *Patella subquadrata*, Dunker, 1847. Palæontographica, no 1, p. 113, pl. 13, fig. 18. (Non York, 1837). Allem., Halberstadt.

62. **Schmidtii,** d'Orb., 1847. *Patella Schmidtii*, Dunker, 1847. Palæontographica, no 1, p. 113, pl. 13, fig. 17. Allem., Halberstadt.

MOLLUSQUES LAMELLIBRANCHES.

PANOPÆA, Ménard, 1807. Voy. p. 173.

*63. **striatula,** d'Orb., 1847. *Pleuromya striatula*, Agass., 1845. Ét. crit., p. 239, pl. 28, fig. 10-14. France, Pouilly, Semur (Côte-d'Or), Lyon (Rhône), Nantua (Ain), Arbois, Salins (Jura), Castellane (Basses-Alpes), Seichamp et Buxwiller (Haut-Rhin); Suisse, Bærschwyl (cant. de Soleure).

*64. **galatea,** d'Orb., 1847. *Pleuromya galatea*, Agass., 1845. Ét. crit., p. 239, pl. 28, fig. 1-3. France, Castellane (Basses-Alpes), Waldenheim et Buxwiller (Bas-Rhin), Augy-sur-Aubois (Cher).

*65. **crassa,** d'Orb., 1847. *Pleuromya crassa*, Agass., 1845. Ét. crit., p. 240, pl. 28, fig. 4-6. France, Waldenheim (Haut-Rhin), Semur, Pouilly (Côte-d'Or), Augy-sur-Aubois (Cher); Allem., Balingen.

*66. **subrostrata,** d'Orb., 1847. *Pleuromya rostrata*, Agass., 1845. Ét. crit., p. 241, pl. 27, fig. 14-16. (Non d'Orb., 1844). France, Froschwyler en Alsace, Xancourt (Moselle), Langres (Haute-Marne).

67. **parvula,** d'Orb., 1847. *Mya parvula*, Dunker, 1847. Palæontographica, no 1, p. 116, pl. 17, fig. 5. Allem., Halberstadt.

*68. **Pherusa,** d'Orb., 1847. Coquille allongée, égale sur sa longueur, marquée de quelques lignes d'accroissement. France, Pouilly (Côte-d'Or).

*69. **Phileta,** d'Orb., 1847. Très-grande espèce, très-bombée, avec des rides concentriques, à crochets très-saillants. France, Semur.

*70. **Pyrrha,** d'Orb., 1847. Espèce voisine du *P. angusta*, mais moins étroite et plus bombée. France, Semur.

*71. **corrugata,** d'Orb., 1847. *Pholadomya corrugata*, Koch, 1837. Beitr., p. 20, pl. 1, fig. 6. France, Semur (Côte-d'Or); Allem., Halberstadt.

*72. **liasina,** d'Orb., 1847. *Unio liasinus*, Schubler, Zieten, 1830. Wurtemb., p. 81, pl. 61, fig. 2. Wurtemberg, près de Stuttgart, Balingen.

PHOLADOMYA, Sowerby, 1826. Voy. p. 73.

73. Idea, d'Orb., 1847. *P. ambigua*, Zieten, 1836, pl. 65, fig. 1. (Non Sowerby, 1818). France, Chaudon, Castellane (Basses-Alpes), Subles (Calvados), Augy-sur-Aubois (Cher), Pouilly, Semur (Côte-d'Or); Allemagne, Wurtemberg, Bahlingen, Mœhungin, Plieningen.

***74. ventricosa,** d'Orb., 1847. *Homomya ventricosa*, Agass., 1844. Ét. crit., p. 158, pl. 16, fig. 7-9 et pl. 17. *Homomya alsatica?* Ét. crit., pl. 20, fig. 4, 9. France, Silzbrunnen, près Zinsweiler (Bas-Rhin), Blain (Calvados), Augy-sur-Aubois (Cher).

***75. Castellanensis,** d'Orb., 1847. Coquille trigone, à région buccale, oblique et cunéiforme, ornée de sillons concentriques. France, Castellane (Basses-Alpes).

THRACIA, Leach, 1825. D'Orb., Paléont. franç., terrains crétacés, 3, p. 387.

76. subrugosa? Dunker, 1847. Palæontographica, no 1, p. 116, pl. 17, fig. 3. *Unio planus?* Rœmer, 1836. Nord. Ool., pl. 5, fig. 14. Allem., Halberstadt, Borglohe.

ANATINA, Lamarck, 1809. D'Orb., Paléont. franç., ter. crétacés, 3, p. 369.

***77. Delia,** d'Orb., 1847. Espèce ovale, oblongue, lisse, avec quelques côtes concentriques, près de la région buccale. France, Pouilly (Côte-d'Or).

LYONSIA, Turton, 1822. Voy. p. 10.

***78. Doris,** d'Orb., 1847. Charmante espèce très-régulière, à crochets contournés, à région buccale très-courte. France, Chaudon (Basses-Alpes).

MACTRA, Linné, 1758. D'Orb., Paléontologie franç., terr. crét., 3, p. 365.

79. securiformis, d'Orb., 1847. *Donax securiformis*, Dunker, 1846. Palæontographica, nº 1, p. 38, pl. 6, fig. 12-14. Allem., Halberstadt.

ASTARTE, Sow., 1818. D'Orb., Paléont. franç., terr. crét., 3, p. 57.

***80. Gueuxii,** d'Orb., 1847. Espèce voisine de l'*A. subtetragona*, mais moins carrée, moins comprimée, et costulée seulement dans le jeune âge. France, Beauregard (Côte-d'Or).

***81. Eryx,** d'Orb., 1847. Espèce voisine de la précédente, mais plus courte et lisse. France, Beauregard.

82. arealis, Rœmer, 1839. Oolith., p. 40, pl. 19, fig. 13. Allemagne, Herford.

***83. Darwinii,** d'Orb. in Darw., 1846. South Amer., p. 266, pl. 5, fig. 22, 23. Amér. mérid., Copiapo, Chili.

CARDINIA, Agassiz, 1838. Voy. p. 32.

***84. crassissima,** Agassiz, 1846. *Unio crassissimus*, Sow., 1817. Min. Conch., 2, p. 121, pl. 153. France, Lyon (Rhône), Semur (Côte-d'Or); Angl., Bath.

***85. crassiuscula,** Agassiz, 1846. *Unio crassiusculus*, Sow., 1817. Min. Conch., 2, p. 191, pl. 185. Zieten, pl. 60, fig. 1? France, Beauregard (Côte-d'Or), Lyon (Rhône); Angl., Langar, Cheltenham, Robinhood, Bawdsey; Wurtemberg, Vaihingen près Stuttgart.

***86. Listeri,** Agassiz, 1846. *Unio Listeri*, Sow., 1817. Min. Conch., 2, p. 123, pl. 154, fig. 1, 3, 4. France, Beauregard (Côte-d'Or); Angl., Cheltenham, Glocester, Burham, Scarborough.

*87. **hybrida,** Agassiz, 1846. *Unio hydrida*, Sow., 1817. Min. Conch., 2, p. 123, pl. 154, fig. 2. *Unio trigonus*, Kock, 1837, pl. 1, fig. 2. (Non Rœmer, 1836). *Cytherea latiplexa*, Goldfuss, 1839, pl. 149, fig. 6. *Pachyodon hybrida*, Stutch. France, Beauregard, Semur (Côte-d'Or); Anglet., Langar (Nottingham), Cheltenham; Allemagne, Herlikhofen, Halberstadt.

*88. **concinna,** Agassiz. *Unio concinnus*, Sow., 1818. Min. Conch., 2, p. 43, pl. 223. Zieten, pl. 60, fig. 2-5. *Unio subporatus*, Rœmer, pl. 5, fig. 11, 12. France, Beauregard (Côte-d'Or); Angl., Cropredy près Banbury; Wurtemberg, Geppengen, Borglohe, Benburg.

89. **depressa,** d'Orb., 1847. *Unio depressus*, Zieten, 1830. Wurtemb., p. 81, pl. 6 e, fig. 1. Degerloch et Vaihingen près de Stuttgart.

*90. **convexa,** d'Orb., 1847. *Unio convexus*, Rœmer, 1836. Nordd. Oolith., p. 95, pl. 5, fig. 13. Salins (Jura); Allemagne, Borglohe.

*91. **trigona,** d'Orb., 1847. *Unio trigonus*, Rœmer, 1836. Nord. Oolith., p. 213, pl. 8, fig. 14. France, Beauregard (Côte-d'Or); Allemagne, Exten, Rinteln.

92. **Nilsoni,** d'Orb., 1847. *Unio Nilsoni*, Koch, 1837. Beitr. zur Kenn. Ool., p. 18, pl. 1, fig. 1. Allemagne, Exten, Unfern.

93. **Aptycha,** d'Orb., 1847. *Cytherea aptycha*, Münst., Goldf., 1839. Petref., 2, p. 237, pl. 149, fig. 7. Allem., Amberg.

*94. **sublamellosa,** d'Orb., 1847. *Cytherea lamellosa*, Goldf., 1839. Petref., 2, p. 237, pl. 149, fig. 8. (Non pl. 159, fig. 12). France, Beauregard (Côte-d'Or); Grubingen (Wurtemb.).

95. **lanceolata,** Agassiz, 1846. Études, p. 224, pl. 12", fig. 1-3. *Pachyodon lanceolatus*, Stuch. Angleterre, Cheltenham, Robin-hood.

96. **unioides,** Agassiz, 1846, p. 225, pl. 12", fig. 7-9. Cheltenham.

97. **Cyprina,** Agassiz, 1846, p. 225, pl. 12", fig. 4-6. Cheltenham.

98. **quadrata,** Agassiz, 1846. Études, p. 226, pl. 12", fig. 10-12. France (Bas-Rhin).

99. **securiformis,** Agassiz, 1846, Ét. crit., p. 227, pl. 12", fig. 16-18. *Cardinia elongata*, Dunker, 1846, Paléontographie, 1, p. 36, pl. 6, fig. 1-6. Suisse, Soleure, Bærschwyl, au Hawenstein, près d'Olten, Argovie, Staffeleck; Allem., Halberstadt.

100. **sulcata,** Agassiz, 1846, p. 227, pl. 12, fig. 1-9. Soleure, Bærschwyl.

101. **amygdala,** Agassiz, 1846, p. 229, pl. 12, fig. 10-12. Anglet., Cheltenham, Glocestershire; Suisse, Argovie, Laufenbourg.

102. **subelliptica,** d'Orb., 1847. *C. elliptica*, Agassiz, 1846. Études crit., p. 229, pl. 12, fig. 16-18. (Non Phillips, 1841). Suisse, Argovie, Laufenbourg.

*103. **similis,** Agassiz, 1846. Ét. crit., p. 230, pl. 12, fig. 23. France, Subles (Calvados), Semur, Beauregard (Côte-d'Or); Suisse, Soleure, Bærschwyl.

*104. **Sinemuriensis,** d'Orb., 1848. Espèce intermédiaire en longueur, entre les *C. convexa* et *C. crassiuscula*, à région anale oblique. France, Beauregard (Côte-d'Or).

*105. **Dufrenoyi,** d'Orb., 1848. *Sinemuria Dufrenoyi*, de Cristol, 1838. Bulletin de la Soc. géol., 9. France, Beauregard (Côte-d'Or).

TRIGONIA, Bruguière, 1791. Voy. p. 198.

*106. **lyrata,** Phillips, 1839. Yorkshire, pl. 14, fig. 11. France, environs de Metz (Moselle); Angleterre, Yorkshire.

CARDIUM, Bruguière, 1791. Voy. p. 33.

107. **Philippianum,** Dunker, 1847. Palæont., n° 1, p. 116, pl. 17, fig. 6. Allem., Halberstadt.

UNICARDIUM, d'Orb., 1847. Genre voisin des *Cardium*, mais n'ayant qu'une dent à la charnière, et une fossette à chaque valve, placées l'une derrière l'autre. Coquille ovale non costulée.

*108. **cardioïdes,** d'Orb., 1848. *Corbula cardioides*, Phillips, 1839. Yorkshire, pl. 14, fig. 12. Zieten, p. 84, pl. 63, fig. 5. France, Augy-sur-Aubois (Cher), Beauregard (Côte d'Or); Anglet., Yorkshire, Wurtemberg, Betzenrieth, près de Boll, près d'Osterdingen, Degerloch, Vaihingen, Stuttgart.

*109. **Hesione,** d'Orb., 1847. Espèce voisine de l'*U. Janthe*, mais à extrémités un peu plus carrées. France, Subles, Blain (Calvados), Langres (Haute-Marne), Semur (Côte-d'Or), Chaudon, Castellane.

ISOCARDIA, Lamarck, 1799. Voy. p. 132.

*110. **Elea,** d'Orb., 1847. Grosse espèce bombée, triangulaire, lisse, à crochets contournés. France, Langres (Haute-Marne).

PINNA, Linné, 1758. D'Orb., Paléont. franc., terr. crét., t. 3, p. 249.

*111. **folium,** Phillips, 1839. Yorkshire, pl. 14, fig. 17. France, Beauregard (Côte-d'Or); Angleterre, Yorkshire.

112. **diluviana,** Schloth., Zieten, 1830. Wurtemberg, p. 74, pl. 55, fig. 6, 7. *Pinnites diluvianus*, Schlot. Petref., p. 303, n° 1. Wurtemberg, Vaihingen, Plieningen, Degerloch, près Stuttgart.

113. **Hartmannii,** Zieten, 1830. Pétrific. du Wurtemb., p. 73, pl. 55, fig. 5. Goldfuss, pl. 126, fig. 3. Wurtemberg, Goppingen.

MYOCONCHA, Sowerby, 1824. Voy. p. 165.

*114. **scalprum,** d'Orb., 1847. Espèce bien plus allongée que le *M. crassa*, et bien plus rétrécie sur la région buccale. France, Boisset et Seizenay (Jura).

*115. **spatula,** d'Orb., 1847. Espèce très-allongée, relevée sur la région buccale, obtuse et large du côté opposé. Elle est bien plus longue que l'espèce précédente. France, Lyon (Rhône), Augy-sur-Aubois (Cher).

MITYLUS, Linné, 1758. Voy. p. 82.

*116. **Gueuxii,** d'Orb. Grande et belle espèce ridée sur la région anale, obtuse du côté opposé. France, Semur, Beauregard (Côte-d'Or), Bligny près de Salins (Jura).

117. **nitidulus,** d'Orb., 1848. *Modiola nitidula*, Dunker, 1847. Paléont., p. 117, pl. 17, fig. 4. Allem., Halberstadt.

LIMA, Bruguière, 1791. Voy. p. 175.

*118. **antiquata,** Sow., 1818. Min. Conch., 3, p. 25, pl. 214, fig. 2. France, Semur (Côte-d'Or), Avallon (Yonne), Lyon, Toutvent, près de Salins (Jura); Angl., Frethern, Glocestershire.

*119. **Echo,** d'Orb., 1847. Espèce voisine du *L. punctata*, mais plus renflée, plus excavée sur la région buccale. France, Bligny près de Salins (Jura), Semur (Côte-d'Or), Lyon, Metz, St-Amand (Cher), Pommier près de Villefranche (Saône-et-Loire).

*120. **Guenxii,** d'Orb., 1847. Espèce voisine du *L. punctata*, mais avec des côtes plus marquées, non ponctuées. France, Beauregard, Pouilly (Côte-d'Or), Lyon, près de Luxembourg (Moselle), Valognes (Manche).

*121. **edula,** d'Orb., 1847. Espèce voisine du *L. gigantea*, lisse au milieu, striée aux extrémités. France, Beauregard, Semur (Côte-d'Or), près de Luxembourg (Moselle).

*122. **Eryx,** d'Orb., 1847. Espèce voisine du *L. pectinoïdes*, mais avec vingt-quatre côtes obtuses, séparées par autant de petites côtes. France, environs de Luxembourg (Moselle), Semur, Beauregard (Côte-d'Or), Angy-sur-Aubois (Cher).

*123. **Erosne,** d'Orb., 1847. Espèce voisine pour la forme du *Lima gigantea*, mais plus petite, plus bombée, et ornée de stries fines concentriques très-régulières. France, Pommier près de Villefranche (Saône-et-Loire).

AVICULA, Klein, 1753. Voy. p. 13.

*124. **cygnipes,** Phillips, 1839. Yorkshire, pl. 14, fig. 3. France, Langres (Haute-Marne), Lyon ; Angleterre, Yorkshire.

*125. **Sinemuriensis,** d'Orb., 1847. *A. inæquivalvis*, Goldfuss, pl. 118, fig. 1. (Non Sowerby, 1819), Phillips, 1839. Yorkshire, pl. 14, fig. 4. Zieten, pl. 55, fig. 2. France, Pouilly, Semur (Côte-d'Or); Angleterre, Yorkshire, Stoutshill près Uley (Glocestershire), Wurtemberg, Wasseralfingen, Vaihingen près Stuttgart ; Allemagne, Villershausen, Quedlimburg, Pyrmont, Banz.

*126. **Danae,** d'Orb., 1847. Grande espèce très-comprimée, oblique, presque lisse. France, Semur (Côte-d'Or).

PERNA, Bruguière, 1791. Voy. p. 176.

*127. **Guenxii,** d'Orb., 1848. Espèce assez large, oblique, lisse. France, Chamont, près de Beauregard (Côte-d'Or).

*128. **Hagenowii,** d'Orb., 1847. *Gervilia Hagenowii*, Dunker, 1846. Palæont., n° 1, p. 37, pl. 6, fig. 9-11. Allem., env. de Halberstadt.

129. **Americana,** d'Orb. in Darw., 1846. South Amer., p. 266, pl. 5, fig. 4, 5, 6. Amér. mérid., Cordilière, Copiapo, Chili.

PECTEN, Gualtieri, 1742. Voy. p. 87.

*130. **Hehlii,** d'Orb., 1847. *P. glaber*, Hehl, Zieten, 1830. Wurtemb., p. 69, pl. 53, fig. 1. (Non Montagu, 1803). France, Pouilly (Côte-d'Or), Avallon (Yonne) ; Wurtemberg, Vaihingen, Degerloch près de Stuttgart, Mögglingen près de Gmünd.

*131. **tumidus,** Hartmann, Zieten, 1830. Wurtemb., p. 68, pl. 52, fig. 1. France, près de Luxembourg, de Metz (Moselle), Valognes (Manche) ; Wurtemberg, Waschenbeuren près Goppingen.

*132. **Sabinus,** d'Orb., 1847. *P. vimineus*, Goldf., 1835, p. 44, pl. 89, fig. 7. (Non *P. vimineus*, Sow., pl. 543, du Coralrag). France, Augy-sur-Aubois (Cher), Pouilly (Côte-d'Or), Villefranche (Saône-et-Loire); Allem., Altdorf.

*133. **Philocles,** d'Orb., 1847. *P. vagans*, Goldf., 1835, p. 44, pl. 89, fig. 8. (Non *P. vagans*, Sow., pl. 513 de l'Oxf.). France, Pouilly (Côte-d'Or), Pommier près Villefranche (Saône-et-Loire), Castellane (Basses-Alpes), Angy-sur-Aubois (Cher) ; Wurtemberg, Banz.

*134. **textorius,** Schlotheim, Rœmer, 1836. Oolith., p. 68. Goldf.,

pl. 89, fig. 9. France, Pouilly, Semur (Côte-d'Or), Lyon (Rhône), Valognes (Manche); Allem., Willershausen, Amberg, Altdorf.
*135. **Pollux,** d'Orb., 1847. Très-belle espèce à grosses côtes inégales, dont quelques-unes sont pourvues de très-longues pointes tubuleuses. Au-dessous de l'*O. arcuata*, à Pouilly (Côte-d'Or).
*136. **Castor,** d'Orb., 1847. Petite espèce voisine du *P. dextilis*, mais moins large, et avec des stries plus prononcées. France, Beauregard (Côte-d'Or).
PLICATULA, Lamarck, 1801. Voy. p. 202.
*137. **spinosa,** Sow., 1819. Min., 3, p. 79, pl. 245, fig. 1, 2, 3, 4. *P. ventricosa*, Münster, Goldf., pl. 107, fig. 3. Phillips, pl. 14, fig. 15. France, Subles (Calvados), St-Amand (Cher); Angl., Stoutshill près d'Uley (Glocestershire).
138. **Oceani,** d'Orb., 1847. Grande espèce ovale, pourvue de côtes rayonnantes, armées de tuiles imbriquées. Des couches bien inférieures à l'*O. arcuata*, Pouilly (Côte-d'Or).
OSTREA, Linné, 1752. Voy. p. 176.
*139. **arcuata,** *Gryphæa incurva*, Sow., 1815. Min. Conch., 2, p. 21, pl. 112, fig. 1, 2. *G. obliqua* et *Mac Cullochii*, Sow. *G. arcuata*, Lam., 1811. *Gryphea leviuscula*, Zieten, pl. 49, fig. 4. France, Sainte-Mère-Eglise, Blain, Subles (Calvados), St-Amand (Cher), Lyon (Rhône), Villefranche (Saône-et-Loire), Pouilly, Semur (Côte-d'Or), Metz (Moselle), Beausset (Var), Castellane, Dignes (Basses-Alpes), Arbois, Lons-le-Saulnier, Salins (Jura), entre Intria et Crepia (Ain); Allem., Wurtemberg, Vaihingen, Degerloch, Stuttgart, Waschenbeuren près de Goppingen, Betzgenrieth, Boll; Angleterre.
*140. **Electra,** d'Orb., 1847. Espèce pourvue de grosses côtes inégales, anguleuses et rayonnantes. France, Semur, Beauregard (Côte-d'Or), Lyon, Villefranche (Saône-et-Loire).
*141. **edula,** d'Orb., 1847. Espèce voisine de l'*O. Erina*, mais plus lisse et plus déprimée. France, Augy-sur-Aubois (Cher), Beauregard.
*142. **Darwinii,** d'Orb. *Gryphæa Darwinii*, Forbes in Darwin, 1846. South Amer., p. 266, pl. 5, fig. 7. Amér. mérid., Copiapo, Chili.

MOLLUSQUES BRACHIOPODES.

LEPTÆNA, Dalman, 1828. Voy. p. 14.
143. **Pearcei?** Davidson, 1847. Ann. mag. nat. hist., p. 252, pl. 18, fig. 4. Angleterre.
144. **Moorei,** Davidson, 1847. Ann. mag. nat. hist., p. 251, pl. 18, fig. 1. France, Ilminster.
145. **liasiana???** Bouchard, Davidson, 1847. Ann. mag. nat. hist., p. 250, pl. 18, fig. 2. (N'est pas un *Leptæna*). France, St-Loup, près Montpellier.
146. **Bouchardii???** Davidson, 1847. Ann. mag. nat. hist., p. 251, pl. 18, fig. 3. (N'est pas un *Leptæna*).
RHYNCHONELLA, Fischer, 1827. Voy. p. 92.
*147. **variabilis,** d'Orb., 1848. *Terebratula variabilis*, Schloth., 1813,

Min. Tasch., VII, pl. 1, fig. 4. France, St-Amand, Augy-sur-Aubois (Cher), Castellane (Basses-Alpes), Nancy (Meurthe), Semur (Côte-d'Or), Avallon (Yonne), Villefranche (Saône-et-Loire).

*148. **enigma**, d'Orb., 1844. *Terebratula enigma*, d'Orb., 1842. Paléont. de l'Amér. mérid., p. 62, pl. 22, fig. 10-13. Cordilière du Chili, près Coquimbo.

SPIRIFERINA, d'Orb., 1847. Ce sont des *Spirifer* qui ont le test perforé, etc.

*149. **Walcotii**, d'Orb., 1847. *Spirifer Walcotii*, Sow., 1822. Min., 4, p. 105, 149, pl. 377. France, Avallon (Yonne), Semur (Côte-d'Or), Saint-Amand (Cher), Bligny, Bracon, près de Salins (Jura), Villefranche (Saône-et-Loire); Angl., Keynsham, Pyrton, près Berkley, Glocestershire, Kammerton).

*150. **pinguis**, d'Orb., 1847. *Spirifer pinguis*, Zieten, Wurt., pl. 38, fig. 5. (Non Sow., 1845). *Sp. tumidus*, de Buch, Allemagne, Balingen, Vaihingen; France, St-Amand (Cher), Metz, Lyon, Avallon, Semur.

*151. **verrucosa**, d'Orb., 1847. *Delthiris verrucosa*, de Buch, 1831. Petref., Remarq., pl. VII, fig. 2. Zieten, pl. 38, fig. 2. France, Augy-sur-Aubois; Allem., Pliensbœch, Balingen, Boll, Baireuth.

*152. **octoplicatus**, d'Orb., 1847. *Delthiris octoplicatus*, Zieten, 1830, pl. 38, fig. 2. (Non *Spirifer octoplicatus*, Sow.). Davidson, 1847. Lond. Geol. journ., pl. 18, fig. 11-14. France, Augy-sur-Aubois, Castellane; Allem., Wurtemb., Stuifenberg.

*153. **Chilensis**, d'Orb., 1847. *Spirifer Chilensis*, Forbes in Darwin, 1846. South Amer., p. 267, pl. 5, fig. 15, 16. Cordillera de Guasco, Chili.

154. **linguiferoides**, d'Orb., 1847. *Spirifer linguiferoides*, Forbes in Darwin, 1846. South Amer., p. 267, pl. 5, fig. 17, 18. Rio Claro, vallée de Coquimbo, Chili.

TEREBRATULA, Lwyd, 1699. Voy. p. 43.

155. **pygmæa**, Morris, Davidson, 1847. Ann. mag. nat. hist., p. 256, pl. 9, fig. 3. Angl., Ilminster.

*156. **marsupialis**? Schl., Zieten, 1830. Wurtemb., p. 53, pl. 39, fig. 9. France, Augy-sur-Aubois, St-Amand, Villefranche; Wurtemb., Vaihingen.

*157. **Causoniana**, d'Orb., 1847. Espèce voisine du *T. cornuta*, mais toujours bien plus large, les deux saillies de la région palléale très-écartées. France, Augy-sur-Aubois, St-Didier, près de Lyon, Nancy, Metz.

*158. **Maceana**, d'Orb., 1847. Petite espèce globuleuse, ronde, pourvue d'un profond sinus à la petite valve pour recevoir la saillie de l'autre. France, Augy-sur-Aubois.

*159. **Ignaciana**, d'Orb., 1842. Paléont. de l'Amér. mérid., p. 63, pl. 22, fig. 14, 15. Amér. mérid., Cordilière du Chili, près Coquimbo.

TEREBRATELLA, d'Orb., 1847. Paléont. franç., terr. crét., 4.

160. **subpentagona**? d'Orb., 1848. *Terebratula subpentagona*, Koch, 1837. Beitr. zur Kenn. Ool., p. 21, pl. 1, fig. 8. Allem., Göttingen.

ORBICULOIDEA, d'Orb., 1847. Paléont. franç., terr. crét., t. IV.

*161. **Babeana**, d'Orb. Espèce de 40 millim. de diamètre, conique, lisse, à sommet latéral. Des grès inférieurs du lias, près de Langres (Haute-Marne).

'162. **Charmassei,** d'Orb., 1847. Espèce de moyenne taille à sommet subcentral, ce qui la distingue de la précédente. Fixée sur l'*Ammonites Aballoensis*, des environs d'Avallon (Yonne).

ANIMAUX RAYONNÉS.

CIDARIS, Lamarck.

'163. **Jarbus,** d'Orb., 1847. Epines en massue, courtes, profondément granuleuses ayant des côtes transverses échinulées à la base. France, Augy-sur-Aubois (Cher).

'164. **Jasius,** d'Orb., 1847. Epines en massue, ornées de grosses côtes granuleuses longitudinales. France, Lyon.

'165. **Itys,** d'Orb., 1847. Epines longues, cylindriques, avec des côtes longitudinales épineuses. France, Lyon.

DIADEMA, Gray.

166. **globulus,** Agass., 1847. Cat., p. 44. Leym., Mém. Soc. géol. de France, 3, p. 378, pl. 24, fig. 3. Mont-d'Or, près Lyon.

'167. **microporum,** Agass., 1847. Cat., p. 44. Leym., Mém. Soc. géol. de France, 3, pl. 24, fig. 2. France, Pouilly (Côte-d'Or), Stenay (Meuse), Ardèche.

168. **seriale,** Agass., 1847. Cat., p. 44. Leym., Mém. Soc. géol. de France, 3, p. 378, pl. 24, fig. 1. Châtillon-sur-Chessey.

PENTACRINUS, Miller, 1821.

'169. **tuberculatus,** Miller, 1821. Crinoïdes, p. 64, fig. 1-2. France, Lyon, Metz (Moselle), Chaudon (Bass.-Alpes), Salins (Jura); Angl., Pyrton-Passage.

MONTLIVALTIA, Lamouroux, 1821. Voy. p. 207.

'170. **Sinemuriensis,** d'Orb., 1848. Espèce conique, plus ou moins large, fortement ridée extérieurement, à cellule peu saillante, un peu concave au centre, à grosses cloisons. France, Semur, Beauregard (Côte-d'Or), Avallon (Yonne), Metz (Moselle).

STEPHANOCŒNIA, Edwards et Haime 1849.

'171. **sinemuriensis,** d'Orb., 1848. Espèces à cellules petites, peu profondes. France, Arcenay (Côte-d'Or), dans le minerai de fer.

OCTOCŒNIA, d'Orb., 1849. C'est un *Phyllocœnia* à huit systèmes.

'172. **Lugdunensis,** d'Orb., 1847. Belle espèce à larges cellules peu élevées au-dessus de la surface commune. France, St-Fortunat près de Lyon.

CERIOPORA, Goldfuss, 1826.

'173. **Leda,** d'Orb., 1847. Jolie espèce rameuse, à larges cellules régulières. France, Villefranche (Saône-et-Loire).

HUITIÈME ÉTAGE : — LIASIEN.

MOLLUSQUES CÉPHALOPODES.

BELEMNITES, Lam., d'Orb. Voy. p. 211.

1. niger (1), Lister, 1678. D'Orb., Paléont. univ., pl. 39, 40, fig. 1-5; Terr. jurass., p. 84, pl. 6, 7, fig. 15. France, Évrecy (Calvados), Lyon, Semur (Côtes-d'Or), Mont-de-Lans (Isère), Niort (Deux-Sèvres), etc.; Suisse (Vaud), à Cressel, près de Bex; gorges d'Osse, vallée d'Aspes (Pyrénées-Orientales).

* **2. umbilicatus,** Blainv., d'Orb., Paléont. franç., terr. jurass., p. 26, pl. 7, fig. 6-11. France, Vieux-Pont, Évrecy, Urhweiler (Bas-Rhin), Béfort, Avallon (Yonne), Pouilly.

* **3. clavatus,** Blainv., d'Orb., Paléont. univ., pl. 41, fig. 19-23; terr. jurass., p. 103, pl. 11, fig. 10-20. France, Nancy (Meurthe), Pouilly (Côte-d'Or), Penperdu (Jura), Avallon (Yonne), Saint-Amand (Cher), etc.; Angl., Charmouth; Suisse, Vellerat, près de Délémont.

* **4. Fournelianus,** d'Orb., Paléont. univ., pl. 42, fig. 7-14; Terr. jur., 1, p. 98, pl. 10, fig. 7-14. France, Metz (Moselle), Missy (Meuse), Nancy, Langres (Haute-Marne), Gunbershoffen (Bas-Rhin), etc.; Wurtemberg, Hœningen.

* **5. longissimus,** Miller; d'Orb., Paléont. univ., pl. 43, fig. 1-7; Terr. jurass. suppl., pl. 1, fig. 17. France, Saint-Amand, Avallon, Pouilly; Angleterre, Lyme-Regis; Wurtemb., Boll.

NAUTILUS, Breynius, 1732. Voy. p. 52.

* **6. intermedius,** Sow., d'Orb., Paléont. franç., terr. jurass., 1, p. 150, pl. 27. France, Avallon (Yonne), Saint-Amand (Cher), Pouilly, (Côte-d'Or), Évrecy (Calvados).

AMMONITES, Bruguière, 1791. V. p. 181.

* **7. spinatus,** Brug., d'Orb., Paléont. franc., terr. jurass., 1, p. 209, pl. 52. France, Fontaine-Étoupefour, Vieux-Pont (Calvados), Avesnes (Doubs), Salins (Jura), Saint-Amand (Cher), Selzbrunnen (Bas-Rhin), Chavagnac (Dordogne).

(1) Voyez pour les synonymies des Bélemnites et des Ammonites, la Paléontologie française, Terrains jurassiques, et la Paléontologie universelle.

* **8. Macennus**, d'Orb., Paléont. franç., terr. jurass., 1, p. 225, pl. 58. France, Saint-Amand.
* **9. Acteon**, d'Orb., Paléont. franç., terr. jurass., 1, p. 232, pl. 61, fig. 1-3. France, Saint-Amand, Nancy, Chevigny, près de Semur.
* **10. Ægion**, d'Orb., Paléont. franç., terr. jurass., 1, p. 234, pl. 61, fig. 4-6. France, Saint-Amand (Cher).
* **11. planicosta**, Sow., 1814; d'Orb., Paléont. franç., terr. jurass., 1, p. 242, pl. 65. France, Partout, Vieux-Pont (Calvados), Mulhausen (Bas-Rhin), Pouilly (Côte-d'Or), Nancy (Meurthe), Chavagnac (Dordogne), etc.; Angl., Lyme-Regis.
* **12. Engelhardti**, d'Orb., Paléont. franç., terr. jurass., 1, p. 245, pl. 66. France, Selzbrunnen (Bas-Rhin).
* **13. margaritatus**, Montfort, 1810. D'Orb., Paléont. franç, terr. jurass., 1, p. 246, pl. 67, 68. *A. Clevelandicus*, Young. France, Partout, Mulhausen, Clapier, Aveyron, Ardèche, etc.; Wurtemb., Mezingen, Balingen; Angleterre; Suisse, environs de Bex (Vaud).
* **14. Boblayei**, d'Orb., 1843. Paléont. franç., terr. jurass., 1, p. 251, pl. 69. *Am. ibex*, Quenstedt, 1846, pl. 6, fig. 6. France, Saint-Amand (Cher), Fresnoy-le-Puceux (Calvados); Allem., Reutlingen.
* **15. Maugenestii**, d'Orb., Paléont. franç., terr. jurass., 1, p. 255, pl. 70. France, Saint-Amand, Évrecy, Curcy (Calvados), Chevigny, près de Semur (Côte-d'Or); Allem., Ofterdingen.
* **16. Valdanii**, d'Orb., Paléont. franç., terr. jurass., 1, p. 255, pl. 71. France, près de Saint-Amand, Maltot (Calvados), Chevigny, près d'Avallon; Suisse, (Vaud), Bex, Cressel; Allem., Ofterdingen.
* **17. Regnardi**, d'Orb., Paléont. franç., terr. jurass., 1, p. 257, pl. 72. France, Saint-Amand (Cher), Sachy, Évrecy (Calvados), Lyon.
* **18. Loscombi**, Sow., d'Orb., Paléont. franc., terr. jurass., 1, p. 262, pl. 75. France, Vieux-Pont (Calvados), Saint-Amand; Mulhausen (Bas-Rhin), Venarey, près de Semur (Côte-d'Or), Langres (Haute-Marne); Angl., Lyme-Regis.
* **19. Centaurus**, d'Orb., Paléont. franc., terr. jurass., 1, p. 266, pl. 76, fig. 3-6. France, Saint-Amand (Cher).
* **20. subarmatus**, Young, d'Orb., Paléont. franc., terr. jurass., 1, p. 268, pl. 77. France, Nancy (Meurthe), Mussy (Calvados), Semur (Côte-d'Or); Angleterre, Lyme-Regis.
* **21. armatus**, Sow., d'Orb., Paléont. franç., terr. jurass., 1, p. 270, pl. 78. France, Saint-Amand, Venarey (Côte-d'Or), Mulhausen, Avallon (Yonne); Angl., Lyme-Regis.
* **22. brevispina**, Sow., 1827. D'Orb., Paléont. franç., terr. jurass., 1, p. 272, pl. 79. France, Saint-Amand (Cher), Évrecy (Calvados); Angl., Babba dans les Hébrides.
* **23. muticus**, d'Orb., Paléont. franç., terr. jurass., 1, p. 274, pl. 80. France, Saint-Amand (Cher), Évrecy (Calvados).
* **24. Davæi**, Sow., d'Orb., Paléont. franç., terr. jurass., 1, p. 276, pl. 81. France, Pouilly (Côte-d'Or), Vieux-Pont (Calvados), Lyon (Rhône), Metz (Moselle).
* **25. Bechei**, Sow., d'Orb., Pal. franç., terr. jur., 1, p. 278, pl. 82. France, Vieux-Pont (Calvados), Saint-Amand (Cher); Angl.
* **26. Henleyi**, Sow., d'Orb., Paléont. franç., terr. jurass., 1, p. 280,

pl. 83. France, Saint-Amand (Cher), Lande-sur-Drome (Calvados), Semur (Côte-d'Or), Bas-Rhin, Chavagnac (Dordogne); Angl.

* **27. hybridus,** d'Orb., Paléont. franç., terr. jurass., 1, p. 285, pl. 85. France, Vieux-Pont, Évrecy (Calvados), Venarey (Côte-d'Or).

* **28. Lynx,** d'Orb., Paléont. franç, terr. jurass., 1, p. 288, pl. 87, fig. 1-4. France, Saint-Amand.

* **29. Coynarti,** d'Orb., Paléont. franç., terr. jurass., 1, p. 290, pl. 87, fig. 5-7. France, Saint-Amand.

* **30. Normanianus,** d'Orb., Paléont. franç., terr. jurass., 1, p. 291, pl. 88. France, Vieux-Pont (Calvados), Metz (Moselle), Avallon (Yonne).

* **31. Grenouilliouxi,** d'Orb., Paléont. franc., terr. jurass., 1, p. 307, pl. 96. France, Saint-Amand (Cher); Italie, Campiglia de Spezzia.

* **32. fimbriatus,** Sow., d'Orb., Paléont. franç., terr. jurass., 1, p. 313, pl. 98. France, Avallon (Yonne), Vals, près d'Alais (Gard), Mulhausen (Bas-Rhin), Breux (Meuse), Metz (Moselle), Nancy, Saint-Amand (Cher), Pouilly (Côte-d'Or), Salins (Jura), Fontaine-Étoupe-four (Calvados), Lyon; Suisse (Vaud), Cressel, près de Bex.

* **33. Taylori,** Sow., d'Orb., Paléont. franç., terr. jurass., 1, p. 323, pl. 102, fig. 3, 4. *A. lamellosus,* d'Orb., 1843, pl. 84, fig. 1-2. France, Mulhausen (Bas-Rhin), Breux (Meuse); Allem., Iebenhausen, près de Göppingen; Angleterre.

* **34. Guibalianus,** d'Orb., 1843. Paléont. franç., terr. jurass., 1, p. 259, pl. 73. France, Nancy (Meurthe), Lyon (Rhône), Avallon.

* **35. Buvignieri,** d'Orb., 1843. Paléont. franç., terr. jurass., 1, p. 261, pl. 74. France, Breux, Montmédy (Meuse), Nancy (Meurthe).

* **36. Jamesoni,** Sow., 1827. Min. Conch., 6, pl. 555, fig. 1, p. 105. France, Pouilly (Côte-d'Or), Nancy (Meurthe); Angleterre, île de Mull, baie de Robin-hood.

* **37. Bronnii,** Rœmer, 1836, Oolith., p. 181, pl. 12, fig. 8. France, Alsace; Allem., Engern, Westphalie.

* **38. Davidsoni,** d'Orb., 1848. *Am. lævigatus,* Sow., 1827. Min. Conch., 6, pl. 570, fig. 6. (Non *lævigatus,* Reineck, 1818, Lam., etc.) Espèce bien distincte. France, Saint-Amand (Cher); Angleterre, Lyme-Regis.

* **39. Jupiter,** d'Orb., 1848. *A. polymorphus-lineatus?* Quenstedt, 1847, pl. 4, fig. 13? (Non *A. lineatus,* Schloth.; non *A. polymorphus,* d'Orb., 1845). France, Saint-Amand (Cher).

40. latecosta, Sow., 1827. Min. Conch., t. 6, p. 106, pl. 556, fig. 1. Angl., Lyme-Regis.

* **41. Acanthus,** d'Orb., 1848. Espèce voisine des *A. Desplacei* et *Raquinianus,* mais se distinguant : du premier, par ses côtes seulement bifurquées en dehors des tubercules; du second, par ses côtes infiniment plus rapprochées et régulièrement divisées en deux, en dehors de petits tubercules externes. France, environs d'Avallon.

MOLLUSQUES GASTÉROPODES.

CHEMNITZIA, d'Orb., 1839. Voy. p. 172.

*42. **undulata,** d'Orb., 1847. *Turritella undulata*, Benz, Zieten, 1830. Wurtemb., p. 43, pl. 32, fig. 2. France, Fontaine-Étoupefour (Calvados); Wurtemb., près d'Aalen, Wahl.

43. **subnodosa,** d'Orb., 1847. *Melania nodosa*, Deslongch., 1842, Mém. Soc. lin. de Norm., t. 7, p. 219, pl. 12, fig. 1. Peut-être la même que la précédente. (Non 6-143.) France, Fontaine-Étoupefour (Calvados).

*44. **Carusensis,** d'Orb., 1847. Espèce très-allongée, subulée, costulée en long, et striée en travers. France, Saint-Amand (Cher), Châlons (Saône-et-Loire).

ACTEONINA, d'Orb., 1847. Voy. p. 118.

*45. **sparsisulcata,** d'Orb., 1847. Jolie petite espèce mince avec quelques sillons transverses très-espacés. France, Lande-sur-Drome (Calvados).

*46. **Cadomensis,** d'Orb., 1847. *Conus Cadomensis* (1), Deslongch., 1843. Mém., t. 7, p. 147, pl. 10, fig. 10-14. France, Fontaine-Étoupefour, Betteville-sur-Laize (Calvados).

46'. **concava,** d'Orb., 1847. *Conus concavus*, Deslongch., 1843, *id.*, t. 7, p. 149, pl. 10, fig. 15-22. France, Fontaine-Étoupefour, Betteville-sur-Laize.

47. **subabbreviata,** d'Orb., 1849. *Conus abbreviatus*, Deslongch., 1843, *id.*, t. 8, p. 164, pl. 18, fig. 8. (Non *abbreviata*, Klipstein, 1843). France, Fontaine-Étoupefour.

47'. **Caumontii,** d'Orb., 1847. *Conus Caumontii*, Deslongch., 1848, *id.*, t. 8, p. 165, pl. 18, fig. 7. France, Fontaine-Étoupefour.

NATICA, Adanson, 1757. Voy. p. 29.

*48. **Pelea,** d'Orb., 1847. Grosse espèce plus longue que large, à tours très-grands et très-renflés. France, Fontaine-Étoupefour.

TROCHUS, Linné. V. p. 64.

*49. **monoplicus,** d'Orb., 1847. Espèce trochoïde très-courte, lisse, avec une légère côte près de la suture; une dent à la columelle. France, Fontaine-Étoupefour (Calvados).

*50. **perforatus,** d'Orb., 1847. Espèce très-remarquable par la largeur de son ombilic, ses tours renflés et lisses. France, Fontaine-Étoupefour, Landes (Calvados).

(1) L'étude de ces espèces prouve combien il faut se garder de se prononcer en Paléontologie sur des observations superficielles. Décrites dans le genre *Conus*, par M. Deslongchamps, qui n'avait vu que la forme extérieure de l'ensemble, ces coquilles se trouvaient former une exception au milieu des terrains jurassiques, puisque depuis le lias jusqu'à la partie supérieure des terrains crétacés, où le genre *Conus* devient commun, aucune de ses espèces ne s'y montre. La forme extérieure étant identique aux cônes, il nous restait un moyen infaillible de reconnaître si cette forme ne trompait pas. En effet, les cônes résorbent intérieurement leur coquille, de manière à la rendre mince, d'épaisse qu'elle était. Pour arriver à savoir si c'étaient bien des cônes, nous avons brisé la coquille, et nous avons alors, reconnu qu'elle n'était pas plus mince à l'intérieur qu'au dernier tour. Dès lors ce ne pouvait pas être un cône; et l'anomalie disparaissait, car c'est une *Acteonina*, genre propre aux terrains jurassiques.

*51. **elongatus,** d'Orb., 1847. Espèce plus allongée et à ombilic bien plus étroit que chez l'espèce précédente. Fontaine-Étoupefour.

*52. **Gea,** d'Orb., 1847. Espèce presque turriculée, ombiliquée, à tours saillants, pourvue de trois rangées de tubercules. France, Fontaine-Étoupefour (Calvados).

*53. **Normanianus,** d'Orb., 1847. Espèce voisine de la précédente, également ombiliquée et ornée de trois rangées de petits tubercules, mais beaucoup moins allongée. France, Fontaine-Etoupefour.

*54. **Eolus,** d'Orb., 1847. Espèce ombiliquée, voisine des deux précédentes, mais pourvue de cinq rangées de tubercules par tour. France, Fontaine-Étoupefour, Landes (Calvados).

*55. **Emylius,** d'Orb., 1847. Espèce voisine des précédentes, mais non ombiliquée et pourvue de quatre rangées de tubercules par tour. France, Fontaine-Etoupefour.

*56. **trimonilis,** d'Orb., 1847. Espèce voisine des *Normanianus*, mais non ombiliquée, et pourvue de trois rangées de très-gros tubercules. France, Fontaine-Étoupefour.

*57. **glaber,** Koch, 1837. Beitr., p. 24, pl. 1, fig. 12. France, Fontaine-Étoupefour (Calvados) ; Allemagne.

*58. **Epulus,** d'Orb., 1847. Espèce conique, lisse, à tours très-étroits, non convexes, carénés au pourtour, à ombilic clos. France, Fontaine-Étoupefour (Calvados).

*59. **Acteon,** d'Orb., 1847. Espèce très-voisine de la précédente mais à tours un peu convexes, à ombilic clos. France, Fontaine-Étoupefour.

*60. **lateumbilicatus,** d'Orb., 1847. Espèce voisine des deux précédentes, mais largement ombiliquée. France, Fontaine-Etoupefour (Calvados), les Coutards, près de Saint-Amand (Cher).

*61. **Nisus,** d'Orb., 1847. Espèce lisse et ombiliquée comme le *T. lateumbilicatus*, mais avec une légère saillie à chaque tour, qui la rend comme imbriquée. France, Landes (Calvados).

*62. **Ægion,** d'Orb., 1847. Espèce voisine, pour la forme, du *T. Nisus*, mais légèrement striée en travers dans le sens de l'enroulement spiral. France, Landes (Calvados).

*63. **Cirrus,** d'Orb., 1847. Espèce voisine de forme du *T. Ægion*, mais marquée par tours de deux forts sillons longitudinaux. France, Landes.

*64. **Amor,** d'Orb., 1847. Espèce voisine, par ses tours saillants et imbriqués et par son ombilic, du *T. Nisus*, mais plus large, et surtout bien plus plate en dessous. France, Fontaine-Étoupefour.

*65. **Cupido,** d'Orb., 1847. Espèce curieuse par sa forme très-allongée, son large ombilic et ses tours anguleux pourvus de tubercules sur l'angle saillant. France, Fontaine-Etoupefour.

*66. **Ajax,** d'Orb., 1847. Espèce allongée, lisse, sans ombilic ouvert, à tours larges. France, Fontaine-Etoupefour.

*67. **Fidia,** d'Orb., 1847. Espèce trochoïde non ombiliquée, carénée, à tours peu saillants ornés de six côtes granuleuses, dont les supérieures et inférieures sont les plus grosses. France, Landes.

*68. **œdipus,** d'Orb., 1847. Espèce allongée, non ombiliquée, à tours larges, lisses, carénés extérieurement ; bouche large. France, Fontaine-Etoupefour (Calvados), Saint-Amand (Cher).

* **69. Orion,** d'Orb., 1847. Espèce très-allongée, à tours légèrement imbriqués, marqués en long de sept petites côtes et d'une grosse inférieure. France, Landes (Calvados).

* **70. Mysis,** d'Orb., 1847. Espèce très-allongée, presque turriculée, non ombiliquée, ornée de côtes longitudinales très-prononcées et de stries transverses. France, Fontaine-Etoupefour (Calvados).

71. subimbricatus, Koch, 1837. Beitr., p. 25, pl. 1, fig. 14. Allemagne, Markoldendorf.

72. gracilis, Koch, 1837. Beitr., p. 25, pl. 1, fig. 15. Allemagne.

73. subumbilicatus, d'Orb., 1847. *T. umbilicatus*, Koch, 1837. Beitr., p. 26, pl. 1, fig. 17. (Non Montagu, 1803). Allemagne.

74. turriformis, Koch, 1837. Beitr., p. 24, pl. 1, fig. 11. Allem.

STRAPAROLLUS, Montfort, 1810. Voy. p. 65.

* **75. sinister,** d'Orb., 1847. Espèce planorbiforme, tournée à gauche, à tours évidés en dessus, carénés en dessous, crénelés des deux côtés sur la carène. France, Fontaine-Etoupefour, Landes.

TURBO, Linné. Voy. p. 5.

* **76. Leo,** d'Orb., 1847. Espèce voisine du *T. Escheri*, mais plus allongée. France, Landes (Calvados).

* **77. Itus,** d'Orb., 1847. Espèce voisine du *T. Leo*, mais à tours ronds sans indice de carène, pourvus de lignes transversales de petits tubercules. France, Landes (Calvados).

* **78. Orion,** d'Orb., 1847. Espèce treillissée comme le *T. cyclostoma*, mais plus raccourcie et ombiliquée. France, Landes (Calvados).

* **79. Nisus,** d'Orb., 1847. Espèce petite, ombiliquée, voisine de la précédente, mais plus surbaissée, pourvue sur chaque tour de cinq ou six côtes longitudinales, entre lesquelles sont des stries transverses très-régulières. France, Fontaine-Etoupefour (Calvados).

* **80. Odius,** d'Orb., 1847. Espèce moyenne, courte, pourvue de deux carènes externes. France, Landes.

* **81. Nireus,** d'Orb., 1847. Espèce voisine du *T. Leo*, mais moins allongée, avec un bien plus grand nombre de petites côtes granuleuses. France, Landes.

* **82. Midas,** d'Orb., 1847. Espèce trochoïde lisse, avec des côtes faibles, onduleuses, transverses à l'enroulement spiral; ombilic ouvert. France, les Coutards, près de Saint-Amand (Cher).

* **83. Menippus,** d'Orb., 1847. Espèce lisse, à tours saillants, dont l'ensemble est presque trochoïde et ombiliqué. France, Landes, Fontaine-Etoupefour.

83'. subundulatus, d'Orb., 1847. *T. undulatus*, Phillips, 1835, 1, pl. 13, fig. 18. (Non Chemnitz.) Angl., Yorkshire.

* **84. Licas,** d'Orb., 1847. Jolie espèce à tours convexes, ornés de deux séries de tubercules échinulés sur autant de carènes saillantes. France, Fontaine-Etoupefour.

* **84'. Nicias,** d'Orb., 1847. Espèce plus longue que large, à tours convexes, inégalement costulés en long et striés en travers. France, Fontaine-Etoupefour.

* **85. Nisea,** d'Orb., 1847. Grande espèce plus longue que large, à tours convexes presque costulés en travers, en bas, fortement côtée en long vers le haut. France, Fontaine-Etoupefour.

* **85'. Julia,** d'Orb., 1847. Espèce turriculée, dont les tours convexes sont costulés en long par sept côtes, dont l'avant-dernière saillante en carène. France, Fontaine-Etoupefour.

DELPHINULA, Lamarck, 1804. Voy. p. 191.

* **86. reflexilabrum,** d'Orb., 1847. Espèce lisse, ressemblant à un *Turbo*, mais ayant un péristome réfléchi, saillant, lamelleux, autour de la bouche. France, Fontaine-Etoupefour (Calvados).

PHASIANELLA, Lamarck, 1804. Voy. p. 67.

* **86'. Jason,** d'Orb., 1847. Petite espèce allongée, striée finement en travers, sur des tours convexes. France, Saint-Amand.

87. phasianoïdes, d'Orb., 1847. *Melania phasianoïdes*, Deslongch., 1843. Mém. Soc. lin. de Norm., t. 7, p. 228, pl. 12, fig. 14. France, Fontaine-Etoupefour (Calvados).

DITREMARIA, d'Orb., 1842 (*Rimulus*, d'Orb., 1839). *Trochotoma*, Deslongchamps, 1842. Ce sont des *Pleurotomaires* qui, au lieu d'une fente, ont une ouverture oblongue, séparée du bord et sans saillie.

* **87'. bicarinata,** d'Orb., 1842. Paléont. franç., terr. crét., 2, p. 277. *Trochotoma gradus*, Deslonch., 1843. Mém., t. 7, p. 106, pl. 8, fig. 4, 5, 6, 7. France, Fontaine-Etoupefour (Calvados).

CIRRUS, Sowerby, 1848. Voy. p. 68.

* **88. Normanianus,** d'Orb., 1847. Espèce voisine du *C. Leachi* Sow., également tournée à gauche, mais carénée extérieurement ; à tubes très-longs et obliques. France, Fontaine-Etoupefour.

PLEUROTOMARIA, Defrance, 1825. Voy. p. 7.

88'. undosa, d'Orb., 1847. *Trochus undosus*, Schübler, Zieten, 1830, p. 46, pl. 34, fig. 3. *Pleur. Escheri?* Goldf., pl. 184, fig. 9. France, Fontaine-Etoupefour, Landes ; Wurtemberg, Stuifenberg, Banz.

* **89. rotellæformis,** Dunker, 1847. Palæontographica, nº 1, p. 111, pl. 13, fig. 12. *P. heliciformis*, Deslongch, 1848. Mém. de la Soc. lin. de Norm., 8, p. 149, pl. 17, fig. 2. France, Fontaine-Etoupefour ; Allem., Halberstadt.

* **89'. Minerva,** d'Orb., 1847. Grande espèce plus haute que large, pourvue par tours non saillants de trois côtes, dont la supérieure a une et l'inférieure deux rangées de tubercules. France, Landes.

* **90. subnodosa,** Munst., Goldf., 1844, 3, p. 72, pl. 185, fig. 9. France, Landes, Fontaine-Etoupefour, Châlons-sur-Saône (Saône-et-Loire) ; Allem., Amberg.

* **90'. Midas,** d'Orb., 1847. Espèce conique, anguleuse au pourtour, treillissée partout. France, Fontaine-Etoupefour.

91. princeps, Koch, 1837. Beitr., p. 26, pl. 1, fig. 18. *P. princeps*, Deslongch., 1848. Mém., 8, p. 84, pl. 11, fig. 5. Allem., Markoldendorf ; France, Fontaine-Etoupefour.

* **91'. Octavia,** d'Orb., 1847. Espèce plus longue que large, pourvue sur le dernier tour de deux angles saillants, le reste strié en long sur des tours non convexes. France, Fontaine-Etoupefour.

* **92. expansa,** d'Orb., 1847. *Pleurotomaria suturalis*, Deslongch., 1848. Mém., 9, p. 147, pl. 17, fig. 3. *Turbo callosus*, Desh., Coq. caract., p. 189, pl. 4, fig. 56. *Rotella polita*, Bronn. *H. expansa*, Goldf. *Helicina expansa*, Sow., 1821. Min. Conch., 3, p. 129, pl. 273, et *Helicina solarioides*, et *polita*, Sow. *Helix expansa*, Rœmer, Zieten, pl. 33,

fig. 5. France, Vieux-Pont, Evrecy (Calvados), Saint-Amand (Cher), Chavagnac (Dordogne); Angl., Lyme-Regis, Compredy; All., Kahlefeld et Falkenhagen; Würtemberg, Boll, Schlatt.

*92'. **compressa,** d'Orb., 1847. *Helicina compressa,* Sow., 1813. Min. Conch., 1, p. 83, pl. 10, fig. 3. Angl., Leicestershire.

93. **mirabilis,** Deslongch., 1848. Mém. de la Soc. linn. de Norm., t. 8, p. 31, pl. 16, fig. 2. France, Fontaine-Etoupefour (Calvados).

93'. **subfaveolata,** d'Orb., 1847. *P. faveolata,* var. *a, trochoidea,* Deslongch., 1848. Mém., t. 8, p. 73, pl. 15, fig. 2. (Non Kock, 1837.) France, Fontaine-Etoupefour.

94. **subturrita,** d'Orb., 1849. *P. faveolata,* var. *b, subturrita,* Deslongch., 1848. Mém., t. 8, p. 73, pl. 15, fig. 3. (Non n° 93'.) France, Fontaine-Etoupefour.

94'. **turrita,** d'Orb., 1849. *P. faveolata,* var. *c, turrita,* Deslongchamps, 1848. Mém., t. 8, p. 74, pl. 15, fig. 4. (Non n° 93). France, Fontaine-Etoupefour.

94''. **procera,** d'Orb., 1849. *P. faveolata,* var. *d, procera,* Deslongchamps, 1848. Mém., t. 8, p. 74, pl. 15, fig. 5. (Non n° 93.) France, Fontaine-Etoupefour.

95. **pinguis,** d'Orb., 1849. *P. faveolata,* var. *e, pinguis,* Deslongch., 1848. Mém., t. 8, p. 75, pl. 15, fig. 6. (Non n° 93'). France, Fontaine-Etoupefour.

95'. **ellipsoidea,** d'Orb., 1849. *P. faveolata,* var. *f, ellipsoidea,* Deslongch., 1848. Mém., t. 8, p. 75, pl. 15, fig. 7. (Non n° 93'.) France, Fontaine-Etoupefour.

96. **precatoria,** Deslongch., 1848. Mém., t. 8, p. 86, pl. 11, fig. 6. France, Fontaine-Etoupefour.

96'. **sulcosa,** Deslongch., 1848. Mém. Soc. linn. de Norm., t. 8, p. 79, pl. 12, fig. 3. France, Fontaine-Etoupefour.

*97. **araneosa,** var. *a, reticulata,* Deslongch., 1848. Mém., t. 8, p. 89, pl. 14, fig. 5. France, Fontaine-Etoupefour.

*97'. **subradians,** d'Orb., 1849. *P. araneosa,* var. *b, radians,* Deslongch., 1848. Mém., t. 8, p. 89, pl. 15, fig. 1. (Non n° 97, non *radians,* Münster, 1841.) France, Fontaine-Etoupefour.

97''. **rustica,** Deslongch., 1848. Mém. Soc. linn. de Norm., t. 8, p. 76, pl. 12, fig. 1. France, Curcy, La Caine, Mutrecy (Calvados).

*98. **Debuchii,** Deslongch., 1848. Mém. Soc. linn. de Norm., t. 8, p. 92, pl. 15, fig. 8. France, Fontaine-Etoupefour.

98'. **subintermedia,** d'Orb., 1849. *P. Debuchii,* var. *b, intermedia,* Deslongch., 1848. Mém., t. 8, p. 92, pl. 15, fig. 9. (Non n° 98, non *intermedia,* Münster, 1844.) France, Fontaine-Etoupefour.

*99. **Mopsa,** d'Orb., 1847 (Man.). *P. Debuchii,* var. *c, exsertiuscula,* Deslongch., 1848, t. 8, p. 93, pl. 15, fig. 10 (Non n° 98.) France, Fontaine-Etoupefour.

99'. **Platyspira,** d'Orb., 1849. *P. Debuchii,* var. *d, platyspira,* Deslong., 1848, t. 8, p. 94, pl. 16, fig. 1. (Non n° 98.) France, Fontaine-Etoupefour.

99''. **cingulifera,** d'Orb., 1849. *P. Debuchii,* var. *e, cingulifera,* Deslongch., 1848. Mém., t. 8, p. 94, pl. 17, fig. 5. (Non n° 98.) France, Fontaine-Etoupefour.

100. bitorquata, Deslongch., 1848. Mém. Soc. linn. de Norm., t. 8, p. 119, pl. 11, fig. 4. France, Fontaine-Etoupefour.

100'. hyphanta, var. *a, planiuscula*, Deslongch., 1848. Mém. Soc. linn. de Norm., t. 8, p. 125, pl. 10, fig. 3. Fontaine-Etoupefour.

101. turgidula, d'Orb., 1847. *P. hyphanta*, var. *b, turgidula*, Deslongch., 1848, t. 8, p. 125, pl. 10, fig. 4. (Non *hyphanta*, Deslongch., pl. 10, fig. 3.) France, Fontaine-Etoupefour.

101'. attenuata, Deslongch., 1848. Mém., t. 8, p. 126, pl. 17, fig. 8. France, Fontaine-Etoupefour.

101''. decipiens, var. *a, nodulosa*, Deslongch., 1848. Mém., t. 8, p. 122, pl. 10, fig. 6. France, Fontaine-Etoupefour.

102. turrita, d'Orb., 1849. *P. decipiens*, var. *b, turrita*, Deslongch., 1848, t. 8, p. 122, pl. 10, fig. 7. (Non *decipiens*, Desl., pl. 10, fig. 6.) France, Fontaine-Etoupefour.

102'. planiuscula, d'Orb., 1849. *P. decipiens*, var. *c, planiuscula*, Desl., 1848. Mém. Soc. linn. de Norm., t. 8, p. 123, pl. 10, fig. 5. (Non *decipiens*, Deslongch., pl. 10, fig. 6.) Fontaine-Etoupefour.

102''. Deshayesii, var. *a, omphalaris*, Desl., 1848, t. 8, p. 129, pl. 18, fig. 2. France, Feuquerolles (Calvados).

103. patula, d'Orb., 1849. *P. Deshayesii*, var. *b, patula*, Deslongchamps, 1848, t. 8, p. 130, pl. 10, fig. 2. (Non *Deshayesii*, Deslongch., pl. 18, fig. 2.) France, Fontaine-Etoupefour.

103'. subgradata, d'Orb., 1849. *P. Deshayesii*, var. *c, subgradata*, Desl., 1848, t. 8, p. 130, pl. 9, fig. 5. (Non *Deshayesii*, Desl., pl. 18, fig. 2.) France, Fontaine-Etoupefour.

103''. tumidula, d'Orb., 1849. *P. Deshayesii*, var. *d, tumidula*, Deslongch., 1848, t. 8, p. 131, pl. 10, fig. 1. (Non *Deshayesii*, Desl., pl. 18, fig. 2.) France, Fontaine-Etoupefour.

***104. Mysis,** d'Orb., 1847. M. S. *P. Deshayesii*, var. *e, polyptycha*, Deslongch., 1848, t. 8, p. 131, pl. 9, fig. 6. (Non *Deshayesii*, Desl., pl. 18, fig. 2. France, Fontaine-Etoupefour.

104'. Deslongchampsii, d'Orb., 1849. *P. Deshayesii*, var. *f, intermedia*, Deslongch., 1848. Mém. Soc. linn. de Norm., t. 8, p. 132, pl. 9, fig. 7. (Non *Deshayesii*, var. non *intermedia*, Desl., non *Deshayesii*, Desl., pl. 18, fig. 2.) France, Fontaine-Etoupefour.

104''. Gigas, Deslongch., 1848, t. 8, p. 132, pl. 10, fig. AA, etc., BB, etc. France, Landes (Calvados).

PTEROCERA, Lamarck, 1801. D'Orb., Paléont. franç., terr. crét., 2, p. 300.

***105. liasina,** d'Orb., 1847. Espèce pourvue de huit grosses côtes longitudinales et de légères stries transverses. Fontaine-Etoupefour.

***105. subpunctata,** Münst., Goldf., 1843, 3, p. 16, pl. 169, fig. 7. France, Pinperdu, près de Salins (Jura) ; Allem., Amberg, Banz.

CERITHIUM, Adanson, 1757. V. p. 196.

***106. Merope,** d'Orb., 1847. Espèce ayant la forme des *Chemnitzia*, très-allongée, turriforme, ornée de côtes longitudinales, obliques et simples. France, Fontaine-Etoupefour (Calvados).

***107. Janthe,** d'Orb., 1847. Espèce voisine du *C. reticulatum*, mais à tours moins convexes, et pourvus de cinq, au lieu de sept côtes longitudinales à l'enroulement. France, Fontaine-Etoupefour, Landes.

*108. **Laothoe,** d'Orb., 1847. Espèce très-allongée, à tours plats un peu en gradins, ornés de six côtes longitudinales; sutures profondes. France, Fontaine-Etoupefour.

*109. **Hille,** d'Orb., 1847. Espèce longue de 22 millim., à tours saillants, anguleux, pourvus de quatre côtes granuleuses. France, Fontaine-Etoupefour.

*110. **Œnone,** d'Orb., 1847. Grande espèce de 90 millim. de longueur, marquée de dépressions obliques près de la suture des tours. France, Fontaine-Etoupefour.

*111. **Thisbe,** d'Orb., 1847. Petite espèce allongée, conique, ornée de huit côtes longitudinales se correspondant d'un tour à l'autre, et de stries transverses. France, Saint-Amand (Cher).

112. **precatorium,** Deslongch., 1843. Mém. Soc. linn. de Norm., t. 7, p. 207, pl. 11, fig. 35, 36, 37. France, Fontaine-Etoupefour.

*113. **subreticulatum,** d'Orb., 1847. *C. reticulatum*, Deslongch., 1843, t. 7, p. 208, pl. 11, fig. 38, 39. (Non Montagu, 1803; non Risso, 1826.) France, Curcy, Landes (Calvados).

*114. **subcostulatum,** d'Orb., 1847. *C. costulatum*, Deslongch., 1843, t. 7, p. 199, pl. 11, fig. 12, 13. (Non Lamarck, 1804.) France, Fontaine-Etoupefour.

115. **tæniatum,** Desl., 1843, t. 7, p. 200, pl. 11, fig. 14. France, Fontaine-Etoupefour.

*116. **subcostellatum,** d'Orb., 1847. *C. costellatum*, Deslongch., 1843, t. 7, p. 202, pl. 11, fig. 19. (Non Goldf., 1841.) France, Fontaine.

117. **scobina,** Deslongchamps, 1843, t. 7, p. 196, pl. 10, fig. 49, 50. France, Fontaine-Etoupefour.

*118. **spicula,** Deslongch., 1843, t. 7, p. 197, pl. 11, fig. 6, 7. France, Fontaine-Etoupefour.

119. **zic-zac,** Deslongch., 1843, t. 7, p. 198, pl. 11, fig. 8, 9. France, Fontaine-Etoupefour.

120. **polygonatum,** Deslongch., 1843, t. 7, p. 213, pl. 11, fig. 54, 55. France, Fontaine-Etoupefour.

121. **subpustulosum,** d'Orb., 1847. *C. pustulosum*, Deslongch., 1843, t. 7, p. 213, pl. 11, fig. 56, 57. (Non Sow., 1830.) France, Fontaine-Etoupefour.

122. **subvariculosum,** d'Orb., 1847. *C. variculosum*, Deslongch., 1843, t. 7, p. 210, pl. 11, fig. 45, 46, 47 (non Nyst., 1843). France, Fontaine-Étoupefour.

123. **subvaricosum,** d'Orb., 1847. *C. varicosum*, Deslongch., 1843, t. 7, p. 211, pl. 11, fig. 48, 49, 50 (non Brocchi, 1814). France, Fontaine-Étoupefour.

124. **spinuliferum,** Deslongch., 1843, t. 7, p. 211, pl. 10, fig. 51, 52. France, Fontaine-Étoupefour.

125. **macrogoniatum,** Deslongch., 1843, t. 7, p. 212, pl. 11, fig. 51, 52, 53. France, Fontaine-Étoupefour.

126. **subinversum,** d'Orb., 1847. *Fusus inversus*, Deslongch., 1843, p. 154, t. 7, pl. 10, fig. 30, 31 (non Lam., 1804). France, Fontaine-Étoupefour.

127. **subcurvicostatum,** d'Orb., 1847. *Fusus curvicostatus*, Des-

longch., 1843, t. 7, p. 154, pl. 10, fig. 32, 33 (non Desh., 1824). France, Fontaine-Étoupefour (Calvados).

128. textum, d'Orb., 1847. *Fusus textus*, Deslongch., 1843. Mém., t. 7, p. 155, pl. 10, fig. 34, 35. France, Fontaine-Etoupefour.

129. Ulysses, d'Orb., 1847. *Fusus variculosus*, Deslongchamps, 1843. Mém., t. 7, p. 157, pl. 10, fig. 40, 41 (non Nyst., 1843). France, Fontaine-Étoupefour.

130. crenulatum, d'Orb., 1847. *Fusus crenulatus*, Deslongch., 1843. Mém., t. 7, p. 157, pl. 10, fig. 42, 43. Fontaine-Étoupefour.

'131. Niobe, d'Orb., 1847. Espèce lisse, à tours légèrement saillants en gradins. France, Landes (Calvados).

HELCION, Montfort, 1810. Voy. p. 9.

132. sublævis, d'Orb., 1847. *Patella lævis*, pars, Sow., 1816. Min. Conch., 2, p. 85, pl. 139, fig. 5. Exclus., fig. 3, 4. Angl., Withby, Folkstone.

EMARGINULA, Lamarck, 1801. Voy. p. 197.

133. planicostula, Deslongch., 1842. Mém. Soc. lin. de Norm., p. 124, t. 7, pl. 7, fig. 25-29. France, Fontaine-Étoupefour.

DENTALIUM, Linné, 1740. Voy. p. 73.

134. giganteum, Phillips, 1839, pl. 14, fig. 8. Angl., Yorkshire.

'135. compressum, d'Orb., 1847. Espèce fortement comprimée, subcarénée, lisse. France, environs de Châlons-sur-Saône.

MOLLUSQUES LAMELLIBRANCHES.

PANOPÆA, Ménard, 1807. Voy. p. 173.

'136. striatula, d'Orb., 1847. *Pleuromya striatula*, Agassiz, pl. 28, fig. 10-14. France, Vieux-Pont, Evrecy (Calvados), environs de Nancy.

137. elongata, Rœmer, 1836. Oolith, p. 126, pl. 8, fig. 1. *Arcomya elongata*, Agassiz, 1844, pl. 10I, fig. 2-5. Allem., Willershausen.

138. vetusta, d'Orb., 1847. *Sanguinolaria vetusta*, Phillips, 1835. Yorkshire, pl. 14, fig. 1. Angleterre, Yorkshire.

'139. Pelea, d'Orb., 1847. Espèce voisine du *P. elongata*, mais plus large sur la région buccale. France, Brulon (Sarthe).

'140. glabra, d'Orb., 1847. *Pleuromya glabra*, Agass., 1845. Étud. crit., p. 238, pl. 26, fig. 3-14. Alsace, Evrecy, Amayé-sur-Orne.

PHOLADOMYA, Sowerby, 1826. Voy. p. 73.

'141. ambigua, Sow., 1818. Min. Conch., 3, 448, pl. 227. Zieten, 1830, pl. 65, fig. 1. France, Langres (Haute-Marne), Nancy (Meurthe), Vieux-Pont (Calvados), Chavagnac (Dordogne).

'142. obliquata, Phillips, 1835. Yorkshire, pl. 13, fig. 15. France, Saint-Amand (Cher) ; Angleterre, Yorkshire.

'143. Urania, d'Orb., 1847. *P. Voltzii*, Agass., 1842. Etud., p. 122, pl. 3 c, fig. 1-9 (non Rœmer, 1836). France, Mülhausen (Bas-Rhin), Pinperdu (Jura).

144. glabra, Agass., 1842. Etud. crit., p. 69, pl. 3, fig. 12-14. France, Mülhausen (Bas-Rhin).

145. heteropleura, d'Orb., 1847. *Goniomya heteropleura*, Agass., 1842. Etud. crit., p. 24, pl. 1 d, fig. 9 et 10. Mülhausen (Bas-Rhin).

LYONSIA, Turton, 1822. Voy. p. 10.

146. Rœmeri, d'Orb., 1847. *Tellina Rœmeri*, Koch, 1837. Beitr. zur kenntn. Ool., p. 21, pl. 1, fig. 7. Allemagne, Goslar.

'**147. donaciformis,** d'Orb., 1847. *Lutraria donaciformis*, Goldf., 1839, 2, p. 256, pl. 152, fig. 13. France, Langres (Haute-Marne), Semur (Côte-d'Or), Vieux-Pont (Calvados); Allem., Amberg, Altdorf.

'**148. unioïdes,** d'Orb., 1847. *Lutraria unioides*, Goldf., 1839, 2, p. 256, pl. 152, fig. 12. *Venus unioides*, Rœmer. *Pleuromya æquistriata*, Agass., pl. 21, fig. 8-17? *Greslya striata?* Agass., Etud., pl. 13 c, fig. 7-9. Chavagnac (Dordogne), Vieux-Pont, Evrecy (Calvados); Allem., Amberg, Goslar, Göppingen, Ocker.

THRACIA, Leach, 1825.

'**149. lata,** d'Orb., 1847. *Sangui- olaria lata*, Münst., Goldf., 1839, 2, p. 281, pl. 160, fig. 2. France, Saint-Amand (Cher); Allem., Reutlingen, Derneburg.

LEDA, Schumacher, 1817. Voy. p. 11.

'**150. subovalis,** d'Orb., 1848. *Nucula subovalis*, Goldf., 1838, 2, p. 155, pl. 125, fig. 4. France, Saint-Amand (Cher); Allem., Baireuth, Altdorf, Thurnau.

151. acuminata, d'Orb., 1847. *Nucula acuminata*, Buch, Goldf., 1838, 2, p. 155, pl. 125, fig. 7. France, Saint-Amand (Cher), Fontaine-Etoupefour, Nancy (Meurthe); Allem., Altdorf.

'**152. Galatea,** d'Orb., 1847. Espèce très-allongée, étroite, obtuse à ses extrémités, lisse. France, Nancy (Meurthe), Saint-Amand.

OPIS, Defrance, 1825. Voy. p. 198.

'**153. Carusensis,** d'Orb., 1847. Espèce petite, lisse, très-anguleuse, munie d'une carène tranchante. France, Saint-Amand (Cher).

ASTARTE, Sow., 1818. Voy. p. 216.

'**154. Libya,** d'Orb., 1847. Espèce ronde, couverte de stries rayonnantes, creusées sur la lunule. France, Landes (Calvados).

'**155. Micalia,** d'Orb., 1847. Coquille ovale, comprimée, pourvue de côtes concentriques aiguës. France, Fontaine-Etoupefour.

'**156. Medea,** d'Orb., 1847. Coquille presque ronde, lisse, non carénée sur le corselet. France, Saint-Amand (Cher).

'**157. Glycerii,** d'Orb., 1847. Coquille lisse, voisine de la précédente, mais avec une carène simple sur le corselet. Saint-Amand.

'**158. Leda,** d'Orb., 1847. Coquille voisine de la précédente, mais avec deux carènes près du corselet. France, Saint-Amand (Cher).

'**159. Phædra,** d'Orb., 1847. Coquille voisine de l'*A. Micalia*, mais plus carrée, et avec des rides régulières concentriques. France, Fontaine-Etoupefour (Calvados).

160. alta, Goldf., 1839, 2, p. 190, pl. 134, fig. 9. Altdorf, Amberg, Pretzfeld et Uhrweiler.

161. striato, sulcata, Rœmer, 1836. Oolith., p. 112, pl. 7, fig. 16. France; Allem., Ocker, Goslar.

162. rhombea, Rœmer, 1842. *De Astarte genere*, p. 13, fig. 3. France, Nancy.

163. subcompressa? d'Orb., 1847. *Amphidesma compressum*, Kock 1837. Beitr., p. 19, pl. 1, fig. 4 (non Mont., 1803). Allemagne.

HIPPOPODIUM, Sow., 1819.

*164. **ponderosum,** Sow., 1819. Min. Conch., 3, p. 91, pl. 250. France, Nancy (Meurthe); Angleterre, Toddenham-fenny-Compton, Cheltenham.

CYPRICARDIA, Lamarck, 1801.

*165. **cucullata,** d'Orb., 1847. *Cardium cucullatum*, Goldf., 1839. Petref., 2, p. 218, pl. 143, fig. 11. Allemagne, Amberg et Balingen.

166. **caudata,** d'Orb., 1847. *Cardium caudatum*, Goldf., 1839, Petref., 2, p. 218, pl. 143, fig. 12. Allemagne, Balingen.

*167. **Terea,** d'Orb., 1847. Espèce voisine du *C. cucullata*, mais plus allongée et moins convexe, non excavée sur le corselet. France, Nancy.

CARDINIA, Agassiz, 1838. Voy. p. 32.

*168. **Philea,** d'Orb., 1847. Très-grande espèce, longue de 14 cent. lisse, acuminée à ses extrémités. France, Landes, Evrecy (Calvados), Nancy (Meurthe).

*169. **Idalia,** d'Orb., 1847. Espèce comprimée, trigone, fortement ridée concentriquement, appelée mal à propos *depressa*. Dans le nord de la France, Nancy (Meurthe).

*170. **Itea,** d'Orb., 1847. Espèce de petite taille, subtrigone, marquée de fortes côtes inégales en gradins. Fontaine-Etoupefour.

*171. **gibbosula,** d'Orb., 1847. Espèce de petite taille, courte et épaisse, trigone et comme gibbeuse, avec des côtes en gradins. France, Fontaine-Etoupefour (Calvados).

172. **trigonellaris,** d'Orb., 1847. *Cytherea trigonellaris*, Voltz, Goldf., 1839, 2, p. 237, pl. 149, fig. 5. *Venulites trigonellaris*, Sch. *Cardinia lævis*, Agassiz, 1847, pl. 11, 12, fig. 13-15. France, Gundershoffen, Alsace; Allem., Teufelsloch, près de Boll.

173. **lævis,** d'Orb., 1847. *Lucina lævis*, Münster, Goldf., 1838. Petref., 2, p. 227, pl. 146, fig. 11. Allemagne, Coburg.

174. **antiqua,** d'Orb., 1847. *Pullastra antiqua*, Phillips, 1839. Yorkshire, pl. 13, fig. 16. Angleterre, Yorkshire.

TRIGONIA, Bruguière, 1791. Voy. p. 198.

*175. **navis,** Lamarck, Encycl. méth., t. 2, pl. 237, fig. 3. Bronn, pl. 4, fig. 11. Zieten, 1830. Wurtemb., p. 78, pl. 58, fig. 1. Agassiz, pl. 1, 2, fig. 22-24. Rœmer, p. 96. France, Metz (Moselle), Bas-Rhin; Wurtemberg, Teufelsloch, près Boll, Krahbach, près de Stuifenberg, Goslar, Hildesheim, Boll.

LUCINA, Bruguière, 1791. Voy. p. 76.

176. **pumila,** d'Orb., 1847. *Venus pumila*, Münst., Goldf., 1839. Petref., 2, p. 243, pl. 150, fig. 7. Allemagne, Banz, Altdorf.

CARDIUM, Bruguière, 1791. Voy. p. 33.

*177. **truncatum,** Sow., 1827. Min. Conch., 6, p. 101, pl. 553, fig. 3. Phillips, 1835, pl. 13, fig. 14. France, Landes (Calvados), Avallon (Yonne); Angl., Yorkshire, Banbury-hill, Sutherland.

178. **submulticostatum,** d'Orb., 1847. *C. multicostatum*, Phillips, 1835. Yorkshire, pl. 13, fig. 21. (Non Brocchi, 1814). Angl., Yorkshire.

UNICARDIUM, d'Orb., 1847. Voy. p. 218.

*179. **Janthe,** d'Orb., 1847. Espèce voisine de l'*U. cardioides*, mais subéquilatérale, ovale, arrondie aux extrémités. France, Pinperdu, près de Salins (Jura), Tuileries d'Essey-lès-Nancy (Meurthe), Brulon (Sarthe); Angleterre, Kilsby.

*180. **Mneme,** d'Orb., 1847. Espèce très-inéquilatérale, très-ovale, allongée. France, Belvédère, près Saint-Amand (Cher).

*181. **subtrigonum,** d'Orb., 1847. Espèce aussi large que longue, un peu trigone. France, Vieux-Pont (Calvados).

182. **subalpina,** d'Orb., 1847. *Tellina subalpina*, Münst., Goldf., 1839. Petref., 2, p. 233, pl. 147, fig. 13. Allem., Bergen.

183. **rotundatum,** d'Orb., 1847. *Amphidesma rotundum*, Zieten, 1830, p. 95, pl. 72, fig. 2. (Non Phill., Yorksh., pl. 12, fig. 6.) Wurtemberg, Teufelsloch, près Boll et près Balingen.

*184. **Aspasia,** d'Orb., 1847. Jolie espèce bombée, courte et arrondie sur la région anale, ornée de stries concentriques. France, Nancy.

NUCULA, Lamarck, 1801. Voy. p. 12.

185. **trigona,** Münst., Goldf., 1838. Petref., 2, p. 155, pl. 125, fig. 5. Allemagne, Banz et Altdorf.

*186. **cordata,** Goldf., 1838. Petref., 2, p. 155, pl. 125, fig. 6. France, Fontaine-Etoupefour (Calvados); Allem., Banz et Altdorf.

*187. **Phalanta,** d'Orb., 1847. Espèce voisine de la précédente, mais plus comprimée et plus tronquée sur la région buccale. France, Fontaine-Etoupefour (Calvados).

ARCA, Linné, 1758. Voy. p. 13.

*188. **Münsterii,** Goldfuss, pl. 122, fig. 11. Zieten, 1830, p. 75, pl. 56, fig. 7. France, Saint-Amand (Cher), Nancy (Meurthe), Vieux-Pont; Wurtemb., Teufelsloch, près de Boll, Balingen, Banz.

*189. **subliasina,** d'Orb., 1847. *A. inæquivalvis*, Goldf., 1838, pl. 122, fig. 12. (Non Linné, 1789.) France, Nancy (Meurthe), Besançon; Allemagne, Pretzfeld, Göppingen.

*190. **Phædra,** d'Orb., 1847. Espèce très-allongée, anguleuse sur la ligne cardinale, treillissée. France, Fontaine-Etoupefour.

191. **lineata,** Goldf., 1838, 2, p. 141, pl. 121, fig. 9. Allem., Würtemberg.

MITYLUS, Linné, 1758. Voy. p. 82.

*192. **lævis,** d'Orb., 1847. *Modiola lævis*, Sow., 1812. Min. Conch., 1, p. 29, pl. 8, fig. 4. Zieten, 1830. Wurtemb., p. 79, pl. 59, fig. 6. France, Saint-Amand (Cher); Wurtemb., Vaihingen, près de Stuttgart, Engern; Angl., Ile de Barry.

*193. **scalprum,** d'Orb., 1847. *Modiola scalprum*, Phillips, 1839, pl. 14, fig. 2. Goldf., pl. 130, fig. 9. France, Croisilles (Calvados), Metz (Moselle), Nancy (Meurthe), Pouilly (Côte-d'Or), Chavagnac (Dordogne); Angleterre, Yorkshire.

*194. **subpulcher,** d'Orb., 1847. *M. pulcher*, Goldf., 1838, 2, p. 177, pl. 131, fig. 8 (non Phillips, 1829). France, Buxweiler (Alsace), Fontaine-Etoupefour (Calvados).

*195. **Hillanus,** d'Orb., 1847. *Modiola Hillana*, Sow., 1818. Min. Conch., 3, p. 21, pl. 212, fig. 2 (non *Hillanus*, Goldf., pl. 130, fig. 8). France, Saint-Amand; Angl., Pickeridge, près Taunton; Allem., Stuifenberg.

*196. **Pelops,** d'Orb., 1847. Espèce voisine du *M. Hillanus*, moins fortement sinueuse sur la région palléale, plus étroite et marquée de stries d'accroissement. France, Saint-Amand (Cher).

MYOCONCHA, Sow., 1824. Voy. p. 166.

'**197. cuneata,** d'Orb., 1847. Petite espèce fortement rétrécie sur la région buccale, ornée d'un grand nombre de côtes rayonnantes. France, Fontaine-Etoupefour (Calvados).

LIMA, Bruguière, 1791.

'**198. punctata,** Desh. *Plagiostoma punctata*, Sow., 1815. Min. Conch., 2, p. 25, pl. 113. Zieten, 1830, p. 67, pl. 51, fig. 3. France, Vieux-Pont, Fontaine-Etoupefour (Calvados); Metz, (Moselle); St-Amand (Cher); Angl., Pickeridge-hill, près Cardiff-castle; Barry, Irlande; Wurtemberg, Degerloch, près de Stuttgart.

'**199. Hermanni,** Voltz, Goldf., 1836, 2, p. 80, pl. 100, fig. 5. Zieten, pl. 51, fig. 2. France, Metz (Moselle); Altdorf, Waldenheim (Alsace); Wurtemberg, Boll, Vaihingen, Degerloch, près Stuttgart.

'**200. inæquistriata,** Münster, Goldfuss, 1838, 2, p. 81, pl. 114, fig. 10. France, Fontaine-Etoupefour (Calvados); Allem., Altdorf.

'**201. Erina,** d'Orb., 1847. Espèce voisine du *L. pectinoïdes*, mais n'ayant que 15 au lieu de 20 côtes, celles-ci plus aiguës. France, St-Amand (Cher), Pinperdu près de Salins (Jura).

'**202. Eucharis,** d'Orb., 1847. Espèce ovale entièrement lisse. France, Fontaine-Etoupefour (Calvados).

203. alternans, Rœmer, 1836. Ool., p. 75, pl. 12, fig. 10. Goslar.

204. semilunaris, Zieten, 1830. Pétrific. du Wurtemb., p. 67, pl. 50, fig. 4. Wurtemberg, Vaihingen, près de Stuttgart.

LIMEA, Bronn, 1832. Ce sont des *Lima* dentés sur la ligne cardinale.

'**205. acuticostata,** Münster, Goldf., 1836, 2, p. 103, pl. 107, fig. 8. France, Fontaine-Étoupefour (Calvados), Saint-Amand (Cher); Allem., Banz.

AVICULA, Klein, 1753. Voy. p. 13.

206. lanceolata, Sow., 1826. M. C., 6, p. 17, pl. 512, fig. 1. Angl., Lyme-Regis.

'**207. substriata,** Zieten, 1830, p. 93, pl. 69, fig. 9. *Monotis substriata*, Münster, Goldf., pl. 120, fig. 7. France, Nancy (Meurthe); Wurtemberg, Mœhringen, Banz, Altdorf.

INOCERAMUS, Parkinson, 1811. D'Orb., Paléont. franç., terr. crét., 3, p. 501.

'**208. ventricosus,** d'Orb., 1847. *Crenatula ventricosa*, Sow., 1823. Min. Conch., 5, p. 64, pl. 443. *Inoceramus nobilis*, Münster, Goldf., pl. 109, fig. 4. *Inoc. gryphoides*, Goldf., pl. 115, fig. 2? France, Pouilly, Semur (Côte-d'Or); Angl., Husband-Bosworth; Allem., Pyrmont.

PECTEN, Gualtieri, 1742. Voy. p. 87.

'**209. æquivalvis,** Sow., 1816. Min. Conch., vol. 2, pl. 136, fig. 1, p. 83. Zieten, 1830, p. 68, pl. 52, fig. 4. Goldf., pl. 89, fig. 4. France, Croisilles, Evrecy, Vieux-Pont (Calvados), Blégny, près de Salins, Montaigu près de Lons-le-Saulnier (Jura), Avallon (Yonne), Chavagnac, (Dordogne); Wurtemberg, Ohmden sous Aichelberg, Goslar, Baireuth, Altdorf, Rottveil; Angl., Withby.

'**210. disciformis,** Schübler, Zieten, 1830, p. 69, pl. 53, fig. 2. *Pecten corneus*, Goldf., pl. 98, fig. 11. (Non Sowerby, pl. 204.) P.

demissus, Goldf., pl. 199, fig. 2. (Non Phillips.) France, Semur (Côte-d'Or), Langres (Haute-Marne), Vieux-Pont (Calvados); Wurtemberg, Wasseralfingen, Altdorf, Baireuth.

*211. **priscus**, Schloth., Goldf., 1835, 2, p. 43, pl. 89, fig. 5. *P. costatulus?* Hartmann, Zieten, 1830, p. 68, pl. 52, fig. 3. France, Landes, Vieux-Pont (Calvados); Wurtemberg, Pliensbach, Zell, près Boll, Altdorf, Baireuth, Rottveil.

*212. **Cephus**, d'Orb., 1847. *P. sublævis*, Phillips, 1835. Yorkshire, pl. 14, fig. 5. (Non Defrance, 1825.) France, Croisilles (Calvados), Pouilly (Côte-d'Or); Angl., Yorkshire.

*213. **Philenor**, d'Orb., 1847. *P. cingulatus*, Goldf., 1836, 2, p. 74, pl. 99, fig. 3. (Non Phillips, 1835.) France, Fontaine-Etoupefour, Evrecy (Calvados); Allem., Amberg, Streitberg.

*214. **Palæmon**, d'Orb., 1847. Coquille plus longue que large, ornée, dans le jeune âge, de stries rayonnantes, lisse ensuite. France, Vieux-Pont (Calvados).

PLICATULA, Lamarck, 1801. Voy. p. 202.

*215. **spinosa**, Sow., 1819. Min. Conch., 3, p. 79, pl. 245. Phillips, York., pl. 15. *P. nodulosa*, Zieten, pl. 44, fig. 5. *P. sarcinula* et *tegulata*, Münster, Goldf., pl. 107, fig. 2-4. *Placuna pectinoïdes*, Lam., 1819. An. San. Vert., 6, p. 224. France, Saint-Amand (Cher), Vieux-Pont (Calvados), Avallon (Yonne), Saint-Amand (Cher), Chapelle-des-Bois près de Moore (Doubs), Salins (Jura), environs de Nancy; Angl., Yorkshire; Allem., Balingen, Pliensbach près de Boll, Gross-Eislingen, Baireuth, Amberg, Theta.

*216. **lævigata**, d'Orb., 1847. Grande espèce de 8 cent. de diamètre, lisse ou simplement rugueuse comme une huître. France, Lyon (Rhône), Brulon (Sarthe).

OSTREA, Linné, 1752. Voy. p. 166.

*217. **cymbium**, d'Orb., 1847. *Gryphæa cymbium*, Lamarck, 1819. An. sans vert, 6, p. 198. Encycl. méth., pl. 189, fig. 1-2. Goldf., pl. 84, fig. 3-5. *Gryp. ovalis*, Zieten, pl. 69, fig. 1. *Gryphæa gigantea?* Sow., pl. 391. France, Croisilles, Evrecy, Vieux-Pont, Fontaine-Etoupefour (Calvados), Saint-Amand (Cher), Fontenay (Vendée), Niort (Deux-Sèvres), Avallon (Yonne), Semur (Côte-d'Or), Nancy (Meurthe), Metz (Moselle), Chavagnac (Dordogne); Angl., Ilminster; Allem., Amberg, Ellingen, Baireuth, Banz, Altdorf, Degerloch, Vaihingen, près de Stuttgart.

218. **semiplicata**, Münster, Goldf., 1835. Petref., 2, p. 4, pl. 72, fig. 7. Allem., Baireuth.

*219. **irregularis**, Münster, Goldf., 1835, 2, p. 20, pl. 79, fig. 5. *O. læviuscula*, Münster, Goldf., pl. 79, fig. 6. France, Evrecy, Fontaine, Landes (Calvados), St-Amand (Cher); Allem., Raigering, Amberg.

MOLLUSQUES BRACHIOPODES.

RHYNCHONELLA, Fischer, 1827. Voy. p. 92.

*220. **variabilis**, d'Orb. *Terebr. variabilis*, Schloth., 1813. Min.

Conch., VII, pl. 1, fig. 4. *Tereb. triplicata* et *bidens*, Phillips, pl. 13, fig. 22, 24. Zieten, pl. 41, fig 4; pl. 42, fig. 6. France, St-Amand (Cher), Evrecy, Vieux-Pont, Fontaine-Etoupefour (Calvados), Laffrey près Vizille (Isère), Metz (Moselle), Avallon (Yonne); Angleterre, Yorkshire; Allem., Wurtemberg, Zell, Aichelberg, Bahlingen, Reichenbach, Pliensbach.

'221. **rimosa**, d'Orb., 1847. *Tereb. rimosa*, de Buch, 1834. Mém. de la Soc. géol., 3, pl. 14, fig. 12. Zieten, pl. 42, fig. 5. France, St-Amand (Cher), Vieux-Pont, Fontaine (Calvados), Bajac, Castellane (Basses-Alpes); Allem., Bahlingen, Pliensbach, Amberg.

'222. **furcellata**, d'Orb., 1847. *Tereb. furcellata*, Theodori, de Buch., Mém., 3, p. 148, pl. 14, fig. 13. France, Fontaine-Etoupefour (Calv.), Pinperdu près de Salins (Jura); Allem., Balingen.

'223. **acuta**, d'Orb., 1847. *Tereb. acuta*, Sow., 1816. Min. Conch., 2, p. 113, pl. 150, fig. 1. France, Landes, Vieux-Pont, Evrecy (Calvados); Angl., Yorkshire, Taunton, Glocestershire.

224. **serrata**, d'Orb. *Tereb. serrata*, Sow., 1825. Min. Conch., 5, p. 167, pl. 503, fig. 2. Angl., Lyme-Regis.

'225. **Thalia**, d'Orb., 1847. Espèce voisine du *R. variabilis*, mais dont le jeune âge est toujours lisse, ce qui la rend plissée seulement sur le bord. France, Vieux-Pont, Evrecy (Calvados), Saint-Amand (Cher), Metz (Moselle), Valognes (Manche); Allem., Bahlingen.

'226. **Nerina**, d'Orb., 1847. Espèce avec des côtes nombreuses, toujours simple à tous les âges, quelquefois fort grosse et se montrant jusqu'au crochet. France, Landes, Evrecy (Calvados), Nancy, St-Amand, Lauzac (Ardèche); Allem., Balingen.

SPIRIFERINA, d'Orb., 1847. Voy. p. 221.

'227. **Hartmanni**, d'Orb., 1847. *Delthyris rostrata*, Zieten. *D. Hartmanni*, Zieten, pl. 38, fig. 1, 3. *Spirifer rostratus*, de Buch, Mém. de la Soc. géol., 3, pl. 10, fig. 24. *Delthyris granulosa*, Rœmer, Ool., p. 56. Gorge-d'Osse, vallée d'Aspes (B.-Pyrénées), Augy-sur-Aubois, Lyon, Evrecy, Pouilly et Salins; Allem., Wurtemberg, Bahlingen, Pliensbach, Boll, Reichenbach, Goslar, Shoppenstedt.

228. **ostiolata**, d'Orb., 1847. *Delthyris ostiolata*, Zieten, 1830. Pétrific. du Wurtemb., p. 51, pl. 38, fig. 4. (Non Schloth.) Wurtemberg, Stuifenberg et Echterdingen.

229. **oxyptera**, d'Orb., 1847. *Spirifer oxypterus*, Buvignier, 1843. Mém. Soc. philom. de Verdun, tom. 2, p. 14, pl. 5, fig. 8. Géol. des Ardennes, p. 534, pl. 5, fig. 5. France, Carignan, Sachy (Ardennes).

230. **microptera**, d'Orb., 1847. *Delthyris micropterus*, Goldfuss, Zieten, 1830. Pétrific. du Wurtemb., p. 57, pl. 43, fig. 1. Wurtemberg, Gamelshausen, Alp. de Souabe.

TEREBRATULA, Lwyd, 1699. Voy. p. 48.

'231. **lampas**, Sow., 1815. Min. Conch., 1, p. 222, pl. 101, fig. 3. *T. subovalis*, et *subovoides*, Rœmer, Ool., pl. 2, fig. 9, 10. France, Vieux-Pont, Evrecy, Fontaine-Etoupefour (Calvados), Saint-Amand (Cher), Pouilly (Côte-d'Or), Chaudon (Basses-Alpes), Pinperdu, près de Salins (Jura); Angl., Lyme-Regis, Dorsetshire; Allem., Heinberg, Gottingen, Kahlefeld.

'232. **resupinata**, Sow., 1816. Min. Conch., 2, p. 113, pl. 150.

fig. 3. Phillips, pl. 13, fig. 23. Espèce distincte et propre au lias moyen; ses ponctuations sont bien marquées. France, Evrecy, Fontaine-Etoupefour, Saint-Amand (Cher); Angl., Yorkshire, Ilminster.

*233. **cornuta,** Sow., 1824. Min. Conch., 5, p. 65, pl. 446, fig. 4. France, Evrecy, Landes, Fontaine-Etoupefour (Calvados), Pinperdu, près de Salins (Jura), Nancy (Meurthe); Angl., Derbyshire, Eyem, Middleton; Allem., Bablingen.

*234. **quadrifida,** Lamarck, An. sans vert., n. 35. De Buch, Mém. de la Soc. géol., 3, pl. 17, fig. 3. France, Vieux-Pont (Calvados), Saint-Amand (Cher), Nancy (Meurthe).

*235. **Numismalis,** Lamarck, 1819. An. sans vert., 6, p. 249, nº 17. Encycl., p. 240, fig. 1. De Buch, Mém. de la Soc. géol., 3, pl. 17, fig. 4. *T. orbicularis*, Sch., Zieten, pl. 39, fig. 4, 5. France, Evrecy, Vieux-Pont, Saint-Amand, Pouilly, Pinperdu, près de Salins, Avallon, Lyon; Wurtemb., Gamelshausen, Pliensbach.

*236. **Mariæ,** d'Orb., 1847. Espèce voisine du *T. cornuta*, mais plus courte, tronquée et droite sur la région palléale. France, Evrecy, Vieux-Pont (Calvados), Saint-Amand (Cher), Lyon (Rhône).

237. **Buchii,** Rœmer, 1836. Nordd., p. 42, pl. 2, fig. 16. Willershausen, Kahlefeld.

238. **Heyseana,** Dunker, 1847. Palæont., nº 1, p. 129, pl. 18, fig. 5. Allemagne, Heinberg, Göttingen.

*239. **Erina,** d'Orb., 1847. Espèce voisine du *T. biplicata*, mais bien plus courte, plus renflée, les plis de la région palléale plus rapprochés. France, Fontaine-Etoupefour (Calvados).

ÉCHINODERMES.

CIDARIS, Lamarck.

240. **liasina,** Marcou, Agass., 1847. Cat. syst., p. 30. France, Salins (Jura).

CRENASTER, Lwyd, 1699. *Astropecten*, Linck, 1733. *Pentasteria*, Blainville, 1834. *Asteria*, Agassiz, 1836 (non Linck, 1733). Corps en étoile, les rayons déprimés, pourvus de deux rangées de plaques au pourtour.

241. **prisca,** d'Orb., 1847. *Asterias prisca*, Goldf., 1833. Petref., 1, p. 2, p. 208, pl. 64, fig. 1. Allem., Wasseralfingen.

ASTERIA, Linck, 1733. *Stellonia*, Nardo, 1834. *Pentasteria*, Blainville, 1834. Corps en forme d'étoile, couvert d'épines.

242. **lumbricalis,** Schloth., Goldf., 1833, 1, 208, pl. 63, fig. 1. Allemagne, Coburg.

243. **lanceolata,** Goldfuss, 1833, 1, p. 208, pl. 63, fig. 2. Allem., Coburg.

PALÆOCOMA, d'Orb., 1847. Ophiures à quatre rangées de pièces aux bras, sans petites pièces intermédiaires.

244. **Milleri,** d'Orb., 1847. *Ophiura Milleri*, Phillips, 1839. Yorkshire, pl. 13, fig. 20. London Geol. Journ., 1, pl. 8. Angleterre, Yorkshire, Staithes, près Withby.

PENTACRINUS, Miller, 1821.

*245. **fasciculosus,** Schloth., 1813. M. Tasch., 7, p. 56. *P. suban-*

gularis, Miller, 1821. Nat. hist. of Crin., p. 59. Goldf., pl. 52, fig. 1 a. France, Pouilly (Côte-d'Or), Vieux-Pont (Calvados); Bavière, Banz, Culmbach, Mittelgau ; Wurtemberg, Bahlingen, Amberg, Boll; Angleterre, Pyrton-passage, Lyme-Regis.

*246. **basaltiformis,** Miller, 1821. Crinoïd., p. 62, pl. 2, fig. 2, 3, 4, 5, 6. France, Vieux-Pont, Saint-Amand (Cher), Ardèche; Angl., Lyme-Regis; Allem., Banz, Culmbach, Theta, Bahlingen.

*247. **lævis,** Miller, 1821. Crin., p. 115. *P. gracilis*, Charlesworth, 1847. London, Geol. Journ., pl. 9. France, environs de Besançon (Doubs), Landes (Calvados); Angl., Staithes (Yorkshire), Pyrton, Glocestershire (Miller).

*248. **Liasinus,** d'Orb., 1847. Espèce voisine du *Pentangularis*, mais plus grêle encore et plus uniformément lisse. France, Pinperdu, près de Salins (Jura), Fontaine-Etoupefour (Calvados), Saint-Amand (Cher).

*249. **Oceani,** d'Orb., 1847. Espèce voisine du *P. moniliferus*, mais n'ayant qu'une saillie sur le milieu de chaque article. France, Linay, près Carignan (Ardennes), Pinperdu, près de Salins (Jura).

ZOOPHYTES.

ANABACIA, d'Orb., 1847. Ensemble convexe en dessus, pourvu de cloisons nombreuses, sans dépression centrale, en dessous avec des lames dichotomes.

250. **Normaniana,** d'Orb. Espèce ronde très-déprimée, à cloisons très-rapprochées, striées. France, Landes (Calvados).

THECOPHYLLIA, Edwards et Haime.

251. **elongata,** d'Orb., 1847. Espèce cylindrique à cloisons très-rapprochées. France, Landes (Calvados).

251'. **Guettardi,** Edwards et Haime, 1849. Id. p. 240. Fr. Sedan.

AXOSMILIA, Edwards et Haime, 1849. Une columelle styliforme.

252. **multiradiata,** Edwards et Haime, 1849. Ann. des sc. nat., p. 262, n° 2. France, Curcy (Calvados).

FORAMINIFÈRES (1).

NODOSARIA, Lamarck, 1822. D'Orb., Foramin. de Vienne, p. 30.

253. **prima,** d'Orb., 1847. Espèce allongée, droite, munie de nombreuses côtes longitudinales. France, Metz (Moselle).

254. **Simoniana,** d'Orb., 1847. Espèce pourvue de sept côtes longitudinales saillantes, aiguës, et découpées postérieurement à chaque loge. France, Metz.

FRONDICULARIA, Defrance, 1820. D'Orb., Foraminifères de Vienne, p. 57.

255. **Terquiemi,** d'Orb., 1849. Espèce très-allongée, lisse, munie de nombreuses cellules, marquée au milieu d'une dépression longitudinale. France, Metz.

(1) Ces espèces sont dues aux savantes recherches de M. Terquiem, qui a bien voulu nous les communiquer.

256. bicostata, d'Orb., 1849. Espèce pourvue de deux côtes longitudinales de chaque côté, laissant une dépression au milieu. Metz.

DENTALINA, d'Orb., 1825. Foraminifères de Vienne, p. 41.

257. Terquiemi, d'Orb., 1849. Espèce comprimée, lisse, à locules non saillantes, obliques à la base, séparées en haut. France, Metz.

258. vetusta, d'Orb., 1849. Espèce lisse, à locules saillantes, obliques. France, Metz.

259. matutina, d'Orb., 1849. Espèce longue, grêle, comprimée, à dix ou onze côtes longitudinales saillantes. France, Metz.

260. primæva, d'Orb., 1849. Espèce longue, grêle, ornée de cinq à huit côtes longitudinales obliques, peu saillantes. France, Metz.

261. vetustissima, d'Orb., 1849. Espèce très-allongée, lisse, à cellules très-longues, ovales, bien séparées par des étranglements profonds. France, Metz.

MARGINULINA, d'Orb., 1825. Foraminifères de Vienne, p. 66.

262. prima, d'Orb., 1849. Espèce courte, ornée de sept côtes longitudinales; les locules non saillantes. France, Metz.

263. Terquiemi, d'Orb., 1849. Espèce en crosse courte, lisse, à cellules saillantes. France, Metz.

CRISTELLARIA, Lamarck, 1822. D'Orb., Foramin. de Vienne, p. 82.

264. matutina, d'Orb., 1849. Jolie espèce non carénée, en large crosse, lisse, à cellules saillantes, dont une partie est projetée. Metz.

265. antiquata, d'Orb., 1849. Espèce non carénée, en crosse étroite, lisse, à cellules non saillantes, France, Metz.

266. prima, d'Orb., 1849. Espèce carénée, comprimée, lisse, pourvue de nombreuses loges non saillantes. France, Metz.

267. vetusta, d'Orb., 1849. Espèce carénée, comprimée, lisse, n'ayant que quelques loges obliques, la dernière saillante. Metz.

268. rustica, d'Orb., 1849. Grosse espèce, non carénée, comprimée, lisse, non projetée en crosse. France, Metz.

269. Terquiemi, d'Orb., 1849. Espèce non carénée, très-comprimée, lisse; locules nombreuses, obliques, étroites. France, Metz.

ROTALIA, Lamarck, 1822. D'Orb., Foraminifères de Vienne, p. 149.

270. Terquiemi, d'Orb., 1849. Espèce lisse, déprimée, carénée, à spire non saillante. France, Metz.

NEUVIÈME ÉTAGE : — TOARCIEN.

MOLLUSQUES CÉPHALOPODES.

LOLIGO, Lamarck, d'Orb., Paléont. univ., Moll. viv. et foss., p. 332.
1. **pyriformis,** d'Orb., Paléont. univers., pl. 12. *Teudopsis id.*, Münster, Wurtemberg, Ohmden.
TEUDOPSIS, Deslongchamps, 1835. D'Orb., Paléont. univers., Moll. viv. et foss., p. 359.
2. **Brunellii,** Deslongc., d'Orb., Paléont. univers., pl. 13. *T. Caumontii*, Deslongc. France, Curcy, Amayé-sur-Orne (Calvados).
3. **ampullaris,** d'Orb., Paléont. univers., pl. 14, fig. 1-2. Id., Paléont. étrang., pl. 11, fig. 1-2. *Beloteuthis ampullaris*, Münster. *Sepiolites gracilis*, Münster, Wurtemberg, Holzmaden, Boll.
4. **Bollensis,** Voltz, 1836. D'Orb., Paléont. univers., pl. 14, fig. 3. Paléont. étrang., pl. 11. *Loligo bollensis*, Schübler. *Loligo Schübleri*, Quenstedt. Wurtemb., Boll.
BELOTEUTHIS, Münster, 1843. D'Orb., Paléont. univers., Moll. viv. et foss., p. 364.
5. **subcostata,** Münster, d'Orb., Paléont. univers., pl. 16. Paléont. étrang., pl. 13. Nous y réunissons les *B. substriata*, *acuta* et *venusta*, de M. de Münster. Wurtemb., Ohmden, Holzmaden.
BELEMNOSEPIA, Agassiz, 1835. D'Orb., Mollusq. viv. et foss., p. 433. *Loligosepia*, Quenstedt, 1843. *Geoteuthis*, Münster, 1843.
5'. **lata,** d'Orb., 1845. Paléont. univers., pl. 25, fig. 1; pl. 26, fig. 1. Paléont. étrang., pl. 22, fig. 1 ; pl. 23, fig. 1. *Geoteuthis lata*, Münster. Wurtemb., Mezingen, Ohmden.
BELOPELTIS, Voltz, 1840.
6. **flexuosa,** d'Orb., 1845. Paléont. univers., pl. 25, fig. 2; pl. 26, fig. 2. Id., Paléont. étrang., pl. 22, fig. 2 ; pl. 23, fig. 2. *Geoteuthis id.*, Münster. Wurtemb., Ohmden.
*7. **Agassizii,** d'Orb., 1845. Paléont. univers., pl. 25, fig. 3. Paléont. étrang., pl. 22, fig. 3. *Teudopsis Agassizii*, Deslongc., France, Curcy, Trois-Monts (Calvados).
8. **Orbignyana,** Münster, d'Orb., Paléont. univers., pl. 26, fig. 3,

Paléont. étrang., pl. 23, fig. 3. *Geoteuthis id.*, Münster. Wurt., Ohmden.

9. sagittata, d'Orb., 1846. Paléont. univers., pl. 27. Paléontolog. étrang., pl. 24. *Geoteuthis id.*, Münster. Wurtemb., Holzmaden.

10. hastata, d'Orb., 1846. Paléont. univers., pl. 28, fig. 1. Paléont. étrang., pl. 25, fig. 1. *Geoteuthis id.*, Münster. Wurt., Holzmaden.

11. speciosa, d'Orb., 1846. Paléont. univers., pl. 28, fig. 2. Pal. étrang., pl. 25, fig. 2. *Geoteuth. id.*, Münster. Wurtemb., Boll.

12. Bollensis, d'Orb., Paléont. univers., pl. 29, fig. 1-3. Pal. étrang., pl. 26, fig. 1-3. *Loligo id.*, Schübler. *Loligo Aalensis*, Schubl. Wurtemb., Ohmden, Aalen; Angl., Lyme-Regis.

13. obconica, d'Orb., Paléont. univers., pl. 29, fig. 4-5. Paléont. étrang., pl. 26, fig. 4-5. *Geoteuth. id.*, Münster. Franconie, Banz, Schwarzach, Mittelgau.

BELEMNITES, Lamarck. Voy. p. 212.

***14. brevis** (1), Blainv., d'Orb., Paléont. univ., p. 38, fig. 1-7; Terr. jurass., 1, p. 92, pl. 9, fig. 1-7. France, Gundershoffen, Mulhausen, Saint-Maixent, Niort, Asnières (Sarthe); Angl., Glocestershire; Allem., Bahlingen.

***15. tricanaliculatus,** Hart., d'Orb., Paléont. univers., pl. 41, fig. 1-5. Terr. jurass., 1, p. 100, pl. 14, fig. 1-5. France, Saint-Quentin (Isère). Fontenay (Vendée); Wurtemb., Boll.

***16. exilis,** d'Orb., Paléont. univers., pl. 41, fig. 6-12. Terr. jurass., 1, p. 101, pl. 15, fig. 6-12. France, St-Quentin (Isère), Besançon.

***17. Tessonianus,** d'Orb., Paléont. univers., pl. 41, fig. 13-18. Terr. jurass., 1, p. 103, pl. 11, fig. 13-18. France, Amayé-sur-Orne (Calvados), Asnières (Sarthe).

***18. curtus,** d'Orb., Paléont. univers., pl. 42, fig. 1-6. Terr. jur., 1, p. 96, n° 11; pl. 10, fig. 1, 1-6. France, Milhau (Aveyron), Chevigny, Thibaud-Avallon, etc., Asnières (Sarthe); Wurtemberg, Hœningen, Mezingen.

***19. Nodotianus,** d'Orb., Paléont. univers., pl. 42, fig. 15-20. Terr. jurass., 1, p. 98, pl. 10, fig. 15-20. France, Semur, Mussy (Côte-d'Or), Avallon (Yonne), Langres, etc. (Haute-Marne), Besançon (Doubs), Thouars (Deux-Sèvres), Fontenay (Vendée).

***20. irregularis,** Schloth., d'Orb., Paléont. univers., pl. 43, fig. 9-11; pl. 44. Terr. jurass., 1, p. 76, pl. 4; pl. 5, fig. 2-8; pl. 7. France, Partous, Thouars; Anglet., Salswich; Wurtemb., Ohmden, Holzheim; Franconie, Banz.

***21. tripartitus,** Schloth., d'Orb., Paléont. univers., pl. 45; pl. 46. Terr. jurass., pl. 6, 8. France, Partous, Thouars; Wurtemb., Mezingen, Hœningen, Franconie, Mistelgay; Angl., Lyme-Regis, Graham; Suisse, Erschwyl.

***22. canaliculatus,** Schlotheim, d'Orb., Paléont. univers., pl. 51, fig. 1-6. Terr. jurass., 1, p. 109, pl. 13, fig. 1-5. France, Niort (Deux-Sèvres), Fontenay (Vendée), Lusignan (Vienne); Wurtemberg, Stuifenberg; Italie, lac de Como.

(1) Voyez pour la synonymie des espèces de *Belemnites* et d'*Ammonites*, la *Paléontologie française, terrains jurassiques*.

NAUTILUS, Breynius, 1732. Voy. p. 52.

'**23. Toarcensis,** d'Orb., 1847. *N. latidorsatus*, d'Orb. (non Schloth., Paléont. franç., terr. jurass., 1, p. 147, pl. 24. France, Thouars, St-Maixent, Niort (Deux-Sèvres).

'**24. semistriatus,** d'Orb., Paléont. franç., terr. jurass., 1, p. 149, pl. 26. France, Croisilles (Calvados), Vassy près d'Avallon (Yonne).

'**25. inornatus,** d'Orb., Paléont. franç., terr. jurass., 1, p. 152, pl. 28. France, Thouars, Chevillé, Asnières (Sarthe), Nancy (Meurthe), Semur (Côte-d'Or), St-Quentin (Isère), Montservant près de Salins (Jura).

'**26. truncatus,** Sow., d'Orb., Paléont. franç., terr., jurass., 1, p. 153. pl. 29. France, Milhau (Aveyron).

27. astacoïdes, Phillips, 1839. Yorkshire, pl. 12, fig. 16. Anglet., Yorkshire.

AMMONITES, Bruguière, 1791. Voy. p. 181.

'**28. serpentinus,** Schloth., d'Orb., Paléont. franç., terr. jurass., 1, p. 215, pl. 55. France, Thouars, Niort (Deux-Sèvres), Landes (Calvados), Fontenay (Vendée), Chevillé (Sarthe), Clapier (Aveyron), Mende (Lozère), St-Amand (Cher); Italie, lac de Como; Wurtemb., Boll, et Anglet., Withby.

'**29. bifrons,** Brug., 1789. D'Orb., Paléont. franç., terr. jurass., 1, p. 219, pl. 56. *A. Walcotii*, Sow. France, Partout, Thouars, Chaudon, etc.; Anglet., Lyme-Regis; Italie, lac de Como.

'**30. Comensis,** de Buch, 1831. Petref. rem., pl. 2, fig. 13. *A. Fonticola*, *id.*, fig. 46. *A. Thouarsensis*, d'Orb., Paléont. franç., terr. jurass., 1, p. 222, pl. 57. France, Thouars, Lyon, Fontenay, Curcy, Mende, Verpillière (Isère), Lyon, St-Rambert (Ain), Uhrweiler, Buxweiler (Bas-Rhin); Anglet., Withby; Allem.; Italie, lac de Como; Suisse (Vaud) près de Bex, Cressel.

'**31. radians,** Schloth., d'Orb., Paléont. franç., terr. jurass., 1, p. 226, pl. 59. France, Lyon, St-Julien de Gray (Saône-et-Loire), Fontenay (Vendée), Besançon, Nancy, entre Crepia et Intréa (Ain), Thouars, Milhau, etc.; Wurtemb., Hœningen; Suisse (Vaud) près de Bex, à Cressel, Vevey.

'**32. Levesquei,** d'Orb., Paléont. franç., terr. jur., 1, p. 230, pl. 60. France, Charolles (Saône-et-Loire), Briame (Jura), Gundershoffen (B.-Rhin), Niort (Deux-Sèvres), etc.; Italie, lac de Como.

'**33. primordialis,** Schloth., d'Orb., Paléont. franç., terr. jurass., 1, p. 235, pl. 62. France, Gundershoffen (Bas-Rhin), Saint-Maixent (Deux-Sèvres), Fontenay (Vendée), Charolles (Saône-et-Loire), Besançon.

'**34. Aalensis,** Zieten, d'Orb., Paléont. franç., terr. jurass., 1, p. 238, pl. 63. France, St-Maixent (Deux-Sèvres), Gundershoffen (Bas-Rhin), St-Quintin, Fontenay (Vendée), St-Rambert (Ain); Allem., Aalen.

'**35. annulatus,** Sow., d'Orb., Paléont. franç., terr. jurass., 1, p. 265, pl. 76, fig. 1, 2. France, Chevillé (Sarthe); Angl., Withby.

'**36. cornucopiæ,** Young, d'Orb., Paléont. franç., terr. jurass., 1, p. 316, pl. 99. France, Thouars, Niort (Deux-Sèvres), Lyon, Mulhouse, Gundershoffen, Mende, Fressac, Lozère, St-Amand, Clapier (Aveyron), Charolles (Haute-Saône).

*37. **jurensis,** Zieten, d'Orb., Paléont. franç., terr. jurass., 1, p. 318, pl. 100. France, Gundershoffen, Fontenay (Vendée), Thouars, Niort, Charolles, Lyon, Uhrweiler, Selzbrunnen.

*38. **hircinus,** Schloth. *A. Germani*, d'Orb., Paléont. franç., terr. jurass., 1, p. 320, pl. 101. France, Salins (Jura), Charolles, Uhrweiler, Mulhouse, Semur.

*39. **torulosus,** Schübler, d'Orb., Paléont. franç., terr. jurass., 1, pl. 102, fig. 13. France, Niort, Fontenay (Vendée); Allem., Stuifenberg.

*40. **Capricornus,** Schlotheim, *Am. Dudressieri*, d'Orb., Paléontol. franç., 1, p. 325, pl. 103. France, Mulhausen, Nancy, Besançon.

*41. **Braunianus,** d'Orb., Paléont. franç., terr. jurass., 1, p. 327, pl. 104, fig. 1-3. France, Clapier (Aveyron), Metz (Moselle).

*42. **mucronatus,** d'Orb., Paléont. franç., terr. jurass., 1, p. 328, pl. 104, fig. 4-6. France, Lyon, Salins (Jura), Dijon, St-Rambert (Ain), Mende (Lozère), Fressac (Gard), Nancy (Meurthe); Italie, lac de Como.

*43. **Holandrei,** d'Orb., Paléont. franç., terr. jurass., 1, p. 330, pl. 105. St-Amand, Nancy, Metz, Milhau, Thouars, Fontenay (Vendée), Lyon, Brulon (Sarthe), Avallon, Mulhausen, Croisilles.

*44. **Raquinianus,** d'Orb., Paléont. franç., terr. jurass., 1, p. 332, pl. 106. France, Charolles, St-Maixent, Fressac (Gard), Lyon, Mende, Aix (Bouches-du-Rhône), St-Amand, Croisilles, Dijon; Italie, lac de Como.

*45. **Desplacei,** d'Orb., Paléont. franç., terr. jurass., 1, p. 334, pl. 107. France, Vassy près d'Avallon, Thouars, Amayé-sur-Orne.

*46. **communis,** Sow., d'Orb., Paléont. franç., terr. jurass., 1, p. 336, pl. 108. France, Brulon (Sarthe); Angl., Withby.

*47. **heterophyllus,** Sow. D'Orb., Paléont. franç., terr. jur., 1, p. 339, pl. 109. France, Charolles (Saône-et-Loire), Croisilles (Calvados), Beaumont (Basses-Alpes), etc., etc. Italie, lac de Como; Anglet.; Allemagne.

*48. **Mimatensis,** d'Orb., Paléont. franç., terr. jurass., 1, p. 344, pl. 110, fig. 6-6. France, Mende (Lozère); Italie, lac de Como, Erba.

*49. **sternalis,** de Buch. D'Orb., Paléont. franç., terr. jurass., 1, p. 345, pl. 111. France, Clapier, Mende, Niort, Besançon, Lyon, Dijon, Salins, Alais (Gard); Italie, lac de Como, près d'Erba.

*50. **insignis,** Schübler. D'Orb., Paléont. franç., terr. jurass., 1, p. 347, pl. 112. France, Thouars, Uhrweiler (Bas-Rhin), Besançon, Lyon, Mende, Salins, Niort, Charolles, St-Quentin (Isère); Italie, Erba, lac de Como.

*51. **variabilis,** d'Orb., Paléont. franç., terr. jurass., 1, p. 350, pl. 113. France, Thouars, Charolles, Lyon, Salins, Aiselay (Haute-Saône), Croisilles, Chevillé (Sarthe), Thouars, Fontenay (Vendée), Anduze (Gard), Nancy.

*52. **complanatus,** Brug., d'Orb., Paléont. franç., terr. jurass., 1, p. 353, pl. 114. France, Chevillé, Thouars, Semur, Avallon, Charolles, St-Quentin, Lyon, Curcy (Calvados), St-Rambert (Ain), Nancy, St-Amand, Mende, Fressac, Niort, etc.

*53. **discoïdes,** Zieten, d'Orb., Paléont. franç., terr. jurass., 1, p. 356, pl. 115. France, Milhau (Aveyron), Fontenay, Mende, Niort, St-Rambert, Uhrweiler (Bas-Rhin), Lyon, Salins.

*54. **concavus,** Sow., d'Orb., Paléont. franç., terr. jurass., 1, p.358, pl. 116. *A. capellinus*, Quenstedt. France, Salins, Niort, Uhrweiler, Chevillé, Salins, Cheroniès (Charente), Milhau (Aveyron); Anglet., Withby; Allem., Ohmden.

55. **Zetes,** d'Orb., 1847. *A. heterophyllus-Amalthei*, Quenstedt, 1846. Wurtemb., pl. 6, fig. 1, p. 100. (Non *Heterophyllus*, Sow., non *Amaltheus*, Schloth.). Allem., Breitenbach.

*56. **Sabinus,** d'Orb., 1847. Coquille à tours presque embrassants, lisses, pourvus sur le dos d'une quille médiane et d'un sillon de chaque côté. France, Mende (Lozère), Metz (Moselle); Italie, lac de Como.

*57. **Calypso,** d'Orb., Paléont. franç., terr. crét., 1, p. 167, pl. 52, fig. 7-9. Idem, terr. jurass., 1, p. 342, pl. 110, fig. 1-3. France, Milhau, Gévaudan (Basses-Alpes), Fressac (Gard); Allem., Amberg; Italie, lac de Como, près d'Erba.

?58. **Greenoughi?** Sow., 1816. Min. Conch., t. 2, p. 71, pl. 132. Angl., Bath.

*59 **Acanthopsis,** d'Orb., 1847. Espèce voisine de l'*A. subarmatus*, mais à dos plus large, plus carré, à côtes infiniment plus rapprochées, et muni de pointes externes bien plus rapprochées. France, Curcy, Vieux-Pont (Calvados).

MOLLUSQUES GASTÉROPODES.

CHEMNITZIA, d'Orb., 1829. Voy. p. 172.

*60. **Repeliniana,** d'Orb., 1847. Espèce allongée, lisse, à tours un peu saillants en gradins. France, La Verpillière (Isère), Fontenay.

*61. **Rhodani,** d'Orb., 1847. Espèce allongée, aciculée, à tours non saillants, munie de côtes transverses serrées, se correspondant d'un tour à l'autre. France, Lyon.

*62. **Lorieri,** d'Orb., 1847. Espèce de 15 centimètres de longueur, dont nous ne connaissons que le moule intérieur. France, Asnières.

63. **Blainvillei,** d'Orb., 1847. *Melania Blainvillei*, Münst., Goldf., 1844. Petref., 3, p. 112, pl. 198, fig. 9. Allem., Banz.

64. **Ambergensis,** d'Orb., 1847. *Buccinum nodosum*, Münster, Goldf., 1843, 3, p. 29, pl. 173, fig. 2. (Non 6, 143). Allem., Amberg.

65. **nuda,** d'Orb., 1847. *Turritella nuda*, Münster, Goldfuss, 1844. Petref., 3, p. 106, pl. 196, fig. 13. Allem., Pretzfeld.

ACTEONINA, d'Orb., 1847. Voy. p. 118.

66. **cincta,** d'Orb., 1847. *Tornatella cincta*, Münst., Goldf., 1843. Petref., 3, p. 48, pl. 177, fig. 9. Allem., Banz.

NATICA, Adanson, 1757. Voy. p. 29.

*67. **Pelops,** d'Orb., 1847. Espèce plus longue que large, à tours peu larges, saillants et lisses. Fressac, près d'Anduze (Gard), Brulon.

NERITOPSIS, Sow., 1825. Voy. p. 172.

*68. **Philea,** d'Orb., 1847. Charmante espèce ornée de côtes transverses, inégales, et de côtes longitudinales irrégulières. France, environs de Semur (Côte-d'Or).

TROCHUS, Linné. V. p. 64.

'**69. flexuosus,** Münst., Goldf., 1843. Petref., 3, p. 53, pl. 179, fig. 8. France, Asnières (Sarthe), Thouars (Deux-Sèvres); Allem., Banz.

70. quadricostatus, Münst., Goldf., 1843. Petref., 3, p. 54, pl. 179, fig. 11. Allem., Berg et Ober-Pfalz.

71. subsulcatus, Münst., Goldf., 1843, 3, p. 54, pl. 179, fig. 13. Amberg.

72. subnudus, d'Orb., 1847. *T. nudus,* Münst., Goldf., 1844, 3, p. 54, pl. 180, fig. 1. (Non *Münster,* 1841). Allem., Theta, près de Baireuth.

73. Doris, Münst., Goldf., 1843, 3, p. 53, pl. 179, fig. 9. Pretzfeld.

74. Fischeri, Münst., Goldf., 1843, 3, p. 53, pl. 179, fig. 6. Altdorf.

STRAPAROLUS, Montfort, 1810. V. p. 6.

75. minutus, d'Orb., 1847. *Euomphalus minutus,* Schübler, Zieten, 1830. Pétrific. du Wurtemb., p. 45, pl. 33, fig. 6. Gamelshausen.

PITONELLUS, Montfort, 1810. V. p. 64.

'**76. depressus,** d'Orb., 1847. Espèce infiniment plus déprimée que le *P. expansus,* mais également lisse. France, Lyon (Rhône).

TURBO, Linné, Voy. p. 5.

'**77. capitaneus,** Münst., Goldf., 1844, 3, p. 97, pl. 194, fig. 1. France, Montservant, près de Salins (Jura), Verpillière (Isère), Milhau (Aveyron), les Dourbes, entre Digne et la Clape (Basses-Alpes), Moore (Doubs); Allem., Grötz.

'**78. subduplicatus,** d'Orb., 1847. *T. duplicatus,* Goldf., 1843, 3, p. 95, pl. 179, fig. 2. Sow., pl. 181. (Non Linné, 1767). France, Avallon (Yonne), Clappe (Basses-Alpes), Montpellier (Hérault), Lyon, Nouvelle, Tuchaut (Aude), Bajac (Lozère), Saint-Amand (Cher), Mussy, Semur (Côte-d'Or), Metz; Urweiler (Bas-Rhin), Besançon (Doubs), Nancy (Meurthe), Salins (Jura); Allem., Banz, Ottweiler, Oberrhein; Angl., Little-Sudburg.

'**79. Palinurus,** d'Orb., 1847. *T. plicatus,* Goldf., 1843, 3, p. 96, pl. 179, fig. 3. (Non Montagu, 1803). France, Milhau (Aveyron), Besançon (Doubs); Allemagne, Banz.

'**80. Sedgwickii,** d'Orb., 1847. *Trochus Sedgwickii,* Münst., Goldf., 1843, 3, p. 53, pl. 179, fig. 4. France, Bas-Rhin; Allem., Pretzfeld.

'**81. Patroclus,** d'Orb., 1847. Espèce allongée, presque turriculée, dont les tours sont anguleux, carénés et granuleux; le dernier à cinq côtes. France, Saint-Amand (Cher), Salins, Lons-le-Saulnier (Jura), Besançon (Doubs), entre Nouvelle et Dommeneuve (Aude), Nogaret, commune de Badarone (Lozère), Avallon (Yonne), Milhau (Aveyron).

'**82. Philiasus,** d'Orb., 1847. Coquille très-allongée, voisine de la précédente, mais avec des nodosités partout sur les côtes. Besançon.

'**83. Bertheloti,** d'Orb., 1847. Grande espèce tournée à gauche et ornée de tubercules doubles sur le milieu des tours. Verpillière.

84. Zietenii, d'Orb., 1847. *T. marginatus,* Zieten, 1830. Wurtemb., p. 44, pl. 33, fig. 2. (Non *marginatus,* Lam., 1803.) Stuifenberg.

85. heliciformis, Ziet., 1830, p. 44, pl. 33, fig. 3. Gamelshausen.

86. cyclostoma, Benz, Zieten, 1830, p. 45, pl. 33, fig. 4. Goldf., pl. 193, fig. 7. Wurtemberg, Gamelshausen, Quedlimburg, Goslar.

87. semiornatus, Münst., Goldf., 1844, 3, p. 94, pl. 193, fig. 8. Banz.

88. Cypris, d'Orb., 1847. *T. venustus*, Münst., Goldf., 1844. Petref., 3, p. 94, pl. 193, fig. 9. (Non *venustus*, Münster, 1840, étage 2e, no 307.) Allem., Banz, Altdorf.

89. subelegans, d'Orb., 1847. *T. elegans*, Münst., Goldf., 1844, 3, p. 94, pl. 193, fig. 10. (Non Gmelin, 1789.). Allem., Banz.

90. Dunkeri, Goldf., 1844, 3, p. 95, pl. 193, fig. 11. Grötz, Banz.

91. subcanalis, d'Orb., 1847. *T. canalis*, Münst., Goldf., 1844, p. 95, pl. 193, fig. 12. (Non Montagu, 1803.) Allem., Berg, Altdorf.

92. Metis, Münst., Goldf., 1844, 3, p. 96, pl. 193, fig. 13. Amberg.

93. Escheri, Münster, Goldfuss, 1844, 3, p. 96, pl. 193, fig. 14. Amberg.

94. Kochii, Münst., Goldf., 1844, 3, p. 96, pl. 193, fig. 15. Grötz.

95. Senator, Goldf., 1843, 3, p. 53, pl. 179, fig. 5. Banz.

96. Sowerbyi, Münster, Goldf., 1843, 3, p. 53, pl. 179, fig. 7. Amberg.

97. nudus, Münst., Goldf., 1844, 3, p. 93, pl. 193, fig. 5. Amberg.

98. Theodori, d'Orb., 1847. *Trochus Theodori*, Goldf., 1843. Petref., 3, p. 95, pl. 179, fig. 1. Allem., Banz.

99. Thetis, d'Orb., 1847. *Trochus Thetis*, Münst., Goldf., 1843. Petref., 3, p. 53, pl. 179, fig. 10. Allem., Amberg.

PHASIANELLA, Lamarck, 1804. Voy. p. 67.

100. paludinarius, d'Orb., *Turbo paludinarius*, Münst., Goldf., 1844. Petref., 3, p. 94, pl. 193, fig. 6. Allem., Banz et Amberg.

101. paludineformis, Schübler, Zieten, 1830, p. 40, pl. 30, fig. 12, 13. Stuifenberg.

STOMATIA, Lamarck, 1801. Voy. p. 7.

102. reticulata, d'Orb., 1847. *Pileopsis reticulata*, Münst., Goldf., 1843. Petref., 3, p. 11, pl. 168, fig. 8. Allem., Banz.

PLEUROTOMARIA, Defrance, 1825. Voy. p. 7.

'103. subdecorata, Münst., Goldf., 1844. Petref., 3, p. 71, pl. 185, fig. 3. France, Semur (Côte-d'Or) ; Allemagne, Berg, Altdorf.

'104. principalis, Münst., Goldf., 1844, 3, p. 72, pl. 185, fig. 10. France, Verpillière (Isère) ; Allem., Amberg.

'105. Quenstedtii, Goldf., 1844, 3, p. 71, pl. 185, fig. 5. France, Semur (Côte-d'Or) ; Allem., Berg, Altdorf.

'106. Perseus, d'Orb., 1847. Espèce plus haute que large, conique, ornée de stries irrégulières. France, la Verpillière (Isère).

'107. Philocles, d'Orb., 1847. Espèce surbaissée, carénée, pourvue d'un bourrelet au pourtour et d'une double côte supérieure. France, la Verpillière (Isère).

108. Nerei, Münst.. Goldf., 1844, 3, p. 71, pl. 185, fig. 6. Amberg.

109. bicatenata, Münst., Goldf., 1844, 3, p. 72, pl. 185, fig. 7. Amberg.

110. torosa, Münst., Goldf., 1844, 3, p. 72, pl. 185, pl. 8. Amberg.

111. tuberculato-costata, Münst., Goldf., 1844, 3, p. 69, pl. 184, fig. 10. Allem., Amberg.

112. Studeri, Münst., Goldf., 1844, 3, p. 69, pl. 184, fig. 11. Banz.

'113. intermedia, Münst., Goldf., 1844, ref., 3, p. 70, pl. 185, fig. 1, 2. St-Maixent (Deux-Sèvres) ; Allemagne, Baireuth, Altdorf.

114. subtilis, Münst., Goldf., 1844, 3, p. 71, pl. 185, fig. 4. Banz.
115. rotundata, Münst., Goldf., 1844, 3, p. 73, pl. 186, fig. 1. Wasseralfingen.
116. zonata, Goldf., 1844, 3, p. 73, pl. 186, fig. 2. Bolland.
117. multicinctus, d'Orb. *Trochus multicinctus*, Schübler, Zieten, 1830. Pétrific. du Wurtemb., p. 45, pl. 34, fig. 1. Boll.
PTEROCERA, Lamarck, 1801. Voy. p. 232.
118. caudata, d'Orb., 1847. *Rostellaria caudata*, Rœmer, 1836. Nordd. Oolith., p. 146, pl. 12, fig. 11. Allem., Hildesheim.
119. gracilis, d'Orb., 1847. *Rostellaria gracilis*, Münst., Goldf., 1843, p. 15, pl. 169, fig. 6. Allem., Grötz, Mittelgau près Baireuth.
120. semicarinata, d'Orb., 1847. *Rostellaria semicarinata*, Münst., Goldf., 1843, 3, p. 16, pl. 169, fig. 8. Boll., Würtemberg.
121. tenuistria, d'Orb., 1847. *Rostellaria tenuistria*, Münst., Goldf., 1843, 3, p. 16, pl. 169, fig. 9. Allem., Amberg.
122. nodosa, d'Orb., 1847. *Rostellaria nodosa*, Münst., Goldf., 1843. Petref., 3, p. 16, pl. 169, fig. 10. Allem., Amberg.
123. minuta, d'Orb., 1847. *Fusus minutus*, Rœmer, 1836. Nordd. Oolith., p. 140, pl. 11, fig. 32. Allem., Wrisbergholzen.
124. carinata, d'Orb., 1847. *Fusus carinatus*, Rœmer, 1836. Nordd. Oolith., p. 140, pl. 11, fig. 33. Allem., Wrisbergholzen.
125. curvicauda, d'Orb., 1847. *Fusus curvicauda*, Rœmer, 1836. Nordd. Oolith., p. 140, pl. 11, fig. 6. Allem., Geerzen, Alfeld.
CERITHIUM, Adanson, 1757. Voy. p. 196.
***126. armatum,** Goldf., 1843, 3, p. 31, pl. 173, fig. 7. France, Avallon (Yonne), Montservant près de Salins (Jura), Montfaucon près de Besançon (Doubs), Nancy, Tuchan (Aude); Allem., Banz.
***127. pseudo-costellatum,** d'Orb., 1847. *C. costellatum*, Münst., Goldf., 1843, 3, p. 31, pl. 173, fig. 8. (Non Sow., 1836). France, près de Nouvelle (Aude); Allem., Pretzfeld.
***128. Hemes,** d'Orb., 1847. Charmante espèce à tours carénés pourvus de deux côtes. Italie, Bellagio près du lac de Como.
***129. Jole,** d'Orb., 1847. Petite espèce pourvue de côtes longitudinales qui se correspondent d'un tour à l'autre. France, St-Amand.
130. elongatum, d'Orb., 1847. *Turritella elongata*, Zieten, 1830, p. 43, pl. 32, fig. 5, 6. (Non Sowerby). Allem., Wurtemberg, Stuifenberg, Gamelshausen.
131. triarmatum, Münst., Goldf., 1843, 3, p. 32, pl. 173, fig. 9. Amberg.
132. Hartmannianum, d'Orb., 1847. *Turritella Hartmanniana*, Münst., Goldf., 1844, 3, p. 105, pl. 196, fig. 8. Allem., Pretzfeld.
133. inæquicinctum, d'Orb., 1847. *Turritella inæquicincta*, Münster, Goldf., 1844, 3, p. 105, pl. 196, fig. 9. Allem., Pretzfeld.
134. bimarginatum, d'Orb., 1847. *Turritella bimarginata*, Münster, Goldf., 1844, 3, p. 105, pl. 196, fig. 10. Allem., Grötz (Baireuth).
135. subtricinctum, d'Orb., 1847. *Turritella tricincta*, Münster, Goldf., 1844, 3, p. 105, pl. 196, fig. 11. Allem., Altdorf.
136. septem-cinctum, d'Orb., 1847. *Turritella septem-cincta*, Münster, Goldf., 1844, 3, p. 105, pl. 196, fig. 12. Allem., Berg.
137. quadrilineatum, d'Orb., 1847. *Turritella quadrilineata*,

Rœmer, 1836, p. 154, pl. 11, fig. 14. France, Champigneules (Meurthe); Allem., Marienburg, Hildesheim.

HELCION, Montfort, 1810. Voy. p. 9.

138. Münsterii, d'Orb., 1847. *Patella rugosa*, Münst., Goldf., 1843, 3, p. 6, pl. 167, fig. 7. Allem., Lubke.

139. papyracea, d'Orb., 1847. *Patella papyracea*, Goldf., 1843, 3, p. 7, pl. 167, fig. 8. Rœmer, p. 135, pl. 9, fig. 19. Allem., Banz, Wickensen, Eschershausen, Grötz.

CAPULUS, Montfort, 1810. Voy. p. 31.

140. rugosus, d'Orb., 1847. *Pileopsis rugosa*, Münst., Goldf., 1843. Petref., 3. p. 11, pl. 168, fig. 9. Allem., Amberg.

DENTALIUM, Linné, 1740. Voy. p. 73.

141. elongatum, Münster, Goldfuss, 1843, 3, p. 2, pl. 166, fig. 5. Banz.

CONULARIA, Sow., 1820. Voy. p. 9.

***142. quadrisulcata**, Phillips, 1839, pl. 12, fig. 10. Yorkshire.

MOLLUSQUES LAMELLIBRANCHES.

TEREDO, Linné, 1758. D'Orb., Paléont. franç., terrains crétacés, 3, p. 301.

***143. antiquatus**, d'Orb., 1847. Espèce à tubes très-longs. France, Thouars (Deux-Sèvres).

PHOLAS, Linné, 1758. D'Orb., Paléont. franç., terr. crét., 3, p. 304.

***144. Toarcensis**, d'Orb., 1847. Espèce ovale pourvue de deux forts sillons rayonnants. France, Thouars (Deux-Sèvres).

PANOPÆA, Ménard, 1807. Voy. p. 164.

***145. Toarcensis**, d'Orb., 1847. Coquille ovale oblongue, élargie sur la région buccale, acuminée du côté opposé. France, Thouars.

146. elegans, d'Orb., 1847. *Sanguinolaria elegans*, Phillips, 1835. Yorkshire, pl. 12, fig. 9. Angl., Yorkshire.

147. angusta, d'Orb., 1847. *Pleuromya angusta*, Agass., 1845, Étud. crit., p. 240, pl. 28, fig. 7-9. France, Buxweiler (Bas-Rhin).

148. oblonga, d'Orb., 1847. *Arcomya oblonga*, Agass., 1844. Étud. crit., p. 172, pl. 9 a, fig. 7-9. France, Mülhausen (Bas-Rhin).

PHOLADOMYA, Sow., 1826. Voy. p. 73.

***149. producta**, d'Orb., 1847. *Cardita producta*, Sow., 1818. Min. Conch., 2, p. 219, pl. 197. France, Evrecy (Calvados); Angleterre.

***150. decorata**, Hartm. Goldf., 1839, 2, p. 265, pl. 155, fig. 3. Zieten, pl. 66, fig. 2. Agass., pl. 7, fig. 17-18. France, Asnières (Sarthe); Allem., Grafenberg, Würtemb., Willershausen, Kahlefeld, Bolland, Pliensbach.

***151. Hausmanni**, Goldf., 1839. Petref., 2, p. 266, pl. 155, fig. 4. France, Metz; Allem., Nordheim.

***152. subangulata**, d'Orb., 1847. *P. angulata*, Agass., 1844. Etud. crit., p. 163, pl. 16, fig. 4-6. (Non Sow., 1837). Italie, Bellagio, près du lac de Como; France, Gundershoffen (Bas-Rhin).

153. Voltzii, d'Orb., 1847. *Solemya Voltzii*, Rœmer, 1839. Nordd. Oolith., p. 43, pl. 19, fig. 20. Allem., Fritzow, Cammin.

154. acuta, Agass., 1842, p. 70, pl. 4, fig. 1-3. Suisse, Wallenburg.
155. foliacea, Agass., 1842, p. 102, pl. 7, fig. 4-12. Gundershoffen.
156. Escheri, Agass., 1842, p. 102, pl. 7, fig. 16. Urbach, Stellihorn.
154. compta, Agass., 1842, p. 56, pl. 2 c, fig. 1-3. Gundershoffen.
158. cincta, Agass., 1842. Etud. crit. *Mya*, p. 68, pl. 3, fig. 7-9. France, Gundershoffen.
159. Knorrii, d'Orb., 1847. *Goniomya Knorrii*, Agass., 1842. Etud. crit. *Mya*, p. 15, pl. 1 d, fig. 11-17. France, Gundershoffen (Bas-Rhin).
160. Engelhardtii, d'Orb., 1847. *Goniomya Engelhardtii*, Agass., 1842. Etud. crit., p. 21, pl. 1 d, fig. 1-8. France, Mülhausen (Bas-Rhin), env. de Strasbourg.
***161. Erina,** d'Orb., 1847. Espèce voisine de la *Pholadomya* (*goniomya*) *inflata*, Agass., mais ayant les côtes transverses du milieu plus larges. France, Vassy, près d'Avallon (Yonne).
162. lirata, Sow., 1818. *M. C.*, 2, p. 219, pl. 197, fig. 3. Bath.
THRACIA, Leach, 1825. Voy. p. 216.
163. truncata, d'Orb., 1847. *Corimya truncata*, Agass., 1845. Etud. crit., p. 265, pl. 38, fig. 16-20. France, Gundershoffen (Bas-Rhin).
164. gnidia, d'Orb., 1847. *Corimya gnidia*, Agass., 1845. Etud. crit., p. 266, pl. 39, fig. 1-4. France, Gundershoffen (Bas-Rhin).
165. Rœmeri, d'Orb., 1847. *Corimya Rœmeri*, Agass., 1845. Etud. crit., p. 267, pl. 39, fig. 5 et 6. Hanovre, Goslar.
166. glabra, d'Orb., 1847. *Corimya glabra*, Agass., 1845, p. 265, pl. 38, fig. 5-15 et 21-25. France, Gundershoffen, et Wurtemberg.
LYONSIA, Turton, 1822. Voy. p. 10.
***167. rotundata,** d'Orb., 1847. *Amphidesma rotundata*, Phillips, 1835, pl. 12, fig. 6. *Gresslya anglica*, Agassiz, pl. 13 c, fig. 10-12. France, au nord-ouest de Mamers (Sarthe), Metz; Yorkshire.
168. Aspasia, d'Orb., 1847. *Lutraria rotundata*, Goldf., 1839, 2, p. 257, pl. 152, fig. 14. (Non *rotundata*, Phillips, 1835.) Allem., Amberg.
***169. grandis,** d'Orb., 1847. Espèce de 10 centimètres de diamètre, ovale, obronde, lisse, tronquée sous les crochets, presque anguleuse sur la région anale. France, près d'Avallon.
170. pinguis, d'Orb., 1847. *Gresslya pinguis*, Agassiz, 1844. Études critiques, p. 217, pl. 130, fig. 1-6. Gundershoffen (Bas-Rhin).
171. major, d'Orb., 1847. *Gresslya major*, Agassiz, 1844. Études critiques, p. 218, pl. 13, fig. 11-13, et pl. 13, fig. 1-2. Gundershoffen.
PERIPLOMA, Schumacher, 1817. Voy. p. 11.
***172. donaciformis,** d'Orb., 1847. *Amphidesma donaciformis*, Phillips, 1829, pl. 12, fig. 5; Zieten, pl. 63, fig. 3. France, Saint-Amand (Cher); Angl., Yorkshire; Wurtemb., Teufelsloch, près de Boll.
LEDA, Schumacher, 1817. Voy. p. 11.
***173. ovum,** d'Orb., 1847. *Nucula ovum*, Sow., 1824. Min. Conch., 5, p. 118, pl. 476, fig. 1. *N. complanata*, Phill., pl. 13, fig. 8. Phillips, pl. 12, fig. 4. *Nucula inflata*, Zieten, pl. 57, fig. 7. (Non Sow.) France, Tuchan (Aude), Milhau (Aveyron); Angl., Withby, Yorkshire; Allem., Purbach, Boll.
***174. rostralis,** d'Orb., 1847. *Nucula rostralis*, Lam., 1819. An. S. vert., 6, p. 59. *Nucula claviformis*, Sow., 1824. Min. Conch., 5, p. 118, pl. 476, fig. 2, 3. France, Vassy, près d'Avallon (Yonne), Saint-

Amand, Besançon (Doubs), Tuchan (Aude), Aresches, près de Salins (Jura); Allem., Banz, Thurnau, Teufelsloch; Angl., Northamptonshire, Norfolk, Suffolk; Italie, Bellagio, près de Como.

175. Zietenii, d'Orb., 1847. *Nucula amygdaloides*, Zieten, 1830, p. 77, pl. 57, fig. 7. (Non Sow., Min. Conch., vol. 6, pl. 554, fig. 4, p. 104. (Espèce tertiaire.) Wurtemberg, Pliensbach, près de Boll.

***176. Rosalia**, d'Orb., 1847. *Nucula striata*, Rœmer, 1836, p. 99, pl. 6, fig. 11. (Non Duss., 1824.) France, Clapier, près de Milhau (Aveyron); Italie, Bellagio, près de Como; Allem., Quedlimburg.

***177. Diana**, d'Orb., 1847. *Nucula mucronata*, Goldf., 1838, 2, p. 155, pl. 125, fig. 9. (Non Sow.) France, Chapelle-des-Buis, près de Moore (Doubs), Montpellier; Allem., Bünde.

178. Doris, d'Orb., 1847. *Nucula complanata*, Goldf., 1838, 2, p. 156, pl. 125, fig. 11. Zieten, pl. 57, fig. 3. (Non Phillips.) *Tellinites rostratus*, Schloth., p. 185. (Non Schumacher, 1817). Allem., Banz, Altdorf.

***179. Delila**, d'Orb., 1847. Espèce voisine du *L. subovalis*, mais avec la région anale plus acuminée. France, Clapier, près de Milhau (Aveyron).

OPIS, Defrance, 1825. Voy. p. 198.

***180. Sarthacensis**, d'Orb., 1847. Espèce assez grande, subrhomboïdale, comprimée, dont nous ne connaissons que le moule intérieur. France, Asnières (Sarthe).

ASTARTE, Sowerby, 1818. Voy. p. 216.

°*181. Voltzii, Hœninghausd., Goldf., 1839, 2, p. 190, pl. 134, fig. 8. Rœmer, pl. 7, fig. 17. France, Saint-Amand (Cher), Nouvelle, Tuchan (Aude), Vesoul (Haute-Saône); Altdorf, Amberg, Pretzfeld et Urweiler, Ocker, Banz.

***182. subtetragona**, Münster, Rœmer, 1842, de Astarte genere, p. 13. *Astarte excavata*, Rœmer, Ool. Nachr., p. 40. Goldf., pl. 134, fig. 6. (Non Sow.) Allemagne, Banz, Neussig, Hildesheim, Goslar; France, Favières, près de Colombe (Meurthe), environs de Semur (Côte-d'Or), Vassy (Yonne), Saint-Amand (Cher).

184. subcarinata, Münster, Goldf., pl. 131, fig. 7. Rœmer, 1842, de Astarte genere, p. 14. Banz, Mittelgau.

***185. acutimarga**, Rœmer, 1842, de Astarte genere, p. 14, fig. 1. France, château de Vialat, près de Tuchan (Aude).

***186. Corbarica**, d'Orb., 1847. Petite espèce triangulaire, assez renflée, presque lisse, tronquée sur la lunule et le corselet. France, Clapier (Aveyron).

187. complanata, Rœmer, Ool., p. 112, pl. 6, fig. 28, et 1842, de Astarte genere, p. 18. Allem., Wrisbergholzen.

188. sublævis, d'Orb., 1847. *Corbis lævis*, Rœmer, 1836. Oolith., p. 120, pl. 8, fig. 3. (Non Sow., non Phillips, 1835.) Allem., Zwerglöchern, Hildesheim.

CYPRINA, Lamarck, 1811.

189. antiqua, d'Orb., 1847. *Venus antiqua*, Münst., Goldf., 1839, 2, p. 243, pl. 150, fig. 4. Allem., Grötz.

190. subangulata, d'Orb., 1847. *Venus angulata*, Münst., Goldf., 1839, 2, p. 243, pl. 150, fig. 5. (Non Sow., 1835.) Altdorf, Geerzen.

191. subobliqua, d'Orb., 1847. *Venus obliqua*, Münst., Goldf, 1839, 2, p. 243, pl. 150, fig. 6. (Non 25-933.) Allem., Coburg.
CYPRICARDIA, Lamarck, 1801.
'192. Carusensis, d'Orb., 1847. Espèce oblongue, lisse, rostrée sur la région anale, carénée en dehors sur cette région. Saint-Amand.
193. Neptuni, d'Orb., 1847. *Sanguinolaria Neptuni*, Münst., Goldf., 1839, 2, p. 281, pl. 160, fig. 1. Allem., Amberg, Altdorf.
194. pusilla, d'Orb., 1847. *Sanguinolaria pusilla*, Münst., Goldf., 1839, 2, p. 281, pl. 160, fig. 3. Allem., Amberg.
TRIGONIA, Bruguière, 1791. Voy. p. 198.
'195. similis, Agass., 1840. Trig., p. 36, pl. 2, fig. 18-21, et pl. 3, fig. 7 et 7 a. *Lyriodon simile*, Bronn, Leth. geog., p. 366, pl. 20, fig. 5. France, Gundershoffen (Haut-Rhin), Tuchan (Aude), Saint-Amand.
'196. costellata, Agass., 1840. Trig., p. 37, pl. 2, fig. 8-12. France, Metz (Moselle), Lyon (Rhône); Suisse, Waldenbourg (Soleure).
197. pulchella, Agass, 1840. Trig., p. 14, pl. 2, fig. 1-7. France, Urweiler, Mülhausen (Haut-Rhin).
LUCINA, Bruguière, 1791. Voy. p. 76.
'198. Gabrielis, d'Orb., 1847. Coquille presque circulaire, ornée de côtes concentriques, peu saillantes. France, Saint-Amand (Cher).
199. plana, Zieten, 1830, p. 96, pl. 72, fig. 4; Suppl., pl. 63. Teufelsloch, près Boll.
UNICARDIUM, d'Orb., 1847. Voy. p. 218.
°'200. uniforme, d'Orb., 1847. *Corbis uniformis*, Phillips, 1839. Yorkshire, pl. 12, fig. 3. Italie, Bellagio, près du lac de Como.
'201. Euterpe, d'Orb., 1847. Espèce un peu ovale, plus longue et comme anguleuse sur la région anale. France, Asnières (Sarthe).
CARDIUM, Bruguière, 1791. Voy. p. 33.
'202. subtruncatum, d'Orb., 1847. *Cardium truncatum*, Rœmer, 1839. Oolith., p. 39. Goldf., pl. 143, fig. 10. (Non Sow.). Italie, Bellagio, près du lac de Como; Würtemberg, Schoppenstedt, Frankreich.
'203. Collegno, d'Orb., 1847. Jolie espèce ronde, pourvue partout de côtes rayonnantes plus larges que les sillons qui les séparent. Italie, Bellagio, près du lac de Como.
'204. Erosne, d'Orb., 1847. Espèce ovale, oblongue, ornée de dix-sept ou dix-huit côtes rayonnantes, squammeuses. Italie, Bellagio, près du lac de Como.
ISOCARDIA, Lamarck, 1799. Voy. p. 132.
205. multicostata, d'Orb., 1847. *Cardium multicostatum*, Goldf., 1829, 2, p. 218, pl. 143, fig. 9. (Non Phillips.) Allem., Banz et Amberg.
NUCULA, Lamarck, 1801. Voy. p. 12.
'206. Hammeri, Defrance, 1826, Dic. de Sc. nat., 35, p. 217. *N. ovalis*, Hehl, Zieten, 1830, p. 76, pl. 57, fig. 2. Goldf., pl. 125, fig. 2, 3. France, Gundershoffen (Bas-Rhin), Tuchan (Aude); Wurtemb., Stuifenberg, près de Boll., Bamberg, Thurnau.
'207. Eudoræ, d'Orb., 1847. *N. Hammeri*, Goldf., 1838, 2, p. 154, pl. 125, fig. 1. (Non Defrance.) Semur (Côte-d'Or); Streitberg.
'208. Hausmanni, Rœmer, 1836, p. 98, pl. 6, fig. 12. France, Clapier (Aveyron), Saint-Amand (Cher), Tuchan, Nouvelle (Aude),

Avallon (Yonne), Besançon (Doubs), Pinperdu, Aresches (Jura), Gundershoffen (Bas-Rhin), Semur.

*209. **subglobosa,** Rœmer, 1836, p. 99, pl. 6, fig. 7. France, Nancy (Meurthe), Saint-Amand (Cher), Avallon; Allem., Goslar.

ARCA, Linné, 1758. Voy. p. 13.

*210. **Rixa,** d'Orb., 1847. Espèce ovale, longue sur la région cardinale, carrée sur la région anale, obtuse de l'autre. Tuchan, Clapier.

*211. **Egæa,** d'Orb., 1847. Espèce oblongue, sinueuse sur la région palléale, obtuse aux deux extrémités. France, Lyon.

212. **elegans,** d'Orb.,1847. *Cucullæa elegans,* Rœmer, 1836. Nordd. Oolith., p. 103, pl. 6, fig. 16. Goldf., pl. 123, fig. 1. Allem., Goslar, Okerhutte.

PINNA, Linné, 1758. Voy. p. 135.

213. **fissa,** Goldf., 1838, 2, p. 164, pl. 126, fig. 4. Allem., Altdorf.

MITYLUS, Linné, 1758. Voy. p. 82.

*214. **Kochii,** d'Orb., 1847. *Modiola elongata,* Koch, 1837. Ool., p. 22, pl. 7, fig. 12. (Non Lam., 1819). Semur; Falkenhagen.

*215. **Dido,** d'Orb., 1847. Espèce à crochet arqué et aigu, à surface lisse, un peu ridée. France, Saint-Amand (Cher).

*216. **Fidia,** d'Orb., 1847. Espèce obtuse à ses extrémités, lisse, élargie sur la région anale. France, Saint-Amand (Cher). Italie, Bellagio, près du lac de Como.

217. **decoratus,** Münst., Goldf., 1838, 2, p. 174, pl. 130, fig. 10. Amberg.

218. **minimus,** Goldf., pl. 130, fig. 7. Sow., 1818, III, pl. 210, fig. 5, 7. Rœmer, 1836, p. 90, pl. 5, fig. 6. France, Gundershoffen (Bas-Rhin); Allem., Goslar; Angl., Taunton, environs de Belfast.

219. **ventricosus,** d'Orb., 1847. *Modiola ventricosa,* Rœmer, 1836. Nordd. Oolith., p. 91, pl. 4, fig. 3. Allem., Goslar, Pyrmont; Wurtemb.; Angl.

220. **Cephus,** d'Orb., 1847. *Modiola depressa,* Rœmer, 1836, p. 91, pl. 5, fig. 9. Sow., 1, pl. 8. (Non Sow., espèce des terrains crétacés.) Allem., Todemann, Rinteln.

LIMA, Bruguière, 1791. Voy. p. 175.

0*221. **gigantea,** Desh., Rœmer, 1836, p. 75. Desh., pl. 14, fig. 1. Zieten, pl. 51, fig. 1. Sow., 1814, II, pl. 177. V. Ziet., 51, fig. 1. Fontenay (Vendée), Thouars (Deux-Sèvres), Brulon (Sarthe), Semur; Allem., Helmstadt, Schoppenstedt, Goslar, Göppingen, Vaihingen, près Stuttgart, Hildesheim; Angl., Bath, Weston, Lyme Prees.

*222. **pectinoïdes,** Desh. *Plagiostoma pectinoïdes,* Sow., Min. Conch., vol. 2, pl. 113, fig. 4, p. 28. Zieten, 1830, p. 92, pl. 69, fig. 2. Wurtemb., Degerloch, Vaihingen, près Stuttgart; Angl., Yorkshire; France, Lyon, Saint-Maixent (Deux-Sèvres), Metz, Saint-Amand.

*223. **electra,** d'Orb., 1847. Grande espèce voisine du *L. proboscidea,* mais plus étroite et ornée de huit grosses côtes seulement. Fontenay.

0*224. **Elea,** d'Orb., 1847. Grande espèce voisine de la précédente, mais plus large et munie de dix côtes, tandis que la *Proboscidea* en a de douze à quatorze. France, Thouars (Deux-Sèvres), entre Crépiat et Intriat, près de Nantua (Ain).

*225. **Erato,** d'Orb., 1847. Petite espèce presque équilatérale, oblongue, ornée de dix-neuf côtes au milieu, le reste lisse. Lyon.

226. decorata, Münster, Goldfuss, 1838, 2, p. 81, pl. 114, fig. 11. Amberg.

227. concentrica, Sow., 1827. Min. Conch., 6, p. 113, pl. 559, fig. 1. Angleterre, environs de Cromarty et nord de l'Écosse.

***228. Eudora,** d'Orb., 1847. Espèce voisine du *L. pectinoides*, mais avec des côtes partout, au lieu d'avoir une partie lisse sur le côté. France, Fontenay (Vendée), Metz (Moselle).

***229. Egæa,** d'Orb., 1847. Espèce voisine, pour la taille et l'aspect, du *L. gigantea*, mais avec la région buccale excavée profondément. France, Semur (Côte-d'Or), Fontenay (Vendée).

***230. Galathea,** d'Orb., 1847. *Lima pectinoides*, Phillips, pl. 12, fig. 13. (Non Sowerby.) Espèce à côtes simples, sans côte intermédiaire, comme le *L. pectinoides*. France, Asnières (Sarthe).

AVICULA, Klein, 1753. Voy. p. 13.

***231. Delia,** d'Orb., 1847. Petite espèce ovale, lisse, oblique. France, Clapier (Aveyron).

232. sexcostata, Rœmer, 1836, p. 87, pl. 4, fig. 4. Allem., Goslar.

233. gracilis, Münst., Goldf., 1838, 2, p. 130, pl. 117, fig. 7. Bamberg.

234. elegans, Münst., Goldf., 1838, 2, p. 130, pl. 117, fig. 8. Banz, Wasseralfingen.

GERVILIA, Defrance, 1820. Voy. p. 201.

235. Hartmanni, Münst., Goldf., 1838, 2, p. 123, pl. 115, fig. 7. Boll. Banz.

POSIDONOMYA, Bronn, 1837. Voy. p. 13.

***236. Bronni,** Voltz, Goldf., 1838, 2, p. 119, pl. 113, fig. 7. Zieten, pl. 54, fig. 4. France, Metz (Moselle), Clapier (Aveyron), Nancy (Meurthe), Saint-Amand (Cher); Allem., Boll., Wirbel.

237. radiata, Goldf., 1838, 2, p. 120, pl. 114, fig. 2. Boll.

238. orbicularis, Münst., Goldf., 1838, 2, p. 120, pl. 114, fig. 3. Boll.

INOCERAMUS, Parkinson, 1811. Voy. 237.

***239. cinctus,** Goldf., 1838, 2, p. 14, pl. 115, fig. 5. Rœm., p. 82. Ziet., pl. 72, fig. 6. France, Avallon (Yonne), Saint-Amand (Cher); Altdorf, Hildesheim, Goslar.

***240. dubius,** Sow., 1818. M. C., vol. 6, pl. 584, fig. 3, p. 162. Zieten, 1830, p. 96, pl. 72, fig. 6. (Non Goldf.) France, Pouilly, Semur, Avallon, Saint-Amand (Cher), Lyon; Wurtemb., près de Boll., Wasseralfingen; Angl., Withby.

***241. ellipticus,** Rœmer, 1836, p. 82. Ziet., pl. 72, fig. 5. *J. rostratus*, Goldf., pl. 115, fig. 3. France, Semur; Allem., Hildesheim.

242. undulatus, Zieten, 1830, p. 96, pl. 72, fig. 7. Boll.

243. substriatus, Münst., Goldf., 1836, 2, p. 108, pl. 109, fig. 2; pl. 115, fig. 1. Allem., Quedlimburg, Amberg, Baireuth.

244. pernoides, Goldf., 1836, 2, p. 109, pl. 109, fig. 3. Osnabrück, Lippe.

245. Amygdaloides, Goldf., 1838, 2, p. 110, pl. 115, fig. 4. Banz, Altdorf.

246. depressus, Münster, Goldf., 1836, 2, p. 109, pl. 109, fig. 5. Amberg.

PECTEN, Gualtieri, 1742. Voy. p. 87.

*247. **pumilus**, Lam., 1819, An. sans vert., 6, p. 183. *P. personatus*, Goldf., Zieten, 1830, p. 68, pl. 52, fig. 2. *P. paradoxus*, Münster, Goldf., 1836, 2, p. 74, pl. 99, fig. 4. Allem., Amberg, Banz; France, Gundershoffen, Saint-Maixent.

*248. **velatus**, Goldf., 1835, 2, p. 45, pl. 90, fig. 2. France, Fontenay, Thouars, Lyon; Quedlimburg, Baireuth, Amberg, Goslar.

*249. **dextilis**, Münster, Goldf., 1835, p. 43, pl. 89, fig. 3. Allem., Altdorf; Italie, Bellagio, près de Como.

*250. **acuticosta**, Lamarck, Zieten, Wurtemb., pl. 53, fig. 6. Il diffère du *P. Equivalvis*, par ses valves très-inégales. France, Chevillé, Brulon, Asnières (Sarthe).

*251. **Prœtens**, d'Orb., 1847. *P. cingulatus*, Goldf., pl. 99, fig. 3 (non Phillips, 1835. Espèce de l'étage bathonien). Nantua.

252. **novemplicatus**, Münst., Goldf., 1835, 2, p. 45, pl. 90, fig. 3. Amberg.

253. **acutiradiatus**, Münst., Goldf., 1835, 2, p. 44, pl. 89, fig. 6. Baireuth.

254. **texturatus**, Münst., Goldf., pl. 90, fig. 1. Rœmer, 1839. Nordd. Oolith., p. 29. Schoppenstedt, Amberg.

255. **subulatus**, Münst., Goldf., 1836, 2, p. 73, pl. 98, fig. 12. (Non Portluck). Altdorf, Amberg.

256. **calvus**, Goldf., 1836, 2, p. 74, pl. 99, fig. 1. (Non Portlock). Amberg.

257. **Pandarus**, d'Orb., 1847. *P. papyraceus*, Zieten, 1830, p. 70, pl. 53, fig. 5. (Non Sow., Min. Conch., vol. 4, pl. 354, p. 75. Espèce paléozoïque). Wurtemberg, Ohmden-sous-Aichelberg.

*258. **Phillis**, d'Orb., 1847. *P. textorius*, Goldf., pl. 89, fig. 9. Exclus., fig. *a*, *b*. France, Fontenay, Lyon; Saint-Amand, Semur.

PLICATULA, Lamarck, 1801. Voy. p. 202.

*259. **Neptuni**, d'Orb, 1847. Espèce voisine de *P. spinosa*, mais ornée de côtes rayonnantes très-prononcées au crochet. France, Tuchan (Aude), Asnières, Brulon (Sarthe), Semur (Côte-d'Or).

OSTREA, Linné, 1752. Voy. p. 166.

*260. **Knorri**, Voltz, Zieten, 1830, p. 60, pl. 45, fig. 2. *O. costata*, Rœmer, Goldf., pl. 72, fig. 8 (non Sowerby). France, Fontenay (Vendée), Lyon, Genevaux, près de Metz, Saint-Maixent (Deux-Sèvres); Wurtemberg, Geisingen, Geerzen, Dorsheld, Buxweiler.

*261. **calceola**, Goldf., Zieten, 1830, p. 62, pl. 47, fig. 2. Wasseralfingen, Aalen.

*262. **subauricularis**, d'Orb., 1847. *O. auricularis*, Münst., Goldf., 1835, 2, p. 20, pl. 79, fig. 7. (Non Walh.) France, Saint-Maixent, Niort (Deux-Sèvres), Fontaine-Etoupefour (Calvados), Asnières, Brulon (Sarthe), Saint-Amand (Cher); Allem., Amberg.

*263. **Erina**, d'Orb., 1847. Espèce qui rappelle la forme de l'*O. edulis*, mais qui est plus étroite et moins feuilletée. France, Fontenay.

*264. **Sarthacensis**, d'Orb., 1847. Espèce qui, par ses côtes, sa forme, se rapproche de l'*O. carinata,* mais plus courte. France, Brulon (Sarthe), Curcy (Calvados).

MOLLUSQUES BRACHIOPODES.

RHYNCHONELLA, Fischer, 1827. Voy. p. 92.
***265. Tetraedra,** d'Orb., 1847. *Terebr. tetraedra,* Sow., 1815. Min. Conch., 1, p. 189, pl. 83, fig. 4. France, Brulon, Asnières (Sarthe), Fontaine, Landes, Evrecy (Calvados), Semur (Côte-d'Or), Tuchan (Aude), Nancy, Metz; Angl., Withby.
***266. ringens,** d'Orb., 1847. *Terebr. ringens,* de Buch, 1834. Mém. de la Soc. géol., 3, pl. 14, fig. 8. Au-dessous de l'oolite inférieure de Moutiers.
***267. Fidia,** d'Orb., 1847. Espèce voisine du *R. ringens,* mais ayant le sinus du milieu plus aigu et terminé par deux côtes. France, Niort, Saint-Maixent, Thouars (Deux-Sèvres), Lusignan (Vienne), Tuchan (Aude), Fontenay (Vendée).
a*268. Thalia, d'Orb., 1847. (Voir étage liasien, n° 225). Asnières.
SPIRIFERINA, d'Orb., 1847. Voy. p. 221.
269. signensis, d'Orb., 1847. *Spirifer signensis,* Buvignier, 1843. Mém. Soc. philom. de Verdun, t. 2, p. 14, pl. 5, fig. 9. Géol. des Arden., p. 534, pl. 4, fig. 9. France, Signy-le-Petit (Ardennes).
TEREBRATULA, Lwyd, 1699.
***270. Sarthacensis,** d'Orb., 1847. *T. ornithocephala,* Sow., pl. 101, fig. 5. (Exclus. fig. 1, 2.) France, Brulon, Chevillé, Asnières (Sarthe), Besançon (Doubs), Nancy (Meurthe), Fontaine (Calvados).
***271. Crithea,** d'Orb., 1847. Espèce ovale, voisine de la précédente, mais à large ouverture, à région palléale non tronquée. France, Brulon, Asnières (Sarthe), Amayé-sur-Orne (Calvados), Tuchan (Aude), Semur (Côte-d'Or).
***272. Florella,** d'Orb., 1847. Espèce voisine du *T. resupinata,* mais sans dépression au milieu de la petite valve. France, Semur.
ORBICULOIDEA, d'Orb. Voy. p. 44.
***273. reflexa,** d'Orb., 1847. *Orbicula reflexa,* Sow., 1826. Min. Conch., 6, p. 3, pl. 506, fig. 1. Angl., Withby.

ÉCHINODERMES.

CIDARIS, Lamarck.
***274. Pandarus,** d'Orb., 1847. Epines longues, un peu comprimées, couvertes d'un côté de gros tubercules épars, de l'autre de lignes tuberculeuses petites. France, Lyon.
PENTACRINUS, Miller, 1821.
***275. Bollensis,** Schlot., 1813. Min. Tasch., 7, p. 56. *P. Briareus,* Miller, 1821. Crin., pl. 1, fig. 1, 2. Goldf., 1833, 1, p. 168, pl. 51, fig. 3. France, Anduze (Gard), Langres (Haute-Marne), Mende (Lozère), Jura; Bavière, Baireuth, Banz, Culmbach; Wurtemberg, Boll.; Angl., Lyme-Regis, Watchet, Keynsham.

*276. **vulgaris,** Schl., 1820. Petr., 1, p. 327, pl. 1, fig. 6. *P. scalaris,* Goldf., 1832, 1, p. 172, pl. 52, fig. 3. France, Amayé, Croisille, Fontaine-Etoupefour (Calvados), Saint-Maixent (Deux-Sèvres), Tuchan (Aude), Asnières (Sarthe), Culture (Lozère); Bavière, Amberg, Wurtemb., Boll.; Cessia-sous-Roche-de-Brion, près de Crepiat (Ain).

*277. **basaltiformis,** Miller, Goldf., 1832, 1, p. 172, pl. 52, fig. 2. *P. scriptus,* Rœmer, pl. 12, fig. 12. France, Vacherie, près de Mende (Lozère), Lyon, Salins (Jura); Bavière, Amberg, Boll, Goslar.

*278. **moniliferus,** Münster, 1832. Goldf., 1, p. 173, pl. 53, fig. 3. France, environs de Digne (Basses-Alpes); Allem., Baireuth.

ZOOPHYTES.

THECOCYATHUS, Edwards et Haime, 1848.

*279. **tintinnabulum,** Edwards et Haime, 1848. *Cyathophyllum tintinnabulum,* Goldf., 1830, 1, p. 56, pl. 16, fig. 6. France, Mende (Lozère); Bamberg, Banz, Staffelstein.

*280. **mactra,** Edwards et Haime, 1848. *Cyathophyllum mactra,* Goldf., 1830, 1, p. 56, pl. 16, fig. 7. France, Mussy, près de Semur (Côte-d'Or), Tuchan (Aude), Besançon (Doubs), Fontaine-Etoupefour (Calvados), Avallon (Yonne); Bamberg, Banz, Staffelstein.

FORAMINIFÈRES (D'ORB.).

VAGINULINA, d'Orb., 1825.

*281. **harpula,** d'Orb., 1846. Foram. de Vienne, p. 25. Espèce étroite pourvue de côtes longitudinales. France, Saint-Maixent.

*282. **laminosa,** d'Orb., 1846. Foram. de Vienne, p. 25. Espèce très-comprimée, plus large que la précédente. France, Saint-Maixent.

PLACOPSILINA, d'Orb., 1847. Ce sont des *Wibbina* à locules pleines.

*283. **scorpionis,** Espèce très-rugueuse et très-diversement contournée. France, Saint-Maixent (Deux-Sèvres).

CRISTELLARIA, Lamarck, d'Orb., Foram. de Vienne. V. p. 242.

*284. **Baugieriana.** d'Orb., 1846. Foram. de Vienne, p. 27. Jolie espèce lisse. France, Saint-Maixent.

*285. **Garantiana,** d'Orb., 1846. Foram. de Vienne, p. 27. Espèce à grosses côtes externes. France, Saint-Maixent.

AMORPHOZOAIRES.

HIPPALIMUS, Lamouroux, 1821. Voy. p. 209.

*286. **clavatulus,** d'Orb., 1847. Espèce en massue, rugueuse, ou comme tuberculeuse. France, environs de Besançon.

STELLISPONGIA, d'Orb., 1847. Voy. p. 210.

*287. **fasciculata,** d'Orb., 1847. Espèce dont les oscules sont saillants, réunis par groupes irréguliers et dont les côtés sont comme radiés. France, environs de Besançon (Doubs).

DIXIÈME ÉTAGE : — BAJOCIEN.

MOLLUSQUES CÉPHALOPODES.

BELEMNITES (1), Lamarck. Voy. p. 112.

*1. **giganteus,** Schloth., d'Orb., Paléont. univers., pl. 47, 48, terr. jurass., 1, p. 112, pl. 14, 15. France, Bas-Rhin, Bayeux, Moutiers (Calvados), Nancy (Meurthe), Don, Mamers, etc. (Sarthe); Anglet., Dimory, Whitenab, Sommerset; Wurtemb., Stuifenberg, Aalen, Bahlingen, Grubingen; Suisse, Goldenthal (Soleure).

*2. **sulcatus,** Miller, d'Orb., Paléont. univers., pl. 49, fig. 1-8. Ter. jurass., 1, p. 105, pl. 12, fig. 1-8. France, Bayeux, Moutiers (Calvados), Pissotte, près de Fontenay (Vendée), Niort, St-Maixent (Deux-Sèvres); Angl., Somerset.

*3. **unicanaliculatus,** Hartm., d'Orb., Paléont. univers., pl. 49, fig. 9-16; pl. 50, fig. 11. Terr. jurass., p. 107, pl. 12, fig. 9-16. France, Bayeux, Moutiers, Fontenay (Vendée), Niort (Deux-Sèvres), Draguignan (Var), St-Amand (Cher).

*4. **Bessinus,** d'Orb., Paléont. univers., pl. 51, fig. 7-13. Terr. jur., 1, p. 110, pl. 13, fig. 7-13. France, Port-en-Bessin (Calvados), Niort (Deux-Sèvres), St-Amand (Cher).

NAUTILUS, Breynius, 1732. Voy. p. 54.

*5. **excavatus.** Sow., d'Orb., Paléont. franç., terr. jurass., 1, p. 154, pl. 30. France, Bayeux (Calvados), Niort (Deux-Sèvres).

*6. **lineatus,** Sow., d'Orb., Paléont. franç., terr. jurass., 1, p. 155, pl. 31, pl. 38, fig. 3-5. France, Moutiers, Bayeux, St-Maixent (Deux-Sèvres), Draguignan (Var), Fresnoy (Ardennes),; Anglet., Dundry; Allem., Porta en Westphalie.

*7. **subsinuatus,** d'Orb., 1847. *N. sinuatus,* Sow , d'Orb., Paléont. franç., terr. jurass., 1, p. 157, pl. 32, (non Fichthel, 1803). France, Athis (Calvados).

*8. **clausus,** d'Orb., Paléont. franç., terr. jurass., 1, p. 158, pl. 33.

(1) Voyez pour la synonymie des espèces de *Belemnites* et d'*Ammonites*, la *Paléontologie Française. Terrains Jurassiques.*

France, Bayeux, St-Maixent, Niort, Draguignan (Var), Chaudon (B.-Alpes); Angleterre, Dundry.

*9. **Bajocensis,** d'Orb., 1847. Espèce voisine du *N. lineatus*, mais avec le siphon plus près du bord externe et plus petit. Une forte dépression près du retour de la spire se remarque dans les jeunes qui sont fortement treillissés. France, Bayeux.

AMMONITES, Bruguière, 1791. Voy. p. 181.

*10. **Truellei,** d'Orb., Paléont. franç., terr. jurass., 1, p. 361, pl. 117. France, Bayeux, Moutiers (Calvados), Niort (Deux-Sèvres), environs de Digne (B.-Alpes).

*11. **subradiatus,** Sow., d'Orb., Paléont. franç., terr. jurass., 1, p. 362, pl. 118. *A. depressus*, de Buch, 1831. Petr. rem., pl. 1, fig. 4. France, Bayeux, Moutiers, Curcy (Calvados), Givry (Yonne), St-Maixent, Niort, Fontenay (Vendée), St-Rambert (Ain), Draguignan (Var), La Palud, Chaudon (B.-Alpes), Conlie (Sarthe).

*12. **Sowerbyi,** Miller, d'Orb., Paléont. franç., terr. jur., 1, p. 363, pl. 119. France, Moutiers, Curcy, Bayeux, St-Maixent, Niort.

*13. **Murchisonæ,** Sow., d'Orb., Paléont. franç., terr. jurass., 1, p. 367, pl. 120. *A. depressus*, de Buch, 1831. Petref. rem., pl. 1, 2, 3, 5, 7. France, Niort, Moutiers, St-Maixent, Fontenay (Vendée), Aresches (Jura); Angl., Dundry; Allem., Archdoff (Rauden).

*14. **cycloides,** d'Orb., Paléont. franç., terr. jurass., 1, p. 370, pl. 121, fig. 1-6. Sous le nom de *Cadomensis*. Bayeux, Moutiers.

*15. **Niortensis,** d'Orb., Paléont. franç., terr. jurass., 1, p. 372, pl. 121, fig. 7-16. France, Mougon, près de Niort, Moutiers, Longwy (Moselle), Fontenay (Vendée), Tharot (Yonne), Martainville, près de Pont-à-Mousson (Meurthe), Lamarire (B.-Alpes).

*16. **interruptus,** Brug., 1791. *Am. Parkinsoni*, Sow., d'Orb., Paléont. franç., terr. jurass., 1, p. 374, pl. 122. France, Nantua (Ain), Genixeaux, Longwy (Moselle), Niort, Aix (B.-du-Rhône), La Palud, Chaudon (B.-Alpes), Bayeux, Moutiers, Conlie, (Sarthe), Semur (Côte-d'Or), Vezelay (Yonne); Suisse, Vaud, Lavex, Lebouillit; Angl., Dundry; Montmartre.

*17. **Garantianus,** d'Orb., Paléont. franç., ter. jurass., 1, p. 377, pl. 123. France, Moutiers, Niort, Fontaine-en-Duesmois (Côte-d'Or), Longwy (Moselle), Digne (B.-Alpes).

*18. **polymorphus,** d'Orb., Paléont. franç., terr. jurass., 1, p. 379, pl. 124. France, Port-en-Bessin (Calvados), Niort (Deux-Sèvres), Vauvenargues (B.-du-Rhône), La Palud, Chaudon (B.-Alpes).

*19. **Martiusii,** d'Orb., Paléont. franç., terr. jurass., 1, p. 381, pl. 125. France, Bayeux, Moutiers (Calvados), Niort, Saint-Maixent Draguignan (Var), Chaudon, La Clape (B.-Alpes), Tharot (Yonne).

*20. **Ooliticus,** d'Orb., Paléont. franç., terr. jurass. 1, p. 383, pl. 126, fig. 1-4. France, Bayeux, Moutiers (Calvados).

*21. **Pictaviensis,** d'Orb., Paléont. franç., terr. jurass., 1, p. 385, pl. 126, fig. 3-7, France, Fontenay (Vendée).

*22. **Eudesianus,** d'Orb., Paléont. franç., terr. jurass., 1, p. 386, pl. 127. France, Moutiers (Calvados), Chaudon (B.-Alpes).

*23. **Linneanus,** d'Orb., Paléont. franç., terr. jurass., 1, p. 386, pl. 128. France, Moutiers (Calvados).

*24. **Cadomensis,** Defrance, d'Orb., Paléont. franç., terr. jurass., 1, p. 388, pl. 129, fig. 4-6. France, Bayeux.
*25. **Zigzag,** d'Orb., Paléont. franç., terr. jurass., 1, p. 390, pl. 129, fig. 7-8. France, Niort (Deux-Sèvres).
*26. **Pygmæus,** d'Orb., Paléont. franç., terr. jurass., 1, p. 391, pl. 129, fig. 12-15. France, Bayeux (Calvados), Chaudon (B.-Alpes).
*27. **Tessonianus,** d'Orb., Paléont. franç., terr. jurass., 1, p. 392, pl. 130, fig. 1, 2. France, Bayeux.
*28. **Edouardianus,** d'Orb., Paléont. franç., terr. jurass., 1, p. 392, pl. 130, fig. 3-5. France, Bayeux.
*29. **Blagdeni,** Sow., d'Orb., Paléont. franç., terr. jurass., 1, p. 396, pl. 132. France, Bayeux, St-Maixent, environs de Semur (Côte-d'Or), Fontenay (Vendée), Cressia-sous-roche-de-Brion, Nantua.
*30. **Humpriesianus,** Sow., d'Orb., Paléont. franç., terr. jurass., 1, p. 398, pl. 133, 134. France, Bayeux, Moutiers, Niort, St-Maixent, Geniveaux (Moselle), Chaudon, La Clape; Anglet., Dundry.
*31. **Brackenridgii,** Sow., d'Orb., Paléont. franç., terr. jurass., 1, p. 400, pl. 135, fig. 2, 3. Moutiers, Bayeux, St-Maixent, Niort.
*32. **Brongniartii,** Sow., d'Orb., Paléont. franç., terr. jurass., 1, p. 403, pl. 137. France, Bayeux, Moutiers, Niort, St-Maixent, Peyrar, près de Draguignan (Var).
*33. **Deslongchampsii,** Defrance, d'Orb., Paléont. franç., terr. jurass., 1, p. 405, pl. 138, fig. 1, 2. France, Bayeux, Eterville.
*34. **Caumontii,** d'Orb., Paléont. franç., terr. jurass., 1, p. 406, pl. 138, fig. 3, 4. France, Eterville (Calvados).
*35. **Sauzei,** d'Orb., Paléont. franç., terr. jurass., 1, p. 407, pl. 139. France, Bayeux, Niort, St-Maixent, Fontenay (Vendée).
*36. **Defrancii,** d'Orb., Paléont. franç., terr. jurass., 1, p. 389, pl. 29, fig. 7, 8. France, Bayeux (Calvados).
*37. **Lucretius,** d'Orb., 1847. Espèce petite à tours carrés à découvert, ornés de côtes simples qui partent de l'intérieur et se terminent en dehors en une pointe, d'où partent deux côtes qui passent sur le dos où elles forment des zigzags réguliers. France, Bayeux.
*38. **Gervillei,** Sow., d'Orb., Paléont. franç., terr. jurass., 1, p. 409, pl. 140. France, Bayeux, Eterville, Athis (Calvados), Niort.
*39. **dimorphus,** d'Orb., Paléont. franç., terr. jurass., 1, p. 410, pl. 141. France, Bayeux, Port-en-Bessin (Calvados), Avalloux (Yonne).

ANCYLOCERAS, d'Orb., 1842. Paléont. franç., terr. crétacés, 1, p. 491.
*40. **annulatus,** d'Orb., 1841. Paléont. franç., terr. crét., 1, p. 494. *A. costatus* et *Waltoni*, Morriss., 1846. Ann. et Mag. nat. hist., vol. 15, p. 33, pl. 6, fig. 4, 5. France, Bayeux, Mougon, près de Niort (Deux-Sèvres); Angleterre, Brideport.
*41. **bispinatus,** Baugier et Sauzé, 1843. Notice sur quelques coquilles, p. 12, pl. 3, fig. 4; pl. 4, fig. 6-8. Mougon, près de Niort.

TOXOCERAS, d'Orb., 1842. Paléont. franç., terr. crét., 1, p. 472.
*42. **Orbignyei,** Baugier et Sauzé, 1843. Notice sur quelques coquilles, p. 6, pl. 1, fig. 1-4. France, Mougon, et vallée du Lambon, entre Thorigné et Vitré, La Clape et les Dourbes.

*43. **æqualicostatus,** Baugier et Sauzé, 1843. Notice sur quelques coquilles, p. 8, pl. 2, fig. 4. France, Mougon, près de Niort.
*44. **rarispinus,** Baugier et Sauzé, 1843. Notice sur quelques coquilles, p. 11, pl. 3, fig. 19, 20. France, Mougon (Deux-Sèvres), Guéret, près d'Asnières (Sarthe).
HELICOCERAS, d'Orb., 1842. Paléont. franç., terr. crétacés, 1, p. 611.
*45. **Teilleuxi,** Baugier et Sauzé, 1843. Notice sur quelques coquilles, p. 15, pl. 3, fig. 11-16. Mougon, Celles (Deux-Sèvres).

MOLLUSQUES GASTÉROPODES.

CHEMNITZIA, d'Orb., 1829. Voy. p. 172.
*46. **lineata,** d'Orb., 1847. *Melania lineata*, Sow., 1818. M. C., 3, p. 33, pl. 218, fig. 1. Phill., p. 129. France, Moutiers (Calvados); Angl., Dundry, Bluewick.
47. **acicula,** d'Orb., 1847., *Melania acicula*, Deslongch., 1843. Mém. Soc. lin. de Norm., t. 7, p. 224, pl. 12, fig. 7. France, Bayeux.
*48. **turris,** d'Orb., 1847. *Melania turris*, Deslongch., 1843, t. 7, p. 224, pl. 12, fig. 8. France, Les Moutiers, Bayeux.
*49. **coarctata,** d'Orb., 1847. *Melania coarctata*, Deslongch., 1843, t. 7, p. 226, pl. 12, fig. 11, 12. France, Les Moutiers, Bayeux, Niort.
*50. **procera,** d'Orb., 1847. *Melania procera*, Deslongch., 1843. Mém. Soc. lin. de Norm., t. 7, p. 222, pl. 12, fig. 5, 6. France, Bayeux, Les Moutiers (Calvados).
*51. **normaniana,** d'Orb., 1847. Espèce voisine du *C. procera*, mais bien plus courte et sans aucune saillie aux tours de spire. France, Bayeux, Guéret, près d'Asnières (Sarthe).
52. **vetusta,** d'Orb., 1847. *Terebra vetusta*, Phillips, 1835. Yorkshire, p. 123, pl. 9, fig. 27. Angl., Cloughton wyke.
*53. **curta,** d'Orb., 1847. Espèce très-courte, à tours lisses, grands, pourvus d'un méplat en rampe sur la suture. France, Frontenay.
NERINÆA, Defrance, 1825. D'Orb., Paléont. franç., terr. crétacés, 2, p. 73.
*54. **Lebruniana,** d'Orb., 1847. Espèce très-allongée, cylindrique, munie au labre de trous, et sur la columelle de quatre dents à la bouche, deux de ces dernières compliquées. France, Crepey.
*55. **Jurensis,** d'Orb., 1847. Espèce allongée, lisse, sans saillie aux tours; munie d'une seule grosse dent sur le labre. France, Fort Saint-André, près de Salins (Jura).
*56. **cingenda,** Bronn., *Turritella cingenda*, Phillips, 1829. Yorkshire, p. 123, pl. 11, fig. 28 g. Angl., Blue wick, Withby.
*57. **Anglica,** d'Orb., 1847. Belle espèce lisse, dont le dernier tour est anguleux, les autres n'offrent aucune saillie. Angl., Dundry.
ACTEON, Montfort, 1810. D'Orb., Paléont. franç., terr. crét., 2, p. 115. *Tornatella*, Lamarck, 1822.
58. **Sedgwici,** d'Orb., 1847. *Auricula Sedgwici*, Phillips, 1829. Yorkshire, p. 129, pl. 11, fig. 33. Angl., Blue wick.
ACTEONINA, d'Orb., 1847. Voy. p. 118.

'59. **Sarthacensis,** d'Orb., 1847. Charmante espèce voisine par sa rampe de l'*A. humeralis*, mais plus courte et partout striée finement en travers. France, Guéret (Sarthe).

60. **glabra,** d'Orb., 1847. *Acteon glaber*, Bean, Phillips, 1829. Yorkshire, p. 124, pl. 9, fig. 31. Angl., Cloughton, Brandsby.

61. **humeralis,** d'Orb., 1847. *Acteon humeralis*, Phillips, 1829. Yorkshire, p. 129, pl. 11, fig. 34. Angl., Blue wick.

62. **pulla,** d'Orb., 1847. *Tornatella pulla*, Koch et Dunker, 1837. Beitr. Oolith. Verstein., p. 33, pl. 2, fig. 11. Allem., Geertzen.

62'. **pulchella,** d'Orb., 1849. *Tornatella pulchella*, Deslongchamps, 1848. Mém. Soc. Linn. de Norm., t. 8, p. 162, pl. 18, fig. 4. France, Les Moutiers, Bayeux.

NATICA, Adanson, 1757. Voy. p. 29.

63. **tumidula,** Phillips, 1835. Yorkshire, p. 129, pl. 11, fig. 25. (Bean MS.). Angleterre, Blue wick, Somersetshire.

'64. **adducta,** Phillips, 1835, p. 129, pl. 11, fig. 35. France, Mougon, près de Niort (Deux-Sèvres), Saint-Maixent; Angl., Blue wick.

'65. **Lorieri,** d'Orb., 1847. Espèce voisine, par sa rampe sur la suture, de *N. adducta*, mais un peu plus allongée. France, Guéret.

'66. **Pictaviensis,** d'Orb., 1847. Espèce voisine de la précédente, mais plus allongée encore, les tours plus courts et plus renflés ; un léger ombilic. France, Saint-Maixent, Bayeux ; Conlie (Sarthe).

'67. **Bajocensis,** d'Orb., 1847. Espèce oblongue, très-lisse, avec une très-faible rampe sur la suture, sans ombilic. Bayeux, Falaise.

68. **lævigata,** d'Orb., 1847. *Nerita lævigata*, Sowerby, 1818. Min. Conch., 3, p. 31, pl. 217, fig. 1. Angleterre, Dundry.

NERITA, Linné, 1757. Voy. p. 29.

69. **pseudo-costata,** d'Orb., 1847. *N. costata*, Phill., 1835. Yorkshire, p. 129, pl. 11, fig. 32. (Non Gmelin, 1789.) Angl., Blue wick, Somersertshire.

NERITOPSIS, Sow., 1825. Voy. p. 172.

'70. **Bajocensis,** d'Orb., 1847. Belle espèce pourvue de fortes ondulations longitudinales et de petites côtes alternes, transverses. France, Les Moutiers (Calvados).

TROCHUS, Linné. Voy. p. 64.

'71. **biarmatus,** Münster, Goldfuss, 1844, 3, p. 55, pl. 180, fig. 2. France, Bayeux, Fontenay ; Allem., Thurnau.

'72. **lamellosus,** d'Orb., 1847. Grande espèce conique, costulée en long, et ornée de grandes lames qui dépassent la spire tout autour. France, Pissotte, près de Fontenay.

'73. **ornatissimus,** d'Orb., 1847. Moyenne espèce conique, ornée de côtes longitudinales formant chacune une saillie au pourtour. France, Port-en-Bessin, Bayeux.

'74. **acanthus,** d'Orb., 1847. Espèce conique, anguleuse au pourtour, ornée par tour de cinq petites côtes subgranuleuses. France, Port-en-Bessin.

'75. **Acasta,** d'Orb., 1847. Espèce moins large que la précédente, ayant par tour neuf côtes longitudinales, dont une plus grande striée. France, Port-en-Bessin.

*76. **Actæa,** d'Orb., 1847. Espèce voisine du *T. Schubleri*, mais moins large et sans stries transverses aux tours. France, Conlie.

*77. **duplicatus,** Sow., 1817. Min. Conch., 2, p. 179; pl. 181, fig. 5. Angleterre, Little-Sudbury; France, Bayeux, Port-en-Bessin, Conlie.

*78. **Lorieri,** d'Orb., 1847. Espèce voisine du *T. Schubleri*, mais lisse et avec deux côtes saillantes inférieures. France, Guéret, près d'Asnières.

*79. **Acis,** d'Orb., 1847. Espèce lisse, conique, plus longue que large, non carénée. France, Moutiers, Bayeux, Port-en-Bessin.

*80. **Acmon,** d'Orb., 1847. Espèce lisse, aussi large que longue, obtuse de tous les côtés, calleuse à la bouche. France, Bayeux, Port-en-Bessin, Conlie.

81. **subpyramidatus,** d'Orb., 1847. *T. pyramidatus*, Phill., 1835, p. 129, pl. 11, fig. 22. Bean MS., (non Lam., 1822.) Angl., Blue wick.

82. **Anceus,** Münst., Goldf., 1844, 3, p. 55, pl. 180, fig. 3. Allem., Rabenstein.

83. **Schübleri,** Ziet., 1830, p. 46, pl. 34, fig. 5. Wurt., Gamelsh

84. **Philippi,** Münst., Goldf., 1844, 3, p. 55, pl. 180, fig. 5. Allemagne, Thurnau.

*85. **lucidus,** d'Orb., 1847. *Rotella lucida*, Thorent, 1839. Mém. de la Soc. géol., 3, p. 259, pl. 22, fig. 9. France, Saint-Michel.

86. **columellaris,** Rœmer, 1839. Oolith., p. 45, pl. 20, fig. 6. Allemagne, Mehle.

87. **Haraldus,** d'Orb., 1847. *T. concavus*, Sow., 1817. Min. Conch., 2, p. 179, pl. 181, fig. 3. (Non Gmelin, 1789.) Angl., Little-Sudbury.

88. **dimidiatus,** Sow., 1817. Min. Conch., 2, p. 179, pl. 181, fig. 4. Angleterre, Little-Sudbury.

*89. **Baugieri,** d'Orb., 1847. Magnifique espèce à tours anguleux, pourvus de gros tubercules sur les angles et d'une autre rangée en dessus. France, Niort.

90. **monilitectus,** Phillips, 1835, p. 123, pl. 9, fig. 33. Angleterre, Cloughton wyke.

STRAPAROLUS, Montfort, 1810. Voy. p. 6.

*91. **tuberculosus,** d'Orb., 1847. *Euomphalus tuberculosus*, Thorent, 1839. Mém. de la Soc. géol., 3, p. 259, pl. 22, fig. 8. France, Saint-Michel (Aisne).

*92. **subæqualis,** d'Orb., 1847. Magnifique espèce concave des deux côtés, pourvue au pourtour de nodosités comprimées en bourrelet. France, Fontenay.

*93. **pulchellus,** d'Orb., 1847. Belle espèce très-déprimée, plane et tuberculée en dessus, lisse et concave en dessous, à tours en gradins. France, Conlie.

TURBO, Linné. Voy. p. 5.

*94. **gibbosus,** d'Orb., 1847. *T. lævigatus*, Phillips, 1835, p. 129, pl. 11, fig. 31. (Non Deshayes, 1824). *Delphinula gibbosa*, Thorent, 1837, Mém. de la Soc. géol., 3, p. 260, pl. 22, fig. 10. France, St-Michel (Aisne); Angleterre, Blue wick.

*95. **ornatus,** Sow., 1819. Min. Conch., 3, p. 69, pl. 240, fig. 1. France, Bayeux, Moutiers, Port-en-Bessin (Calvados), Guéret (Sarthe), Niort; Angl., Dundry.

*96. **Bathis,** d'Orb., 1847. Grande espèce ornée, sur chaque tour, de trois grandes côtes longitudinales, subtuberculeuses, striées en travers dans leurs intervalles. France, Fontenay (Vendée), Nantua (Ain), St-Maixent, Niort (Deux-Sèvres).

*97. **Belia,** d'Orb., 1847. Grande espèce voisine du *T. ornatus*, mais à tours plus carénés, crénelés sur la carène, et pourvue de trois côtes au-dessous au lieu de deux. France, Port-en-Bessin (Calvados).

*98. **Bellona,** d'Orb., 1847. Espèce voisine de la précédente, mais munie de fortes ondulations longitudinales, et de nombreuses côtes transverses. France, Bayeux (Calvados).

*99. **Belus,** d'Orb., 1847. Espèce plus longue que large, ornée par tour de trois grosses côtes saillantes, comme squameuses en travers. France, Conlie (Sarthe), env. de Draguignan (Var).

*100. **Davoustii,** d'Orb., 1847. Jolie espèce presque aussi large que longue, à tours convexes, ornés de trois rangées de tubercules épineux et de huit rangées au dernier tour; un ombilic. France, Guéret près d'Asnières, Conlie (Sarthe).

*101. **Brutus,** d'Orb., 1847. Espèce plus large que haute, marquée de fortes ondulations longitudinales et de petites côtes inégales, transverses. France, Draguignan (Var).

*102. **Bianor,** d'Orb., 1847. Espèce voisine du *T. Belia*, mais plus allongée, plus carénée au milieu des tours et sans crénelures. France, Port-en-Bessin.

*103. **Bixa,** d'Orb., 1847. Espèce voisine de la précédente, plus allongée encore, à grosses côtes transversales sur la carène. France, Port-en-Bessin.

104. **quadricinctus,** Zieten, 1830, p. 44, pl. 33, fig. 1. Wurtemb., Stuifenberg, Falkenhagen.

105. **Misippus,** d'Orb., 1847. *Trochus metis*, Münst., Goldf., 1844, 3, p. 56, pl. 180, fig. 6. Allem.

106. **angulatus,** d'Orb., 1847. *Trochus angulatus*, Münst., Goldf., 1844. Petref., 3, p. 56, pl. 180, fig. 7. Allem., Rabenstein.

107. **anaglypticus,** d'Orb., 1847. *Trochus anaglypticus*, Münst., Goldf., 1844. Petref., 3, p. 55, pl. 180, fig. 4. Allem., Thurnau.

108. **spinulosus,** Münst., Goldf., 1844, 3, p. 98, pl. 194, fig. 3. Altdorf.

109. **generalis,** Münst., Goldf., 1844, 3, p. 98, pl. 194, fig. 4. Amberg.

110. **Hero,** d'Orb., 1847. *T. subangulatus*, Münst., Goldf., 1844. Petref., 3, p. 98, pl. 194, fig. 5. (Non *Subangulatus*, Brocchi, 1814). Allem., Amberg, Rabenstein.

111. **terebratus,** Münst., Goldf., 1844, 3, p. 98, pl. 194, fig. 6. Amberg.

112. **Centurio,** Münst., Goldf., 1844. Petref., 3, p. 98, pl. 194, fig. 7. Allem., Grafenberg (Baireuthischen).

113. **prætor,** Goldf., 1844, 3, p. 99, pl. 194, fig. 8. Thurnau.

114. **ædilis,** Münst., Goldf., 1844, 3, p. 99, pl. 194, fig. 9. Altdorf.

115. **Murchisoni,** Münst., Goldf., 1844, 3, p. 99, pl. 194, fig. 10. Rabenstein.

116. subimbricatus, d'Orb., 1847. *Trochus imbricatus*, Sow., 111, pl. 272, fig. 3. Rœmer, 1836. Oolith., p. 149. (Non *imbricatus*, Linn., 1767). Angl., Dundry; Allem., Goslar, Baiern.

PHASIANELLA, Lamarck, 1804. Voy. p. 67.

117. cincta, Phillips, 1835, p. 123, pl. 9, fig. 29. Angl., Cloughton, Brandsby.

CIRRUS, Sowerby, 1818. Voy. p. 68.

118. nodosus, Sow., 1818. Min. Conch., 3, p. 35, pl. 219, fig. 1, 2, 4. Angl., Dundry.

119. Leachii, Sow., 1818. Min. Conch., 3, p. 35, pl. 219, fig. 3. Angl., Dundry.

DITREMARIA, d'Orb., 1842. Voy. p. 229.

120. affinis, d'Orb., 1847. *Trochotoma affinis*, Deslongch., 1842. Mém. Soc. linn. de Norm., t. 7, p. 106, pl. 8, fig. 8, 9, 10. France, Moutiers.

PLEUROTOMARIA, Defrance, 1825. Voy. p. 7.

*120'. **ornata**, d'Orb., 1847. *Trochus ornatus*, Sow., 1818, 3, p. 39, pl. 221, fig. 1. *P. tuberculosa*, Defrance, 1826. Dict. m., p. 382. (Non *P. ornata*, Defrance, Deshayes). Deslongchamps, 1848. Pleurot., p. 36, pl. 4, fig. 3, pl. 5, fig. 2, 3. Angl., Marsham-Field près Oxford. France, Bayeux, Moutiers, Port-en-Bessin (Calvados), Saint-Maixent.

*121. **granulata**, d'Orb., 1847. *Trochus granulatus*, Sow., 1818, 3, p. 37, pl. 220, fig. 2. (Non *P. granulata*, Defrance). *P. ornata*, Defrance, 1826, Dict., t. 41, p. 382. Deshayes, Coq. car., pl. 4, fig. 3. Zieten, pl. 35, fig. 5. (Non Sow.,), Deslongchamps, 1843, Mém. de la Soc. linn., 8, pl. 16, fig. 6, 7, 8. (Non Goldf.). Angl., Dundry; France, Moutiers, Bayeux.

*121'. **Palemon**, d'Orb., 1847. *P. granulata*, Goldf., pl. 186, fig. 3. (Non Sow., 1818). *P. granulata*, var. *A. lentiformis*, Deslongch., 1848, Mém. de la Soc. linn. de Norm., 8, p. 101, pl. 16, fig. 4, 5. (Non Sow., 1818). C'est une coquille constamment plus déprimée, plus lisse.) France, Bayeux.

*122. **punctata**, *Trochus punctatus*, Sow., 1819. Min. Conch., 2, p. 211, pl. 193, fig. 1. Angl., Dundry.

*122'. **abbreviata**, Morris. *Trochus abbreviatus*, Sow., 1819, 2, p. 211, pl. 193, fig. 5. *P. mutabilis*, var. *Patula*, Deslongch., 1848. Pleurot., p. 111, pl. 10, fig. 12 (non *Mutabilis*, pl. 10, fig. 18). France, St-Vigor (Calvados); Angl., Dundry.

*123. **Calix**, d'Orb., 1847. *Solarium calix*, Phillips, 1835. Yorkshire, p. 129, pl. 11, fig. 30. France, env. de Nancy (Meurthe); Angleterre, Blue wick.

*123'. **Proteus**, var. *D. excelsa*, Deslongchamps, 1848. Mém. Soc. linn. de Norm., t. 8, p. 50, pl. 1, fig. 1. France, Bayeux.

*124. **Baugieri**, d'Orb., 1847. Belle espèce très-déprimée, à sommet peu saillant, orné au-dessus de deux rangées de tubercules. Ombilic très-large. France, Fontenay (Vendée), Niort (Deux-Sèvres).

*124'. **Sausenna**, d'Orb., 1847. Grande espèce voisine du *P. ornata*, mais bien plus élevée, et avec des tubercules en bas. France, Fontenay (Vendée).

*125. **Actæa**, d'Orb., 1847. Grande espèce voisine du *P. ornata*, mais à tours infiniment plus étroits. Angleterre, Dundry; France, Saint-Maixent (Deux-Sèvres).

*125'. **Lorieri**, d'Orb., 1847. Espèce plus allongée que la *P. elongata*, avec une rangée de tubercules sur une grosse côte inférieure de chaque tour. France, Conlie, Guéret (Sarthe), Port-en-Bessin.

*126. **conoidea**, Desh., 1831. Coq. caract., p. 181, pl. 4, fig. 4. *P. mutabilis*, Deslong., 1848. Pleur., p. 112, pl. 11, fig. 2. (Non *Mutabilis*, pl. 10, fig. 18). France, Moutiers, Curcy (Calvados).

*126'. **subconoidea**, d'Orb., 1847. *M. S. P. mutabilis*, Deslongch., 1848. Mém., t. 8, p. 109, pl. 10, fig. 13, pl. 11, fig. 1, pl. 10, fig. 14, pl. 10, fig. 15. (Non *Mutabilis*, Desh., pl. 10, fig. 18). France, Bayeux, Moutiers.

*127. **subelongata**, d'Orb., 1847. *M. S. P. mutabilis*, Deslongch., 1848. Mém., t. 8, p. 115, pl. 10, fig. 16. (Non *Mutabilis*, pl. 10, fig. 18). France, Moutiers, Port-en-Bessin, Draguignan (Var).

*127'. **Agatha**, d'Orb., 1847. *M. S. P. mutabilis*, var. *B. cælata*, Deslongchamps, 1848, t. 8, p. 109, pl. 10, fig. 17. (Non *Mutabilis*, pl. 10, fig. 8). France, Bayeux, Moutiers.

*128. **Aglaia**, d'Orb., 1847. Espèce voisine du *P. Baugieri*, par son large ombilic, sa dépression, mais avec un bourrelet sans tubercule, saillant au pourtour. France, Fontenay (Vendée).

*128'. **Ajax**, d'Orb., 1847. Espèce un peu surbaissée à tours ronds, convexes, striés également en long. France, Fontenay.

*129. **Actinomphala**, Deslongchamps, 1848. *Id.*, t. 8, p. 32, pl. 18, fig. 1. St-Maixent, Moutiers, Feuguerolles; Angl., Dundry.

*129'. **monticulus**, Desl., 1848, t. 8, p. 143, pl. 13, fig. 5. Bayeux.

*130. **amœna**, Desl., 1848, t. 8, p. 144, pl. 13, fig. 6. Moutiers.

*130'. **Alcyone**, d'Orb., 1847. Espèce voisine du *monticulus*, mais à spire plus conique, plus finement ridée à la partie supérieure des tours. France, Moutiers, St-Vigor près de Bayeux.

*131. **Alimena**, d'Orb., 1847. *M. S. P. Gyroplata*, var. *æquistriata*, Deslongchamps, 1848, t. 8, p. 57, pl. 6, fig. 4. (Non *Gyroplata*, Desl., pl. 6, fig. 3). France, Bayeux.

*131'. **Allica**, d'Orb., 1847. Espèce voisine de la précédente, mais ayant des stries plus écartées à la partie inférieure des tours. France, Moutiers, Bayeux.

*132. **Allionia**, d'Orb, 1847. Espèce qui ne diffère de la précédente que par sa partie inférieure non convexe, et entièrement plane. France, Moutiers, Saint-Maixent, Niort (Deux-Sèvres).

*132'. **subreticulata**, d'Orb., 1849. *P. reticulata*, Deslongch., 1848, t. 8, p. 64, pl. 9, fig. 3. (Non *Reticulata*, Sow., 1820). France, Bayeux.

*133. **Gyrocycla**, var. *A. farta*, Deslongch., 1848, t. 8, p. 59, pl. 7, fig. 3. Bayeux.

*133'. **textilis**, Desl., 1848, t. 8, p. 63, pl. 9, fig. 2. Bayeux.

*134. **Amyntas**, d'Orb., 1847. Espèce voisine du *P. Gyrocycla*, mais avec la bande du sinus bien plus étroite, et le dessous non convexe. France, Fontenay (Vendée).

*134'. **Antiopa**, d'Orb., 1847. Espèce dont nous ne connaissons que le moule, mais très-distincte par sa forme conique égale à sa largeur et par la grande largeur des tours. France, Niort, St-Maixent.

*135. **Athulia,** d'Orb., 1847. Espèce voisine du *P. granulata*, mais dont les tours de spire sont plus élevés, coniques; les ornements sont peu différents. France, Bayeux (Calvados).

*135'. **sublævigata,** d'Orb., 1847. *P. ornata*, var. *B. sublævigata*, Deslongchamps, 1848, t. 8, p. 36, pl. 5, fig. 1. (Non *Ornata*, Sow., 1847). France, Bayeux.

*136. **armata,** Münster, Goldf., Abild. und Beschreib., p. 74, n° 25, pl. 186, fig. 7. Var. *Munsteriana*, Deslongch., 1848. Mém., t. 8, p. 40, pl. 3, fig. 2, pl. 2, fig. 2. France, Bayeux, Moutiers.

*136'. **constricta,** Deslongch., 1848, t. 8, p. 42, pl. 2, fig. 3. Bayeux.

*137. **paucistriata,** d'Orb., 1849. *P. Proteus*, var. a. *Paucistriata*, Deslongch., 1848, t. 8, p. 48, pl. 1, fig. 2. var. *Subturrita*, pl. 3, fig. 1. var. *undosa*, pl. 2, fig. 1. (Non *Proteus*, pl. 1, fig. 1.) Bayeux.

*137'. **Gyroplata,** Deslongch., 1848, t. 8, p. 56, pl. 6, fig. 3. Bayeux.

*138. **subplatyspira,** d'Orb., 1849. *P. fasciata*, var. c. *Platyspira*, Deslongch., 1848, t. 8, p. 54, pl. 6, fig. 2. (Non pl. 6, fig. 1.) (non *Platyspira*, étage 8, n° 99'). Bayeux.

*138'. **saccata,** d'Orb., 1849. *P. gyrocycla*, var. b. *Saccata*, Deslongch., 1848, t. 8, p. 59, pl. 7, fig. 2. (Non *gyrocycla*, Deslongch., pl. 7, fig. 3. var. *Transilis*, pl. 7, fig. 1.) Bayeux.

*139. **scalaris,** var. a. *Turgidula*, Deslongch., 1848, t. 8, p. 67, pl. 8, fig. 1. var. *Ambigua*, pl. 8, fig. 2. Bayeux.

*139'. **strigosa,** d'Orb., 1849. *P. scalaris*, var. b. *Strigosa*, Deslongch., 1848, t. 8, p. 68, pl. 7, fig. 4. var. *Stricta*, Deslongch., pl. 8, fig. 3, pl. 9, fig. 1. (Non *scalaris*, Deslongch., pl. 8, fig. 1). Bayeux.

*140. **scrobilnna,** Deslongch., 1848, t. 8, p. 60, pl. 9, fig. 4. Bayeux.

*141. **mutabilis,** Desl., 1848, t. 8, p. 108, pl. 10, fig. 18. Bayeux.

*142. **fallax,** Deslongch., 1848, t. 8, p. 117, pl. 10, fig. 11. Bayeux.

*143. **sulcata,** Desh., Encycl. méth., p. 791, n° 4. Deslongch., 1848. Mém. Soc. linn. de Norm., t. 8, p. 135, pl. 13, fig. 4. *Trochus sulcatus*, Sow., pl. 220, fig. 3. Bayeux.

144. **dentata,** Deslongch., 1848, t. 8, p. 38, pl. 4, fig 1. Bayeux.

145. **micromphala,** d'Orb., 1847. *P. dentata*, var. b. *Micromphala*, Deslongch., 1848, t. 8, p. 39, pl. 4, fig. 2. (Non *micromphala*, pl. 4, fig. 1.) France, Bayeux.

146. **subfasciata,** d'Orb., 1847. *P. fasciata*, var. a. *Crenata*, Deslongch., 1848, t. 8, p. 53, pl. 6, fig. 1. (Non Sow. 1818.) Bayeux.

147. **physospira,** d'Orb., 1849. *P. fasciata*, var. b. *Physospira*, Deslongch., 1848, t. 8, p. 5, pl. 5, fig. 4. (Non *fasciata*, Deslongch., pl. 6, fig. 1.) Bayeux.

148. **lævigata,** Desl., 1848, t. 8, p. 138, pl. 17, fig. 7. Bayeux.

149. **Agathis,** Deslongch., 1848, t. 8, p. 139, pl. 13, fig. 8. Moutiers, Bayeux.

150. **fraga,** Desl., 1848, t. 8, p. 145, pl. 13, fig. 7. Les Moutiers.

151. **Aonis,** d'Orb., 1847. *P. granulata*, Zieten, 1830. Pétrif., p. 47, pl. 35, fig. 4. (Non Sow., 1818). Wurtemb., Stuifenberg.

152. **decorata,** d'Orb., 1847. *Trochus decoratus*, Hehl. Zieten, 1830.

Pétrific. du Wurtemb., p. 46, pl. 35, fig. 1. Wurtemb., Schlatt.

153. subornata, Münst., Goldf., 1844, 3, p. 74, pl. 186, fig. 5. Thurnau, Baireuth.

154. elongata, d'Orb., 1847. *Trochus elongatus*, Sow., 1819. Min. Conch., 2, p. 211, pl. 193, fig. 2, 3, 4. Angleterre, Dundry.

155. fasciata, Deshayes. *Trochus fasciatus*, Sow., 1818. Min. Conch., 3, p. 87, pl. 220, fig. 1. Angleterre, Dundry.

156. sulcata, *Trochus sulcatus*, Sow., 1818. Min. Conch., 3, p. 37, pl. 220, fig. 3. Angleterre, Dundry.

157. polita, Goldf., 1842, 3, p. 73, pl. 186, fig. 4. (Non *helicina polita*, Sow.) Allem., Banz.

158. suboruata, Goldf., 1842, 3, p. 74, pl. 186, fig. 5. Thurnau, Baireuth.

159. Medusa, d'Orb., 1847. *Pleurot. punctata*, Goldf., pl. 186, fig. 6. (Non Sowerby, 1818.) Allem., Rabenstein.

?**160. speciosa,** d'Orb., 1847. *Trochus speciosus*, Münst., Goldf., 1844. Petref., 3, p. 56, pl. 180, fig. 10. Allem., Streitberg.

PTEROCERA, Lamarck, 1801. Voy. p. 231.

*__162. hamus,__ d'Orb., 1847. *Rostellaria hamus*, Deslongch., 1842. Mém. Soc. linn. de Norm., t. 7, p. 173, pl. 9, fig. 32-36. France, Bayeux, Les Moutiers.

163. myurus, d'Orb., 1847. *Rostellaria myurus*, Deslongch., 1842, t. 7, p. 176, pl. 9, fig. 23-25. France, aux Moutiers, à Athis.

164. Philippi, d'Orb., 1847. *Chenopus Philippi*, Kock, 1837. Beitr. zur Kenntn. Ool., p. 34, pl. 2, fig. 13. Allem., Geertzen.

165. Phillipsii, d'Orb., 1847. *Rostellaria composita*, Phillips, 1839, p. 124, pl. 9, fig. 28. (Non Sowerby.) Angleterre, Cloughton, Brandsby.

*__166. Doublieri,__ d'Orb., 1847. Espèce voisine du *P. Philippi*, mais plus grande et pourvue de deux digitations, au lieu de trois, à l'aile. France, aux environs de Draguignan (Var).

*__167. Lorieri,__ d'Orb., 1847. Petite espèce voisine du *P. Philippi*, mais bien plus allongée, grêle; à tours très-carénés, finement striés en long. France, Guéret, près d'Asnières (Sarthe), Niort.

SPINIGERA, d'Orb., 1847. Ce sont des rostellaires comprimées et à varices latérales successives, comme les *Ranella*, mais qui ont à chaque varice une longue pointe.

168. longispina, d'Orb., 1847. *Ranella longispina*, Deslongch., 1842. Mém., t. 7, p. 152, pl. 11, fig. 29. Les Moutiers, Bayeux.

PURPURINA, d'Orb., 1847. Ouverture large, pourvue seulement en avant d'un très-étroit sillon qui remplace l'échancrure des *Purpura*. Bord columellaire non aplati.

*__169. elegantula,__ d'Orb., 1847. Jolie espèce allongée, à tours anguleux, carénés, tuberculeux sur la carène, ornée en avant de quatre côtes simples. France, Bayeux.

*__170. pulchella,__ d'Orb., 1847. Espèce allongée à tours anguleux, tuberculeux sur la carène, ornée en avant de huit côtes tuberculeuses. France, Conlie (Sarthe).

171. nassoides? d'Orb., 1847. *Fusus nassoides*, Deslongch., 1843. Mém. Soc. linn. de Norm., t. 7, p. 156, pl. 10, fig. 38-39. Bayeux.

CERITHIUM, Adanson, 1757. Voy. p. 196.

*172. **subscalariforme,** d'Orb., 1847. *Melania scalariformis*, Deslongch., 1842. Mém. Soc. linn. de Norm., t. 7, p. 218, pl. 11, fig. 63-66. (Non Say.) France, Bayeux.

*173. **subabbreviatum,** d'Orb., 1847. *Melania abbreviata*, Des-1842, longch., Mém., t. 7, p. 219, pl. 11, fig. 67. France, Les Moutiers.

*174. **contortum,** Deslongch., 1842. Mém., t. 7, p. 194, pl. 10, fig. 44-46. France, Les Moutiers, Bayeux (Calvados), Guéret (Sarthe).

*175. **Normanianum,** d'Orb., 1847. Espèce voisine du *C. contortum*, mais plus courte et pourvue de sept rangées longitudinales de côtes. France, Bayeux.

*176. **Lorieri,** d'Orb., 1847. Espèce très-allongée, lisse, à tours de spire en saillie les uns sur les autres. France, Guéret (Sarthe).

*177. **Ajax,** d'Orb., 1847. Espèce lisse, aciculée, dont les tours ne font aucune saillie. France, environs de Nontron (Dordogne).

*178. **Clymene,** d'Orb., 1847. Grande espèce très-allongée, presque cylindrique, à tours non saillants pourvus de quatre côtes longitudinales inégalement espacées et inégales en grosseur. France, Bayeux.

*179. **Circe,** d'Orb., 1847. Espèce très-allongée, dont les tours saillants en gradins sont costulés en travers par des côtes arquées. France, Port-en-Bessin (Calvados).

*180. **Opis,** d'Orb., 1847. Espèce voisine du *C. comma*, mais sans la petite côte granuleuse inférieure. France, Curcy (Calvados).

*181. **Euterpe,** d'Orb., 1847. Espèce très-allongée munie de côtes longitudinales ne se correspondant pas d'un tour à l'autre. France, Athis (Calvados).

182. **quadricinctum,** Münst., Goldf., 1843, 3, p. 32, pl. 173, fig. 11. Auerbach.

183. **muricato-costatum,** Münst., Goldf., 1843, 3, p. 32, pl. 173, fig. 12. Thurnau.

184. **nodoso-costatum,** Münst., Goldf., 1843, 3, p. 32, pl. 173, fig. 13. Amberg.

185. **comma,** Münst., Goldf., 1843, 3, p. 33, pl. 173, fig. 14. Auerbach.

186. **quadrivittatum,** d'Orb., 1847. *Turritella quadrivittata*, Phillips, 1835. Yorkshire, p. 129, pl. 11, fig. 23. Angl., Blue wick.

187. **incisum,** d'Orb., 1847. *Turritella incisa*, Zieten, 1830. Pétrific., p. 42, pl. 32, fig. 1. (Non Brongniart.) Wurtemb., Stuifenberg.

188. **granulo-costatum,** Münster, 1843. Goldf., Petref., pl. 173, fig. 10. *C. muricatum*, Rœmer, 1839. *Turritella muricata*, Sow., Min. Conch., 5, pl. 499, fig. 1. Zieten, pl. 36, fig. 6-9. *Melania undulata*, Deslongch., 1843. Mém. de la Soc. linn., 7, p. 217, pl. 11, fig. 58-63. Moutiers, Bayeux ; Angl.; Allem., Auerbach, Wasseralfingen.

189. **hystrix,** Deslongch., 1842. Mém. Soc. linn. de Norm., t. 7, p. 195, pl. 10, fig. 47, 48. France, Les Moutiers (Calvados).

190. **amœnum,** Deslongch., 1842, t. 7, p. 201, pl. 11, fig. 16, 17, 18. Bayeux.

191. **lævigatum,** Desl., 1842, t. 7, p. 203, pl. 11, fig. 21. Bayeux.

192. **quadriseriatum,** Deslongch., 1842, t. 7, p. 205, pl. 11, fig. 29-30. Moutiers.

193. triseriatum, Deslongch., 1842, t. 7, p. 206, pl. 11, fig. 31, 32. Les Moutiers.
194. clavulus, Deslongch., 1842, t. 7, p. 207, pl. 11, fig. 33, 34. Les Moutiers.
195. papillosum, Deslongch., 1842, t. 7, p. 209, pl. 11, fig. 42, 43, 44. Bayeux.
196. subpupæforme, d'Orb., 1847. *C. pupæforme*, Koch et Dunker, 1837. Beitr. Oolith. Verstein., p. 33, pl. 2, fig. 10. (Non Pusch., 1837.) Allem., Geerzen und Holtensen.
HELCION, Montfort, 1810. Voy. p. 9.
197. disculus, d'Orb., 1847. *Umbrella disculus*, Deslongch , 1842. Mém. Soc. linn. de Norm., t. 7, p. 120, pl. 7, fig. 17, 18, 19. Bayeux.
198. cuppula, d'Orb., 1847. *Calyptræa cuppula*, Deslongch., 1842. Mém., t. 7, p. 121, pl. 7, fig. 20, 21. France, Athis, près Caen (Calvad.).
199. Tessonii, d'Orb., 1847. *Patella Tessonii*, Deslongch., 1842. Mém. Soc. linn. de Norm., t. 7, p. 113, pl. 7, fig. 3, 4. Moutiers.
200. sulcata, d'Orb., 1847. *Patella sulcata*, Deslongch., 1842. Mém. Soc. linn. de Norm., t. 7, p. 115, pl. 7, fig. 9, 10, 11. France, Port-en-Bessin (Calvados), Niort (Deux-Sèvres).
201. mamillaris, d'Orb., 1847. *Patella mamillaris*, Münst., Goldf., 1843, Petref., 3, p. 7, pl. 167, fig. 10. France, Niort (Deux-Sèvres); Aalen (Wurtemberg).
202. Baugieri, d'Orb., 1847. Espèce ovale, lisse, surbaissée, à sommet excentrique, évidée du côté opposé. France, Niort.
EMARGINULA, Lamarck, 1801. Voy. p. 197.
203. lobata, d'Orb., 1848. Singulière espèce pourvue d'un lobe antérieur, séparé du reste, par deux sinus, le sommet excentrique, et l'ensemble fortement évidé en arrière. France, Niort.
204. Niortensis, d'Orb., 1848. Espèce presque ronde, conique, fortement costulée en long et en travers, pourvue comme l'espèce précédente d'une partie creusée et lisse en arrière du sommet. France, Niort.
DENTALIUM, Linné, 1740. Voy. p. 73, 251.
205. entaloides, Deslongch., 1842, t. 7, p. 129, pl. 7, fig. 36, 37, 38. Moutiers, Bayeux.

MOLLUSQUES LAMELLIBRANCHES.

PHOLAS, Linné, 1758. Voy. p. 251.
'206. Baugieri, d'Orb., 1848. Espèce courte, large, très-renflée, munie d'un sillon oblique vers la région anale qui part des crochets. L'échancrure palléale fermée par une pièce. Niort (Deux-Sèvres).
PANOPÆA, Ménard, 1807. Voy. p. 164.
'207. arenacea, d'Orb., 1847. *Pleuromya arenacea*, Agass., 1845. Études crit., p. 241, pl. 21, fig. 1-7. *Pleuromya alta*, Agassiz, pl. 22, fig. 1-9. (Individus déformés?). France, Niort.
'208. subelongata, d'Orb., 1847. *Lutraria elongata*, Münst., Goldf., 1839, 2, p. 258, pl. 153, fig. 4. (Non Rœmer.) *Pleuromya elongata*,

Agass., Étud., pl. 27, fig. 3-8. Allemagne, Dürenast, Querbach; France, Mogœuvre, Conlie, Bayeux.

*209. **Jurassi,** d'Orb., 1847. *Myopsis Jurassi*, Agass., 1845. Etudes crit., p. 255, pl. 30, fig. 8-10. Goldf., pl. 152, fig. 7. France, Les Moutiers, Bayeux, Mamers, Asnières.

*210. **Agassizii,** d'Orb., 1847. *Arcomya calceiformis*, Agass., 1844, p. 176, pl. 9, fig. 7-9. (Non *Calceiformis*, Phillips, 1835). Les Moutiers, Saint-Maixent.

o*211. **Zietenii, d'Orb.,** 1847. *Amphidesma recurvum*, Zieten, 1830, p. 84, pl. 63, fig. 2. (Non Phill., Yorksh., pl. 5, fig. 25.) Goldf., pl. 152, fig. 15. Wurtemberg, Gamelshausen; France, Moutiers, Port-en-Bessin, Fontenay, Roche-Pourrie, Montagu, Arbois, près de Salins.

*212. **tenuistria,** d'Orb., 1847. *Lutraria tenuistria*, Münst., Goldf., pl. 153, fig. 2. *Pleuromya tenuistria*, Agassiz, 1845, p. 243, pl. 24. France, Mamers, Moutiers, Bayeux, Draguignan, Niort, St-Maixent; Suisse, Dürenast, Engweiler; Allem., Rabenstein.

o*213. **Navis,** d'Orb., 1847. Espèce voisine du *P. Galathea*, mais bien plus longue, plus renflée et surtout plus élargie sur la région anale. France, Poitiers.

*214. **Cornelia,** d'Orb., 1847. Grande espèce oblongue, obtuse aux deux extrémités, à région buccale courte, surface ridée dans le sens de l'accroissement. France, Fontenay, Moutiers, Saint-Maixent.

*215. **Crithea,** d'Orb., 1847. Grande espèce presque gibbeuse, oblongue, sinueuse sur la région palléale, ouverte du côté buccal. France, Saint-Maixent.

216. **dilatata,** d'Orb., 1847. *Mya dilatata*, Phillips, 1835. Yorkshire, p. 127, pl. 11, fig. 4. Angleterre, Glaizedale.

217. **æquata,** d'Orb., 1847. *Mya æquata*, Phillips, 1835. Yorkshire, p. 127, pl. 11, fig. 12. Angleterre, Blue wick.

218. **calceiformis,** d'Orb., 1847. *Mya calceiformis*, Phillips, 1835. Yorkshire, p. 121, pl. 11, fig. 3. Angl., Brandsby, Cloughton.

219 **pholadina,** d'Orb., 1847. *Pleuromya pholadina*, Agass., 1845. Etud. crit., p. 240, pl. 27, fig. 1 et 2. Bois-du-Mont, près Béfort.

220. **subovalis,** d'Orb., 1847. *Lutraria ovalis*, Münster, Goldfuss, 1839. Petref., 2, p. 257, pl. 153, fig. 1. (Non Sow., 1836.) Allem., Rabenstein, Baireuthisch.

221. **sinistra,** d'Orb., 1847. *Arcomya sinistra*, Agass., 1844. Etud. crit., p. 170, pl. 9, fig. 1-3; pl. 9-1, fig. 10-13. Suisse, Obergösgen.

222. **ensis,** d'Orb., 1847. *Arcomya ensis*, Agass., 1844. Etud. crit., p. 171, pl. 9 a, fig. 4-6. Suisse, Goldenthal.

223. **acuta,** d'Orb., 1847. *Arcomya acuta*, Agass., 1844. Etud. crit., p. 171, pl. 9 a, fig. 1-3. Suisse, Beinwyl.

224. **lateralis,** d'Orb., 1847. *Arcomya lateralis*, Agass., 1844. Etud. crit., p. 175, pl. 9 a, fig. 13-15. Suisse, Dürenast.

225. **marginata,** d'Orb., 1847. *Myopsis marginata*, Agass., 1845. Etud. crit., p. 251, pl. 30, fig. 1 et 2. Suisse, environs de Soleure.

226. **decurtata,** d'Orb., 1847. *Lutraria decurtata*, Goldf., 1839. Petref., 2, p. 257, pl. 153, fig. 3. Allem., Rabenstein.

227. **gibbosa,** d'Orb., 1847. *Lutraria gibbosa*, Phill., 1835, p. 121, pl. 9, fig. 6. Angl., Brandsby, près de Scarborough, Bath.

PHOLADOMYA, Sow., 1826. Voy. p. 73.

***228. obtusa,** Sow., *Cardita obtusa*, Sow., 1818, 2, p. 219, pl. 197, fig. 2. (Non Agassiz, pl. 16, fig. 1-3.) *P. nymphæacea*, Agass., pl. 5 a, fig. 1-3. *P. media?* Agass., pl. 5 b, fig. 7-13. France, Bayeux, Moutiers, Saint-Maixent, Niort, Draguignan (Var), Guéret, près d'Asnières (Sarthe); Angleterre, Dundry; Suisse, Dürenast, Beinwyl.

o*229. fidicula, Sow., pl. 225, Agass., 1842. Étud. crit., p. 60, pl. 3 c, fig. 10-18. *P. Zieteni*, Agass., p. 54, pl. 3, fig. 13-15. Zieten, pl. 65, fig. 2. France, Mietesheim, Gundershoffen (Bas-Rhin), Conlie, Asnières (Sarthe), environs de Nancy (Meurthe), environs de Metz (Moselle), Roche-Pourrie, Aresches, près de Salins (Jura); Suisse, Dürenast (Soleure); Allem., Neuhausen.

***230. scripta,** Sow., 1818. Min. Conch., 3, p. 46, pl. 224, fig. 2-4. (Exclus. fig. 3-5.) France, Guéret (Sarthe); Angl., Claydon.

***231. Aspasia,** d'Orb., 1847. *Homomya obtusa*, Agass., 1844. Étud. crit., p. 161, pl. 16, fig. 1-3. (Non *P. obtusa*, Sow., 1818). France, Hayance (Lorraine), Moutiers (Calvados), Saint-Maixent, Niort.

***232. triquetra,** Agass., 1842. Étud. crit., p. 75, pl. 6. France, Moutiers, Saint-Maixent, Asnières (Sarthe), environs de Metz, Roche-Pourrie, près de Salins (Jura), Mietesheim (Bas-Rhin); Suisse, Jura soleurois, et Dettingen, Jura wurtembergeois.

239. subcarinata, d'Orb., 1847. *Lysianassa subcarinata*, Goldf., 1839. Petref., 2, p. 263, pl. 154, fig. 9. Allem.; Alsace, Gundershoffen.

***240. angustata,** Sow., 1822, 4, p. 29, pl. 327. *Pholadomya siliqua*, Agass., 1842. Étud. crit., p. 121, pl. 36, fig. 13-15. Les Moutiers, Conlie (Sarthe); Angleterre, Nuney, près de Trome (Irlande), Dundry.

241. costellata, Agass., 1842, p. 55, pl. 3-1, fig. 1-3. Mietesheim.

***242. Amathusia,** d'Orb., 1847. Espèce renflée, oblique, lisse, avec seulement quelques plis transverses aux crochets, sur la région anale; celle-ci tronquée obliquement. France, Bayeux, Niort.

243. Allica, d'Orb., 1847. Espèce (*Goniomya*) courte, renflée, oblique sur la région buccale, les côtes des crochets sont verticales au milieu, obliques des deux côtés. France, Bayeux.

LYONSIA, Turton, 1822. Voy. p. 10.

***244. abducta,** d'Orb., 1847. *Unio abductus*, Phillips, 1829, p. 127, pl. 11, fig. 42. Zieten, pl. 61, fig. 3. *Gresslya latior*, Agass., Étud., pl. 13 b, fig. 10, 11, p. 210. *Gresslya conformis*, Agass., p. 211, pl. 13 b, fig. 4-6. *Gresslya concentrica?* Agass., p. 213, pl. 14, fig. 10-15. *Gresslya eryana?* Agass., p. 214, pl. 14, fig. 1-9. Angl., Glaizedale, Blue wick; Wurtemberg, Teufelsloch, près de Boll; France, Moutiers, Mietesheim (Bas-Rhin), Salins (Jura), Saint-Maixent, Niort (Deux-Sèvres), Fontenay (Vendée), Asnières (Sarthe).

***245. zonata,** d'Orb., 1847. *Gresslya zonata*, Agass., p. 214, pl. 12 b, fig. 1-3. Peut-être n'est-ce encore qu'une variété locale du *L. abducta*, c'est au moins notre opinion. France, environs de Nancy (Meurthe), de Metz (Moselle); Dettingen (Wurtemberg).

†246. cordiformis, d'Orb., 1847. *Gresslya cordiformis*, Agass., Etudes critiques, p. 216, pl. 13 a, fig. 5-7. Popilani, en Lithuanie.

247. striato-punctata, d'Orb., 1847. *Lutraria striato-punctata*, Münst., Goldf., 1839, 2, p. 255, pl. 152, fig. 11. Allem., Stuifenberg.

*248. **nana**, d'Orb., 1848. Espèce petite, oblongue, rugueuse, élargie sur la région anale, arrondie. France, Niort.

ANATINA, Lamarck, 1809. Voy. p. 74.

*249. **Antiopa**, d'Orb., 1848. Espèce allongée, élargie et oblique sur la région buccale, rétrécie, très-allongée et tronquée sur la région anale et pourvue de stries concentriques. France, Niort.

*250. **Baugieri**, d'Orb., 1848. Espèce voisine de la précédente, mais bien plus large sur la région anale. France, Niort.

*251. **Scalprum**, d'Orb., 1848. Espèce allongée, plus courte sur la région buccale, allongée et lancéolée sur la région anale, fortement ridée de côtes concentriques au milieu. France, Niort.

CEROMYA, Agass., 1844. Ce sont des *Lyonsia*, renflées, à crochets contournés en spirale.

*252. **Bajociana**, d'Orb., 1847. *Isocardia concentrica*, Phillips? (Non Sow.) Magnifique espèce courte, renflée, à crochets très-contournés, ornée de stries concentriques d'accroissement, comme rostrée à la région anale. France, Moutiers, Bayeux (Calvados), Chavigny (Meurthe), Saint-Maixent, Niort (Deux-Sèvres), Mamers (Sarthe); Angleterre, Dundry, Crambe-Bridge, près Cave.

THRACIA, Leach, 1825. Voy. p. 216.

?253. **alta**, d'Orb., 1847. *Corymya alta*, Agass., 1845. Etud. crit., p. 268, pl. 39, fig. 7-10. Suisse, Ringen (Soleure); Bas-Rhin.

GASTROCHÆNA, Spengler, 1783. *Fistulana*, Bruguière, 1791. D'Orb., Paléont. franç., terr. crét., 3, p. 393.

*254. **Baugieri**, d'Orb., 1848. Espèce ovale, allongée, acuminée sur la région anale, peu échancrée sur la région buccale. Niort.

LEDA, Schumacher, 1817. Voy. p. 11.

255. **axiniformis**, d'Orb., 1847. *Nucula axiniformis*, Phillips, 1839. Yorkshire, p. 128, pl. 11, fig. 13. Angl., Bluewick.

256. **Anglica**, d'Orb., 1847. *Nucula lachryma*, Phill., 1839. Yorkshire, p. 122, pl. 9, fig. 25. (Non Sow., Min. Conch.) Angl., Cloughton Wyke.

258. **inflexa**, d'Orb., 1847. *Nucula inflexa*, Rœmer, 1836. Nordd. Oolith., p. 100, pl. 6, fig. 15. Allemagne, Bremen, Rinteln.

259. **caudata**, d'Orb., 1847. *Nucula caudata*, Koch, 1837. Beitr. zur Kenn. Ool., p. 31, pl. 2, fig. 7. Allemagne, Geertzen.

260. **cuneata**, d'Orb., 1847. *Nucula cuneata*, Koch, 1837. Beitr. zur Kenn. Ool., p. 31, pl. 2, fig. 8. Allem., Geertzen.

261. **Acasta**, d'Orb., 1847. *Nucula lachryma*, Goldf., 1838, 2, p. 156, pl. 125, fig. 10. (Non Sowerby. L'espèce de Sowerby est lisse, celle-ci est striée.) Allem., Rabenstein, Wserkette.

TELLINA, Linné, 1758. D'Orb., Paléont., terr. crétacés, 3, p. 418.

*262. **Delanouana**, d'Orb., 1847. Espèce ovale, oblongue, pourvue d'une partie anale distincte, séparée par une petite côte, région buccale arrondie. France, dans les couches arénacées contenant les manganèses de Millac, de Nontron (Dordogne).

263. **oblita**, d'Orb., 1847. *Pullastra oblita*, Phillips, 1829. Yorkshire, p. 127, pl. 11, fig. 15. Angl., Blue wick.

CORBULA, Bruguière, 1791. D'Orb., Paléont. franç., terr. crétacés, 3, p. 456.

264. cucullæformis, Koch, 1837. Beitr., p. 31, pl. 2, fig. 6. Allemagne, Geertzen.

OPIS, Defrance, 1825. Voy. p. 198.

***265. lunulata,** Defrance. *Cardita lunulata,* Sow., 1819. M. C., 3, p. 55, pl. 232, fig. 1, 2. *Trigonia cardissoides,* Lamarck, 1819. An. S. vert., 6, p. 65. *Opis cardissoides,* Blainville, Rœmer, Astarte, p. 23. Moutiers, Bayeux (Calvados), Niort (Deux-Sèvres); Angl., Dundry.

***266. similis,** d'Orb., 1847. *Cardita similis,* Sow., 1819. M. C., 3, p. 55, pl. 232, fig. 3. Goldf., pl 133, fig. 8. France, Conlie, Guéret, près d'Asnières (Sarthe), Draguignan (Var); Angleterre, Dundry, Cloughton-Wyke; Allem., Rabenstein.

***267. Loriciana,** d'Orb., 1847. Charmante espèce à crochets contournés, à lunule profondément excavée, pourvue de deux côtes rayonnantes et de fortes rides concentriques. France, Conlie, Guéret.

***268. Davoustiana,** d'Orb., 1847. Curieuse espèce voisine de l'*O. depressa,* Münster, mais plus déprimée encore, à carène non tronquée et tranchante. France, Guéret.

***269. Thalia,** d'Orb., 1847. Espèce voisine de l'*O. Davoustiana,* mais avec la lunule bien plus large et moins excavée. Guéret.

***270. depressa,** Münster, 1839. Beitr. zur Petref., 1, p. 110, pl. 13, fig. 7 a, b, c. France, Bayeux (Calvados), Niort (Deux-Sèvres).

***271. trigonalis,** d'Orb., 1847. *Cardita trigonalis,* Sow., 1824. M. C., 5, p. 65, p. 444, fig. 1. Aresches, près Salins (Jura); Angl., Dundry.

ASTARTE, Sow., 1818. Voy. p. 216.

***272. Baugieri,** d'Orb., 1847. Espèce ovale, dont le moule intérieur montre que la coquille avait intérieurement une forte côte transverse, des crochets au labre. France, Niort (Deux-Sèvres).

***273. Bajociana,** d'Orb., 1847. Espèce voisine de l'*A. Thisbe,* mais plus triangulaire et pourvue partout de stries concentriques. Bayeux.

***274. lurida,** Sow., 1816. Min. Conch., 2, p. 85, pl. 137, fig. 1. France, Guéret, près d'Asnières (Sarthe); Angl., Fox-Hill, Taunton.

***275. excavata,** *Cardita excavata,* Sow., 1819. Min. Conch., 3, p. 57, pl. 233. France, Fontenay (Vendée); Angl., Dundry.

***276. trigona,** Deshayes, 1838. Traité élém. de Conchyol., p. 14, pl. 22, fig. 11, 12. *Cypricardia trigona,* Lam., 1819, 6, p. 29. France, Bayeux, Moutiers, Curcy, Guéret (Sarthe).

***277. obliqua,** Deshayes, 1838. Traité élém., p. 14, pl. 22, fig. 14, 15. *Cypricardia obliqua,* Lam., 1819, 6, p. 29. *Astarte modiolaris,* Sow., Gen., pl. 5, fig. 4. France, Bayeux, Moutiers, Niort, Saint-Maixent (Deux-Sèvres); Angl., Dundry.

***278. modiolaris,** Desh., 1830. *Cypricardia modiolaris,* Lamarck, 1819. An. S. vert., 6, p. 29, nº 5. France, Moutiers, Draguignan.

***279. detrita,** Goldf., 1839, pl. 134, fig. 13. *Astarte elegans major,* Zieten, pl. 62, fig. 1. *A. elegans,* Phillips, 1829, p. 127, pl. 11, fig. 41. (Non *elegans,* Sow., 1816.) Angl., Blue wick; Allem., Stuifenberg, Geisingen; France, Bayeux, Fontenay (Vendée).

***280. recondita,** d'Orb., 1847. *Pullastra recondita,* Phillips, 1829, p. 122, pl. 9, fig. 13. Fontenay, Guéret; Angleterre, Cloughton Wyke.

***281. cordiformis,** Desh., 1830. Magasins de Zoologie, pl. 8. *A.*

sufflata, Rœmer, 1842, de Astarte genere, p. 20, fig. 5. France, Bayeux, Moutiers, Curcy, Conlie (Sarthe), Niort.

*282. **pisum,** Koch, 1837, p. 29, pl. 2, fig. 3. St-Maixent; Allem., Geertzen.

*283. **subelongata,** d'Orb., 1847. Espèce longue de 75 millimètres, et large de 37 seulement, costulée dans le jeune âge, lisse ensuite. France, Fontenay (Vendée).

*284. **Aspasia,** d'Orb., 1847. Espèce très-allongée, ayant la forme des *Cypricardia*, mais s'en distinguant par sa charnière, sa région anale très-prolongée en rostre tronqué. France, Lusignan (Vienne).

*285. **Urania,** d'Orb., 1847. Espèce ronde comme l'*A. detrita*, mais entièrement lisse. France, Bayeux, Moutiers, Conlie.

*286. **Tullia,** d'Orb., 1848. Coquille tout à fait ronde, avec des sillons concentriques, très-inéquilatérale, comprimée. Saint-Maixent.

*287. **Tipha,** d'Orb., 1847. Espèce voisine, par ses stries concentriques, fines, de l'*A. trigona*, mais presque carrée, tronquée carrément à la région anale. Bayeux, Port-en-Bessin, Curcy, Conlie.

*288. **Thisbe,** d'Orb., 1847. Coquille très-comprimée, un peu trigone, lisse, costulée seulement au sommet, à lunule lancéolée. France, Bayeux, Conlie.

*289. **Thoas,** d'Orb., 1847. Coquille aussi comprimée que la précédente, également lisse et seulement costulée au crochet, mais de forme oblongue plus longue que large. France, Les Moutiers.

*290. **Thalia,** d'Orb., 1847. Coquille très-comprimée, plus longue que large, trigone, tronquée obliquement sur la région anale, ornée partout de stries concentriques. France, Conlie.

*291. **Thais,** d'Orb., 1847. Petite espèce ovale, oblongue, renflée, obtuse à ses extrémités, ornée partout de stries concentriques. Conlie.

292. **subtrigona,** Münst., Goldf., 1839, 2, p. 192, pl. 134, fig. 17. Wasseralfingen.

293. **exarata,** Kock, 1837. Beitr., p. 28, pl. 2, fig. 2. Geertzen et Holtensen.

294. **Münsteri,** Kock, 1837. Beitr., p. 29, pl. 2, fig. 17. Essen, Geertzen.

295. **nummulina,** Rœmer, 1842, de Astarte genere, p. 16, fig. 2. Popilani sur les rives du fleuve Windau.

297. **polita,** Rœmer, 1842, de Astarte, p. 19, fig. 6. Baireuth.

298. **elegans,** Sow., 1816. M. C., 2, p. 85, pl. 137, fig. 3. Angl., Babling-Hill, près Yeovil.

299. **minima,** Phillips, 1829. Yorkshire, p. 122, pl. 9, fig. 23. Zieten, pl. 62, fig. 2. Angl., Brandsby, Cloughton Wyke, Comnondale; Wurtemberg, Gamelshausen.

HIPPOPODIUM, Sowerby, 1819.

*300. **Bajocense,** d'Orb., 1847. Espèce de 110 millimètres de longueur, un peu carrée, gibbeuse, ornée de stries concentriques et de gros plis d'accroissement; lunule très-profonde, cordiforme. France, Bayeux, Moutiers (Calvados), Poitiers (Vienne), Saint-Maixent, Niort, (Deux-Sèvres), environs de Nancy (Meurthe), Conlie, Guéret (Sarthe).

*301. **gibbosum,** d'Orb., 1847. Petite espèce de 20 millimètres, plus courte et plus renflée que le *H. Bajocense*, et ornée de nombreux sillons concentriques, espacés. Athis (Calvados), Niort (Deux-Sèvres).

CYPRICARDIA, Lamarck, 1801.

°*302. **cordiformis**, Deshayes, 1838. Traité élém. de Conchyol., p. 16, pl. 24, fig. 12, 13. France, Bayeux, Pont-à-Mousson (Meurthe), Géniveaux (Moselle), Niort, Guéret.

*303. **gibberula**, d'Orb., 1847. *Cardium gibberulum*, Phillips, 1829. Yorkshire, p. 128, pl. 11, fig. 8. France, Guéret, Asnières (Sarthe); Angl., Blue wick.

°*304. **Lebruniana**, d'Orb., 1847. Espèce voisine du *C. cordiformis*, mais ayant une carène très-obtuse à la région anale. France, Chavigny, près de Veselise (Meurthe), Guéret.

305. **acutangulum**, Phill., 1829, p. 122, pl. 11, fig. 6. C'est peut-être le *C. cordiformis*, Desh. Alors le nom d'*Acutangulum* doit prévaloir. Angl., Brandsby.

CYPRINA, Lamarck, 1811. Voy. p. 173.

306. **dolabra**, d'Orb., 1847. *Cytherea dolabra*, Phillips, 1829. Yorkshire, p. 122, pl. 9, fig. 12. Angleterre, Cloughton Wyke.

307. **Phillipsii**, d'Orb., 1847. *Isocardia angulata*, Phillips, 1829. Yorkshire, p. 122, pl. 9, fig. 9. Angl., près Scarborough.

*308. **nitida**, d'Orb., 1847. *Isocardia nitida*, Phill., 1829, p. 122, pl. 9, fig. 10. France, Bayeux, Conlie (Calvados); Angl., Cloughton-Wyke,

309. **involuta**, d'Orb., 1847. *Corbula involuta*, Münster. Goldf., 1839. Petref., 2, p. 250, pl. 151, fig. 14. Auerbach, Oberpfalz.

*310. **Bajocina**, d'Orb., 1847. Espèce oblongue, lisse, large et obtuse sur la région anale, excavée sous les crochets. France, Moutiers.

TRIGONIA, Bruguière, 1791. Voy. p. 198.

*311. **costata**, Park., Sow., 1815. M. C., 1, p. 195, pl. 85. Zieten, pl. 58, fig. 5. *Trigonia lineolata*, Agas., pl. 4, fig. 1-5. France, Bayeux, Moutiers, Curcy (Calvados), Asnières, Conlie (Sarthe), Niort, Saint-Maixent (Deux-Sèvres); Angl., Oxford, Little-Sudbury (Wiltshire), White-Nab; Wurt., Stuifenberg, Neuhausen sur l'Ems.

*312. **striata**, Sow., 1819. Min. Conch., 3, p. 63, pl. 237, fig. 1, 2, 3. Agass., pl. 4, fig. 10-12. Phillips, pl. 11, fig. 38. *T. tuberculata*, Agass., pl. 9, fig. 6-8 (individus jeunes). France, Fontenay, Conlie, Asnières; Draguignan, Grasse (Var), Chavigny (Meurthe), Bayeux, Niort, Saint-Maixent; Angl., Dundry, Blue wick, Glaizedale, Coldmoor; Suisse, Trucken.

*313. **signata**, Agas., 1840. Études critiques, Trig., p. 18, pl. 3, fig. 8; pl. 9, fig. 5. France, Guéret (Sarthe); Suisse, Goldenthal (Soleure), Ulmatt (Bâle).

*314. **scuticulata**, Agass., 1840, p. 38, pl. 11, fig. 13. Des tubercules plus gros que chez le *T. costata*. France, Conlie, Fontenay, Niort, Saint-Maixent, Draguignan; Suisse, Kinchberg (Bâle).

*315. **Proserpina**, d'Orb., 1847. Charmante espèce ornée de côtes épineuses, droites, transverses, bifurquées en deux ou trois à leur extrémité externe, aréa anale plane, striée en travers. Guéret.

*316. **Neptuni**, d'Orb., 1847. Espèce voisine du *T. costata*, mais avec des côtes petites et très-rapprochées, aréa anale striée en travers, ornée de quatre côtes épineuses, longitudinales. France, Niort, St-Maixent, Conlie.

317. duplicata, Sow., 1819, 3, p. 63, pl. 237, fig. 4, 5. Angl., Little Sudbury.

LUCINA, Bruguière, 1791. Voy. p. 76.

***318. Zieteni**, d'Orb., 1847. *L. lirata*, Zieten, 1830, p. 84, pl. 63, fig. 1. (Non Phill., 1829, Geol. of Yorks., pl. 6, fig. 11). France, Guéret (Sarthe), Crepey (Meurthe); Wurtemb., Gamelshausen.

***319. Lorieri**, d'Orb., 1847. Espèce charmante, presque ronde, avec quelques ondulations dans le sens de l'accroissement. France, Guéret près d'Asnières (Sarthe).

320. tenuis, d'Orb., 1847. *Venus tenuis*, Koch, 1837. Beitr. zur Kenn. Ool., p. 30, pl. 2, fig. 5. Allemagne.

321. æquilatera, d'Orb., 1847. *Tellina æquilatera*, Koch, 1837. Beitr. zur Kenn. Ool., p. 30, pl. 2, fig. 9. Allemagne.

CORBIS, Cuvier, 1817. D'Orb., Paléont. franç., terrains crétacés, 3, p. 110.

***322. Davoustiana**, d'Orb., 1847. Belle espèce presque circulaire, renflée, ornée de côtes simples concentriques. Conlie, Guéret.

UNICARDIUM, d'Orb., 1847. Voy. p. 218.

***323. incertum**, d'Orb., 1847. *Cardium incertum*, Phillips, 1829, p. 128, pl. 11, fig. 5. France, Moutiers, Bayeux, Port-en-Bessin, Niort; Angl., Blue wick.

***324. cognatum**, Phillips, 1829, p. 122, pl. 9, fig. 14. France, Niort (Deux-Sèvres), Moutiers; Angl., Cloughton Wyke.

o***325. Calliope**, d'Orb., 1847. Belle espèce ovale, subéquilatérale, ornée de stries concentriques irrégulières. France, Bayeux, Moutiers, Port-en-Bessin, St-Amand (Cher), Niort.

***326. Calypso**, d'Orb., 1847. Charmante espèce voisine de l'*U. incertum*, mais moins inéquilatérale, pourvue de grosses côtes concentriques. France, Fontenay (Vendée), Niort, Bayeux.

***327. inflatum**, d'Orb., 1847. Espèce circulaire, très-bombée, subéquilatérale, striée concentriquement. France, Athis, Bayeux.

328. despectum, d'Orb., 1847. *Lucina despecta*, Phillips, 1829. Yorkshire, p. 122, pl. 9, fig. 8. Angl., Cloughton.

329. depressum, d'Orb., 1847. *Corbula depressa*, Phillips, 1829. Yorkshire, p. 122, pl. 9, fig. 16. Angl., Cloughton Wyke.

330. inversum, d'Orb., 1847. *Isocardia inversa*, Goldf., 1839. Petref., 2, p. 211, pl. 140, fig. 17. Bahlingen in Würtemb.

CARDIUM, Bruguière, 1791. Voy. p. 33.

***331. Jurense**, d'Orb., 1847. Espèce voisine de forme du *C. striatulum*, mais entièrement lisse. France, Roche-Pourrie près de Salins (Jura), Géniveaux près de Metz (Moselle), Niort, Conlie.

332. substriatulum, d'Orb., 1847. *C. striatulum*, Sow., 1827. Min. Conch., 6, p. 101, pl. 553, fig. 1. Phillips, 1829, pl. 11, fig. 7. (Non Brocchi, 1814). Angl., Brora, Blue wick.

333. semiglabrum, Phillips, 1829, p. 122, pl. 9, fig. 15. Angl., Cloughton Wyke.

***334. Cryptum**, d'Orb., 1847. Espèce ovale-obronde, très-renflée, remarquable par les stries rayonnantes de son intérieur, toujours très-marquées sur le moule. France, Niort, Port-en-Bessin (Calvados).

*335. **Bajocinum,** d'Orb., 1847. Espèce ovale, oblique, ornée de côtes assez élevées et régulières, simples. France, Bayeux.

ISOCARDIA, Lamarck, 1799. Voy. p. 132.

*336. **Bajocensis**, d'Orb., 1847. Espèce voisine de l'*I. gibbosa*, mais bien plus arrondie sur la région anale, et plus lisse. France, Conlie, Asnières (Sarthe), St-Maixent, Bayeux, Port-en-Bessin, Niort.

*337. **Pictaviensis,** d'Orb., 1847. Espèce très-oblique, ovale, courte et étroite sur la région buccale, élargie et obtuse sur la région anale. France, Lusignan (Vienne).

338. **rostrata,** Sow., 1821, 3, p. 171, pl. 295, fig. 3. Coteswold.

339. **gibbosa,** Münst., Goldf., 1839, 2, p. 209, pl. 140, fig. 10. Rabenstein.

340. **cingulata,** Goldf., 1839, 2, p. 210, pl. 140, fig. 16. Bahlingen.

341. **leporina**, Kloden, Zieten, 1830. Pétrific. du Wurtemb., p. 83, pl. 62, fig. 5. *I. nucleus*, Rœmer, Ool., pl. 19, fig. 23. Wurtemberg, Gosbach près de Wiesenstaig, Mehle.

ISOARCA, Münster, 1843.

*342. **Bajocensis,** d'Orb., 1847. Espèce voisine de l'*I. decussata*, mais moins large et plus longue. France, Bayeux, Niort.

343. **decussata,** Münster, 1843. Beitra., 6, p. 82, pl. 4, fig. 14. Aalen.

NUCULA, Lamarck, 1801. Voy. p. 12.

*344. **Nucleus,** Deslongch., 1837. Mém. de la Soc. linn., p. 35, pl. 1, fig. 8. Bayeux, Moutiers, Port-en-Bessin, Conlie, Guéret.

*345. **Erato,** d'Orb., 1847. *N. variabilis*, Phill., 1829, p. 122, pl. 9, fig. 11. (Non *Variabilis*, Sow., non *variabilis*, Zieten). Espèce renflée. Conlie (Sarthe); Angl., Cloughton-Wyke.

LIMOPSIS, Sassy, 1835. *Trigonocœlia*, Nyst., 1837. *Pectunculina*, d'Orb., 1846, Paléont. franç., terr. crét., 3, p. 182.

*346. **Loriciana,** d'Orb., 1847. Espèce ovale, oblongue, très-épaisse, lisse, non anguleuse sur la région anale. France, Guéret.

*347. **Gaudryna,** d'Orb., 1847. Espèce moins oblongue que la précédente, et anguleuse aux deux extrémités. France, Conlie (Sarthe).

ARCA, Linné, 1758. Voy. p. 81.

*348. **elongata,** d'Orb., 1847. *Cucullæa elongata*. Sow., 1824. Min. Conch., 5, p. 67, pl. 447, fig. 1. Phillips, pl. 11, fig. 43. Angleterre, Cross-Hands, Yorkshire, près Cave; France, Les Moutiers.

*349. **oblonga,** Goldf. *Cucullæa oblonga*, Sow., 1818, 3, p. 7, pl. 206, fig. 1, 2. Zieten, pl. 56, fig. 5. Goldf., pl. 123, fig. 2. *Arca subdecussata*, Münster, Goldf., pl. 118, fig. 4 (jeune individu). France, Crepey (Meurthe), Moutiers, Bayeux, Port-en-Bessin, Niort, Draguignan (Var); Anglet., Dundry; Allem., Stuifenberg, Rabenstein.

*350. **cancellina,** d'Orb., 1847. *Cucullæa cancellata*, Phillips, 1829. Yorkshire, p. 122, pl. 9, fig. 24; pl. 11, fig. 44. (Non Sow., 1827). Angl., Cloughton, Blue wick.

*351. **Imperialis,** d'Orb., 1847. *Cucullæa imperialis*, (Bean, MS.), Phillips, 1829, p. 122, pl. 9, fig. 19. Angl., Cloughton-Wyke; Moutiers.

*352. **biloba,** Rœmer, 1839. Oolith, p. 37, pl. 19, fig. 11. France, Les Moutiers (Calvados); Allem., Salzgitter.

*353. **sublineata,** d'Orb., 1847. *A. lineata*, Goldf., 1838, 2, p. 147 pl. 123, fig. 3. (Non pl. 121, fig. 9). Mamers; Allem., Lindenerberge.

*354. **Danae,** d'Orb., 1847. Espèce de 120 millimètres de longueur, très-étroite, à sommet à l'extrémité buccale, sinueuse sur la région palléale. France, Conlie (Sarthe), Draguignan (Var).

*355. **Daphne,** d'Orb., 1847. Espèce très-allongée sans sinus, prolongée en pointe sur la région buccale; deux sillons profonds, rayonnant sur la région anale, allongée et rostrée. France, Conlie.

*356. **Baugieri,** d'Orb., 1847. Espèce oblongue, arrondie et obtuse à ses deux extrémités. Niort, Bayeux, Crepey, près Vézelise (Moselle).

*357. **Dejanira,** d'Orb., 1847. Espèce voisine de forme de l'*A. cancellata*, mais plus allongée et pourvue seulement de sillons concentriques. Bayeux.

*358. **Delia,** d'Orb., 1847. Coquille voisine de forme de l'*A. lineata*, mais marquée de stries concentriques au milieu, de stries rayonnantes à l'extrémité buccale et sur la moitié anale. Les Moutiers.

*359. **Delila,** d'Orb., 1847. Espèce voisine de l'*A. oblonga*, mais anguleuse sur la région buccale, striée concentriquement partout, excepté sur la région anale, où sont quelques stries rayonnantes. France, Conlie.

*360. **Lorieriana,** d'Orb., 1847. Espèce voisine de l'*A. oblonga* mais ornée de stries concentriques prononcées, et de quelques stries rayonnantes aux deux extrémités. France, Guéret (Sarthe), Fontenay.

*361. **Diana,** d'Orb., 1847. Espèce voisine des précédentes, mais plus étroite, lisse partout à la valve gauche, striée concentriquement à la valve droite, excepté aux extrémités pourvues de quelques stries rayonnantes. France, Moutiers, Port-en-Bessin.

*362. **Drya,** d'Orb., 1847. Espèce voisine des précédentes, mais pourvue seulement de stries concentriques, presque ailée sur la région anale. France, Bayeux.

363. **cylindrica,** Phillips, 1829, p. 122, pl. 9, fig. 20. Whitenab.

354. **subreticulata,** d'Orb., 1847. *Cucullæa reticulata*, Phillips, 1839. Yorkshire, p. 128, pl. 11, fig. 18. (Non *Reticulata*, Gmelin, 1791). Angl., Bluewick.

365. **sublævigata,** d'Orb., 1847. *Cucullæa sublævigata*, Hartmann, Zieten, 1830, p. 75, pl. 56, fig. 3. Wurtemberg, Gamelshausen.

366. **parvula,** d'Orb., 1847. *Cucullæa parvula*, Münster, Zieten, 1830. Pétrific. du Wurtemb., p. 75, pl. 56, fig. 4. Stuifenberg.

367. **Kochii,** d'Orb., 1847. *Arca carinata*, Koch et Dunker, 1837. Beitr., p. 32, pl. 2, fig. 14. (Non *Carinata*, Sow.). Allemag., Essen.

?368. **texturata,** Münster, Goldf., 1838, 2, p. 147, pl. 123, fig. 5. Rabenstein.

369. **subconcinna,** d'Orb., 1847. *A. concinna*, Goldf., 1838. Petr., 2, p. 148, pl. 123, fig. 6. (Non Phillips, 1829). Allem., Pappenheim, Rabenstein.

?370. **cucullata,** Münster, Goldf., 1838, 2, p. 148, pl. 123, fig. 7. Thurnau, Rabenstein.

PINNA, Linné, 1758. Voy. p. 135.

*371. **ampla,** Sow., 1812. Min. Conch., 1, p. 27, pl. 7. France, près de Semur (Côte-d'Or), Draguignan (Var), Niort; Angl., Somerset, Yorkshire, Mitford.

***372. cuneata,** Phillips, 1839, p. 122, pl. 9, fig. 17. France, Saint-Maixent, Guéret, environs d'Avallon (Yonne); Angl., Cloughton.

***373. gallica,** d'Orb., 1847. Espèce ornée de côtes larges séparées par un espace quatre fois large comme elles. France, Fontenay.

375. Buchii, Koch et Dunker, 1837. Beitr., p. 33, pl. 2, fig. 18. Holtensen.

MYOCONCHA, Sowerby, 1824. Voy. p. 165.

***376. crassa,** Sow., 1824. Min., 5, p. 103, pl. 467. *Mitylus sulcatus*, Goldf., pl. 129, fig. 4. France, Bayeux, Moutiers, St-Maixent, Niort, Fontenay, environs de Nancy; Anglet., Weymouth; Allem., Lothringen.

377. striatula, d'Orb., 1847. *Mitylus striatulus*, Münster, Goldf., 1838. Petref., 2, p. 175, pl. 131, fig. 1. All., Thurnau.

MITYLUS, Linné, 1758. Voy. p. 82.

***378. Sowerbianus,** d'Orb., 1847. *Modiola plicata*, Sow., 1819. Min. Conch., 3, p. 87, pl. 248. (Non Gmelin, 1789). Zieten, pl. 59, fig. 7. France, Bayeux, Moutiers, Genivaux (Moselle), Salins (Jura), Draguignan, Asnières (Sarthe); Angl., Bluewick, Glaizedale, Coldmoor; Wurtemb., Stuifenberg, Brauneberg, près de Wasseralfingen.

***379. reniformis,** d'Orb., 1847. *Modiola reniformis*, Sow., 1818, 3, p. 19, pl. 211, fig. 3. *Modiola cuneata*, Zieten, 1830, pl. 59, fig. 5. (Non Sow.) France, Bayeux, Guéret (Sarthe), St-Maixent, Niort, Genivaux (Moselle); Anglet., Bath; Allem., Wurtemberg, Stuifenberg, Brauneberg, près de Wasseralfingen.

***380. cuneatus,** Sow., 1819. Min. Conch., 3, p. 87, pl. 211, fig. 2. Zieten, pl. 59, fig. 5. France, Asnières (Sarthe), Genivaux (Moselle); Angl., Sommersetshire, Glaizedale.

***381. Emylius,** d'Orb., 1847. Espèce voisine du *M. reniformis*, mais plus étroite sur la région anale et plus oblique du côté opposé. France, Les Moutiers, Draguignan (Var).

382. gregarius, Goldf., 1838, 2, p. 175, pl. 130, fig. 11. Zieten, pl. 59, fig. 8. Wasseralfingen.

383. minutus, Schübler, Zieten, 1830, p. 79, pl. 59, fig. 3. Stuifenberg.

384. subasperus, d'Orb., 1847. *Modiola aspera*, Phillips, 1839. Yorkshire, p. 128, pl. 11, fig. 9. (Non Sowerby). Angl., Bluewick.

LIMA, Bruguière, 1791. Voy. p. 175.

***385. proboscidea,** Sow., 1820. Min. Conch., 3, p. 115, pl. 264. *Lima pectiniformis*, Zieten, pl. 47, fig. 1. France, Bayeux, Moutiers, Niort, St-Maixent, Salins, Conlie, Draguignan, Fontenay (Vendée), Sous-Roche de Brion, près Nantua (Ain), Avallon (Yonne), Grasse (Var); Angl., Clunch, Weymouth; Wurtemberg, Stuifenberg, Alpes de Souabe.

***386. gibbosa,** Sow., 1817, 2, p. 119, pl. 152, fig. 1, 2. France, Niort, Conlie, Moutiers, Bayeux, Fontenay (Vendée); Angl., Coteswold (Glocestershire).

***387. lunularis,** Desh., 1830. Encycl. méth., 2, p. 349, nº 11.

France, Bayeux, St-Maixent, Athis, au-dessus du moulin de Brion Sous-Roche de Nantua (Ain).

*388. **Hector,** d'Orb., 1847. Espèce voisine du *L. proboscidea*, mais plus épaisse, sans expansions digitées et avec 18 côtes. France, Bayeux, Moutiers, Port-en-Bessin, Niort.

*390. **Helena,** d'Orb., 1847. Espèce voisine du *Lima gibbosa*, mais avec une petite côte dans le fond du sillon qui sépare les côtes aiguës. France, Conlie, Asnières, Port-en-Bessin, Falaise, Draguignan.

*391. **Hermione,** d'Orb., 1847. Très-grande espèce comprimée, ornée de sillons divergents très-espacés les uns des autres. Mamers.

*392. **Hersilia,** d'Orb., 1847. Très-grande espèce très-comprimée, tronquée et excavée sur la région buccale, ornée de stries concentriques dans le jeune âge, (au diamètre de 5 millim.), le reste orné de stries rayonnantes fortement ponctuées. France, Moutiers.

*393. **Hesione,** d'Orb., 1847. Grande espèce voisine, par sa forme, de la précédente, mais entièrement lisse au milieu, sillonnée seulement aux deux extrémités. France, Draguignan (Var), Mamers.

*394. **Hippona,** d'Orb., 1847. Grande espèce comprimée, excavée sur la région buccale, ornée de sillons très-prononcés, séparant des côtes élevées. France, Mamers (Sarthe), environs de Semur (Côte-d'Or), St-Maixent, environs d'Avallon (Yonne).

*395. **tenuistriata,** Münster, Goldf., 1836, 2, p. 82, pl. 101, fig. 3. France, Moutiers, Bayeux, Lyon, Conlie; All., Grafenberg.

*396. **semicircularis,** Goldf., 1836. Petref., 2, p. 83, pl. 101, fig. 6. France, Bayeux, Moutiers; Allem., Natheim.

*397. **sulcata,** Münster, Goldfuss., 1836, 2, p. 84, pl. 102, fig. 4. France, Conlie (Sarthe); All., Grafenberg, Baireuth.

398. **striatula,** Münster, Goldfuss, 1836, 2, p. 85, pl. 102, fig. 6. Streilberg.

LIMEA, Bronn, 1832. Voy. p. 237.

399. **duplicata,** Münster, Goldf., 1836, 2, p. 103, pl. 107, fig. 9. Thurnau.

POSIDONOMYA, Bronn, 1837. Voy. p. 13.

*400. **bellula,** d'Orb., 1847. Espèce ovale ornée de fortes côtes concentriques également espacées. France, Niort (Deux-Sèvres).

AVICULA, Klein, 1753. Voy. p. 13.

*401. **digitata,** Deslongchamps, 1837. Mém. de la Soc. linn. de Norm., p. 40, pl. 1, fig. 7. *A. Münsteri*, Bronn, Goldf., 1838, 2, p. 130, pl. 118, fig. 2. *A. inæquivalvis*, Phillips, p. 128. (Non Sowerby). France, Athis (Calvados), Draguignan (Var), Conlie, Guéret; Baireuth, Thurnau, Geisingen; Angl., Bluewick.

*402. **tegulata,** Goldf., pl. 121, fig. 6. Rœmer, 1839. Oolith., p. 32. Peut-être l'*A. breamburiensis*, Phillips. France. Metz (Moselle), Athis, Avallon (Yonne); Allem., Lahduien, Brisgau; Angl., Bluewick.

*403. **Hersilia,** d'Orb., 1847. Espèce voisine de l'*A. digitata*, mais lisse au sommet, ornée ailleurs de côtes, les unes grosses, espacées inégalement, les autres petites. France, St-Maixent, Draguignan.

*404. **tortuosa,** d'Orb., 1847. *Gastrochæna tortuosa*, Sow., 1826, 6, p. 49, pl. 526, fig. 1. Phillips, p. 127, pl. 11, fig. 36. Crepey, près de Vezelise (Meurthe); Angl., environs de Scarborough, Bluewick.

*405. **decussata,** d'Orb., 1847. *Monotis decussata*, Münster, Goldf., 1838, 2, p. 139, pl. 120, fig. 8. France, Draguignan, Westphalie, Minden, Hameln.

INOCERAMUS, Parkinson, 1811. Voy. p. 237.

?406. **lævigatus,** Münster, Goldf., 1836, 2, p. 111, pl. 109, fig. 6. Wirbel, Bamberg.

?407. **cor,** Münster, Goldf., 1836. Petref., 2, p. 111, pl. 109, fig. 7. Amberg.

GERVILIA, Defrance, 1820. Voy. p. 201.

*408. **lata,** Phillips, 1829, p. 128, pl. 11, fig. 16. France, Yonne; Angl., Glaizedale, Bluewick.

*409. **consobrina,** d'Orb., 1847. *G. acuta*, Phillips, 1829. Yorkshire, p. 123, pl. 9, fig. 36. (Non Sow., Min. Conch. tab., 510). Angl., Brandsby, Whitenab, Cloughton; France, Conlie, Asnières (Sarthe).

410. **Zieteni,** d'Orb., 1847. *G. aviculoides*, Zieton, 1830. Pétrific. du Wurtemb., p. 72, pl. 54, fig. 6. (Non Sow., Min. Conch., vol. 6, pl. 511, p. 16). Wurtemberg, Teufelsloch, près de Boll.

?411. **modiolaris,** d'Orb., *G. aviculoides*, (var. *Modiolaris*) Zieten, 1830. p. 73, pl. 55, fig. 1. Wurtemberg, Teufelsloch, près Boll.

412. **glabrata,** Koch, 1837. Beitr. p. 27, pl. 2, fig. 1. Geertzen.

PERNA, Bruguière, 1791. Voy. p. 176.

413. **crassitesta,** Münster, Goldf., 1836, 2, p. 104, pl. 107, fig. 13. *Perna quadrata*, Phillips, pl. 9, fig. 21, 22 (non Sowerby). Angl., Cloughton Wyek, Thurnau, Rabenstein, Baireuth.

?414. **rugosa,** Münster, Goldf., 1836, 2, p. 105, pl. 108, fig. 2. Zieten, pl. 54, fig. 1. *Perna quadrata*, Goldf., pl. 108, fig. 1 (non Sowerby). Allem., Weserkette, Lubke, Wurtemberg, Staufenech, près d'Hohenstauben.

PECTEN, Gualtieri, 1742. Voy. p. 87.

*415. **barbatus,** Sow., 1819. Min. Conch., 3, p. 53, pl. 231. France, Draguignan, Athis; Angl., Dundry.

*416. **virguliferus,** Phillips, 1829. Yorkshire, p. 128, pl. 11, fig. 20. *Pecten ambiguus*, Goldf., pl. 99, fig. 5. France, Athis, Moutiers (Calvados), Niort (Deux-Sèvres); Angl., Blue wick; Allem., Grafenberg.

*417. **Erebus,** d'Orb., 1847. Coquille oblongue, déprimée, ornée de côtes rayonnantes simples, écartées, alternativement plus élevées. France, Athis (Calvados), Draguignan (Var).

*418. **Hedonia,** d'Orb., 1847. Espèce voisine du *P. subspinosus*, mais avec 13 côtes rayonnantes aiguës, striées en travers dans les sillons. France, Conlie, Guéret (Sarthe), Bayeux, Athis, Draguignan.

*419. **articulatus,** Schlotheim, Goldfuss, pl. 90, fig. 10. France, Geniveaux (Moselle), Athis, Draguignan, Sous-Roche-de-Brion, près de Nantua (Ain), environs d'Avallon (Yonne); All., Nottheim.

*420. **Saturnus,** d'Orb., 1847. Espèce large, ovale, déprimée, marquée de séries de petites tubercules par lignes divergentes comme chez le *P. arcuatus*, mais bien plus fines. France, Bayeux, Nantua.

*421. **Silenus,** d'Orb., 1847. Espèce voisine du *P. corneus*, presque lisse, munie de légères stries concentriques d'un côté et de légères lamelles de l'autre. France, St-Maixent, Conlie, Mamers, Draguignan, Athis, Port-en-Bessin, Sillé-le-Guillaume (Sarthe), Genivaux.

,**422. dentatus,** Sow., 1827, 6, p. 143, pl. 574, fig. 1. Goldfuss, pl. 90, fig. 7. Angl., Bugbrook, Staverton, Dundry; Allem., Amberg.
423. abjectus, Phillips, 1829, p. 123, pl. 9, fig. 37. Whitewell.
424. Genis, d'Orb., 1847. *Lima nodosa*, Schübler, Zieten, 1830. Wurtemb., p. 70, pl. 53, fig. 8. (Non Gmelin, 1789). Stuifenberg.
425. acuticostatus, d'Orb., 1847. *Lima acuticostata*, Schübler, Zieten, 1830, p. 71, pl. 53, fig. 9. Wurtemberg, Stuifenberg.
426. cinctus, Sow., 1822, 4, p. 96, pl. 371. Angleterre.
HINNITES, Defrance, 1821.
'**427. tuberculosus,** d'Orb., 1847. *Spondylus tuberculosus*, Goldf., 1836, 2, p. 93, pl. 105, fig. 2. France, Bayeux, Niort; Allem., Aalen, Wasseralfingen.
PLICATULA, Lamarck, 1801. Voy. p. 202.
'**428. Bajocensis,** d'Orb., 1847. Espèce pourvue de côtes rayonnantes simples, régulières, entre lesquelles en naissent d'autres. France, Port-en-Bessin, Bayeux, Niort (Deux-Sèvres).
'**429. ampla,** d'Orb., 1847. Espèce plus large que longue, élargie et tronquée sur la région cardinale, lisse ou légèrement lamelleuse. France, Moutiers, Conlie (Sarthe).
OSTREA, Linné, 1752. Voy. p. 166.
'**430. sulcifera,** Phillips, 1829, p. 123, pl. 9, fig. 35. *O. exarata*, Goldf., pl. 72, fig. 9. (Ces deux noms ne valent rien, ils sont tirés du corps sur lequel l'huître était fixée: la première sur un corps allongé, la seconde sur une ammonite. Cette espèce est très-variable. Angl., Westow.; Allem., Grafenberg; France, Athis, Bayeux, Port-en-Bessin, Draguignan, Saint-Maixent, Conlie.
'**431. Kunkeli,** Zieten, 1830. Wurtemb., p. 63, pl. 48, fig. 1. *O. striata*, Münster, 1835, pl. 80, fig. 3, p. 22. France, Moutiers, Athis, Mamers, Conlie, Draguignan; Stuifenberg, Streitberg.
°'**432. subcrenata,** d'Orb., 1847. *O. crenata*, Goldf., 1835, 2, p. 6, pl. 72, fig. 18. (Non Gmel., 1789.) *O. Marshii*, Phillips, 1829 (Non Sowerby.) *O. flabelloides*, Zieten, 1830, pl. 47, fig. 3. (Non Lamarck, 1819, p. 128.) Allem., Muggendorf, Grafenberg, Stuifenberg; Angl., White nab, Commondale; France, Conliège, près de Lons-le-Saulnier, Pont d'Héry, près de Salins (Jura), Draguignan, Port-en-Bessin, Geniveaux, Sous-Roche-de-Brion, près de Nantua (Ain).
'**433. polymorpha,** d'Orb., 1847. *Gryphæa polymorpha*, Münster, 1835. Goldf., p. 31, pl. 86, fig. 1. Espèce voisine de l'*O. dilatata*, mais dont la valve inférieure est toujours mince, ronde. France, Mamers Geniveaux, près de Metz; Allemagne, Streitberg, près Baireuth.
'**434. Phædra,** d'Orb., 1847. Espèce voisine de forme de l'*O. dilatata*, mais bien plus profonde, toujours plus mince, avec un sillon très-prononcé sur la région anale de la grande valve. France, Les Moutiers, Le Pin, près de Lons-le-Saulnier, Saint-Maixent, Draguignan, Niort.
435. tuberosa, Münst., Goldf., 1835. Petref., 2, p. 5, pl. 72, fig. 12. Peut-être variété de l'*O. subcrenata*. Allem., Grafenberg.

MOLLUSQUES BRACHIOPODES.

LINGULA, Bruguière, 1791. Voy. p. 14.

436. Beanii, Phillips, 1829. Yorkshire, p. 128, pl. 11, fig. 24. Davidson, 1847. Lond. Geol. Journ., p. 8, pl. 18, fig. 26-30. Angleterre, Bluewick.

RHYNCHONELLA, Fischer, d'Orb., 1847. Voy. p. 92.

***437. plicatella,** d'Orb., 1847. *Tereb. plicatella*, Sow., 1825. Min. Conch., 5, p. 167, pl. 503. France, Moutiers, Bayeux, Port-en-Bessin, environs de Grasse (Var), environs de Dijon (Côte-d'Or), Conlie, Guéret (Sarthe); Angl., Clideock.

***438. quadriplicata,** d'Orb., 1847. *Terebratula quadriplicata*, Zieten, 1830. Wurtemb., p. 55, pl. 41, fig. 3. Saint-Maixent, Draguignan, Mamers, Geniveaux, environs de Nantua; Gosheim, Harras.

***439. Garantiana,** d'Orb., 1847. Grande coquille voisine par ses côtes du *R. plicatella*, mais avec la région palléale divisée en trois lobes, dont le médian est projeté en avant et formé de dix côtes, les lobes latéraux relevés. France, Saint-Maixent, Niort (Deux-Sèvres).

***440. Fresnayana,** d'Orb., 1847. Espèce voisine du *R. tetraedra*, mais moins large, à sinus plus profond, pourvue de six côtes. France, Falaise (Calvados).

***441. Bajociana,** d'Orb., 1847. Espèce voisine du *R. quadriplicata*, mais avec les côtes plus nombreuses, sans avoir les dépressions latérales du *R. plicatella*. France, Moutiers, Bayeux, Port-en-Bessin, environs de Nantua (Ain), Saint-Maixent, Niort, Fontenay (Vendée), environs d'Avallon (Yonne).

442. inæquilatera, d'Orb., 1847. *Terebratula inæquilatera*, Goldf., Zieten, 1830, p. 56, pl. 42, fig. 4. Allemagne, Wurtemberg.

443. Theodori, d'Orb., 1847. *Terebratula acuticosta*, Hehl, Zieten, 1830, p. 58, pl. 43, fig. 2. *T. Theodori*, Schloth., 1820. De Buch, 1834. Mém. de la Soc. géol., 3, pl. 15, fig. 19. Wurtemberg, Reichenbach, Stuifenberg.

444. flabellulæformis, d'Orb., 1847. *Terebratula flabellulæformis*, Rœmer, 1836. Nordd. Oolith., p. 44, pl. 2, fig. 14. Allemagne, Porta Westphalica, Mehle.

445. helvetica, d'Orb., 1847. *Terebratula helvetica*, Schl., Zieten, 1830, p. 56, pl. 42, fig. 1. *Terebratulites helveticus*, Schl., Min., 7, pl. 1, fig. 3. Encycl. méth., pl. 246, fig. 2. Gamelshausen.

***446. angulata,** d'Orb., 1847. *Terebratula angulata*, Sow., 1825, t. 5, p. 165, pl. 502, fig. 4. France, Bayeux, Moutiers, Conlie, Guéret, Geniveaux, Avallon; Angl., Cheltenham, Bilsdale.

HEMITHIRIS, d'Orb., 1847. Voy. p. 18.

***447. spinosa,** d'Orb., 1847. *Tereb. spinosa*, Phillips, pl. 9, fig. 18. Zieten, pl. 44, fig. 1. De Buch, 1834. Mém. de la Soc. géol., 3, p. 161, pl. 16, fig. 4. France, Falaise, Port-en-Bessin, Moutiers, Draguignan; Angl., Dundry, près Cave, Bath; Stuifenberg (Wurtemberg).

***448. costata,** d'Orb., 1847. Espèce ornée d'une vingtaine de côtes anguleuses, sur le sommet desquelles sont des épines tubuleuses comme celles de l'*H. spinosa*. Guéret (Sarthe), Port-en-Bessin.

TEREBRATULA, Lwyd, 1699. Voy. p. 43.

***449. sphæroidalis,** Sow., 1823, 5, p. 49, pl. 435, fig. 3. *T. bullata*, Zieten, pl. 40, fig. 6. (Non Sowerby). France, Falaise, Moutiers, Curcy, Bayeux, Port-en-Bessin (Calvados), Saint-Maixant, Conlie, Guéret (Sarthe), environs de Grasse, de Draguignan (Var); Angl., Dundry, Somerset; Allem., Stuifenberg, Brauneberg.

***450. Kleinii,** Lamarck, 1819. An. Sans vert., 6, p. 252, no 33. *T. bullata*, Sow., 1823. M. C., 5, p. 49, pl. 435, fig. 4. (Exclus. Syn. des auteurs.) *T. globata*, Sow., pl. 436, fig. 1. France, Moutiers; Angleterre, Nunney, près de Frome (Exclus. les étages cités par M. Morris).

***451. emarginata,** Sow., 1823, 5, p. 49, pl. 435, fig. 5. Espèce bien caractérisée par l'aplatissement de la petite valve. France, les Moutiers, Falaise, Geniveaux (Moselle), Avallon (Yonne); Angl., Nunney, près de Frome.

o*452. perovalis, Sow., 1823, 5, p. 51, pl. 436, fig. 2, 3. *T. intermedia*, Zieten, pl. 39, fig. 3. France, Moutiers, Athis, Port-en-Bessin (Calvados), Pont d'Héry, Roche-Pourrie (Jura), Draguignan, Mougon, près de Niort, Saint-Maixent, Niort (Deux-Sèvres), Tournus (Saône-et-Loire), Avallon ; Angl., Dundry, Coteswold; Allem., Braunenberg, Stuifenberg, Wasseralfingen.

***453. lata,** Sow., 1815. Min. Conch., 1, p. 227, pl. 100, fig. 2. *T. simplex*, Buchman in Murch. Moutiers, Guéret; Angl., Cheltenham.

***454. subresupinata,** d'Orb., 1847. Espèce voisine du *T. resupinata*, mais s'en distinguant par sa petite valve non bombée et marquée d'une forte dépression longitudinale médiane. France, St-Maixent, Falaise, Bayeux ; Avallon (Yonne).

o*455. subplicatella, d'Orb., 1847. *T. plicata*, Buchman in Murchison, Geolog of Cheltenham, pl. 7, fig. 6, p. 101. (Non Lamarck, 1819.) France, Tournus (Saône-et-Loire) ; Angl., Crickley-Hill, près Cheltenham.

***456. Phillipsii,** Davidson, 1847. Ann. mag. Nat. hist., p. 255, pl. 18, fig. 9. France, Port-en-Bessin, Bayeux, Niort, Draguignan, Avallon; Angl., Dinington, près Ilminsted, Burton, près Bridport.

o*457. subventricosa, d'Orb., 1847. *T. ventricosa*, Hartmann, Zieten, 1830, p. 53, pl. 40, fig. 2. (Non Gmelin, 1789.) France, Avallon, Draguignan, Poitiers, Saint-Maixent, Mougon ; Stuifenberg.

***458. Deschampsii,** d'Orb., 1847. Charmante espèce très-remarquable, voisine, comme aspect général, du *T. biplicata*, mais dont le pli du milieu de la coquille est si profond, qu'il laisse un sillon sur la région palléale de la grande valve. France, Saint-Maixent, Avallon.

***459. Garantiana,** d'Orb., 1847. Espèce voisine du *T. biplicata*, mais avec les deux plis bien plus rapprochés au milieu de la région palléale; l'ensemble est aussi plus large, et manque de stries rayonnantes. France, Géniveaux, près de Metz; Siant-Maixent, Conlie.

460. fimbria, Sow., 1822, 4, p. 27, pl. 326. Anglet., Charleton, Cheltenham ; France, Sarthe.

461. maxilata, Sow., 1823, t. V, p. 51, pl. 436, fig. 4. Davidson,

1847. Ann. mag. Nat. hist., p. 256, pl. 19, fig. 5. Angl., Nunney, près de Frome.

462. omalogastyr, Hehl, Zieten, 1830, p. 54, pl. 40, fig. 4. Peut-être difformité d'une espèce citée? Wurtemb., Braunenberg, près Wasseralfingen, Stuifenberg.

463. impressa, de Buch, Zieten, 1830, p. 53, pl. 39, fig. 11. France, environs d'Avallon (Yonne); Stuifenberg, près de Reichenbach.

464. subbidentata, d'Orb., 1847. *T. bidentata*, Zieten, 1830, p. 59, pl. 44, fig. 8. (Non Hisinger, 1826). Reichenbach, Grubingen.

465. lunaris, Schübler, Zieten, p. 59, pl. 44, fig. 4. Gamelshausen, Boll.

466. Bajocina, d'Orb., 1847. Espèce voisine du *T. subresupinata*, mais plus ovale, plus allongée sur la région palléale, et sans dépression sur la petite valve. France, Bayeux.

THECIDEA, Defrance, 1828.

467. dubia, d'Orb., 1847. Espèce que nous ne possédons pas assez complète pour la décrire. France, Port-en-Bessin.

MOLLUSQUES BRYOZOAIRES.

ALECTO, Lamouroux, 1821.

'468. dichotomoides, d'Orb., 1847. *A. dichotoma*, Michelin, 1841. Icon. Zooph., p. 10, pl. 2, fig. 10. (Non *dichotoma*, Lamouroux, 1821.) France, Bayeux, Moutiers.

'469. Bajocensis, d'Orb., 1847. Espèce à cellules très-longues et très-grêles, très-régulières, formant des branches dichotomes très-ramifiées. France, Port-en-Bessin.

IDMONEA, Lamouroux, 1821.

'470. elegantula, d'Orb., 1847. Charmante espèce formant des rameaux divergents, ornés de trois ou quatre cellules de front. France, Port-en-Bessin.

'471. complanata, d'Orb., 1847. Espèce voisine de la précédente, dont les cellules, beaucoup moins saillantes, forment une surface presque plane. France, Bayeux.

Diastopora, Edwards, 1839.

'472. Normaniana, d'Orb., 1847. *Diastopora verrucosa*, Michelin, 1841. Icon. Zooph., p. 10, pl. 2, fig. 11. (Non *D. verrucosa*, Edwards, 1848.) France, Bayeux, Moutiers.

'473. scobinula, Michelin, 1841. Icon. Zooph., p. 10, pl. 2, fig. 12. France, Moutiers, Guéret (Sarthe).

'474. Belemnitarum, d'Orb., 1847. Espèce bien distincte de la précédente par son ensemble mince, à cellules bien plus petites. France, Port-en-Bessin.

'475. incrustans, d'Orb., 1847. Espèce qui fait entièrement disparaître de grosses coquilles par ses couches superposées les unes sur les autres. France, Conlie (Sarthe).

'476. flabellum, d'Orb., 1847. Espèce qui représente toujours un éventail. France, Port-en-Bessin.

BIDIASTOPORA, d'Orb., 1847. Ce sont des Diastopores libres, formés de deux couches adossées comme les Eschares.

*478. **meandrina**, d'Orb., 1847. Espèce voisine du *B. foliacea*, mais avec des lames plus fortement contournées. Conlie, Port-en-Bessin.

ENTALOPHORA, Lamouroux, 1821.

*479. **subirregularis**, d'Orb., 1847. Espèce en rameaux irréguliers, dont les cellules sont peu saillantes et espacées. France, Sainte-Honorine (Calvados).

*480. **Bajocina**, d'Orb., 1847. Tiges rondes ramifiées, grêles et dichotomes ; cellules petites, saillantes. France, Port-en-Bessin.

*481. **Sarthacensis**, d'Orb., 1847. Espèce dont les tiges rondes, ainsi que les cellules, sont le double plus grosses que chez l'espèce précédente. France, Guéret.

INTRICARIA, Defrance, 1822. Dict. des sc. nat., 23, p. 546.

482. **Bajocensis**, Defr., Dict. des sc. nat., 23, p. 546, pl. 46, fig. 1. Blainv., Mon. d'actin., pl. 68, fig. 1. France, Bayeux.

*483. **straminea ?** d'Orb., 1847. *Millepora straminea*, Phillips, 1839, p. 121, pl. 9, fig. 1. France, Langres (H.-Marne) ; Angl., Gristhorpe, Cloughton, Owlston, Crambe, Wrstow, Ellerker.

TEREBELLARIA, Lamouroux, 1821.

*484. **gracilis**, d'Orb., 1847. Espèce voisine du *T. cervicornis*, mais à tige le quart plus grêle. France, Guéret près d'Asnières (Sarthe).

CHRYSAORA, Lamouroux, 1821.

*485. **Normaniana**, d'Orb., 1847. Espèce formée de rameaux irréguliers, comprimés et lamelliformes. Cellules peu apparentes. France, Ste-Honorine (Calvados).

*486. **subtrigona**, d'Orb., 1847. Espèce dont les tiges ramifiées sont triangulaires, les cellules régulièrement disposées entre les côtes saillantes. France, Niort.

*487. **cervicornis**, d'Orb., 1847. Espèce très-rameuse dont les tiges sont rondes, irrégulièrement dichotomes. Port-en-Bessin.

*488. **echinata**, d'Orb., 1847. Espèce formant un gros tronc comme épineux par les branches courtes qui le hérissent tout autour. France, Port-en-Bessin.

ÉCHINODERMES.

DYSASTER, Agassiz.

*489. **Avellana**, Agass., 1847. Cat., p. 139. Desor Monogr. des Dysaster, p. 23, pl. 1, fig. 1-4. France, Bayeux, Moutiers (Calvados).

490. **Eudesii**, Agass., 1847. Cat., p. 139. Desor, Monogr. des Dysaster, p. 23, pl. 1, fig. 5-12. France, Bayeux, les Moutiers.

*491. **ringens**, Agass., 1847. Cat., p. 139. Desor., Monogr., p. 24, pl. 1, fig. 13-17. Suisse, Goldenthal, mont Terrible ; France, Besançon, Salins (Jura), St-Vigor, Port-en-Bessin, Avallon (Yonne).

*492. **æqualis**, Agass., 1847. Cat., p. 139. Port-en-Bessin, Saint-Maixent.

*493. **analis**, Agass., 1847. Cat., p. 137. Echin. Suiss., 1, p. 6, pl. 1, fig. 12-14. Suisse, Goldenthal, Fringeli (Soleure), Wallenburg, Egg et Burg (Argovie); France, St-Maixent, mont Terrible.

'494. **Agassizii,** d'Orb., 1847. Espèce un peu carrée, tronquée obliquement à ses extrémités et très-renflée du côté de la bouche. France, Port-en-Bessin.

PYGURUS, Agassiz.

'495. **acutus,** Agass., 1847. Cat., p. 104. France, Nantua (Ain).

CLYPEUS, Klein, Agassiz.

'496. **Hugii,** Agass., 1847. Cat., p. 98. Echin. Suiss., 1, p. 37, pl. 10, fig. 2-4. Suisse, env. de Soleure, évêché de Bâle, Mont-Terrible (Berne); France, Géniveaux (Moselle).

497. **Solodurinus,** Agass., 1847. Cat., p. 98. Echin. Suiss., 1, p. 35, pl. 5, fig. 1-3. France, Poligny (Jura); Suisse, Obergœschen (Soleure), Egg (Argovie).

498. **rostratus,** Agass., 1847. Cat. syst., p. 99. Cant. de Bâle.

NUCLEOLITES, Lamarck.

499. **latiporus,** Agassiz, 1847. Cat., p. 95. Echin.Suiss., 1, p. 43, pl. 7, fig. 13-15. France, Maiche (Doubs); Mettingen (Soleure).

'500. **Terquiemi,** Agass., 1847. Cat. syst., p. 95. Env. de Metz.

'501. **Sarthacensis,** d'Orb., 1847. *N. clunicularis*, pars. Agass., Cat., p. 95. Non *Clunicularis*, Phillips. Bien plus court. Conlie.

HYBOCLYPUS, Agassiz.

502. **gibberulus,** Agass., 1847. Cat., p. 94. Echin. Suiss., 1, p. 75, pl. 12, fig. 10-12. Suisse, env. de Soleure et d'Argovie.

503. **canaliculatus,** Desor, Monogr. des Galér., p. 85, pl. 4. (Monogr. des Dysaster, fig. 8 et 9. Agass., 1847. Cat., p. 94.) Allem., Staffelberg, près Bamberg.

'504. **Marcou,** Desor. Agass., 1847. Cat. syst., p. 94. Salins (Jura).

HOLECTYPUS, Desor.

505. **concavus,** Desor, Monogr. des Galér., p. 70, pl. 9, fig. 4-6. Agass., 1847. Cat. syst., p. 88. France, Bayeux; Anglet., Bath.

506. **Devauxianus,** Cotteau. Voisine par son anus grand et marginal de la *Discoidea excisa*, Desor, cette espèce s'en distingue par sa forme subpentagone et la disposition de ses tubercules. L'ouverture buccale est située dans une profonde dépression du test. Environs d'Avallon (Yonne).

'507. **subdepressus,** d'Orb., 1847. Espèce voisine du *D. depressus*, mais bien distincte. France, Ste-Honorine, Moutiers (Calvados).

PEDINA, Agassiz.

508. **arenata,** Agassiz, 1847. Cat. syst., p. 67. Echin. Suiss., p. 37, pl. 15, fig. 1-3. Suisse, Goldenthal (cant. de Soleure).

ECHINUS, Linné.

'509. **lævis,** Agass., 1847. Cat. syst., p. 62. Ste-Honorine.

DIADEMA, Gray.

511. **homostigma,** Agass., 1847. Cat., p. 48. Echin.Suiss., 2, p. 24, pl. 17, fig. 1-5. Romange près Dôle; Suisse, la Chaux-de-Fonds.

512. **depressum,** Agass., 1847. Cat. syst., p. 45. Ste-Honorine.

'513. **Jobæ,** d'Orb., 1847. Espèce voisine du *D. subangulare*, mais avec les tubercules intermédiaires tout autrement disposés. France, Géniveaux près de Metz.

ACROSALENIA, Agassiz.

514. **complanata,** Agass., 1847. Cat. syst., p. 40. Poligny (Jura).

CIDARIS, Lamarck.

515. horrida, Mer. Echin.Suiss., 2, p. 72, pl. 21, fig. 2, 1847. Cat. syst., p. 30 France, Salins (Jura) ; Suisse, Bâle, Soleure, Argovie, Alpe wurtembergeoise.

***516. subocnlata**, d'Orb., 1847. Espèce très-remarquable par sa forme déprimée et ses piquants en massue couverts de très-gros tubercules par lignes longitudinales. Les Géniveaux près de Metz.

***517. foliacea**, d'Orb., 1847. Grande espèce voisine du *C. spathula*, dont les piquants sont comme de larges feuilles crénelées ou tuberculeuses sur les bords. France, Guéret (Sarthe).

CÆLASTER, Agassiz.

***518. Mandelslohi**, d'Orb., 1847. *Asterias Mandelslohi*, Münster, 1839. Beitr., 1, p. 98, pl. 11, fig. 1 a, b. France, Conlie, Port-en-Bessin, Niort; Allem., Aalen.

CYCLOCRINUS, d'Orb., 1847. Ce sont des articles ronds sans rayons sur l'articulation.

***519. rugosus**, d'Orb., 1847. *Bourgueticrinus rugosus*, d'Orb., 1829. Crinoïdes, pl. 17, fig. 16-19. France, St-Maixent, envir. de Nantua (Ain), Athis, Bayeux, St-Amand (Cher).

520. annularis, d'Orb., 1847. *Eugeniacrinus annularis*, Rœmer, 1839. Nordd. Oolith., p. 17, pl. 17, fig. 34. Allem., Mehle.

***521. strangulatus**, d'Orb., 1847. Espèce voisine du *C. annularis*, mais avec des articles bien plus longs, en forme de barillet. France, Port-en-Bessin.

PENTACRINUS, Miller, 1821.

***522. Bajocensis**, d'Orb., 1847. Espèce à articulations très-étroites, comme chagrinées, pourvues de deux en deux d'un tubercule sur les angles et dans les sillons qui les séparent. France, Port-en-Bessin, Draguignan, Nantua, Niort.

***523. inornatus**, d'Orb., 1847. Espèce voisine du *P. subteres*, entièrement lisse, à tiges rondes. France, Draguignan (Var), Guéret.

ZOOPHYTES.

DISCOCYATHUS, Edwards et Haime, 1848.

***524. Eudesii**, Edwards et Haime, 1848. *Cyclolites Eudesii*, Michelin, 1840. Icon. zoophyt., p. 8, pl. 2, fig. 8. Bayeux, Port-en-Bessin.

APLOCYATHUS, d'Orb., 1849. C'est un *Trochocyathus* à calice circulaire.

***525. Magnevillianus**, d'Orb., 1847. *Turbinolia Magnevilliana*, Michelin, 1840. Icon. zoophyt., p. 8, pl. 2, fig. 2. France, Bayeux, Port-en-Bessin.

LASMOSMILIA, d'Orb., 1849. C'est un *Thecosmilia* sans épithèque.

***526. Bajocina**, d'Orb., 1848. Espèce allongée, irrégulière, souvent branchue, ou arquée en différents sens. Langres (Haute-Marne).

AXOSMILIA, Edwards et Haime, 1849.

***527. extinctorium**, Edwards et Haime, 1849. Ann. des sc. nat., p. 262, no 1. *Caryophyllia extinctorium*, Michelin, 1841. Icon. zooph., p. 9, pl. 2, fig. 3 a. (*Exclus.*, fig. 6). France, Bayeux, Moutiers, Conlie.

MONTLIVALTIA Lamouroux, 1821. Voy. p. 207.

*528. **orbitolites,** d'Orb., 1847. *Cyclolithes orbitolites*, Michelin, 1840. Icon. zooph., pl. 2, fig. 6. France, Bayeux.

528'. **infundibulum,** d'Orb., 1847. Calices en entonnoir creux. Guéret (Sarthe).

529. **convexa,** d'Orb., 1847. *Caryophyllia convexa*, Phillips, 1839, p. 127, pl. 11, fig. 1. France, St-Maixent (Deux-Sèvres), Conlie, Guéret (Sarthe); Angl., Blue-wick, Coldmoor.

*530. **pictaviensis,** d'Orb., 1847. Grande espèce cylindrique, fortement ridée extérieurement. France, St-Maixent.

THECOPHYLLIA, Edwards et Haime, 1848.

?530'. **cyclolitoides,** Edwards et Haime, 1849. Ann. des sc. nat., 11, p. 240. Bouxweiler (Bas-Rhin).

*531. **Sarthacensis,** d'Orb., 1847. Espèce généralement plus large que haute, un peu conique, obtuse, à cloisons bien plus rapprochées et plus nombreuses au même diamètre que chez l'espèce précédente. France, Conlie, Guéret (Sarthe).

531'. **decipiens,** Edwards et Haime, 1848, loc. cit., p. 239. *Anthophyllum, id.*, Gold., pl. 65, fig. 3. Env. de Metz.

ANABACIA, d'Orb., 1847. Voy. p. 241.

*532. **Bajociana,** d'Orb., 1849. Charmante espèce qui se distingue du *P. orbulites* par ses lames inférieures plus larges, moins crénelées, par son ensemble plus bombé en dessus. France, Conlie (Sarthe).

EUNOMIA, Lamouroux, 1821. Tiges dichotomes, grêles, lisses ou presque lisses en dehors, cellule ronde, elliptique aux bifurcations, cloisons nombreuses.

*533. **Babeana,** d'Orb., 1848. Espèce à tige grêle, de cinq millimètres de diamètre, lisse ou simplement ridée en travers, cellules avec des cloisons espacées. Rolampont, Langres (Haute-Marne).

CALAMOPHYLLIA, Blainville, 1834. Ce sont des Eunomies striées extérieurement.

*534. **prima,** d'Orb., 1848. Espèce à tiges grêles, souvent bifurquées et comprimées aux points de bifurcation. Ses tiges sont un peu plus grosses que chez l'E. *Babeana*. France, Langres (H.-Marne).

THECOSMILIA, Edwards et Haime.

*535. **ramosa,** d'Orb., 1847. Espèce dont l'ensemble forme de gros rameaux dichotomes irréguliers. France, Langres, Saint-Georges (Haute-Saône).

STEPHANOCŒNIA, Edwards et Haime, 1849.

*536. **Bernardiana,** d'Orb., 1849. Espèce à cellules étroites assez rapprochées, à ombilic très-large. France, Nantua (Ain), Langres (Haute-Marne), Morey (Haute-Saône).

STYLINA, Lamarck.

537. **Babeana,** d'Orb., 1849. Espèce à cellules d'un tiers plus grandes que chez l'*A. Bernardiana*. France, Morey (Haute-Saône).

SYNASTREA, Edwards et Haime, 1849.

538. **Defranciana,** d'Orb., 1849. *Astrea id.*, Michelin, 1841. Icon. Zooph., p. 9, pl. 2, fig. 1. France, Bayeux, Moutiers.

*539. **crenulata,** d'Orb., 1849. Espèce dont les cellules sont assez rapprochées, la columelle creuse, les cloisons fortement découpées et crénelées. France, Langres.

*540. **Babeana,** d'Orb., 1849. Espèce voisine de la précédente, mais dont les cloisons sont presque entières; les cellules souvent presque confluentes. France, Langres.

*541. **Simonneliana,** d'Orb., 1849. Espèce voisine des précédentes, dont les cloisons sont plus étroites et plus rapprochées. France, Langres.

*542'. **consobrina,** d'Orb., 1849. Espèce dont les cellules sont d'un tiers plus petites, les cloisons plus serrées. France, Langres.

*543. **Jurensis,** d'Orb., 1849. Espèce à cellules très-petites, profondes, irrégulières. France, environs de Salins (Jura), Langres.

PRIONASTREA, Edwards et Haime, 1848.

*543'. **Bernardiana,** d'Orb., 1849. Espèce voisine du *P. heliantoides*, de l'étage oxfordien, mais ayant les cellules plus grandes et plus irrégulières. France, environs de Salins (Jura), Nantua, près la fabrique, et Sous-Roche-de-Brion (Ain), Perrogney, Langres, Dampierre, St-Ciergues (Haute-Marne), Morey (Haute-Saône).

544. **lobata,** d'Orb., 1847. *Agaricia lobata*, Goldf., 1830. Petref., 1, p. 43, pl. 12, fig. 11. Wurtemberg.

*545. **ornata,** d'Orb., 1849. Espèce dont les cellules sont grandes (15 millim.), inégales, souvent irrégulières à cloisons subcrénelées. France, Langres (Haute-Marne), Morey (Haute-Saône).

OULOPHYLLIA, Edwards et Haime, 1848.

*547. **Meandra,** d'Orb., 1849. Espèce dont les cellules irrégulières sont quelquefois oblongues et voisines des *Meandrina*. France, Voncourt (Haute-Saône).

*547'. **elegans,** d'Orb., 1848. Espèce dont les cellules sont très-grandes, confluentes, à lamelles très-nombreuses. France, Bourg (Haute-Marne).

CLAUSASTREA, d'Orb., 1848. Singulier genre dont chaque cloison des cellules forme un plancher horizontal foliacé, séparée par la cloison.

*548. **tessellata,** d'Orb., 1848. Magnifique espèce dont les lames transverses des cloisons forment un tissu très-remarquable; cellules larges de 15 millim. France, Langres.

AGARICIA, Lamarck, 1816.

549. **tuberosa,** d'Orb., 1847. *Pavonia tuberosa*, Goldf., 1830. Petref., 1, p. 42, pl. 12, fig. 9. Wurtemberg.

*551. **elegantula,** d'Orb., 1848. Belle espèce dont les cellules sont par lignes irrégulières souvent interrompues. France, Langres.

CERIOPORA, Goldf., 1826. (Bryozoaires.)

*552. **Sarthacensis,** d'Orb., 1847. Espèce à tiges grêles, à cellules égales, régulières, peu profondes, et très-rapprochées. Conlie.

*553. **Lorieri,** d'Orb., 1847. Espèce dont les rameaux ronds sont gros, obtus, à cellules petites, inégales, rondes. France, Guéret (Sarthe), Port-en-Bessin (Calvados).

FORAMINIFÈRES (D'ORB.).

CONODICTYUM, Münster, 1832. *Conipora*, d'Archiac, 1843.

554. **striatum,** Münster, 1831. Goldf., 1, p. 104, pl. 37, fig. 1. Bavière, Streitberg.

CRISTELLARIA, Lamarck. Voy. p. 242.

555. gibba, d'Orb., 1847. *Robulina gibba*, Rœmer, 1839. Nordd. Oolith., p. 47, pl. 20, fig. 31. Allem., Wrisbergholzen.

556. Orbignyi, 1847. *Peneroplis Orbignii*, Rœmer, 1839. Nordd. Oolith., p. 47, pl. 20, fig. 30. Allem., Wrisbergholzen.

AMORPHOZOAIRES.

CRIBROSPONGIA, d'Orb., 1847. *Tragos*, Goldfuss. (Non Schweiger, 1819). Spongiaire testacé, percé de pores afférents, ronds ou anguleux, épars sur les intervalles d'oscules ronds ou oblongs, réguliers, disposés par séries en dedans et en dehors, d'un ensemble cupuliforme.

***557. subfenestrata,** d'Orb., 1847. Espèce conique en entonnoir, à très-larges oscules allongés. France, Port-en-Bessin.

***558. Bessina,** d'Orb., 1847. Espèce conique à oscules la moitié de ceux de l'espèce précédente. Port-en-Bessin, Saint-Maixent, Niort.

***559. clypeiformis,** d'Orb., 1847. Espèce clypéiforme, large de 20 centimètres, à très-larges oscules en dessus, excavée au centre. France, Fontenay (Vendée), Port-en-Bessin.

***560. irregularis,** d'Orb., 1847. Espèce en cupules comprimées, irrégulières, à oscules externes, grands, oblongs. Port-en-Bessin.

***561. microtrema,** d'Orb., 1847. Espèce lamelleuse dont les oscules sont très-petits, ronds, par lignes transverses. Port-en-Bessin.

562. Bajocensis? d'Orb., 1847. *Scyphia costata*, Michelin, 1841. Icon. Zooph., p. 11, pl. 2, fig. 9. (Non *S. costata*, Goldfuss, 1830). France, Bayeux.

EUDEA, Lamouroux, 1821. Voy. p. 209.

***563. attenuata,** d'Orb., 1847. *Spongia clavarioides*, Michelin, 1841. Icon. Zooph., p. 11, pl. 2, fig. 4. (Non *Clavarioides*, Lamouroux, 1821, de l'étage bathonien). France, Moutiers, Port-en-Bessin.

***564. Sarthacensis,** d'Orb.,1847. Espèce voisine de l'*E. attenuata*, mais s'en distinguant par sa forme élargie en massue au sommet. France, Guéret (Sarthe).

***565. rugosa,** d'Orb., 1847. Espèce voisine de la précédente, d'aspect et de forme, seulement formée d'un tissu bien plus gros. France, Port-en-Bessin.

***566. irregularis,** d'Orb., 1847. Espèce voisine des deux précédentes, mais avec des pores latéraux bien plus grands et très-irréguliers. France, Port-en-Bessin.

CNEMIDIUM, Goldfuss, 1830.

***567. Bajocense,** d'Orb., 1847. Espèce cupuliforme plus large que haute, épaisse et peu régulière. France, Bayeux.

HIPPALIMUS, Lamouroux, 1821. Voy. p. 209.

***568. cornutus,** d'Orb., 1847. Espèce grande, presque cupuliforme, cylindrique, à extrémité obtuse, évasée. Bayeux, Conlie.

***569. latecostatus,** d'Orb., Espèce très-remarquable par quatre ou cinq grosses côtes longitudinales, qui, comme des pilastres, entourent l'ensemble allongé et irrégulier. France, Port-en-Bessin.

LYMNOREA, Lamouroux, 1821. Voy. p. 240.

*570. **mamillata,** d'Orb., 1847. Espèce peu élevée en mamelles rugueuses, et agrégées; partie inférieure très-lisse. Port-en-Bessin.

LEIOSPONGIA, d'Orb., 1847. Voy. p. 210.

*571. **meandrina,** d'Orb., 1847. Espèce méandriforme en dessus par les sillons irréguliers qui criblent sa surface. Port-en-Bessin.

STELLISPONGIA, d'Orb. Voy. p. 210.

572. **stellifera,** d'Orb., 1847. *Spongia stellata*, Michelin, 1841. Icon. Zooph., p. 11, pl. 2, fig. 5. (Non *S. stellata*, Lamouroux, 1821, de l'étage bathonien). France, Bayeux.

*573. **rugosa,** d'Orb., 1847. Jolie espèce isolée ou agrégée, très-fortement sillonnée d'anfractuosités irrégulières, indépendantes ou dépendantes de l'oscule supérieur. France, Guéret (Sarthe).

POROSPONGIA, d'Orb., 1847. Spongiaire lamelleux ou cupuliforme, criblé de pores des deux côtés.

*574. **Jurensis,** d'Orb., 1847. Espèce peu régulière, à pores petits, irrégulièrement placés. France, Roche-Pourrie, près de Salins (Jura).

CUPULOSPONGIA, d'Orb., 1847. Voy. p. 210.

*575. **compressa,** d'Orb., 1847. Grande espèce d'un tissu très-rugueux, épaisse, comprimée ou même auriculiforme supérieurement. France, Port-en-Bessin.

*576. **rugosissima,** d'Orb., 1847. Espèce plus rugueuse et plus poreuse encore que la précédente, formant une coupe régulière très-épaisse à bords tronqués. France, Port-en-Bessin.

*577. **subboletiformis,** d'Orb., 1847. Espèce cupuliforme ovale, conique, d'un tissu irrégulier, mais non poreux, à bords épais non tronqués. France, Port-en-Bessin, Fontenay (Vendée).

*578. **subcylindrica,** d'Orb., 1847. Espèce conique, presque cylindrique, d'un tissu presque lisse, à peine rugueux par endroits; bords épais non tronqués. France, Port-en-Bessin.

*579. **marginata,** d'Orb., 1847. Espèce presque rotiforme, d'un tissu compacte, dont les bords tronqués carrément sont très-larges et en rampe. France, St-Maixent (Deux-Sèvres).

*580. **subporosa,** d'Orb., 1847. Lames épaisses comme canaliculées au pourtour et irrégulièrement ocellées au centre. France, Port-en-Bessin, Guéret (Sarthe).

AMORPHOSPONGIA, d'Orb., 1847. Voy. p. 178.

*581. **dactylus,** d'Orb., 1847. Espèce à tissu serré, peu poreux, formant des digitations cylindriques terminées par une partie obtuse arrondie. France, Port-en-Bessin.

*582. **gracilis,** d'Orb., 1847. Petite espèce à expansions irrégulières comme carrées. France, Port-en-Bessin.

ONZIÈME ÉTAGE : — BATHONIEN.

MOLLUSQUES CÉPHALOPODES.

BELEMNITES, Lamarck. Voy. p. 212.

*1. **Fleuriausus,** d'Orb., 1842. Paléont. univ., pl. 51, fig. 14-18. Terr. jurass., p. 111, pl. 13, fig. 14-18 (1). France, Luçon (Vendée).

NAUTILUS, Breynius, 1732. Voy. p. 54.

*2. **subbiangulatus,** d'Orb., 1847. *N. biangulatus*, d'Orb., Paléont. franç., terr. jurass., 1, p. 160, pl. 34. (Non Sow., 1814.) France, Nantua (Ain), Avoise (Sarthe), Fontenay (Vendée).

AMMONITES, Bruguière, 1791. Voy. p. 181.

*3. **discus,** Sow., d'Orb., Paléont. franç., terr. jurass., 1, p. 394, pl. 131. France, Mansigny, Luçon (Vendée), Ranville (Calvados), Saint-Rambert (Ain), Niort (Deux-Sèvres), la Clape, Chaudon (Basses-Alpes).

*4. **linguiferus,** d'Orb., Paléont. franç., 1, p. 402, pl. 136, fig. 1-3. France, Luçon.

*5. **arbustigerus,** d'Orb., Paléont. franç., terr. jurass., 1, p. 414, pl. 143. France, Ranville (Calvados), Mansigny, Saint-Maixent (Deux-Sèvres), Culoz (Ain), la Clape, la Palud (Basses-Alpes).

*6. **planula,** Hehl, d'Orb., Paléont. franç., terr. jurass., 1, p. 416, pl. 144. France, Ranville, Mansigny, Saint-Maixent, Culoz (Ain), Chaudon (Basses-Alpes).

*7. **Julii,** d'Orb., Paléont. franç., 1, p. 420, pl. 145, fig. 5, 6. Niort.

*8. **contrarius,** d'Orb., Paléont. franç., 1, p. 418, pl. 145, fig. 1-3. France, Niort.

*9. **subdiscus,** d'Orb., Paléont. franç., 1, p. 421, pl. 146. Niort.

*10. **biflexuosus,** d'Orb., Paléont. franç., 1, p. 422, pl. 147. Ranville, Niort.

*11. **subbackeriæ,** d'Orb., 1847. A. *Backeriæ*, d'Orb. 1845, Paléont. franç., terr. jurass., 1, p. 424 (pars), pl. 148 (exclus, pl. 149, fig. 2). Espèce bien distincte dont l'âge adulte (pl. 148) diffère complète-

(1) Voyez pour la synonymie des espèces de *Belemnites* et d'*Ammonites*, la *Paléontologie française, terrains jurassiques.*

ment de l'âge adulte du *Backeriæ* (pl. 149). France, Niort, Saint-Maixent (Deux-Sèvres), Vezelay (Yonne), Saint-Rambert, Montange, Apremont, l'Ouilla de Brion, Geovreissiat, près de Nantua (Ain).

12. Herveyi, Sow., d'Orb., Paléont. franç., terr. jurass., 1, p. 428, pl. 150. Mansigny (Vendée), Niort (Deux-Sèvres), Viveras (Ain).

***13. hecticus**, Rein., d'Orb., Paléont. franç., terr. jurass., 1, p. 438, pl. 152. France, Ranville (Calvados).

***14. macrocephalus**, Schloth., d'Orb., Paléont., 1, p. 430, pl. 151. Niort.

***15. bullatus**, d'Orb., Paléont. franç., terr. jurass., 1, p. 412, pl. 142, fig. 1, 2. France, Saint-Maixent, Niort (Deux-Sèvres), Mansigny, La Jard (Vendée), Nantua, St-Rambert (Ain), Vezelay (Yonne), Brignolles (Var), Poitiers (Vienne).

***16. microstoma**, d'Orb., Paléont. franç., terr. jurass., 1, p. 413, pl. 142, fig. 3, 4. France, Niort (Deux-Sèvres), Saint-Rambert (Ain), Mansigny (Vendée).

TOXOCERAS, d'Orb., 1842. Voy. p. 262.

***17. Garanti**, Beaugier et Sauzé, 1843. Notice sur quelques coquilles, etc., p. 9, pl. 2, fig. 1-3. La Mothe, St-Héray (Deux-Sèvres).

ANCYLOCERAS, d'Orb., 1842. Voy. p. 262.

***18. tenuis**, d'Orb., 1847. *Toxoceras*, *id.*, Beaugier et Sauzé. Notice sur quelques coquilles, etc., p. 11, pl. 4, fig. 3-5, près de Niort.

***19. spinatus**, Beaugier et Sauzé, 1843. Notice sur quelques coquilles, etc., p. 14, pl. 4, fig. 9-11. France, Niort.

***20. Agassizii**, d'Orb., 1847. Charmante espèce grêle à peine ondulée de quelques côtes transverses vagues. Son nucléus de l'âge embryonnaire est une petite ammonite à tours embrassants. Suisse, Buchsiten (Soleure). Couche à *Ostrea acuminata*.

MOLLUSQUES GASTÉROPODES.

RISSOINA, d'Orb., 1842. Mollusques des Antilles. Ce sont des *Rissoa* dont le labre, saillant au milieu, laisse une espèce de sinus en avant.

21. lævis, d'Orb., 1847. *Rissoa lævis*, Sow., 1829. Min. Conch., 6, p. 229, pl. 609, fig. 1. Angleterre, Ancliff.

22. acuta, d'Orb., 1847. *Rissoa acuta*, Sow., 1829, 6, p. 229, pl. 609, fig. 2. *Rissoa Sowerbyi*, Desh., 1838, in Lam., 8, p. 485. Angleterre, Ancliff.

23. obliquata, d'Orb., 1847. *Rissoa obliquata*, Sow., 1829. Min. Conch., 6, p. 229, pl. 609, fig. 3. Angleterre, Ancliff.

***24. duplicata**, d'Orb., 1847. *Rissoa duplicata*, Sow., 1829. Min. Conch., 6, p. 229, pl. 609, fig. 4. Angleterre, Ancliff.

EULIMA, Risso, 1825. Voy. p. 64.

***25. Nerei**, d'Orb., 1847. Espèce conique, lisse, sans saillie aux tours de spire. Le dernier subanguleux. Marquise (Pas-de-Calais).

26. Axonensis, d'Arch., 1843. Mém. Soc. géol., p. 377, pl. 28, fig. 9. Eparcy (Aisne).

CHEMNITZIA, d'Orb., 1839. Voy. p. 172.

*27. **Aspasia,** d'Orb., 1847. Espèce très-longue, lisse, à tours à peine distincts sans être convexes. France, Luc (Calvados).

*28. **Neptuni,** d'Orb., 1847. Grande espèce longue, lisse, à tours très-convexes. France, Marquise (Pas-de-Calais).

29. **vittata,** d'Orb., 1847. *Melania vittata*, Phillips, 1829. Yorkshire, p. 116, pl. 7, fig. 15. Peut-être *Nerinea suprajurensis*, d'Arch. (non Voltz). Angleterre, Gristhorpe.

30. **submargaritifera,** d'Orb., 1847. *Nerinea margaritifera*, d'Archiac, 1843. Mém. Soc. géol. de Fr., p. 381, pl. 30, fig. 4. (Non Voltz.) (Elle n'a pas de plis sur la columelle, ni sur le labre). France, Aubenton (Aisne).

31. **Roissyi,** d'Orb., 1847. *Turritella Roissyi*, d'Archiac, 1843. Mém. Soc. géol. de Fr., p. 380, pl. 30, fig. 2. France, Eparcy (Aisne).

32. **Defrancii,** d'Orb., 1847. *Cerithium Defrancii*, Deslongchamps, 1842. Mém. Soc. linn. de Norm., t. 7, p. 193, pl. 8, fig. 36. France, Aubigny, environs de Falaise (Calvados).

NERINEA, Defrance, 1825. Voy. p. 263.

*33. **elegantula,** d'Orb., 1847. Espèce très-allongée, tours renflés ornés de quatre petites côtes longitudinales. Deux dents sur la columelle, une double sur le labre. France, Luc.

*34. **scalaris,** d'Orb., 1847. Espèce allongée, tours fortement carénés en côte aiguë supérieurement, excavés au milieu, avec une côte crénelée dans l'excavation; un pli sur la columelle, un autre sur le labre. France, Luc.

*35. **implicata,** d'Orb., 1847. Espèce très-allongée, à tours lisses, entièrement plats, coupés carrément en avant. Bouche pourvue, sur le labre comme sur la columelle, de trois plis, eux-mêmes divisés à leur extrémité. France, Marquise (Pas-de-Calais), Roquevignon, près de Grasse (Var).

*36. **bacillus,** d'Orb., 1847. Espèce presque cylindrique dont les tours sont lisses, légèrement creusés au milieu, saillants seulement sur la suture. France, Marquise.

*37. **Luciensis,** d'Orb., 1847. Espèce voisine du *N. cylindrica*, mais la moitié moins longue, et dès lors plus large à proportion. France, Luc.

*38. **funiculosa,** Deslongch., 1843. Mém. Soc. linn. de Norm., t. 7, p. 186, pl. 8, fig. 30-32. France, Langrune, Colleville (Calvados).

*39. **pseudocylindrica,** d'Orb., 1847. *N. cylindrica*, Deslongch., 1843. Mém. Soc., t. 7, p. 187, pl. 8, fig. 33. (Non Voltz, 1836). France, Langrune.

*40. **trachæa,** Deslongch., 1843. Mém., t. 7, p. 188, pl. 11, fig. 3-4. France, Ranville.

*41. **Voltzii,** Deslongch., 1843, t. 7, p. 183, pl. 8, fig. 34. Colleville, Langrune.

42. **subbruntrutana,** d'Orb., 1847. *N. bruntrutana*, d'Arch., 1843. Mém. Soc. géol. de Fr., p. 382, pl. 30, fig. 11. (Non Thurmann, 1841.) France, Eparcy (Aisne).

43. **acicula,** d'Archiac, 1843. Mém., p. 381, pl. 30, fig. 6. Aubenton, Eparcy, Port-sur-Saône (Haute-Saône).

44. **Archiaciana,** d'Orb., 1847. *N. suprajurensis*, d'Arch., 1843.

Mém., p. 382, pl. 30, fig. 10. (Non Voltz, non Bronn.) Elle se distingue par ses spires pourvues d'une rampe. France, Eparcy (Aisne).

45. Axonensis, d'Orb., 1847. *N. Voltzii*, d'Archiac, 1843. Mém., p. 381, pl. 30, fig. 5. (Non Voltz, Deslongchamps, 1843.) Ces espèces n'ont aucun rapport entre elles. France, Aubenton (Aisne), Vauchoux (Haute-Saône).

ACTEONINA, d'Orb., 1847. Voy. p. 118.

'46. Deslongchampsii, d'Orb., 1847. *Tornatella gigantea*, Desl., 1843. Mém. Soc. linn. de Norm., t. 7, p. 137, pl. 10, fig. 27, 28. (Non *T. gigantea*, Sow., 1836. Même en changeant de genre on ne peut conserver ce nom de *gigantea*, cette espèce étant loin d'être la plus grande connue.) France, Ranville.

47. Eparcyensis, d'Orb., 1847. *Cassis Eparcyensis*, d'Arch., 1843. Mém. Soc. géol. de Fr., p. 385, pl. 31, fig. 10. France, Eparcy.

ACTEON, Montfort, 1810. Voy. p. 263.

'48. cuspidatus, Sow., 1824. Min. Conch., 5, p. 77, pl. 455, fig. 1. *Tornatella cuspidata*, Deslongchamps, 1843. Mém. de la Soc. linn., pl. 10, fig. 25, 26. France, Langrune; Angleterre, Ancliff.

49. acutus, Sow., 1824. Min. Conch., 5, p. 77, pl. 455, fig. 2. Angl., Ancliff.

50. minimus, d'Orb., 1847. *Conus minimus*, d'Arch., 1843. Mém. Soc. géol. de Fr., p. 385, pl. 30, fig. 9. Aubenton à la Folie-Not.

NATICA, Adanson, 1757. Voy. p. 29.

'51. Actæa, d'Orb., 1847. Espèce aussi longue que large, lisse, pourvue d'une forte rampe à la partie inférieure des tours. France, Marquise (Pas-de-Calais), Roquevignon, près de Grasse (Var).

'52. Aglaya, d'Orb., 1847. Espèce plus courte et plus large que le *N. Verneuili*, mais bien plus renflée à la partie inférieure des tours. France, Marquise, Luc, Langrune.

53. Michelini, d'Archiac, 1843. Mém. Soc. géol. de Fr., p. 377, pl. 30, fig. 1. France, Eparcy (Aisne), Sancerre (Cher).

54. Verneuili, d'Arch., 1843. Mém., p. 378, pl. 30, fig. 3. Eparcy.

'55. Ranvillensis, d'Orb., 1847. Espèce voisine du *N. aglaya*, mais plus longue, à tours plus étroits. France, Ranville.

NERITA, Linné, 1758. Voy. p. 214.

'56. minuta, Sow., 1824, 5, p. 93, pl. 463, fig. 3, 4. *Neritina Cooksonii*, Deslongch., 1843. Soc. linn. de Norm., 7, p. 133, pl. 10, fig. 8, 9. Angl., Ancliff; France, Luc, Langrune.

'57. costulata, Desh., 1838, ed. Lam., 8, p. 617. *N. costata*, Sow., 1824. Min. Conch., 5, p. 93, pl. 463, fig. 5, 6. (Non Chemn.) France, Luc; Angl., Ancliff.

PILEOLUS, Sowerby, 1823.

58. plicatus, Sow., 1823. Min. Conch., 5, p. 41, pl. 432, fig. 1-4. Angleterre, Ancliff, Bradfort, Charter-House et Hinton.

'59. lævis, Sow., 1823. M. C., 5, p. 41, pl. 432, fig. 5-8. Deslongch., pl. 10, fig. 4-7. *Patella papyracea*, Bronn, Leth., pl. 27, fig. 7. France, Langrune; Angleterre, Ancliff, Bradfort, Charter-House, Hinton.

TROCHUS, Linné. Voy. p. 64.

'60. Bellona, d'Orb., 1847. Espèce conique, lisse, avec une forte carène supérieure à chaque tour. France, Luc, Marquise.

'61. **Tityrus,** d'Orb., 1847. Espèce voisine du *T. ornatissimus*, mais dont les côtes longitudinales sont plus étroites et le bord plus saillant. France, Luc.

'62. **Belus,** d'Orb., 1847. Espèce entièrement lisse, conique; les tours, non saillants, n'offrent sur le dernier qu'un angle obtus sur le bord. France, Luc.

'63. **Brutus,** d'Orb., 1847. Coquille conique, très-élevée, dont les tours non saillants sont ornés de six côtes granuleuses; le côté de l'ombilic est lisse, non ombiliqué. France, Luc.

'64. **Luciensis,** d'Orb., 1847. Espèce voisine du *T. brutus*, mais à spire bien plus élevée, bordée près du dernier tour. France, Luc, Langrune.

'65. **Langrunensis,** d'Orb., 1847. Espèce voisine du *T. Belus*, lisse comme elle, mais bien plus élevée. France, Luc.

'66. **Bixa,** d'Orb., 1847. Espèce élevée comme la précédente, mais partout finement striée, dans le sens de l'enroulement spiral. Luc.

67. **plicatus,** d'Arch., 1843. Mém. Soc. géol. de Fr., p. 379, pl. 29, fig. 5. France, Eparcy (Aisne).

68. **spiratus,** d'Arch., 1843. Mém., p. 378, pl. 29, fig. 4. Eparcy.

SOLARIUM, Lamarck, 1801. D'Orb., Paléont. franç., terr. crétacés, 2, p. 193.

'69. **coronatum,** d'Orb., 1847. *Euomphalus coronatus*, Sow., 1824. M. C., 5, p. 1-2, pl. 450, fig. 1, 2. France, Luc; Anglet., Ancliff.

70. **polygonium,** d'Arch., 1843. Mém., p. 378, pl. 29, fig. 1. Eparcy.

TURBO, Linné. Voy. p. 5.

'71. **Calisto,** d'Orb., 1847. Magnifique espèce contournée à gauche, dont les tours convexes sont striés en long et ornés de grosses ondulations transverses près de la suture. France, Luc.

'72. **Calliope,** d'Orb., 1847. Espèce voisine de la précédente, mais tournée à droite, et munie de côtes granuleuses au lieu de stries. France, Luc.

'74. **Callirrhoe,** d'Orb., 1847. Espèce allongée à tours très-saillants munis d'une côte très-saillante au milieu, et de deux sur le dernier. France, Marquise.

'75. **Calypso,** d'Orb., 1847. Coquille surbaissée, à tours convexes ornés en travers de cinq grosses côtes granuleuses. France, Luc.

'76. **Cassiope,** d'Orb., 1847. Espèce conique, à tours non saillants ornés en long de quatre grosses côtes, avec lesquelles se croisent des côtes transverses. France, Luc.

'77. **Castor,** d'Orb., 1847. Petite espèce voisine du *T. Lyelli*, mais avec ses deux côtes longitudinales plus écartées et granuleuses, et ayant quatre côtes séparées du côté de l'ombilic. Luc.

78. **subobtusus,** d'Orb., 1847. *T. obtusus*, Sow., 1827. Min. Conch., 6, p. 97, pl. 551, fig. 2. (Non Gmelin, 1789.) Angleterre, Ancliff.

79. **Archiaci,** d'Orb., 1847. *T. canaliculatus*, d'Archiac, 1843. Mém., p. 379, pl. 29, fig. 6. (Non Gmelin, 1789.) Eparcy.

80. **Delphinuloides,** d'Archiac, 1843. Mém., p. 379, pl. 29, fig. 3. Eparcy.

81. **subpyramidalis,** d'Orb., 1847. *T. pyramidalis*, d'Arch., 1843.

Mém., p. 380, pl. 29, fig. 7. (Non Gmelin, 1789.) Eparcy (Aisne).

82. **Labadyei,** d'Orb., 1847. *Trochus Labadyei*, d'Archiac, 1843. Mém. Soc. géol. de Fr., p. 379, pl. 29, fig. 2. France, Eparcy (Aisne).

83. **Lyelli,** d'Orb., 1847. *Monodonta Lyelli*, d'Archiac, 1843. Mém. Soc. géol. de Fr., p. 380, pl. 29, fig. 8. France, Eparcy (Aisne).

PHASIANELLA, Lamarck, 1814. Voy. p. 64.

'84. **Leymerici,** d'Archiac, 1843. Mém., p. 380, pl. 28, fig. 12. Eparcy, Luc.

'85. **Delia,** d'Orb., 1847. Espèce allongée, lisse, à tours étroits convexes. France, Marquise (Pas-de-Calais).

'86. **consobrina,** d'Orb., 1847. Espèce beaucoup moins allongée que la précédente, également lisse. France, Marquise.

87. **subumbilicata,** d'Orb., 1847. *Natica subumbilicata*, d'Archiac, 1843. Mém. Soc. géol. de Fr., p. 378, pl. 28, fig. 11. France, Eparcy (Aisne), Chesne (Ardennes).

STOMATIA, Lamarck, Voy. p. 7.

88. **subsulcosa,** d'Orb., 1847. *Nerita sulcosa*, d'Arch., 1843. Mém., p. 377, pl. 28, fig. 10. (Non *sulcosa*, Defrance, 1827. Non Brocchi, 1814; non Zieten, 1830). Eparcy.

DITREMARIA, d'Orb., 1842. Voy. p. 229.

'89. **rota,** d'Orb. *Trochotoma rota*, Deslongch., 1843. Mém. Soc. linn. de Norm., t. 7, p. 105, pl. 8, fig. 1, 2, 3. France, Langrune.

'90. **acuminata,** d'Orb., 1847. *Trochotoma acuminata*, Deslongch., 1843. *Id.*, t. 7, p. 108, pl. 8, fig. 11, 12, 13, 14, 15. France, Langrune.

'91. **conuloides,** d'Orb., 1847. *Trochotoma conuloides*, Deslongch., 1843, t. 7, p. 109, pl. 8, fig. 16, 17, 18, 19. France, Luc, Langrune.

'92. **globulus,** d'Orb., 1847. *Trochotoma globulus*, Deslongch., 1843, t. 7, p. 109, pl. 8, fig. 20, 21, 22. Luc, Langrune.

PLEUROTOMARIA, Defrance, 1825. Voy. p. 7.

'93. **strobilus,** Deslongchamps, 1848. Mém. Soc. lin. de Norm., t. 8, p. 116, pl. 11, fig. 3. Ranville, Luc.

93'. **Blandina,** d'Orb., 1847. Espèce un peu plus large que haute, à tours subcarénés au pourtour, treillissés ailleurs, avec des ondulations transverses en dessous. France, Luçon (Vendée).

94. **triangula,** d'Orb., 1847. *Trochus triangulus*, Rœmer, 1836. Nordd. Oolith., p. 150, pl. 10, fig. 16. Allemagne, Geerzen, Alfeld.

'94'. **Luciensis,** d'Orb., 1847. Grande espèce plus haute que large, à tours striés en long, et saillants les uns sur les autres. France, Luc.

'95. **Bolina,** d'Orb., 1847. Grande espèce voisine de forme de la précédente, mais avec de fortes nodosités sur les tours. France, Luc.

'95'. **Thiarella,** Deslongch., 1848, t. 8, p. 45, pl. 13, fig. 3. Langrune, Luc.

'96. **Tethys,** d'Orb., 1847. Espèce lisse, à tours carénés dont la spire est peu élevée. France, Luc.

'96'. **Palinurus,** d'Orb., 1847. *P. lævis*, Deslongchamps, 1848. Mém. Soc. linn. de Norm., t. 8, p. 136, pl. 14, fig. 2. (Non *Lævis*, M'Coy, 1844.) Langrune, Luc.

97. **Avellana,** Desl., 1848, t. 8, p. 141, pl. 14, fig. 3. Ranville.

97'. **Brevillii,** Desl., 1848, t. 8, p. 142, pl. 13, fig. 9. Le Maresquel.

98. **pagodus,** Deslongch., 1848, t. 8, p. 43, pl. 14, fig. 4. Ranville.

98'. nodosa, Deslongch., 1848, t. 8, p. 44, pl. 10, fig. 9. Ranville.
99. trochoides, Desl., 1848, t. 8, p. 50, pl. 10, fig. 8. Ranville.
99'. punctulata, Desl., 1848, t. 8, p. 62, pl. 10, fig. 10. Ranville.
100. Normaniana, d'Orb., 1849. *P. radians*, Deslongch., 1848, t. 8, p. 103, pl. 17, fig. 1. (Non *Radians*, Münster, 1841). Ranville.
100'. obesa, Deslongch., 1848, t. 8, p. 134, pl. 14, fig. 1. Ranville.
PTEROCERA, Lamarck, 1801. Voy. p. 231.
*__101. Cornuta,__ d'Orb., 1847. Espèce allongée, à tours carénés, dont le dernier est pourvu en dessus d'une longue pointe, comme le *P. Myurus*. France, Marquise (Pas-de-Calais).
102. atractoides, Deslongch., 1843. Mém. Soc. linn. de Norm., t. 7, p. 166, pl. 9, fig. 7, 8, 9. France, Ranville (Calvados).
103. vespa, Desl., 1843, t. 7, p. 167, pl. 9, fig. 10, 11. Ranville.
104. Balanus, Desl., 1843, 7, p. 168, pl. 9, fig. 12, 13. Ranville.
105. subretusa, d'Orb., 1847. *P. retusa*, Deslongch., 1843. Mém. Soc., t. 7, p. 169, pl. 9, fig. 14, 15 (non Sow., 1836). Ranville.
*__106. paradoxa,__ Deslong., 1843, t. 7, p. 170, pl. 9, fig. 16-18. Langrune, Colleville.
107. hamulus, d'Orb., 1847. *Rostellaria hamulus*, Deslongch., 1843. *Id.*, t. 7, p. 175, pl. 9, fig. 37-40. France, Langrune (Calvados).
108. cirrus, d'Orb., 1847. *Rostellaria cirrus*, Deslongch., 1843. Mém., t. 7, p. 178, pl. 9, fig. 26. France, Ranville (Calvados).
109. oolithica, d'Orb., 1847. *Rostellaria oolithica*, Buvignier, 1843. Mém. Soc. philom. de Verdun, t. 2, p. 26, pl. 6, fig. 18. France, Poix (Ardennes).
110. pupæformis, d'Orb., 1847. *Rostellaria pupæformis*, d'Arch., 1843. Mém. Soc. géol. de Fr., p. 385, pl. 31, fig. 11. France, Eparcy.
PURPURINA, d'Orb., 1847. Voy. p. 270.
111. Thorenti, d'Orb., 1847. *Fusus Thorenti*, d'Arch., 1843. Mém. Soc. géol. de Fr., p. 384, pl. 30, fig. 8. France, Eparcy (Aisne).
112. unilineata, d'Orb., 1847. *Buccinum unilineatum*, Sow., 1825. Min. Conch., 5, p. 139, pl. 486, fig. 5, 6. Angleterre, Ancliff.
CERITHIUM, Adanson, 1757. Voy. p. 196.
*__113. Aceste,__ d'Orb., 1847. Espèce voisine du *C. Dufrenoyi*, mais moins longue et pourvue de trois côtes inégales presque treillissées partout. France, Luc.
*__114. Acteon,__ d'Orb., 1847. Espèce lisse, ayant la forme d'un *Chemnitzia*, mais à labre saillant et à canal très-peu prononcé. France, Marquise.
†**115. flexuosum,** Münst., Goldf., 1843, 3, p. 33, pl. 173, fig. 15. Rabenstein.
†**116. subconcavum,** d'Orb., 1847. *C. concavum*, Münst., Goldf., 1843, 3, p. 33, pl. 173, fig. 16 (non Sow., 1822). Allem., Rabenstein.
117. tortile, Deslongch., 1843, 7, p. 200, pl. 11, fig. 15. *Terebra granulata*, Phillips, 1829. Yorkshire, p. 116, pl. 7, fig. 16. Anglet., Scarborough; France, Ranville.
118. subcolumnare, d'Orb., 1847. *C. columnare*, Deslongch., 1842. Mém., t. 7, p. 196, pl. 11, fig. 5 (non Lam., 1805). Ranville.
119. pupilla, Deslongch., 1842, t. 7, p. 204, pl. 11, fig. 22-23. France, Luc (Calvados).

120. bulimoides, Desl., 1842, t. 7, p. 209, pl. 11, fig. 40-41. Luc.
121. Petri, d'Arch., 1843. Mém. Soc. géol. de Fr., p. 383, pl. 31, fig. 5. France, Eparcy (Aisne).
122. pentagonum, d'Arch., 1843, p. 384, pl. 31, fig. 6. Eparcy.
123. Nystii, d'Arch., 1843, p. 384, pl. 31, fig. 7. Eparcy.
124. strangulatum, d'Archiac, 1843, p. 382, pl. 31, fig. 1. Eparcy.
125. Betulæ, d'Orb., 1847. *C. Brongniarti*, d'Arch., 1843. Mém. Soc. géol. de Fr., p. 383, pl. 31, fig. 2 (non Michelotti, 1840). Eparcy.
126. Dufrenoyi, d'Arch., 1843, p. 383, pl. 31, fig. 3-4. Eparcy.
127. Konincki, d'Arch., 1843, p. 383, pl. 31, fig. 9. Eparcy.
128. Murchisoni, d'Orb., 1847. *Pleurotomaria Murchisoni*, d'Arch., 1843. Mém. Soc. géol. de Fr., p. 384, pl. 31, fig. 8. France, Eparcy.
129. Langrunensis, d'Orb., 1847. *C. Blainvillii*, Deslongch., 1842. Mém. Soc. linn. de Norm., t. 7, p. 192, pl. 8, fig. 35 (non Deshayes, 1824). Langrune.

FUSUS, Bruguière, 1791. D'Orb., Paléont. française, terrains crétacés, 3, p. 330.

***130. subnodulosus,** d'Orb., 1847. *F. nodulosus*, Deslongch., 1843. Mém., t. 7, p. 155, pl. 10, fig. 36-37 (non Sow., 1837). Langrune.

RIMULA, Defrance, 1827.

***131. acuta,** d'Orb., 1847. *Fissurella acuta*, Deslongch., 1842. Mém. Soc. lin. de Norm., t. 7, p. 122, pl. 7, fig. 22, 23, 24. Langrune.
132. clathrata, d'Orb., 1847. *Emarginula clathrata*, Sow., 1826. Min. Conch., 6, p. 33, pl. 519, fig. 1. Angleterre, Ancliff.

EMARGINULA, Lamarck, 1801. Voy. p. 126.

133. tricarinata, Sow., 1826, 6, p. 33, pl. 519, fig. 2. Ancliff.
134. scalaris, Sow., 1826, 6, p. 33, pl. 519, fig. 3. Langrune; Ancliff.
135. Blotii, Deslongch., 1842. Mém. Soc. linn. de Norm., t. 7, p. 126, pl. 10, fig. 1, 2, 3. France, Colleville (Calvados).
136. Desnoyersii, Deslongch., 1842, t. 7, p. 127, pl. 7, fig. 33, 34, 35. Langrune.

HELCION, Montfort, 1810. Voy. p. 9.

***137. rugosa,** d'Orb., 1847. *Patella rugosa*, Sow., 1816. Min. Conch., 2, p. 85, pl. 139, fig. 6. France, Langrune, Luc, Lion, Colleville, Ranville; Anglet., Rampton-Common, Amberley-Heath.
***138. Normaniana,** d'Orb., 1847. Espèce voisine de forme de l'*H. rugosa*, mais entièrement lisse. France, Langrune.
***139. nitida,** d'Orb., 1847. *Patella nitida*, Deslongch., 1842. Mém., t. 7, p. 116, pl. 7, fig. 7-8. Langrune, Luc, Colleville, Ranville.
140. clypeola, d'Orb., 1847. *Platella clypeola*, Deslongch., 1842. Mém., t. 7, p. 117, pl. 7, fig. 12, 13, 14. France, Langrune.
141. appendiculata, d'Orb., 1847. *Patella appendiculata*, Deslongch., 1842. Mém., t. 7, p. 117, pl. 11, fig. 1-2. France, Langrune.
142. lata, d'Orb., 1847. *Patella lata*, Sow., 1824. Min. Conch., 5, p. 133, pl. 484, fig. 1. Angl., Stonefield.
143. ancyloides, d'Orb., 1847. *Patella ancyloides*, Sow., 1824. Min. Conch., 5, p. 133, pl. 484, fig. 2. Anglet., Ancliff.
144. nana, d'Orb., 1847. *Patella nana*, Sow., 1824. Min. Conch., 5, p. 133, pl. 484, fig. 3. Angleterre, Ancliff.

145. Aubentonensis, d'Orb., 1847. *Patella Aubentonensis*, d'Arch., 1843. Mém. Soc. géol. de Fr., p. 377, pl. 28, fig. 8. Aubenton.

146. Luciensis, d'Orb., 1847. Espèce voisine de l'*H. nitida*, mais bien plus étroite, oblongue. France, Luc.

CHITON, Linné, 1758. Voy. p. 127.

146'. Koninckii, Deslongch., 1848. Mém. Norm., t. 8, p. 157, pl. 18, fig. 3. Luc.

BULLA, Linné, 1758.

147. Thorentea? Buvignier, 1843. Mém. Soc. philom. de Verdun, t. 2, p. 15, pl. 5, fig. 11. Géol. des Ardenn., p. 535, pl. 5, fig. 10. France, env. de Rumigny et d'Aubenton (Aisne).

148. primæva? Deslongch., 1842. Mém. Soc. linn. de Norm., t. 7, p. 135, pl. 10, fig. 23-24. France, Ranville (Calvados).

148'. globulosa, Desl., 1848, t. 8, p. 161, pl. 18, fig. 5. Ranville.

MOLLUSQUES LAMELLIBRANCHES.

PHOLAS, Linné, 1758. Voy. p. 251.

'149. crassa, Deslongchamps, 1838. Mém., p. 6, pl. 9, fig. 1-8. Luc.

PANOPÆA, Ménard, 1807. Voy. p. 264.

'150. Danae, d'Orb., 1847. Espèce voisine du *P. tenuistria*, mais plus courte et plus large, avec une dépression rayonnante vis-à-vis des crochets. France, Vezelay (Yonne), Ranville.

'151. Dejanira, d'Orb., 1847. Petite espèce, renflée, très-courte et obtuse sur la région buccale, très-allongée sur la région anale, lisse ou seulement ridée. France, Marquise (Pas-de-Calais).

'152. Delia, d'Orb., 1847. Espèce très-déprimée, voisine du *P. securiformis*, mais bien plus longue et plus tronquée sur la région anale. France, Vézelay (Yonne).

'153. decurtata, d'Orb., 1847. *Amphidesma decurtatum*, Phillips, 1839, p. 115, pl. 7, fig. 11. France, Marquise, Bussy, près de Nantua; Montange, Apremont, l'Ouilla de Brion, Geovreissiat (Ain); Angl., Scarborough, Gristhorpe.

154. securiformis, d'Orb., 1847. *Amphidesma securiforme*, Phillips, 1839. Yorkshire, p. 115, pl. 7, fig. 10. Anglet., Scarborough, Newton-Dale.

'155. Galdrina, d'Orb., 1847. Grande espèce allongée, voisine de forme du *P. Faujasii*. France, Vézelay (Yonne).

PHOLADOMYA, Sow., 1826. Voy. p. 73.

'156. gibbosa, d'Orb., 1847. *Mactra gibbosa*, Sow., 1813, 1, p. 91, pl. 42. D'Archiac, 1843. Mém. de la Soc. géol., 5, pl. 26, fig. 1. Agass., Étud. crit., p. 160, pl. 18. Angl., Bath ; Suisse, Gunsberg, Atteswyl ; France, Bucilly (Aisne), Rumigny (Ardennes), Vezelay (Yonne), Montange, Nantua (Ain), Saint-Aubin, Ranville (Calvados).

'157. Vezelayi, Lajoye, Bull. Soc. géol. de Fr., t. 11. *Mya Vezelayi*, d'Arch., 1843. Mém. Soc. géol. de Fr., p. 370, pl. 25, fig. 4. *Homomya gibbosa*, Agassiz, Myes, pl. 18 (Non Sowerby). France, Bucilly (Aisne), Vezelay, Navenne (Haute-Saône), Poitiers (Vienne), Ranville.

*158. **Murchisoni,** Sow., 1827, 6, p. 87, pl. 545. Phillips, pl. 7, fig. 9. Agassiz, Myes, pl. 4 c, fig. 5-7. Angl., Brora, Scarborough; France, Marquise, Saint-Aubin; Suisse, Goldenthal (Soleure).

*159. **angulifera,** d'Orb., 1847. *Mya angulifera*, Sow., 1818, 3, p. 45, pl. 224, fig. 3. *Mya litterata*, Phillips, pl. 7, fig. 5 (non Sowerby). *Goniomya proboscidea*, Agassiz. France, Beauregard, près Montréal (Ain), Vezelay (Yonne); Angl., Beacon-Hill, près de Bath, Scarborough; Suisse, Goldenthal (Soleure).

*160. **Bellona,** d'Orb., 1847 (espèce voisine du *P. Murchisoni*), mais toujours plus trigone et plus courte. *P. Murchisoni*, Zieten, 1830, p. 27, pl. 65, fig. 4 (non Sow., 1827). Wurtemb., Nipf, près de Bopfingen; France, Vézelay (Yonne), Saint-Aubin (Calvados), Montange, Bussy, Apremont, près de Nantua (Ain).

*161. **texta?** Agass., 1842. Étud. crit., p. 81, pl. 46, fig. 7-9. France, Nantua; Suisse, Goldenthal, Sangetel (Soleure).

*162. **Bernardiana,** d'Orb., 1847. Coquille lisse, trigone, à région buccale très-courte, oblique. France, Montange, près de Nantua,

*163. **Bolina,** d'Orb., 1847. Coquille cunéiforme, renflée, droite, ornée seulement d'une seule côte rayonnante peu distincte, le reste orné de fortes ondulations concentriques. Vézelay (Yonne), Nantua.

*164. **Varusensis,** d'Orb., 1847. Espèce courte et renflée, élargie sur la région buccale, fortement marquée de côtes concentriques. France, Roquevignon, près de Grasse (Var).

*165. **scalprum,** d'Orb., 1847. *Goniomya scalprum*, Agass., 1842. Etud. crit., p. 11, pl. 1 c, fig. 10-12. France, Roquevignon, près de Grasse (Var); Suisse, Goldenthal (Soleure).

167. **ovalis,** d'Orb., 1847. *Lutraria ovalis*, Sow., 1818. Min. Conch., 3, p. 47, pl. 226, fig. 1. (Exclus., fig. 2) Angleterre, Felmersham.

168. **ovulum,** Agass., 1842. Etud. crit., p. 119, pl. 3, fig. 7-9, pl. 3 b, fig. 1-6. *Phol. fabacea*, Agass., pl. 3-6, fig. 10-12, pl. 5 *a*, fig. 5-7. Suisse, Goldenthal, Dürenast (Soleure).

LYONSIA, Turton, 1822. Voy. p. 10.

*169. **peregrina,** d'Orb., 1847. *Unio peregrinus*, Phillips, 1829, p. 115, pl. 7, fig. 12. *Gresslya truncata*, Agassiz, Myes, p. 215, pl. 12 *b*, fig. 4-6. *Gresslya rostrata*, Agass., pl. 12 *b*, fig. 7-9. Anglet., Scarborough, Newton-Dale; France, Ranville, Marquise, Grange-Henry, près de Nantua (Ain), Mietesbein (Bas-Rhin); Suisse, Ring, près de Petite-Lucette (Soleure).

170. **latirostris,** d'Orb., 1847. *Gresslya latirostris*, Agass., 1844, pl. 13 a, fig. 8-13. *Gresslya lunulata*, Agassiz, 1844, p. 208, pl. 13, fig. 7-10, pl. 13 a, fig. 1-4. *Gresslya ovata*, Agass., pl. 13, fig. 4-6, et pl. 13 *b*, fig. 7-9. Peut-être cette espèce n'est-elle encore qu'une déformation du *L. peregrina*? Ring, Horlang, près de Grindel (Soleure).

CEROMYA, Agassiz, 1844. Voy. p. 275.

*171. **striata,** d'Orb., 1847. *Cardita striata*, Sow., 1815. Min. Conch., 1, p. 199, pl. 89, fig. 1. *Cardita abrupta*, Sow., 1815, id., p. 199, pl. 89, fig. 2. *Ceromya plicata*, Agass., 1842. Etud. crit., p. 32, pl. 8 d. France, Vézelay, côte du mont d'Héen, près de Nantua (Ain), Marquise, Poitiers (Vienne); Suisse, Goldenthal; Anglet., Swanswick (Seamer et Shire).

*172. **semiradiata,** d'Orb., 1847. Espèce voisine de forme du *C. concentrica*, mais lisse partout, excepté sur les crochets, où sont des sillons rayonnants très-prononcés. France, Marquise.

THRACIA, Leach, 1825. Voy. p. 216.

*173. **Vicceliacensis,** d'Orb., 1847. Espèce trigone, plus inéquilatérale que le *T. alta*, et plus comprimée. France, Vezelay (Yonne), Marquise, Bussy, Montréal, près de Nantua (Ain).

174. **lens,** d'Orb., 1847. *Corimya lens*, Agass., 1845. Etud. crit., p. 267, pl. 36, fig. 1-15. *Corimya elongata*, Agass., 1845, p. 268, pl. 36, fig. 16-18. Suisse, env. de Soleure.

ANATINA, Lamarck, 1809. Voy. p. 74.

*175. **Ægea,** d'Orb., 1847. Espèce voisine de l'*A. dilatata*, mais plus allongée, très-bâillante à la région anale. France, Vézelay (Yonne), côte du mont d'Héen et Grange-Henry, près de Nantua, Luc.

176. **Actæa,** d'Orb., 1847. Espèce ovale, acuminée et rostrée sur la région anale, élargie et obtuse sur la région buccale. Marquise.

177. **pinguis,** d'Orb., 1847. *Cercomya pinguis*, Agass., 1844. Etud. crit., p. 145, pl. 11, fig. 19-21, pl. 11 a, fig. 17 et 18. Suisse, Goldenthal (Soleure).

178. **undulata?** d'Orb., 1847. *Sanguinolaria undulata*, Sow., 1827. Min. Conch., 6, p. 91, pl. 548, fig. 1-2. Angleterre, Brora.

LAVIGNON, Cuvier, 1817. D'Orb., Mollusques de l'Amérique méridionale.

179. **mactroides,** d'Orb., 1847. *Mactromya mactroides*, Agass., 1844. Etud. crit., p. 190, pl. 9 b, fig. 10-22. France, env. de Nantua (Ain); Suisse, Goldenthal (Soleure); Popilani, Lithuanie.

179. **Tethys,** d'Orb., 1847. Espèce oblongue, fortement ridée de lignes concentriques à l'une des extrémités. France, Luc.

TELLINA, Linné, 1758. D'Orb., Voy. p. 275.

*180. **Ægea,** d'Orb., 1847. Espèce allongée, très-inéquilatérale, plus courte et plus anguleuse sur la région anale, non tordue. France, Luc.

*181. **Ægle,** d'Orb., 1847. Espèce ovale très-inéquilatérale, très-longue sur la région buccale, tronquée obliquement sur la région anale. France, Luc.

*182. **Æneus,** d'Orb., 1847. Espèce presque équilatérale, ovale, tronquée obliquement sur la région anale. France, Luc.

*183. **Agatha,** d'Orb., 1847. Espèce voisine du *T. Ægea*, mais plus large et plus courte, également lisse. France, Luc.

*184. **Aglaia,** d'Orb., 1847. Espèce très-comprimée, oblongue, inéquilatérale, droite et acuminée sur la région anale. France, Luc.

*185. **Alcyone,** d'Orb., 1847. Espèce ovale, comprimée, peu prolongée sur la région buccale. France, Luc.

*186. **amata,** d'Orb., 1847. Espèce presque ronde, très-comprimée, lisse, plus courte sur la région buccale. France, Luc.

*187. **Alita,** d'Orb., 1847. Espèce ovale, lisse, comprimée, presque égale en longueur des deux côtés. France, Luc.

LEDA, Schumacher, 1817. Voy. p. 11. *Dacryomya*, Agass.

*188. **lacryma,** d'Orb., 1847. *Nucula lacryma*, Sow., 1824. Min. Conch., 5, p. 188, pl. 476, fig. 3. France, Marquise (Pas-de-Calais).

*189. **mucronata**, d'Orb., 1847. *Nucula mucronata*, Sow., 1824. Min. Conch., 5, p. 118, pl. 476, fig. 4. Angl., Ancliff; France, Luc.

CORBULA, Bruguière, 1791. D'Orb. Voy. p. 275.

*190. **Agatha**, d'Orb., 1847. Espèce globuleuse, lisse, ovale, arrondie sur la région buccale, prolongée en un rostre étroit sur la région anale, très-renflée aux crochets. France, Marquise.

*191. **Aglaia**, d'Orb., 1847. Espèce subtrigone, renflée, ornée de fortes stries concentriques, anguleuse obtusément sur la région buccale, prolongée en angle peu long du côté opposé. France, Luc.

192. **Alimena**, d'Orb., 1847. Espèce voisine de la précédente par ses stries, mais plus droite, ovale et plus courte sur la région buccale. France, Marquise.

*193. **amata**, d'Orb., 1847. Espèce voisine par ses stries du *C. aglaia*, mais bien plus courte, trigone, et tronquée obliquement sur la région anale. France, Luc.

194. **obscura**, Sow., 1827. M. C., 6, p. 139, pl. 572, fig. 5. Brora.

OPIS, Defrance, 1825. Voy. p. 198.

*195. **pulchella**, d'Orb., 1847. Espèce voisine de l'*O. lunulata*, mais bien plus courte et moins oblique, presque carrée, ornée de côtes concentriques. France, Luc.

*196. **Luciensis**, d'Orb., 1847. Espèce voisine de l'*O. lunulata*, mais lisse et avec une lunule encore plus creusée. France, Luc.

*197. **rustica**, d'Orb., 1847. Espèce plus large que haute, renflée, plane en dessus et en dessous, et comme évidée, sans excavation lunulaire. France, Luc.

ASTARTE, Sow., 1818. Voy. p. 216.

*198. **rotunda**, Sow., 1826. M. C., 6, p. 36, pl. 520, fig. 2 (sous le nom d'*Orbicularis*.) France, Vézelay (Yonne), Grange-Henry, près de Nantua (Ain); Angl., Hampton, près de Bath.

*199. **Sabinus**, d'Orb., 1847. Espèce aussi large, carrée, fortement striée dans le sens de l'accroissement; crochet très-proéminent. Luc.

*200. **Zelima**, d'Orb., 1847. Grande espèce ovale, plus longue que large, plissée près des crochets. France, Luc.

*201. **Scylla**, d'Orb., 1847. Petite coquille voisine de l'*A. sabinus*, mais plus complétement carrée, à crochet bien moins saillant, à stries concentriques plus fines. France, Luc.

*202. **Semele**, d'Orb., 1847. Espèce de petite taille, un peu plus longue que large, un peu carrée, lisse, tronquée obliquement sur la région anale. France, Luc.

*203. **Serena**, d'Orb., 1847. Petite coquille entièrement circulaire, lisse, comprimée, à crochet un peu saillant. France, Luc.

*204. **Sibylla**, d'Orb., 1847. Coquille petite, oblongue, ridée, concentriquement tronquée, obliquement sur la région anale. Luc.

*205. **Vesta**, d'Orb., 1847. Petite espèce presque ronde, très-comprimée, ornée de côtes onduleuses concentriques peu marquées. France, Luc.

*206. **Solandra**, d'Orb., 1847. Espèce voisine de l'*A. pulla*, mais plus courte et bien plus carrée sur la région anale; entre ses côtes sont des stries fines. France, Luc.

*207. **Susanna**, d'Orb. Charmante petite espèce ovale presque ronde ; tellement comprimée, qu'elle laissait à peine de la place pour l'animal; ornée de côtes concentriques. France, Marquise.

*208. **pulla,** Rœmer, 1836. Oolith, p. 113, pl. 6, fig. 27. France, Marquise; Allemagne, Geerzen, Alfeld.

*209. **leporina,** d'Orb., 1847. *Isocardia leporina*, Klœden, Koch, 1837. Ool., p. 30, pl. 2, fig. 4. (Par la lunule c'est une *Astarte*.) France, Marquise ; Allem.

*210. **orbicularis,** Sow., 1824. Min. Conch., 5, p. 65, pl. 444, fig. 2, 3. France, Luc (Calvados) ; Angleterre, Ancliff.

211. **pumila,** Sow., 1824, 5, p. 65, pl. 444, fig. 4-6. Ancliff.

212. **squamula,** d'Arch., 1843. Mém. Soc. géol. Fr., p. 372, pl. 25, fig. 5. France, d'Aubenton à la Folie-Not (Aisne).

213. **angusta,** d'Orb., 1847. *Cardita angusta*, Münst., Goldf., 1839, 2, p. 186, pl. 133, fig. 7. (Sans doute une déformation géologique.) Allem., Lichtenfels.

CYPRINA, Lamarck, 1801. Voy. p. 173.

*214. **Beaumontii,** d'Orb., 1847. *Cardium Beaumontii*, d'Archiac, 1843. Mém. Soc. géol. Fr., p. 373, pl. 26, fig. 4. France, Bucilly, Aubenton (Aisne), Marquise; Anglet., Bath (Wiltshire).

*215. **Antiopa,** d'Orb., 1847. Espèce ovale, très-inéquilatérale, courte sur la région buccale, allongée et arrondie du côté opposé, ornée de stries fines concentriques. France, Marquise.

*216. **Amphitryon,** d'Orb., 1847. Espèce voisine du *C. Beaumontii*, mais bien plus courte, également subcarénée sur la région anale. France, Marquise.

*217. **Alcyon,** d'Orb., 1847. Espèce voisine du *C. Antiopa*, mais bien plus courte, presque ronde, extrémité anale large. Marquise.

*218. **Arion,** d'Orb., 1847. Coquille ovale, courte, striée concentriquement, à région anale étroite. France, Marquise.

*219. **Arethusa,** d'Orb., 1847. Coquille un peu carrée, striée concentriquement, presque aussi large que longue, élargie et tronquée sur la région anale, étroite sur la région buccale. Luc, Marquise.

CYPRICARDIA, Lamarck, 1801.

*220. **Bathonica,** d'Orb, 1847. Espèce voisine du *C. cordiformis*, mais plus allongée et plus excavée sur la région anale. France, Luc.

HIPPOPODIUM, Sow., 1819.

*221. **Luciensis,** d'Orb., 1847. Très-grande espèce quadrangulaire, à fortes rides d'accroissement, remarquable par le développement de sa charnière. France, Luc.

TRIGONIA, Bruguière, 1791. Voy. p. 198.

*222. **pullus,** Sow., 1826, 6, p. 9, pl. 508, fig. 2-3. Luc; Ancliff.

*223. **angulata,** Sow., 1826, 6, p. 9, pl. 508, fig. 1. *T. undulata*, Agassiz, pl. 6, fig. 1. France, Marquise ; Suisse, Schonberg, près de Fribourg ; Brisgau ; Angl., Brewham, près Nunney.

*224. **imbricata,** Sow., 1826. M. C., 6, p. 7, pl. 507, fig. 2-3. Luc ; Ancliff.

*225. **cuspidata,** Sow., 1826. M. C. 6, p. 7, pl. 507, fig. 4-5. Luc ; Ancliff.

*226. **Cassiope,** d'Orb., 1847. Espèce voisine du *T. costata*, mais plus longue et pourvue sur l'area anale de trois grosses côtes saillantes crénelées, indépendamment des côtes intermédiaires. France, Luc (Calvados), Vezelay (Yonne), Grange-Henry, près de Nantua.

'227. **Clio**, d'Orb., 1847. Petite espèce très-remarquable par ses quelques côtes rares, en zigzag, sur la région buccale, et par trois séries de pointes sur des côtes à la région anale. France, Luc.

'228. **Clytia**, d'Orb., 1847. Coquille singulière par ses côtes concentriques formant de deux en deux un angle sur la région anale, indépendamment de l'area costulée en travers. France, Luc.

'229. **Castor**, d'Orb., 1847. Grande espèce de moitié plus courte que large, remarquable par le développement de son area anale et par sa forme. France, Luc.

'230. **Chiron**, d'Orb., 1847. Grande espèce carrée, aussi longue que large, une area anale extraordinairement développée. France, Luc.

'231. **Cybele**, d'Orb., 1847. Espèce oblongue, ornée de côtes rayonnantes épineuses. France, Luc.

LUCINA, Bruguière, 1791. Voy. p. 76.

'232. **Orbignyana**, d'Arch., 1843. Mém. Soc. géol. de Fr., p. 371, pl. 26, fig. 2. France, Eparcy (Aisne), Marquise (Pas-de-Calais).

233. **cardioides**, d'Arch., 1843, p. 371, pl. 25, fig. 6. Eparcy.

234. **Bellona**, d'Orb., 1847. *Lucina lyrata*, d'Arch., 1843. Mém. Soc. géol. fr., p. 372, pl. 26, fig. 3 (non Phillips, 1829). Eparcy.

'235. **Jurensis**, d'Orb., 1847. Espèce entièrement circulaire, très-comprimée. France, environs de Salins (Jura), Beauregard de Montréal et l'Ouilla de Brion, près de Nantua (Ain).

'236. **Luciensis**, d'Orb., 1847. Espèce mince, fragile, lisse, presque ronde, courte sur la région anale. France, Luc.

CORBIS, Cuvier, 1817. Voy. p. 279.

'237. **Madridi**, d'Orb., 1847. *Cardium Madridi*, d'Arch., 1843. Mém. Soc. géol. Fr., p. 373, pl. 25, fig. 7. France, Eparcy (Aisne), Luc.

'238. **Lajoyei**, d'Archiac, 1843, p. 372, pl. 27, fig. 1. Bucilly, Eparcy ; Roquevignon (Var).

'239. **crassicosta**, d'Orb., 1847. Espèce voisine de forme du *C. Davoustiana* et *Madridi*, mais avec des côtes plus larges, plus saillantes. France, Luc, Langrune.

240. **Archiaciana?** d'Orb., 1847. *Cardium incertum*, d'Arch., 1843. Mém. Soc. géol. Fr., p. 373, pl. 27, fig. 3 (non Phillips, pl. 11). France, Aubenton (Aisne).

UNICARDIUM, d'Orb., 1847. Voy. p. 218.

'241. **rugosum**, d'Orb., 1847. Espèce ovale, subéquilatérale, ornée de rides concentriques irrégulières. France, Marquise.

'242. **oblongum**, d'Orb., 1847. Coquille oblongue presque deux fois aussi longue que large, lisse, équilatérale. France, Luc.

'243. **ovoideum**, d'Orb., 1847. Coquille ovale, ornée de rides concentriques, très-inéquilatérale, très-courte sur la région anale. France, Luc.

'244. **corbisoideum**, d'Orb., 1847. Coquille presque ronde, très-globuleuse, ornée de stries concentriques fines, peu inéquilatérale. France, Marquise.

'245. **ornatum**, d'Orb., 1847. Coquille subovale, raccourcie sur la région buccale, ornée partout de petites côtes concentriques. France, Marquise.

246. varicosum, d'Orb., 1847. *Venus varicosus*, Sow., 1821. Min. Conch., 3, p. 173, pl. 296. Angleterre, Felmersham.

***247. Ranvillianum,** d'Orb., 1847. Grande espèce voisine de l'*U. ovoideum*, mais plus renflée et moins inéquilatérale. France, Ranville.

CARDIUM, Bruguière, 1791. Voy. p. 83.

***248. Camilla,** d'Orb., 1847. Espèce lisse, ovale, obronde, à peu près inéquilatérale. France, Luc, Marquise, Vézelay (Yonne), envir. de Nantua (Ain), Luçon (Vendée).

***249. citrinoideum?** Phillips, 1839. Yorksh., p. 115, pl. 7, fig. 7. Niort (Deux-Sèvres) ; Angleterre, Scarborough, Newton-Dale.

***250. Cybele,** d'Orb., 1847. Petite espèce voisine du *C. hillanum*, avec les mêmes ornements, mais plus circulaire. France, Marquise.

***251. Luciense,** d'Orb., 1847. Grande espèce, voisine du *C. Camilla*, mais plus allongée, surtout sur la région anale. France, Luc.

252. pes-bovis, d'Arch., 1843, p. 373, pl. 27, fig. 2. Eparcy, Bucilly. Aubenton.

252'. subminutum, d'Orb., 1847. *C. minutum*, d'Arch., 1843. Mém. Soc. géol. Fr., p. 374, pl. 27, fig. 4 (non Lam., 1839). Eparcy.

ISOCARDIA, Lamarck, 1799. Voy. p. 132.

***253. minima,** Sow., Min. Conch., tab. 295. Phill., 1839, p. 115, pl. 7, fig. 6 (non *J. minima*, Deshayes, Traité élémentaire, pl. 24, fig. 6, 7). France, Luc, Montréal, près de Nantua (Ain), Vézelay (Yonne) ; Angl., Newton-Dale.

NUCULA, Lamarck, 1801. Voy. p. 12.

***254. variabilis,** Sow., 1824. Min. Conch., 5, p. 117, pl. 475. Zieten, 1830, p. 77, pl. 57, fig. 9. France, Luc ; Angl., Ancliff ; Wurtemberg, Stuifenberg, et près de Gamelshausen.

***255. amata,** d'Orb., 1847. Espèce infiniment plus allongée que l'espèce précédente, également lisse. France, Marquise.

LIMOPSIS, Sassi, 1835. Voy. p. 280.

***256. oblonga,** d'Orb., 1847. *Pectunculus oblongus*, Sow., 1824. Min. Conch., 5, p. 112, pl. 472, fig. 6. France, Luc ; Angl., Ancliff.

***257. oolithica,** d'Orb., 1847. *Pectunculus oolithicus*, Buvignier, Statistiq. min. du départ. des Ardennes, pl. 4, fig. 6. D'Arch., 1843. Mém. Soc. géol. Fr., p. 374, pl. 27, fig. 6. Fr., Aubenton (Aisne), Luc.

***258. minima?** d'Orb., 1847. *Pectunculus minimus*, Sow., 1824. Min. Conch., 5, p. 112, pl. 472, fig. 5. Angl., Ancliff ; France, Luc.

ARCA, Linné, 1758. Voy. p. 13.

***259. rudis,** d'Orb., 1847. *Cucullæa rudis*, Sow., 1824. Min. Conch., 5, p. 67, pl. 447, fig. 4. France, Luc ; Anglet., Ancliff.

***260. subminuta,** d'Orb., 1847. *Cucullæa minuta*, Sow., 1824. Min. Conch., 5, p. 67, pl. 447, fig. 3 (non Gmelin, 1789). Angl., Ancliff.

***261. Edusa,** d'Orb., 1847. Espèce très-allongée, étroite, sinueuse sur la région palléale, acuminée sur la région buccale, chargée sur la région anale, treillissée partout. France, Marquise.

***262. Echo,** d'Orb., 1847. Espèce voisine de l'*A. minuta*, mais avec six côtes rayonnantes sur l'area anale, le reste orné de stries rayonnantes et de rides concentriques près de la région anale. France, Luc.

*263. **Echion,** d'Orb., 1847. Espèce voisine de l'*A. minuta,* mais avec deux côtes tuberculeuses sur la région anale, le reste fortement treillissé. France, Luc.

*264. **pulchra,** Sow., 1824, 5, p. 115, pl. 473, fig. 3. Luc ; Ancliff.

*265. **Edouardi,** d'Orb., 1847. Espèce encore voisine de l'*A. minuta,* mais avec sa surface finement treillissée partout et munie de trois légers sillons sur la région anale qui est oblique. France, Luc.

*266. **Elathea,** d'Orb., 1847. Espèce voisine de l'*A. minuta,* mais avec un treillis bien plus fin, et avec deux sillons sur l'area anale, coupée rarement. France, Luc, Marquise.

*267. **Elea,** d'Orb., 1847. Petite espèce oblongue non carénée sur la région anale, arrondie à ses deux extrémités, ornée de fortes stries rayonnantes. France, Luc.

*268. **Electra,** d'Orb., 1847. Espèce oblongue, non carénée, obtuse à ses deux extrémités, se distinguant de toutes les autres par ses stries concentriques bien plus prononcées que les petites stries rayonnantes. Luc.

*269. **Erato,** d'Orb., 1847. Espèce très-allongée, non carénée, anguleuse sur la région buccale, coupée obliquement du côté opposé, treillissée partout. Luc.

*270. **Erina,** d'Orb., 1847. Espèce voisine de l'*A. electra,* mais avec de bien plus fines stries concentriques, et subcarénée sur l'area anale. Luc.

*271. **Eudora,** d'Orb., 1847. Assez grande espèce voisine de l'*A. Erato,* mais plus large, plus courte et pourvue d'un sillon rayonnant sur la région anale. Luc.

*272. **Euryta,** d'Orb., 1847. Grosse espèce lisse, oblongue, plus épaisse que large, rostrée sur la région anale, ventrue du côté opposé. France, Vézelay (Yonne), Montange près de Nantua (Ain).

273. **Hoffmanni,** d'Orb., 1847. *Cucullæa Hoffmanni,* Rœmer, 1836. Nordd. Oolith., p. 105, pl. 6, fig. 21. Allem., Geerzen, Alfeld.

274. **inflata,** d'Orb., 1847. *Cucullæa inflata,* Rœmer, 1836. Nordd. Oolith., p. 105, pl. 4, fig. 22. Allem., Hildesheim.

275. **Hirsonensis,** d'Orb., 1847. *Cucullæa Hirsonensis,* d'Arch., 1843. Mém. Soc. géol. Fr., p. 374, pl. 27, fig. 5. France, La Reinette près d'Hirson (Aisne).

*276. **magnifica,** d'Orb., 1847. Grande espèce de 14 centimètres de longueur, allongée, très-courte sur la région buccale rostrée, l'autre extrémité élargie. Luc.

*277. **Luciensis,** d'Orb., 1847. Grande espèce oblongue, arrondie et plus courte sur la région buccale, anguleuse du côté opposé, presque lisse. France, Luc.

*278. **Ranvilliana,** d'Orb. Très-grande espèce oblongue, arrondie aux deux extrémités, plus courte sur la région buccale. Ranville.

*279. **Xanthe,** d'Orb., 1847. Espèce voisine de l'*A. rudis,* mais bien plus large et plus ventrue sur la région buccale. France, Luc.

PINNA, Linné, 1758. Voy. p. 135.

*280. **Luciensis,** d'Orb., 1847. Espèce allongée, anguleuse au milieu, costulée en long sur la région cardinale, sillonnée en arc et en travers sur la région palléale. France, Luc.

MITYLUS, Linné, 1758. Voy. p. 82

*281. **asper**, d'Orb., 1847. *Modiola aspera*, Sow., 1818. Min. Conch., 3, p. 21, pl. 212, fig. 4. France, Luc; Angl., Ancliff.

*282. **Sowerbyanus**, d'Orb., 1847. *Modiola plicata*, Sow., 1819. M. C., 3, p. 87, pl. 248, fig. 1. (Non Gmelin, 1789). France, Marquise, Nantua (Ain), Grasse (Var), Luc; Angl., Felmersham (Bedfordshire).

*283. **Gabrielis**, d'Orb., 1847. Espèce voisine du *M. asper*, mais à côtes rayonnantes bien plus grosses. France, Luc, Ranville.

*284. **Galanthis**, d'Orb., 1847. Espèce très-longue, étroite, arquée, très-obtuse à ses extrémités, ornée de stries fines, rayonnantes partout excepté sur la région bucco-palléale. France, Ranville.

*285. **Garbus**, d'Orb., 1847. Espèce courte, triangulaire, comprimée, étroite sur la région buccale, large à l'autre extrémité, lisse partout, excepté sur la région ano-cardinale où sont des rides transverses. France, Luc.

*286. **Glaucus**, d'Orb., 1847. Grande et belle espèce, peu large sur la région buccale, évidée sur la région palléale qui est légèrement ridée en travers, le reste orné de stries concentriques régulières. France, Luc.

287. **sublævis**, Sow., 1823. M. C., 5, p. 55, pl. 439, fig. 3. Felmersham.

*289. **quinquesulcatus**, d'Orb., 1847. Jolie espèce ornée sur la région anale de 5 sillons rayonnants, le reste lisse. France, Luc.

*290. **Ranvillianus**, d'Orb., 1847. Grande espèce lisse, élargie sur la région anale, très-étroite du côté opposé. France, Ranville.

MYOCONCHA, Sowerby, 1824. Voy. p. 165.

*291. **Aspasia**, d'Orb., 1847. Espèce voisine du *M. crassa*, mais plus large, plus courte et sans côtes aussi marquées. France, Luc.

*292. **Actæon**, d'Orb., 1847. Espèce bien plus longue que le *M. crassa*, et plus carrée à l'extrémité anale. France, Luc.

LITHODOMUS, Cuvier, 1817.

292'. **fabellus**, d'Orb., 1847. *Modiola fabella*, Deslongchamps, 1838. Mém. de la Soc. linn. de Norm., pl. 9, fig. 41, 42. France, Luc.

293. **parasiticus**, d'Orb., 1847. *Modiola parasitica*, Deslongch., 1838, loc. cit., fig. 44-46. France, Luc.

*293'. **Aisus**, d'Orb., 1847. Espèce oblongue, rétrécie sur la région buccale, très-élargie à l'autre extrémité qui est très-obtuse; de fortes rides concentriques. France, Luc.

*294. **inclusus**, d'Orb., 1847. *Modiola inclusa*, Deslongch., 1838, pl. 9, fig. 39, 40. Luc, Langrune.

*295. **Luciensis**, d'Orb., 1847. Espèce intermédiaire en longueur entre les deux précédentes espèces. France, Luc.

LIMA, Bruguière, 1791. Voy. p. 175.

*296. **rigidula**, d'Orb., 1847. *Plagiostoma rigidula*, Phillips, 1839. Yorkshire, p. 116, pl. 7, fig. 13. Luc, Luçon; Angl., Scarborough.

*297. **interstincta**, d'Orb., 1847. *Plagiostoma interstincta*, Phill., 1839, p. 116, pl. 7, fig. 14. France, Luc, Marquise; Scarborough.

*298. **gibbosa**, Sow., 1817, 2, p. 119, pl. 152, fig. 1, 2. Luc; Ancliff.

*299. **proboscidea**, Sow., 1820. Min. Conch., 3, p. 115, pl. 264. France, St-Aubin (Calvados), Luçon (Vendée), Nantua (Ain).

*300. **Harpax,** d'Orb., 1847. Jolie espèce très-bombée, ovale, tronquée et excavée sur la région buccale, très-finement striée partout. France, Luc.

*301. **Hellica,** d'Orb., 1847. Espèce très-comprimée, lisse, tronquée sur la région buccale. France, Luc.

*302. **Hippia,** d'Orb., 1847. Jolie espèce ornée de côtes anguleuses très-régulières et d'une très-fine ligne dans le sillon. Elle est bien moins bombée et plus oblique que le *L. interstincta*. France, Luc, Marquise.

*303. **Luciensis,** d'Orb., 1847. Espèce voisine du *L. proboscidea*, mais plus déprimée, plus oblique, avec neuf ou dix côtes. Luc.

*304. **Hille,** d'Orb., 1847. Espèce voisine du *L. interstincta*, mais à côtes bien plus larges et moins nombreuses. France, Luc.

*305. **Nais,** d'Orb., 1847. Espèce voisine du *L. granosa*, mais ovale transversalement et à une seule rangée de tubercules sur les côtes arrondies. France, Luc.

*307. **Nerina,** d'Orb., 1847. Espèce ovale, comprimée, tronquée obtusément sur la région buccale, ornée de fines stries inégales et ondulées. France, Marquise, Nantua.

308. **ovalis,** d'Orb., 1847. *Plagiostoma ovalis*, Sow., 1815. Min. Conch., 2, p. 27, pl. 114, fig. 3. Angl., Small-Cossall près Bath.

AVICULA, Klein, 1753. Voy. p. 13.

*309. **ovata,** Sow., 1826. Min. Conch., 6, p. 17, pl. 512. France, Marquise; Angl., Stonesfield.

*310. **costata,** Smith., Sow., Min. Conch., 3, p. 77, pl. 244, fig. 1. *A. subcostata?* Rœmer, pl. 4, fig. 7. France, Luc, Ranville; Anglet., Stoney, Stradfort; Allem., Geerzen.

*311. **echinata,** Sow., 1819. Min. Conch., 3, p. 75, pl. 243. France, Marquise; Angl., Chippenham, Langton-Herrn, Paringham.

*312. **Janassia,** d'Orb., 1847. Espèce très-comprimée, lisse, large et oblique. France, Luc.

*313. **Janira,** d'Orb., 1847. Espèce moins large que la précédente, plus renflée, plus oblique et ornée d'indices de côtes rayonnantes au sommet. France, Luc.

*314. **Jarbas,** d'Orb., 1847. Espèce très-étroite, très-oblique, très-allongée sur la région palléale, ornée d'une ou deux côtes rayonnantes au crochet. France, Luc.

315. **Jason,** d'Orb., 1847. Espèce courte et large, presque pectiniforme, ornée de côtes petites, alternes, inégales, divergentes. Oreilles très-courtes. France, Luc.

*316. **Janthe,** d'Orb., 1847. Espèce voisine de la précédente, mais avec des côtes moins inégales, alternes. France, Luc.

GERVILIA, Defrance, 1820. Voy. p. 201.

*317. **acuta,** Sow., 1826. Min. Conch., 6, p. 14, pl. 510, fig. 5. France, Marquise, Grange Henry, près de Nantua (Ain), Vezelay (Yonne); Angl., Collyweston.

*318. **Atala,** d'Orb., 1847. Espèce courte, oblique, lisse, bien plus large et plus épaisse que la *G. acuta*. France, Marquise.

PINNIGENA, Deluc, 1779. *Trichites*, Defrance, 1828. Ce sont des *Pinna* couchées sur le côté dans leur station normale, à cassure fibreuse.

*318. **bathonica,** d'Orb., 1847. Espèce voisine de l'espèce du coralrag, mais plus large et plus gibbeuse. St-Aubin, Luc, Ranville.

PERNA, Bruguière, 1791. Voy. p. 176.

319'. **quadrata,** Sow., 1825. Min. Conch., 5, p. 148, pl. 492. (Non Goldfuss, pl. 108). Angl., Blue wick (Northamptonshire).

*320. **Luciensis,** d'Orb., 1847. Espèce transverse, carrée, rugueuse, infiniment plus étroite que la précédente. France, Luc.

PECTEN, Gualtieri, 1742. Voy. p. 87.

*321. **vagans,** Sow., 1826, 6, p. 81, pl. 543, fig. 3-5. France, Luc, Marquise; Angl., Bath, Bradford (Wiltshire), Chatley, Hampton (Gloucestershire), Ancliff, Malton.

*322. **annulatus,** Sow., 1826, 6, p. 80, pl. 542, fig. 1. Luc; Felmersham.

*323. **rigidus,** Sow., 1818. Min. Conch., 3, p. 3, pl. 205, fig. 8. France, Luc, Marquise; Angl., Castle-Combe.

*324. **laminatus,** Sow., 1818. Min. Conch., 3, p. 3, pl. 205, fig. 4. France, Luc; Angl., Chatley Lodge (Sommersetshire).

*325. **Silenus,** d'Orb. Voyez Etage bajocien, n° 421. Ranville.

*326. **Luciensis,** d'Orb., 1847. Espèce voisine du *P. articulatus*, mais à côtes plus anguleuses, carénées, et non noduleuses. France, Luc, St-Aubin (Calvados).

*327. **Rosimon,** d'Orb., 1847. Coquille très-déprimée, ornée de stries rayonnantes inégales avec lesquelles se croisent des stries concentriques. France, Luc, Ranville.

*328. **Rhypheus,** d'Orb., 1847. Coquille très-déprimée, lisse, plane, évidée de chaque côté, à oreillettes non distinctes du reste comme chez le *Solea*. France, Luc.

*329. **Rhetus,** d'Orb.,1847. Belle espèce voisine du *P vagans*, mais ayant 5 côtes plus grosses que les autres et couvertes de larges écailles squameuses. France, Luc, Ranville, Marquise.

*330 **Langrunensis,** d'Orb., 1847. Espèce voisine du *P. laminatus*, mais plus courte et à côtes plus larges. France, Luc.

331. **obscurus,** Sow., 1818. Min. 3, p. 3, pl. 205, fig. 1. Goldfuss, pl. 91, fig. 1. Anglet., Stonesfield; Allem., Osterkappeln (West.).

332. **Germaniæ,** d'Orb., 1847. *Pecten annulatus*, Goldfuss, 1838, pl. 91, fig. 2. (Non Sowerby.) All., Osterkappeln (Westphalie).

333. **comatus,** V. Münster, Goldf., pl. 91, fig. 5. Rœmer, 1836. Nordd. Oolith., p. 72. All., Osterkappeln, Hildesheim.

HINNITES, Defrance, 1821.

*334. **Psyche,** d'Orb., 1847. Grande espèce à côtes inégales, dont quelques-unes plus grosses que les autres et espacées, sont épineuses. Luc.

*334'. **Heliodora,** d'Orb., 1847. Petite espèce oblique, tronquée et excavée sur la région buccale, ornée de fortes stries inégales rayonnantes dont 5 plus élevées et épineuses. France, Ranville.

PLICATULA, Lamarck, 1801. Voy. p. 202.

*335. **rugulosa,** d'Orb., 1847. Espèce ovale, gibbeuse, ornée partout de petites rides irrégulières rayonnantes. France, Luc.

*336. **elegantula,** d'Orb., 1847. Espèce ornée de petites rides rayonnantes, mais ronde et très-déprimée. France, Luc.

OSTREA, Linné, 1752. Voy. p. 166.
*337. **acuminata**, Sow., 1816. Min. Conch., 2, p. 81, pl. 135, fig. 2, 3. Plame, près de Poligny (Jura), Marquise, Nantua; Anglet., Bath.
*338. **bathonica**, d'Orb., 1847. Espèce irrégulière, petite, presque circulaire, dont le sommet est contourné en spirale. France, Ranville, Luc, Salins (Jura).
*339. **obscura**, Sow., 1825, 5, p. 143, pl. 488, fig. 2. *Ostrea ampulla*, d'Archiac, 1843. Mém. de la Soc. géol., 5, pl. 27, fig. 7. France, Luc, Marquise, Roquevignon, près de Grasse; Angl., Ancliff.
*340. **costata**, Sow., 1825, 5, p. 143, pl. 488, fig. 3. France, Luc, Ranville, Roquevignon, près de Grasse, Marquise; Angl., Ancliff.
*341. **Luciensis**, d'Orb., 1847. Grande espèce ronde, très-déprimée et presque lisse. France, Luc, Ranville.
ANOMYA, Linné, 1758.
*342. **elliptica**, d'Orb., 1847. *Orbicula elliptica*, d'Arch., 1843. Mém. Soc. géol. de Fr., p. 375, pl. 27, fig. 8. France, Bucilly (Aisne), Marquise, Ranville, Luc (Calvados).

MOLLUSQUES BRACHIOPODES.

RHYNCHONELLA, Fischer. Voy. p. 92.
*343. **concinna**, d'Orb., 1847. *Tereb. concinna*, Sow., 1815, 1, p. 189, pl. 83, fig. 6, 7. Le jeune paraît être le *T. obsoleta*, du même auteur. France, Luc, Ranville, Salins, St-Aubin, Nantua, Marquise, Avallon; Anglet., Aynhoe, Felmersham.
*344. **decorata**, d'Orb., 1847. *Terebratula decorata*, Schl., de Buch, 1834. Encyc. méth., pl. 244, fig. 2. France, Percy (Aisne), Grasse (Var); Allem., Amberg.
*345. **quadriplicata**, d'Orb., étage bajocien, nº 438. France, Ranville, St-Aubin (Calvados), fort St-André, près de Salins (Jura), environs d'Avallon (Yonne).
*346. **concinnoides**, d'Orb., 1847. Espèce voisine du *R. concinna*, mais bien plus petite, grosse comme la moitié d'une noisette et moins large. France, Marquise, Montange, près de Nantua, Wolxheim (Bas-Rhin), environs d'Avallon (Yonne).
347. **flabellæformis**, d'Orb., 1847. *Tereb. flabellæformis*, Rœmer, 1839. Nordd. Oolith., p. 19, pl. 18, fig. 6. Allem., Geertzen, Riddagshausen.
348. **Zieteni**, d'Orb. *Terebratula varians*, Zieten, 1830, p. 57, pl. 42, fig. 7. (Non Schlot., Petref., nº 27, p. 267). Wurtemberg, Braunenberg, près de Wasseralfingen.
TEREBRATULA, Lwyd, 1699. Voy. p. 100.
*349. **orbicularis**, Sow., 1826. Min. Conch., 6, p. 67, pl. 535, fig. 2, 3. *T. furcata*, Sow., fig. 2 (Jeune). France, Luc, Roquevignon près de Grasse, Marquise; Angl., Bath.
*350. **digona**, Sow., 1815. Min. Conch., vol. 1, pl. 96, p. 217. (Non Zieten, 1830). *T. indentata*, Sow., pl. 445, fig. 2. Angl., Bath, Scarho-

rough, Bambury; Ranville, Luc, Langrune, Conlie (Sarthe), Marquise.

*351. **coarctata,** Park., 1811. Org. am., III, pl. 16, fig. 5. Sow., IV, p. 7, pl. 312, fig. 1, 4. *T. reticulata*, Schl. Luc, Langrune, Ranville.

*352. **obovata,** Sow., 1815. Min. Conch., t. 1, p. 227, pl. 101, fig. 5. France, Marquise; Angl., Chatley (excl. les localités indiquées par M. Morris).

*353. **ornithocephala,** Sow., 1815, t. 1, p. 227, pl. 101, fig. 1, 2, 4. France, Marquise; Italie, Patrio près de Varèse; Angl., Pickeridge. (Excl. les étages indiqués par M. Morris).

*354. **flabellum,** Defrance, Davidson, 1847. Ann. mag. nat. hist., p. 256, pl. 19, fig. 2 a-c. France, Ranville, Luc, Langrune.

*355. **intermedia,** Sow., 1813, t. 1, p. 45, pl. 15, fig. 8. France, Marquise, Luc, Ranville, env. d'Avallon (Yonne), env. de Nantua (Ain); Angl., Felmersham. près de Bedford.

356. **subtriquetra,** d'Orb., 1847. *T. triquetra*, Sow., 1824. Min. Conch., t. 5, p. 65, pl. 445, fig. 1. (Non Parkinson, 1811). Angleterre, Felmersham.

TEREBRATELLA, d'Orb., 1825. Voy. p. 222.

*357. **hemisphærica,** d'Orb., 1847. *Terebratula hemisphærica*, Sow., 1826. Min. Conch., 6. p. 69, pl. 536, fig. 1. Angl.; France, Luc.

ORBICULOIDEA, d'Orb., 1847. Voy. p. 44.

358. **granulata,** d'Orb. *Orbicula granulata,* Sow., 1826. Min. Conch., 6, p. 3, pl. 506, fig. 3, 4. Angl., Ancliff.

CRANIA, Retzius, 1781. Voy. p. 21.

*359. **antiquior,** Jelly, Davidson, 1847. Lond. geolog. Journ., p. 7, pl. 18, fig. 21-25. Angl., Hampton-Cliff près Bath.

*360. **radiata,** d'Orb., 1847. Espèce presque orbiculaire, lisse en dessus, dont la valve inférieure fixe est radiée en dedans. France, Luc, St-Aubin.

THECIDEA, Defrance, 1828.

*361. **triangularis,** d'Orb., 1847. Espèce triangulaire, déprimée, très-lisse, à crochet acuminé, large sur la région palléale, pourvue d'une area très-prononcée. France, St-Aubin, Ranville, Luc.

MOLLUSQUES BRYOZOAIRES.

ESCHARA, Lamarck.

*362. **Ranvilliana,** Michelin, 1846. Icon., p. 243, pl. 57, fig. 12. Ranville.

TILESIA, Lamouroux, 1821. Expos. méth., des polyp., p. 42.

*363. **distorta,** Lamouroux, 1821. Expos. méth. des polyp., p. 42, pl. 74, fig. 5. 6. Michelin, pl. 55, fig. 7. France, Ranville, Langrune.

RETICULIPORA, d'Orb., 1847. Ce sont des rétépores dont les intervalles des mailles sont élevés en lames verticales pourvues de cellules de chaque côté.

*364. **Dianthus,** d'Orb., 1847. *Aspendesia dianthus*, Blainville, 1834. Traité d'act., p. 409, pl. 69, fig. 2. Michelin, pl. 55, fig. 4. Cette espèce n'appartient pas même à la famille qui renferme l'Aspendesia. France, Ranville, Luc, Langrune.

ALECTO, Lamouroux, 1821.

***365.** **dichotoma,** Lamour., 1821. Exposit. méth. des polyp., p. 84, pl. 81, fig. 12-14. France, Ranville, Lebisay.

366. **Smithii,** d'Orb., 1847. *Cellaria Smithii*, Phillips, 1839. Yorkshire, p. 115, pl. 7, fig. 8. Anglet., Scarborough.

IDMONEA, Lamouroux, 1821. Exposit. méth. des polyp., p. 80.

***367.** **triquetra,** Lamour., 1821. Exposit. méth. des polyp., p. 80, pl. 79, fig. 13-15. *Diastopora triquetra*, Michelin, pl. 56, fig. 16. France, Luc, Ranville.

***368.** **gracilis,** d'Orb., 1847. Espèce dont les rameaux sont très-grêles, formés de deux ou trois cellules au plus de largeur. Ranville.

DEFRANCIA, Rœmer, 1840.

***369.** **Ranvilliana,** d'Orb., 1847. Espèce irrégulièrement discoïdale, à cellules par lignes rayonnantes élevées. France, Ranville.

PELAGIA, Lamouroux, 1821. Exposit. méth. des polyp., p. 78.

***370.** **clypeata,** Lamouroux, 1821. Exposit., p. 78, pl. 79, fig. 5-7. Ranville, Lebisay, Luc, Langrune.

DIASTOPORA, Lamouroux, 1821.

***371.** **diluviana,** Lamour., 1821. Exposit. méth. des polyp., p. 81, pl. 80, fig. 3, 4. Michelin, pl. 56, fig. 13. France, Ranville, Lebisay.

***372.** **Lamourouxi,** Edwards, 1835. Ann. des sc. nat., 2e série, pl. 15, fig. 2. Michelin, pl. 56, fig. 7. France, Ranville.

***373.** **microstoma,** Michelin, 1846. Icon., p. 243, pl. 57, fig. 1. France, Ranville.

***374.** **undulata,** Michelin, 1846, p. 242, pl. 56, fig. 15. Luc.

***375.** **verrucosa,** Edwards, 1839. Ann. des sc. nat., pl. 14, fig. 2. *Diastopora lamellosa*, Michelin, 1845. Icon. zoophyt., p. 241, pl. 56, fig. 11. France, Ranville, Luc.

***376.** **foliacea,** Lamouroux, 1821. Exposit. méth. des polyp., p. 42, pl. 73, fig. 4. France, Ranville, Lebisay.

BIDIASTOPORA, d'Orb., 1847. Voy. p. 288.

***376'.** **Michelini,** d'Orb., 1847. *Diastopora foliacea*, Michelin, pl. 56, fig. 8. (Non Lamouroux, 1821.) *P. Michelini*, Edwards, Mich., pl. 56, fig. 18. France, Ranville.

***377.** **cervicornis,** d'Orb., 1847. *Diastopora cervicornis*, Michelin. 1846. Icon. zoophyt., p. 241, pl. 56, fig. 12. France, Ranville.

***378.** **Eudesia,** d'Orb., 1847. *Diastopora Eudesia*, Edwards, Ann. des sc. nat., 2e partie, pl. 14, fig. 1. Michelin, pl. 56, fig. 9. France, Lebisay, Ranville.

***379.** **ramosissima,** d'Orb., 1847. Espèce pourvue de branches bien plus étroites que celles du *B. cervicornis*, et avec des cellules par lignes transversales. France, Ranville.

***380.** **Luciana,** d'Orb., 1847. Espèce voisine du *B. cervicornis*, mais ayant les cellules la moitié plus petites et plus rapprochées. Luc.

***381.** **microphyllia,** d'Orb., 1847. Espèce voisine du *Bidiastopora Michelini*, mais à feuilles bien plus petites et plus serrées. France, Luc.

SPIROPORA, Lamouroux, 1821. Exposit. méth. des polyp., p. 47.

***382.** **elegans,** Lamour., 1821. Expos. méth. des polyp., p. 47, pl. 73, fig. 19-22. *Cricopora id.*, Michelin, pl. 55, fig. 13. France, Ranville, Lebisay, Luc.

CRICOPORA, Blainville, 1834.

383. subverticillata, d'Orb., 1847. *C. verticillata*, Michelin, 1845. Icon. zooph., pl. 56, fig. 3. (Non Blainville). France, Ranville.

ENTALOPHORA, Lamouroux, 1821. Exposit. des polyp., p. 81.

*__384. cellaroides,__ Lamour., 1821. Exposit., p. 81, pl. 80, fig. 9-11. Ranville, St-Aubin.

*__385. abbreviata,__ d'Orb., 1847. *Cricopora id*, Mich., 1845, p. 236, pl. 56, fig. 2. Ranville.

*__386. Tessonii,__ d'Orb., 1847. *Cricopora id.* Michelin, 1845, p. 236, pl. 56, fig. 6. Ranville.

*__387. tetragona,__ Lamour., 1821. Expos. méth. des polyp., p. 85, pl. 82, fig. 9, 10. *Cricopora id.*, Michelin, pl. 55, fig. 18. France, Ranville, Langrune, Luc.

*__388. cespitosa,__ Lamour., 1821. Expos. méth. des polyp., p. 85, pl. 82, fig. 11, 12. *Spiropora id.*, Michelin, pl. 56, fig. 1. France, Ranville, Langrune, Lebisay.

*__389. laxipora,__ d'Orb., 1847. Espèce bien distincte des précédentes, très-grêle, presque filiforme, avec des pores très-éloignés les uns des autres. France, Ranville.

ASPENDESIA, Lamouroux, 1821. Exposit. méth. des polyp., p. 81,

*__390. cristata,__ Lamour., 1821. Exposit. méth. des polyp., p. 82, pl. 80, fig. 12-14. Michelin, pl. 55, fig. 5. France, Luc, Ranville, Parc de Lebisay (Calvados), Nantua (Ain).

TEREBELLARIA, Lamouroux, 1821. Exposit. des polyp., p. 84.

*__391. ramosissima,__ Lamour., 1821. Exposit. méth. des polyp., p. 84, pl. 82, fig. 1. France, Ranville, Langrune, Lebisay, St-Aubin.

*__392. antilopa,__ Lamouroux, 1821, p. 84, pl. 82, fig. 2. Ranville.

*__393. tenuis,__ d'Orb., 1847. Espèce infiniment plus grêle que les autres, ses tiges étant très-étroites. France, Luc.

TEREBRIPORA, d'Orb., 1839. Polypiers de l'Amér. méridionale.

*__394. antiqua,__ d'Orb., 1847. Espèce rameuse dont les cellules sont par lignes latérales, partant d'une ligne centrale. France, Luc.

ACANTHOPORA, d'Orb., 1847. C'est un *Chrysaora*, où les parties lisses intermédiaires aux pores, forment des saillies épineuses, sur un ensemble rameux ou amorphe.

*__395. spinosa,__ d'Orb., 1847. *Chrysaora spinosa*, Michelin, 1843. Icon. zoophyt., pl. 55, fig. 8. France, Ranville.

CHRYSAORA, Lamouroux, 1821. Exposit. méth. des polyp., p. 83.

*__396. Damæcornis,__ Lamour., Exposit. méth. des polyp., p. 83, pl. 81, fig. 6-9; Michelin, pl. 55, fig. 9. Langrune, Ranville.

*__397. radiata,__ d'Orb., 1847. Espèce voisine de la précédente, mais ayant des rameaux plus obtus, non carénés, ornés de lignes rayonnantes, irrégulières, en relief. France, Ranville, St-Aubin.

*__398. microphyllia,__ d'Orb., 1847. Espèce à rameaux la moitié plus petits que dans les deux espèces précédentes, terminés par des parties lamelleuses. France, Luc, St-Aubin.

ÉCHINODERMES.

DYSASTER, Agassiz.

*__399. bicordatus,__ Agass., 1847. Cat., p. 137. Desor, Monogr. des

Dysasters, p. 9, pl. 2, fig. 1-4. Suisse, Muttenz près de Bâle; Ranville.

CLYPEUS, Klein, Agassiz.

*400. **patella**, Agass., 1847. Cat., p. 98. Echin. Suiss., 1, p. 36, pl. 5, fig. 4-6. France, Marquise, Luc, Chayul (Ardennes), Montanville, Flincy (Meuse), Calne, Metz, Noviant, Salins (Jura); Suisse, Porrentruy, env. de Bâle.

NUCLEOLITES, Lamarck.

*402. **clunicularis**, Blainville. *Clypeus clunicularis*, Lwyd., Phill., 1839. Yorkshire, p. 115, pl. 7, fig. 2. France, Luc, Ranville, Marquise, Châtel-Censoir (Yonne); Angl., Scarborough.

*403. **crepidula**, Desor, Agass., 1847. Cat. syst., p. 96. Châtel-Censoir (Yonne).

404. **Thurmanni**, Desor, Agassiz, 1847. Cat., p. 96. Vercel (Doubs).

405. **conicus**, Cotteau, 1848. Cette espèce se distingue du *N. clunicularis* par ses contours plus cordiformes, par son sommet plus élevé et plus conique. France, Châtel-Censoir (Yonne), M. Cotteau.

406. **Edmondi**, Cotteau, 1848. Cette espèce est facilement reconnaissable à sa forme très-déprimée, à son sillon anal largement évasé et à ses ambulacres plus contournés que ceux du *N. clunicularis*, Bl. France, Châtel-Censoir. M. Cotteau.

407. **oblongus**, Cotteau, 1848. Cette espèce est grande, allongée. Elle se rapproche un peu du *N. major*, Agas.; mais elle s'en distingue essentiellement par sa forme générale, et par la place occupée par le sillon anal qui ne commence qu'aux deux tiers du côté postérieur. France, Châtel-Censoir (Yonne). M. Cotteau.

HOLECTYPUS, Agassiz.

*408. **depressus**, Agassiz. *Galerites depressus*, Phillips, 1839. Yorkshire, p. 115, pl. 7, fig. 4. *Discoidea depressa*, Agass., Mon. de gal., pl. 10, fig. 8, 9. France, Ranville, Marquise, env. de Nantua; Angl., Scarborough.

*409. **hemisphæricus**, Desor, Monog. des galér., p. 71, pl. 8, fig. 4-7. Agass., 1847. Cat., p. 88. *Discoidea hemisphærica*, Agassiz. France, Ranville.

PYGASTER, Agassiz.

*410. **laganoides**, Agass., 1847. Cat., p. 86, et Échin. Suiss., 1, p. 81, pl. 11, fig. 5-7. Ranville, Rœdersdorf (Haut-Rhin); Suisse.

PEDINA, Agassiz.

*411. **granulosa**, Agass., 1847. Cat. syst., p. 67. Ranville.

ECHINUS, Linné.

*412. **Caumonti**, Desor, Agass., 1847. Cat. syst., p. 62. Ranville.

*413. **intermedius**, Agass., Cat. syst., p. 12. France, Ranville.

POLYCYPHUS, Agassiz.

*414. **nodulosus**, Agass., 1847. Cat. syst., p. 57. *Echinus nodulosus*, Münst. in Goldf., p. 125, pl. 40, fig. 16. Ranville, Luc; Baireuth.

*415. **stellatus**, Agass., 1847. Cat. syst., p. 57. Ranville.

DIADEMA, Gray.

*416. **subcomplanatum**, d'Orb., 1847. Espèce toujours petite et plus comprimée que le *Complanatum*, avec lequel elle a été confondue. France, Ranville, Luc.

ACROSALENIA, Agassiz.

'417. **spinosa,** Agass., 1847. Cat. syst., p. 39. Echin. Suiss., 2, p. 39, pl. 18, fig. 1-5. France, Ranville, Luc (Calvados), Châtel-Censoir.

ACROCIDARIS, Agassiz.

'418. **striata,** Agass., 1847. Cat. syst., p. 36. Langrune.

HEMICIDARIS, Agassiz.

'419. **depressa,** Agass., 1847. Cat. syst., p. 34. Ranville.

'420. **pustulosa,** Agass., 1847. Cat. syst., p. 34. Langrune.

'421. **Lamarckii,** Agass., 1847. Cat., p. 34. *Diadema Lamarckii*, Desmoulins. Cat. syst., p. 316. France, Marquise.

'422. **Luciensis,** d'Orb., 1847. Espèce confondue par M. Agassiz, avec l'*H. crenularis* du Coralrag, mais s'en distinguant facilement par un bien plus grand nombre de petits tubercules entre les gros tubercules interambulacraires. France, Luc, Ranville, Langrune.

CIDARIS, Lamarck.

423. **vagans?** Phillips, 1839. Yorksh., p. 115, pl. 7, fig. 1. Angl., Scarborough.

'424. **Orobus,** Agass., 1847. Cat. syst., p. 30. France, Ranville.

CRENASTER, Lwyd, 1699. *Astropecten*, Linck., 1733. *Pentasteria*, Blainville, 1834. *Asteria*, Agassiz, 1836. (Non Linck., 1733.)

'425. **Cottaldina,** d'Orb., 1848. Belle et grande espèce à rayons allongés, bordés de deux séries de plaques oblongues formant un parallélipipède. France, Châtel-Censoir (M. Cotteau), Luc.

425'. **Phillipsii,** d'Orb., 1849. *Astropecten Phillipsii*, Forbes, 1849. Mém. géol., Survey, p. 2, Dec., 1, pl. 2, fig. 2. Angl., Hinton-lane-end (Somersetshire).

ACROURA, Agassiz.

426. **Cottaldina,** d'Orb., 1848. Espèce pourvue de très-longs bras à peine épineux. France, Châtel-Censoir (Yonne). M. Cotteau.

COMATULA, Lamarck.

'427. **polydactylus,** d'Orb., 1847. Espèce dont nous ne connaissons que les bras, mais qui est très-remarquable par ses nombreux ramules. France, Châtel-Censoir (Yonne) (M. Cotteau), Luc.

APIOCRINUS, Miller, 1821. D'Orb., Crinoïdes, p. 18.

'428. **Parkinsoni,** d'Orb., 1839. Crinoïdes, p. 25, pl. 4, fig. 9-16, pl. 5. *A. rotundus*, Miller. Ranville, Mamers (Sarthe); Angl., Bath.

'429. **elegans,** d'Orb., 1839. Crinoïdes, p. 29, pl. 5, fig. 9-15. *Astropoda elegans*, Defr., 1819. *Apiocrinus elongatus*, Miller, 1821. France, Ranville, Béfort (Haut-Rhin).

MILLERICRINUS, d'Orb., 1839.

'430. **Prattii,** d'Orb., 1847. *Apiocrinus Prattii*, Gray, 1828. *Apiocrinus obconicus*, Goldf., 1832. *M. obconicus*, d'Orb., 1839. Crinoïdes, p. 80, pl. 14, fig. 23-28. Angl., Lansdown, près de Bath, Nulgrone, près Northleach.

CYCLOCRINUS, d'Orb., 1847. Voy. p. 291.

'431. **precatorius,** d'Orb., 1847. Espèce dont les articles forment comme les grains d'un chapelet. France, Ranville.

PENTACRINUS, Miller, 1821.

'432. **Buvignieri,** d'Orb., 1847. Espèce voisine du *P. scalaris*, mais ayant toujours dans le sillon une dépression alterne entre les articles ; verticilles ronds. France, environs de Montmédy (Meuse), Ranville, Luc, Langrune, Roquevignon, près de Grasse (Var).

*?433. **Nodotianus**, d'Orb., 1847. Espèce voisine du *P. Briareus*, mais ayant ses verticilles moins comprimés. France, Bligny-sur-Ouche (Côte-d'Or).

ZOOPHYTES.

ANABATIA, d'Orb., 1849.

*434. **orbulites**, d'Orb., 1849. *Fungia orbulites*, Lamour., 1821. Exposit. méth. des polyp., p. 86, pl. 83, fig. 1-3. Michelin, pl. 54, fig. 1. *Fungia lævis*, Goldf., pl. 14, fig. 12. France, Ranville, Marquise; Allem., Schweiz.

GONABACIA, Edwards et Haime, 1849.

*435. **stellifera**, Edw. et H., 1849. *Fungia stellifera*, d'Arch., 1843. Mém. Soc. géol. de Fr., p. 369, pl. 25, fig. 2. France, chemin d'Aubenton à la Folie-Not (Aisne), Marquise (Pas-de-Calais).

THECOPHYLLIA, Edwards et Haime.

*436. **numismalis**, d'Orb., 1849. Espèce très-déprimée, circulaire et plate comme une monnaie. France, Marquise, Luc.

436'. **Luciensis**, d'Orb., 1849. Espèce conique, très-élevée. Luc.

MONTLIVALTIA, Lamouroux, 1821. Exposit. des polyp., p. 78,

*437. **caryophyllata**, Lamour., 1821. Exposit., p. 78, pl. 79, fig. 8-10. *Anthophyllum pyriforme*, Goldf., pl. 13, fig. 10. Michelin, pl. 54, fig. 2. France, Ranville.

*438. **Luciensis**, d'Orb., 1847. Espèce conique comme le *M. caryophyllata*, mais sans cloisons saillantes en dessus. France, Luc.

LASMOPHYLLIA, d'Orb., 1847.

439. **subtruncata**, d'Orb., 1847. *Caryophyllia truncata*, Lamour., 1821. Exposit. méth. des polyp., p. 85, pl. 78, fig. 5. (Non Defr., 1817.) *Anthophyllum truncatum*, Michelin, pl. 54, fig. 8. *Montlivaltia truncata*, Edw. et Haime, 1849. France, Ranville, Langrune.

440. **retorta**, d'Orb., 1847. *Caryophyllia retorta*, Michelin, 1845. Icon., p. 223, pl. 54, fig. 4. France, Langrune.

CALAMOPHYLLIA, Blainville, 1830.

*442. **Luciensis**, d'Orb., 1847. Petite espèce à branches courtes et assez nombreuses, partant d'une tige commune. France, Luc.

EUNOMIA, Lamouroux, 1821.

443. **radiata**, Lamouroux, 1821. Expos. méth. des polyp., p. 83, pl. 81, fig. 10, 11. *Lithodendron Eunomia*, Michelin, 1845, p. 220, pl. 54, fig. 6. Langrune, Luc, Ranville; Bradford, près de Bath.

OCULINA, Lamarck.

*444. **Neustriaca**, Michelin, 1845. Icon., p. 228, pl. 55, fig. 2. Langrune, Ranville.

ENALLHELIA, d'Orb., 1847. Ce sont des oculines dont les cellules sont latérales de chaque côté des branches.

*445. **gemmata**, d'Orb., 1849. *Oculina gemmata*, Michelin, 1845. Icon. Zoophyt., p. 228, pl. 54, fig. 5. France, Langrune.

CRYPTOCŒNIA, d'Orb., 1847. Calice non saillant, très-profondément creusé, orbiculaire, à cloisons régulières, par doubles chambres, intervalle orné de côtes rayonnantes prononcées ; six systèmes.

*446. **Luciensis,** d'Orb., 1847. Belle espèce dont les cellules larges de deux millimètres ont six quadruples cavités, l'intervalle très-costulé. France, Luc, Ranville.

447. **bacciformis,** d'Orb., 1847. *Astræa bacciformis*, Michelin, 1845. Icon., p. 225, pl. 54, fig. 11. *Stylina bacciformis*, Edw. et Haime, 1849. France, Langrune.

DENDROCŒNIA, d'Orb., 1849. Ce sont des *Cryptocœnia* dendroïdes.

*448. **sertifera,** d'Orb., 1845. *Pocillopora id.*, Michelin, p. 228, pl. 54, fig. 13. Langrune.

PRIONASTREA, Edwards et Haime.

*449. **limitata,** d'Orb., 1849. *Astrea id.*, Lamour., Michelin, 1845, p. 225, pl. 54, fig. 10. France, Langrune, Luc, Ranville.

*451. **magna,** d'Orb., 1849. Espèce à cellules larges de dix millimètres, fortement radiées, formant une grande masse. Ranville.

*452. **Alimena,** d'Orb., 1849. Espèce voisine du *P. limitata*, mais à cellules bien plus profondes et un peu plus grandes. France, Luc.

*453. **moneta,** d'Orb., 1849. Espèce discoïdale et déprimée dans son ensemble, plane en dessous, ornée en dessus de cellules grandes, très-profondes. France, Marquise.

*454. **Luciensis,** d'Orb., 1849. Espèce voisine du *P. Alimena*, mais avec des cellules d'un tiers plus petites. France, Luc, Langrune.

DENDRASTREA, d'Orb., 1849. Ce sont des *Prionastrea* rameuses, dendroïdes.

454. **dissimilis,** d'Orb., 1849. *Astrea id.*, Michelin, 1845, p. 226, pl. 54, fig. 12. France, Langrune.

*455. **Langrunensis,** d'Orb., 1849. Espèce voisine du *D. dissimilis*, mais avec des cellules beaucoup plus petites. France, Langrune.

DACTYLOCŒNIA, d'Orb., 1849. Ce sont des *Stephanocœnia*, dendroïdes.

*456. **digitata,** d'Orb., 1849. *Astrea digitata*, Defrance, Michelin, p. 227, pl. 54, fig. 15. France, Langrune.

STEPHANOCŒNIA, Edwards et Haime, 1848.

*457. **tuberosa,** d'Orb., 1849. Espèce voisine de la précédente, mais dont l'ensemble est tubéreux et non digité. France, Luc.

CONFUSASTREA, d'Orb., 1847. Calices distincts, mais dont les cloisons nombreuses, confuses, se confondent avec les voisines, le centre excavé, allongé.

*458. **Cottaldina,** d'Orb., 1847. Espèce dont les cellules ont jusqu'à vingt-trois millimètres, creuses seulement au milieu. Châtel-Censoir.

*459. **cupulina,** d'Orb., 1847. Espèce dont les cellules d'un tiers moins grandes que chez l'espèce précédente, sont creusées en cupule au milieu. France, Courseuille (Calvados).

SYNASTREA, Edwards et Haime.

460. **Lamourouxi,** d'Orb., 1849. *Astrea id.*, Michelin, 1845, p. 225, pl. 54, fig. 9. France, Langrune.

*461. **Cadomensis,** d'Orb., 1849. *Astrea id.*, Michelin, 1845, p. 226, pl. 54, fig. 14. France, Langrune.

*463. **Luciensis,** d'Orb., 1849. Espèce dont l'ensemble est conique, comme le *S. Lamourouxi*, mais plus petit; quoique la cellule soit plus grande et à cloisons plus nombreuses. France, Luc.

*464. **Neptuni,** d'Orb., 1849. Espèce voisine du *S. Cadomensis*, pour le diamètre des cellules, mais dont l'ensemble est encroûtant et non digité. France, Luc.

*465. **Langrunensis,** d'Orb., 1849. Espèce voisine du *S. Neptuni*, mais dont les cellules sont plus petites et à cloisons plus nombreuses. France, Luc.

MICROSOLENA, Lamouroux, 1821.

*465'. **porosa,** Lamouroux, pl. 74, fig. 24-26. *Alveopora microsolena*, Michelin, 1845, pl. 55, fig. 1. France, Langrune, Luc.

AGARICIA, Lamarck.

*466. **ramulosa ?** Michelin, 1845. Icon., p. 224, pl. 54, fig. 8. Langrune.

*467. **sulcata ?** d'Orb., 1847. Espèce dont les cellules sont infiniment plus espacées que chez la précédente. France, Ranville.

*467'. **convexa ?** d'Orb., 1847. Espèce remarquable par la saillie en dôme de sa partie supérieure. France, Luc.

MEANDRINA, Lamarck, 1816.

*468. **venustula,** Michelin, 1845. Icon. zooph., p. 224, pl. 54, fig. 7. France, Langrune, Luc.

MONTICULIPORA, d'Orb., 1847. Voy. p. 25.

*469. **pustulosa,** d'Orb., 1847. *Ceriopora pustulosa*, Michelin, 1846. Icon. zooph., p. 245, pl. 57, fig. 6. France, Lebisay, Ranville.

a,*470. **globosa,** d'Orb., 1847. *Ceriopora globosa*, Michelin, 1846. Icon. zooph., p. 246, pl. 57, fig. 5. *Millepora id.*, Defrance. France, Lebisay, Ranville.

*471. **inæqualis,** d'Orb., 1847. Espèce voisine du *M. pustulosa*, mais à cellules inégales, les unes petites, les autres grandes. Ranville.

*472. **incrustans,** d'Orb., 1847. Espèce voisine du *M. globosa*, mais ayant les cellules inégales. France, St-Aubin, Luc (Calvados).

POLYTREMA, Risso, 1826. V. Cours élém. de Paléontologie, Bryozoaires.

*473. **pyriformis,** d'Orb., 1847. *Myriapora id.*, Lamouroux, Exposit. méth. des polyp., p. 87, pl. 73, fig. 5. *Heteropora id.*, Michelin, pl. 57, fig. 3. France, Ranville, Lebisay.

*473'. **ficulina,** d'Orb., 1847. *Heteropora ficulina*, Michelin, 1847. Icon. zooph., pl. 57, fig. 2. France, Luc, Ranville.

*473''. **subincrustans,** d'Orb., 1837. Espèce en grandes plaques irrégulières à la surface des corps. France, Ranville.

CERIOPORA, Goldfuss, 1826 (Bryozoaires).

*474. **ramosa,** d'Orb., 1847. *Heteropora id.*, Michelin, 1846, p. 224, pl. 57, fig. 4. France, Lebisay, Ranville.

*475. **ramosissima,** d'Orb., 1847. Espèce voisine du *C. corymbosa*, mais avec des rameaux bien plus touffus et plus courts. Ranville.

*476. **corymbosa,** d'Orb., 1847 *Ceriopora conifera*, Michelin, 1846, pl. 57, fig. 8. *Millepora corymbosa*, Lamour., 1821. Exposit. méth. des polyp., p. 87, pl. 83, fig. 6, 7. France, Ranville, Lebisay.

*477. **dumetosa,** Michelin, 1846, pl. 57, fig. 7. *Millepora id.*, Lamour., 1821. Exposit. des polyp., p. 87, pl. 82, fig. 7, 8. Ranville.

478. Michelini, d'Orb., 1847. *Ceriopora corymbosa*, Michelin, 1846. Icon. zoophyt., pl. 57, fig. 9. (Non *Millepora corymbosa*, Lamouroux, pl. 83, fig. 9). France, Ranville, Luc.

***479. conifera,** d'Orb., 1847. *Millepora conifera*, Lamouroux, 1821. Exposit. des polyp., p. 87, pl. 83, fig. 6, 7. (Non *Ceriopora conifera*, Michelin). France, Luc, Ranville.

***480. macrocaulis,** d'Orb., 1847. Grande espèce, ayant du rapport, pour la forme, avec le *Millepora macrocaulis*, Lamouroux, Exposit. des polyp., p. 87, pl. 83, fig. 4, qui n'est qu'un amorphozoaire. France, Ranville.

***483. Neptuni,** d'Orb., 1847. Espèce voisine du *C. corymbosa*, mais dont les rameaux la moitié plus grêles, sont dichotomes d'une manière régulière. France, Luc.

***484. subcompressa,** d'Orb., 1847. Espèce rameuse dont les rameaux sont comprimés, les cellules égales. France, St-Aubin.

***484'. complicata,** d'Orb., 1847. Espèce voisine de la précédente, mais avec des cellules inégales. France, Châtel-Censoir (Yonne).

FORAMINIFÈRES (d'Orb.).

CONODICTYUM, Münster, 1832. Voy. p. 293.

485. clavæforme, d'Orb., 1847. *Conipora clavæformis*, d'Archiac, 1843. Mém. Soc. géol. de France, p. 369, pl. 25, fig. 1. France, Eparcy (Aisne), Châtillon-sur-Seine (Côte-d'Or).

MARGINULINA, d'Orb., 1825. Voy. p. 242.

***486. arcuata,** d'Orb. Espèce comprimée, lisse, arquée en crosse. Ranville.

VAGINULINA, d'Orb., 1825.

***487. elongata,** d'Orb., 1847. *Planularia id.*, d'Orb., 1825. Ann. des sc. nat., p. 94, nº 1. Espèce arquée, comprimée, striée en haut, costulée en bas. Ranville.

***488. striata,** d'Orb., 1847. *Planularia id.*, d'Orb., 1825. Ann. des sc. nat., p. 94, nº 3. Espèce plus large et plus oblique, également ornée. France, Ranville.

***489. depressa,** d'Orb., 1847. *Planularia id.*, d'Orb., 1825. Ann des sc. nat., p. 94, nº 2. Espèce ornée obliquement de côtes égales longitudinales. France, Ranville.

CRISTELLARIA, Lamarck. Voy. p. 242.

***490. lamellosa,** d'Orb., 1825. Ann. des sc. nat., p. 126, nº 16. Espèce très-comprimée, à côtes saillantes sur les sutures. Ranville.

***491. Cadomensis,** d'Orb., 1825. Ann. des sc. nat., p. 126, nº 18. Voisine de la précédente, elle s'en distingue par sa spire renflée. France, Ranville.

***492. lævigata,** d'Orb., 1825. Ann. des sc. nat., p. 126, nº 19. Modèles nº 47. France, Ranville.

***493. lituus,** d'Orb., 1825. Ann. des sc. nat., p. 126, nº 20. Espèce très-comprimée, lisse, en crosse. France, Ranville.

***494. truncata,** d'Orb., d'Arch., 1843. Mém. Soc. géol. de Fr., p. 370, pl. 25, fig. 3. France, les Vallées (Aisne).

ROTALIA, Lamarck. Voy. p. 242.
*495. **Jurensis**, d'Orb., d'Arch., 1843. Mém. Soc. géol. de Fr., p. 360, pl. 25, fig. 3, 3', 3''. France, les Vallées (Aisne).

AMORPHOZOAIRES.

EUDEA, Lamouroux, 1821. Voy. p. 209.
*496. **lagenaria**, d'Orb., 1847. *Spongia id.*, Lamouroux, 1821. *Siphonia id.*, Michelin, pl. 58, fig. 5. (Non pl. 26, fig. 4). Ranville.
*497. **lycoperdoides**, d'Orb., 1847. *Hallirhoa id.*, Lamouroux, 1821, pl. 78, fig. 2. *Siphonia id.*, Michelin, 1846, pl. 58, fig. 6. France, Luc, Ranville.
*498. **clavata**, Lamouroux, 1821. Exposit. des polyp., p. 46, pl. 74, fig. 1-4. *Eudea cribraria*, Michelin, 1846, pl. 58, fig. 8. Ranville.
*499. **pistilliformis**, d'Orb., 1847. *Spongia pistilliformis*, et *clavarioides*, Lamour., 1821. Exposit. méth. des polyp., p. 88, pl. 84, fig. 10. Michelin, pl. 58, fig. 4. France, Ranville.
*500. **lombricalis**, d'Orb., 1847. Espèce à tige grêle, longue, le plus souvent isolée, ornée d'étranglements à diverses hauteurs, à sommet un peu acuminé. France, St-Aubin (Calvados).
*501. **mammosa**, d'Orb., 1847. Espèce dont les mamelons sont petits, courts, obtus et aglomérés en grande masse. France, Ranville.
HIPPALIMUS, Lamouroux, 1821.
*502. **cymosus**, d'Orb., 1847. *Spongia id.*, Lamour., Michelin, pl. 58, fig. 3. France, Ranville.
*503. **mamilliferus**, d'Orb., 1847. *Spongia mamillifera*, Lamour., 1821. Expos. méth. des polyp., p. 88, pl. 84, fig. 11. France, Ranville.
*504. **tuberosus**, d'Orb., 1847. Espèce voisine de la précédente, mais à mamelons plus courts, peu séparés, à une ou deux ouvertures. France, Ranville.
*505. **conicus**, d'Orb., 1847. Espèce formant des mamelons coniques, par groupes de deux, à oscule large. France, Ranville.
*506. **Oceani**, d'Orb., 1847. Espèce non agrégée, cylindrique, élargie à son extrémité, ornée sur sa longueur de quelques étranglements. France, St-Aubin, Luc.
*507. **Neptuni**, d'Orb., 1847. Espèce courte, conique, élargie en haut, ornée en dehors de dépressions qui rendent sa surface comme réticulée. France, Luc.
CNEMIDIUM, Goldfuss, 1830.
*508. **Luciense**, d'Orb., 1847. Petite espèce élargie en dessus et pourvue de très-grosses côtes saillantes irrégulières. France, Luc.
LYMNOREA, Lamouroux, 1821. Voy. p. 240.
*509. **mamillosa**, Lamouroux, Exposit. méth. des polyp., p. 77, pl. 79, fig. 2-4. (Non Michelin, pl. 57, fig. 10). France, Luc, Ranville.
*510. **Michelini**, d'Orb., 1847. *Lymnorea mamillosa*, Michelin, pl. 57, fig. 10. (Non Lamouroux, 1821). France, Luc, Ranville.
*511. **denudata**, d'Orb., 1847. Belle espèce à tiges cylindriques, agrégées de manière à former un éventail, et encroûtées seulement à la base de l'ensemble. France, Langrune, Luc.
LEIOSPONGIA, d'Orb., 1847. Voy. p. 240.

*512. **gigantea,** d'Orb., 1847. *Lymnorea gigantea,* Michelin, 1846, pl. 58, fig. 7. France, Luc.

*513. **pedunculata,** d'Orb., 1847. Espèce divisée en expansions digitées, encroûtée sur tout le pédoncule, les pédoncules souvent agrégés. France, Luc.

*514. **excavata,** d'Orb., 1847. Espèce petite, déprimée, fortement encroûtée, dont l'extrémité large est concave et très-rugueuse. France, Luc.

ACTINOSPONGIA, d'Orb., 1847. Ce sont des *Stellispongia*, dont la base est encroûtée comme chez les *Lymnorea*.

*515. **ornata,** d'Orb., 1847. Espèce en mamelons isolés ou agrégés, fortement radiée du centre au pourtour. France, Luc, Langrune.

SPARSISPONGIA, d'Orb., 1847. Voy. p. 109.

*516. **tuberosa,** d'Orb., 1847. *Cnemidium tuberosum,* Goldf., 1831. Petref., 1, p. 16, pl. 30, fig. 4. France, Ranville, Luc.

STELLISPONGIA, d'Orb., 1847. Voy. p. 210.

517. **stellata,** d'Orb., 1847. *Spongia stellata,* Lamour., 1821. Exposit. méth. des polyp., p. 89, pl. 84, fig. 12-15. *Spongia umbellata,* Michelin, p. 248. pl. 58, fig. 1. France, Ranville.

*518. **mamillata,** d'Orb., 1847. Espèce dont chaque ouverture, stelliforme, est au sommet d'un cône irrégulier, agrégé, et très-rugueux. France, Langrune.

CUPULOSPONGIA, d'Orb., 1847. Voy. p. 210.

*519. **helvelloides,** d'Orb., 1847. *Spongia helvelloides,* Lamour., 1821. Exposit. méth. des polyp., p. 87, pl. 84, fig. 1, 3. Michelin, pl. 57, fig. 11. *Eudea cribraria* (pars), Michelin. France, Ranville, Lebisay, Luc, St-Aubin.

*520. **regularis,** d'Orb., 1847. *Spongia helvelloides,* Lamouroux, 1821, id., p. 87, pl. 84, fig. 2. (Exclus. fig. 1, 3). France, Luc.

*521. **crassissima,** d'Orb., 1847. Espèce souvent en coupe régulière, grande, épaisse, d'un tissu régulièrement poreux. France, Luc.

*522. **magna,** d'Orb., 1847. Espèce d'un tissu serré, non poreux, cupuliforme ou auriforme, mais atteignant jusqu'à quarante centimètres de diamètre. Elle forme des bancs ou sur de grandes distances, elle est dans la position où elle a vécu. France, St-Aubin, Luc.

AMORPHOSPONGIA, d'Orb., 1847. Voy. p. 173.

*523. **macrocaulis,** d'Orb., 1847. *Spongia id.,* Lamour., 1821. Michelin, p. 249, pl. 58, fig. 2. France, Luc, Ranville.

*524. **subsulcata,** d'Orb., 1847. Espèce en mamelons saillants, informes, irrégulièrement sillonnés d'une manière méandriforme. France, Luc.

DOUZIÈME ÉTAGE : — CALLOVIEN.

MOLLUSQUES CÉPHALOPODES.

BELEMNITES, Lamarck. Voy. p. 212.

*1. **hastatus,** Blainv., d'Orb., Paléont. univ., pl. 52, 53. Terr. jurass., 1, p. 121, pl. 18, 19 (1). France, Castellanne (Basses-Alpes), Chaumont (Haute-Marne), Oiron (Deux-Sèvres), Pizieux, Chauffour (Sarthe), Villers (Calvados), St-Michel-en-l'Herm (Vendée), la Voulte (Ardèche), Lifol (Vosges), la Latte, près de Nantua (Ain).

*2. **latesulcatus,** d'Orb., Paléont. univ., pl. 50, fig. 3-8. Terr. jurass. suppl., pl. 3, fig. 3-8. France, Mémont, Fontenay (Doubs), Clucy, Andelot (Jura); Suisse, Laufon, Asselegg; Crimée, Kobsel.

*3. **Duvalianus,** d'Orb., Paléont. univ., pl. 54, fig. 6-7. Terr. jurass., 1, p. 127, pl. 20, fig. 6-10. France, la Clape, près de Barrème.

*4. **Puzosianus,** d'Orb., Paléont. univ., pl. 35, 50, fig. 9, pl. 55, 56. Terr. jurass., 1, p. 118, pl. 16, fig. 1-6. Villers (Calvados), Wast, près de Colembert (Pas-de-Calais); Angl., Christian-Malford, Wiltz.

*5. **Altdorfensis,** Blainv., d'Orb., Paléont. univ., pl. 55, fig. 7-11, pl. 59, fig. 1-3. Terr. jurass., 1, p. 118, pl. 16, fig. 7-11. France, Dives; Russie, près de Moscou.

*6. **Grantianus,** d'Orb., Paléont. univ., pl. 58; Paléont. étrang., pl. 32. Indes orientales, province de Cutch, près de Charée. (*B. canaliculatus*, Grant, non Schl.)

PALÆOTEUTHIS, d'Orb., 1847. Ce genre est établi sur un bec fossile voisin des *Rhynchoteuthis*, mais bien plus étroit, très-pointu, lancéolé en avant, sans ailes latérales, pourvu seulement d'un talon postérieur plus large que le reste.

*6'. **Honoratianus,** d'Orb., 1847. La seule espèce connue. France, Chaudon (Basses-Alpes).

RHYNCHOTEUTHIS, d'Orb., Paléont. univ., Moll. viv. et foss., p. 594.

*7. **Honoratianus,** d'Orb., Paléont. univ., pl. 79. Terr. jur. suppl., pl. 4. France, près de Chaudon (Basses-Alpes).

(1) Voyez pour la synonymie des espèces de *Belemnites* et d'*Ammonites*, la *Paléontologie Française, Terrains jurassiques.*

8. antiquatus, d'Orb., Paléont. univ., pl. 79. Terr. jur. suppl., pl. 4. Crimée.
***9. Emerici,** d'Orb., Paléont. univ., pl. 79. Terr. jur. suppl., pl. 4. France, Chaudon (Basses-Alpes), Rians (Var).
***10. larus,** d'Orb., Paléont. univ., pl. 79. Terr. jur. suppl., pl. 4. France, Rians, Blaches, près de Castellanne, Montmirail (Vaucluse).
NAUTILUS, Breynius, 1732. Voy. p. 52.
***11. hexagonus,** Sow., d'Orb., Paléont. franç., terr. jurass., 1, p. 161, pl. 35, fig. 1, 2. Sow., 1837, Trans. geol. Soc. of London, 5, p. 329, pl. 23, fig. 4. France, Pizieux (Sarthe), Lifol (Haute-Marne), Villers; Savoie, Mont-du-Chat; Indes orientales, Charée, province de Cutch; Angleterre, Yorkshire.
***12. granulosus,** d'Orb., Paléont. franç., terr. jurass., 1, p. 162, pl. 35, fig. 3-5. France, Villers (Calvados), Roscreux (Doubs), Oiron (Deux-Sèvres).
***13. Julii,** Baugier, Man. Curieuse espèce à tours carrés, ornée de grosses côtes transverses, oblique en arrière et formant un angle sur le dos de la coquille qui est canaliculée; large ombilic. France, environs de Niort (Deux-Sèvres), Chauffour (Sarthe).
AMMONITES, Bruguière, 1791. Voy. p. 181.
***14. hecticus,** Hartm., d'Orb., Paléont. franç., terr. jurass., 1, p. 432, pl. 152. France, Saint-Rambert (Ain), Niort, Monsigny, Pizieux, Lifol, Rians (Bouches-du-Rhône).
***15. macrocephalus,** Schlotheim, d'Orb., Paléont. franç., terr. jurass., 1, p. 430, pl. 151. *A. Ishmæ*, de Keyserling, 1846. Geogn. beob., p. 327, pl. 20, fig. 8-10. *A. formosus*, Sow., 1837. Trans. geol. Soc. of Lond., 2ᵉ série, 5, p. 329, pl. 23, fig. 7. *A. lamellosus*, Sow., 1837. Loc. cit., pl. 23, fig. 8. *A. maya*, Sow., 1834, Trans. geol. Soc., 5, pl. 61, fig. 8. France, Saint-Rambert (Ain), Niort, Oiron, Monsigny (Vendée), Pizieux, Marolles, Lifol, Chaumont; Savoie, Mont-du-Chat; Russie septentrionale, rivière Ishma; Indes orientales, Charée, province de Cutch, et Schahpoor, même province.
***16. Herveyi,** Sow., d'Orb., Paléont. franç., terr. jurass., 1, p. 428, pl. 150. France, St-Rambert (Ain), Dives (Calvados), Lifol (Vosges), Pizieux (Sarthe), Niort (Deux-Sèvres); Regenbourg, près Délémont (Suisse); Indes orientales, Charée et Schahpoor ou Kuntcoke, province de Cutch.
***17. Backeriæ,** Sow., d'Orb., Paléont. franç., terr. jurass., 1, p. 424, pl. 149. *Amm. bifrons*, Phill., non Brug. France, Saint-Rambert (Ain), Niort, Saint-Maixent, Oiron (Deux-Sèvres), Dives (Calvados), Pizieux, Beaumont (Sarthe), Lifol (Vosges), Chaumont (Haute-Marne), Voulte, Nevers (Nièvre), Rians (Bouches-du-Rhône), Castellanne (Basses-Alpes), Mémont (Doubs), Dun-le-Roi (Cher); Vicentin; Savoie, Mont-du-Chat; Angleterre.
***18. crista-galli,** d'Orb., Paléont. franç., terr. jurass., 1, p. 434, pl. 153. France, Niort (Deux-Sèvres); Savoie, Mont-du-Chat.
***19. pustulatus,** Haan, d'Orb., Paléont. franç., terr. jurass., 1, p. 435, pl. 154. France, Niort, Chaumont, Vesaignes-sous-la-Fauche (Haute-Marne), Lifol (Vosges).
***20. lenticularis,** Phillips, pl. 6, fig. 25. *Amm. flexicostatus*, Phill.,

pl. 6, fig. 20. *A. Chamouseti*, d'Orb., Paléont. franç., terr. jurass., 1, p. 437, pl. 155. France, Villers (Calvados), la Latte, près de Nantua (Ain); Savoie, Mont-du-Chat; Angleterre.

*21. **funiferus**, Phillips, 1829. Yorksh., pl. 6, fig. 23. *A. Galdrynus*, d'Orb., Paléont. franç., terr. jur., 1, p. 438, pl. 156. France, Villers; Angleterre, Yorkshire.

*22. **lunula**, Zieten, d'Orb., Paléont. franç., terr. jurass., 1, p. 439, pl. 157. *A. ignobilis*, Sow., 1837. Trans. geol. Soc. of London, 2e série, 5, p. 329, pl. 23, fig. 11. France, Rians (Var), Saint-Rambert (Ain), Voulte (Ardèche), Villers (Calvados), Lifol (Vosges), Niort (Deux-Sèvres), Chaumont (Haute-Marne), Thouars (Deux-Sèvres), Nevers, Saint-Rambert, Mémont (Doubs), Tournus (Saône-et-Loire), Pizieux, etc., etc.; Savoie, Mont-du-Chât.; Russie, Koroshovo; Crimée, Kobsel; Angleterre; Allemagne, Lanheim; Indes orientales, Charée, province de Cutch.

*23. **Athleta**, Phillips, d'Orb., Paléont. franç., terr. jurass., 1, p. 457, pl. 163, 164. *A. armiger*, Sow., 1837. Trans. geol. Soc. of London, 2e série, 5, p. 329, pl. 23, fig. 13. France, la Latte, près de Nantua, Saint-Rambert (Ain), Sainte-Scolasse (Orne), Clucy (Jura), Mémont (Doubs), Villers, Dives, Voiron, Saint-Maixent, Niort, Pizieux, Castellanne, Nantua, Chaumont; Tyrol et Vicentin; Anglet., Yorkshire; Indes orientales, Charée, province de Cutch.

*24. **Pottingeri**, Sow., 1834. Trans. geol. Soc., 5, p. 719, pl. 61, fig. 10. *A. Chauvinianus*, d'Orb., Paléont. franç., terr. jurass., 1, p. 460, pl. 165. France, Pizieux, Villers, Chaumont, Nantua; Indes orientales, province de Cutch.

*25. **anceps**, Reinecke, d'Orb., Paléont. franç., terr. jur., 1, p. 462, pl. 166, 167. France, Tournus (Saône-et-Loire), Monsigny (Vendée), la Voulte (Ardèche), Lifol, Cucy (Yonne), Rians, Castellanne (Basses-Alpes), Pizieux, Niort (Deux-Sèvres), Saint-Rambert, Nantua (Ain), Mémont, Fontenelay (Doubs), Dun-le-Roi (Cher), Chaumont (Haute-Marne); Savoie, Mont-du-Chât., Vicentin; Tyrol, Padoue.

*26. **coronatus**, Brug., d'Orb., Paléont. franç., terr. jurass., 1, p. 465, pl. 168, fig. 1, 6, 7, 8. France, Dun-le-Roi, Gap (Hautes-Alpes), Digne, Mémont, Lafare (Vaucluse), Clucy (Jura), Villers, la Voulte, Lifol, Chaumont, Niort, Nevers, Marolles; Russie, Jelatma-sur-l'Oka, gouv. de Tambof, rivières Syssolia et Wotscha (Russie septentrionale).

*27. **modiolaris**, Lwyd, d'Orb., Paléont. franç., terr. jurass., 1, p. 468, pl. 170. *A. sublævis*, Sow. France, Pizieux, Marolles (Sarthe); Angleterre, Yorkshire.

*28. **tumidus**, Zieten, d'Orb., Paléont. franç., terr. jurass., 1, p. 469, pl. 171. France, Pizieux (Sarthe), Lifol (Vosges), Niort, Clucy, les Viousses (Jura), Nantua (Ain).

*29. **viator**, d'Orb., Paléont. franç., terr. jurass., 1, p. 471, pl. 172, fig. 1, 2. France, Chaudon (Basses-Alpes); Vicentin; Crimée, à Kobsel, à l'est de Soudagh.

*30. **Hommairei**, d'Orb., Paléont. franç., terr. jurass., 1, p. 474, pl. 173. France, Chaudon (Basses-Alpes), Morteau (Doubs), Rians (Bouches-du-Rhône), Gigondas (Vaucluse), Nantua (Ain); Crimée,

Kobsel, à l'est de Soudagh; Savoie, Mont-du-Chat. près de Chambéry; Tyrol, Plaisantin, Padoue.

*31. **Lamberti,** Sow., d'Orb., Paléont. franç., terr. jurass., 1, p. 482, pl. 177, fig. 5-11, pl. 178. France, Villers, Marolles, Grand-Montmirail (Vaucluse), Mémont (Doubs), Vesaignes-sous-la-Fauche.

*32. **Tatricus,** Pusch, d'Orb., Paléont. franç., terr. jurass., 1, p. 489, pl. 180. France, Voiron, Villers, Aspres-les-Vignes (H.-Alpes), Beaumont, Chaudon, Castellanne (Basses-Alpes), Gigondas, Grand-Montmirail (Vaucluse), Saint-Maixent; Crimée, Kobsel, à l'est de Soudagh; Italie, Padoue, St-André, près de Nice; Pologne, Czarny-Dunaje, près de Chocholow.

*33. **Zignodianus,** d'Orb., Paléont. franç., terr. jur., 1, p. 498, pl. 182. France, Aspres-les-Vignes, près de Gap (Hautes-Alpes), Blaches, Castellanne, Gigondas, Grand-Montmirail; Vicentin.

*34. **Sutherlandiæ,** Murch., d'Orb., Paléont. franç., terr. jurass., 1, p. 479, pl. 176, 177, fig. 1-4. *A. Gowerianus*, Phillips, 1829, pl. 6, fig. 21. France, Villers (Calvados), Marolles (Sarthe), Chaumont (Haute-Marne); Angleterre, Yorkshire.

*35. **Mariæ,** d'Orb., Paléont. franç., terr. jurass., 1, p. 486, pl. 179. France, Villers, Marolles; Russie, Koroshovo, près de Moscou, riv. Unja, affluent de l'Oka, gouv. de Tambof.

*36. **Sabaudianus,** d'Orb., 1847. Paléont. franç., terr. jurass., 1, p. 476, pl. 174. Savoie, Mont-du-Chât., près de Chambéry.

*37. **Lalandeanus,** d'Orb., 1847. Paléont. franç., terr. jurass., 1, p. 477, pl. 175. France, Villers, Dives, Marolles (Sarthe), Monsigny (Vendée), Grand-Montmirail (Vaucluse), Niort (Deux-Sèvres).

*38. **Babeanus,** d'Orb., 1847. Paléont. franç., terr. jur., 1, p. 491, pl. 181. France, Villers, Pas-de-Jeux, environs de Salins (Jura), la Fauche (Haute-Marne).

*39. **Æropus,** d'Orb., 1847. Espèce voisine de l'*A. microstomus*, mais s'en distinguant par sa bouche à peine saillante au bourrelet terminal doublement bordé. France, Niort, Chauffour (Sarthe).

*40. **arthriticus,** Sow., 1837. Trans. geol. Soc. of London, 2e série, 5, p. 329, pl. 23, fig. 10. D'Orb., Paléont. franç., terr. jurass., 1, pl. 224. Gigondas (Vaucluse); Inde, province de Cutch, Charée.

*41. **bipartitus,** Zieten, d'Orb., Paléont. franç., terr. jurass., 1, p. 443, pl. 158, fig. 1-4. France, Oiron, Niort (Deux-Sèvres), Saint-Rambert (Ain), Pizieux, Blaches, près de Castellanne (Basses-Alpes), Villers (Calvados), Mémont (Doubs).

*42. **Baugieri,** d'Orb., Paléont. franç., terr. jurass., 1, p. 445, pl. 158, fig. 5-7. Niort, Blaches, près de Castellanne (Basses-Alpes).

*43. **Jason,** Zieten, d'Orb., Paléont. franç., terr. jurass., 1, p. 446, pl. 159, 160. France, Lifol (Vosges), Chaumont (Haute-Marne), Saint-Rambert (Ain), Niort, Tournus; Savoie, Mont-du-Chât.; Russie, Koroshovo, Jelatma-sur-l'Oka, rivières Syssolla, Wisinga; Angleterre, Chippenham.

*44. **Duncani,** Sow., d'Orb., Paléont. franç., terr. jurass., 1, p. 451, pl. 161, 162. France, Nantua (Ain), Villers (Calvados), Saint-Rambert (Ain), Thouars, Niort, Besançon, Chaumont, Gap (Hautes-Alpes), Escragnolles (Var); Angleterre, Yorkshire.

'45. **Calloviensis**, Sow., d'Orb., Paléont. franç., terr. jurass., 1, p. 455, pl. 162, fig. 10, 11. France, Lottinghem, Saint-Wast (Pas-de-Calais); Angleterre, Devise, Chatley, Yorkshire.

*46. **tripartitus**, Raspail, 1831. D'Orb., Paléont. franç., terr. jurass., 1, p. 313, pl. 197, fig. 1-4. France, Palud, Blaches (Basses-Alpes), Aix (Bouches-du-Rhône), Sainte-Marguerite, près de Gap.

'47. **refractus**, Haan, d'Orb., Paléont. franç., terr. jurass., 1, p. 475, pl. 174, fig. 3-7. Niort; Wurtemberg, Gamelshausen.

*48. **Adelæ**, d'Orb., 1844. Paléont. franç., terr. jurass., 1, p. 494, pl. 183. France, Blaches, près de Castellanne, Noyaret, près de Grenoble (Isère), Grand-Montmirail, Gigondas (Vaucluse); Crimée, Kobsel, près de Soudagh.

'49. **Ajax**, d'Orb., 1847. Espèce voisine de l'*A. coronatus*, mais à tours ronds, moins épais, pourvus de tubercules oblongs, transverses, très-obtus. France, Pizieux (Sarthe).

*50. **Banksii**, Sow., 1818. Min. Conch., 2, p. 229, pl. 200. *A. coronatus*, Zieten, 1830, pl. 1, fig. 1. *A. coronatus* (pars), d'Orb., Paléont. franç., terr. jurass., 1, p. 465, pl. 168, fig. 2, 3, 4, 5, pl. 170. L'étude de la série comparative des âges nous a fait séparer cette espèce du *coronatus*, avec lequel nous l'avions réunie. France, on le trouve partout aux mêmes localités, Dun-le-Roi, Monsigny, la Voulte, Lifol, Pizieux, Niort, Saint-Rambert, Mémont, Chaumont, Nevers; Angleterre; Allemagne.

51. **Raspailii**, d'Orb., 1847. Espèce voisine de l'*A. bispinosus*, Sow., mais à dos très-rond et à nombreuses pointes au pourtour de l'ombilic, le double plus nombreuses que les pointes placées sur la convexité des flancs. France, Gigondas (Vaucluse). M. Eugène Raspail.

*52. **Villersensis**, d'Orb., 1847. Espèce voisine de l'*A. lunula*, mais avec l'ombilic plus étroit, des côtes moins flexueuses, et une forte carène tranchante. France, Villers (Calvados).

53. **fissus**, Sow., 1834. Trans. geol. Soc. of London, 2e série, 5, p. 719, pl. 61, fig. 11. Inde, Desert, nord-est de Cutch.

*54. **torquatus**, Sow., 1834. Trans., 2e série, 5, p. 719, pl. 61, fig. 12. Inde, Desert, nord-est de Cutch, Himalaya Peckhurt, à 3,000 mètres d'élévation au-dessus de la mer. M. Murchison.

55. **fornix**, Sow., 1834. Id., 5, p. 719, pl. 61, fig. 13. Inde, Nord de Booj (Cutch).

56. **elephantinus**, Sow., 1837. Id., 5, p. 329, pl. 23, fig. 6. Inde, province de Cutch, Charée. Espèce voisine, peut-être variété de l'*A. Herveyi*.

57. **opis**, Sow., 1837. Id., 5, p. 329, pl. 23, fig. 5. Charée (Cutch).

58. **Orientalis**, d'Orb., 1847. *A. corrugatus*, Sow., 1837. Trans. geol. Soc. of London, 2e série, 5, p. 329, pl. 23, fig. 12. (Non Sow., Min. Conch., pl. 451.) Inde, province de Cutch, Charée.

59. **calvus**, Sow., 1834. Id., 5, p. 719, pl. 61, fig. 9. Inde, Shahpoor, Kuntcote.

*60. **Nepaulensis**, Gray, pl. 1, fig. 1, 2. Inde orientale, Himalaya, Sulgranees (Népaul).

61. Wallichii, Gray, pl. 1, fig. 3. Inde orientale, Himalaya, Sulgranees (Népaul).
***62. Himalayæ,** d'Orb., 1847. Espèce voisine d'aspect de l'*A. torquatus*, mais avec une légère quille au milieu du dos. Himalaya, Peckhurt, à 3,000 mètres au-dessus de l'Océan. (M. Murchison.)
ANCYLOCERAS, d'Orb., 1842. Voy. p. 262.
***63. Calloviensis,** Morris, 1846. Ann. et Mag. nat. hist., 5, p. 32, pl. 6, fig. 3. France, Ardèche, la Clape (Basses-Alpes), Noyen (Sarthe); Angleterre, Chippenham.
***64. distans,** Baugier et Sauzé, 1843. Mém. Soc. de stat. de Niort, p. 13, pl. 3, fig. 8. France, Niort, Motte-Saint-Héray (Deux-Sèvres).
***65. tuberculatus,** d'Orb., 1847. *Toxoceras tuberculatus*, Baugier et Sauzé, 1843. Mém. de la Soc. de stat. de Niort, p. 11, pl. 4, fig. 1, 2. France, Sainte-Marguerite, près de Gap (Hautes-Alpes), Niort.

MOLLUSQUES GASTÉROPODES.

CHEMNITZIA, d'Orb., 1847. Voy. p. 172.
***66. Bellona,** d'Orb., 1847. Espèce voisine du *C procera*, mais ayant les tours bien plus longs, et des lignes d'accroissement ondulées. France, Pizieux (Sarthe), Clucy près de Salins (Jura), Voiron, Pas-de-Jeux (Deux-Sèvres).
***67 Hedonia,** d'Orb., 1847. Espèce plus grande, moins longue, et avec des tours bien plus courts que la précédente. Elle paraît être lisse. France, Pizieux.
***68. Misis,** d'Orb., 1847. Coquille voisine de forme des deux précédentes espèces, mais ornée de côtes flexueuses longitudinales. France, Pizieux (Sarthe), Marault (H.-Marne), Oiron (Deux-Sèvres), la Latte, près de Nantua (Ain).
69 Petschoræ, d'Orb., 1847. *Turritella Petschoræ*, de Keyserling, 1846. Geognost. beobacht., p. 320, pl. 18, fig. 26. Russie septentrionale, Petschora près de Poluschino.
170 tristriata, d'Orb., 1847. *Turritella tristriata*, Schübler, Zieten, 1830. Pétrific. du Wurtemb., p. 43, pl. 32, fig. 4. Wurtemberg.
ACTEON, Montfort, 1810. Voy. p. 263.
***71. Sabaudianus,** d'Orb., 1847. Espèce voisine de l'*A. striatus*, mais plus longue, à stries plus rapprochées. Savoie, Mont-du-Chat.
72. substriatus, d'Orb., 1847. *Tornatella striata*, Sow., 1834. Trans. geol. Soc. of London, 2e série, 5, p. 719, pl. 61, fig. 6 (Non Sow., 1824). Inde, nord de Booj (Cutch).
NATICA, Adanson, 1757. Voy. p. 29.
***73. Chauviniana,** d'Orb., 1847. Espèce un peu plus longue que large, ovale, globuleuse, à tours peu convexes. France, Pizieux (Sarthe), Chaumont.
NERITOPSIS, Sowerby, 1825. Voy. p. 172.
***74. inæqualicosta,** d'Orb., 1847. Espèce courte, ornée de quelques grosses côtes transverses, entre lesquelles sont d'autres petites côtes inégales. France, Pizieux.
TROCHUS, Linné, 1758. Voy. p. 64.

*75. **Halesus,** d'Orb., 1847. Coquille conique, lisse, à tours non saillants, le dernier anguleux, non ombiliqué du côté de la bouche. France, Pizieux, Marault (H.-Marne).

SOLARIUM, Lamarck, 1801. Voy. p. 300.

*76. **Sarthacensis,** d'Orb., 1847. Coquille déprimée, largement ombiliquée, à tours carénés extérieurement. France, Pizieux.

TURBO, Linné, 1758. Voy. p. 5.

*77. **sulcostomus,** Phillips, 1839. Yorkshire, p. 112, pl. 6, fig. 10. France, Pizieux (Sarthe); Angl., Hackness, South Cave.

*78. **Darius,** d'Orb., 1847. Espèce plus longue que large, à tours un peu anguleux, dont les deux derniers ont deux angles. Pizieux.

PHASIANELLA, Lamarck, 1802. Voy. p. 67.

*79. **striata,** d'Orb., 1847. *Melania striata*, Sow., 1813. Min. Conch., 1, pl. 47. France, Pizieux, Villers.

*80. **Cæcilia,** d'Orb., 1847. Espèce un peu plus longue que large, à tours peu convexes; angle spiral, 74°. France, Pizieux, Marault.

*81. **Calliope,** d'Orb., 1847. Espèce plus allongée que l'espèce précédente, lisse, à tours plus convexes. Angle spiral, 61°. France, Chaumont, Pizieux, Clucy (Jura).

*82. **Cassiope,** d'Orb., 1847. Coquille encore plus allongée que la précédente, lisse, à tours peu convexes, canaliculée sur la suture. Angle spiral, 56°. France, Chaumont, Pizieux.

PLEUROTOMARIA, Defrance, 1825. Voy. p. 7.

*83. **Cyprea,** d'Orb., 1847. Grande espèce à tours plans, saillants en gradins, striée en long, et pourvue d'un bourrelet supérieur, côté de la bouche strié. Angle spiral, 92°. France, Pizieux, Beaumont, Chauffour, Chaumont, Nantua, Chappois et Clucy (Jura).

*84. **Cypris,** d'Orb., 1847. Moyenne espèce, voisine du *P. granulata*, mais s'en distinguant par ses fortes côtes longitudinales du côté de la bouche. France, Clucy (Jura).

*85. **Cytherea,** d'Orb., 1847. Espèce plus large que longue, dont l'angle spiral est de 80°. Tours convexes subanguleux; ornée de côtes longitudinales granuleuses. Chaumont, Pizieux, Beaumont, Lombard, près de Quingey (Doubs), Latte, près de Nantua.

*86. **Cydippe,** d'Orb., 1847. Espèce voisine, par ses ornements, du *P. cypræa*, mais bien plus élevée, son angle spiral est de 65°. Pizieux, Chaumont, la Latte, près de Nantua, Chappois (Jura), Besançon.

*87. **Vieilbancii,** d'Orb., 1847. Espèce voisine, pour la forme, du *P. Cydippe*, mais avec des tours pourvus d'une côte sur le milieu de leur largeur; angle spiral, 64°. France, Oiron, près de Thouars.

88. **guttata,** d'Orb., 1847. *Trochus guttatus*, Phillips, 1839. Yorkshire, p. 112, pl. 6, fig. 14. Angl., Scarborough.

89. **depressa,** d'Orb., 1847. *Cirrus depressus*, Phillips, 1839. Yorkshire, p. 112, pl. 6, fig. 12. Angl., Hackness, Scarborough.

PTEROCERA, Lamarck, 1801. Voy. p. 231.

*90. **Arthemis,** d'Orb., 1847. Espèce assez grande (55 mill.), les tours striés en travers, le dernier deux fois gibbeux, munis de deux angles qui se terminent dans l'aile, qui paraît avoir quatre digitations; angle spiral, 73°. France, Chaumont, Pizieux.

*91. **Aspasia,** d'Orb., 1847. Espèce moyenne (30 mill.), à tours lisses, dont le dernier à deux angles, qui se terminent à l'aile munie de deux digitations; angle spiral, 42°. France, Chaumont, Pizieux.

***92. Athulia,** d'Orb., 1847. Espèce courte (58° d'angle spiral), à tours carénés, le dernier à deux fortes carènes et strié en long. France, Chaumont (Haute-Marne), Villers (Calvados), Pizieux.

***93. Arsinoe,** d'Orb., 1847. Espèce voisine, mais bien plus petite que l'espèce précédente, avec deux carènes moins élevées, terminées par deux digitations arquées, la troisième en sens inverse formée par le tube. France, Villers; Angl., Chippenham.

***94. Ariadne,** d'Orb., 1847. Espèce presque puppoïde, à tours subanguleux, pourvus de nodosités, ou mieux de côtes transverses; le dernier à deux côtes longitudinales. France, Pizieux.

***95. Amyntas,** d'Orb., 1847. Espèce très-fusiforme, à tours costulés en travers et striés en long, le dernier très-long, lisse. Pizieux.

***96. Aglaia,** d'Orb., 1847. Espèce très-allongée (angle spiral, 30°), dont les tours sont lisses, excepté le dernier pourvu d'une carène unique. France, Pizieux, Chaumont, Clucy.

97. armigera, d'Orb., 1847. *Rostellaria bispinosa*, Phillips, 1839, p. 112, pl. 6, fig. 13. (Non *R. bispinosa*, Phillips, pl. 4, fig. 32). Angl., Scarborough.

SPINIGERA, d'Orb., 1847. Voy. p. 270.

***98. compressa,** d'Orb., 1847. Espèce comprimée, très-allongée, dont les tours subanguleux sont costulés en long. France, Pizieux.

PURPURINA, d'Orb., 1847. Voy. p. 270.

***99. brevis,** d'Orb., 1847. Espèce courte, dont les tours sont ornés en travers de grosses nodosités. France, Pizieux.

100. pumila, d'Orb., 1847. *Buccinum pumilum*, Sow., 1837. Trans. geol. Soc. of London, 2e série, 5, p. 329, pl. 23, fig. 1, 1 a. Inde, prov. de Cutch, Mhurr.

CERITHIUM, Adanson, 1757. Voy. p. 196.

***101. Damon,** d'Orb., 1847. Espèce à tours saillants, ronds, ornés de stries longitudinales; angle spiral, 40°. France, Chaumont.

***102. Daphne,** d'Orb., 1847. Espèce très-allongée (angle spiral, 18°), à tours peu convexes, costulés en long et en travers. Villers.

***103. unicarinatum,** d'Orb., 1847. *Turritella unicarinata*, Deslongch., 1842. Mém. Soc. linn. de Norm., t. 7, p. 151, pl. 11, fig. 68, 69. France, Villers-sur-mer (Calvados).

HELCION, Montfort, 1810. Voy. p. 9.

***104. Arsinoe,** d'Orb., 1847. Espèce conique, très-élevée, à sommet un peu excentrique, lisse. France, Pizieux.

BULLA, Lamarck, 1801.

***104'. Lorieri,** d'Orb., 1849. Belle espèce globuleuse, ovale, lisse. France, Chauffour (Sarthe).

MOLLUSQUES LAMELLIBRANCHES.

PANOPÆA, Ménard, 1807. Voy. p. 164.

***105. Elea,** d'Orb., 1847. Espèce voisine du *P. decurtata*, mais un peu plus courte sur la région buccale, moins arquée. France, Pizieux, Beaumont.

***106. Erina,** d'Orb., 1847. Espèce oblongue, presque égale en largeur, obtuse à ses extrémités, à région buccale très-courte. France, Pizieux, Chaumont (Haute-Marne).

***107. Brongniartina,** d'Orb., 1847. *Pleuromya Aldouini,* Agass., 1845. Etud. crit., p. 242, pl. 22, fig. 10-22. *Lutraria Aldouini,* Goldf., 1839, pl. 152, fig 8 (Non Brong). France, Chauffour (Sarthe) ; Suisse, Goldenthal (Soleure), Wurtemberg.

108. Sowerbyi, d'Orb., 1847. *Amphidesma ovalis,* Sow., 1837. Trans. geol. Soc. of London, 2e série, 5, p. 327, pl. 21, fig. 11. (Non *ovalis,* Sow., 1836, in Fitton). Inde, Charée (Cutch).

109. hians, d'Orb., 1847. *Amphidesma hians,* Sow., 1837. Trans. geol. Soc. of London, 2e série, 5, p. 327, pl. 21, fig. 12. Inde, prov. de Cutch, Charée.

PHOLADOMYA, Sowerby, 1826. Voy. p. 73.

***110. carinata,** Goldf., p. 267, pl. 155, fig. 6. Agass., 1842. Etud. crit., p. 84, pl. 4, fig. 4-6. Chauffour, Pizieux, Beaumont, Lifol.

***111. decussata,** Agass., 1840. Id., p. 74, pl. 4, fig. 9-10, pl. 4', fig. 7-11. Pizieux (Sarthe), Chaumont (Haute-Marne).

***112. crassa,** Agass., 1842. Etud. crit., p. 81, pl. 6 d, fig. 1-3. France, Beaumont, Pizieux, Sainte-Scolasse (Sarthe), Lyon (Calvados); Suisse, Horlang (Soleure).

***113. trapezicosta,** d'Orb., 1847. *Lutraria trapezicosta,* Pusch, 1837. Polens., p. 80, pl. 8, fig. 10. *Lysianassa ornata,* Goldfuss, 1839, 3, p. 264, pl. 154, fig. 12. France, Marault (Haute-Marne).

***114. cylindrica,** d'Orb., 1847. Espèce voisine du *P. Dubois,* mais sans petites côtes intermédiaires et avec une forme cylindrique très-marquée. Sainte-Scolasse-sur-Sarthe (Orne), Marault.

***115. Royeriana,** d'Orb , 1847. Espèce voisine du *P. decussata,* mais bien plus courte, arrondie sur la région buccale et ornée de côtes tuberculeuses, alternes seulement vers le sommet. France, Chaumont (Haute-Marne), Clucy, près de Salins.

***116. Clytia,** d'Orb., 1847. Espèce voisine du *P. ficidula,* mais plus courte, avec des côtes rayonnantes, plus fines et plus inégales répandues partout. France, Beaumont (Sarthe).

***117. inornata,** Sowerby, 1837. Trans. geol. Soc. of London, 2e série, 5, p. 327, pl. 21, fig. 8. France, Pizieux, Chauffour (Sarthe), Chaumont (Haute-Marne), Niort (Deux-Sèvres) ; Inde, Charée (Cutch).

118. obsoleta, Phillips, 1839, p. 109, pl. 5, fig. 24. Scarborough.

119. granosa, Sow., 1837. Trans., 5, p. 327, pl. 21, fig. 9. Charée (Cutch).

120. angulata, Sow., 1837. Id., 5, p. 327, pl. 21, fig. 10. Charée.

LYONSIA, Turton, 1822. Voy. p. 10.

***121. peregrina,** d'Orb. Voy. Etage bath., nº 169. France, Chauffour, Beaumont (Sarthe), Lion (Calvados).

***122. excavata,** d'Orb., 1847. Espèce ovale, lisse, arrondie à l'extrémité anale, tronquée du côté opposé, excavée sous les crochets. France, Chaumont, Sainte-Scolasse (Orne).

123. recurva, d'Orb., 1847. *Amphidesma recurvum,* Phillips, 1839. York., p. 99, pl. 5, fig. 25. Angl., Malton, Scarborough.

CEROMYA, Agassiz, 1844. Voy. p. 275.

*124. **elegans,** d'Orb., 1847. *Isocardia elegans*, Desh., 1838. Traité élém. de conchyol., p. 15, pl. 24, fig. 3, 4, 5. France, Pizieux, Beaumont, Chauffour (Sarthe), Sainte-Scolasse (Orne).

*125. **concentrica,** d'Orb., 1847. *Isocardia concentrica*, Sow., 1825, 5, p. 147, pl. 491, fig. 1. France, Lyon (Calvados), Pizieux, Beaumont, Chauffour; Angl. Bulpwick (Northamptonshire).

*126. **Sarthacensis,** d'Orb., 1847. Espèce ronde, très-globuleuse, à crochets contournés, marquée de quelques stries concentriques d'accroissement. Sainte-Scolasse, Pizieux, Beaumont, Chauffour.

THRACIA, Leach, 1825. Voy. p. 216.

*127. **Chauviniana,** d'Orb., 1845. Murch., Vern. et de Keys., Russie, 2, p. 471. Espèce comprimée, oblongue, très-équilatérale, la région anale prolongée et étroite. France, Pizieux, Villers.

*128. **triangularis,** d'Orb., 1847. Espèce comprimée, formant un triangle presque régulier, la région anale seulement un peu plus étroite que l'autre. France, Pizieux, Villers.

PERIPLOMA, Schumacher, 1817. Voy. p. 11.

*129. **Chauviniana,** d'Orb., 1845. Paléont. franç., terr. crét., 3, p. 380. Espèce oblongue, courte sur la région anale plus étroite que l'autre. France, Pizieux, Beaumont.

*130. **elongata,** d'Orb., 1847. Espèce d'un tiers plus allongée que l'autre, et dès lors plus étroite; région palléale droite. France, Pizieux.

*131. **ovata,** d'Orb., 1847. Espèce ovale, courte à la région anale. France, Pizieux.

ANATINA, Lamarck, 1809. Voy. p. 74.

*132. **Bellona,** d'Orb., 1847. Espèce allongée, très-inéquilatérale, la région anale bien plus longue que l'autre; surface ridée dans le sens de l'accroissement sur la région buccale. France, Pizieux.

LAVIGNON, Cuvier, 1817. Voy. p. 306.

*133. **ovalis,** d'Orb., 1847. *Corbis ovalis*, Phillips, 1839, p. III, pl. 5, fig. 29. France, Pizieux, Chaumont, Sainte-Scolasse (Orne), Lyon (Calvados); Angl., South-Cave, Scarborough.

LEDA, Schumacher, 1817. Voy. p. 11.

*134. **compressa,** d'Orb., 1847. Espèce très-comprimée, ovale, lisse, subéquilatérale. Blache, près de Castellanne (Basses-Alpes).

*135. **Astieriana,** d'Orb., 1847. Espèce très-comprimée, oblongue, lisse, la région buccale très-courte. Blache, près de Castellanne.

*136. **Alpina,** d'Orb., 1847. Espèce renflée, très-allongée, un peu striée dans le sens de l'accroissement, région anale très-prolongée. France, Blache, près de Castellanne.

*137. **Moreana,** d'Orb., 1847. Coquille voisine de forme du *L. lacryma*, mais un peu plus courte, très-excavée sur l'area anale. France, Moutsec, près de Saint-Mihiel (Meuse).

CORBULA, Bruguière, 1791. Voy. p. 275.

*138. **Mosæ,** d'Orb., 1847. Espèce ovale, un peu trigone, ornée de stries concentriques; région buccale courte; région anale longue, rostrée, excavée et carénée extérieurement. France, Moutsec.

139. **pectinata,** Sowerby, 1834. Trans. geol. Soc. of London, 2e série, 5, p. 718, pl. 61, fig. 4, 4 a. Inde, prov. de Cutch, Dookenavra, dans le Runn.

140. lyrata, Sow., 1837, 5, p. 327, pl. 21, fig. 13. Charée (Cutch).
ASTARTE, Sowerby, 1818. Voy. p. 216.
*141. **Achiles,** d'Orb., 1847. Espèce un peu ovale, de 90 millim. de longueur, lisse et très-épaisse. France, Pizieux.
*142. **Rexia,** d'Orb., 1847. Espèce voisine de l'*A. striato-costata*, plus triangulaire avec les crochets très-saillants, anguleux, costulés, le reste lisse. France, Villers (Calvados).
*143. **Assilina,** d'Orb., 1847. Espèce voisine de la précédente, mais plus comprimée, ovale, costulée au sommet. France, Villers.
*144. **Gea,** d'Orb., 1847. Coquille oblongue, ovale, comprimée, ornée de côtes concentriques ; région anale oblique, plus longue que l'autre. France, Moutsec, près de St-Mihiel (Meuse).
*145. **Mosæ,** d'Orb., 1847. Petite coquille ronde, très-renflée, à crochets très-saillants, costulée concentriquement; lunule profondément excavée comme celle des *Opis*. Moutsec.
*146. **Gallica,** d'Orb., 1847. Coquille ronde, voisine de la précédente, mais sans lunule excavée et avec des côtes bien plus petites. France, Villers (Calvados).
*147. **Eudoxus,** d'Orb., 1847. Espèce voisine de l'*A. unilateralis*, mais plus ovale, plus fortement costulée. Inde orientale sur les pentes de l'Himalaya, à Peckhurt, situé à 3,000 mètres au-dessus du niveau de l'Océan. (M. Murchison).
148. major, Sowerby, 1834. Trans. geol. Soc. of London, 2e sér., 5, p. 718, pl. 61, fig. 1. Inde, prov. de Cutch, Shahpoor.
149. pseudocompressa, d'Orb., 1847. *A. compressa*, Sow., 1834. *Id.*, 5, p. 718, pl. 61, fig. 2. (Non Montagu, 1803). Inde, prov. de Cutch, in the neighbourhood of Shahpoor.
150. subrotunda, d'Orb., 1847. *A. rotunda*, Sow., 1834. *Id.*, 5, p. 718, pl. 61, fig. 3. (Non Sow., 1826). Inde, au nord de Booj.
151. unilateralis, Sow., 1837. *Id.*, 5, p. 327, pl. 21, fig. 14. Inde, Charée (Cutch).
152. pisiformis, Sow., 1837. *Id.*, 5, p. 327, pl. 21, fig. 15. Charée.
CYPRINA, Lamarck, 1801. Voy. p. 173.
*153. **Vieilbancii,** d'Orb., 1847. Grande espèce ovale, comprimée, régulière, très-inéquilatérale, très-courte sur la région buccale. France, Pas-de-Jeux, près de Thouars (Deux-Sèvres).
*154. **subcordiformis,** d'Orb., 1847. Coquille circulaire, renflée, à crochets très-prolongés. France, Pizieux, Beaumont (Sarthe).
*155. **obliquissima,** d'Orb., 1847. Coquille ovale, renflée, très-oblique; les crochets tout à fait à l'une des extrémités ; test très-épais orné de stries concentriques. France, Pizieux, Chaumont.
*156. **Normaniana,** d'Orb., 1847. Petite coquille ovale, renflée, ornée de stries concentriques, inéquilatérales. France, Villers.
*157. **Blandina,** d'Orb., 1847. Espèce voisine de la précédente, mais plus ronde et plus comprimée. France, Villers.
*158. **Bonasia,** d'Orb., 1847. Coquille voisine des deux précédentes, mais plus comprimée et surtout plus ovale. France, Villers.
CYPRICARDIA, Lamarck, 1801.
*159. **Phidias,** d'Orb., 1847. Espèce aussi grosse et voisine de forme du *C. cordiformis*, mais avec la carène plus aiguë, la région

anale plus étroite et plus oblique. France, Marrault, près de Chaumont (H.-Marne), Pizieux, Beaumont, Chauffour (Sarthe), Oiron (Deux-Sèvres), Poitiers (Vienne).

*160. **subobesa,** d'Orb., 1847. Coquille voisine de la précédente, mais bien plus petite, plus renflée et sans carène à la région anale. France, Pizieux.

TRIGONIA, Bruguière, 1791. Voy. p. 198.

*161. **elongata,** Sow., 1823, 5, p. 39, pl. 431, fig. 3. (Exclus. fig. 1, 2). *T. cardissa*, Agassiz, Etud. crit. p. 46, pl. 11, fig. 4-7. *T. costata* (var.), Sow., 1837. Trans. Geol. Soc. of London, 5, p. 328, pl. 21, fig. 16. *T. pullus*, id., id., pl. 21, fig. 17. Nous conservons à celle-ci le nom d'*Elongata*, donné par Sowerby, tandis que l'espèce néocomienne qui y est confondue fig. 1, 2, est le *T. carinata*, Agass. France, Dives, Villers (Calvados), Clucy, les Vionnes, et Mont-Orient, près de Salins (Jura), Moutsec, près de St-Mihiel (Meuse), Marault, près de Chaumont (H.-Marne), Beaumont, Pizieux, Chauffour (Sarthe); Inde orientale, Charée, province de Cutch; Angl., Radepole, près de Weymouth.

*162. **major,** d'Orb., 1847. *T. clavellata*, Sow., 1815, Min. Conch., 1, pl. 87. *T. clavellata*, Agassiz, pl. 5, fig. 16-18. (Non *T. clavellata*, Parkinson, 1811). France, Villers (Calvados), Moutsec.

162'. **Smeeii,** Sow., 1834. Trans. geol. Soc., 2e série, 5, p. 718, pl. 61, fig. 5. Inde, Shahpoor (Cutch).

*163. **Bachelieri,** d'Orb., 1847. Espèce voisine par ses côtes des *T. elongata*, mais infiniment plus longue, les côtes flexueuses en avant, près de l'area anale, un sillon rayonnant sur la région buccale. France, Ste-Scolasse-sur-Sarthe (Orne).

CARDIUM, Bruguière, 1791. Voy. p. 33.

*164. **subdissimile,** d'Orb., 1847. *C. dissimile* (Murchison), Phillips, 1889, p. 111, pl. 5, fig. 27. (Non Sow., 1817). France, Chauffour, Chaumont, Thouars, le Pont-de-fer do Moerans (Jura); Angl., Scarborough, South-Cave.

*165. **Pictaviense,** d'Orb., 1847. Espèce voisine de la précédente, mais bien plus courte et presque circulaire. France, Pas-de-Jeux, près de Thouars (Deux-Sèvres), Beaumont, Pizieux.

UNICARDIUM, d'Orb., 1847. Voy. p. 218.

*166. **Calloviense,** d'Orb., 1847. Espèce voisine de l'*U. depressum*, mais lisse et bien plus inéquilatérale; la région buccale est longue et presque acuminée. France, Chaumont, Pizieux.

ISOCARDIA, Lamarck, 1799. Voy. p. 132.

*167. **tener,** Sow., 1821. M. C., 3, p. 171, pl. 295, fig. 2. *I. minima*, Desh., 1838. Traité élém., pl. 24, fig. 6, 7. (Non Sowerby). *Ceromya tenera*, Agassiz, pl. 8 c, fig. 1-12. Angl., Kelloway; Villers, Lyon (Calvados), Chauffour, Pizieux; Goldenthal, Ring (Soleure).

*168. **Campaniensis,** d'Orb., 1847. Espèce voisine de l'*I. tener*, mais plus renflée, à crochets plus contournés, plus obtuse sur la région anale. France, Chaumont, Pizieux, Beaumont, Ste-Scolasse-sur-Sarthe.

*169. **Villersensis,** d'Orb., 1847. Espèce voisine de l'*I. tener*, mais moins renflée et non excavée sous les crochets qui sont plus courts France, Villers.

170. Wurtembergensis, d'Orb., 1847. *I. angulata*, Zieten, 1830, p. 83, pl. 62, fig. 7. (Non Phill., pl. 9, fig. 9). Wurtemberg, Gamelshausen, Stuifenberg.

CORBIS, Cuvier, 1817. Voy. p. 279.

***171. inæquilateralis,** d'Orb., 1847. Coquille ovale, très-renflée, très-courte et plus étroite sur la région anale. France, Pizieux.

LUCINA, Bruguière, 1791. Voy. p. 76.

***172. Arthemis,** d'Orb., 1847. Espèce ovale, régulière, équilatérale, à peine marquée de quelques lignes d'accroissement. Villers.

***173. Aspasia,** d'Orb., 1847. Espèce plus allongée que la précédente, inéquilatérale, ridée dans le sens de l'accroissement. Villers.

174. lirata, Phillips, 1839, p. 111, pl. 6, fig. 11. Scarborough.

***175. Sarthacensis,** d'Orb., 1847. Espèce très-comprimée, presque circulaire. France, Pizieux, Chaumont.

NUCULA, Lamarck, 1801. Voy. p. 12.

***176. Cæcilia,** d'Orb., 1847. Espèce oblongue, lisse, très-longue et obtuse sur la région anale, assez prolongée sur la région buccale (Non Sowerby). (Peut-être le *N. pectinata*, Ziet., pl 57, fig. 8). France, Villers, Moutsec, Chaumont ; Gamelshausen.

***177. Calliope,** d'Orb., 1847. Espèce voisine du *N. Cæcilia*, mais plus renflée, plus courte dans son ensemble, tronquée sur la région anale. France, Villers, Pic-Saint-Loup ? (Hérault), environs de Besançon (Doubs), Nantua (Ain), Moutsec (Meuse).

***178. Castor,** d'Orb., 1847. Espèce voisine de forme du *N. Calliope*, mais striée fortement dans le sens de l'accroissement. France, Moutsec, Villers, les Blaches, près de Castellanne (B.-Alpes).

***179. Pollux,** d'Orb., 1847. Espèce striée comme la précédente, mais de forme triangulaire, pourvue d'une large lunule à la région anale. France, Villers, Moutsec, les Blaches.

***180. Chassyana,** d'Orb., 1847. Espèce triangulaire comme le *N. Pollux*, mais plus renflée et lisse. Pic-Saint-Loup (Hérault).

181. cuneiformis, Sow., 1837. Trans. geol., 2e série, 5, p. 328, pl. 22, fig. 4. Inde, prov. de Cutch, Charée, Himalaya, Peckhurt, à 3,000 mètres d'élévation. M. Murchison.

182. tenuistriata, Sow., 1837. *Id.*, 5, p. 328, pl. 22, fig. 3. Inde, Hubbye-Hills.

ARCA, Linné, 1758. Voy. p. 13.

***183. Galathea,** d'Orb., 1847. Espèce oblongue, finement treillissée, obtuse sur la région buccale, tronquée sans carène sur la région anale. France, Villers.

***184. Glycerie,** d'Orb., 1847. Espèce voisine de l'*A. Galathea*, mais infiniment plus large, et à peine striée aux extrémités. Villers.

***185. Gea,** d'Orb., 1847. Espèce voisine de l'*A. Galathea*, mais avec une légère carène sur la région anale. France, Villers.

***186. Gnoma,** d'Orb., 1847. Espèce allongée, anguleuse sur la région anale, oblique et carénée du côté opposé, radiée de plus grosses côtes aux extrémités. France, Villers, Pizieux, Nantua.

***187. Glaucus,** d'Orb., 1847. Espèce très-allongée, sinueuse sur la région palléale, aiguë à son extrémité buccale, treillissée partout. Villers.

***188. Chauviniana,** d'Orb., 1847. Grande espèce très-renflée, à crochets très-écartés. France, Pizieux.

189. virgata, d'Orb., 1847. *Cucullæa virgata*, Sow., 1837. Trans. geol. Soc. of London, 2ᵉ série, 5, p. 328, pl. 22, fig. 1, 2. Inde, Hubbye Hills (Cutch).

PINNA, Linné, 1758. Voy. p. 135.

***190. rugoso-radiata,** d'Orb., 1847. Espèce assez large, fortement ridée en travers et ornée de plus de stries et de côtes rayonnantes sur la région cardinale. France, Pizieux.

***191. crassissima,** d'Orb., 1847. Très-grande espèce, courte, large et tronquée obliquement en avant, avec seulement des lignes d'accroissement. France, Ste-Scolasse-sur-Sarthe (Orne).

MYOCONCHA, Sow., 1824. Voy. p. 165.

***192. obtusa,** d'Orb., 1847. Espèce oblongue, presque égale en largeur, très-obtuse à la région buccale. France, Pizieux.

MITYLUS, Linné, 1758. Voy. p. 82.

***193. solenoides,** d'Orb., 1847. *Modiola solenoides*, Lam., 1819. An. sans vert., 5, p. 117, nº 4. Espèce tout à fait semblable d'aspect et de forme avec le *M. plicatus*, mais s'en distinguant toujours par des stries transverses sur la région palléale. France, Pizieux, Chauffour, Pas-de Jeux, près de Thouars, Ste-Scolasse-sur-Sarthe.

***194. imbricatus,** d'Orb., 1847. *Modiola imbricata*, Sow., 1818, 3, p. 21, pl. 212, fig. 1. (Exclus. fig. 2). *Modiola cuneata*, Phillips. *Mitylus bipartitus*, Goldf., pl. 131, fig. 3. *Modiola bipartita*, Phillips, pl. 4, fig. 30, 1829, pl. 5, fig. 28. (Non Sowerby). *Modiola tulipea*, Lamarck, 1819, An. s. vert., 6, p. 117. France, Launoy (Ardennes), Pizieux, Villers; Angl., South-Cave, Scarborough (Yorkshire); Allemagne, Rabenstein, Solothurn, Wurtemberg.

***195. gibbosus,** d'Orb. *Modiola gibbosa*, Sow, 1818, 3, p. 19, pl. 211, fig. 2. (Non *gibbosus*, Goldf.). Angl., Bradfort, Claverton-Hill, Felmersham; France, Nantua (Ain), Pizieux, Beaumont, Chauffour, Ste-Scolasse-sur-Sarthe.

***196. subgibbosus,** d'Orb., 1847. *M. gibbosus*, Goldf., 1838, 2, p. 176, pl. 131, fig. 4. (Non *gibbosus*, Sow., 1818). France, Niort (Deux-Sèvres); Basel, Amberg.

***197. subpectinatus,** d'Orb., 1847. *M. pectinatus*, Sow., 1825, pl. 282. (Non Lam., 1804). France, Pizieux (Sarthe).

***198. Halesus,** d'Orb., 1847. Espèce voisine du *M. Goldfussianus*, mais beaucoup plus longue, moins épaisse et ornée de stries concentriques. France, Pas-de-Jeux, près de Thouars, Moutsec.

***199. Helirius,** d'Orb., 1847. Espèce voisine de forme du *M. edulis*, très-lisse, mais avec de fines rides transverses sur la région palléale qui est évidée. France, Launoy (Ardennes).

***200. Hyphæus,** d'Orb., 1847. Espèce allongée comme le *M. plicatus*, mais entièrement lisse et brillante. Launoy (Ardennes).

201. pulcher, d'Orb., 1847. *Modiola pulchra*, Phillips, 1839, Yorkshire, p. 112, pl. 5, fig. 26. Angl., Scarborough.

LIMA, Bruguière, 1791. Voy. p. 175.

*202. **duplicata,** Desh. *Plagiostoma duplicatum*, Sow., Min., pl. 559, fig. 3. Goldf., pl. 102, fig. 11. Phillips, 1829, p. 112, pl. 6, fig. 2. France, Chaumont, Pizieux, Beaumont, Moirans, près de Salins (Jura), Villers (Calvados) ; Angl., Scarborough, Hackness.

*203. **cardiiformis,** *Plagiostoma cardiiforme*, Sow., 1815, 2, p. 25, pl. 113, fig. 3. France, Chaumont, Beaumont ; Angl., Petty-France (Gloucestershire).

*204. **obscura,** *Plagiostoma obscurum*, Sow., 1815. M. C., 2, p. 27, pl. 114, fig. 2. Beaumont, Chauffour, Pizieux ; Angl. Kelloway.

*205. **proboscidea,** Sow., 1820. Min. Conch., 3, p. 115, pl. 264, France, Villers, Poitiers, Chaumont, Pizieux, Lifol (Vosges), Ste-Scolasse-sur-Sarthe.

*206. **Janassa,** d'Orb., 1847. Espèce remarquable par son peu de largeur et son grand allongement ; sa surface est lisse, brillante. France, Chauffour.

AVICULA, Klein, 1753. Voy. p. 13.

*207. **inæquivalvis,** Sow., 1819. M. C., 8, p. 77, pl. 244, fig. 3, var. *a*. Exclus., var. b. (Non *inæquivalvis*, Phillips, Zieten, pl. 55, fig. 2. Goldf., pl. 118). Elle n'a pas de petites stries intermédiaires aux grosses côtes comme l'*A. Sinemuriensis*. Angl., Kelloway-Bridge ; Lifol (Vosges), Chauffour, Dives, Villers, Ste-Scolasse-sur-Sarthe.

*208. **Braamburiensis,** Phillips, 1839, p. 112, pl. 6, fig. 6. Lyon (Calvados), Guéret (Sarthe) ; Angl., Scarborough, Hackness, etc.

*209. **Lorieri,** d'Orb., 1847. Espèce voisine, pour la forme, de l'*A. inæquivalvis*, mais dont la grande valve est lisse, l'autre seulement un peu radiée. France, près de Guéret (Sarthe).

GERVILIA, Defrance, 1820. Voy. p. 201.

*210. **aviculoides,** Sow., 1814. M. C., 6, p. 16, pl. 511. D'Orb., Russie et Oural, pl. 41, fig. 14, 15. (Non Forbes, 1845). *G. pernoides*, Deslongchamps. *G. lanceolata*, Münster, Goldfuss, 2, p. 123, pl. 115, fig. 9. *G. Bronnii*, Koch, 1837. Beitr., pl. 3, fig. 1-5. France, Villers, Beaumont, Chaumont, Pizieux, Marolles ; Angl., Osmington ; All., Wurtemb., Göppingen, Hanovre.

PERNA, Bruguière, 1791. Voy. p. 176.

*211. **mityloides,** Lamk., Anim. s. vert., vol. 6, p. 142. Zieten, 1830, p. 71, pl. 54, fig. 2, 3. Goldfuss, pl. 107, fig. 12. Allem., Wurtemberg, Stuifenberg ; France, Villers, Trouville, Lyon, Chaumont, Pizieux, Marolles (Sarthe), Moutsec (Meuse), Ste-Scolasse-sur-Sarthe.

*212. **Bachelieri,** d'Orb., 1847. Très-grande espèce carrée, transverse, arquée, dont la facette cardinale occupe le tiers et montre de larges impressions ligamentaires. France, Ste-Scolasse-sur-Sarthe.

PECTEN, Gualtieri, 1742. Voy. p. 87.

*213. **fibrosus,** Sow., 1818. M. C., pl. 136, fig. 2. Phill., 1830. Yorksh., p. 112, pl. 6, fig. 3. France, Pizieux, Villers, Chaumont, Moutsec, Moirans, près de Salins (Jura), Lyon (Calvados) ; Angl., Scarborough, Hackness.

*214. **demissus,** Bean, Phillips, 1839. Yorksh., p. 112, pl. 6, fig. 5. France, Lifol (Vosges), Pizieux ; Angl., Scarborough, Malton.

*215. **Lens,** Sow., 1818. M. C., 3, p. 3, pl. 205, fig. 2, 3. Goldfuss, pl. 91, fig. 3. Zieten, pl. 52, fig. 6. France, Ste-Scolasse-sur-Sarthe; Angl., Oxfordshire, Kelloway, près de Scarborough.

*216. **Camillus,** d'Orb., 1847. Espèce voisine d'aspect et de forme du *P. articulatus*, mais avec des tubercules plus circonscrits au sommet des côtes. France, Lifol, Villers, Chaumont, Pas-de-Jeux.

*217. **Palinurus,** d'Orb., 1847. Espèce renflée, presque ronde, à 20 côtes régulières, aplaties, plus larges que les sillons, avec des indices de dents sur les côtés. France, Pizieux.

218. **partitus,** Sow., 1837. Trans. geol. Soc. of London, 2e sér., 5, p. 328, pl. 22, fig. 5, 5 a. Inde, prov. de Cutch, Hubbye-Hills.

?219. **æquistriatus,** Schübler, Zieten, 1830. Pétrific. du Wurt., p. 70, pl. 53, fig. 7. Wurtemberg, Hohenwittlingen, près d'Urach.

HINNITES, Defrance, 1821.

*220. **Pamphilus,** d'Orb., 1847. Espèce souvent irrégulière, à côtes rayonnantes très-inégales, variant de côtes à des stries fines. France, Lifol, Pizieux, Chaumont, Villers.

*221. **Paniscus,** d'Orb., 1847. Espèce remarquable par ses profondes ondulations concentriques et ses côtes inégales rayonnantes. France, Pas-de-Jeux, près de Thouars.

PLICATULA, Lamarck, 1801. Voy. p. 202.

*222. **peregrina,** d'Orb., 1847. *P. pectinoides*, Sow., 1837. Trans. geol. Soc. of London, 2e série, 5, p. 328, pl. 22, fig. 6. (Non *P. pectinoides*, Lamarck, 1819. Non *P. pectinoides*, Sowerby, M. C., p. 409, pl. 22, fig. 9 a). Inde, prov. de Cutch, Charée, Katrore-Hill; France, Pizieux, Beaumont, Chauffour (Sarthe), Chaumont (H.-Marne), Villers, Lyon (Calvados), Ste-Scolasse-sur-Sarthe.

*223. **pedum,** d'Orb., 1847. Jolie espèce en forme de houlette, lisse au crochet, ornée ailleurs de petites écailles imbriquées, presque tubuleuses. France, Beaumont (Sarthe).

OSTREA, Linné, 1752. Voy. p. 166.

*224. **dilatata,** Deshayes. *Gryphæa dilatata*, Sow., 1816. M. C., 2, p. 113, pl. 149. *Id.*, Sow., 1834. Trans. geol. Soc., 2e série, 5, p. 719, fig. 2. *Gryphæa Mac Cullochii*, Goldfuss, pl. 25, fig. 4. Phillips, pl. 6, fig. 1. *Gryphæa navicularis*, Goldfuss, pl. 80, fig. 2. *O. eduliformis*, Zieten, pl. 45, fig. 1, 2. *Gryphæa gigantea*, Sow. *Gryphæa bullata*, Sow., pl. 368. France, Pizieux, Apremont, près de Nantua, Villers, Launoy, Voiron, Moirans (Jura), Beaumont, Chaumont, Lifol, Lyon (Calvados); Angl., Braken-Wood, près de Horncastle; Russie, Kaminka, Saragula, Jelatma, nord de l'Oural; Allem., Streitberg, Ostenburg, Stuifenberg; Indes orientales, Shahpoor (Cutch).

*225. **Marshii,** Sow., 1816. Min. Conch., pl. 48. Goldf., pl. 73. Zieten, pl. 46, fig. 1. Sow., 1837. Trans. geol. Soc. of London, 2e sér., 5, p. 328, pl. 22, fig. 9. *O. flabelloides*, Zieten, pl. 46, fig. 1. Lam., 1819, 6, p. 215. France, Villers (Calvados), Chaumont (Haute-Marne), Pizieux (Sarthe); Inde orientale, Katrore Hill, Charwarrange, province de Cutch; Angl., Yorkshire, Wiltz, Scarborough, Gristhorpe, Newton Dale; Allemag., Rabenstein, Grafenberg, Wasseralfingen, Schweiz.

*226. **amor,** d'Orb., 1847. *O. colubrina*, Goldfuss, pl. 74, fig. 5. (Non Lamarck, variété du *Carinata*). France, Pizieux, Villers (Calvados), Ste-Scolasse-sur-Sarthe (Orne); Allem., Streitberg, Amberg.

*227. **amata,** d'Orb., 1847. *O. carinata*, Sow., 1837. Trans. geol. Soc., 5, p. 328, pl. 22, fig. 8. (Non *carinata*, Sow., Min. Conch.) Espèce voisine de l'*O. carinata*, mais toujours plus courte, à côtes plus aiguës et bien plus saillantes. France, Pizieux; Inde orientale, Charée, province de Cutch.

*228. **Alimena,** d'Orb., 1847. *O. conica*, Sow., 1837. Trans. geol. Soc., 5, p. 328, pl. 22, fig. 7 (non Sowerby, 1816, pl. 24). Espèce voisine de l'*O. dilatata*, mais petite, toujours oblique, souvent même à crochet presque contourné, très-variable. France, Pizieux, Chaumont, Clucy (Jura), Villers, Dives (Calvados); Indes orientales, Katrore-Hill (Cutch).

229. **undosa,** Bean, Phillips, 1829. Yorksh., p. 112, pl. 6, fig. 4. Scarborough.

230. **archetypa,** Phill., 1829, p. 112, pl. 6, fig. 9. Scarborough, Wheatcrofts.

*231. **gregaria,** Sow., 1815. M. C., 2, p. 19, pl. 111, fig. 1-3. Villers, Lyon (Calvados).

*232. **Albertina,** d'Orb., 1847. Espèce oblongue, déprimée, auriforme, à crochet contourné sur le même plan, mais très-court. France, Lyon (Calvados).

MOLLUSQUES BRACHIOPODES.

RHYNCHONELLA, d'Orb., 1847. Voy. p. 92.

*233. **Acasta,** d'Orb., 1847. Espèce voisine du *R. Thalia*, de l'étage bajocien, mais toujours plus déprimée, à crochet plus saillant, et pourvu de stries rayonnantes très-fines. France, Marault, près de Chaumont (Haute-Marne), environs de Salins (Jura).

234. **Royeriana,** d'Orb., 1847. Espèce voisine du *R. socialis*, mais toujours plus grande, moins renflée, à côtes plus nombreuses, le sinus peu marqué; quelquefois elle est irrégulière, comme le *R. inconstans*. France, Marault, près de Chaumont (Haute-Marne), Clucy, près de Salins (Jura), Pizieux, Marolles, Beaumont, Chauffour (Sarthe), Lifol (Vosges), Lyon (Calvados).

235. **quadriplicata,** d'Orb., 1847. Voyez Étage bathonien, n° 235. France, Marault, Pas-de-Jeux (Deux-Sèvres), Marolles, Pizieux, Chauffour; Vicentin (M. Curioni).

*236. **Indica,** d'Orb., 1847. *Terebratula concinna*, Sow., 1837. Trans. geol. Soc. of London, 2e série, 5, p. 328, pl. 22, fig. 13 (non Sow., 1815). Lyon (Calvados); Inde, prov. de Cutch, Jooria-Hill.

237. **nobilis,** d'Orb., 1847. *Terebratula nobilis*, Sow., 1837. *Id.*, 2e série, 5, p. 328, pl. 22, fig. 14. Inde, prov. de Cutch, Charée.

238. **Brama,** d'Orb., 1847. *Terebratula dimidiata*, Sow., 1837. *Id.*, 5, p. 328, pl. 22, fig. 15. (Non *dimidiata*, Sow., 1820.) Inde, prov. de Cutch, Charée, Joorea-Hill.

239. **major,** d'Orb., 1847. *Terebratula major*, Sow., 1837. *Id.*, 5, p. 328, pl. 22, fig. 16. Inde, prov. de Cutch, Charée.

*240. **Zignodiana,** d'Orb., 1847. Espèce voisine de forme du *R. nu-*

cleata, mais avec le sinus sur la valve opposée. Italie, Voldagno, Vicentin.

241. microrhyncha, d'Orb., 1847. *Terebratula microrhyncha*, Sow., 1834. Trans. geol. Soc. of London, 2e série, 5, p. 719, pl. 61, fig. 7. Inde, prov. de Cutch, north of Booj.

TEREBRATULA, Lwyd, 1799. Voy. p. 43.

***242. reticulata,** Smith, Sow., 1821. Min. Conch., 4, p. 7, pl. 312, fig. 86. Fr., Pizieux, Chauffour, environs d'Avallon (Yonne) ; Angl., entre Nunney et Frome.

***243. diphya,** de Buch, 1834. Mém. de la Soc. géol., 3, pl. 18, fig. 9. *Anomya id.*, Colonna. France, Porte-de-France à Grenoble (Isère); Plaisantin. Espèce qu'il ne faut pas confondre avec le *Tereb. diphyoides*, de l'étage néocomien.

***?244. triquetra,** Parkinson, 1811. Encycl. méth., pl. 241, fig. 1. *Ter. triangula*, Lam., 1819. France, Gigondas (Vaucluse) ; Vicentin, Padoue.

***245. bicanaliculata,** Schl. Zieten, 1830, p. 54, pl. 40, fig. 5. *T. bisubfarcinata*, Zieten, p. 51, pl. 40, fig. 3. *T. intermedia*, Sow., 1837. Trans. geol. Soc. of Lond., 5, p. 328, pl. 22, fig. 10. (Non Sow., M. C., pl. 15.) *Id. biplicata*, Sow., fig. 11. *T. sella id.*, pl. 22, fig. 15. Wurtemb., Donsdorf, Geislingen ; France, Pas-de-Jeux, près de Thouars, Pizieux (Sarthe), Ste-Scolasse, Clucy-les-Viounes, près de Salins (Jura), Lyon (Calvados) ; Italie, Vicentin ; Savoie, Mont-du-Chat ; Inde orientale, province de Cutch, Charée, Jooréa-Hill.

***246. Royeriana,** d'Orb., 1845, in Murch., Russie, 2, p. 484, pl. 42, fig. 33-34. (*T. ornithocephala*, Phillips, non Sow.) France, Pizieux, Beaumont, Chauffour, Sainte-Scolasse, Marault (Haute-Marne), Pas-de-Jeux (Deux-Sèvres), Lyon (Calvados).

***247. Chauviniana,** d'Orb., 1847. Espèce oblongue, obtuse à la région palléale, acuminée au crochet, à petite valve presque plane, l'autre très-bombée. France, Pas-de-Jeu, Pizieux, Chauffour, Marault.

***248. Calloviensis,** d'Orb., 1847. Espèce voisine du *T. Chauviniana*, mais bien plus renflée, surtout à la petite valve, ovale, très-variable dans sa région palléale carrée, arrondie, ou même bilobée, la petite valve pourvue d'un sinus. France, Pizieux, Chauffour, Chaumont, Pas-de-Jeux.

?249. longa, Zieten, 1830, Petr., p. 52, pl. 39, fig. 7. Wurt., Donzdorf.

***250. Linneana,** d'Orb., 1847. Espèce courte et large, dont la région palléale est droite et sans inflexions. France, Lyon (Calvados).

THECIDEA, Defrance, 1828.

***251. cordiformis,** d'Orb., 1847. Espèce ovale, acuminée au sommet, comme bilobée sur la région palléale. France, Marault (Haute-Marne). Sur les ammonites.

MOLLUSQUES BRYOZOAIRES.

ALECTO, Lamouroux, 1821.

***252. Calloviensis,** d'Orb., 1847. Espèce dichotome, dont les cellules sont larges, plus grandes que chez l'*A. dichotoma*. France, Lyon (Calvados).

DIASTOPORA, Edwards, 1839.

'253. **laxata,** d'Orb., 1847. Espèce dont les cellules sont grandes, espacées et encroûtantes sur les corps sous-marins. France, Lyon (Calvados).

ÉCHINODERMES.

DYSASTER, Agassiz.

'254. **ellipticus,** Agassiz, 1847. Cat., p. 137. Desor., Monog. des Dysasters, p. 12, pl. 2, fig. 5-7. France, Chauffour, Marolles (Sarthe), Châtillon-sur-Seine (Yonne), Lifol (Vosges), Chaumont (Haute-Marne), La Voulte (Ardèche), étang de la Mèche, près Béfort.

'255. **dorsalis,** Agass., 1847. Cat., p. 139. France, Marolles (Sarthe).

PYGURUS, Agassiz.

256. **depressus,** Agass., 1847. Cat., p. 104. *Echinus cataphractus*, Brug., Encycl. méth. zooph., pl. 146, fig. 3. Knorr, 2, pl. E 3. France, Chauffour (Sarthe), Marville (Meuse).

257. **orbiculatus,** Agass., 1847. Cat., p. 104. *Echinantites orbiculatus*, Leske, p. 194, pl. 41, fig. 2. France, Pizieux (Sarthe); Suisse, Jura.

258. **Marmonti,** Agass., 1847. Cat., p. 105. *Laganum Marmonti*, Beaudoin, Bull. Soc. géol. Fr., 1re série, t. 14. France, Châtillon-sur-Seine. Var. *Pygurus fungiformis*, Agass., Cat. syst., p. 5.

NUCLEOLITES, Lamarck,

'259. **clunicularis,** Phillips, Agass., 1847, Cat. syst., p. 95. *Nucleolites Goldfussii*, Desml., Tabl. syn., p. 362. France, Sainte-Scolasse, Courgains (Sarthe).

?260. **elongatus,** Agass., 1847. Cat. syst., p. 95. France, Pizieux (Sarthe). Sancerre (Cher).

HOLECTYPUS, Agassiz.

'261. **striatus,** d'Orb., 1847. Espèce confondue avec l'*H. depressus*; mais lorsqu'elle est franche, ornée de stries concentriques très-marquées. France, Chauffour, Marolles, Sainte-Scolasse.

262. **planus,** Desor., Monogr. des galér., p. 64, pl. 9, fig. 1-3. Agass., 1847. Cat., p. 27. *Discoidea plana*, Agass., Cat. France, Vaches-Noires (Calvados).

PEDINA, Agassiz.

'263. **Gervillii,** Agass., 1847. Cat. syst., p. 67. *Diadema Gervillii*, Desml., Tabl. syn., p. 316. France, Chauffour (Sarthe).

ECHINUS, Linné.

'264. **bigranularis,** Lamk., Agass., 1847. Cat. syst., p. 61. *Echinus antiquus*, Def., Dict. France, Nantua (Ain), Marolles (Sarthe).

'265. **excavatus,** Leske, Agass., 1847. Cat., p. 62. Goldf., p. 124, pl. 40, fig. 12. France, Courgains, Marolles (Sarthe); Ratisbonne.

'266. **polyporus,** Agass., 1847. Cat., p. 62. Cot., p. ?. France, Marolles.

POLYCYPHUS, Agassiz.

***267. textilis,** Agassiz, 1847. Cat. syst., p. 57. *Echinus textilis*, Münster. France, Marolles (Sarthe).

DIADEMA, Gray.

***268. superbum,** Agass., 1847. Cat., p. 43. Echin. Suiss., 2, p. 23, pl. 17, fig. 6-10. France, Villers (Calvados); Suisse, le mont Vohayes (chaîne du mont Terrible).

***269. complanatum,** Agass., 1847. Cat., p. 43. Echin. Suiss., 2, p. 16, pl. 17, fig. 31-35. France, Sainte-Scolasse (Orne), Marolles (Sarthe).

***270. inæquale,** Agass., 1847. Cat. syst., p. 43. Marolles, Lifol (Vosges).

***271. Calloviensis,** d'Orb., 1847. Espèce voisine et confondue avec le *D. subangulare*, mais bien distincte par son ensemble plus bombé, par ses pores ambulacraires plus larges, etc. France, Marolles.

HEMICIDARIS, Agassiz.

***272. radians,** Agass., 1847. Cat. syst., p. 35. Chauffour, Courgains.

MILLERICRINUS, d'Orb., 1849.

***273. Richardianus,** d'Orb., 1839. Crinoïdes, p. 85, pl. 11, fig. 17-19, pl. 15, fig. 22-25. Villecomte (Côte-d'Or), Darois, Percey-le-Grand, Ecommoy.

***274. Archiacianus,** d'Orb., 1839. Crinoïdes, p. 91, pl. 16, fig. 16-18. France, Percey-le-Grand (Haute-Saône).

***275. rotiformis,** d'Orb., 1847. Espèce remarquable par les articles de sa tige, dont alternativement les uns sont petits et les autres d'un tiers plus larges, tranchants comme de petites roues. France, Percey-le-Grand, Sainte-Scolasse (Orne).

***276. Bachelieri,** d'Orb., 1847. Espèce dont les tiges ont des saillies vermiculées, et de plus, une côte transverse sur cinq parties se correspondant d'un article à l'autre. France, Sainte-Scolasse-sur-Sarthe (Orne).

***277. Pulchellus,** d'Orb., 1847. Espèce dont les tiges ont des articles alternes avec des séries transverses de petites côtes vermiculées. France, Sainte-Scolasse (Orne).

ZOOPHYTES.

MONTLIVALTIA, Lamouroux, 1821. Voy. p. 207.

***278. regularis,** d'Orb., 1847. Espèce cupuliforme, très-régulière, à cloisons très-saillantes en dessus. France, Marolles (Sarthe), Sainte-Scolasse-sur-Sarthe.

TREIZIÈME ÉTAGE : — OXFORDIEN.

MOLLUSQUES CÉPHALOPODES.

SEPIA, Linné, d'Orb., Moll. vivants et foss., 1, p. 261. Id., Paléont. univ., 1, p. 156.

1. **Hastiformis**, Ruppell., 1829. D'Orb., Paléont. univ., 1, p. 159, pl. 5, fig. 4-6. Pal. étrangère, pl. 5, fig. 46. Bavière, Solenhoffen.

2. **antiqua**, Münster, 1837. D'Orb., Paléont. univ., 1, p. 160, pl. 6, fig. 1-3. Pal. étrang., pl. 6, fig. 1-3. Bavière, Solenhoffen.

3. **caudata**, Münster, 1837. D'Orb., Paléont. univ., 1, p. 161, pl. 5, fig. 1-3. Pal. étrang., pl. 5, fig. 1-3. Bavière, Solenhoffen.

4. **linguata**, Münster, 1837. D'Orb., Paléont. univ., pl. 6, fig. 4-6. Paléont. étrang., pl. 6, fig. 4-6. Nous y réunissons les *S. linguata, obscura, regularis* et *gracilis*, Münster. Solenhoffen, Eichstadt.

5. **venusta**, Münster, 1837. D'Orb., Paléont. univ., pl. 5, fig. 7; Pal. étrang., pl. 5, fig. 7. Bavière, Solenhoffen.

LEPTOTEUTHIS, Meyer. D'Orb., Paléont. univ. moll. viv. et foss., p. 363.

6. **gigas**, Meyer. D'Orb., Paléont. univ., pl. 15. Pal. étrang., pl. 12. Bavière, Solenhoffen.

ENOPLOTEUTHIS, d'Orb., Paléont. univ., moll. viv. et foss, p. 398.

7. **subsagittata**, d'Orb., Paléont. univ., pl. 19. Paléont. étrang., pl. 15. *Loligo subsagittata*, Münster. Bavière, Eichstadt.

ACANTHOTEUTHIS, Wagner. D'Orb., Paléont. univ., moll. viv. et foss., p. 407.

8. **prisca**, d'Orb., Paléont. univ., pl. 19, 20. 21. Pal. étrang., pl. 16, 17, 18. Cette espèce est déjà figurée sous cinq noms différents. C'est le *Loligo priscus*, Ruppell. Bavière, Solenhoffen.

OMMASTREPHES, d'Orb., Paléont. univ. moll. viv. et foss., p. 412.

9. **Angustus**, d'Orb., Paléont. univ., pl. 23, fig. 9-11, Pal. étrang., pl. 20, fig. 9-11. *Onych. angusta*, Münster. Bavière, Solenhoffen.

10. **intermedius**, d'Orb., Paléont. univ., pl. 24, fig. 1. Pal. étrang., pl. 21, fig. 1. Bavière, Solenhoffen.

11. **cochlearis**, d'Orb., 1845. Paléont. univ., pl. 24, fig. 2. Paléont. étrang., pl. 21, fig. 2. *Onych. id.*, Münster. Bavière, Solenhoffen.

12. Münsterii, d'Orb., 1843. Paléont. univ., pl. 26, fig. 3. Paléont. étrang., pl. 21, fig. 3. Bavière, Solenhoffen.

BELEMNITES, Lamarck. Voy. p. 212.

*__13. hastatus__, Blainv. D Orb., Paléont. univ., pl. 52-53. Terr. jurass., 1, p. 121, pl. 18-19. France, Darois (Côte-d'Or), Niort (Deux-Sèvres), Besançon (Doubs), Rians (Bouches-du-Rhône), Ecommoy (Sarthe), etc., etc., partout ; Bavière, Solenhoffen ; Angl. ; Espagne, Sierra de Mala Cara, royaume de Valence ; Wurt., Deltingen, etc. ; Crimée, à Kobsel, à l'E. de Soudagh.

*__14. excentralis,__ Young. Orb., Paléont. univ., pl. 57. Terr. jurass., 1, p. 120, pl. 17. France, Marquise, Wast, Trouville, Saint-Maixent, etc.

15. Didayanus, d'Orb., Paléont. univ., pl. 54. Terr. jurass., 1, p. 126, pl. 20. France, Rians (Var), Châtillon-sur-Seine (Yonne).

*__16. Sauvanausus,__ d'Orb., Paléont. univ., pl. 63. Terr. jurass., 1, p. 127, pl. 21. France, Saint-Rambert, Rians ; Espagne, Sierra de Mala Cara, royaume de Valence.

17. Coquandus, d'Orb., Paléont. univ., pl. 63, fig. 11-18. Terr. jurass., 1, p. 130, pl. 21. France, Rians (Var).

18. ænigmaticus, d'Orb., Paléont. univ., pl. 64. Terr. jurass., 1, p. 131, pl. 22. France, Rians.

*__19. magnificus,__ d'Orb, Paléont. univ., pl. 59, fig. 4-8. Paléont. étrang., pl. 33, fig. 4-8. Russie, Volga, au-dessous de Kostroma, Gorodichtché, environs d'Orembourg.

*__20. Volgensis,__ d'Orb., Pal. univ., pl. 60. Pal. étrang., pl. 34. Russie, rives du Volga, près de Kostroma.

*__21. Panderianus,__ d'Orb., Pal. univ., pl. 61. Pal. étrang., pl. 35. Russie, rives du Volga, près de Kostroma, près de Moscou.

*__22. Russiensis,__ d'Orb., Pal. univ., pl. 62, fig. 1-7. Pal. étrang., pl. 36. Russie, Gorodichtché, près de Simbirsk.

*__23. Kirghisensis,__ d'Orb., Pal. univ., pl. 62. Pal. étrang., pl. 36. Russie, Orembourg, steppes de Saragula.

24. Borealis, d'Orb., Pal. univ., pl. 62. Pal. étrang., pl. 36. Russie. Volga, au-dessous de Kostroma (1).

RHYNCHOTEUTHIS, d'Orb., 1846. Voy. Pal. univ.

*__25. Coquandianus,__ d'Orb., Paléont. univ., pl. 79. Terr. jurass. suppl., pl. 4, fig. 17-20. Rians.

NAUTILUS, Breynius, 1732. Voy. p. 54.

*__26. granulosus,__ d'Orb., Paléont. franç., terr. jurass., 1, p. 162, pl. 35, fig. 3-5. France, Niort, Saint-Maixent (Deux-Sèvres), Villedoux, près de La Rochelle (Charente-Inférieure), Apremont, près de Nantua (Ain), Escragnolles (Var).

*__27. giganteus,__ d'Orb., 1825. Paléont. franç., terr. jurass., 1, p. 163, pl. 36. (Non *giganteus*, Zieten, 1830.) France, Trouville (Calvados), Crené, près de Saint-Mihiel (Meuse), la Fauche.

*__27. Arduennensis,__ d'Orb., 1847. Espèce voisine du *N. hexagonus*, mais avec les tours moins hexagones, plus comprimés, et avec le si-

(1) Voyez pour la synonymie des espèces de *Belemnites*, d'*Ammonites* et de *Nautilus*, la *Paléontologie française, terrains jurassiques*.

phon subexterne, au lieu d'être à la partie subinterne. France, Trouville (Calvados), Neuvizi (Ardennes).

AMMONITES, Bruguière, 1789. Voy. p. 18.

***29. tortisulcatus,** d'Orb., Paléont. fr., terr. crétacés, 1, p. 162, pl. 51, fig. 46. Terr. jurass., pl. 189. France, Neuvizi, Chaudon (Basses-Alpes), Gigondas (Vaucluse), Saint-Rambert (Ain), Gap, Besançon, Biviers (Isère), Rians ; vallée de Saint-André, près de Nice ; Crimée, Kobsel, près de Soudagh.

***30. cordatus,** Sow., d'Orb., Paléont. franç., terr. jurass., 1, pl. 193, 194. *A. amaltheus*, Pusch, pl. 14, fig. 4. France, Trouville, Neuvizi, Is-sur-Tille, Darois, Ecommoy, Blaches, Salins, Fontenelay, près de Besançon, Niort, Nantua, Gigondas, Creué, Rians, Etivey ; Russie, Makarief sur l'Unja, Kineshma et Saratof sur le Volga, à Bronnitzi sur la Moskova, Popilani en Courlande, partie septentrionale, sur les rivières Syssolla, Dorfe et Wotscha ; Pologne, Tenczenek, près Krzeszowice.

***31. alternans,** Schl., Buch, 1831. Petref. rem., pl. 7, fig. 4. *Am. subcordatus*, d'Orb., in Murch., Vern. et de Keyserl., 2, p. 434, pl. 24, fig. 6, 7. France, Creué (Meuse) ; Allemagne, Balingen ; Russie, Kineshma sur le Volga, près de Moscou (septentrionale), Petschora, riv. Ishma ; Pologne, Rogoznik, près de Nowytarg.

***32. plicatilis,** Sow., d'Orb., Paléont. franç., terr. jur., 1, pl. 191, 192. *A. biplex*, Sow., d'Orb., in Murch., Vern. et de Keys., Russie, 2, p. 445, pl. 37, fig. 3-4. France, Trouville, Darois, (C.-d'Or), Niort, Creué, Neuvizi, Nantua, Saint-Rambert, Gap, Ile-Delle, Beuve, Fontenelay, près de Besançon ; Blache, près de Castellanne, Barrème (B.-Alp.), Salins, Ardèche, Gigondas ; Gigny (Yonne), Issoudun (Indre), Rians, Cipières, Escragnolles, Beauduen (Var), Laliette et Montange, près de Nantua (Ain) ; Suisse (Vaud), près de Sainte-Croix, vallée de Joux ; Allemagne, Balingen, Wurtemberg ; Espagne, Sierra de Mala Cara, près de Valence, Col de Pesar (Asturies) ; Russie, Saragula, Orembourg, Simbirsk, Kineshma sur le Volga, partie septentrionale, rivières Petschora et Poloschino.

***33. Eugenii,** Raspail, d'Orb., Paléont. franç., terr. jur., 1, p. 503, pl. 187. France, Wagnon, Ecommoy, Gigondas, Trouville, Creué, La Fauche (Haute-Marne), Besançon.

***34. Arduennensis,** d'Orb., Paléont. franç., terr. jur., 1, p. 500, pl. 185, fig. 4-7. France, Neuvizi, Trouville, Ecommoy (Sarthe), Besançon, Salins, Aix (Bouches-du-Rhône), Nantua, Niort, Etivey, Gigondas, Is-sur-Tille (Côte-d'Or), Creué (Meuse), Souymevas (Vaucl.).

***35. perarmatus,** d'Orb., Paléont. franç., terr. jurass., 1, p. 498, pl. 184, 185, fig 1-3. France, Neuvizi (Ardennes), Trouville (Calvados), Ile-Delle (Vendée), Saint-Maixent, Niort (Deux-Sèvres), Salins (Jura), Changey (Côte-d'Or), Nantua (Ain), Etivey Châtel-Censoir (Yonne), Creué (Meuse), Gigondas (Vaucluse), Rians (Bouches-du-Rhône), Is-sur-Tille, la Fauche (Haute-Marne), Laudebergue, Cheiron (Basses-Alpes).

***36. canaliculatus,** Münster, 1830. Ziet., d'Orb., Paléont. franç., terr. jurass., 1, pl. 129. *A. opalinus*, Pusch, 1837, pl. 13. France, Creué, Gigondas, Niort, Saint-Maixent, Rians, la Fauche, près de

Langres, Issoudun (Indre), Châtel-Censoir, Ile-Delle (Vendée), Chinon (Indre-et-Loire), Cheiron (Basses-Alpes), Charon (Charente-Inférieure); Pologne, Pauki.

*37. **crenatus,** Brug., 1791. D'Orb., Paléont. franç., terr. jurass., 1, pl. 197, fig. 5, 6. *A. cristatus*, Sow., 1825. *A. dentatus*, Reineck, 1818. France, Niort, Rians (Bouches-du-Rhône), Rosureux (Doubs), Lifol-le-Petit, Vesaigne-sous-la-Fauche (Haute-Marne), Clucy, Lemuy, Chappois, près de Salins (Jura), Chaleseuil, la Latte, près de Nantua.

*38. **tatricus,** Pusch, 1837. D'Orb., Paléont. franç., terr. jur., 1, pl. 180. France, Saint-Maixent (Deux-Sèvres), Neuvizi (Ardennes), la Latte, près de Nantua (Ain).

*39. **Constantii,** d'Orb., 1847. Paléont. franç., terr. jurass., 1, p. 502, pl. 186. France, Neuvizi, Etivey (Yonne), Trouville, Gigondas (Vaucluse), Besançon (Doubs), la Fauche (Haute-Marne).

*40. **Edwardsianus,** d'Orb., 1847. Paléont. fr., terr. jur., 1, p. 504, pl. 188. France, Ile-Delle (Vendée).

*41. **Toucasianus,** d'Orb., 1847. Paléont. franç., terr. jurass., 1, pl. 190. France, Caussols (Var), Gigondas, Niort, Rians, Creué, la Fauche (Haute-Marne); vallée de Saint-André, près de Nice.

*42. **Goliathus,** d'Orb., 1847. Paléont. franç., terr. jur., 1, pl. 195, 196. France, Creué (Haute-Marne), Bomprichard (Doubs), Neuvizi (Ardennes), Villers (Calvados), la Fauche (Haute-Marne).

*43. **Henrici,** d'Orb., 1847. Paléont. franç., terr. jurass., 1, pl. 198, fig. 1, 2. *A. Murchisoni*, Pusch, 1837, pl. 13, fig. 5. (Non Sow.) *A. lengulatus solenoides*, Quenstedt, 1847. (Non d'Orb., 1845.) France, Creué (Meuse), Grand-Montmirail, Gigondas (Vaucluse), Niort; Chinon (Inde-et-Loire), Châtel-Censoir, Etivey (Yonne), Rians, Morteau, Clucy, Lemuy, Chappois, près de Salins, Ile Delle (Vendée), Saint-Alban (Ardèche), Escragnolles (Var); Allemagne, Balingen; Pologne, Pauki.

*44. **Eucharis,** d'Orb., 1847. Paléont. franç., terr. jurass., 1, pl. 198, fig. 3, 4. *A. depressus*, Pusch, 1837, pl. 13, fig. 6. (Non Sowerby.) France, Maillezay (Vendée), Beauvoir (Deux-Sèvres), Clucy, Lemuy, Chappois, près de Salins (Jura), Besançon.

*45. **oculatus,** Bean, 1819. Phillips, d'Orb., Paléont. franç, terr. jurass., pl. 200, 201, fig. 1, 2. *A. dentatus*, *A. discus*, *A. serrulatus*, *A. flexuosus*, Zieten, 1830. *A. parallelus*, Pusch, 1837. *A. flexuosus-costatus*, *A. flexuosus-gigas*. *A. flexuosus-canaliculatus*, *A. flexuosus-globulus*, *A. flexuosus-inflatus*, *A. lengulatus-nudus*, *A. denticulatus*, Quenstedt, 1847. France, Niort, Saint-Maixent, Nantua, Gigondas, Villeneuve-les-Aumon (Vaucluse), Rians, Mémont (Doubs), Issoudun (Indre), Clucy, Chappois (Jura), la Fauche (Haute-Marne), Neuvizi; les Vants (Ardèche), Ancy-le-Franc (Yonne), Biviers, près de Grenoble, Escragnolles (Var); Allemagne, Balingen; Italie, vallée de Saint-André, près de Nice.

*46. **Erato,** d'Orb., 1847. Paléont. franç., terr. jurass., 1, pl. 201, fig. 3, 4. France, Gigondas, Rians, Issoudun, Niort, Saint-Maixent, Mémont, la Fauche, Escragnolles (Var), Besançon, les Vants (Ardèche), Neuvizi, Chaleseuil, Salins, Gap.

*47. **Hermione,** d'Orb., 1847. Espèce globuleuse voisine de l'*A.*

Goliathus, mais avec des côtes droites qui passent sur le dos, et un ombilic bien plus étroit. France, Grand-Montmirail, près de Lafare (Vaucluse), Neuvizi (Ardennes), Besançon, Charron (Charente-Inférieure).

*48. **nux**, d'Orb., 1847. Espèce voisine de l'*A. microstomus* mais plus renflée, plus ronde, à ombilic fermé et à bouche relevée par un péristome réfléchi, précédé d'un large et profond sillon. France, Niort (Deux-Sèvres).

*49. **Hersilia**, d'Orb., 1847. Espèce voisine de l'*A. Henrici*, mais plus renflée, pourvue d'une quille saillante et aiguë, et ornée sur les côtés de grosses côtes rayonnantes, onduleuses, arrondies. France, env. de Salins (Jura), Rians (Bouches-du-Rhône).

*50. **Hyacinthus**, d'Orb., 1847. Petite espèce voisine de l'*A. Erato*, mais à tours plus à découvert, lisses, munis seulement au dernier de tubercules sur le milieu du dos; bouche en languette élargie. France, Niort (Deux-Sèvres), Gigondas (Vaucluse), Neuvizi.

*51. **Doublieri**, d'Orb., 1847. Espèce à tours très-étroits seulement en contact, et ornés en travers de côtes le plus souvent simples, indépendamment d'un ou deux sillons par tour. France, Bauduen (Var), env. de Nantua (Ain).

52. **Williamsoni**, Phillips, 1829. Yorkshire, p. 102, pl. 4, fig. 19. *A. caprinus*, de Buch. Angleterre, Ayton.

*53. **Marantianus**, d'Orb., 1847. Paléont. franç., terr. jurass., 1, pl. 207, fig. 3-5. France, Marans (Charente-Inférieure).

*54. **Panderi**, Eichwald, d'Orb., in Murch., Vern. et de Keys., Russie, 2, p. 430, pl. 33, fig. 1-5. Russie, Koroshovo, près de Moscou, Ples, sur les rives du Volga, Makarief, sur la riv. Unja.

*55. **Kirghisensis**, d'Orb., 1844, in Murch., Vern. et de Keys., Russie, 2, p. 431, pl. 33, fig. 6, 7. Russie, Saragula, au nord de Gorodok, Sakmarsk, près d'Orembourg.

*56. **catenulatus**, Fischer, d'Orb., idem, 2, p. 435, pl. 34, fig. 2-12. Russie, Koroshovo.

*57. **Okaensis**, d'Orb., in Murch., 2, p. 436, pl. 34, fig. 13-17. Russie, Jelatma, sur l'Oka.

*58. **Kœnigii**, Phill., 1829. D'Orb., 1844, in Murch., Vern. et de Keys., Russie, 2, p. 436, pl. 35, fig. 1-6. Russie, Koroshovo; Angleterre, Yorkshire.

*59. **Tchefkini**, d'Orb., 1844, in Murch., 2, p. 439, pl. 35, fig. 10, 15. Russie, Jelatma sur l'Oka, gouv. de Tambof, partie septentrion., rivières Wischera, Troitzkoe, Petschora, Koshwa.

*60. **Fischerianus**, d'Orb., 1844, in Murch., 2, p. 441, pl. 36, fig. 4-8. Russie, Koroshovo, Jelatma.

*61. **Frearsi**, d'Orb., 1844, in Murch., 2, p. 444, pl. 37, fig. 1, 2. Russie, Koroshovo.

*62. **virgatus**, de Buch, d'Orb., in Murch., 2, p. 426, pl. 31, fig. 6-12. Russie, Koroshovo, près de Moscou.

*63. **Pallasianus**, d'Orb., in Murch., Vern. et de Keys., Russie, 2, p. 427, pl. 32, fig. 1-3. Russie, Koroshovo, Simbirsk sur le Volga.

*64. **Meyendorfi,** d'Orb., in Murch., Vern. et de Keys., Russie, 2, p. 428, pl. 32, fig. 45. Russie, Saratof, bord du Volga.
*65. **Uralensis,** d'Orb., in Murch., Vern. et de Keys., Russie, 2, p. 429, pl. 32, fig. 6-10. Russie, au nord de l'Oural, rivières Tchol et Tolya, vers le 64°, Kineshma, Volga.
66. **polyptychus,** de Keyserling, 1846. Geognost., p. 327, pl. 21, fig. 1, 2, 3, pl. 22, fig. 9. Russie sept., Ussa, Petschora.
67. **Mosquensis,** Fisch., 1842. Rev. des foss. de Mosc., p. 13, pl. 3, fig. 4-7. De Keyserling, 1846. Geogn., p. 326, pl. 22, fig. 8. Russie sept., Syssolla, Woischa.
68. **Syssollæ,** de Keyserling, 1846. Geognost. beobacht., p. 326, pl. 20, fig. 1-3. Russie sept., Syssolla, Wotscha.
69. **Balduri,** de Keyserling, 1846. Geognost. beobacht., p. 321, pl. 19, fig. 1-6, var. 7-9. Russie septentr., Petschora, Dorfe, Poluschino.

MOLLUSQUES GASTÉROPODES.

CHEMNITZIA, d'Orb., 1839. Voy. p. 172.
*70. **Heddingtonensis,** d'Orb., 1847. *Melania Heddingtonensis*, Sow., 1813, 1, p. 85, pl. 39, fig. 2. *Melania lineata*, Rœmer, pl. 10, fig. 2 (jeune). Neuvizi, Trouville; Angl., Heddington, près de Calm (Wiltshire), Weymouth; Allemagne, Heersum, près Hoheneggelsen.
*71. **Blandina,** d'Orb., 1847. Espèce très-allongée (angle spiral 10°), lisse, à tours non saillants, seulement un peu plus renflés en avant. France, Neuvizi (Ardennes).
*72. **Fischeriana,** d'Orb., 1845, in Murch., Russie, 2, p. 448, pl. 37, fig. 6. Russie, Kaminka, bords du Donetz.
*73. **sublineata,** d'Orb., 1847. *Buccinum sublineatum*, Rœmer, 1836. Nordd. Oolith., p. 139, pl. 11, fig. 22. France, Trouville (Calvados); Allem., Hannover.
74. **melanoides,** d'Orb., 1847. *Chemnitzia melanoides*, Phillips, 1829. Yorkshire, p. 102, pl. 4, fig. 13. Angl., Pickering.
*75. **condensata,** d'Orb., 1847. *Melania condensata*, Deslongch., 1842. Mém. Soc. linn. de Norm., t. 7, p. 227, pl. 12, fig. 13. Trouville (Calvados).
NERINEA, Defrance, 1825. Voy. p. 263.
*76. **nodosa,** Voltz, 1835. Bronn, 1837. Jahrb., pl. 6, fig. 9, p. 561. Goldf., pl. 176, fig. 8. (Non *N. nodosa*, Rœmer, 1836). France, Neuvizi, Dun (Meuse).
*77. **Acreon,** d'Orb., 1847. Espèce voisine, par ses plis et sa forme, du *N. Defrancii*, Desh., mais à tours de spire plus profondément évidés et pourvus à la partie supérieure d'un bourrelet plus fort, plus saillant et moins noduleux. France, Neuvizi.
*78. **Allica,** d'Orb., 1847. Espèce voisine du *N. Rœmeri*, mais bien plus allongée, et avec un pli à la base de la columelle, et un autre sur le labre; des stries granuleuses transversales. Trouville (Calvados). *N. fasciata*, Rœmer, 1836. Oolith., p. 144, pl. 11, fig. 31. (Non *N. fasciata*, Voltz, 1835). Allem., Lindner-Berge, près Hanovre.

79. Atalanta, d'Orb., 1847. *N. nodosa*, Rœmer, 1836. Oolith., p. 144, pl. 11, fig. 18 (Non *Nodosa*, Voltz, 1835). Allem., Lindner-Berge, près de Hanovre.

***80. clavus,** Deslongch., 1842. Norm., t. 7, p. 185, pl. 8, fig. 28, 29. Trouville.

81. elegans, Thurm., Porrentr., 17. Bronn, 1837. Jahrb., pl. 6, fig. 20, p. 558. Mont Terrible ; Saint-Martin (Calvados).

82. Eichwaldiana, d'Orb., 1845, in Murch., 2, p. 448, pl. 37, fig. 7. Russie, Kaminka, Simbirsk.

ACTEON, Montfort, 1810. Voy. p. 263.

83. retusus, Phillips, 1829. York., p. 107, pl. 4, fig. 27. Angl., Scarborough.

84. Frearsianus, d'Orb., 1845, in Murch., 2, p. 449, pl. 37, fig. 8-11. Russie, Makarief.

85. Petschoræ, de Keyserling, 1846. Geognost. beobacht., p. 320, pl. 18, fig. 22-23. Russie sept., Petschora, Poluschino.

ACTEONINA, d'Orb., 1847. Voy. p. 118.

86. olivæformis, d'Orb., 1847. *Bulla olivæformis*, Koch, 1837. Beitr. zur Kenn. Ool., p. 41, pl. 5, fig. 3. Allem.

87. subquadrata, d'Orb., 1847. *Bulla subquadrata*, Rœmer, 1836. Nordd. Oolith., p. 137, pl. 9, fig. 27. Allem., Hildesheim.

88. spirata, d'Orb., 1847. *Bulla spirata*, Rœmer, 1836. Nordd. Oolith., p. 137, pl. 9, fig. 32. Allem., Hildesheim.

89. parvula, d'Orb., 1847. *Buccinum parvulum*, Rœmer, 1836. Nordd. Oolith., p. 139, pl. 11, fig. 23. Angl., Hoheneggelsen.

90. Peroskiana, d'Orb., 1847. *Acteon Peroskianus*, d'Orb., 1845, in Murch.,Vern. et de Keys., Russie, 2, p. 449, pl. 37, fig. 12-14. Russie, Makarief; partie septent., Pestchora, près de Poluschino.

NATICA, Adanson, 1757. Voy. p. 29.

***91. Clio,** d'Orb., 1847. Espèce ovale, dont l'angle spiral est de 75°, les tours convexes, pourvus d'une légère rampe près de la suture; un indice d'ombilic. France, Neuvizi, Creué (Meuse).

***92. Clytia,** d'Orb., 1847. Coquille ovale, dont l'angle spiral est de 65°, les tours renflés, sans rampe ni canal sur la suture. France, Trouville (Calvados).

***93. Crithea,** d'Orb., 1847. Coquille ovale, à tours peu convexes, pourvue d'un canal sur la suture; angle spiral, 75°. Neuvizi.

***94. Calypso,** d'Orb., 1847. Coquille allongée, angle spiral de 60°, à tours lisses, avec un canal sur la suture. France, Neuvizi.

***95. Clymenia,** d'Orb., 1847. Belle espèce ovale, dont l'angle spiral, convexe, est de 84°, les tours convexes, pourvus d'un large méplat obtus, sur la suture. France, Neuvizi, Trouville.

96. Jurensis, d'Orb., 1847. *Helix Jurensis*, Münst., Goldf., 1844. Petref., 3, p. 121, pl. 199, fig. 21 (Échantillon déformé). Allemagne, Streitberg.

97. subspirata, d'Orb., 1847. *Ampullaria subspirata*, Rœmer, 1839. Nordd. Oolith., p. 44, pl. 20, fig. 19. Allem., Hoheneggelsen.

98. cincta, Phillips, 1829. York., p. 101, pl. 4, fig. 9. Malton.

NERITA, Adanson, 1757. Voy. p. 214.

*99. **ovula,** Buvignier, 1843. Mém. Soc. philom. de Verdun, t. 2, p. 17, pl. 5, fig. 20-21. France, Neuvizi (Ardennes).

*100. **bisinuata,** Buvignier, 1843. Mém. Soc. philom. de Verdun, t. 2, p. 18, pl. 5, fig. 25-26. Géol. des Ardenn., p. 534, pl. 5, fig. 5. France, Neuvizi (Ardennes).

TROCHUS, Linné, 1758. Voy. p. 64.

*101. **Helius,** d'Orb., 1847. Coquille conique, lisse, dont l'angle spiral est de 67°, le dernier tour lisse, du côté de l'ombilic, a une forte carène extérieure. France, Neuvizi.

*102. **Pollux,** d'Orb., 1847. Coquille conique, lisse, dont l'angle spiral est de 62°, le dernier tour, convexe du côté de l'ombilic, a son bord obtusément anguleux ; la bouche ronde. France, Neuvizi.

103. **Baldus,** d'Orb. *Monodonta lævigata*, Münst., Goldf., 1844. Petref., 3, p. 101, pl. 195, fig. 5. (Non Gmel.,1789.) Allem., Auerbach, Oberpfalz.

104. **Rouillieri,** d'Orb., 1847. *T. monililectus*, Rouillier, 1847. Bull. de la Soc. des natural. de Moscou, t. 20, p. 403, fig. 21 (Non Phill., York., 2, pl. 9, fig. 33.) Russie, Galiovo, environs de Moscou.

†105. **acutecarinatus,** Münst., Goldf., 1843, 3, p. 56, pl. 180, fig. 8. Streitberg.

106. **discoideus,** Rœmer, 1836. Oolith., p. 150, pl. 11, fig. 12. Hildesheim.

TURBO, Linné, 1758. Voy. p. 5.

*107. **Meriani,** Goldf., 1844, pl. 193, fig. 16. *T. Oxfordiensis*, d'Orb., 1845, in Murch., de Vern. et de Keys., Russie, 2, p. 450. *T. muricatus*, Sow., 1819. Min. Conch., 3, p. 69, pl. 240, fig. 2. (Non Linné). France, Villers (Calvados), Neuvizi, Creué, Salins, Apremont près de Nantua ; Angl., Steeple-Ashton, Yorkshire, Multon, Seamer.

*108. **Buvignieri,** d'Orb., 1847. *Delphinula muricata*, Buvignier, 1843. Mém. Soc. philom. de Verdun, t. 2, p. 19, pl. 5, fig. 31 et 32. (Non *T. muricatus*, Linné.) France, Neuvizi.

109. **augur,** Goldf., 1844, 3, p. 99, pl. 194, fig. 11. Thurnau.

110. **Morpheus,** d'Orb., 1847. *T. decussatus*, Münst., Goldf., 1844. Petref., 3, p. 99, pl. 194, fig. 12. (Non Montagu, 1803). Lübke.

111. **exiguus,** d'Orb., 1847. *Trochus exiguus*, Rœmer, 1839, Ool., p. 46, pl. 20, fig. 5. Allem., Hoheneggelsen.

112. **amor,** d'Orb., 1847. *T. granulatus*, Rœmer, 1839. Ool., p. 46, pl. 20, fig. 4. (Non Gmelin, 1789). Allem., Hoheneggelsen.

113. **subnodosus,** d'Orb., 1847. *Natica subnodosa*, Rœmer, 1836. Oolith., p. 157, pl. 10, fig. 10. Allem., Hannover.

114. **concinnus,** d'Orb., 1847. *Littorina concinna*, Rœmer, 1836. Oolith., p. 155, pl. 9, fig. 24. Allem., Lindner-Berge, près de Hannover.

115. **Puschianus,** d'Orb., 1845, in Murch., de Vern. et de Keys., Russie, 2, p. 450, pl. 37, fig. 15-16. Russie, Orembourg, rivière Syssolla, Kargov, Wolscha (Russie septent.).

116. **Meyendorfii,** d'Orb., 1845, in Murch., 2, p. 450, pl. 37, fig. 17-18. Russie, Koroshovo.

117. **Jazikovianus,** d'Orb., 1845, in Murch., de Vern. et de Keys., Russie, 2, p. 451, pl. 37, fig. 19-20. *T. bipartitus* et *Eichwaldianus*, Rouillier, 1846, pl. 6, fig. 14, 15. Koroshovo, près de Moscou.

118. rhomboides, de Keys., 1846. Geognost. beobacht., p. 318, pl. 18, fig. 19, 20. Russie septent., Syssolla, près de Dorfe, Wotscha.
119. Wisinganus, de Keys., 1846. Geognost. beobacht., p. 319, pl. 18, fig. 21. Russie septent., Syssolla, Wotscha.
120. Panderianus, Rouillier, 1847. Bull. de la Soc. des natural. de Moscou, t. 20, p. 401, fig. 18. Russie, env. de Moscou.
121. subcingulatus, d'Orb., 1847. *Cirrus cingulatus*, Phillips, 1839. Yorkshire, p. 107, pl. 4, fig. 28. (Non Schloth., 1828). Angl., Scarborough.
STRAPAROLUS, Montfort, 1810. Voy. p. 6.
***122. Sapho,** d'Orb., 1847. Charmante espèce déprimée, horizontale, concave des deux côtés, à tours de spire carrés, fortement crénelés. France, Trouville.
STOMATIA, Lamarck, 1801. Voy. p. 7.
123. Jurensis, d'Orb., 1847. *Pileopsis Jurensis*, Münst., Goldf., 1843. Petref., 3, p. 12, pl. 168, fig. 11. Allem., Streitberg.
PHASIANELLA, Lamarck, 1802. Voy. p. 67.
***124. striata,** d'Orb., 1847. *Melania striata*, Sow., 1814. M. C., 1, p. 101, pl. 47. Goldf., pl. 198, fig. 12. France, environs de Creué (Meuse), Neuvizi, Trouville, env. de Nantua, La Chapelle près de Salins (Jura), Loix, île de Ré; Angl., Lymington (Somersetshire); Shotover, Brompton, Hackness, Malton, Yorkshire; Allem., Dernebnrg, Hoheneggelsen, Hildesheim, Hanovre, Dorshelf.
***125. Trouvillensis,** d'Orb., 1847. *Melania bulimoides*, Deslongchamps, 1842. Norm., t. 7, p. 229, pl. 12, fig. 15. (Non Lam., 1822). France, Villers-sur-mer, Trouville (Calvados).
126. substriatula, d'Orb., 1847. *Acteon striatulus*, de Keys., 1846. Geognost., p. 320, pl. 18, fig. 24, 25. Russie septent., Wisinga.
PLEUROTOMARIA, Defrance, 1825. Voy. p. 7.
***127. Münsteri,** Rœmer, 1839. Oolith., p. 44, pl. 20, fig. 12. *P. filigrana*, Deslongch., 1848. Soc. lin. de Norm., 8, p. 81, pl. 13, fig. 1. France, Villers, Trouville, Apremont, près de Nantua, Creué, Châtel-Censoir; Allem., Hersum.
***128. Buvignieri,** d'Orb., 1845, in Murch., Vern. et de Keys., Russie, 2, p. 452. *P. discus*, Deslongch., 1848. Soc. linn., 8, p. 95, pl. 16, fig. 3. France, Neuvizi, Trouville, Creué, env. de Châtel-Censoir.
***129. Buchiana,** d'Orb., 1845, in Murch., 2, p. 451, pl. 38, fig. 1, 2. France, Neuvizi, Vieil St-Remy, Trouville, près de St-Mihiel; Russie, Makarief, Russie septent., rivières Syssolla, Dorfe-Wotscha.
***130. Syssollæ,** de Keys., 1846. Geognost., p 318, pl. 18, fig. 18. *P. filigrana*, var. *undulata*, Deslongch., 1848. Soc. linn., 8, p. 83, pl. 17, fig. 6. (Non pl. 13, fig. 1). Trouville; Russie septent., Syssolla.
***131. Eudora,** d'Orb., 1847. Espèce plus large que haute, dont l'angle spiral est de 80°, les tours carénés au pourtour, pourvus d'un bourrelet saillant de chaque côté de la ligne du sinus. France, St-Maixent, Ille-Delle (Vendée).
***132. Electra,** d'Orb., 1847. Espèce plus haute que large, dont l'angle spiral est de 70°, les tours bicarénés au pourtour, pourvus au-dessus de trois côtes. France, Villers, Trouville.
***133. Euterpe,** d'Orb., 1847. Espèce plus large que haute, dont

les tours un peu anguleux sont pourvus de côtes longitudinales, fines, alternes, striées en travers, et de légères nodosités transverses. Creué.

134. bicarinata, Morris, 1843. *Trochus bicarinatus*, Sow., 1818. Min. Conch., 3, p. 39, pl. 221, fig. 1. Marshamfield près Oxford.

135. tornata, d'Orb., 1847. *Trochus tornatus*, Phillips, 1829. Yorkshire, p. 102, pl. 4, fig. 16. Angl., Scarborough.

136. subtuberculosa, d'Orb., 1847. *Trochus tuberculosus*, Rœmer, 1836, p. 150, pl. 10, fig. 14. (Non Defrance). Hoheneggelsen.

137. clathrata, Münst., Goldf., 1844, 3, p. 74, pl. 186, fig. 8. Pappenheim.

138. sublineata, d'Orb., 1847. *Trochus sublineatus*, Münst., Goldf., 1844. Petref., 3, p. 56, pl. 180, fig. 9. Allem., Eichs adt.

130'. millepunctata, Deslongch., 1848. Mém. Soc. linn. de Norm., t. 8, p. 83, pl. 13, fig. 2. France, Trouville.

139. Blodeana, d'Orb., 1845, in Murch., 2, p. 452, pl. 38, fig. 3. *Cirrus rotundatus*, Fischer, 1843 (non Sow.). Russie, Koroshovo, Orembourg.

140. Worthiana, d'Orb., 1845, in Murch., 2, p. 452, pl. 38, fig. 4-5. Russie, Kineshma.

141. Rouillieri, d'Orb., 1847. *P. Orbignyana*, Rouillier, 1847. Bull. de la Soc. de Moscou, t. 20, p. 402, fig. 20. (Non d'Archiac et de Verneuil, 1842). Russie, env. de Moscou.

PTEROCERA, Lamarck, 1801. Voy. p. 231.

***142. subbicarinata,** d'Orb., 1847. *Rostellaria bicarinata*, Münst., Goldf., 1843, 3, p. 16, pl. 170, fig. 1. (Non d'Orb., 1843). *Rostellaria trifida*, Rouillier, 1846, pl. 6, fig. 7 (non Phillips). France, Neuvizi, Geraise près de Salins; Allem., Pappenheim; Russie, Galiovo, Chélépikba près de Moscou.

***143. costellata,** d'Orb., 1847. *Rostellaria costellata*, Buvignier, 1843. Mém. Soc. de Verdun, t. 2, p. 25, pl. 6, fig. 16. Neuvizi.

***144. tridactyla,** d'Orb., 1847. *Rostellaria tridactyla*, Buvignier, 1843. Mém. Soc. de Verdun, t. 2, pl. 6, fig. 17. France, Creué, Neuvizi, Trouville.

145. Keyserlingii, d'Orb., 1847. *Rostellaria bispinosa*, de Keys., 1846. Geognost., p. 317, pl. 18, fig. 17. (Non Phill., 1829). Russie septent., Syssolla, Dorfe-Wotscha.

***146. Cassiope,** d'Orb., 1847. *Rostellaria bispinosa*, Phillips, 1829. Yorks., pl. 4, fig. 32 (non Phillips, pl. 6, fig. 13; non Keys., pl. 18, fig. 17). France, Neuvizi, la Latte près de Nantua, environs de Châtel-Censoir; Angl., Yorkshire.

***147. Clio,** d'Orb., 1847. Jolie espèce dont les premiers tours sont simplement convexes, striés en long, le dernier avec une aile large. France, Neuvizi.

***148. Stella,** d'Orb., 1847. Magnifique espèce voisine du *P. vespertilio*, mais seulement pourvue de sept à huit pointes autour d'une large expansion aliforme. France, Creué (Meuse).

***149. Aranea,** d'Orb., 1847. Espèce confondue avec le *P. Oceani*, de l'étage kimméridgien, mais s'en distinguant par le manque de bosse au-dessus du dernier tour, et par ses côtes plus marquées. Creué.

150. trifida, d'Orb., 1847. *Rostellaria trifida,* Bean, Phillips, 1829. Yorks., p. 109, pl. 5, fig. 14. Angl., Scarborough.

151. cingulata, d'Orb., 1847. *Chenopus cingulatus*, Koch, 1846. Beitra. zur Kenn. Ool., p. 46, pl. 5, fig. 7. Allem., Goslar.

151'. costata, d'Orb., 1847. *Rostellaria costata*, Rœmer, 1836. Nordd. Oolith., p. 146, pl. 11, fig. 11, Allem., Hoheneggelsen.

152. nodifera, d'Orb., 1847. *Rostellaria nodifera*, Koch, 1837. Beitra. zur Kenn. Ool., p. 47, pl. 5, fig. 9. Allem., Rinteln, Goslar.

SPINIGERA, d'Orb., 1847. Voy. p. 270.

***153. spinosa,** d'Orb., 1847. *Chenopus spinosus*, Münst., 1839. Beitra., 1, p. 109, pl. 12, fig. 2. *Rostellaria spinosa*, Münster, Goldf., pl. 170, fig. 2. Ville-Comte (Côte-d'Or); Bavière, Pappenheim.

153'. rostellariformis, d'Orb., 1847. *Murex rostellariformis,* de Buch, 1831. Petref. rem., pl. 7, fig. 4.

FUSUS, Lamarck, 1801. Voy. p. 303.

154. Launoicus, d'Orb., 1847. *Buccinum Launoicum*, Buvignier, 1843. Mém. Soc. philom. de Verdun, p. 28, pl. 6, fig. 24. Neuvizi.

155. jurensis, Münst., Goldf., 1843, 3, p. 23, pl. 171, fig. 14. Pegnitz.

156. Haccanensis, d'Orb., 1847. *Murex Haccanensis*, Phillips, 1829, p. 102, pl. 4, fig. 18. *Buccinum incertum*, d'Orb., 1845. Russie, 2, p. 453, pl. 38, fig. 6-8. Angl., Hackness; Russie, Saragula près d'Orembourg, environs de Moscou.

157. Puschianus, d'Orb., 1837. *Murex Puschianus*, Rouillier, 1847. Bull. de la Soc. de Moscou, t. 20, p. 405, fig. 23. Russie, Galiovo.

PURPURINA, d'Orb., 1847. Voy. p. 270.

***158. Lapierrea,** d'Orb., 1847. *Purpura Lapierrea*, Buvignier, 1843. Mém. Soc. philom. de Verdun, 2, p. 27, pl. 6, fig. 21. Neuvizi.

***159. Moreausia,** d'Orb., 1847. *Purpurea Moreausia*, Buvignier, 1843, 2, p. 26, pl. 6, fig. 19. France, Neuvizi, env. de Nantua (Ain).

CERITHIUM, Adanson, 1757.

***160. cingendum,** d'Orb., 1847. *Turritella cingenda*, Sow., 1825. M. C., 5, p. 159, pl. 499, fig. 3. France, env. d'Ancy-le-Franc (Yonne); Angl., Scarborough.

***161. Russiense,** d'Orb., 1845, in Murch., 2, p. 453, pl. 38, fig. 9. *C. muricatum*, Sow., 1825. Min. Conch., 5, p. 159, pl. 499, fig. 1, 2. (Non Brug., 1791). *C. millepunctatum*, Deslongch., 1843, pl. 11, fig. 24, 26. (Excl., fig. 25, 26, 27). France, Trouville, Berneville, Neuvizi; Angl., Steeple-Ashton; Russie, Kaminka, sur le Donetz.

***162. Emartheon,** d'Orb., 1847. Coquille dont l'angle spiral est de 11°, longue de 30 mill., tours excavés sur la suture, ornée de cinq côtes inégales. France, Neuvizi, Trouville.

***163. Eribote,** d'Orb., 1847. Grande espèce dont l'angle spiral est de 12°, les tours un peu convexes, ornés de côtes incertaines, transverses se correspondant. France, Neuvizi.

***164. Erosne,** d'Orb., 1847. Moyenne espèce dont l'angle spiral est de 14°, les tours lisses, renflés. France, Neuvizi.

165. prismoideum, Buvignier, 1843. Mém. de Verdun, t. 2, p. 21, pl. 6, fig. 5. France, Neuvizi.

166. subcomma, d'Orb., 1847. *Fusus comma*, Münst., Goldf., 1843. Petref., 3, p. 23, pl. 171, fig. 15. (Non *Comma*). Thurnau.

167. Syssollæ, de Keys., 1846. Geognost., p. 317, pl. 18, fig. 14-16. Russie septent., Syssolla, Wotscha.

EMARGINULA, Lamarck, 1801. Voy. p. 197.

168. decussata, Münst., Goldf., 1843, 3, p. 9, pl. 167, fig. 16. Streitberg.

HELCION, Montfort, 1810. Voy. p. 9.

169. cingulata, d'Orb., 1847. *Patella cingulata*, Münst., Goldf., 1843. Petref., 3, p. 7, pl. 167, fig. 11. Allem., Pappenheim.

170. minuta, d'Orb., 1847. *Patella minuta*, Rœmer, 1836. Nordd. Oolith., p. 135, pl. 9, fig. 25. Allemagne, Hoheneggelsen.

171. ovata, d'Orb., 1847. *Patella ovata*, Rœmer, 1839. Nordd. Oolith., p. 43, pl. 20, fig. 2. Allemagne. Hoheneggelsen.

172. tenuistriata, d'Orb., 1847. *Patella tenuistriata*, Deslongch., 1842. Mém. de Norm., t. 7, p. 114, pl. 7, fig. 5, 6. Trouville.

DENTALIUM, Linné, 1758. Voy. p. 73.

***173. Moreanum,** d'Orb., 1845, in Murch., Vern. et de Keys., Russie, 2, p. 454, pl. 38, fig. 10. France, Vieil-Saint-Remy, Neuvizi; Russie, Kaminka (nord), riv. Syssolla et Wostcha.

174. tenue, Münst., Goldf., 1843, 3, p. 2, pl. 166, fig. 6. Pappenheim.

175. cinctum, Münst., Goldf., 1843, 3, p. 3, pl. 166, fig. 7. Derneburg.

BULLA, Linné, 1758.

176. elongata, Phillips, 1839. Yorkshire, p. 102, pl. 4, fig. 7. Angleterre, Scarborough, Seamer, Malton.

***177. Arduennensis,** d'Orb., 1847. Belle espèce oblongue, dont les tours sont apparents dans l'ombilic. France, Neuvizi (Ardennes).

MOLLUSQUES LAMELLIBRANCHES.

PHOLAS, Linné, 1758. Voy. p. 251.

178. Waldheimii, d'Orb., 1845, in Murch., 2, p. 466, pl. 40, fig. 1-3. Russie, Koroshovo.

179. recondita, Phillips, 1829, p. 99, pl. 3, fig. 10. Malton, Scarborough.

PANOPÆA, Ménard, 1807. Voy. p. 164.

***180. lævigata,** d'Orb., 1847. *Psammobia lævigata*, Phillips, 1829. Yorksh., p. 99, pl. 4, fig. 5. France, Apremont, près de Nantua (Ain), Trouville; Angl., Scarborough, etc.

***181. Buvignieri,** d'Orb., 1847. *P. tenuistriata*, Buvignier, 1843. Mém. Soc. philom. de Verdun, t. 2, p. 3, pl. 3, fig. 7, 8, 9, 10. (Non Goldf., 1838.) Géol. des Arden., p. 531, pl. 4, fig. 4, 4 bis et 5. France, Vieil-Saint-Remy, Neuvizi, Trouville, Villers.

***182. peregrina,** d'Orb., 1845, in Murch., 2, p. 468, pl. 40, fig. 10, 12. *Pleuromya varians*, Agassiz, 1845. Etudes critiques, p. 247, pl. 25. France, Creué, Trouville; Russie, Koroshovo, près de Moscou, riv. Wotscha, Wisinga; Suisse, environs de Soleure.

*183. **subrecurva,** d'Orb., 1847. *Pleuromya recurva*, Agass., 1845. Etud. crit., p. 246, pl. 29, fig. 9-11. (Non Phillips, non Goldfuss.) Chamsol (Doubs), Apremont, près de Nantua (Ain).

184. **latissima,** d'Orb., 1847. *Arcomya latissima*, Agass., 1844. Etud., p. 174, pl. 9, fig. 10-12. Fringeli, près Bærschwyl (Soleure).

185. **antiqua,** d'Orb., 1845, in Murch., Verneuil, Russie, 2, p. 466, pl. 40, fig. 4, 5. nord de l'Oural, sur les rivières Tchol et Tolya.

186. **Qualeniana,** d'Orb., 1845, in Murch., Vern. et de Keys., Russie, 2, p. 467, pl. 40, fig. 6, 7. Villers; nord de l'Oural.

187. **Lepechiniana,** d'Orb., 1845, in Murch., Verneuil, 2, p. 467 pl. 40, fig. 8, 9. Russie, nord de l'Oural, Jelatma.

188. **abducta,** de Keys., 1846. Geognost. beobacht., p. 313, pl. 18, fig. 1-3. Russie sept., Petschora.

189. **Keyserlingii,** d'Orb., 1847. *Panopæa rugosa*, de Keyserling, 1846, p. 314, pl. 18, fig. 6-10. (Non Goldf., 1841.) Russie sept., Syssolla, Wisinga.

PHOLADOMYA, Sowerby, 1826. Voy. p. 73.

*190. **litterata,** Deshayes. *Mya litterata*, Sow., 1818, 3, p. 45, pl. 224, fig. 1. Goldf., pl. 154, fig. 8. (Non Zieten, pl. 64, fig. 5.) Angleterre; France, Marans, Nantua; Allem., Goslar, Wurtemberg.

*191. **compressa,** d'Orb., 1847. *Pholas compressa*, Sow., 1829. Min. Conch., 6, p. 213, pl. 603. France, Vraincourt (Haute-Marne); Angl., Shotover.

*192. **acuminata,** Hartmann, Zieten, 1830. Pétrific., p. 87, pl. 66, fig. 1. Wurtemb., Grubingen, au-dessus de Boll; France, Courçon.

*193. **lineata,** Goldf., 1839, 2, p. 268, pl. 156, fig. 4. *P. ampla*, Agassiz, Etudes crit., Myes, pl. 7, fig. 13, 14, pl. 7 a, fig. 7-18. *P. concentrica*, Goldf., pl. 156, fig. 3. (Non Rœmer.) *P. læviuscula*, Agassiz, pl. 8, fig. 13-15. *P. cardissoides*, Agass., pl. 6, fig. 1-3. (Déformation). *P. cancellata*, Agass., pl. 6, fig. 4-6. Creué, la Latte, Chevot, Apremont, près de Nantua, Trouville, Courçon (Charente-Inférieure), Vraincourt (Haute-Marne); Gunsberg (Soleure), Châtelu (Neuchâtel).

*194. **trapezicostata,** d'Orb., 1847. *Lutraria trapezicostata*, Pusch, 1837. Polens paléont., p. 80, pl. 8, fig. 10. Voy. Étage callovien, n° 3. *Lysianassa rhombifera* et *ornata*, Goldf., pl. 154, fig. 11, 12. *Goniomya inflata*, Agassiz, 1842. Etudes crit., pl. 1, fig. 15. Pologne, Pauki; France, Creué, Nantua, Châtel-Censoir; Allem., Mugendorf, Altdorf; Suisse, Gunsberg (Soleure).

*195. **Hemicardia,** Rœmer, 1836. Ool., pl. 9, fig. 8. Goldf., pl. 156, fig. 8. *P. cingulata*, Agassiz, 1842, p. 133, pl. 6-11. France, Creué, Courçon (Charente-Inférieure), Vraincourt (Haute-Marne), Apremont, près Nantua (Ain); Allem., Goslar; Suisse, Liesberg (Berne), Gunsberg (Soleure), Sainte-Croix (Vaud).

*196. **constricta,** d'Orb., 1847. *Goniomya sulcata*, Agass., 1842. Etud. crit., p. 7, pl. 1, fig. 8, 9, pl. 16, fig. 9-12 et pl. 1 c, fig. 13, 14. (Non Phillips.) *Goniomya constricta*, Agassiz, pl. 1 b, fig. 4-8. France, Creué; Beauvoir (Deux-Sèvres); Suisse, Goldenthal, Gunsberg (Soleure), la Clusette (Neuchâtel), près de Sainte-Croix (Vaud).

*197. **Dubois,** d'Orb., 1847. *Goniomya Dubois*, Agass., 1842. Etud. crit., p. 12, pl. 1 a, fig. 2-12. D'Orb., Russie, pl. 49, fig. 15-16. *Gonio-*

mya litterata, Agassiz, p. 18, pl. 1 b, fig. 13-16. (Non Sowerby.) *Goniomya scripta*, Agass., pl. 1 b, fig. 17-19. *Goniomya obliqua*, Agass., pl. 1 c, fig. 16. Popilani, en Lithuanie; France, envir. de Besançon, Nantua, Creué, Châtel-Censoir; Suisse, Gunsberg (Soleure); Russie, Jelatma (sept.), riv. Wisinga, Syssolla, Petschora.

*198. **exaltata,** Agass., 1842. Etudes crit., p. 72, pl. 4, fig. 7, 8 et pl. 4 a. *P. Murchisoni*, Goldf., pl. 155, fig. 2. (Non Sowerby.) France, Trouville, Ile-Delle (Vendée), Niort (Deux-Sèvres), Nantua (Ain); Suisse, env. de Soleure.

*199. **trigonata,** Agass., 1842, p. 88, pl. 8, fig. 8, 9, pl. 7, fig. 10-12. *P. ambigua*, Goldf., pl. 156, fig. 1 e. (Exclus. fig. *a*, *b*, *c*.) Suisse, Saint-Nicolas, près de Soleure; France, Rædersdorf (H.-Rhin), Trouville, Creué, Nantua, Dijon.

*200. **similis,** Agass., 1842, p. 106, pl. 2 a, fig. 1-5. *P. concinna*, Agass., p. 118, pl. 7 a, fig. 1-6. (Exclus., pl. 2, fig. 8, 9, pl. 8, fig. 1.) *P. tumida*, Agass., p. 111, pl. 2 a, fig. 6-11, pl. 5 b, fig. 1-3. France, Vraincourt (Haute-Marne), Nantua (Ain), Jura; Suisse (cant. de Neuchâtel, de Vaud et de Genève), Gunsberg, Goldenthal, Gosgen (cant. de Soleure).

*201. **decemcostata,** Rœmer, 1836. Nordd. Ool., p. 130, pl. 15, fig. 6. *P. complanata*, Rœmer, pl. 15, fig. 5. Goldf., pl. 156. *P. similis*, Agass., pl. 2, fig. 8, 9 (non pl. 2, fig. 1-5). *P. flabellata*, Agass., p. 109, pl. 2 c, fig. 10-12. *P. angustata*, Agass., pl. 3, fig. 4-6. (Non Sowerby.) France, Trouville, Creué, la Latte, Apremont, près de Nantua; Allemagne, Hildesheim; Suisse, Gunsberg (Soleure).

*202. **polymorpha,** d'Orb., 1847. Espèce lisse, cunéiforme, aussi large que haute, très-large et tronquée sur la région buccale. France, Courçon (Charente-Inférieure), Creué.

*203. **Mariæ,** d'Orb., 1847. Espèce lisse ou seulement marquée de stries d'accroissement; très-étroite et allongée, tronquée et excavée sur la région buccale. France, Villedoux, près de La Rochelle; Creué.

204. **clathrata,** Münst. Zieten, 1830. Pétrif., p. 88, pl. 66, fig. 4, 5. Goldfuss, p. 157, fig. 5. Agassiz, p. 83, pl. 4, fig. 1-3. Wurt., Gruibingen, Stuifenberg, Baireuth

205. **nodosa,** Goldf., 1839, 2, p. 268, pl. 156, fig. 5. Würtemberg.

206. **concentrica,** Rœmer, 1836. p. 130, pl. 16, fig. 2. Allemagne, Hildesheim.

207. **simplex,** Phillips, 1839. York., p. 106, pl. 4, fig. 31. Gristhorpe.

208. **conformis,** d'Orb. 1847. *Goniomya conformis*, Agass., 1842, p. 14, pl. 1 a, fig. 1. *Goniomya marginata*, Agassiz, pl. 1 c, fig. 15. Suisse, Gunsberg (Soleure); Ai-Daniel, sur la côte méridionale de la Crimée.

209. **major,** d'Orb., 1847, *Goniomya major*, Agass., 1842. Étud. crit., p. 19, pl. 1, fig. 10, 11. Suisse, Fringeli, près de Bærschwyl (Soleure).

210. **Ouralensis,** d'Orb., 1845, in Murch. 2, p. 468, pl. 40, fig. 13, 14. Russie, nord de l'Oural.

210'. **Russiensis,** d'Orb., 1845, in Murch., 2, p. 469. Russie, Voskresensk.

211. dilata, de Keyserling, 1846, p. 315, pl. 18, fig. 11-13. Russie septentrionale.

212. Petschoræ, d'Orb., 1847. *Solecurtus Petschoræ*, de Keyserling, 1846. Geognost., p. 316, pl. 17, fig. 33, 34. Russie sept., Petschora, Poluschino.

LYONSIA, Turton, 1822. Voy. p. 10.

***213. Aldouini,** d'Orb., 1845, in Murch., Vern. et de Keys., Russie, 2, p. 470, pl. 41, fig. 1-4. France, Launoy, Trouville, Écommoy, Salins (Jura), Châtel-Censoir (Yonne); Russie, Koroshovo, près de Moscou, Russie septentrionale, Syssolla, Wotscha, Kargov, Wisinga, nord de l'Oural.

214. sulcosa, d'Orb., 1847. *Gresslya sulcosa*, Agassiz, 1844. Étud. crit., p. 207, pl. 12 a. Suisse, Liesberg (Berne), Fringeli près de Bærschwyl (Soleure).

215. semicostulata, d'Orb., 1847. *Venus semicostulata*, Rœmer, 1839. Nordd. Oolith., p. 39, pl. 19, fig. 15. Allem., Hoheneggelsen.

CEROMYA, Agassiz, 1844. Voy. p. 275.

***216. alata,** d'Orb., 1847. Espèce ventrue, à crochets peu contournés, pourvue sur la région anale d'une saillie aliforme; ensemble strié concentriquement, excepté la région anale ornée de stries rayonnantes. France, Marans (Charente-Inférieure).

THRACIA, Leach, 1825. Voy. p. 216.

***217. Frearsiana,** d'Orb., 1845, in Murch., 2, p. 471, pl. 40, fig. 17, 18. *Mya depressa*, Zieten, pl. 64, fig. 2 (non Sow., 1824). France, Trouville, Vraincourt (Marne); Reichembach (Wurtemb.).

***218. pinguis,** d'Orb., 1847. *Corimya pinguis*, Agass., 1845. Étud. crit., p. 268, pl. 33. France, Trouville, Neuvizi, Creué, Nantua, Châtel-Censoir, Villedoux, près de La Rochelle; environs de Soleure.

***219. Cypris,** d'Orb., 1847. Petite espèce ovale oblongue, comprimée, lisse, mais dont le côté anal est très-court. Trouville, Creué.

220. alata, d'Orb., 1847. *Tellina alata*, Münst., Goldf., 1839. Petref., 2, p. 234, pl. 147, fig. 16. Allemagne, Pappenheim.

ANATINA, Lamarck, 1809. Voy. p. 74.

***221. undata,** d'Orb., 1847. *Cercomya antica*, Agass., 1844. Étud., p. 147, pl. 11, fig. 16-18, pl. 11 a, fig. 14-16. *Sanguinolaria undata*, Phillips, 1829. York., pl. 5, fig. 1. *Cercomya siliqua?* Agass., 1844. Étud., p. 148, pl. 11 a, fig. 9-13 (déformation). France, Creué, Écommoy (Sarthe), Apremont, près de Nantua (Ain); Suisse, Goldenthal, Günsberg (Soleure), Ste-Croix (Vaud); Angl., Malton.

?222. longa, d'Orb., 1847. *Platymya longa*, Agass., 1844. Etud. crit., p. 185, pl. 10 a, fig. 14-18. Suisse, Rechberg, Laufon.

PERIPLOMA, Schumacher, 1817. V. p. 11.

***223. Jurensis,** d'Orb., 1847. Espèce ovale, lisse, large et très-arrondie du côté buccal, très-courte et rétrécie sur la région anale. France, Nantua (Ain), Salins (Jura).

GASTROCHÆNA, Spengler, 1783. Voy. p. 275.

224. Oxfordiana, d'Orb., 1847. *Fistulana id.*, d'Orb., 1845, in Murch., Vern. et de Keys., 2, p. 471, pl. 40, fig. 19-22. Russie, Kaminka.

MACTRA, Linné, 1758. Voy. p. 216.

225. trigona, Rœmer, 1836. Oolith., p. 123, pl. 7, fig. 20. Hoheneggelsen.

226. callosa, Rœmer, 1836. Oolith., p. 123, pl. 6, fig. 3. Dörshelf.

SOWERBYA, d'Orb., 1847. Coquille voisine des *Mactra* par son sinus, mais avec des dents latérales énormes, et une fossette interne ligamentaire simplement creusée.

***227. crassa,** d'Orb., 1847. Espèce oblongue, épaisse, lisse, pourvue d'un angle oblique sur la région anale. France, Trouville, Neuvizi.

LEDA, Schumacher, 1817. Voy. p. 11.

228. nuda, d'Orb., 1847. *Nucula nuda*, Young and Bird., Phillips, 1829. York., p. 109, pl. 5, fig. 5. De Keys., pl. 17, fig. 7-9. *Nucula lacrymæformis*, Rœmer, 1836, pl. 6, fig. 14. Angl., Scarborough; Russie sept., rivière Poluschino; Allem., Lindner-Berge.

229. gregaria, d'Orb., 1847. *Nucula gregaria*, Koch, 1837. Beitr. zur Kenn. Ool., p. 44, pl. 5, fig. 6 Allemagne.

230. æquilateralis, d'Orb., 1847. *Nucula æquilateralis*, Rœmer, 1836. Oolith., p. 101, pl. 6, fig. 13. Allemagne, Lindner-Berge.

VENUS, Linné, 1758. D'Orb., Paléont. franç., terr. crét., 3, p. 428.

***231. subdeltoidea,** d'Orb., 1847. *Cytherea deltoidea*, Goldf., 1839, pl. 149, fig. 9 (non Desh., 1824). France, Neuvizi, Trouville; Allem., Lubke (Westphalie).

232. exsularis, de Keyserling, 1846. Geognost. beobacht., t. 311, pl. 17, fig. 29, 30. Russie sept., Petschora, Poluschino.

CORBULA, Bruguière, 1791. Voy. p. 275.

233. borealis, d'Orb., 1845, in Murch., 2, p. 472, pl. 41, fig. 5-7. Russie, Saragula.

***234. Oxfordiensis,** d'Orb. Espèce voisine du *C. borealis*, mais plus arquée, surtout sur la région anale fortement carénée. France, Trouville.

235. Curtansata? Phillips, 1839. York., p. 99, pl. 3, fig. 27. Angl., Malton.

OPIS, Defrance, 1825. Voy. p. 198.

***236. Phillipsiana,** d'Orb., 1847. *Cardita similis*, Phillips, 1839. York., p. 100, pl. 3, fig. 23 (non Sowerby). Espèce de l'étage bajocien. Angl., Malton, Scarborough; France, Trouville, Neuvizi.

***237. Buvignieri,** d'Orb., 1847. Remarquable espèce, déprimée, très-étroite, excavée en dessus et en dessous, pourvue de deux fortes côtes rayonnantes, partout striée concentriquement. Fr., Neuvizi.

***238. Venus,** d'Orb., 1847. Belle espèce carrée, ornée partout de grosses côtes concentriques et munie d'un angle sur la région anale. France, Trouville.

239. Arduennensis, d'Orb., 1847. *Opis excavata*, Buvignier, 1848. Mém. Soc. philom. de Verdun, t. 2, p. 8, pl. 4, fig. 10, 11, 12. (Non *Excavata*, Rœmer, 1839.) France, Vieil-Saint-Remy, Neuvizi.

240. Raulinea, Buvignier, 1843. Mém. Soc. philom. de Verdun, t. 2, p. 9, pl. 4, fig. 13, 14. Géol. des Ardennes, p. 532, pl. 5, fig. 3, 4. France, Vieil-Saint-Remy, Neuvizi.

241. rhomboidalis, d'Orb., 1847. *Astarte rhomboidalis*, Phillips, 1829. Yorkshire, p. 100, pl. 3, fig. 28. Angl., Malton.

ASTARTE, Sow., 1818. Voy. p. 216.

*242. **ovata,** Smith, Phillips, 1829, York., p. 99, pl. 8, fig. 25. *A. lurida*, Phillips, pl. 5, fig. 2 (non Sowerby). France, Trouville; Angl., Malton, Scarborough ; Russie, env. de Moscou.

*243. **striato-costata,** Münst., Goldf., 1839, 2, p. 192, pl. 134. fig. 18 a, b. (Exclus. fig. C.) Trouville; Lübke (Hanovre).

*244. **integra,** Münst., Goldf., 1839. Petref., 2, p. 191, pl. 134, fig. 11. France, Trouville; Allem., Streitberg.

*245. **pseudolævis,** d'Orb., 1847. *A. lævis*, Goldf., 1839. Petref., 2, p. 192, pl. 134, fig. 20. (Non Phill., 1835.) France, Trouville; Allemagne, Lindner, Hanov.

*246. **Duboisiana,** d'Orb., 1845, in Murch., Russie, 2, p. 455, pl. 38, fig. 14-17. *A. elegans major*, Zieten, 1830, p. 82, pl. 62, fig. 1. *Venus ovoides*, de Buch ? France, Vieil-Saint-Remy, Ecommoy; Russie, Koroshovo, près de Moscou; Allem., Stuifenberg.

*247. **Arduennensis,** d'Orb., 1845, in Murch., Russie, 2, p. 455. *A. elegans*, Zieten, 1830, p. 82, pl. 61, fig. 4. (Non Sow., Min. Conch., vol. 2, pl. 137, fig. 3, p. 82.) France, Neuvizi; Wurtemberg, Nattheim, près de Heidenheim.

*248. **Paphia,** d'Orb., 1847. Grande espèce voisine de l'*A. Duboisiana*, mais plus ovale et infiniment plus courte sur la région buccale. France, Neuvizi, environs de Saint-Mihiel, Ecommoy.

*249. **Pasiphae,** d'Orb., 1847. Espèce voisine de forme et d'ornements de l'*A. Arduennensis*, mais avec des côtes plus fines et un ensemble plus carré. France, Neuvizi.

*250. **Pelops,** d'Orb., 1847. *A. striato-costata*, Münster, pl. 134, fig. 18 c. (Exclus. fig. *a*, *b*.) France, Neuvizi.

*251. **Philea,** d'Orb., 1847. Espèce voisine de l'*A. striato-costata*, mais plus triangulaire, et lisse. France, Neuvizi, Trouville.

*252. **Panopæ,** d'Orb., 1847. Espèce ovale, oblongue, carrée sur la région anale, plus longue que l'autre. France, Marans (Charente-Inférieure), la Latte, près de Nantua (Ain).

*253. **Phillis,** d'Orb., 1847. Espèce ovale, très-renflée, largement excavée sur la lunule et le corselet, ornée de côtes concentriques aiguës. France, Trouville, Neuvizi, Creué.

*254. **Pyrene,** d'Orb., 1847. Espèce voisine de l'*A. Pelops*, mais moins carrée sur la région anale, plus renflée, à lunule moins excavée. France, Chapelle-du-Buis, près de Moore (Doubs).

*255. **Poppea,** d'Orb., 1847. Espèce épaisse, trigone, ornée de petites côtes concentriques, et de quelques sillons très-prononcés vers le bord; région buccale très-courte. France, Neuvizi, Marans (Charente-Inférieure), Chinon (Indre-et-Loire).

*256. **Phidias,** d'Orb., 1847. Espèce voisine de l'*A. lævis*, Goldf., mais plus longue, et surtout bien plus prolongée sur la région buccale. France, Trouville.

*257. **Pollux,** d'Orb., 1847. Espèce voisine par sa compression des *A. Philea* et *Pelops*, mais plus comprimée encore et ornée de bien plus petites côtes concentriques. France, Trouville.

?258. **zonata,** Rœmer, 1842. De Astarte Genere, p. 19, fig. 7. Angl., Weymouth.

259. aliena, Phillips, 1829, p. 99, pl. 3, fig. 22. Angl., Malton, Pickering.

260. extensa, Phillips, 1829, p. 99, pl. 3, fig. 21. Angl., Malton.

261. carinata, Phillips, 1829, p. 111, pl. 5, fig. 3. Angl., South-Cave, Scarborough.

262. undata, d'Orb., 1847. *Venus undata*, Münst., Goldf., 1839. Petref., 2, p. 243, pl. 150, fig. 8. Allem., Thurnau.

263. rotundata, Rœmer, 1836. Oolith., p. 113, pl. 6, fig. 25. Hanovre.

264. subplana, Rœmer, 1836. Nordd. Oolith., p. 113, pl. 6, fig. 31. (Non Sow., 1817.) Allemagne, Hoheneggelsen, Hanovre.

265. crassitesta, Rœmer, 1839, p. 39, pl. 19, fig. 18. Lindner-Berge, près de Hanovre.

266. lamellosa? Rœmer, 1839, p. 40, pl. 19, fig. 10. Hoheneggelsen.

267. curvirostris, Rœmer, 1836, p. 114, pl. 6, fig. 30. Hoheneggelsen.

268. dorsata, Rœmer, 1836, p. 114, pl. 6, fig. 29. Hoheneggelsen.

269. Mosquensis, d'Orb., 1845, in Murch., 2, p. 455, pl. 38, fig. 18-20. Russie, Koroshovo.

270. Veneris, Eichwald, d'Orb., 1845, in Murch., Vern. et de Keys., Russie, 2, p. 456, pl. 38, fig. 21, 22. Russie, nord de l'Oural au 64e degré, rivière Syssolla, Wotscha, Kargov.

271. Borealis, d'Orb., 1847. *A. Buchiana*, d'Orb., 1845, in Murch., Vern. et de Keys., Russie, 2, p. 456, pl. 38, fig. 23-25. (Non Rœmer, 1842). Russie, Koroshovo.

272. subobtusa, d'Orb., 1847. *A. obtusa*, de Keyserling, 1846. Geognost., p. 310, pl. 17, fig. 25, 26. (Non Sow., 1817.) Russie sept., Petschora, Poluschino.

273. retrotracta, Rouillier, 1847. Bulletin de la soc. des natural. de Moscou, t. 20, p. 414, fig. 29. Russie, Galiovo, env. de Moscou.

274. Panderi, Rouillier, 1847. *Id.*, t. 20, p. 413, fig. 28. Bull., 2, pl. E, fig. 7. Russie, Moscou.

275. Syssollæ, d'Orb., 1847. *Cyprina Syssollæ*, de Keyserling, 1846. Geognost., p. 309, pl. 17, fig. 17-22. Russie sept., Petschora.

CYPRINA, Lamarck, 1801. Voy. p. 173.

***276. globosa,** d'Orb., 1847. *Cardium globosum*, Rœmer, 1836. Oolith., p. 39, pl. 19, fig. 19. *Venus tenuistria*, Münster, 1839. Petref. Germ., 2, p. 245, pl. 150, fig. 18. France, Neuvizi, Villecomte (Côte-d'Or), Nantua; Allem., Weserkette, Nattheim.

***277. dimorpha,** d'Orb., 1847. Espèce ronde, comprimée dans le jeune âge, globuleuse, et comme bossue chez les adultes, lisse, sans crochets saillants. France, Neuvizi, Trouville.

***278. Cytherea,** d'Orb., 1847. Espèce ovale, renflée, lisse ou finement ornée de stries concentriques ; région anale plus longue que l'autre, non anguleuse. France, Trouville.

***279. Calliope,** d'Orb., 1847. Espèce ovale, peu renflée, trigone, lisse, pourvue d'un angle saillant sur la région anale. France, Fontenelay, près de Besançon (Doubs), Niort (Deux-Sèvres).

280. carditæformis, d'Orb., 1847. *Venus carditæformis*, Rœmer,

1836. Oolith., p. 109, pl. 7, fig. 15. Allemagne, Hoheneggelsen.

281. trapeziformis, d'Orb., 1847. *Venus trapeziformis*, Rœmer, 1836. Oolith., p. 109, pl. 7, fig. 14. Allemagne, Hoheneggelsen.

282. carinata, d'Orb., 1847. *Venus carinata*, Rœmer, 1836. Oolith. p. 110, pl. 7, fig. 10. Hoheneggelsen, Goslar.

283. affinis, d'Orb., 1847. *Venus affinis*, Münst., Goldf., 1839. Petref., 2, p. 244, pl. 150, fig. 11. Allemagne, Eichstadt.

284. Cancriniana, d'Orb., 1845, in Murch., Vern. et de Keys., Russie, 2, p. 457, pl. 38, fig. 26-27. Russie, Saragula, nord de l'Oural.

285. Helmerseniana, d'Orb., 1845, in Murch., 2, p. 457, pl. 38, fig. 28-30. Russie, Saragula.

286. Kharaschovensis, Rouillier, 1847. Bull. de la Soc. des Natural. de Moscou, t. 20, p. 421, fig. 32 33. Env. de Moscou.

287. Rœmeri, d'Orb., 1847. *Lucina globosa*, Rœmer, 1839. Oolith., p. 41, pl. 19, fig. 6. (Non *Globosa*, *Cordium globosum*, Rœmer.) All., Lübbeck.

CYPRICARDIA, Lamarck, 1801.

***288. Phidias**, d'Orb., 1847. Voyez Étage callovien, n° 159. France, Neuvizi, envir. de Châtel-Censoir.

289. gracilis, d'Orb., 1847. *Sanguinolaria gracilis*, Münst., Goldf., 1839. Petref., 2, p. 282, pl. 160, fig. 4. Allem., Streitberg.

290. nuculiformis, d'Orb., 1847. *Tellina nuculiformis*, Münst., Goldf., 1839. Petref., 2, p. 234, pl. 147, fig. 17. Streitberg.

***291. Trouvillensis**, d'Orb., 1847. Petite espèce oblongue, carrée, prolongée, carénée et obtuse du côté anal, courte du côté opposé. France, Trouville (Calvados).

TRIGONIA, Bruguière, 1791. Voy. p. 198.

***292. clavellata**, Parkinson, 1811. Org. rem., 3, pl. 12, fig. 3. Sow., pl. 87, fig. 1-2. Zieten, pl. 58, fig. 3. *T. perlata*, Agass., pl. 3, fig. 9-11. *T. maxima*, Agass., p. 22, pl. 4, fig. 6-9. (Moule intérieur.) Goldf., pl. 136, fig. 6. (Non *Clavellata*, Agassiz.) Peut-être doit-on y réunir encore le *T. notata*, Agass., pl. 3, fig. 1-3 C. *Lyrodon intermedium*, Fahrenkohl., 1844. Bull. Soc. de Mosc., 17, p. 796, pl. 19, fig. 2. France, Trouville, Neuvizi, Lisieux, Creué, Marans, Châtel-Censoir, Nantua, Grange-de-Vaivré, près de Salins; Angl., Oxfordshire, Weymouth; Allem., Stuifenberg (Wurtemberg); Suisse, Largue (Bâle), Châtelu (Neuchâtel), Günsberg (Soleure); environs de Moscou.

***293. monilifera**, Agass., 1840. Etud., p. 40, pl. 8, fig. 4-6. *T. reticulata*, Agass., pl. 11, fig. 10. *T. parvula*, Agass., p. 40, pl. 11, fig. 8 (Jeune). France, Besançon (Doubs), Neuvizi, Trouville, Nantua, Marans; Argue (Haut-Rhin); Birse (Bâle), Châtelu (Neuchâtel).

***294. spinifera**, d'Orb., 1847. Magnifique espèce ornée de côtes, de stries, de pointes imbriquées descendant directement du bord cardinal au bord palléal, mais les premières côtes se coudent sur la région buccale. France, Neuvizi, Châtel-Censoir.

LUCINA, Bruguière, 1791. Voy. p. 76.

***295. crassa**, Sow., 1827. M. C., 6, p. 107, pl. 557, fig. 3. Trouville; Scarborough.

***295. ampliata**, d'Orb., 1847. *Tellina ampliata*, Phillips, 1839.

Yorks., p. 99, pl. 3, fig. 24. France, Neuvizi; Anglet., Malton, Wass-Bank, etc.

297. ovata, d'Orb., 1847. *Isocardia ovata*, Münst., Goldf., 1839. Petref., **2**, p. 210, pl. 140, fig. 13. Allemagne, Pappenheim.

***298. Fischeriana,** d'Orb., 1845, in Murch., Russie, **2**, p. 458, pl. 38, fig. 31-32. *Astarte elegans*, Fischer, 1837 (non Sowerby). *Lucina lyrata*, de Buch, 1840. (Non Phillips.) Russie, Saragula.

299. Phillipsiana, d'Orb., 1845, in Murch., 2, p. 458, pl. 39, fig. 43. Russie, Saragula.

300. corbisoides, d'Orb., 1845, in Murch.,Vern. et de Keys., Russie, 2, p. 459, pl. 39, fig. 4-5. Russie, Saragula, Voskresensk, près de Gorodichtché.

301. inæqualis, d'Orb., 1845, in Murch., **2**, p. 459, pl. 39, fig. 6-8. Saragula.

302. corrosa, de Keyserling, 1846. Geognost. beobacht., p. 308, pl. 17, fig. 14, 16. Russie septentrionale, Petschora, Poluschino.

CORBIS, Cuvier, 1817. Voy. p. 279.

303. lævis, Sow., 1827. Min. Conch., **6**, p. 156, pl. 580. *C. ovalis*, Buvignier, 1843. Mém. de la Soc. phil. de Verdun, **2**, p. 5, pl. 3, fig. 181-9. Angl., Marshamfield, près d'Oxford; France, Neuvizi, Apremont, près de Nantua (Ain).

***304. Oxfordiensis,** d'Orb., 1847. Jolie espèce voisine du *C. decussata*, mais ornée de côtes bien plus grosses. France, Neuvizi.

***305. Cabanetiana,** d'Orb., 1847. Grande espèce comprimée, ovale, ornée de petites côtes séparées par un large intervalle. France, environs de Nantua.

306. depressa, d'Orb., 1847. *Venus depressa*, Rœmer, 1836. Oolith., p. 110, pl. 7, fig. 12. Allem., Hoheneggelsen.

UNICARDIUM, d'Orb., 1847. Voy. p. 218.

***307. Aceste,** d'Orb., 1847. Espèce ovale, très-renflée, très-inéquilatérale, le côté anal très-court, arrondi, l'ensemble orné de fines rides d'accroissement. France, Trouville, environs de Nantua.

***308. Alcyone,** d'Orb., 1847. Espèce presque ronde, se distinguant de la précédente par ce caractère et par moins d'épaisseur. France, Nantua, Villecomte (Côte-d'Or).

***309. latecostatum,** d'Orb., 1847. Espèce ronde, très-convexe, plus courte sur la région buccale, ornée de côtes concentriques espacées. France, Creué, Grange-la-Praille-de-Charrix, près de Nantua.

***310. ovale,** d'Orb., 1847. Espèce ovale, oblongue, lisse, équilatérale, la région anale seulement plus étroite. France, environs de Nantua.

311. sublæve, d'Orb., 1847. *Corbis sublævis*, de Keyserling, 1846. Geognost. beobacht., p. 308, pl. 17, fig. 12-13. Russie sept., Ishma.

312. lobatum, d'Orb., 1847. *Cardium lobatum*, Phillips, 1839. Yorkshire, p. 100, pl. 4, fig. 3. Angleterre, Malton.

313. globosum, d'Orb., 1847. *Mactromya globosa*, Agass., Etud. crit., p. 200, pl. 9 d, fig. 9-14. Suisse, Günsberg (Soleure).

***314. Bernardinum,** d'Orb., 1847. Espèce ovale, gibbeuse, la tê-

gion anale très-courte et étroite, l'autre large, dilatée. France, Nantua.

315. heteroclytum, d'Orb., 1847. *Lucina heteroclyta*, d'Orb., 1845, in Murch., Vern. et de Keys., Russie, 2, p. 460, pl. 39, fig. 9-10. Russie, Koroshovo.

ISOCARDIA, Lamarck, 1799. Voy. p. 132.

316. Goldfussiana, d'Orb., 1847. *I. minima*, Goldf., 1839, 2, p. 211, pl. 140, fig. 18. (Non *Minima*, Sow.) France, Apremont, près de Nantua; Allem., Streitberg.

***317. truncata**, Goldf., 1839. Petref., 2, p. 210, pl. 140, fig. 15. France, envir. de Nantua; Allem., Wurtemberg.

***318. transversa**, Münst., Goldf., 1839, 2, p. 209, pl. 140, fig. 8. Nantua; Streitberg.

319. lineata, Münst., Goldf., 1839, 2, p. 210, pl. 140, fig. 14. Eichstadt.

320. dorsata, Rœmer, 1836. Oolith., p. 107, pl. 7, fig. 8. Hoheneggelsen.

321. elongata, Zieten, 1830, p. 83, pl. 62, fig. 6. Wurt., Reichenbach.

322. semiglabra, d'Orb., 1847. *Cardium semiglabrum*, Münst., Goldf., 1839. Petref., 2, p. 219, pl. 143, fig. 15. Allem., Streitberg.

323. tumida, Phillips, 1839. Yorks., p. 106, pl. 4, fig. 25. Gristhorpe, Cayton.

CARDIUM, Bruguière, 1791. Voy. p. 33.

***324. intextum**, Münster, 1837. Goldf., pl. 144, fig. 8. Rœmer, Ool., pl. 19, fig. 3. *Cypricardia isocardina*, Buvig., 1843. Mém. de la Soc. phil. de Verdun, 2, p. 7, pl. 4, fig. 5-6. France, Neuvizi, Creué (Meuse), Nantua (Ain); Allem., Heersum, Schweizer, Derneburg.

***325. concinnum**, de Buch, 1840; d'Orb., 1845, in Murch., Russie, 2, p. 454, pl. 38, fig. 11-13. Russie, Koroshovo, Kaminka (Sept.), Syssolla, Dorfewotscha, Petschora, Poluschino; France, Trouville.

326. chordotonum, Münst., Goldf., 1839, 2, p. 220, pl. 144, fig. 2. Streitberg.

ISOARCA, Münster, 1843.

***327. subspirata**, d'Orb., 1847. *Isocardia subspirata*, Münster, Goldf., 1839, 2, p. 209, pl. 140, fig. 9. France, Chinon (Indre-et-Loire); Allem, Heiligenstadt (Bambergisch.).

NUCULA, Lamarck, 1801. Voy. p. 12.

***328. Eurita**, d'Orb., 1847. Jolie espèce globuleuse, oblique, lisse, anguleuse sur la région anale, tronquée obliquement du côté opposé. France, Trouville.

***329. Hellica**, d'Orb., 1847. Petite espèce voisine de la précédente, mais moins renflée et moins oblique. France, Neuvizi, Trouville.

***330. Electra**, d'Orb., 1847. Espèce ovale, oblongue, un peu arquée, lisse, la lunule fortement excavée sous les crochets. France, Latte et Apremont (Ain), Besançon, Niort, Saint-Maixent, Esnandes, près de la Rochelle.

331. elliptica, Phillips, 1839. Yorks., p. 109, pl. 5, fig. 6. Scarborough.

332. intermedia, Münster, Rœmer, 1836. Nordd. Oolith., p. 101, pl. 6, fig. 17. Allemagne, Lindner-Berge.
333. rhomboides, de Keyserling, 1846. Geognost. beobacht., p. 307, pl. 17, fig. 10-11. Russie septentrionale, Petschora, Poluschino.
LIMOPSIS, Sassi, 1835. Voy. p. 280.
334. Petschoræ, d'Orb., 1847. *Pectunculus Petschoræ*, de Keyserling, 1846, p. 306, pl. 17, fig. 5-6. Russie sept., Petschora, près de Poluschino.

ARCA, Linné, 1758. Voy. p. 13.
***335. Halie,** d'Orb., 1847. Espèce grande, oblongue, anguleuse et évidée sur la région anale, élargie sur la région buccale, striée concentriquement avec quelques côtes rayonnantes inégales sur la région buccale. France, Neuvizi, Creué.
***336. Harpax,** d'Orb., 1847. Grande espèce oblongue, anguleuse et évidée sur la région anale, obtuse sur la région buccale, des stries fines rayonnantes et concentriques croisées partout. France, Neuvizi.
***337. Harpya,** d'Orb., 1847. Jolie espèce oblongue, évidée et prolongée en angle saillant sur la région anale, anguleuse du côté opposé, évidée sur la région palléale, ornée partout de côtes rayonnantes inégales. France, Neuvizi, Trouville.
***338. subpectinata,** d'Orb., 1847. *Cucullæa pectinata*, Phillips, 1829, p. 100, pl. 3, fig. 32 (non Brocchi, 1844). France, Neuvizi; Anglet., Malton.
***339. Hecabe,** d'Orb., 1847. *A. elongata*, Goldf., 1838, 2, p. 148, pl. 128, fig. 9. (Non *A. elongata*, Sowerby, 1825.) France, Neuvizi, Villecomte, Is-sur-Tille (Côte-d'Or), Creué; Allem., Weissenburg, Rabenstein.
***340. Hector,** d'Orb., 1847. Espèce voisine de l'*A. Hecabe*, mais bien plus étroite sur la région anale que sur la région buccale, ce qui est l'opposé pour l'*A. Hecabe*. France, Neuvizi.
***341. Hedonia,** d'Orb., 1847. Espèce voisine de l'*A. Harpax*, mais s'en distinguant par le manque de stries rayonnantes et par sa région anale plus large. France, Neuvizi.
***342. subparvula,** d'Orb., 1847. *A. parvula*, Münst., Goldf., 1838, 2, p. 148, pl. 123, fig. 8 (non Zieten, 1830). Rœmer, pl. 6, fig. 20. France, la Latte, Apremont (Ain); Thurnau, Wurtemberg.
***343. Hersilia,** d'Orb., 1847. Grande espèce, voisine de forme de l'*A. parvula*, mais avec une forte carène sur la région anale et de fortes côtes rayonnantes sur la région buccale. France, Neuvizi.
***344. Hylla,** d'Orb., 1847. Espèce voisine de l'*A. Halie*, mais s'en distinguant par sa forme plus étroite et par un sillon rayonnant sur l'angle de l'area anale. France, Neuvizi.
***345. Helena,** d'Orb., 1847. Espèce voisine de forme de l'*A. Hersilia*, mais plus étroite et chargée sur la région anale de quelques grosses côtes anguleuses, striées en long sur les côtés. France, Neuvizi.

346. æmula, Phillips, 1829. Yorks., pl. 3, fig. 29. Malton.
347. Phillipsiana, d'Orb., 1847. *Cucullæa elongata*, Phillips, 1829. Yorks., pl. 3, fig. 33. (Non *elongata*, Sow.) Angl., Malton.

348. triangularis, d'Orb., 1847. *Cucullœa triangularis*, Phillips, 1829. Yorkshire, p. 100, pl. 3, fig. 31. Angleterre, Malton.

349. contracta, d'Orb., 1847. *Cucullœa contracta*, Phillips, 1829. Yorkshire, p. 100, pl. 3, fig. 30. Angleterre, Malton.

350. concinna, d'Orb., 1847. *Cucullœa concinna*, Phillips, 1829. Yorkshire, p. 109, pl. 5, fig. 9. Angleterre, Scarborough.

351. Helecita, d'Orb., 1847. *Cucullœa oblonga*, Phillips, 1829, p. 109, pl. 3, fig. 34. (Non *oblonga*, Sowerby.) Angl., Malton.

352. quadrisulcata, Sow., 1824. M. C., 5, p. 115, pl. 473, fig. 1. Angl., Malton.

353. Goldfussii, d'Orb., 1847. *Cucullœa Goldfussii*, Rœmer, 1836. Norld. Oolith., p. 104, pl. 6, fig. 18. Allemagne, Hoheneggelsen.

354. Saratofensis, d'Orb., 1846, in Murch., 2, p. 461, pl. 39, fig. 11-13. Russie, Saratof.

355. Siberica, d'Orb., 1845, in Murch., 2, p. 462, pl. 39, fig. 14-16. Russie, nord de l'Oural.

356. Fischeri, d'Orb., 1847. *A. concinna*, d'Orb., 1845, in Murch., Vern. et de Keys., Russie, 2, p. 462, pl. 39, fig. 17-18. (Non Phill.) Russie, Saragula, Khoroschovo, près de Moscou.

357. Keyserlingii, d'Orb., 1847. *A. elongata*, de Keyserling, 1846. Geognost., p. 305, pl. 17, fig. 1-4 (non Sow, 1825). Russie sept., Poluschino, Petschora.

358. producta, d'Orb., 1847. *Cucullœa producta*, Rouillier, 1847. Bull. de la Soc. des Natural. de Moscou, t. 20, p. 426, fig. 37. Russie, Khoroschovo.

359. compressiuscula, d'Orb., 1847. *Cucullœa compressiuscula*, Rouillier, 1847. Bull. de la Soc. des Natural. de Moscou, t. 20, p. 427, fig. 38. Russie, Khoroschovo.

360. Schourovskii, d'Orb., 1847. *Cucullœa Schourovskii*, Rouillier, 1847. Bull. de Moscou, t. 20, p. 428, fig. 39. Russie, envir. de Moscou.

361. subelegans, d'Orb., 1847. *Cucullœa elegans*, Fischer, Rouillier, 1847. Bull., t. 20, p. 428, fig. 35. (Non *A. elegans*, Rœmer, 1841.) *Pectunculus elegans*, Fischer, Bull., 1843, p. 126, pl. 5, fig. 5. Russie, Khoroschovo.

PINNA, Linné, 1758. Voy. p. 135.

***362. lanceolata,** Sow., 1821. Min. Conch., 3, p. 145, pl. 281. Goldf., pl. 127, fig. 7 a. (Non Phillips, pl. 4, fig. 33.) France, Vraincourt (Haute-Marne), Wagnon, Launoy (Ardennes), Creué (Meuse); Anglet., Scarborough.

***363. sublanceolata,** d'Orb., 1847. *P. lanceolata*, Phillips, 1829, pl. 4, fig. 33. Goldf., pl. 127, fig. 7 b (non Sow., 1821). France, Creué, Châtel-Censoir; Darois (Côte-d'Or), la Latte, près de Nantua (Ain), Esnandes, près de la Rochelle; Angl., Malton.

***364. lineata,** Rœmer, 1836. Oolith., p. 88. *P. tenuistria*, Münster, 1838. Goldf., Petref., p. 165, pl. 127, fig. 6. France, Grange-la-Praille de Charrix, près de Nantua (Ain), Vraincourt (H.-Marne), Creué (Meuse); Allem., Heersum, Lübke.

365. mitis, Phillips, 1839. Yorks., p. 109, pl. 5, fig. 7. Scarborough.

366. radiata, Münst., Goldf., 1838, 2, p. 165, pl. 127, fig. 6. Pappenheim, Amberg.

367. Russiensis, d'Orb., 1845, in Murch., 2, p. 463. Russie, Koroshovo.

MYOCONCHA, Sowerby, 1824. Voy. p. 65.

368. Helmerseniana, d'Orb., 1845, in Murch., 2, p. 463, pl. 39, fig. 19-21. Russie, Saragula.

*__369. Rathieriana,__ d'Orb., 1847. Très-grande espèce, très-épaisse, oblongue, évidée sur la région palléale, pourvue d'un sillon sur le côté cardinal. France, Châtel-Censoir, Pacy, près d'Ancy-le-Franc, Etivey, Jully (Yonne), Darois (Côte-d'Or), Apremont, la Latte, Coliar (Ain).

*__370. radiata,__ d'Orb., 1837. Espèce oblongue, très-obtuse à ses extrémités, ornée partout de côtes espacées, rayonnantes. France, Creué (Meuse).

371. ornata, Rœmer, 1839. Oolith., p. 33, pl. 18, fig. 32. Hohenegg-gelsen.

MITYLUS, Linné, 1758. Voy. p. 82.

*__372. subpectinatus,__ d'Orb. Voy. étage 12e, n° 197. Rœmer, pl. 4, fig. 12. France, Neuvizi, env. de Creué.

*__373. cancellatus,__ d'Orb., 1847. *Modiola cancellata*, Rœmer, 1836. Oolith., p. 92, pl. 4, fig. 13. Goldf., pl. 131, fig. 2. *M. strajeskianus*, d'Orb., 1845, in Murch., 2, p. 463, pl. 39, fig. 22-28. France, Trouville, Villiers; Allem., Heersum, Hildesheim; Russie, nord de l'Oural.

*__374. imbricatus,__ d'Orb., 1847. Voy. Étage callovien. France, Villecomte (Côte-d'Or), Trouville, près de Creué, Apremont, près de Nantua.

*__375. Consobrinus,__ d'Orb., 1847. Espèce voisine du *M. imbricatus*, mais sans le sillon de la région palléale, plus allongée et ridée dans le sens de l'accroissement. France, Trouville, la Latte, Apremont.

376. falcatus, Münst., Goldf., 1838, 2, p. 169, pl. 128, fig. 8. Regensburg.

377. Castor, d'Orb., 1847. *M. striatus*, Goldf., 1838. Petref., 2, p. 170, pl. 129, fig. 5. (Non Montagu, 1803). Allem., Boltingen.

378. tenuistriatus, Münst., Goldf., 1838, 2, p. 177, pl. 131, fig. 5. Streitberg.

379. semitextus, Münst., Goldf., 1838, 2, p. 178, pl. 131, fig. 10. Neumark.

380. Fischerianus, d'Orb., 1845, in Murch., Vern., de Keys., Russie, 2, p. 464, pl. 39, fig. 26-28. *M. pulcherrima*, Fischer (non Rœmer). Russie, Koroshovo.

381. vicinalis, de Buch, d'Orb., 1845, in Murch., 2, p. 465, pl. 39, fig. 29, 30. Russie, Koroshovo.

382. Uralensis, d'Orb., 1845, in Murch., 2, p. 464, pl. 39, fig. 24, 25. Russie, nord de l'Oural.

383. acutus, Rœmer, 1836. Oolith., p. 89, pl. 4, fig. 9. Hohenegg-gelsen.

384. parvus, Rœmer, 1836. Oolith., p. 90, pl. 4, fig. 17. Hohenegg-gelsen.

LITHODOMUS, Cuvier, 1817.

385. Ermanianus, d'Orb., 1845, in Murch., Vern. et de Keys., Russie, 2, p. 465, pl. 39, fig. 31-33. Russie, Kaminka, Petschora, près Poluschino.

***386. elatior,** d'Orb., 1847. Espèce très-allongée, égale sur sa longueur, lisse. France, Neuvizi.

LIMA, Bruguière, 1791. Voy. p. 175.

***387. proboscidea,** Sow., 1820. Min. Conch., 3, p. 115, pl. 264. France, Neuvizi, Trouville. env. de Nantua, Etivey (Yonne).

***388. squammicosta,** Buvignier, 1843. Mém. Soc. philom. de Verdun, t. 2, p. 10, pl. 4, fig. 18, 19. France, Launoy, Vieil-St-Remy, Neuvizi.

***389. rigida,** Deshayes. *Plagiostoma rigida*, Sow., 1815. M. C., 2, p. 27, pl. 114, fig. 1. Goldf., p. 101, pl. 101, fig. 7. France, Trouville, env. de Nantua (Ain); Angl., Shotover et des env. d'Oxford, Malton; Allem., Heersum, Hanovre, Streitberg.

***390. Phillipsii,** d'Orb., 1845, in Murch., Vern. et de Keys., Russie, 2, p. 478, pl. 42, fig. 8. France, Villers; Russie, Kineshma, Petschora.

***391. Streitbergensis,** d'Orb., 1847. *L. ovalis*, Desh., Goldf., 1836, 2, p. 82, pl. 101, fig. 4. (Non Sow.). France, Trouville; Allem., Streitberg.

***392. Consobrina,** d'Orb., 1845, in Murch., Vern. et de Keys., Russie, 2, p. 477, pl. 42, fig. 5-7. France, Trouville; Russie, Koroshovo.

***393. duplicata,** Desh. Voy. Étage callovien. France, Apremont, près de Nantua, Neuvizi, Villecomte (Côte-d'Or), Salins (Jura); Anglet., Malton; Allem., Rabenstein, Geisingen.

***394. notata,** Goldf., 1836. Petref., 2, p. 83, pl. 102, fig. 1. France, la Latte, près de Nantua, Creué; Allem., Streitberg.

***395. Bellula,** d'Orb., 1847. Charmante espèce bombée, ornée de douze grosses côtes anguleuses, entre lesquelles, dans un sillon profond, sont de petites côtes transverses. France, Neuvizi, Wagnon (Ardennes), Châtel-Censoir.

396. Ambergensis, d'Orb., 1847. *L. antiquata*, Münst., Goldf., 1836. Petref., 2, p. 89, pl. 102, fig. 11. (Non Sow., 1818). Allem., Thurnau, Amberg.

397. abrupta, Goldf., 1836. Petref., 2, p. 85, pl. 102, fig. 7. Allem., Amberg.

398. scabrosa, Münst., Goldf., 1836. Petref., 2, p. 85, pl. 102, fig. 8. Amberg.

399. pectinoidea, Desh., Goldf., 1836, 2, p. 89, pl. 102, fig. 12. Geisingen; Anglet.

POSIDONOMYA, Bronn, 1837. Voy. p. 13.

400. anomala, Münst., Goldf., 1838, 2, p. 120, pl. 114, fig. 6. Solenhoffen.

401. socialis, Münst., Goldf., 1838, 2, p. 120, pl. 114, fig. 7. Solenhoffen.

402. revelata, de Keys., 1846. Geognost. beobacht., p. 302, pl. 14, fig. 12-15. Russie septent., Petschora près Poluschino.

403. lobata, d'Orb., 1847. *Inoceramus lobatus*, Frears, 1846. Bull.

de la Soc. des natural. de Moscou, t. 10, p. 499, pl. 7, fig. 1-3. Russie, env. de Moscou.

AVICULA, Klein, 1753. Voy. p. 13.

*404. **expansa,** Phillips, 1829. Yorkshire, p. 100, 112, pl. 3, fig. 35. France, Trouville; Angl., Malton, South-Cave.

*405. **ovalis,** Phillips, 1829. Yorkshire, p. 100, pl. 3, fig. 36. *A. ornata*, Goldf., 1838, p. 132, pl. 121, fig. 7. Angl., Malton, Scarborough; Allem., Deutschlandes.

*406. **polyodon,** Buvignier, 1843. Mém. de Verdun, t. 2, p. 10, pl. 4, fig. 16-17. Géol. des Ardennes, p. 533, pl. 4, fig. 1, 2. France, Haudainville, Neuvizi.

*407. **Nais,** d'Orb., 1847. Espèce voisine de l'*A. polyodon*, mais bien plus étroite et plus oblique, plissée dans le sens de l'accroissement. France, Creué.

*408. **concentrica,** d'Orb., 1847. *Inoceramus concentricus*, Fischer, 1837. Oryct., p. 17, pl. 8, fig. 1-3. *A. Fischeriana*, d'Orb., 1845, in Murch., Russie, 2, p. 472, pl. 41, fig. 8-10. *Aucella concentrica*, Keys., 1846. Geogn., p. 300, pl. 16, fig. 16, fig. 13-15. Russie, Koroshovo près de Moscou, rivières Wytschegda, Ishma, Ylytsch.

409. **similis,** d'Orb., 1847. *Monotis similis*, Münster, Goldf., 1838. Petref., 2, p. 139, pl. 120, fig. 9. Allem., Pappenheim (Bavière).

410. **ventricosa,** Koch, 1837. Beitr., p. 41, pl. 5, fig. 2. Marienhagen.

411. **elegantissima** (Bean), Phillips, 1829, p. 100, pl. 4, fig. 2. Angl., Malton.

412. **Volgensis,** d'Orb., 1845, in Murch., Russie, 2, p. 473, pl. 41, fig. 13. Russie, Kineshma; Russie septent., Petschora près de Poluschino.

413. **Russiensis,** d'Orb., 1847. *A. radiata*, d'Orb., 1845, in Murch., 2, p. 474, pl. 42, fig. 35, 36. (Non Geinitz, 1842). Russie, Koroshovo; Russie septent., Wotscha, Syssolla, Wytschegda, Wischera, Petschora, Ishma.

414. **Pallasii,** d'Orb., 1847. *Aucella Pallasii*, de Keys., 1846. Geognost., p. 299, pl. 16, fig. 1-6, var. 7. Russie septent., Petschora.

415. **crassicollis,** d'Orb., 1847. *Aucella crassicollis*, de Keys., 1846. Geognost., p. 300, pl. 16, fig. 9-12. Russie septent., Ishma, Wytschegda, Wischera.

416. **cuneiformis,** d'Orb., 1845, in Murch., 2, p. 473, pl. 41, fig. 11, 12. Russie, Koroshovo.

GERVILIA, Defrance, 1820. Voy. p. 201.

*417. **Aviculoides,** Sow., 1814. Voyez Étage callovien, nº 210. *Gervilia siliqua*, Deslongchamps. France, Neuvizi, Trouville, Châtel-Censoir, Creué, Marsilly près de la Rochelle, la Latte près de Nantua.

418. **lata,** de Keys., 1846. Geognost., p. 304, pl. 16, fig. 19-23. Russie septent., Petschora près de Kamenni-nos.

PERNA, Bruguière, 1791. Voy. p. 176.

*419. **mityloides,** Lamarck. Voy. Étage callovien, nº 211. France, Neuvizi; Russie septent., Myla, Ishma.

*420. **quadrilatera,** d'Orb., 1847. *P. quadrata*, Goldf., pl. 108, fig. 1. (Non Sow., 1820). France, Trouville (Calvados), Sorpiat, Matafolon, près de Nantua (Ain); Allem., Lubke, Westphalie.

***421. complanata,** d'Orb., 1847. Espèce très-déprimée, ovale, à fossettes peu profondes et espacées. France, Darois (Côte-d'Or).

422. Fischeri, Rouillier, Fahrenkohl, 1844. Bull. de la Soc. imp. des natur. de Moscou, p. 794; Rouillier, S. Bull., 1844, pl. 21. Russie, env. de Moscou.

PECTEN, Gualtieri, 1742. Voy. p. 87.

***423. subfibrosus,** d'Orb., 1847. Ayant pris pour type du *P. fibrosus*, la figure de Phillips, non douteuse, il me reste celle-ci s'en distinguant par une forme plus allongée, par douze côtes bien distinctes, avec des côtes plus fortes que leurs intervalles, enfin par des stries concentriques sur les deux valves, au lieu d'une seule. *P. fibrosus*, d'Orb., Russie, pl. 42, fig. 3, 4, Desh., Coq. caract., pl. 8, fig. 5. Goldf., pl. 90, fig. 6. (Non Sowerby, non Phillips). France, Trouville, Neuvizi, Montreal près de Nantua (Ain); Russie, Izicoum, sur le Donetz, Petschora; Allem., Lubbeck (Westphalie).

***424. demissus,** Bean, d'Orb., 1845, in Murch., Vern. et de Keys., Russie, 2, p. 475, pl. 41, fig. 16-19. *Pecten vitreus*, Rœmer, 1836. Ool., p. 72, pl. 13, fig. 7. Russie, Koroshovo.

***425. lens,** Sow., 1821. D'Orb., in Murch., 2, p. 476, pl. 42, fig. 1, 2. France, Nantua; Angl., Malton; Russie, Koroshovo, près de Moscou, Petschora; Allem., Hildesheim, Stuifenberg, Tonnesberge près de Hanovre.

***426. inæquicostatus,** Phillips, 1829, p. 101, pl. 4, fig. 10. *P. octocostatus*, Rœmer, 1836. Ool., p. 69, pl. 3, fig. 18. Angl., Malton; France, Neuvizi, Châtel-Censoir; Allem., Lindner-Berge.

***427. intertextus,** Rœmer, 1839. Oolith., p. 27, pl. 18, fig. 23. *P. collineus*, Buvignier, 1843, Mém. de la Soc. phil. de Verdun, 2, p. 11, pl. 4, fig. 20. France, Neuvizi, Wagnon, env. de St-Mihiel, Châtel-Censoir; Allem., Heersum.

***428. subarmatus,** Münst., Goldf., 1835, 2, p. 47, pl. 90, fig. 8. France, Apremont, la Latte près de Nantua, Châtel-Censoir, Neuvizi; Allem., Streitberg, Muggendorf.

***429. vimineus,** Sow., 1826. M. C., 6, p. 81, pl. 543, fig. 1, 2. France, Trouville, Neuvizi, Châtel-Censoir; Angl., Malton, Ely (Gloucestershire).

***430. subspinosus,** Schloth., Goldf., 1835, 2, p. 46, pl. 90, fig. 4. France, Châtel-Censoir; Ecommoy (Sarthe); Allem., Amberg, Streitberg, Nattheim.

***431. nummularis,** Phillips, 1829. D'Orb., in Murch., 2, p. 475, pl. 41, fig. 20-23. Russie, Koroshovo, Bogoslofk (Oural), Petschora; France, env. de St-Mihiel, Esnandes près de la Rochelle.

***432. subtextorius,** Münst., Goldf., 1835, 2, p. 48, pl. 90, fig. 11. France, Nantua; Allem., Amberg, Muggendorf, Nattheim.

***433. Orontes,** d'Orb., 1847. Charmante espèce très-bombée, courte, ornée de douze côtes rayonnantes, anguleuses, saillantes, à sillons étroits, striées en travers. France, Nantua.

***434. Obrinus,** d'Orb., 1847. Espèce ornée de petites côtes concentriques, espacées, entre lesquelles sont des stries divergentes, fines. France, Mont-Afrique près de Dijon (Côte-d'Or).

*435. **Ocyrrhoe,** petite espèce voisine du *P. lens*, mais avec de petites stries rayonnantes et non ponctuées. France, Trouville.

*436. **subcingulatus,** d'Orb., 1847. Petite espèce voisine, par ses deux dépressions latérales du *P. cingulatus*, mais avec de fines stries rayonnantes. France, Creué.

*437. **Opis,** d'Orb., 1847. Petite espèce à côtes rayonnantes, fines, anguleuses, costulées en travers, ainsi que leur intervalle peu large. France, St-Maixent (Deux-Sèvres), Nantua (Ain).

?438. **subbarbatus,** d'Orb., 1847. *P. barbatus*, Goldf., 1835, 2, p. 48, pl. 90, fig. 12. (Non *Barbatus*, Sow.). Allem., Amberg.

440. **anisopleurus,** Buvignier, 1843. Mém. Soc. phil. de Verdun, t. 2, p. 11, pl. 4, fig. 21, 22. France, Poix, Raillicourt (Meuse).

441. **subcancellatus,** Münst., Goldf., 1835, 2, p. 47, pl. 90, fig. 9. Allem., Pappenheim, Streitberg, Amberg.

442. **subpunctatus,** Münst., Goldf., 1835, 2, p. 48, pl. 90, fig. 13. Streiberg.

443. **imperialis,** de Keys., 1846. Geognost. beobacht., p. 295, pl. 15, fig. 1, 2, 3. Russie septent., Ishma.

HINNITES, Defrance, 1821.

444. **tenuistriatus,** d'Orb., 1847. *Spondylus tenuistriatus*, Münst., Goldf., 1836. Petref., 2, p. 94, pl. 105, fig. 3. Allem., Streitberg.

*445. **velatus,** d'Orb., 1847. *Spondylus velatus*, Goldf., 1836, 2, p. 94, pl. 105, fig. 4. France, Neuvizi, Apremont, près de Nantua; Allem., Streitberg, Solenhoffen.

PLICATULA, Lamarck, 1801. Voy. p. 202.

*446. **tubifera,** Lamarck, 1819. Anim. sans vert., 6, p. 186, no 10. *P. armata*, Goldf., 1836, 2, p. 101, pl. 107, fig. 5. *P. Jurensis?* Rœmer, 1836. Ool., p. 74, pl. 12, fig. 9. France, Neuvizi, Villers, Trouville; Allem., Pegnitz, Lindner-Berge.

OSTREA, Linné, 1752. Voy. p. 166.

*447. **dilatata,** Deshayes. (*Gryphæa auct.*) Voy. Etage callovien, no 224. *O. scapha*, Rœmer, pl. 3, fig. 1. *O. excavata*, Rœmer, Ool., pl. 3, fig. 6. *Gryphæa controversa*, Rœm., pl. 4, fig. 1. France, Neuvizi, Creué, Trouville, Apremont, près de Nantua, Châtel-Censoir; Angl., Hordwell, Barton-Cliff; Allem., Hildesheim, Hoheneggelsen; Russie, Koroshovo, partie sept., rivière Syssolla.

*448. **gregaria,** Sow., 1815. M. C., 2, p. 19, pl. 111, fig. 1-3. *O. palmata*, Sow., pl. 111, fig. 2. *O. carinata*, Zieten, 1830, pl. 46, fig. 2. (Non Lamarck). *O. subserrata*, Goldf., pl. 74, fig. 1. *O. rostellaris*, *O. nodosa*, Goldf., pl. 74, fig. 3, 4. Angl., Westbrook, près Melksham (Wiltshire), Marston (Oxfordshire), Malton, Seamer; France, Neuvizi, environs de Saint-Mihiel, Wagnon (Ardennes), Port-Apremont, près de Nantua; Allem., Wurtemberg, Nattheim, Geingen, Amberg, Pappenheim, Muggendorf, Grafenberg, Schweiz, Streitberg.

*449. **nana,** d'Orb, 1847. *Gryphæa nana*, Sow., 1822. Min. Conch., 4, p. 113, pl. 383, fig. 3. *Exogyra reniformis*, Goldfuss, 1836, pl. 86, fig. 6-7. D'Orb., Russie, 2, p. 479, pl. 42, fig. 9-10. France,

Neuvizi, Villers, Trouville ; Russie, Saragula; Angl., Shotover, près d'Oxford ; Allem., Goslar, Osterkappeln.

*450. **duriuscula,** Bean, Phill., 1839. York., p. 101, pl. 4, fig. 1. *O. inæqualis*, Phill. *O. Koroshovensis*, Rouillier, 1847. Bull., 20, p. 434, t. 20, pl. E, fig. 10. *O. menoides*, Goldf., pl. 80, fig. 2. *O. Sowerbyana*, de Keys., 1846. Geog., p. 294, pl. 14, fig. 7-9. France, Neuvizi ; Anglet., Malton, Scarborough; Allem., Osterkappeln; Russie, Koroshovo, près de Moscou, Syssolla.

*451. **Marshii,** Sow., 1816. Voy. Etage callovien, n° 225. *O. spinosa*, Rœmer, pl. 3, fig. 3. France, Neuvizi, Trouville, Wagnon ; Allem., Wurtemberg, Struifenberg, près de Wasseralfingen, Alp. de Souabe, Galgenberge.

*452. **sandalina,** Goldf., 1835, pl. 79, fig. 9. Rœmer, 1836. Oolith., p. 61. France, Neuvizi; Allem., Goslar, Hildesheim, Streitberg, Grafenberg, Thurnau. (Peut-être variété de l'*O. nana*.)

*453. **amor,** d'Orb., 1847. Voy. Etage callovien, n° 226. France, Neuvizi ; Allem., Nattheim.

*454. **Blandina,** d'Orb., 1847. Petite espèce parasite sur les autres fossiles, remarquable par sa forme arrondie, l'épaississement intérieur circulaire de sa valve fixe. France, Ile-Delle (Vendée), Saint-Maixent (Deux-Sèvres).

MOLLUSQUES BRACHIOPODES.

LINGULA, Bruguière, 1791. Voy. p. 14.

*455. **Oxfordiana,** d'Orb., 1847. Grande espèce, presque carrée, tronquée sur la région palléale, obtuse du côté opposé, fortement marquée de stries concentriques. France, environs de Nantua.

HEMITHIRIS, d'Orb., 1847. Voy. p. 18.

*456. **senticosa,** d'Orb., 1847. *Tereb. senticosa*, Schlotheim, 1821. De Buch. *Terebratula spinosa*, Zieten, 1830. Wurt., pl. 44, fig. 1. France, Châtel-Censoir, Grange-Cheval, Apremont, près de Nantua, Tuzennecourt (Haute-Marne); Allem., Grumbach, près d'Amberg.

RHYNCHONELLA, d'Orb., 1847. Voy. p. 92.

*457. **lacunosa,** d'Orb., 1847. *Ter. lacunosa*, Schloth., 1813. Min. Tasch., 7, pl. 1, fig. 2; de Buch, 1836. Mém. de la Soc. géol., 3, p. 150, pl. 15, fig. 22. *Terebratula multiplicata*, Zieten, pl. 41, fig. 5. Allem., Bahlingen, Donzdorf; France, la Latte, près de Nantua (Ain), environs de Grasse (Var).

*458. **subsimilis,** d'Orb., 1847. *Tereb. subsimilis*, Schloth., Pétref. p. 264; de Buch., Mém. de la Soc. géol., 3, pl. 16, fig. 1. France, Biviers, près de Grenoble, environs de Nantua (Ain), Villecomte (Côte-d'Or); Allem., Amberg, Bahlingen.

*459. **trilobata,** d'Orb., 1847. *Tereb. trilobata*, Münst., Zieten, 1830, p. 56, pl. 42, fig. 3. *Tereb. inæquilatera*, Zieten, pl. 42, fig. 4. France, environs de Grasse (Var); Wurtemb., Wasseralfingen, au-dessus d'Amberg, Streitberg.

*460. **inconstans,** d'Orb., 1847. *Tereb. inconstans*, Sow., 1821. M. 3, p. 137, pl. 277, fig. 2-4. *Tereb. pinguis*, Rœmer, 1836. Oolith..

p. 41, pl. 2, fig. 15. France, Neuvizi, Apremont, près de Nantua; Allem., Goslar, Hoheneggelsen, Galgenberge, près de Hildesheim.

*461. **varians,** d'Orb., 1847. *Tereb. varians*, Schloth., 1820; de Buch, 1834. Ter. n° 1, Mém. de la Soc. géol., 3, pl. 14, fig. 4 (*mala*), d'Orb., 1845, in Murch., Russie, 2, p. 480, pl. 42, fig. 14-17. *Tereb. obtrita*, Def., 1828. *Tereb. socialis*, Phill., pl. 6, fig. 8. France, environs de Salins (Jura), Neuvizi (Ardennes), Fontenehay, près de Besançon (Doubs), Trouville (Calvados), Darois, près de Dijon (Côte-d'Or), Ecommoy (Sarthe); Allem.; Russie, Jelatma.

*462. **Royeriana,** d'Orb., 1847. Voy. Etage callovien, n° 234. Fr., Harmonville (Meuse), Sone, près de Besançon (Doubs), la Latte, Apremont (Ain), Saint-Amour (Jura), Ecommoy (Sarthe).

*463. **minuta,** d'Orb., 1847. *Tereb. minuta*, Buvignier, Mém. de la Soc. philom de Verdun, t. 2, p. 12, pl. 5, fig. 4, 5, 6. France, Neuvizi, Apremont (Ain).

*464. **Acasta,** d'Orb., 1847. Voy. Etage callovien, n° 233. France, Montréal, Apremont près de Nantua (Ain).

*465. **pectunculata,** d'Orb., 1847. *Tereb. pectunculata*, Schl., 1813. Min. Tasch., 7, pl. 1, fig. 5. *Tereb. rostrata* (pars), Buch, Mém. de la Soc. géol., 3, p. 155. (Non Sow. Espèce crétacée.) *Tereb. lentiformis*, Rœmer, Ool., p. 44, pl. 2, fig. 18. France, Neuvizi, Ecommoy; Allem., Grumbach, près d'Amberg, Giengen-sur-la-Brenz, Galgenberg, près d'Hildesheim, Hoheneggelsen.

*466. **Garantiana,** d'Orb., 1847. Jolie petite espèce voisine du *R. minuta*, mais avec des côtes incertaines et un sinus carré reployé fortement de chaque côté. France, Saint-Maixent (Deux-Sèvres), Ecommoy (Sarthe).

*467. **Oxyoptycha,** d'Orb., 1847. *Tereb. oxyoptycha*, Fischer, 1843; d'Orb., 1845, in Murch., Vern. et de Keys., Russie, 2, p. 478, pl. 42, fig. 9-10. *Tereb. pentatoma*, Fischer, Rouillier, 1847. Bull. de Mosc., 2, p. 291, pl. 13, fig. 14. Russie, Koroshovo, Saragula, environs de Moscou.

*468. **loxia,** Fischer, 1809, p. 35, pl. 11, fig. 5, 6. *Tereb. aptycha*, Fischer, 1843; d'Orb., 1845, in Murch., 2, p. 482, pl. 42, fig. 22-26. Russie, Koroshovo.

*469. **personata,** d'Orb., 1847. *Tereb. id.*, de Buch, d'Orb., 1845, in Murch., Russie, 2, p. 481, pl. 45, fig. 18-21. Russie, Jelatma, Makarief, riv. Tchol, et Tolya, nord de l'Oural, Syssolla.

470. **Wurtembergensis,** d'Orb., 1847. *Terebratula media*, Zieten, 1830, p. 54, pl. 41, fig. 1, (non Sow.) vol. 1, pl. 83, fig. 5, p. 191, Wurtemb., Donzdorf, Gruibingen, Geislingen.

TEREBRATULA, Lwyd, 1699. Voy. p. 43.

*471. **insignis,** Schübler, Zieten, 1830. Petrific., p. 53, pl. 40, fig. 1. (Non *perovalis*, Sow., comme le pense M. de Buch.) Wurtemb., Nattheim, Arneg, Ulm, Balingen; France, la Latte, Apremont (Ain), route de Gray, près de Besançon; Ecommoy (Sarthe).

*472. **bucculenta,** Sow., 1823. Min. Conch., 5, p. 54, pl. 4-38, fig. 2; Zieten, 1830. Wurt., p. 52, pl. 39, fig. 6. Angl., Malton, Wurt., Aichelberg; France, Neuvizi, environs de Besançon (Doubs), Trouville ; Ecommoy (Sarthe), la Latte, près de Nantua. Ce n'est point le *T. bullata*, comme le pensent MM. Morris et de Buch.

*473. **lagenalis,** Schl., 1820 ; de Buch, 1834. Mém. de la Soc. géol., 3, p. 194, pl. 18, fig. 7. France, Châtel-Censoir, Nantua, Besançon.

*474. **labiata,** d'Orb., 1847. Espèce lisse, ronde ou ovale, déprimée, tronquée sur la région palléale, où le bord de la petite valve s'abaisse et forme un profond sinus sur la grande valve. France, Jura, la Latte près de Nantua (Ain).

*475. **Bernardina,** d'Orb., 1847. Espèce voisine du *T. pala*, mais ovale-obronde, tronquée sur la région palléale, élargie au milieu ; la petite valve très-déprimée, avec un sillon au milieu (elle est quelquefois presque ronde). France, Trouville, Neuvizi, Besançon; la Latte, Montréal, Apremont, près de Nantua (Ain), environs de Salins (Jura), Saint-Maixent (Deux-Sèvres).

*476. **Galliennei,** d'Orb., 1847. Belle espèce, facile à confondre avec le *T. bullata*, mais s'en distinguant par sa forme plus ovale, par son crochet moins courbé à la région palléale ; la grande valve s'avance en deux pointes espacées, sans former de grandes saillies. France, Ecommoy (Sarthe), Hermonville (Meuse), Laperouse, Fontenelay et la Vèze, près de Besançon , Mas (Var), Trouville, environs d'Avallon (Yonne).

*477. **Roveriana,** d'Orb., 1845. Voy. Etage callovien, no 276. Russie, Koroshovo.

*478. **vicinalis,** Schloth., 1820. De Buch, Mém. de la Soc. géol., 3, p. 192. (Exclus. la planche. Bien différente du *T. cornuta* du Lias, copiée dans cette planche.) France, la Latte, Apremont, près de Nantua (Ain), environs d'Avallon (Yonne). C'est probablement le *T. digona*, Zieten, pl. 39, fig. 8. (Non *digona*, Sow.)

*479. **Baugieri,** d'Orb., 1847. Petite espèce, grosse comme un pois chiche, ovale, très-globuleuse, obtuse et arrondie sur la région buccale, où la grande valve vient former deux saillies, sans constituer de pointes. France, environs de Niort, de Saint-Maixent.

*480. **Arduennensis,** d'Orb., 1847. Espèce subtrigone renflée, plus large que longue, très-élargie et tronquée sur la région palléale, et de là diminuant graduellement jusqu'au crochet. France, Saint-Maixent (Deux-Sèvres), Neuvizi.

*481. **Richardiana,** d'Orb., 1847. Belle espèce, voisine du *T. reticulata*, mais bien plus étroite, allongée, bien plus fortement treillissée. France, Villecomte (Côte-d'Or).

482. **Fischeriana,** d'Orb., 1845, in Murch., 2, p. 482, pl. 42, fig. 27-30. Russie, Koroshovo.

*483. **Strogonofii,** d'Orb., 1845, in Murch., 2, p. 483, pl. 42, fig. 31-32. Russie, nord de l'Oural.

TEREBRATELLA, d'Orb., 1847. Voy. p. 222.

484. **pectunculus,** d'Orb., 1847. Voy. Etage corallien, no 397. France, Niort, Saint-Maixent.

*485. **substriata,** d'Orb., 1847. *Terebratula substriata*, Schlotheim, 1821. *Terebratula striatula*, Zieten, 1830. Wurt., pl. 44, fig. 2. (Non

Mantell.) France, environs de Saint-Maixent et de Niort (Deux-Sèvres); Allem., Gruibingen.

ORBICULOIDEA, d'Orb., 1847. Voy. p. 44.

486. Mæotis, d'Orb., 1847. *Orbicula Mæotis*, Eichwald, 1840. Die Urvelt. Russl., p. 98, pl. 4, fig. 5, 6. Russie, Gorodichtché près Simbirsk.

487. radiata, d'Orb., 1847. *Orbicula radiata*, Phillips, 1839. Yorkshire, p. 101, pl. 4, fig. 12. Angl., Malton.

CRANIA, Retzius, 1781. Voy. p. 44.

?488. armata ? Münster. Goldf., tab. 163, fig. 3. Wurtemberg, Streitberg.

?489. intermedia ? Münster., Goldf., t. 163, fig. 4, et peut-être *C. bipartita*, Münster, Goldf., pl. 163, fig. 5. Wurt., Streitberg.

490. aspera, Münster, Goldf., t. 163, fig. 7. Wurtemberg, Muggendorf.

491. porosa, Münster, Goldf., t. 163, fig. 8. Wurt., Streitberg.

492. tripartita, Münst., Goldf., 1841, 2, p. 296, pl. 163, fig. 6, Thurnau, Baireuth.

THECIDEA, Defrance, 1828.

493. antiqua, Münster, Goldf., t. 161, fig. 7. Streitberg.

MOLLUSQUES BRYOZOAIRES.

IDMONEA, Lamouroux, 1821.

***494. ammonitorum,** d'Orb., 1847. Espèce dont les branches sont irrégulièrement élargies, à cellules éparses, irrégulières, fixée sur les ammonites. France, Ile-Delle (Vendée).

DIASTOPORA, Lamouroux, 1821.

***495. dilatata,** d'Orb., 1847. Espèce voisine du *D. orbiculata*, mais ayant les cellules plus longues et plus espacées. France, Villers (Calvados).

CHRYSAORA, Lamouroux, 1821.

496. striata, d'Orb., 1847. *Ceriopora striata*, Goldf., 1830, 1, p. 37, pl. 11, fig. 5. Baruth., Münster, Streitberg, Thurnau.

?497. angulosa, d'Orb., 1847. *Ceriopora angulosa*, Goldf., 1830, 1, p. 38, pl. 11, fig. 7. Baruth., Thurnau, Münster, Herrn, Grafen.

?498. alata, d'Orb., 1847. *Ceriopora alata*, Goldf., 1830, 1, p. 38, pl. 11, fig. 8. Baruth., Thurnau, Münster, Herrn, Grafen.

ÉCHINODERMES.

DYSASTER, Agassiz.

***499. ellipticus,** Agassiz. Voy. Etage callovien, nº 254. France, Darois (Côte-d'Or), Nantua.

***500. ovalis,** Agass., 1847. Cat., p. 138. Desor, Monogr. des Dysasters, p. 15, pl. 3, fig. 21-23. *Spatangus ovalis*, Parkinson, pl. 3, fig. 3. *Dysaster propinquus*, Agass. Fringeli, Liesberg, Largue, Walen, Délémont, Porrentruy; France, Salins, mont Brégille près Besançon,

Fontenelay (Doubs), Is-sur-Tille (Côte-d'Or), Drayes, Châtel-Censoir, (Yonne), Nantua (Ain); Angl., Scarborough, Malton, Oswaldkirk.

*501. **granulosus**, Agass., 1847. Cat., p. 138. Desor, Monogr. des Dysasters, p. 17, pl. 3, fig. 18-20. *Nucleolites granulosus*, Münster, Goldf., pl. 43, fig. 4. France, Apremont (Ain), Courson (Yonne); Urach (Wurtemberg), Gruibingen, Dettingen, Amberg; Liesberg (Berne).

*502. **carinatus**, Agass., 1847. Cat., p. 138. Echin. Suisse, 1, p. 4, pl. 1, fig. 4-6. *Spatangus carinatus*, Goldf., pl. 46, fig. 4. Urach, Günsberg, Schaffouse, Porrentruy; Amberg.

503. **capistratus**, Agass., 1847. Cat., p. 138. Echin. Suisse, 1, p. 7, pl. 4, fig. 1-3. Mon. des Dys., pl. 3, fig. 12-14. *Spatangus capistratus*, Goldf., pl. 46, fig. 5. Bayreuth; Suisse, Schaffouse, mont Terrible (Berne).

504. **semiglobosus**, Desor, Monog. des Dysasters, p. 18, pl. 4, fig. 10-12. Agass., 1847. Cat., p. 138. Bavière, Pappenheim et Manheim.

NUCLEOLITES, Lamarck.

*505. **scutatus**, Lamk., Anim. s. vert., 3, p. 36. Agass., 1847. Cat., p. 95. Echin. Suisse, 1, p. 45, pl. 7, fig. 19-21. France, Trouville, Launoy (Ardennes), Chansol (Doubs); Anglet., Shotover, env. d'Oxford.

*506. **micraulus**, Agass., 1847. Cat., p. 96. Echin. Suisse, 1, p. 43, pl. 7, fig. 16-18. France, Haut-Rhin, Launoy (Ardennes); Largue (Soleure).

*507. **dimidiatus**, Agassiz. *Clypeus id.*, Phillips, Geol. Yorksh., pl. 3, fig. 16. *N. paraplesius*, Agass., Cat. syst., p. 4, 1847, Cat., p. 96. France, Neuvizi (Ardennes); Angl., Malton, Filey.

HOLECTYPUS, Agassiz.

*508. **striatus**, d'Orb., 1847. Voy. Étage callovien, n. 261. France, Is-sur-Tille (Côte-d'Or), Launoy (Ardennes).

509. **punctulatus**, Desor, Monogr. des Galér., p. 69, pl. 9, fig. 17-19. Agass., 1847. Cat., p. 87. *Discoidea punctulata*, Desor. France, env. de Besançon (Doubs), Harmonville (Meuse), Apremont, près de Nantua (Ain); Suisse, Largue (Berne); Wurtemb., Dettingen.

PYGASTER, Agassiz.

*510. **umbrella**, Agass., 1847. Cat., p. 86. *Galerites umbrella*, Lamarck. Non *Pygaster umbrella*, Agass., Suisse. *Clypeus semisulcatus*, Phill., 1829. York., pl. 3, fig. 17. France, Châtel-Censoir, Drayes (Yonne); Angl., Malton, Scarborough.

511. **Gresslyi**, Desor, Galérites, p. 80. Agass., 1847. Cat., p. 86. Suisse.

PEDINA, Agassiz.

*512. **sublævis**, Agass., 1847. Cat. syst., p. 66. Echin. Suisse, 2, p. 34, pl. 15, fig. 8-13. *Diadema macrodon*, Desmoulins. France, Drayes (Yonne); Neuchâtel, Bâle.

ECHINUS, Linné.

513. **gyratus**, Agass., 1847. Cat., p. 62. Suiss., 2, p. 87, pl. 23, fig. 43, 46. Besançon.

DIADEMA, Gray.

*514. **textum,** Agassiz, 1847. Cat. syst., p. 43, pl. 8. France, Villers (Calvados).

*515. **priscum,** Agass., 1847. Cat., p. 42. Echin. Suisse, 2, p. 21, pl. 17, fig. 11-15. France, Apremont, près de Nantua, Ardèche; Suisse, Fringeli (Soleure).

516. **hemisphæricum,** Agass., 1847. Cat., p. 45. Echin. Suisse, 2, pl. 17, fig. 51 et 53. *Diadema transversum*, Agass., Desml., Tabl. syn., p. 316. France, Rœdersdorf (Haut-Rhin), Salins, Neuvizi; Suisse, env. de Neuchâtel.

517. **florescens,** Agass., 1847. Cat., p. 43. Echin. Suisse, 2, p. 17, fig. 26-30. Besançon.

518. **Courteaudianum,** Cotteau, 1848. Cette espèce est grande, circulaire, très-plate. Les aires ambulacraires et interambulacraires sont fortement déprimées au milieu ; bouche petite. France, Drayes (Yonne). M. Cotteau.

HEMICIDARIS, Agassiz.

*519. **diademata,** Agass., 1847. Cat. syst., p. 34. France, Besançon, Salins, Drayes (Yonne); Suisse, Jura Soleurois, vallée de Birse.

*520. **crenularis,** Agass. Voy. Étage corallien, n° 433. France, Drayes, Châtel-Censoir (Yonne).

CIDARIS, Lamarck.

*521. **Blumenbachii,** Münster, voy. Étage corallien, n° 440. *C. florigemma*, Phillips, 1829. York., pl. 3, fig. 12. France, Besançon (Doubs), Trouville, Drayes (Yonne), St-Maixent (Deux-Sèvres); Angleterre, Malton.

*522. **filograna,** Agassiz, 1847. Cat., p. 29. Cat. syst., p. 10. Echin. Suiss., 2, p. 77, pl. 210, fig. 1. France, Saint-Maixent, Nantua; Darois (Côte-d'Or); Bâle.

*523. **propinqua,** Münst., Goldf., p. 118, pl. 4, fig. 1. Agass., 1847. Cat., p. 27. France, Besançon, Nantua; Suisse, env. de Bâle, Randen, Sirchingen, Friederichshall.

*524. **hastalis?** Desor, Agass., 1847. Cat. syst., p. 30. France, Latrecey (Haute-Marne), Percey-le-Grand (Haute-Saône), Nantua (Ain), Châtillon-sur-Seine (Côte-d'Or).

*525. **spatula,** Agass., Echin. Suisse, 2, p. 79, pl. 21, f. 24. Agass., Cat. syst., p. 29. France, Besançon, Châtillon-sur-Seine, Dijon, Percey-le-Grand (Haute-Saône), Nantua.

*526. **pustulifera,** Agass., 1847. Cat. syst., p. 29. France, Besançon (Doubs), Salins (Jura), Châtel-Censoir, Drayes (Yonne).

527. **subspinosa,** Marcou. Agass., 1847. Cat. syst., p. 29. Salins (Jura).

528. **cinnamomea,** Agass., Echin. Suisse, 2, p. 78, pl. 21, fig. 13, et 1847. Cat. syst., p. 29. France, env. de Besançon (Doubs).

529. **cladifera,** Agass., Cat. syst., p. 29. Besançon, Salins (Jura) ; Sonderbuch.

530. **crucifera,** Agass., 1847. Cat. syst., p. 27. Besançon (Doubs).

531. **gigantea,** Agass., 1847. Cat. syst., p. 28. Echin. Suisse, 2, p. 66, pl. 21, f. 22. France, env. de Besançon (Doubs).

532. **cristata,** Agass., 1847. Cat. syst., p. 30. Besançon (Doubs).

533. **tricarinata,** Agass., 1847. Cat. syst., p. 30. Besançon (Doubs).

534. copeoides, Agass., 1847. Cat. syst., p. 28. France, Latrecey (Haute-Marne), Châtillon-sur-Seine, Etivey (Yonne).

PLEURASTER, Agassiz.

?**535. arenicola,** Agassiz. *Asterias arenicola*, Goldf., 1834. Petref., pl. 63, f. 4. Westphalie, Minden.

PENTETAGONASTER, Linck, 1733. *Scutasteria*, Blainville, 1834. *Goniaster*, Agassiz, 1835.

536. Jurensis, d'Orb., 1847. *Asterias Jurensis*, Münst., Goldf., 1833. Petref., 1, p. 210, pl. 63, fig. 6. Nattheim, Würtemberg.

537. tubulata, d'Orb., 1847. *Asterias tubulata*, Goldf., 1833. Petref., 1, p. 210, pl. 63, fig. 7. Bav., Streitberg.

538. scutata, d'Orb., 1847. *Asterias scutata*, Goldf., 1833. Petref., 1, p. 210, pl. 63, fig. 8. Bav., Streitberg.

539. stellifera, d'Orb., 1847. *Asterias stellifera*, Goldf., 1833. Petref., 1, p. 211, pl. 63, fig. 9. Bav., Streitberg.

'**540. Fleuriausa,** d'Orb., 1847. Espèce voisine, pour ses pièces marginales, du *P. jurensis*, mais à tubercules bien plus petits. France, Esnandes, près de La Rochelle.

CRENASTER, Lwyd, 1699. Voy. p. 240.

'**541. Nodotiana,** d'Orb., 1847. Grande espèce de 20 centimètres de diamètre, dont les branches sont longues, étroites et prolongées en pointe. France, env. de Dijon (Côte-d'Or).

OPHIURELLA, Agassiz.

542. speciosa, Agassiz. *Ophiura speciosa*, Münster, Goldf., 1833, 1, p. 206, pl. 62, fig. 4. Solenhoffen.

GEOCOMA, d'Orb., 1847. Voisin des *Ophiurella*, mais sans les petites pièces latérales de la base des épines des bras.

543. carinata, d'Orb., 1847. *Ophiurella carinata*, Agassiz. *Ophyura carinata*, Münst., Goldf., 1833. Petref., 1, p. 206, pl. 62, fig. 5. Bavière, Solenhoffen.

SACCOSOMA, Agassiz, 1836.

'**544. tenella,** Agassiz. *Comatula tenella*, Goldf., 1833. Petref., 1, p. 204, pl. 62, fig. 1. Bavière, Solenhoffen.

545. pectinata, Agassiz. *Comatula pectinata*, Goldf., 1833. Petref., 1, p. 205, pl. 62, fig. 2. Bavière, Solenhoffen.

546. filiformis, Agassiz. *Comatula filiformis*, Goldf., 1833. Petref., 1, p. 205, pl. 62, fig. 3. Bavière, Solenhoffen.

547. Wagneri, d'Orb., 1847. *Comatula Wagneri*, Münster, 1839. Beitra., 1, p. 97, pl. 8, fig. 2, a, b. Bavière, Solenhoffen.

PTEROCOMA, Agassiz, 1836.

548. scutellata, d'Orb., 1847. *Asteriacites scutellatus*, Blum., Spec., p. 24, pl. 2, fig. 10. *Pterocoma pinnata*, Agassiz. *Comatula pinnata*, Goldf., 1833. Petref., 1, p. 203, pl. 61, fig. 3. Bav., Solenhoffen.

COMATULA, Lamarck.

550. scrobiculata, d'Orb., 1847. *Solanocrinus scrobiculatus*, Münster, Goldf., 1832. Petref., 1, p. 166, pl. 50, fig. 8. Bavière, Streitberg, Thurnau.

551. Jægeri, d'Orb., 1847. *Solanocrinus Jægeri*, Goldf., 1832. Petref., 1, p. 167, pl. 50, fig. 9. Allem., Baireuthischen.

'**552. costata,** d'Orb., 1847. *Solanocrinus costatus*, Goldf., 1832, 1,

p. 168, pl. 51, fig. 2; pl. 50, fig. 7. France, Besançon; Wurtemb., Giengen, Heidenheim.

553. Bronnii, d'Orb., 1847. *Solanocrinus Bronnii*, Münster, 1839. Beitr., 1, p. 101, pl. 11, fig. 7 a, b, c. Bavière, Streitberg.

MILLERICRINUS, d'Orb., 1839.

***554. conicus,** d'Orb., 1839. Crinoïdes, p. 52, pl. 9, fig. 8-5. France, Champlitte (Haute-Saône). Lons-le-Saulnier, Poligny, environs de Salins (Jura).

***555. Münsterianus,** d'Orb., 1839. Crinoïdes, p. 54, pl. 11, fig. 1-8. Fr., montagne Bel-Air, près de Dijon (Côte-d'Or), Champl. (Haute-Saône), Dagnon, Salins (Jura), Wagnon, Neuvizi (Ardennes), Villers (Calvados), Niort, Saint-Maixent (Deux-Sèvres); Allem., Wurtemberg, Muggendorf, Amberg; Suisse, Délémont; Espagne, Sierra de Mala Cara (Valence).

***556. alternatus,** d'Orb., 1839. Crinoïdes, p. 56, pl. 11, fig. 9-16. France, Champlitte (Haute-Saône), Neuvizi (Ardennes).

***557. Nodotianus,** d'Orb., 1839. Crinoïdes, p. 59, pl. 12, fig. 1-9. France, Darois (Côte-d'Or), Champlitte (Haute-Saône), Besançon.

***558. Duboisianus,** d'Orb., 1839. Crinoïdes, p. 61, pl. 12, fig. 10-16. France Champlitte, Mont-le-Francis (Haute-Saône), mont Bregille (Doubs).

559. dilatatus, d'Orb., 1839. Crinoïdes, p. 63, pl. 12, fig. 17-18. France, Champlitte, mont Bregille.

***560. Beaumontianus,** d'Orb., 1839. Crinoïdes, p. 64, pl. 12, fig. 19-23. France, Champlitte, Neuvizi, Chaleseuil, près de Besançon; Béfort (Haut-Rhin), Villers (Calvados).

561. mespiliformis, d'Orb., 1839. Crinoïdes, p. 66, pl. 13, fig. 1-11. Wurtemb., Giezen, Heidenheim.

***562. Milleri,** d'Orb., 1839. *Apiocrinus Milleri*, Goldf. Crinoïdes, p. 69, pl. 13, fig. 12-22. France, mont Brégille (Doubs), Champlitte; Wurtemb., Nattheim, La Veze.

563. Buchianus, d'Orb., 1839. Crinoïdes, p. 71, pl. 13, fig. 23-25. Muggendorf.

***564. Goldfussii,** d'Orb., 1839. Crinoïdes, p. 72, pl. 14, fig. 1-4. France, mont Brégille.

***565. scalaris,** d'Orb., 1839. Crinoïdes, p. 74, pl. 14, fig. 5-8. mont Brégille.

***566. Rosaceus,** d'Orb., 1839. Crinoïdes, p. 81, pl. 15, fig. 1, 2. Allem., Berrach.

***567. Dudressieri,** d'Orb., 1839. Crinoïdes, p. 82, pl. 15, fig. 3-9. France, mont Brégille, Champlitte, Neuvizi.

***568. calcar,** d'Orb., 1839. Crinoïdes, p. 84, pl. 15, fig. 16-19. Besançon, Villers.

***569. subechinatus,** d'Orb., 1839. Crinoïdes, p. 86, pl. 15, fig. 20-28. France, Champlitte, Darois, mont Brégille.

***570. ornatus,** d'Orb., 1839. Crinoïdes, p. 87, pl. 15, fig. 29-32. Neuvizi, Villers.

***571. regularis,** d'Orb., 1839. Crinoïdes, p. 88, pl. 16, fig. 4-6. Neuvizi, Villers.

*572. **aculeatus,** d'Orb., 1839. Crinoïdes, p. 89, pl. 16, fig. 7-9 France, Besançon, Neuvizi, Villers, Gy (Haute-Saône).

*573. **echinatus,** d'Orb., 1839. Crinoïdes, p. 90, pl. 16, fig. 10-13. France, Besançon, Champlitte; Wurtemberg, Amberg.

*574. **tuberculatus,** d'Orb., 1839. Crin., p. 91, pl. 16, fig. 14, 15. Champlitte.

*575. **horridus,** d'Orb., 1839. Crin., pl. 1. Fr., Villers, Neuvizi.

*576. **convexus,** d'Orb., 1847. Espèce dont les tiges ont des articles lisses, mais très-convexes en dehors, chaque séparation formant un sillon. France, Neuvizi, Villers.

EUGENIACRINUS, Miller, 1821.

577. **caryophyllatus,** Goldf., 1833. Petref. Germ., p. 163, pl. 50, fig. 3. *Encrinites caryophyllites*, Schloth., 1820. *E. quinquangularis*, Miller, 1821. Bavière, Bayreuth; Wurtemb.; Suisse, Zurich, Schaffhouse, Randen; Anglet., Switzerland; France, Niort, Saint-Maixent (Deux-Sèvres), Vacherie, près de Mende (Lozère).

*578. **nutans,** Goldf., 1833. Petref. Germ., 1, p. 163, pl. 50, fig. 41. Bavière, Streitberg, Muggendorf; Suisse, Randen.

579. **pyriformis,** Goldf., 1833, 1, p. 165, pl. 50, fig. 6. Suisse, Randen; Vérone.

580. **moniliformis,** Goldf., 1833. Petref. Germ., 1, p. 165, pl. 60, fig. 8. Bavière, Streitberg, Thurnau.

*581. **Hoferii,** Münster, Goldf., 1833. Petref. Germ., 1, p. 166, pl. 60, fig. 9. Bavière, Streitberg; Suisse, Randen.

*582. **compressus,** Goldf., 1833. Petref. Germ., 1, p. 164, pl. 50, fig. 5. Bavière, Bayreuth; Wurtemberg; Suisse, Randen.

*583. **angulatus,** d'Orb., 1847. Espèce voisine de l'*E. caryophyllatus*, mais dont le calice est pentagone en dehors, chacune des sutures formant un angle saillant. France, Ile-Delle (Vendée).

*584. **impressus,** d'Orb., 1847. Espèce voisine de la précédente, mais dont le calice a un sillon impressionné sur les sutures; les articulations supérieures ne laissent aucune saillie à l'étoile supérieure. France, Ile-Delle (Vendée).

*585. **crenulatus,** d'Orb., 1847. Espèce qui se distingue de toutes les autres par la grande saillie de l'étoile intérieure du calice. France, Chaudon (Basses-Alpes).

*586. **Alpinus,** d'Orb., 1847. Espèce voisine de l'*E. crenulatus*, mais dont le calice cupuliforme a une forte dépression sur les sutures externes. France, Chaudon.

*587. **granulatus,** d'Orb., 1847. Espèce voisine de l'*E. alpinus*, mais granuleuse et sans sillons externes. France, Chaudon.

TETRACRINUS, Münster, 1839.

588. **moniliformis,** Münster, 1839. Beitr., 1, p. 99, pl. 11, fig. 3, 4. Bavière, Streitberg.

PENTACRINUS, Miller, 1821.

*589. **cylindricus,** d'Orb., 1847. *Trochites cylindricus*, Hofer, 1760. Act. hel., 4, p. 193, pl. 4, fig. 30, 31. *P. subteres*, Goldf., 1833. Petref. Germ., pl. 53, fig. 5. France, Ile-Delle (Vendée), Chaudon (Basses-Alpes), Besançon (Doubs), Niort, Saint-Maixent (Deux-Sèvres); Allem., Bayreuth, Streitberg.

'**590. pentagonalis,** Goldf., 1833. Petref., pl. 53, fig. 2 d, e. Fr. Montbéliard (Doubs), Haute-Saône; Nantua (Ain), Esnandes, près de la Rochelle, Niort (Deux-Sèvres), Poupet, Clucy, Montlarlon (Jura), Chaudon, Castellanne (Basses-Alpes); Bavière, Streitberg.

'**591. Marcousanus,** d'Orb., 1847. Espèce voisine du *P. cylindricus*, mais avec des articles inégaux, avec un point impressionné sur les cinq angles. France, Grange-du-Château (Jura).

'**592. granulosus,** d'Orb., 1847. Espèce voisine du *P. pentagonalis*, mais plus grande, avec de fortes granulations en dehors. France, Chaudon, Castellanne.

'**593. cingulatus,** Münster, 1833. Goldf., Petref., pl. 53, fig. 1. France, Saint-Maixent (Deux-Sèvres), Nantua (Ain); Bavière, Bayreuth, Streiberg.

594. subsulcatus, V. Münst., Goldf., pl. 53, fig. 4. Rœmer, 1836, Nordd. Oolith. Bavière, Bayreuth.

ISOCRINUS, Meyer.

595. pendulinus, Meyer, 1837. Isocrinus, p. 252, pl. 16, fig. 1-4. Besançon.

ZOOPHYTES.

APLOCYATHUS, d'Orb., 1849. Voy. p. 291.

?**595'. Michelini,** d'Orb., 1849. *Trochocyathus Michelini*, Edwards et Haime, 1838. Ann. des sc. nat., p. 314. France, Étrochay (Côte-d'Or).

MONTLIVALTIA, Lamouroux, 1821.

596'. dispar, Edw. et Haime, 1849, n° 13. *Turbinolia dispar*, Phillips, 1829. Yorksh., p. 98, pl. 3, fig. 4. *Anthophyllum turbinatum*, Goldf., 1831, p. 107, pl. 37, fig. 13. France, Neuvizi, Wagnon (Ardennes); Anglet., Malton; Wurt., Hattheim.

'**597. obconica,** Edwards et Haime, 1848. *Anthophyllum obconicum*, Münst., Goldf., 1831, 1, p. 107, pl. 37, fig. 14. France, Trouville, Villers (Calvados); Wurtemb., Hattheim.

598. excavata, d'Orb., 1847. *Anthophyllum excavatum*, Rœmer, 1836. Oolith., p. 20, pl. 1, fig. 8. (Non Michelin, 18). Allem., Hanovre.

599'. Goldfussiana, Edwards et Haime, 1849. Ann. des sc. nat., p. 254, n° 6. Allem., Nattheim.

599''. Trouvillensis, d'Orb., 1847. Espèce aplatie comme une monnaie. Trouville.

THECOPHYLLIA, Edwards et Haime, 1848.

599. sessilis, d'Orb., 1847. *Anthophyllum sessile*, V. Münst., Goldf., p. 37, fig. 15. Rœmer, 1836. Oolith., p. 20, pl. 1, fig. 7. Allem., Heersum.

'**600. Arduennensis,** d'Orb., 1847. Espèce à base conique, à ensemble cupuliforme. Wagnon (Ardennes).

ACROSMILIA, d'Orb., 1847.

'**601. cornucopiæ,** d'Orb., 1847. Espèce conique, large, arquée, dont le sommet paraît avoir été lisse. France, Neuvizi, Latte (Nantua).

'**602. similis,** d'Orb., 1847. Espèce voisine de la précédente, mais avec des stries externes plus larges, et le sommet fixe. France, Neuvizi.

AMBLOPHYLLIA, d'Orb., 1849. C'est un *Symphylia*, conique, à base étroite, dont l'ensemble est massif, à calices irréguliers, peu distincts, à columelle creuse, allongée ; pas d'épithèque.

602'. obtusa, d'Orb., 1849. Espèce large, subtriangulaire. Villers (Calvados), Neuvizi (Ardennes).

THECOSMILIA, Edwards et Haime.

603. cylindrica, Edw. et Haime, 1849. *Caryophyllia cylindrica*, Phillips, 1839. Yorksh., p. 98, pl. 3, fig. 5. Angl., Malton, Seamer.

604. trichotoma, Edwards et Haime, 1849. Ann. des sc. nat., p. 270, n° 1. *Lithodendron trichotomum*, Goldf., 1830, pl. 13, fig. 6. Rœmer, 1836. Oolith., p. 19, pl. 1, fig. 9. Allem., Giengen.

'**604'. seminuda,** d'Orb., 1849. Espèce rameuse ou par cellules groupées, mi-encroûtées extérieurement. France, Trouville (Calvados), Neuvizi (Ardennes), Marsilly (Côte-d'Or).

604". trilobata, Edw. et Haime, 1849. Ann. des sc. nat., p. 272, n° 4. Smith, 1816. *Strata ident.*, p. 20, fig. 2. Angl., Steeple Ashton

PLACOPHYLLIA, d'Orb., 1847. Ce sont des *Eunomya* à calice rond, dont la columelle large paraît être pleine.

605. dianthus, d'Orb., 1847. *Lithodendron dianthus*, Goldf., 1830. Petref., 1, p. 45, pl. 13, fig. 8. Wurtemb., Giengen.

EUNOMIA, Lamouroux, 1821. Voy. p. 292.

606. plicata, d'Orb., 1847. *Lithodendron plicatum*, Goldf., 1830. Petref., 1, p. 45, pl. 3, fig. 5. Wurtemb., Giengen.

607. dichotoma, d'Orb., 1847. *Lithodendron dichotomum*, Goldf., 1830. Petref., 1, p. 44, pl. 13, fig. 3. Wurtemberg, Giengen.

608. socialis, d'Orb., 1847. *Lithodendron sociale*, Rœmer, 1836. Nordd. Oolith., p. 19, pl. 1, fig. 5. Allem., Giengen.

609. nana, d'Orb., 1847. *Lithodendron nanum*, Rœmer, 1836. Nordd. Oolith., p. 19, pl. 1, fig. 3. Allemagne, Hannovre.

ENALLHELIA, d'Orb., 1847. Voy. p. 322.

610. compressa, d'Orb., 1847. *Lithodendron compressum*, Münst., Goldf., 1831. Petref., 1, p. 106, pl. 37, fig. 11. Wurtemb., Heidenheim.

611. elegans, d'Orb., 1847. *Lithodendron compressum*, Münst., Goldf., 1831. Petref., 1, p. 106, pl. 37, fig. 10. Wurtemb., Schwabischen.

CRYPTOCŒNIA, d'Orb., 1847.

612. limbata, d'Orb., 1847. *Astræa limbata*, Goldf., 1831. Petref. 1, p. 110, pl. 38, fig. 7. Wurtemb., Giengen.

'**613. Arduennensis,** d'Orb., 1847. Espèce voisine de la précédente, mais avec des cellules d'un tiers plus grandes. France, Neuvizi (Ardennes).

616. alveolata, d'Orb., 1847. *Astræa alveolata*, Goldf., 1831. Petr., 1, p. 65, pl. 22, fig. 3. Wurtemb., Giengen.

'**617. ornata,** d'Orb., 1847. Espèce dont les cellules ont deux millimètres, les intervalles couverts de très-grosses côtes. Suisse, Fringeli (Jura Soleurois).

TREMOCŒNIA, d'Orb., 1847. Ce sont des *Cryptocœnia* dont la columelle est styliforme.

618. varians, d'Orb., 1847. *A. varians*, Rœmer, 1836. Nordd. Oolith., p. 23, pl. 1, fig. 10, 11. All., Hannover, Dörshelf.

OVALASTREA, d'Orb., 1847. C'est un *Parastrea*, à calices ovalaires, sans dents autour de la columelle qui est styliforme.

619. caryophylloides, d'Orb., 1849. *Astrœa caryophylloides*, Goldf., 1831. Petref., 1, p. 66, pl. 22, fig. 7. Wurtemb., Giengen.

STYLINA, Lamarck.

620. tubulosa, Edwards et Haime, 1849. Ann. des scienc. natur. p. 289, n° 2. *Astrœa tubulosa*, Goldf., 1826, pl. 38, fig. 15, p. 112. *A. tubulifera*, Phillips, 1829, p. 98, pl. 3, fig. 6. Anglet., Malton; Wurtemb., Giengen.

621. sexradiata, d'Orb., 1847. *Astrœa sexradiata*, Goldf., pl. 24, fig. 5. Rœmer, 1836. Oolith., p. 23. All., Hanovre, Giengen.

621'. lobata, d'Orb., 1841. *Explanaria id.*, Münster, Goldf., Petref., pl. 38, fig. 5. Wurtemberg, Giengen.

STEPHANOCŒNIA, Edwards et Haime.

622. concinna, d'Orb., 1849. *Astrœa concinna*, Goldf., 1831. Petref., 1, p. 64, pl. 22, fig. 1 (exclus. fig. 1, b, c.), pl. 30, fig. 8. Wurtemberg, Giengen.

ASTROCŒNIA, Edwards et Haime, 1848.

623. pentagonalis, d'Orb., 1849. *Astrœa pentagonalis*, Münster, Goldf., 1831. Petref., 1, p. 112, pl. 38, fig. 12. Wurtemb., Hattheim, Heidenheim.

PRIONASTREA, Edwards et Haime, 1849.

***624. helianthoides,** d'Orb., 1849. *Astrœa helianthoides*, Goldf., pl. 22, fig. 4. (Exclus., p. 6) Rœmer, 1836. Oolith., p. 22, pl. 1, fig. 4 a. France, Neuvizi; All., Giengen, Heidenheim.

***625. microcoma,** d'Orb., 1849. Espèce dont les cellules ont à peine un demi-millimètre. Ensemble lamelleux. France, Neuvizi.

626. Goldfussiana, d'Orb., 1849. *Astrœa helianthoides*, Goldf., pl. 22, fig. 4 b. (Exclus. fig. 4 a). Allem., Giengen.

CONFUSASTREA, d'Orb., 1847. Voy. p. 322.

627. crassa, d'Orb., 1847. *Astrœa crassa*, Goldf., 1830. Petref., 1, p. 43, pl. 12, fig. 13. Allem., Randen.

SYNASTREA, Edwards et Haime.

***629. cristata,** d'Orb., 1849. *Astrœa id.*, Goldf., 1831, pl. 22, fig. 8. France; Wurtemberg, Giengen.

630. arachnoides, d'Orb., 1849. *Astrœa arachnoides* (Flem. Park., Org. rem. II, VI, 4). Phillips, 1829, Yorkshire, p. 98. (Non Goldf., 1830). Angl., Malton.

631. rotata, d'Orb., 1849. *Agaricia rotata*, Goldf., 1830. Petref., 1, p. 42, pl. 12, fig. 10. Randenberg.

***632. Arduennensis,** d'Orb., 1849. Espèce dont les cellules, larges de 8 millim., sont peu distinctes. France, Neuvizi.

CENTRASTREA, d'Orb., 1847. Voy. p. 209.

633. oculata, d'Orb., 1847. *Astrœa oculata*, Goldf., 1831. Petr., 1, p. 65, pl. 22, fig. 2. Wurtemberg, Giengen.

***634.** **microconos,** d'Orb., 1847. *Astræa microconos*, Goldf., 1831. Petref., 1, p. 63, pl. 21, fig. 6. Biberbach, Muggendorf.
634'. **gracilis,** d'Orb., 1847. *Astræa gracilis*, Münst., Goldf., 1831. Petref., 1, p. 112, pl. 38, fig. 13. Wurtemberg.
ACTINARÆA, d'Orb., 1847. C'est une *Microstolena*, ayant indépendamment des cloisons continues d'une cellule à l'autre, des palis autour de la columelle.
635. **granulata,** d'Orb., 1847. *Agaricia granulata*, Münst., Goldf., 1831, 1, p. 109, pl. 38, fig. 4. (Non Michelin). Wurtemb., Hattheim.
LATUSASTREA, d'Orb., 1847. C'est une *Astræidée* dont les cellules sont toujours obliques et comme couchées sur le côté.
636. **alveolaris,** d'Orb., 1847. *Explanaria alveolaris*, Goldf., 1831, p. 109, pl. 38, fig. 6. Allem., Hattheim.
OULOPHYLLIA, Edwards et Haime, 1849.
637. **astroides,** d'Orb., 1849. *Meandrina astroides*, Goldf., 1831. Petref., 1, p. 63, pl. 21, fig. 3. All., Giengen.
***638.** **confluens,** d'Orb., 1847. *Astræa confluens*, Goldf., 1830, pl. 22, fig. 5. Rœmer, 1836. Oolith., p. 22. France, Wagnon (Ardennes) ; All., Heidenheim.
MEANDRINA, Lamarck, 1816.
639. **tenella,** Goldf., 1831. Petref., 1, p. 63, pl. 21, fig. 4. Allem., Giengen.
AGARICIA, Lamarck.
640. **agaricites,** d'Orb., 1847. *Pavonia agaricites*, Rœmer, 1836, Oolith., p. 22, pl. 1, fig. 1. Allem., Kuschbach.
MICROPHYLLIA, d'Orb., 1849.
641. **Sœmmeringii,** d'Orb., 1847. *Meandrina Sœmmeringii*, Münst., Goldf., 1831. Petref., 1, p. 109, pl. 38, fig. 1. *Latomeandra Sœmmeringii*, Edwards et Haime, 1849. Ann. des sc. nat., 11, p. 272. Wurtemb., Hattheim.
CERIOPORA, Goldfuss, 1826. Voy. p. 25.
642. **radiciformis,** Goldf., 1830, 1, p. 34, pl. 10, fig. 8. Allem., Thurnau.

AMORPHOZOAIRES.

CRIBROSPONGIA, d'Orb., 1847. Voy. p. 294.
643. **fenestrata,** d'Orb., 1847. *Scyphia fenestrata*, Goldf., 1830. Petref., 1, p. 7, pl. 2, fig. 15. All., Thoneisenstein.
***644.** **polyommata,** d'Orb., 1847. *Scyphia polyommata*, Goldfuss, 1830, 1, p. 8, pl. 2, fig. 16. France, St-Maixent (Deux-Sèvres) ; All., Streitberg.
***645.** **texata,** d'Orb., 1847. *Scyphia texata*, Goldf., 1830, 1, p. 7, pl. 2, fig. 12. France, Ile-Delle (Vendée), la Latte, près de Nantua; Allem., Legerberg.
646. **clathrata,** d'Orb. *Scyphia clathrata*, Goldf., pl. 3, fig. 1. Bavière, Streitberg.
647. **parallela,** d'Orb., 1847. *Scyphia parallela*, Goldf., 1830. Petref., 1, p. 8, pl. 3, fig. 3. Bavière, Münster, Baruth, Streitberg.

648. psilopora, d'Orb., 1847. *Scyphia psilopora*, Goldf., 1830. Petref., 1, p. 9, pl. 3, fig. 4. Bavière, Baruth, Muggendorf.

649.* **obliqua, d'Orb., 1847. *Scyphia obliqua*, Goldf., 1830. Petref., 1, p. 9, pl. 3, fig. 5. France, Niort; Bavière, Baruth, Münster, Muggendorf.

650. reticulata, d'Orb., 1847. *Scyphia reticulata*, Goldf., 1830. Petref., 1, p. 11, pl. 4, fig. 1. Baruth, Streitberg.

651. dictyota, d'Orb., 1847. *Scyphia dictyota*, Goldf., 1830. Petref., 1, p. 11, pl. 4, fig. 2. Grafen, Münster, Streitberg.

652. paradoxa, d'Orb., 1847. *Scyphia paradoxa*, Münster, Goldf., 1831. Petref., 1, p. 86, pl. 31, fig. 6. Bavière, Streitberg, Amberg.

653. Buchii, d'Orb., 1847. *Scyphia Buchii*, Münster, Goldf., 1831. Petref., 1, p. 88, pl. 32, fig. 5. Bavière, Streitberg.

654. subtexturata, d'Orb., 1847. *Scyphia texturata*, Goldf., 1831, 1, p. 88, pl. 32, fig. 6. (Non Goldf., pl. 2, fig. 9). Bavière, Streitberg.

655. Münsteri, d'Orb., 1847. *Scyphia Münsterii*, Goldf., 1831. Petref., 1, p. 89, pl. 32, fig. 7. Bavière, Streitberg, Regensburg.

'656. texturata, d'Orb., 1847. *Scyphia texturata*, Goldf., 1830, 1, p. 6, pl. 2, fig. 9. France, Ile-Delle, la Latte, Apremont, près de Nantua (Ain); Wurtemberg, Giengen.

'657. cancellata, d'Orb., 1847. *Scyphia cancellata*, Münster, Goldf., 1831, 1, p. 89, pl. 33, fig. 1. France, St-Maixent, Latte, près de Nantua (Ain); Bavière, Streitberg, Muggendorf.

'658. decorata, d'Orb., 1847. *Scyphia decorata*, Münster, Goldf., 1831, 1, p. 90, pl. 33, fig. 2. France, Niort; All., Muggendorf.

659. Humboldtii, d'Orb., 1847. *Scyphia Humboldtii*, Münster, Goldf., 1831, 1, p. 90, pl. 33, fig. 3. All., Muggendorf.

660. pertusa, d'Orb., 1847. *Scyphia pertusa*, Goldf., 1831. Petref., 1, p. 92, pl. 33, fig. 11. Bavière, Streitberg, Amberg.

661. Schweiggeri, d'Orb., 1847. *Scyphia Schweiggeri*, Goldfuss, 1831. Petref., 1, p. 91, pl. 33, fig. 6. Baireuthischen.

'662. Baugieri, d'Orb., 1847. Espèce voisine du *C. Buchii*, mais avec des oscules plus petits de moitié. France, St-Maixent, environs de Nantua.

'663. elegans, d'Orb., 1847. Espèce voisine du *C. Schweiggeri*, mais avec des pores plus oblongs, plus réguliers et plus grands. France, Ile-Delle (Vendée).

664. Neesii, d'Orb., 1847. *Scyphia Neesii*, Goldf., 1831. Petref., 1, p. 92, pl. 34, fig. 2. Bavière, Streitberg.

POROSPONGIA, d'Orb., 1847. Spongiaires testacés en larges expansions, percées de larges oscules ronds, réguliers, distants et bordés.

665. Peziza, d'Orb., 1847. *Manon Peziza*, Goldf., 1831, Petref., 1, p. 94, pl. 34, fig. 8. Westph., Wurtemb., Hattheim.

'666. marginata, d'Orb., 1847. *Manon marginatum*, Münst., Goldf., 1831, 1, p. 94, pl. 34, fig. 9 d, e, f, g. (Exclus. fig. a, b, c, h, i). France, St-Maixent, Streitberg, Muggendorf.

667. impressa, d'Orb., 1847. *Manon impressum*, Münster, Goldf., 1831. Petref., 1, p. 94, pl. 34, fig. 10. All., Muggendorf.

'668. intermedia, d'Orb., 1847. *Manon marginatum*, Goldf., 1831,

1, p. 94, pl. 34, fig. 9 h. (Exclus. a, b, c, d, e, f, g). France, Saint-Maixent; Bavière, Streitberg.

669. micropora, d'Orb., 1847. *Manon marginatum*, Goldf., 1831, 1, p. 94, pl. 34, fig. 9 i. (Exclus. lettr. a, b, c, d, e, f, g, h). Bavière, Streitberg.

GONIOSPONGIA, d'Orb., 1847. Tissu testacé formé de filaments droits, simples, parallèles entre eux, réunis par des traverses qui les coupent à angle droit, et forment des mailles carrées; ensemble infundibuliforme.

670. tenuistria, d'Orb., 1847. *Scyphia tenuistria*, Goldf., 1830, 1, p. 9, pl. 3, fig. 7. Bavière, Baireuth, Streitberg.

671. articulata, d'Orb., 1847. *Scyphia articulata*, Goldf., 1830, 1, p. 10, pl. 3, fig. 8. Bavière, Baireuth, Muggendorf.

672. pyriformis, d'Orb., 1847. *Scyphia pyriformis*, Goldf., 1830, 1, p. 10, pl. 3, fig. 9. Bavière, Streitberg.

673. punctata, d'Orb., 1847. *Scyphia punctata*, Goldf., 1830, 1, p. 10, pl. 3, fig. 10. Bavière, Streitberg.

674. procumbens, d'Orb., 1847. *Scyphia procumbens*, Goldf., 1830, Petref., 1, p. 11, pl. 4, fig. 3. Bavière, Baireuth.

675. Sternbergii, d'Orb., 1847. *Scyphia Sternbergii*, Münst., Goldf., 1831. Petref., 1, p. 90, pl. 33, fig. 4. Bavière, Streitberg.

676. Schlotheimii, d'Orb., 1847. *Scyphia Schlotheimii*, Münst., Goldf., 1831, 1, p. 90, pl. 33, fig. 5. Bavière, Streitberg, Thurnau.

677. empleura, d'Orb., 1847. *Scyphia empleura*, Münst., Goldf., 1831. Petref., 1, p. 87, pl. 32, fig. 1. Bavière, Streitberg.

678. striata, d'Orb., 1847. *Scyphia striata*, Münst., Goldf., 1831. Petref., 1, p. 88, pl. 32, fig. 3. Streitberg, Muggendorf.

PERISPONGIA, d'Orb., 1847. Ensemble cupuliforme, à bords très-épais, non perforés, des oscules seulement sur la base de l'ensemble.

***679. reflexa,** d'Orb., 1847. Espèce cupuliforme, dont les bords larges et plats sont réfléchis, les oscules seulement externes, le centre creusé. France, Ile-Delle (Vendée), Saint-Maixent (Deux-Sèvres).

***680. conica,** d'Orb., 1847. Espèce sans bords réfléchis, les oscules externes très-irréguliers. France, Saint-Maixent.

CNEMIDIUM, Goldfuss, 1830.

681. costatum, d'Orb., 1847. *Scyphia costata*, Goldf., pl. 2, fig. 10. Allem., Baireuth.

***682. striato-punctatum,** Goldf., 1830. Petref., 1, p. 15, pl. 6, fig. 3. France, environs de Nantua; Suisse, Randen.

***683. stellatum,** Goldf., 1830. Petref., 1, p. 15, pl. 6, fig. 2. France, Saint-Maixent; Suisse, Speichinger, Randen.

***684. lamellosum,** Goldf., 1830. Petref., 1, p. 15, pl. 6, fig. 1. France, Ile-Delle (Vendée), Nantua; Suisse, Randen.

685. granulosum, Münst., Goldf., 1831, 1, p. 96, pl. 35, fig. 7. Streitberg.

EUDEA, Lamouroux, 1821. Voy. p. 209.

***686. calopora,** d'Orb., 1847. *Scyphia calopora*, Goldf., 1830. Petref., 1, p. 5, pl. 2, fig. 7. France, Pont, près de Nantua; Allemagne, Thurnau.

687. pertusa, d'Orb., 1847. *Scyphia pertusa*, Goldf., 1830. Petref., 1, p. 6, pl. 2, fig. 8. Bavière, Streitberg.
688. propinqua, d'Orb., 1847. *Scyphia propinqua*, Goldf., 1831, 1, p. 89, pl. 32, fig. 8 a, b. (Exclus., fig. 8 c.) *Scyphia secunda*, Goldf., pl. 33, fig. 7. Streitberg, Muggendorf.
689. cellulosa, d'Orb., 1847. *Scyphia cellulosa*, Münst., Goldf., 1831, 1, p. 92, pl. 33, fig. 12. Allem., Osnabrück-Ortenburg.
690. capitatum, d'Orb., 1847. *Siphonia capitata*, Münst., Goldf., 1831. Petref., 1, p. 97, pl. 35, fig. 9. Bavière, Amberg.
691. millepora, d'Orb., 1847. *Scyphia millepora*, Goldf., 1830. Petref., 1, p. 8, pl. 3, fig. 2. Bavière, Münster.
HIPPALIMUS, Lamouroux, 1821. Voy. p. 209.
*692. **verrucosus**, d'Orb., 1847. *Scyphia verrucosa*, Goldf., 1831, 1, p. 91, pl. 33, fig. 8. France, Niort, Saint-Maixent; Bavière, Streitberg.
*693. **elegans**, d'Orb., 1847. *Scyphia elegans*, Goldf., 1830. Petref., 1, p. 5, pl. 2, fig. 5. Allem., Thurnau.
694. conoideus, d'Orb., 1847. *Scyphia conoidea*, Goldf., pl. 2, fig. 4. Wurtemberg.
695. cylindricus, d'Orb., 1847. *Scyphia cylindrica*, Goldf., 1830. Petref., 1, p. 11, pl. 3, fig. 12, pl. 31, fig. 5, pl. 2, fig. 3. Bavière, Streitberg.
696. rugosus, d'Orb., 1847. *Scyphia rugosa*, Goldf., 1830. Petref., 1, p. 9, pl. 3, fig. 6. Bavière, Streitberg.
697. Bronnii, d'Orb., 1847. *Scyphia Bronnii*, Münst., Goldf., 1831. Petref., 1, p. 91, pl. 33, fig. 9. Wurtemberg.
698. milleporaceus, d'Orb., 1847. *Scyphia milleporacea*, Münst., Goldf., 1831. Petref., 1, p. 92, pl. 33, fig. 10. Bavière, Streitberg, Thurnau.
699. intermedius, d'Orb., 1847. *Scyphia intermedia*, Münster, Goldf., 1831, 1, p. 92, pl. 34, fig. 1. Bavière, Streitberg; Wurtemberg, Hattheim.
700. marginatus, d'Orb., 1847. *Manon marginatum*, Goldf., 1831, 1, p. 94, pl. 34, fig. 9 a, b, c. (Exclus. fig. d, e, f, g, h, i.) Allemagne, Bavière, Streitberg.
701. astrophorus, d'Orb., 1847. *Cnemidium astrophorum*, Münst., Goldf., 1831, 1, p. 97, pl. 35, fig. 8. Wurtemberg, Hattheim et Regensburg.
LYMNOREA, Lamouroux, 1821. Voy. p. 210.
*702. **hemisphærica**, d'Orb., 1847. *Myrmecium hemisphæricum*, Goldf., 1830, 1, p. 18, pl. 6, fig. 12. France, Saint-Maixent; Baruth, Thurnau.
IEREA, Lamouroux, 1821.
?703. **pyriformis**, d'Orb., 1847. *Siphonia pyriformis*, Goldf., 1831. Petref., 1, p. 97, pl. 35, fig. 10. Bavière, Streitberg.
POROSPONGIA, d'Orb., 1847. Voy. p. 295.
*704. **acetabulum**, d'Orb., 1847. *Tragos acetabulum*, Goldf., 1831, 1, p. 95, pl. 35, fig. 1. France, environs de Nantua, Saint-Maixent; Streitberg.

CHENENDOPORA, Lamouroux, 1821. *Manon*, Goldf., 1830. (Non Schweigger).

705. radiata, d'Orb., 1847. *Tragos radiatum*, Münst., Goldf., 1831, 1, p. 96, pl. 35, fig. 3. Bavière, Streitberg.

706. rugosa, d'Orb., 1847. *Tragos rugosum*, Münst., Goldf., 1831. Petref., 1, p. 96, pl. 35, fig. 4. Bavière, Streitberg.

707. reticulata, d'Orb., 1847. *Tragos reticulatum*, Münst., Goldf., 1831. Petref., 1, p. 96, pl. 35, fig. 5. Bavière, Streitberg.

708. verrucosa, d'Orb., 1847. *Tragos verrucosum*, Münst., Goldf., 1831. Petref., 1, p. 96, pl. 35, fig. 6. Bavière, Streitberg.

***709. complanata,** d'Orb., 1847. Espèce en entonnoir très-plat, lisse en dehors, marquée de larges oscules en dedans, et d'un large trou au milieu. France, Saint-Maixent, Niort (Deux-Sèvres).

***710. lamellosa,** d'Orb., 1847. Espèce voisine de la précédente, mais plus mince et à oscules plus petits et plus serrés. France, Ile-Delle (Vendée).

STELLISPONGIA, d'Orb., 1847. Voy. p. 210.

711. costata, d'Orb., 1847. *Achilleum costatum*, Münster, Goldfuss, 1831. Petref., 1, p. 94, pl. 34, fig. 7. Bavière, Streitberg.

712. rotula, d'Orb., 1847. *Cnemidium id.*, Goldf., 1830. Petref. Germ., pl. 6, fig. 6. (Non Michelin, pl. 26, fig. 7.) Allem., Bayreuth, Thurnau.

713. mammillaris, d'Orb., 1847. *Cnemidium mammillare*, Goldf., 1830, 1, p. 15, pl. 6, fig. 5. Bavière, Baireuth, Streitberg.

CUPULOSPONGIA, d'Orb., 1847. Voy. p. 210.

714. pezizoides, d'Orb., 1847. *Tragos pezizoides*, Goldf., 1830, 1, p. 13, pl. 5, fig. 8. Baireuth, Muggendorf.

***715. patella,** d'Orb., 1847. *Tragos patella*, Goldf., 1830, 1, p. 14, pl. 5, fig. 10, pl. 35, fig. 2. France, Ile-Delle (Vendée); Wurtemb., Randen, Sigmaringen.

***716. acetabulum,** d'Orb., 1847. *Tragos acetabulum*, Goldf., pl. 5, fig. 9. France, Saint-Maixent; Bayreuth.

717. rimulosa, d'Orb., 1847. *Cnemidium rimulosum*, Goldf., 1830. Petref., 1, p. 15, pl. 6, fig. 4. Allem., Randen.

***718. rugosa,** d'Orb., 1847. *Scyphia rugosa*, Goldf., 1831, 1, p. 87, pl. 32, fig. 2. France, Saint-Maixent; Streitberg.

719. texata, d'Orb., 1847. *Scyphia texata*, Goldf., 1831. Petref., 1, p. 88, pl. 32, fig. 4. Bavière, Streitberg.

***720. grandis,** d'Orb., 1847. Espèce mince comme le *C. patella*, mais s'en distinguant par son épaisseur moindre, par sa grande taille de 24 centimètres, sa surface intérieure rugueuse. France, environs de Nantua (Ain).

***721. irregularis,** d'Orb., 1847. Espèce auriforme, irrégulière, épaisse, à surface rugueuse. France, Ile-Delle (Vendée), Saint-Maixent.

AMORPHOSPONGIA, d'Orb., 1847. Voy. p. 178.

722. truncata, d'Orb., 1847. *Achilleum truncatum*, Goldf., 1831. Petref., 1, p. 92, pl. 34, fig. 3. Allemagne, Arnsberg.

723. cherotonum, d'Orb., 1847. *Achilleum cherotonum*, Goldfuss, 1831. Petref., 1, p. 1, pl. 29, fig. 5. Bavière, Streitberg.

724. radiciformis, d'Orb., 1847. *Scyphia radiciformis*, Goldf., 1830. Petref., 1, p. 10, pl. 3, fig. 11. Bavière, Baruth, Streitberg.

725. cancellata, d'Orb., 1847. *Achilleum cancellatum*, Münster, Goldf., pl. 34, fig. 5. Rœmer, 1836. Nordd. Oolith., p. 17. Allemagne.

726. crispa, d'Orb., 1847. *Ceriopora crispa*, Goldf., 1830, 1, p. 38, pl. 11, fig. 9. Baruth, Thurnau, Münster, Herrn, Grafen.

727. favosa, d'Orb., 1847. *Ceriopora favosa*, Goldf., 1830, 1, p. 38, pl. 11, fig. 10. Baruth, Thurnau, Münster, Streitberg.

'728. porosa, d'Orb., 1847. Espèce polymorphe, couverte de pores ronds assez réguliers. France, Niort.

729. tuberosa, d'Orb., 1847. *Achilleum tuberosum*, Münst., Goldf., pl. 34, fig. 4. Rœmer, 1836. Nordd. Oolith., p. 17. Allemagne, Hanovre.

FIN DU PREMIER VOLUME.

TABLE DES MATIÈRES

CONTENUES DANS LE PREMIER VOLUME.

TERRAINS PALÉOZOIQUES.

TERRAINS TRIASIQUES.

TERRAINS JURASSIQUES.

FIN DE LA TABLE.

Corbeil imprimerie de CRETE.

www.ingramcontent.com/pod-product-compliance
Ingram Content Group UK Ltd.
Pitfield, Milton Keynes, MK11 3LW, UK
UKHW020314200726
13857UKWH00001B/168

9 78201